工业和信息产业科技与教育专著出版资金资助出

现代语音信号处理

胡 航 编著

電子工業出版社
Publishing House of Electronics Industry
北京·BEIJING

内 容 简 介

本书系统介绍了语音信号处理的基础、原理、方法、应用、新理论、新成果与新技术，以及该研究领域的背景知识、研究现状、应用前景和发展趋势。

全书分三篇共 17 章。第一篇语音信号处理基础，包括第 1 章绪论，第 2 章语音信号处理的基础知识；第二篇语音信号分析，包括第 3 章时域分析，第 4 章短时傅里叶分析，第 5 章倒谱分析与同态滤波，第 6 章线性预测分析，第 7 章语音信号的非线性分析，第 8 章语音特征参数检测与估计，第 9 章矢量量化，第 10 章隐马尔可夫模型；第三篇语音信号处理技术与应用，包括第 11 章语音编码，第 12 章语音合成，第 13 章语音识别，第 14 章说话人识别和语种辨识，第 15 章智能信息处理技术在语音信号处理中的应用，第 16 章语音增强，第 17 章基于麦克风阵列的语音信号处理。

本书体系完整，结构严谨；系统性强；内容深入浅出，原理阐述透彻；取材广泛，繁简适中；内容丰富而新颖；联系实际应用。

本书可作为高等院校信号与信息处理、通信与电子工程、电路与系统、模式识别与人工智能等专业及学科的高年级本科生及研究生教材，也可供该领域的科研及工程技术人员参考。

未经许可，不得以任何方式复制或抄袭本书之部分或全部内容。
版权所有，侵权必究。

图书在版编目（CIP）数据

现代语音信号处理 / 胡航编著. —北京：电子工业出版社，2014.7
ISBN 978-7-121-22625-0

Ⅰ．①现… Ⅱ．①胡… Ⅲ．①语声信号处理-高等学校-教材 Ⅳ．①TN912.3

中国版本图书馆 CIP 数据核字（2014）第 045290 号

责任编辑：韩同平　　特约编辑：李佩乾
印　　刷：北京盛通商印快线网络科技有限公司
装　　订：北京盛通商印快线网络科技有限公司
出版发行：电子工业出版社
　　　　　北京市海淀区万寿路 173 信箱　　邮编：100036
开　　本：787×1092　1/16　印张：26.5　字数：750 千字
版　　次：2014 年 7 月第 1 版
印　　次：2021 年 12 月第 9 次印刷
定　　价：65.00 元

凡所购买电子工业出版社图书有缺损问题，请向购买书店调换。若书店售缺，请与本社发行部联系，联系及邮购电话：（010）88254888。

质量投诉请发邮件至 zlts@phei.com.cn，盗版侵权举报请发邮件至 dbqq@phei.com.cn。
服务热线：（010）88258888。

前　　言

　　语音信号处理是在多学科基础上发展起来的综合性研究领域与技术，涉及数字信号处理、语音学、语言学、生理学、心理学、计算机科学、模式识别、认知科学和智能信息处理等学科。它是发展非常迅速的信息科学研究领域中的一个，其研究涉及一系列前沿课题。近年来，该领域取得大量成果，在理论与学术研究上取得长足发展。同时，其研究成果也在很多领域得到广泛应用；目前语音技术处于蓬勃发展时期，有大量产品投放市场，且不断有新产品被开发研制，具有广阔的市场需求和前景。

　　本书系统介绍了语音信号处理的基础、原理、方法、应用、新成果与新技术，以及该研究领域的背景知识、研究现状、应用前景和发展趋势。本书内容编排按基础－分析－处理与应用的顺序组织材料。

　　本书作者于 2000 年在哈尔滨工业大学出版社出版《语音信号处理》，后又多次修订。

　　这次的《现代语音信号处理》对原书内容、结构等进行了大幅度修订，以适应目前语音信号处理研究的不断发展及高等学校相关专业对本门课程新的教学要求。除传统的语音信号处理外，本书用大量篇幅介绍了现代语音信号处理的内容，包括以下 3 方面：

　　（1）语音信号处理领域的一些新技术与新成果，包括语音产生的非线性模型，非线性预测编码，基于 HMM 的参数化语音合成，可视及双模语音识别，说话人自适应，语音理解，基于子空间分解的语音增强等。

　　（2）智能信息处理与现代信号处理技术在语音处理中的应用。介绍了一些新兴及前沿的理论与技术，包括混沌与分形、支持向量机、神经网络、模糊理论、遗传算法（及其他智能优化算法），以及高阶累积量、盲源分离、小波变换、信号子空间分解等在语音信号分析与处理中的应用。

　　语音信号处理研究已经历了几十年，特别是近 30 年来已取得很多重要进展；但该领域仍蕴含着很大的潜力，也面临许多理论与方法上的困难，并存在一些难以解决的问题。近年兴起并得到迅速发展的智能信息处理与现代信号处理中的一些理论与技术，是解决这些问题的工具之一；它们已在语音信号处理研究中得到广泛应用，并取得了大量成果，对该领域的发展起到了重要推动作用。

　　（3）语音麦克风阵列信号处理，包括基于麦克风阵列的声源定位，语音盲分离及语音增强等。基于麦克风阵列的语音信号处理是阵列信号处理与语音信号处理的交叉学科，且涉及声学信号处理的内容。应用于语音信号处理的阵列处理技术与应用于雷达、移动通信及声呐等领域的阵列处理技术有很大不同。这部分内容反映了作者从事阵列信号处理、相控阵雷达及电子侦察与对抗等领域研究所取得的一些体会与认识。

  本书体系完整、结构严谨；系统性强；内容深入浅出，原理阐述透彻；取材广泛，繁简适中；内容丰富而新颖；联系实际应用。可作为高等院校信号与信息处理、通信与电子工程、电路与系统、模式识别与人工智能等专业及学科的高年级本科生及研究生教材，也可供该领域的科研及工程技术人员参考。

  感谢工业和信息产业科技与教育专著出版资金对本书出版的资助。

  著名信息科学专家、北京交通大学袁保宗教授在百忙之中审阅了本书，提出了很多宝贵的指导性意见，并推荐本书出版；在此向袁先生表示深切的敬意与感谢！同时感谢鲍长春教授提出的宝贵建议。

  栾学鹏老师参加了部分编写工作，金玉宝同学提供了帮助，在此一并致谢。

  本书力求反映作者多年从事语音信号处理课程教学的经验与体会。鉴于该研究领域内容丰富，涉及众多学科及前沿领域，有很强的实用性，又处于迅速发展之中，受作者水平等多方面因素所限，书中难免存在一些问题与不足，敬请批评指正。

作 者

目　　录

第一篇　语音信号处理基础

第1章　绪论 1
1.1　语音信号处理的发展历史 1
1.2　语音信号处理的主要研究内容及发展概况 3
1.3　本书的内容 7
思考与复习题 8

第2章　语音信号处理的基础知识 9
2.1　概述 9
2.2　语音产生的过程 9
2.3　语音信号的特性 12
　2.3.1　语言和语音的基本特性 12
　2.3.2　语音信号的时间波形和频谱特性 13
　2.3.3　语音信号的统计特性 15
2.4　语音产生的线性模型 16
　2.4.1　激励模型 17
　2.4.2　声道模型 18
　2.4.3　辐射模型 20
　2.4.4　语音信号数字模型 21
2.5　语音产生的非线性模型 22
　2.5.1　FM-AM模型的基本原理 22
　2.5.2　Teager能量算子 22
　2.5.3　能量分离算法 23
　2.5.4　FM-AM模型的应用 24
2.6　语音感知 24
　2.6.1　听觉系统 24
　2.6.2　神经系统 25
　2.6.3　语音感知 26
思考与复习题 29

第二篇　语音信号分析

第3章　时域分析 30
3.1　概述 30
3.2　数字化和预处理 31
　3.2.1　取样率和量化字长的选择 31
　3.2.2　预处理 33
3.3　短时能量分析 34
3.4　短时过零分析 36
3.5　短时相关分析 39
　3.5.1　短时自相关函数 39
　3.5.2　修正的短时自相关函数 40
　3.5.3　短时平均幅差函数 42
3.6　语音端点检测 42
　3.6.1　双门限前端检测 43
　3.6.2　多门限过零率前端检测 43
　3.6.3　基于FM-AM模型的端点检测 43
3.7　基于高阶累积量的语音端点检测 44
　3.7.1　噪声环境下的端点检测 44
　3.7.2　高阶累积量与高阶谱 44
　3.7.3　基于高阶累积量的端点检测 46
思考与复习题 48

第4章　短时傅里叶分析 50
4.1　概述 50
4.2　短时傅里叶变换 50
　4.2.1　短时傅里叶变换的定义 50
　4.2.2　傅里叶变换的解释 51
　4.2.3　滤波器的解释 54
4.3　短时傅里叶变换的取样率 55
4.4　语音信号的短时综合 56
　4.4.1　滤波器组求和法 56
　4.4.2　FFT求和法 58
4.5　语谱图 59
思考与复习题 61

第5章 倒谱分析与同态滤波 62
- 5.1 概述 62
- 5.2 同态信号处理的基本原理 62
- 5.3 复倒谱和倒谱 63
- 5.4 语音信号两个卷积分量复倒谱的性质 64
  - 5.4.1 声门激励信号 64
  - 5.4.2 声道冲激响应序列 65
- 5.5 避免相位卷绕的算法 66
  - 5.5.1 微分法 67
  - 5.5.2 最小相位信号法 67
  - 5.5.3 递推法 69
- 5.6 语音信号复倒谱分析实例 70
- 5.7 Mel 频率倒谱系数 72
- 思考与复习题 73

第6章 线性预测分析 74
- 6.1 概述 74
- 6.2 线性预测分析的基本原理 74
  - 6.2.1 基本原理 74
  - 6.2.2 语音信号的线性预测分析 75
- 6.3 线性预测方程组的建立 76
- 6.4 线性预测分析的解法(1)——自相关和协方差法 77
  - 6.4.1 自相关法 78
  - 6.4.2 协方差法 79
  - 6.4.3 自相关和协方差法的比较 80
- 6.5 线性预测分析的解法(2)——格型法 81
  - 6.5.1 格型法基本原理 81
  - 6.5.2 格型法的求解 83
- 6.6 线性预测分析的应用——LPC 谱估计和 LPC 复倒谱 85
  - 6.6.1 LPC 谱估计 85
  - 6.6.2 LPC 复倒谱 87
  - 6.6.3 LPC 谱估计与其他谱分析方法的比较 88
- 6.7 线谱对(LSP)分析 89
  - 6.7.1 线谱对分析原理 89
  - 6.7.2 线谱对参数的求解 91
- 6.8 极零模型 91

- 思考与复习题 93

第7章 语音信号的非线性分析 94
- 7.1 概述 94
- 7.2 时频分析 94
  - 7.2.1 短时傅里叶变换的局限 95
  - 7.2.2 时频分析 96
- 7.3 小波分析 97
  - 7.3.1 概述 97
  - 7.3.2 小波变换的定义 97
  - 7.3.3 典型的小波函数 99
  - 7.3.4 离散小波变换 100
  - 7.3.5 小波多分辨分析与 Mallat 算法 100
- 7.4 基于小波的语音分析 101
  - 7.4.1 语音分解与重构 101
  - 7.4.2 清/浊音判断 102
  - 7.4.3 语音去噪 102
  - 7.4.4 听觉系统模拟 103
  - 7.4.5 小波包变换在语音端点检测中的应用 103
- 7.5 混沌与分形 104
- 7.6 基于混沌的语音分析 105
  - 7.6.1 语音信号的混沌性 105
  - 7.6.2 语音信号的相空间重构 106
  - 7.6.3 语音信号的 Lyapunov 指数 108
  - 7.6.4 基于混沌的语音、噪声判别 109
- 7.7 基于分形的语音分析 110
  - 7.7.1 概述 110
  - 7.7.2 语音信号的分形特征 111
  - 7.7.3 基于分形的语音分割 112
- 思考与复习题 113

第8章 语音特征参数估计 114
- 8.1 基音估计 114
  - 8.1.1 自相关法 115
  - 8.1.2 并行处理法 117
  - 8.1.3 倒谱法 118
  - 8.1.4 简化逆滤波法 120
  - 8.1.5 高阶累积量法 122
  - 8.1.6 小波变换法 123

8.1.7 基音检测的后处理 124
8.2 共振峰估计 125
 8.2.1 带通滤波器组法 125
 8.2.2 DFT 法 126
 8.2.3 倒谱法 127
 8.2.4 LPC 法 129
 8.2.5 FM-AM 模型法 130
思考与复习题 131

第 9 章 矢量量化 132

9.1 概述 132
9.2 矢量量化的基本原理 133
9.3 失真测度 134
 9.3.1 欧氏距离——均方误差 135
 9.3.2 LPC 失真测度 135
 9.3.3 识别失真测度 137
9.4 最佳矢量量化器和码本的设计 137
 9.4.1 矢量量化器最佳设计的两个条件 137
 9.4.2 LBG 算法 138
 9.4.3 初始码书生成 138
9.5 降低复杂度的矢量量化系统 139
 9.5.1 无记忆的矢量量化系统 140
 9.5.2 有记忆的矢量量化系统 142
9.6 语音参数的矢量量化 144
9.7 模糊矢量量化 145
 9.7.1 模糊集概述 146
 9.7.2 模糊矢量量化 147
9.8 遗传矢量量化 148
 9.8.1 遗传算法 148
 9.8.2 遗传矢量量化 150
思考与复习题 151

第 10 章 隐马尔可夫模型 152

10.1 概述 152
10.2 隐马尔可夫模型的引入 153
10.3 隐马尔可夫模型的定义 155
10.4 隐马尔可夫模型三个问题的求解 156
 10.4.1 概率的计算 157
 10.4.2 HMM 的识别 159
 10.4.3 HMM 的训练 160
 10.4.4 EM 算法 161
10.5 HMM 的选取 162
 10.5.1 HMM 的类型选择 162
 10.5.2 输出概率分布的选取 163
 10.5.3 状态数的选取 163
 10.5.4 初值选取 163
 10.5.5 训练准则的选取 165
10.6 HMM 应用与实现中的一些问题 166
 10.6.1 数据下溢 166
 10.6.2 多输出(观察矢量序列)情况 166
 10.6.3 训练数据不足 167
 10.6.4 考虑状态持续时间的 HMM 168
10.7 HMM 的结构和类型 170
 10.7.1 HMM 的结构 170
 10.7.2 HMM 的类型 172
 10.7.3 按输出形式分类 173
10.8 HMM 的相似度比较 174
思考与复习题 175

第三篇 语音信号处理技术与应用

第 11 章 语音编码 176

11.1 概述 176
11.2 语音信号的压缩编码原理 178
 11.2.1 语音压缩的基本原理 178
 11.2.2 语音通信中的语音质量 179
 11.2.3 两种压缩编码方式 180
11.3 语音信号的波形编码 180
 11.3.1 PCM 及 APCM 180
 11.3.2 预测编码及自适应预测编码 183
 11.3.3 ADPCM 及 ADM 185
 11.3.4 子带编码(SBC) 187
 11.3.5 自适应变换编码(ATC) 189
11.4 声码器 191
 11.4.1 概述 191
 11.4.2 声码器的基本结构 192
 11.4.3 通道声码器 192

11.4.4	同态声码器	194
11.5	LPC 声码器	195
11.5.1	LPC 参数的变换与量化	196
11.5.2	LPC-10	197
11.5.3	LPC-10e	198
11.5.4	变帧率 LPC 声码器	199
11.6	各种常规语音编码方法的比较	200
11.6.1	波形编码的信号压缩技术	200
11.6.2	波形编码与声码器的比较	200
11.6.3	各种声码器的比较	201
11.7	基于 LPC 模型的混合编码	201
11.7.1	混合编码采用的技术	202
11.7.2	MPLPC	204
11.7.3	RPELPC	207
11.7.4	CELP	209
11.7.5	CELP 的改进形式	211
11.7.6	基于分形码本的 CELP	213
11.8	基于正弦模型的混合编码	214
11.8.1	正弦变换编码	215
11.8.2	多带激励(MBE)编码	215
11.9	极低速率语音编码	217
11.9.1	400～1.2kb/s 数码率的声码器	217
11.9.2	识别-合成型声码器	218
11.10	语音编码的性能指标	219
11.11	语音编码的质量评价	221
11.11.1	主观评价方法	221
11.11.2	客观评价方法	222
11.11.3	主客观评价方法的结合	225
11.11.4	基于多重分形的语音质量评价	226
11.12	语音编码国际标准	227
11.13	语音编码与图像编码的关系	228
小结		229
思考与复习题		229
第 12 章 语音合成		231
12.1	概述	231
12.2	语音合成原理	232
12.2.1	语音合成的方法	232
12.2.2	语音合成的系统特性	234
12.3	共振峰合成	235
12.3.1	共振峰合成原理	235
12.3.2	共振峰合成实例	237
12.4	LPC 合成	237
12.5	PSOLA 语音合成	239
12.5.1	概述	239
12.5.2	PSOLA 的原理	240
12.5.3	PSOLA 的实现	240
12.5.4	PSOLA 的改进	242
12.5.5	PSOLA 语音合成系统的发展	243
12.6	文语转换系统	243
12.6.1	组成与结构	243
12.6.2	文本分析	244
12.6.3	韵律控制	245
12.6.4	语音合成	248
12.6.5	TTS 系统的一些问题	248
12.7	基于 HMM 的参数化语音合成	249
12.8	语音合成的研究现状和发展趋势	253
12.9	语音合成硬件简介	255
思考与复习题		256
第 13 章 语音识别		257
13.1	概述	257
13.2	语音识别原理	260
13.3	动态时间规整	264
13.4	基于有限状态矢量量化的语音识别	266
13.5	孤立词识别系统	267
13.6	连接词识别	270
13.6.1	基本原理	270
13.6.2	基于 DTW 的连接词识别	271
13.6.3	基于 HMM 的连接词识别	273
13.6.4	基于分段 K-均值的最佳词串分割及模型训练	273
13.7	连续语音识别	274
13.7.1	连续语音识别存在的困难	274
13.7.2	连续语音识别的训练及识别方法	275
13.7.3	连续语音识别的整体模型	276
13.7.4	基于 HMM 统一框架的大词汇非特定人连续语音识别	277

13.7.5		声学模型 …… 278
13.7.6		语言学模型 …… 280
13.7.7		最优路径搜索 …… 282
13.8	说话人自适应 …… 284
13.8.1		MAP 算法 …… 285
13.8.2		基于变换的自适应方法 …… 285
13.8.3		基于说话人分类的自适应方法 …… 286
13.9	鲁棒的语音识别 …… 287
13.10	关键词确认 …… 289
13.11	可视语音识别 …… 291
13.11.1		概述 …… 291
13.11.2		机器自动唇读 …… 291
13.11.3		双模态语音识别 …… 293
13.12	语音理解 …… 296
13.12.1		MAP 语义解码 …… 297
13.12.2		语义结构的表示 …… 297
13.12.3		意图解码器 …… 298
小结 …… 299	
思考与复习题 …… 299

第 14 章　说话人识别 …… 300

14.1	概述 …… 300
14.2	特征选取 …… 301
14.2.1	说话人识别所用的特征 …… 301
14.2.2	特征类型的优选准则 …… 302
14.2.3	常用的特征参数 …… 303
14.3	说话人识别系统 …… 303
14.3.1	说话人识别系统的结构 …… 303
14.3.2	说话人识别的基本方法概述 …… 304
14.4	说话人识别系统实例 …… 305
14.4.1	DTW 型说话人识别系统 …… 305
14.4.2	应用 VQ 的说话人识别系统 …… 306
14.5	基于 HMM 的说话人识别 …… 307
14.6	基于 GMM 的说话人识别 …… 310
14.7	说话人识别中需进一步研究的问题 …… 312
14.8	语种辨识 …… 313
思考与复习题 …… 316

第 15 章　智能信息处理技术在语音信号处理中的应用 …… 317

15.1	人工神经网络 …… 317
15.1.1	概述 …… 317
15.1.2	神经网络的基本概念 …… 319
15.2	神经网络的模型结构 …… 320
15.2.1	单层感知机 …… 320
15.2.2	多层感知机 …… 321
15.2.3	自组织映射神经网络 …… 323
15.2.4	时延神经网络 …… 324
15.2.5	循环神经网络 …… 325
15.3	神经网络与传统方法的结合 …… 325
15.3.1	概述 …… 325
15.3.2	神经网络与 DTW …… 326
15.3.3	神经网络与 VQ …… 326
15.3.4	神经网络与 HMM …… 327
15.4	神经网络语音识别 …… 328
15.4.1	静态语音识别 …… 328
15.4.2	连续语音识别 …… 330
15.5	基于神经网络的说话人识别 …… 330
15.6	基于神经网络的语音信号非线性预测编码 …… 332
15.6.1	语音信号的非线性预测 …… 332
15.6.2	基于 MLP 的非线性预测编码 …… 333
15.6.3	基于 RNN 的非线性预测编码 …… 334
15.7	基于神经网络的语音合成 …… 335
15.8	支持向量机 …… 336
15.8.1	概述 …… 336
15.8.2	支持向量机的基本原理 …… 337
15.9	基于支持向量机的语音分类识别 …… 339
15.10	基于支持向量机的说话人识别 …… 340
15.10.1	基于支持向量机的说话人辨认 …… 340
15.10.2	基于支持向量机的说话人确认 …… 340
15.11	基于混沌神经网络的语音识别 …… 342
15.11.1	混沌神经网络 …… 342
15.11.2	基于混沌神经网络的语音识别 …… 342
15.12	分形在语音识别中的应用 …… 344
15.13	智能优化算法在语音信号处理中的应用 …… 344
15.14	各种智能信息处理技术的融合与

IX

集成 ························· 346
　　15.14.1 模糊系统与神经网络的融合 ······· 347
　　15.14.2 神经网络与遗传算法的融合 ······· 347
　　15.14.3 模糊逻辑、神经网络及遗传算法的
　　　　　　融合 ························· 348
　　15.14.4 神经网络、模糊逻辑及混沌的
　　　　　　融合 ························· 349
　　15.14.5 混沌与遗传算法的融合 ······· 349
　思考与复习题 ························· 350

第 16 章　语音增强 ························· 351
　16.1　概述 ························· 351
　16.2　语音、人耳感知及噪声的特性 ······· 352
　16.3　滤波器法 ························· 354
　　16.3.1　固定滤波器 ························· 354
　　16.3.2　变换技术 ························· 354
　　16.3.3　自适应噪声对消 ······· 354
　16.4　非线性处理 ························· 357
　16.5　基于相关特性的语音增强 ······· 358
　16.6　减谱法 ························· 359
　　16.6.1　减谱法的基本原理 ······· 359
　　16.6.2　减谱法的改进形式 ······· 360
　16.7　基于 Wiener 滤波的语音增强 ······· 361
　16.8　基于语音产生模型的语音增强 ······· 362
　16.9　基于小波的语音增强 ······· 364
　　16.9.1　概述 ························· 364
　　16.9.2　基于小波的语音增强 ······· 364

　　16.9.3　基于小波包的语音增强 ······· 366
　16.10　基于信号子空间分解的语音增强 ······· 367
　16.11　语音增强的一些新发展 ······· 370
　小结 ························· 371
　思考与复习题 ························· 372

第 17 章　基于麦克风阵列的语音信号
　　　　　　处理 ························· 373
　17.1　概述 ························· 373
　17.2　麦克风阵列语音处理技术的难点 ······· 374
　17.3　声源定位 ························· 375
　　17.3.1　去混响 ························· 375
　　17.3.2　近场模型 ························· 376
　　17.3.3　声源定位 ························· 377
　17.4　语音增强 ························· 381
　　17.4.1　概述 ························· 381
　　17.4.2　方法与技术 ························· 382
　　17.4.3　应用 ························· 386
　　17.4.4　本节小结 ························· 387
　17.5　语音盲分离 ························· 387
　　17.5.1　瞬时线性混合模型 ······· 388
　　17.5.2　卷积混合模型 ························· 393
　　17.5.3　非线性混合模型 ······· 395
　　17.5.4　需进一步研究的问题 ······· 396
　思考与复习题 ························· 396

汉英名词术语对照 ························· 398
参考文献 ························· 407

第一篇　语音信号处理基础

第1章　绪　　论

1.1　语音信号处理的发展历史

通过语言交流信息是人类最重要的基本功能之一。语言是从千百万人的言语中概括总结来的规律性的符号系统，是思维、交际的形式。语言是人类特有的功能，是创造和记载几千年人类文明史的根本手段。语音是语言的声学表现，是声音和意义的结合体，是人类最重要、最有效、最常用和最方便的信息传递与交换形式。语音中除包含实际发音内容的语言信息，还包括发音者是谁及其喜怒哀乐等各种信息。在人类已有的通信系统中，语音通信方式(如日常的电话通信)早已成为主要的信息传递途径之一。语言和语音也是人类思维的一种依托，其与人的智力活动密切相关，与文化和社会的进步紧密相连，具有最大的信息容量和最高的智能水平。

语音信号处理简称为语音处理，是用数字信号处理技术对语音信号进行处理的一门学科；其是一门新兴的综合性交叉学科。从事该领域的研究人员主要来自信号与信息处理领域，但其与语音学、语言学、声学、认知科学、生理学、心理学等许多学科也有非常密切的联系。语音信号处理是许多信息领域应用的核心技术之一，是目前发展最为迅速的信息科学领域中的一个；其研究涉及一系列前沿课题，且处于迅速发展之中；研究成果具有重要的学术及应用价值。

从技术角度讲，语音信号处理是信息高速公路、多媒体、办公自动化、现代通信及智能系统等领域的核心技术之一。在高度发达的信息社会，用数字化方式进行语音的传送、存储、识别、合成、增强等是数字化通信网中最重要、最基本的组成部分之一。同时，语言不仅是人类沟通的最自然和最方便的形式，也是人与机器通信的重要工具，是一种理想的人机通信方式，可为计算机、自动化系统等建立良好的人机交互环境，进一步推动计算机和其他智能机器的应用，提高社会的信息化与自动化程度。语音处理技术的应用包括工业、军事、交通、医学、民用各领域；已有大量产品投放市场，并不断有新产品被开发研制，具有广阔的市场需要和应用前景。

语音信号均采用数字方式进行处理，数字处理与模拟处理相比有许多优势。表现为：(1)数字技术可完成很多很复杂的信号处理工作；(2)通过语音进行交换的信息，有离散的性质，因为语音可看作是音素的组合，从而很适合于数字处理；(3)数字系统有高可靠性、廉价、快速等特点，容易完成实时处理任务；(4)数字语音适于在强干扰信道中传输，也易于加密传输。因此，数字语音信号处理是语音信号处理的主要方式。

语音信号的数字表示可分为两类：波形表示和参数表示。波形表示仅通过采样和量化保存模拟语音信号的波形；而参数表示将语音信号表示为某种语音产生模型的输出，是对数字化语音进行分析和处理后得到的。

1874 年 Bell 发明的电话可认为是现代语音通信的开端，其首次用声电-电声转换实现远距

1

离传输语音。电话的理论基础是尽可能无失真地传送语音波形,这种波形原则统治了很多年。1939年,美国Dudley提出一种新概念的语音通信技术,即通道声码器。其打破了语音信号的内部结构,使之解体,提取参数进行传输,在接收端重新合成语音。这一技术包含了其后出现的语音参数模型的基本思想,在语音信号处理处理领域具有划时代的意义。20世纪40年代后期,美国Bell实验室研制出将语音信号时变谱用图形表示的仪器——语谱仪,为语音信号分析提供了有力工具,对声学语音学的发展起到过重要的推动作用。在语音信号分析研究的基础上,电话通信技术得到很大发展,同时也开展了人机自然语音通信的研究。这样,20世纪50年代初出现了第一台口授打字机和第一台英语单词语音识别器。但由于此时语音信号分析理论尚未取得决定性的成熟,工艺技术水平未达到一定高度,这些研究工作未取得决定性成功。

20世纪60年代后,语音信号处理的研究取得新进展,主要标志是1960年瑞典科学家Fant的论文《语音产生的声学理论》发表,为建立语音信号的数字模型奠定了基础。另一方面,数字计算机的应用得到推广。特别重要的是,60年代中期形成的一系列数字信号处理的理论和算法,如数字滤波器、FFT等是语音信号数字处理的理论与技术基础。这样,出现了第一台以数字计算机为基础的孤立词语音识别器,又研制出第一台有限连续语音识别器。

20世纪70年代初,Bell实验室的Flanagan的重要著作《语音分析、合成和感知》奠定了数字语音处理的理论基础。另外,有几项研究成果对语音信号处理技术的进步与发展产生重大影响。如70年代初,Itakura提出用于输入语音与参考样本间时间匹配的动态时间规整(DTW)技术,使语音识别研究在匹配算法方面开辟了新思路;70年代中期,用于语音信息压缩及特征提取的线性预测技术(LPC)被用于语音信号处理,成为语音信号处理最有力的工具,广泛用于语音分析、合成及其他各应用领域;隐马尔可夫模型(HMM)也取得初步成功。80年代开始出现的语音信号处理技术产品化的热潮,是与上述语音信号处理新技术的推动作用分不开的。另一方面,倒谱分析与LPC在语音处理中得到应用,微电子学和集成电路技术取得进展,价格较低的微处理器芯片及专用信号处理芯片不断出现,再次给数字语音处理技术的发展和推广应用以很大的推动力量。

20世纪80年代初,一种新的基于聚类分析的高效数据压缩技术——矢量量化(VQ)用于语音处理,不仅在语音识别、语音编码及说话人识别等方面发挥了重要作用,且很快推广到其他许多领域。而用HMM描述语音信号过程是80年代的一项重大进展,HMM已构成现代语音识别的重要基石。其使语音识别算法从模式匹配转向基于统计模型的技术,更多地追求从整体统计的角度建立最佳语音识别系统。作为语音信号的统计模型,HMM的理论基础于1970年前后由Baum等人建立,后被用于语音识别。Bell实验室的Rabiner等学者在80年代中期对HMM进行了深入的介绍,使其被语音处理领域的研究人员所了解;从而使HMM成为研究热点,并成为目前为止语音识别的主流方法。80年代末90年代初,人工神经网络(ANN)的研究异常活跃,取得迅速发展,而语音信号处理的各项课题是促使其发展的重要动力之一;同时,其许多成果也体现在语音信号处理的各项应用中,尤其语音识别是神经网络的重要应用领域。总之,VQ、HMM及神经网络相继用于语音信号处理,且不断改进与完善,使语音信号处理技术产生了突破性进展。

语音信号处理为交叉学科,主要是信号处理和语音学等学科结合的产物,因而必然受这些学科的影响,同时也随这些学科的发展而发展。语音信号处理的研究目的和处理方法多种多样,一直是数字信号处理技术发展的重要推动力量,而数字信号处理的很大部分内容也涉及语音信号处理;数字信号处理学科与技术发展的一部分来源于数字语音处理的研究。无论是谱分析,还是数字滤波或压缩编码等,许多新方法的提出首先在语音处理中获得成功,再推广到其他领域。同时,它与信息科学中最活跃的前沿学科保持密切联系,并且一起发展。如神经网络、模糊集理论、子波分析和时频分析等研究领域常将语音处理作为一个应用实例,而语音处理也常从这些领域的研究进展中取得发展。

语音信号处理以两方面知识为基础,除数字信号处理外还有语音学。语音信号处理与语音学有密切关系。语音学是研究语音过程的一门科学,包括三部分研究内容:发音器官在发音过程中的运动及语音音位特性;语音物理属性;听觉和语音感知。

另一方面,高速数字信号处理器(DSP)的诞生与发展也与语音处理密切相关,语音识别与语音编码算法的复杂性及实时处理的需要,是促使设计这样的处理器的重要推动力量之一。这种产品问世后又首先在语音处理应用中得到有效的推广应用。语音处理产品的商品化对这样的处理器有很大需求,因此其反过来又推动了微电子技术的发展。

1.2 语音信号处理的主要研究内容及发展概况

语音信号处理有广泛的应用领域,最重要的包括语音编码、语音合成、语音识别、说话人识别、语音增强、麦克风阵列语音信号处理等。

(1) 语音编码

语音编码技术是伴随语音数字化而产生的,主要应用于数字语音通信领域。语音信号的数字化传输,一直是通信的发展方向之一。语音信号的低速率编码传输比模拟传输有很多优点。直接将连续语音信号取样量化而成为数字信号,要占用较多的信道资源。因而,应在失真尽可能小的情况下,使同样道容量能够传输更多路的信号,这需要对模拟语音信号进行高效率的数字表示,即进行压缩编码;这已成为语音编码的主要内容。

在中低速率上获得高质量的语音一直是语音编码研究的主要目标。低数码率编码在无线通信、网络安全、数字电话及存储系统等方面有广泛应用。语音编码研究始于1939年Dudley发明的声码器,但直至20世纪70年代中期,除PCM及ADPCM取得较好的进展外,中低比特率语音编码一直没有大的突破。80年代后,语音编码技术产生大的飞跃;1980年美国公布了一种2.4b/s的标准编码算法,使一直期待的在普通电话带宽信道中传输数字电话的愿望成为事实,而数字电话有保密性高、易克服噪声累计、便于程控交换等优点。但上述LPC编码的音质不令人满意。80年代后,提出很多新型编码算法,在16kb/s、4.8kb/s以至2.4kb/s上提供高质量语音,且均可用单片DSP实时实现。目前,在2.4kbit/以上的编码速率,合成语音质量已得到认可并广泛应用。而实用系统的最低压缩速率达2.4kb/s甚至更低,在大大节省信道带宽的同时保证了语音质量。目前的研究是减小编解码过程产生的时延,以广泛用于移动通信。未来研究重点是2.4kb/s以下极低速率的语音编码技术和算法。

近年来,高质量的语音编码技术大规模实用化,各种国际标准的制定反映了其发展水平与趋势。20世纪70年代推出64kb/s的PCM语音编码国际标准,以后又有32kb/s的ADPCM。1980年美国公布了2.4kb/s的线性预测编码标准算法LPC-10,使在普通电话带宽信道中传输数字电话成为可能。1988年又公布了4.8kb/s的CELP语音编码标准算法,而欧洲推出了16kb/s的RPELPC,这些算法的音质都能达到很高质量,而不像LPC声码器的输出语音那样不为人们所接受。此外,还有16kb/s的LD-CELP、8kb/s的CA-ACELP等国际标准。90年代中期,出现了很多广泛使用的语音编码国际标准,如基于CELP技术的5.3/6.4kb/s的G.723.1、8kb/s的CS-ACELP(即G.729)等。另一方面,还有一些地区性或业务性标准,如第二代移动通信系统中的语音编码,美国国防部制定的4.8kb/s及2.4kb/s保密电话标准等。同时,还有各种未形成国际标准、但数码率更低的成熟编码算法,有的在1.2kb/s以下仍可提供可懂的语音。

语音编码目前的研究集中在低数码率的高音质、低延迟声码器，提高噪声信道中低数码率编码器的性能，并能传输多种信号(包括音频)。为此，应采用更有效的参数矢量量化、非线性预测、多分辨率时频分析(如小波)及高阶统计量技术，并对人耳感知特性进行进一步的研究与探索等。

语音编码与通信技术的发展密切相关：现代通信的重要标志是数字化；而语音编码的根本作用是使语音通信数字化，它将使通信技术水平提高一大步。语音编码是移动通信及个人通信非常重要的支撑技术，对通信新业务的发展有十分重要的影响。同时，语音编码的产品化比语音识别容易，研究成果可很快实用化。

（2）语音合成

目前，计算机使用还不够方便，人与计算机的通信需利用键盘和显示器，效率低下且操作也不方便。因而希望计算机有智能接口，使人能够方便自然地与计算机打交道。语音是人与人、人与计算机间最方便的信息交换方式，因而人们特别期望有智能的语音接口。最理想的是，计算机有人那样的听觉功能及发音功能；从而人可用自然语言与计算机对话，使其可接收、识别并理解声、图、文信息，看懂文字、听懂语言、朗读文章，甚至进行不同语言间的翻译。智能接口技术有重大的应用价值，又有基础的理论意义，多年来一直是最活跃的研究领域。而语音识别与语音合成为人机智能接口开辟了新途径，是智能接口技术中的标志性成果，也是人工智能的重要课题。

这里，语音合成是使计算机说话，它是一种人机语音通信技术，应用领域十分广泛，且已发挥了很好的社会效益。对语音合成的社会需求十分广泛，其研究和产品开发有很好的前景。目前，有限词汇语音合成已成熟，在自动报时、报警、报站、电话查询服务等方面得到广泛应用。

最简单的语音合成是语声响应系统，其非常简单：在计算机内建立一个语言库，将可能用到的字、词组或一些句子的声音信号，编码后存入计算机；键入所需要的字、词组或句子代码时，就可调出对应的数码信号，并转换成声音。

20世纪70年代末，开始对文本-语音转换系统(TTS)进行研究；其基于规则的文字-语音合成系统，将文字转换为语言，以使计算机模仿人来朗读文本。这种系统的特点是用最基本的语音单元，如音素、音节等作为合成单元，建立语音库，通过合成单元拼接达到无限词汇的合成。输入文字信息后，将其按照语言规则转换为由基本单元组成的序列；根据说话时单元连接的规则进行控制，并发出声音。为保证合成声音的音质，系统中除语音库外还有一个很庞大的规则库，实现对合成语音的音段和超音段特征的控制。20世纪90年代初，文-语转换系统在很多国家、多个语种都达到商品化程度，语音质量亦被公众接受。其中，波形拼接合成方法得到越来越广泛应用，最有代表性的为基音同步叠加法(PSOLA)，在语音合成中影响较大。PSOLA于20世纪90年代末提出，是多样本的不等长语音拼接合成技术；其在语音库中存放大量语音样本，通过选择合适的拼接语音片段实现高质量的合成语音。它可保持所发语音的主要音段特征，又能在拼接时灵活调整一些特征及参数；其将语音合成问题简化为建立一个充分的语音库，选择合适的语音片段进行拼接，及对语音片段的拼接部分进行调整的过程。

20世纪90年代中期，随语音识别中统计模型方法的日益成熟，提出可训练的语音合成方法；基本思想是基于统计模型和机器学习方法，根据一定语音数据进行训练，并快速构建合成系统。随着声学合成性能的提高，在此基础上又发展了统计参数语音合成方法，其中以HMM的建模与合成为代表。基于HMM的参数语音合成无须人工干预，可快速构建合成系统，且对不同发音人、发音风格及语种依赖很小，是近年语音合成研究的热点。而更高层次的合成是概念或意向到语音的合成；即将想法、意向组成语言并变为语音，就如大脑形成说话内容并控制发声器官产生语音那样。

目前，很多语音合成系统有较高的可懂度，但在提高自然度方面还有很大空间，这是目前研究的重点。另一方面，无限词汇语音合成的音质改善存在一定困难，还未达到完美的程度；这是当前语音合成研究的主要方向，从社会需求上看也是要迫切解决的问题。语音合成有很好的应用前景，如与机器翻译相结合，可实现语音翻译；与图像处理结合，可输出视觉语音。

（3）语音识别

语音识别就是使计算机判断出人说话的内容。语音识别的根本目的是使计算机有人那样的听觉功能，能接受人的语音、理解人的意图。语音识别与语音合成类似，也是人机语音通信技术。语音识别的研究有重要意义，特别是对于汉语来说，汉字的书写和录入较为困难，因而通过语音来输入汉字信息就特别重要。而且，用计算机键盘进行操作也不方便，因而用语音输入代替键盘输入的必要性更为突出。在计算机智能接口及多媒体的研究中，语音识别有很大应用潜力。同时，为实现人机语音通信，需要有语音识别及语音理解等两种功能。

如上说述，语音识别可用于将文字以口授方式输入到计算机中，即广泛开展的听写机研究，如声控打字机等。其可用于自动口语翻译，即通过语音识别、机器翻译及语音合成等技术的结合，可将某种语言输入的语音翻译为另一种语言的语音，实现跨语言交流。

语音识别的研究比语音合成要困难得多，其起步也较晚。语音识别的研究始于20世纪50年代，目前已取得很大进展，近年不断有语音识别器(主要是集成电路芯片)投放市场。目前，小词汇量特定人孤立词语音识别已成熟，而大词汇量连续语音识别系统的性能需进一步改善。20世纪80年代以来，语音识别研究的重点转向大词汇量非特定人连续语音识别。80年代末实现的997个词的SPHINX，是世界上第一个高性能的非特定人大词汇量连续语音识别系统。而有代表性的是1997年IBM公司推出的Via Voice大词汇量连续语音识别系统，其输入速度平均每分钟达150字，平均最高识别率95%，且有自学习功能。

20世纪90年代以来，语音识别已从理论研究走向实用化。一方面，声学语音学统计模型的研究日益深入，鲁棒的语音识别、基于语音段的建模方法及HMM与神经网络的结合成为研究热点。另一方面，为适应语音识别实用化的需要，听觉模型、快速搜索识别算法，以及进一步的语言模型研究课题受到很大关注。

目前，语音识别技术距其广泛应用还存在距离。很多因素影响语音识别系统的性能，甚至使其无法工作。如实际环境中的背景噪声、传输通道的频率特性、说话人生理或心理的变化，以及应用领域的变化等。因而，鲁棒(顽健的)的语音识别方法受到广泛重视。但目前为止，所做研究多是针对一两种因素进行的补偿，而综合考虑各种因素进行补偿的研究还很少。

随着Internet技术的发展，出现了Internet电话，即IP电话技术。对这种经数据压缩，并由网络以数据包形式传输的语音进行识别，与传统的语音识别技术有很大不同；这就是网络环境下的语音识别问题，其在电子商务及国防军事领域有广阔的应用前景。

迄今为止，对语音识别的理论与应用已进行了广泛研究，这方面已有相当庞大数量的文献。但语音识别是一项综合性的、难度很大的研究课题，从语音中提取满意的信息是一项艰巨复杂的任务。语音识别研究中面临很多难以解决的问题与困难。目前，国内外均投入大量人力物力来解决这些问题。

（4）说话人识别

说话人识别可看作一种特殊的语音识别，它是根据语音来辨别出说话人是谁。说话人识别与语音识别类似，通过提取语音信号的特征和建立相应模型进行分类判断。但与语音识别不同，其并不注意语音信号中的语义内容，而是从语音信号中分析和提取个人特征，以去除不含个人特征的语音信息；即力求找出包含在语音信号中的说话人的个性因素，即不同人之间的特征差异。

对说话人识别的研究，随着语音识别研究的不断深入也得到迅速发展。语音识别中很多成功的技术，如 VQ、HMM 等均被用于说话人识别。20 世纪 90 年代，提出单状态 HMM，即后来的高斯混合模型(GMM)；其与多状态 HMM 几乎有相同的识别性能，在说话人识别研究中日益受到重视。

（5）语种辨识

语种辨识是近年出现的研究领域，也可看作一种特殊的语音识别。它是从一个语音片段中判别语音属于哪个语种。语种辨识能够实现的依据是，世界上的不同语种之间有多种区别特征，因而应找出不同语种间的特征差别。语种辨识和语音识别及说话人识别系统有很多相似之处；其可用于多语言语音识别的前端处理，在信息检索、军事领域及国家安全等领域有重要应用。

（6）语音理解

语音理解是利用知识表达和组织等人工智能技术，来进行语句识别和语意理解的。其与语音识别的不同之处在于对语法和语义知识的充分利用程度。人对语音有广泛的知识，对要说的话有一定的预见性，即对语音有感知分析能力。依靠人对语言及其内容所具有的广泛知识来提高计算机理解语言的能力，是语音理解研究的核心。语音理解可看作信号处理与知识处理的产物。

（7）语音增强

实际应用环境中，语音会不同程度地受到环境噪声的干扰。因而，语音抗噪声技术的研究及实际环境下语音处理系统的开发，是语音信号处理中非常重要的研究课题。目前这一研究大体分为三类方法，即语音增强、寻找稳健的语音特征及基于模型参数适应化的噪声补偿。然而，解决噪声问题的根本方法应是噪声和语音的自动分离，但其技术难度较大。近年来，随声场景分析及盲分离技术的发展，语音和噪声分离的研究取得一定进展。

语音增强是语音抗噪声技术的一种，即对带噪语音进行处理，以尽可能去除噪声并改善听觉效果。有些语音编码和语音识别系统在无噪声或噪声很小的环境中性能很好，但环境噪声增大时，其性能将急剧下降。因而，语音增强也是语音编码及语音识别等系统实际应用中所必须解决的问题。

（8）基于麦克风阵列的语音信号处理

麦克风阵列处理是语音信号处理中的一项新技术。与单一麦克风（通道）的语音信号处理相比，麦克风阵列在时域和频域处理的基础上增加了空域处理，可对来自空间不同方向的信号进行空-时-频联合处理，以弥补单个麦克风在噪声抑制、声源定位跟踪、语音分离等方面的不足，从而广泛用于有嘈杂背景的语音通信环境。麦克风阵列处理的研究主要包括声源定位、语音增强、声源盲分离、去混响等。

麦克风阵列信号处理是阵列信号处理领域中一个新的分支，它继承和发展了阵列信号处理的理论与算法。阵列信号处理理论的发展促进了麦克风阵列信号处理的发展，很多用于阵列信号处理的方法、技术与体系可用于麦克风阵列，其为麦克风阵列处理的发展提供了动力。

20 世纪七八十年代，开始将麦克风阵列用于语音信号处理中。1985 年，Flanagan 将麦克风阵列引入大型会议的语音增强中，后来麦克风阵列又被引入语音识别系统、移动环境的语音获取、说话人识别及混响环境下的语音捕获。90 年代后，这一技术成为研究热点。1996 年被用于声源定位，以确定和实时跟踪说话人位置。麦克风阵列处理在军事上也有重要应用，如声呐系统对水下潜艇的跟踪，无源定位直升机和其他发声设备等。在国外，IBM、Bell 实验室等致力于麦克风阵列的研究,已有初期产品进入市场。

(9) 基于智能信息处理、现代信号处理技术的语音信号处理

语音信号处理的研究已经历了几十年历史,特别是近 30 年来,取得很多重要进展。但目前该研究领域仍蕴涵着很大潜力,但也面临许多理论和方法上的实际问题,存在一些难以解决的问题。近年来兴起并得到迅速发展的一系列新兴理论与前沿技术,包括智能信息处理、现代信号处理等,是解决这些问题的有力工具之一,正日益受到重视。它们在语音信号处理中得到广泛应用,已取得大量成果;对该领域的发展起到了重要推动作用。

多年来,人们一直探索新一代的信息处理技术。智能信息处理是多种学科相互结合、相互渗透的产物。20 世纪 90 年代以来,国际上掀起了一股研究智能信息处理技术的热潮,包括模糊逻辑、神经网络、支持向量机、混沌与分形、进化计算(遗传算法)粗集、数据挖掘、信息融合等,推动了软计算、软处理技术的深入发展。智能信息处理的研究发展中,产生了计算智能这一学科分支,神经网络、模糊系统和进化计算是其中的三个主要方面。目前,智能信息处理中的各学科迅速发展,并相互结合与渗透,对其发展起到了重要推动作用。另一方面,近 20 年来,信号处理的理论与方法也得到迅速发展,产生许多新技术。如非平稳和非高斯信号已成为研究对象;高阶统计量、时频分析、小波分析、盲源分离、现代谱估计、特征空间分解、独立分量分析等已成为研究热点。这些新发展的理论与技术已成为现代信号处理的主要标志之一。

智能信息处理、现代信号处理等新兴技术是语音信号处理发展的重要推动力量;几乎其每一种新兴技术出现后,都迅速在语音信号处理中得到应用。20 世纪 90 年代后,对这些新兴技术的广泛应用与深入研究已将语音信号处理研究提高到一个崭新的水平,在语音识别与语音编码等方面取得许多重要突破,不断改善语音处理系统的性能。目前,在该领域已经进行了许多卓有成效的研究与探索,但还有很多更有意义的、需要更加深入研究的课题。

基于智能信息处理、现代信号处理的语音信号处理已成为语音信号处理领域的一个重要分支。这不仅推动了语音信号处理技术的迅速发展;而且也促进了智能信息处理、现代信号处理领域的不断完善与发展。

目前有很多专用语音处理芯片,与 DSP 或计算机结合可组成各种复杂的语音处理系统。

1.3　本书的内容

本书系统介绍了语音信号处理的基础、原理、方法、应用,和新成果、新进展与新技术;及该领域的背景知识、研究现状、应用前景和发展趋势。在篇幅上,按基础—分析—处理与应用的顺序来组织材料。在内容上,传统语音信号处理与现代语音信号处理并重。

全书分 3 篇共 17 章。第 1 篇为语音信号处理基础,其中第 1 章绪论;第 2 章介绍语音信号处理所需要的语音基础知识;第 2 篇为语音信号分析,介绍语音信号的各种分析和处理方法,包括 3 至 10 章;分别介绍语音信号的时域分析、短时傅里叶分析、倒谱分析(同态处理)、LPC 分析、矢量量化、隐马尔可夫模型、非线性分析(小波,混沌与分形)及特征参数(基频和共振峰)提取。第 3 篇为语音信号处理技术与应用,介绍了各种语音信号处理方法、技术及应用,以及语音信号处理学科的发展动态和应用前景。包括 10 至 17 章,分别为语音编码、语音合成、语音识别、说话人识别和语种辨识、智能信息处理技术在语音信号处理中的应用、语音增强、基于麦克风阵列的语音信号处理。书中各章后均附有思考与复习题,书后附汉英名词术语对照表。

本书力求系统深入地阐述语音信号处理的原理、方法与应用,及该领域的重要研究成果。

全书注重各章节间的内在联系与结合；注重语音信号处理与其他相关学科的交叉融合，包括智能信息处理(即智能语音处理)、现代信号处理技术(即基于高阶累积量、盲分离、小波变换、子空间分解的语音处理)、阵列信号处理(即语音麦克风阵列信号处理)、图像处理(如可视及双模语音识别)等；注重语音信号处理在信号与信息处理学科中的地位及作用的阐述，及与其他相近学科间的联系(如声学信号处理及数字图像处理等)。

本书篇幅较大。用作本科生或研究生教材时，可根据教学要求来适当选取教学内容。

思考与复习题

1-1 语音信号处理研究的主要内容是什么？相对于其他信号处理学科其有何特点？
1-2 试述语音信号处理的发展历史和研究现状。
1-3 语音信号处理的应用领域有哪些？
1-4 作为交叉学科，语音信号处理研究涉及哪些学科？
1-5 试述语音信号处理与声学信号处理及电声技术的关系。
1-6 试述语音信号处理在现代信号处理中的地位与作用。
1-7 语音信号处理与数字图像处理在原理与方法上有何异同？

第 2 章 语音信号处理的基础知识

2.1 概　　述

在学习语音信号的分析、处理与应用技术前，需了解语音信号的一些基本知识。

为对语音信号进行处理，需建立一个可精确描述语音产生过程和语音全部特征的数字模型，即一个既实用又便于分析的语音信号模型。为处理和实现上的简便，该模型应尽可能简单。但是，语音的产生过程很复杂，语音中包含的信息又十分丰富多样，因而至今尚未找到一种可细致描述语音产生过程和所有特征的理想模型。在已提出的很多模型中，Fant 于 1960 年提出的线性模型是较成功的模型之一。它以人类语音发音的生理过程及语音信号的声学特性为基础，成功地表达了语音的主要特征，在语音编码、语音合成及语音识别等领域得到广泛应用。这是本章要介绍的主要模型，也是以后各章讨论的基础。此外，本章还将介绍近年提出的一种语音非线性模型，即 FM-AM 模型。

本章还将介绍与语音处理关系密切的语音学的一些基本内容。语音学是研究言语过程的科学。语音是人类说话的声音，是语言信息的声学表现。语言交流是连结说话人和听话人大脑的一连串心理、生理及物理转换过程，分发音、传递、感知三个阶段。因而，现代语音学发展为与此相应的三个主要分支：发音语音学、声学语音学和听觉语音学。

发音语音学主要研究语音产生机理，借助仪器观察发音器官，以确定发音部位及发音方法。该学科已相当成熟。声学语音学研究语音传递阶段的声学特性，与传统语音学和现代语音分析手段相结合，用声学与非平稳信号分析理论解释各种语音现象，是近几十年发展非常迅速的新学科。听觉语音学研究语音感知阶段的生理和心理特征，即耳朵如何收听语音，大脑如何理解这些语音，以及语言信息在大脑中存储的部位和形式。听觉语音学与心理学关系密切，是近几十年发展起来的，目前还处于探索阶段。语音信号处理的进一步发展在很多方面依赖于语音信息的研究，以此为目的的语音学研究工作也非常活跃。

本章要介绍的语音产生过程属于发音语音学内容，语音声学特性属于声学语音学内容，语音感知属于听觉语音学内容。本章介绍的基础知识对于语音信号处理的任何一个领域都是必需的，其中贯穿全书的是语音产生的数字模型。

2.2 语音产生的过程

声音是一种波，可被人耳听到，其振动频率在 20Hz～20kHz 之间。自然界包含各种声音，如风声、雷声、雨声、机械声、乐器声等。而语音是声音的一种，即人的发音器官发出的、有一定语法和意义的声音。语音的振动频率最高可达 1.5kHz。

从说话人开始想说到听话者对语音的理解是一个复杂过程，如图 2-1 所示。可分为以下阶段：

（1）想说：大脑产生说话意向，接着生成概念，选择适当词汇，按语法组织成语言。

（2）说出：发音器官协调工作，发出声音(产生声波)。面部肌肉、器官和体态与发音器官配合，送出多种信息，以便让听话者更好地理解语音。与此同时，说话者听觉系统接收自己的声音,并随之修改。

想说 → 说出 ------→ 接收 → 理解
                 传输

图 2-1　人类的言语过程

（3）传输：声波凭借质点运动而传播。

（4）接收：听觉系统接收声波,包括外耳、中耳、内耳。内耳基底膜被声波刺激而振动,激发神经元产生脉冲,传递给大脑,从而感知声音。

（5）理解：听觉神经中枢收到脉冲信息,通过一系列复杂的处理过程,辨认出说话人,理解其信息内容。

人类生成语音过程的第一阶段是决定想传递给对方的内容,然后将其转换为语言形式。选择表现其内容的适当语句,按文法规则排列,便构成语言的形式。大脑对发音器官发出运动神经指令,发音器官各种肌肉运动、再振动空气而形成语音波。这个过程可分为神经和肌肉的生理学阶段及产生和传递语音波的物理阶段。

语音由发音器官在大脑控制下的生理运动产生。发音器官包括肺、气管、喉（包括声带）、咽、鼻和口等,如图 2-2 所示。这些器官共同形成一条形状复杂的管道,其中喉以上的部分为声道,它随发出声音的不同形状而变化；喉的部分称为声门。发音器官中,肺和气管是整个系统的能源,喉是主要的声音生成机构,而声道则对生成的声音进行调制。

产生语音的能量,来源于正常呼吸时肺部呼出的稳定气流,喉部的声带既是阀门又是振动部件。而两声带间的部位为声门。说话时,声门处气流冲击声带产生振动,然后通过声道响应变成语音。发不同的音时声道形状不同,所以能听到不同的声音。喉部的声带对发音影响很大,其为语音提供主要的激励源：声带振动产生声音。呼吸时左右两声带打开,讲话时则合拢。讲话时,声带合拢因受声门下气流的冲击而张开,但由于声带韧性迅速闭合,随后又张开而闭合……。声带开启和闭合使气流形成一系列脉冲。每开启和

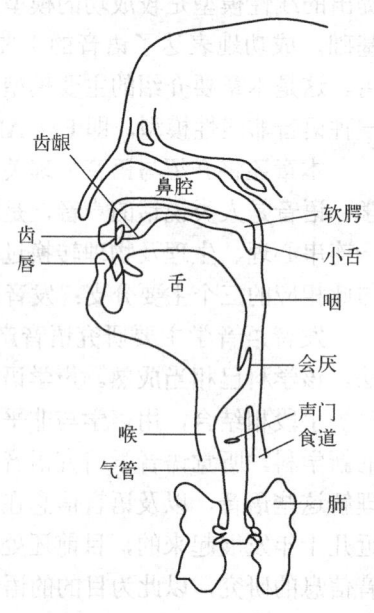

图 2-2　人的发音器官简图

闭合一次的时间即振动周期,称为基音周期,其倒数为基音频率,简称基频。基频取决于声带的尺寸和特性,及其所受的张力。声带的振动频率即基频决定了声音频率的高低：频率快则音调高,频率慢则音调低。基频范围约为 80～500Hz,随发音人性别、年龄及具体情况而定；老年男性偏低,小孩和青年女性偏高。

语音由声带振动或不经声带振动而产生,其中由声带振动产生的称为浊音,而不由声带振动产生的为清音。浊音包括所有元音和一些辅音,清音包括另一部分辅音。

声道是声门至嘴唇的所有器官,由咽、口腔和鼻腔组成,是一根从声门延伸至口唇的非均匀截面声管；其外形变化是时间的函数,发不同音时其形状变化非常复杂。成年男子声道的平均长度约 17cm,声道截面积取决于其他发音器官的位置,可从零（完全闭合）变化到 20cm^2。声道是气流自声门声带之后最重要的、对发音起决定性作用的器官。

下面介绍语音的产生过程。空气从肺部排出形成气流。空气通过声带时,如果声带绷

紧，则其将张驰振动，即周期性地开启和闭合。声带开启时，空气流从声门喷射出来，形成一个脉冲；声带闭合时相应于脉冲序列的间歇期。因而声门处产生一个准周期性脉冲序列的空气流，经声道后最终从嘴唇辐射出声波，就是浊音。如声带完全舒展，则肺部发出的空气流不受影响地通过声门。空气流通过声门后有两种情况：一是如声道某部位发生收缩而形成一个狭窄通道，则气流到达此处时被迫以高速冲过收缩区，并在附近产生空气的湍流，这种湍流通过声道后形成摩擦音或清音。另一种情况是，如声道的某部位完全闭合，则空气流到达时便在此处建立空气压力；一旦闭合点突然开启，则气压快速释放，通过声道后就形成爆破音。

可见，语音是空气流激励声道，最后从嘴唇或鼻孔或同时从嘴唇和鼻孔辐射出来而形成的。对浊音、清音和爆破音，其激励源不同：浊音是位于声门处的准周期脉冲序列，清音是位于声道的某个收缩区的空气湍流（类似于噪声），爆破音是位于声道某闭合点处建立的气压及其突然释放。

当某物体(或空腔)做受迫振动，所加驱动(或激励)频率等于振动体的固有频率时，便以最大振幅来振荡，在该频率上传递函数有极大值；这种现象称为共振。共振体的共振作用常常不只在一个频率上，可能有多个响应强度不同的共振频率。

声道是分布参数系统，为谐振腔，有很多谐振频率。谐振频率由每一瞬间的声道外形决定。讲话时，舌和唇连续运动，常常使声道改变外形和尺寸，从而改变谐振频率。如果声道截面是均匀的，则谐振频率发生在

$$F_n = \frac{(2n-1)c}{4L}, \quad n=1,2,3,\cdots \tag{2-1}$$

式中，c 为声速，空气中 $c \approx 340 \text{m/s}$；L 为声道长度；n 为谐振频率的序号。如 $L=17\text{cm}$，则谐振频率为 500Hz 的奇数倍，即 $F_1=500\text{Hz}, F_2=1500\text{Hz}, F_3=2500\text{Hz},\cdots$ 发元音 e[ə]时，声道截面最接近于均匀，因而谐振频率最接近于上述值。发其他音时，声道形状很少是均匀的，则谐振点间的间隔不同，但平均仍约每 1kHz 有一个谐振点。

这些谐振频率称为共振峰频率，简称共振峰，是声道的重要声学特性。声道对激励信号的响应，可用一个含有多对极点的线性系统近似描述。每对极点对应一个共振峰频率。这个线性系统的频率特性称为共振峰特性，决定了信号频谱的总轮廓即谱包络。共振峰和声道的形状与大小有关，一种形状对应一套共振峰。声音沿声道传播时，频谱形状随声道改变。语音的频率特性主要由共振峰决定，它决定了所发出声音的频谱特性即音色。人说话时，元音的音色和区别特征主要取决于共振峰特性。

共振峰可由语音信号的频谱特性观察得到。声门脉冲序列含有丰富的谐波成分，这些频率成分与声道共振频率的相互作用结果对语音音质有很大影响。声道大小随不同讲话者而不同，因而共振峰频率与讲话者密切相关。即使音素相同，讲话者不同时共振峰也有很大变化。

共振峰用依次增加的多个频率表示，$F_1, F_2, \cdots$ 称为第一共振峰、第二共振峰……。为得到高质量的语音或准确描述语音，须采用尽可能多的共振峰。但应用中只有前三个共振峰是重要的。声学语音学中通常考虑 F_1 和 F_2，语音识别至少考虑三个共振峰，而语音合成考虑五个共振峰是最现实的。表 2-1 给出前三个共振峰的大致范围，这些数值只是概略的，对不同人其变化相当大。

表 2-1 前三个共振峰的频率范围（Hz）

	成年男子	成年女子	带宽
F_1	200～800	250～1 000	40～70
F_2	600～2 800	700～3 300	50～90
F_3	1 300～3 400	1 500～4 000	60～180

声波的共振也称为共鸣。声道截面积随纵向位置改变的函数，称为声道截面积函数；它决定了共振峰特性。

2.3 语音信号的特性

2.3.1 语言和语音的基本特性

如前说述，语音是一种特殊声音，是由人讲话所发出的。语音由一连串的音组成，其中各个音的排列由一些规则所控制，对这些规则及含义的研究属于语言学的范畴，而对语音中音的分类和研究称为语音学。

语音有被称为声学特征的物理性质。语音既然是一种声波，那就与其他声音一样，也有声音的物理属性。包括：

（1）音质。是一种声音区别于其他声音的基本特征。
（2）音调。是声音的高低，取决于声波的频率：频率快则音调高，频率慢则音调低。
（3）音强。声音的强弱。即音量，又称响度，由声波振动幅度决定。
（4）音长。声音的长短。取决于发音持续时间的长短。

语音除具有上述声音的物理属性外，还有一个重要性质，即与一定的意义相联系，表达一定的思想和意义。语音表示的意义是历史发展形成的，是约定俗成的。语音不但表达一定意义和思想内容，还可表达一定的语气、情感，甚至很多言外之意。因而语音包含的信息十分丰富。

说话时很自然地一次发出、有一个响亮中心的，听的时候也很自然地感到是一个小的语音片断的，称为音节。音节是由音素构成的语音流和发声的最小单位。而音素是语音最小、最基本的组成单位，有独立的各不相同的发音方法与发音部位，是听话者能区别一个单词和另一个单词的声音的基础。一个音节可由一个音素，也可由多个音素构成。各种音素组合构成语音时，连接方法有几种限制，不是所有组合都存在。因而一种语言中使用的音节数远少于其音素的组合数。词（单词）是音节结合而成的更大单位，是文章的基础，是有意义的语言的最小单位；而句子是词的进一步组合。

任何语言的语音都有元音和辅音两种音素。一个音节由元音和辅音构成。元音都是浊音，由声带振动发出，构成一个音节的主干；无论从长度还是能量看元音都在音节中占主要部分。元音的特性由声道形状和尺寸决定。辅音是由呼出的气流克服发音器官的阻碍而产生的。发辅音时，如声带不振动则为清辅音，如声带振动则为浊辅音，可看作元音和清音的混合音。已知的语言中，元音少至 2 个多至 12 个，辅音从 10 多个至 70 多个。而音节的定义不一定明确，但一个音节可是 1 个元音和 1～2 个辅音的组合。

重音、语调和声调也是语言学的一部分，或用于表示一句话中重要的单词，或用于表示疑问句，或用于表示说话人的感情。重音和语调是附加信息，其中重音是西方语言如英语的一个重要特点，而语调是对声音的调节，取决于诸多因素，如语气、环境、讨论的话题等。语音中还有一个问题是同音异义词，即相同语音有两个或更多的不同意义。如汉语中的"语"、"与"和"雨"，英语中的"site"、"sight"和"cite"等就是同音异义词。语音还有所谓超语言学特点，如低语表示秘密、高声说话表示愤怒等。

汉语有其特殊的、不同于英语的特点。即其自然单位为音节，每个字都是单音节字，即一个音节就是一个字的音，而字是独立的发音单位；再由音节字构成词（主要是两音节字构成的词）；最后由词构成句子。每个音节字又均由声母和韵母拼音而成；音节中声母较简单，只是一个音素，而韵母较复杂。

汉语语音的另一个重要特点是有声调（即音调在发一个音节中的变化），这使其使用语声较其他语言更为经济。声调是音节在念法上的高低升降的变化。汉语有四种声调，即阴平（ ˉ ）、阳平（ ˊ ）、上声（ ˇ ）、去声（ ˋ ）；由于有声调之分，所以参与拼音的韵母又有若干种（如包括轻声则最多有 5 种）声调。

汉语的特点是音素少、音节少。其大约有 64 个音素，但只有 400 个左右的音节即 400 个基本发音。如考虑每个音节有 5 种声调，也不过有 1200 多个有调音节即不同的发音。

对汉语语音的分析，是将每个字音分为声母和韵母两部分。汉语有 21 个声母和 39 个韵母。每个字音又有四种音调。所以汉语的音节由声母、韵母和声调按一定方式构成，即由声、韵、调构成。声母均由辅音充当，但辅音不一定是声母。汉语中有 22 个辅音，其中 21 个可作为声母。韵母可由元音充当，如汉语中 10 个元音中有 9 个可作为韵母。韵母也可由复合元音充当，还可由元音加鼻音构成，所以汉语有 39 个韵母。

2.3.2 语音信号的时间波形和频谱特性

下面以元音为例讨论语音波形的性质，这些性质后面要经常引用。

元音属于浊音，其声门波形为如图 2-3 所示的脉冲序列，脉冲间隔为基音周期，用 $g(t)$ 表示。其作用于声道，得到的语音信号是 $g(t)$ 与声道冲激响应 $h(t)$ 的卷积。假定 $g(t)$ 不受声道形状影响；其声道传递函数 $H(s)$ 是全极点的，而每个极点对应一个衰减振荡，则声道冲激响应为一系列衰减的正弦波之和；从而其典型语音信号时间波形如图 2-4 所示。图中，每个峰代表一个新的声门脉冲的起点，峰和峰间的间隔相当于声门脉冲的周期。

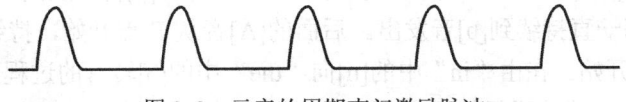

图 2-3 元音的周期声门激励脉冲

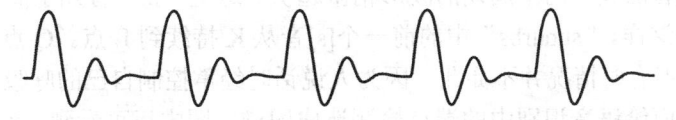

图 2-4 声道对声门脉冲响应的输出

下面考察语音信号的频域特性。周期声门脉冲序列中包含有丰富的谐波成分。$g(t)$ 的频谱是间隔为基频的脉冲序列的频谱与声门波频谱的乘积。而其中常有复数零点落于我们所关心的频率范围内，这些零点在与共振峰相互作用的激励频谱包络中产生极小值。随基音、说话条件、说话人及其他条件的变化，声门脉冲形状有很大变化，因而准确的零点位置难以确定；通常在 0.8～1.0kHz 以上用 12dB/倍频程的下降来表示。

还有一个因素需要考虑。语音从嘴唇辐射出去时，声压与口腔中体速度的微分成正比，使语音频谱幅度有 6dB/倍频程的提升。通常将这种影响与声门影响相结合，以便于研究声道特性；为此用 6dB/倍频程下降的脉冲序列作为"综合的"激励谱。图 2-5 为加窗后的语音激励谱示意图(加窗是语音谱分析的一个步骤，将在第 4 章中介绍)。

设上述激励的频谱为 $G(f)$。声道频率特性为 $H(f)$，其最大值与共振峰对应，如图 2-6 所示。将激励作用于声道，则输出的语音谱为 $G(f)H(f)$，如图 2-7 所示。图中虚线为谱包络，其形状由 $H(f)$ 和 $G(f)$ 的包络乘积得到。恢复这个谱包络是许多语音处理应用的主要问题，因为其携带了主要发音信息。第 6 章介绍的 LPC 技术之所以非常重要，是由于其谱包络分析方法快速准确，且在理论上完全得到了证明。

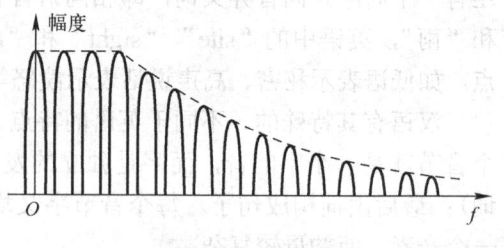

图 2-5 理想的声门激励脉冲序列频谱

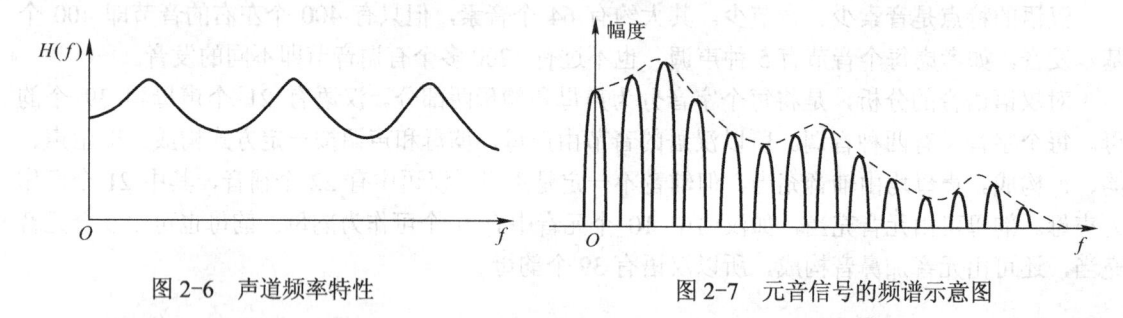

图 2-6 声道频率特性

图 2-7 元音信号的频谱示意图

图 2-8 为一段语音信号波形。其为天气预报中的一句话，即 "ten above in the suburbs"。信号取样率为 8kHz。由图可见，不同音素之间没有明显分界，几乎每个音素都逐渐消失在其后面的音素中。图中用大写字母表示音素的开始时刻，但只是大致位置。

图中，[t]音开始于 7s 左右，用 A 点表示。B 点开始是 ten 中的[ɛ]音。可见语音波形特有的形式：每个周期开始都有一个明显的峰，接着是一串衰减振荡。开始的峰由声门脉冲起点形成，接着的振荡是声道共振系统的单位冲激响应引起的。7.10~7.15s 间约有 7.5 个周期，因而说话人的基频约 150Hz，这对男性是合理的。[n]音由 C 点开始，延迟约 4 个周期到 D 点。接着是 "above" 中的[ə]音，这两个单词之间没有被明显分开。[ə]音长度约 5 或 6 个周期，[b]音约在 E 点开始。振荡一直持续到[b]音发出。后面的[ʌ]音从 F 点开始，持续到 G 点。词组 "in the suburbs" 由 H 点开始。在由 "in" 中的[n]向 "the" 中的[ð]转音的过程中，可看到协同发音现象：发[ð]音前，[n]音的波形保持不变；[ð]音开始只有一种低电平噪声加于[n]音的最后两三个周期上，并使[ə]音的头一两个周期的波形稍微起伏。这里 "th" 音几乎简化为[ə]音，英语的大多数 "the" 都是这样。"suburbs" 中的前一个[s]音从 K 持续到 L 点。Q 点以后无声使句子没有明显的终止点。但有时情况并不如此，因为人说话时经常控制自己的呼吸，直到一句话说完才透过一口气，从而给语音识别中的端点检测造成困难。图中还可看到，8.35s 后说话人为准备下一句话呼气而产生的逐渐增大的噪声波形。

由该图还见，清音和浊音(包括元音)的波形有很大不同。如从 A 点开始的[t]、从 K 和 P 点开始的摩擦音[s]均为清音，波形类似于白噪声，且振幅很小。从 B、D、F、H、L、N 各点开始的音分别为[ɛ]、[ə]、[ʌ]、[i]、[ʌ]、[ɚ:]，这些元音有明显的准周期性及，且有很强的振幅。其周期对应的频率即为基频。如考察其一个周期，可大致看出其频谱特性(反映共振峰)。

14

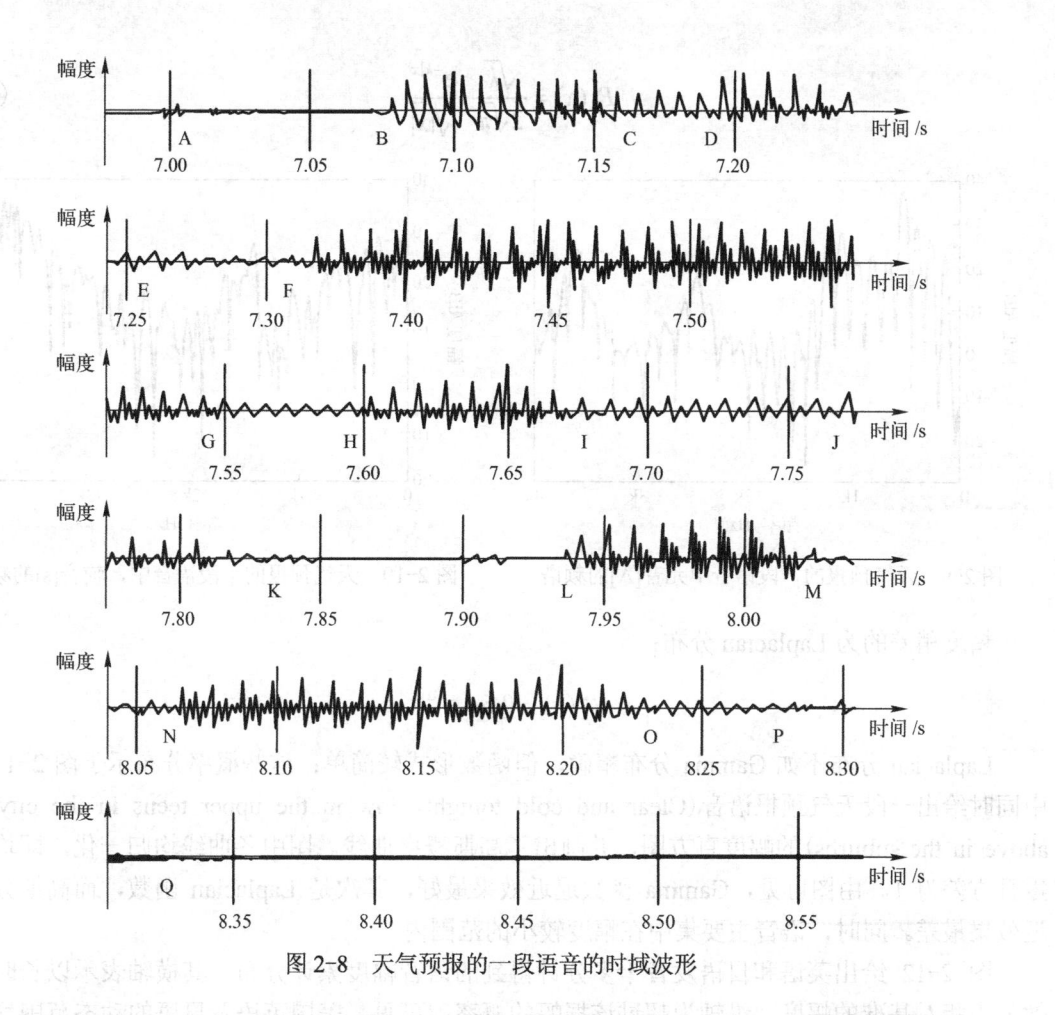

图 2-8　天气预报的一段语音的时域波形

从 C、E 和 O 点开始的音分别对应浊音[n]、[b]和[b]，波形也表现出声带振动的特点。

语音波形是时间的连续函数，因而音到音之间有逐渐过渡。语音信号特性随时间变化，其幅度随时间有显著变化；即使是浊音，其基频也不同。语音信号的这些时变特性在波形图中可明显反映出来。

图 2-9 给出"above"中[Λ]音的频谱，时间约从 7.45s 处开始，共 256 个样本，约包含 4 个基音周期。频谱图中基音谐波显示得很清楚。0~1.5kHz 间约有 11 个峰，因而基频约为 136Hz。这可由图 2-8 中验证：在 7.45~7.50s 之间约有 6.5 个周期，因而基频约为 130Hz。因而这两个结果相当一致。图 2-9 中，频谱能量分别在 550、1150、2450、3600Hz 等频率附近最集中，这些频率就是共振峰；且前三个共振峰频率与表 2-1 中[Λ]音的共振峰频率值很接近。

单词"suburbs"开始的[s]音的频谱如图 2-10 所示。可见该音中有高频能量；且频谱峰值的间隔随机，表明[s]音没有周期分量，这符合清音的特点。

2.3.3　语音信号的统计特性

语音信号可看作遍历性随机过程，其统计特性可用信号幅度的概率密度函数及一些统计量（主要为均值和自相关函数）来描述。

对语音的研究表明，其幅度分布有两种近似形式。较好的为修正 Gamma 分布：

$$P_G(x) = \frac{\sqrt{k}}{2\sqrt{\pi}} \cdot \frac{e^{-k|x|}}{\sqrt{|x|}} \tag{2-2}$$

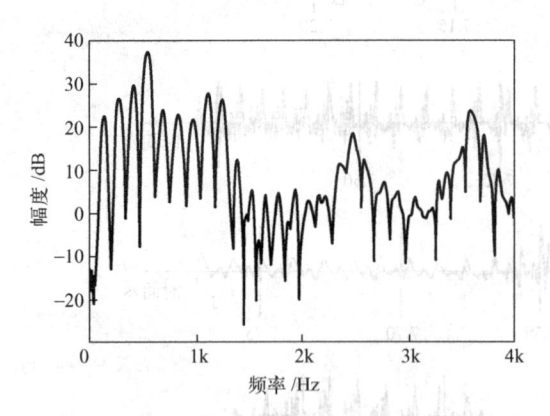

图 2-9　天气预报的一段语音中元音[Λ]的频谱　　图 2-10　天气预报的一段语音中，辅音[s]的频谱

精度稍差的为 Laplacian 分布：

$$P_L(x) = 0.5\alpha e^{-\alpha|x|} \tag{2-3}$$

Laplacian 分布不如 Gamma 分布精确，但函数形式较简单；这些概率分布示于图 2-11。图中同时给出一段天气预报语音(Clear and cold tonight, low in the upper teens in the city, ten above in the suburbs)的幅度直方图，并画出了高斯概率曲线。图中各曲线均归一化，即均值为零且方差为 1。由图可见，Gamma 函数逼近效果最好，其次是 Laplacian 函数，而高斯分布逼近效果最差。同时，语音主要集中在幅度较小的范围内。

图 2-12 给出英语和日语发音十多分钟得到的语音幅度累计分布。其横轴表示以长时间有效值为相对基准的幅度，纵轴为超过该振幅的概率。可见，美国英语及日语的动态范围均超过 50dB。

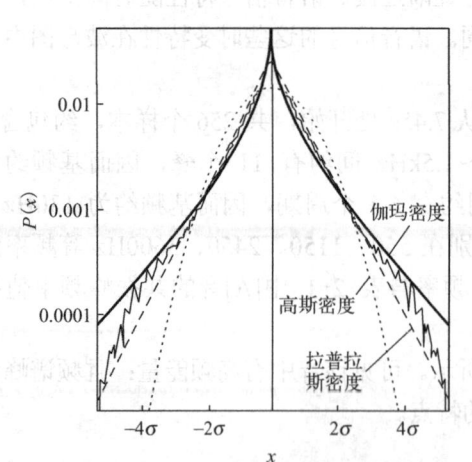

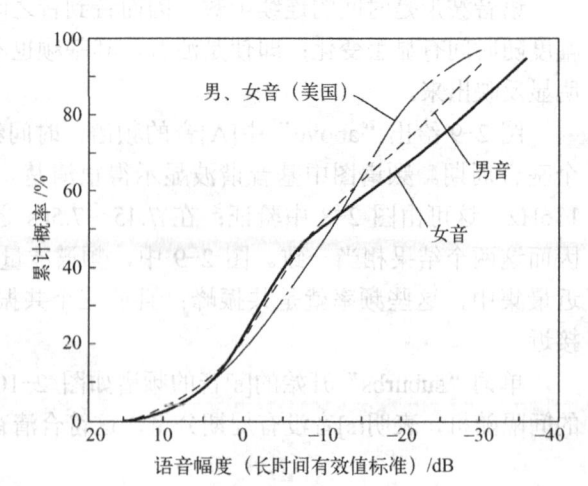

图 2-11　修正 Gamma，Laplacian 和高斯密度及语音　　图 2-12　语音幅度的累计概率分布
　　　　幅度分布的概率密度函数(不规则虚线)

2.4　语音产生的线性模型

利用数字技术模拟语音信号的产生即得到语音信号的数字模型。发音器官发出一系列声

波，数字模型应产生与此声波相应的信号序列。

建立模型的目的是寻求表示一定物理状态下的数学关系，且要求这种关系不仅有最大的精度，而且最简单。模型的参数选定后，系统输出应具有所希望的语音性质。如前所述，目前还没有一种可详细描述人类语音中已观察到的全部特征的模型。人说话是一种很普通和很自然的能力，但语音的产生却非常复杂，可能无法进行精确的解析描述，而且也许不可能找到一个理想的模型。

人们希望模型既是线性的又是时不变的，这是最理想的模型。但根据语音的产生机理，语音信号是一连串的时变过程，不能满足这两种性质。此外，声门和声道的相互耦合还形成语音的非线性特性。然而，做出一些合理假设后，在较短的时间间隔内表示语音信号时，可采用线性时不变模型。下面给出经典的语音信号数字模型，其中语音信号被看作线性时不变系统（声道）在随机噪声或准周期脉冲序列激励下的输出。这一模型用数字滤波器原理进行公式化后，就成为本书其余部分讨论语音处理技术的基础。

由 2.2 节可知，语音是空气流激励声道后从口或鼻或同时从口和鼻辐射出来的。研究表明，语音产生就是声道中的激励，语音传播就是声波在声道中的传播，而语音赖以传播的介质为可压缩的低粘滞流体——空气。声几乎是振动的同义词，语音声波由振动而产生，并借助于介质质点的振动而传播。因此，描述语音必须描述发音系统中空气的运动，这涉及质量守恒、动量守恒、能量守恒等原理，及热力学和流体力学中的一些定律，并建立一组偏微分方程，因而这种描述很复杂且很困难。因此，通常对声道形状和发音系统进行某些假设，如假设声道是时变的且有不均匀截面的声管，空气流动或声管壁不存在热传导或粘滞损耗，波长大于声道尺寸的声波是沿声管管轴传播的平面波；为了简化，进一步假定声道是由半径不同的无损声管级联得到的。在上述这些假设下，得到级联无损声管模型的传输函数。可以证明对大多数语音，该传输函数为全极点函数；只是对鼻音和摩擦音需加入一些零点。但由于任何零点可用多个极点逼近（如 6.2.1 节所述），因而可用全极点模型模拟声道。另一方面，级联无损声管模型与全极点数字滤波器有很多相同的性质，因而用数字滤波器模拟声道特性是一种常用的方法。

如 2.2 节中所述，发不同性质的音时，激励情况不同，大致分为两类：

（1）浊音。此时气流通过绷紧的声带，冲激声带产生振动，使声门处形成准周期性脉冲串，并激励声道。声带绷紧程度不同时，振动频率也不同。该频率即为基频，其倒数为基音周期。不同人的基音周期不同：男子大，女子小；老人大，小孩小。

（2）清音。此时声带松弛而不振动，气流通过声门直接进入声道。

语音信号的产生模型如图 2-13 所示，下面分别讨论模型中的各个部分。

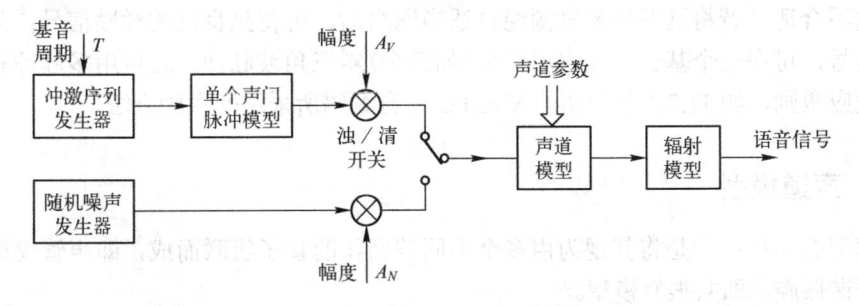

图 2-13 语音信号的产生模型

2.4.1 激励模型

发浊音时，根据测量结果，声门脉冲波类似于斜三角形脉冲，如图 2-14(a) 所示。因而激励

信号为以基音周期为周期的斜三角脉冲串。单个斜三角波形的频谱 $20\lg|G(e^{j2\pi f})|$ 如图 2-14(b) 所示。可见，其为低通滤波器；频谱分析表明，其幅度谱按 12dB/倍频程衰减。如将其表示为全极点模型，有

$$G(z) = \frac{1}{(1-g_1z^{-1})(1-g_2z^{-1})} \tag{2-4}$$

为一个二阶极点模型。如 g_1 与 g_2 接近于 1，则由此得到的激励信号谱接近于声门脉冲的频谱。对不同人和不同语音，声门脉冲形状不一定相同，但语音合成中对形状要求不很苛刻，其频谱有近似的特性就可以。

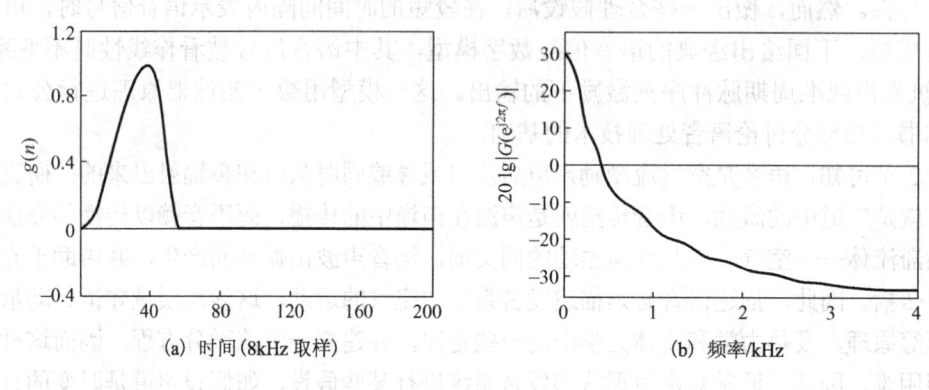

图 2-14 单个斜三角波及其频谱

周期性斜三角波脉冲可看作加权的周期单位函数序列激励斜三角波的结果。而周期单位函数序列及幅值因子可表示为

$$E(z) = \frac{A_V}{1-z^{-1}} \tag{2-5}$$

则整个激励模型表示为

$$U(z) = G(z)E(z) = \frac{A_V}{1-z^{-1}} \cdot \frac{1}{(1-g_1z^{-1})(1-g_2z^{-1})} \tag{2-6}$$

另一种是清音情况。这时声道被阻碍形成湍流，可模拟为随机白噪声；实际中可采用均值为 0、方差为 1，且在时间或幅度上白色分布的序列。

图 2-13 中，增益控制系数 A_V、A_N 分别表示浊音与清音的声门激励信号强度，以调节信号幅度或能量。

应指出，上述模型简单地将激励分为浊音和清音是不严格的。对某些音，即使将两种激励简单叠加也不合适。若将这两种激励源经过适当网络后，可得到良好的激励信号；为更准确地模拟激励信号，可在一个基音周期内用多个（如三个）斜三角波脉冲；还可用多脉冲和随机噪声序列的自适应激励，如 11.7.2 节介绍的 MPLPC 语音编码所采用的激励方法。

2.4.2 声道模型

声道模型有两种：一是将其视为由多个不同截面积的管子级联而成，即声管模型；二是将其视为一个谐振腔，即共振峰模型。

1. 声管模型

最简单的声道模型为声管模型。在语音持续的短时间内，声道可表示为形状稳定的管道，如图 2-15 所示。

(a) 立体图　　　　　　(b) 断面图

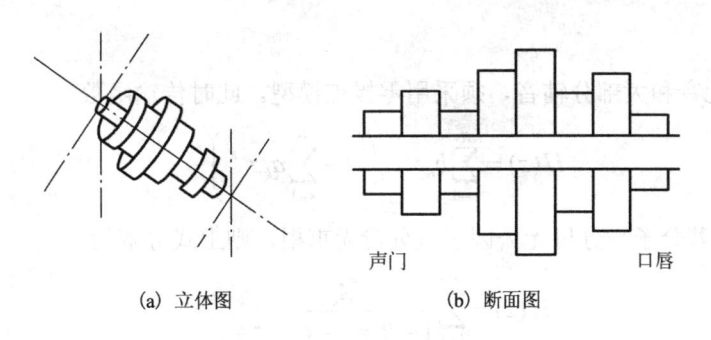

图 2-15　声道的声管模拟

声管模型中，每个管子可看作一个四端网络，其具有反射系数，这些系数与第 6 章将要介绍的 LPC 参数间有唯一的对应关系。每个管子有截面积，因而声道可由一组截面积或一组反射系数表示。

用 A 表示声管截面积。短时间内，各段管子的截面积为常数。设第 m 与 $m+1$ 段声管的截面积分别为 A_m 与和 A_{m+1}，则

$$k_m = (A_{m+1} - A_m)/(A_{m+1} + A_m) \tag{2-7}$$

为面积差和比，且 $-1 \leqslant k_m \leqslant 1$。它实际上就是第 6 章中的 LPC 反射系数。

用声管模型描述声道较复杂，实际上是用波动方程来描述声道特性的。

2. 共振峰模型

将声道视为谐振腔时，共振峰即为腔体的谐振频率。研究表明，用前三个共振峰代表一个元音就可以；而对较复杂的辅音或鼻音，需用五个以上的共振峰。

基于共振峰理论，有三种实用模型：级联型、并联型和混合型。

（1）级联型

此时认为声道为一组串联的二阶谐振器。根据共振峰理论，整个声道有多个谐振频率和多个反谐振频率(对应声道频率特性的零点)，因而可被模拟为零极点模型。但对一般元音可用全极点模型。将声道看作一个变截面声管，用流体力学方法可推导出，在大多数情况下其为全极点函数。此时共振峰用 AR(AutoRegressive, 自回归)模型近似，传输函数为

$$H(z) = G \bigg/ \left(1 - \sum_{k=1}^{P} a_k z^{-k}\right) \tag{2-8}$$

即将截面积连续变化的声管近似为 P 段短声管的级联。式中，P 为极点个数即模型阶数，G 为幅值因子，a_k 为模型系数，P 与 a_k 决定了声道特性，描述了说话人特征：如口腔形状、大小、运动方向等。由于有高效的分析方法(即第 6 章的 LPC 技术)来求解 AR 模型系数，其物理意义也很明确，因而该模型应用十分普遍。显然，P 越大，模型的传输函数与声道实际传输函数一致性越高。对大多数实际应用，P 取 8～12 可满足要求。

若 P 为偶数，$H(z)$ 一般有 $P/2$ 对共振极点，即 $1 - \sum_{k=1}^{P} a_k z^{-k} = 0$ 有 $P/2$ 对共轭复根，且为 $r_k \mathrm{e}^{\pm j\omega_k}$，$k = 1, 2, \cdots, P/2$，其中 ω_k 与各共振峰对应，因而这些共轭复根决定了共振峰参数。式(2-8)所示的传输函数可分解为多个二阶极点网络的级联，即

$$H(z) = \prod_{k=1}^{P/2} H_k(z) = \prod_{k=1}^{P/2} \frac{a_k}{1 - b_k z^{-1} - c_k z^{-2}} \tag{2-9}$$

若 $P = 10$，则 $P/2 = 5$；此时声道可模拟为图 2-16 的形式。

图 2-16　级联型共振峰模型

（2）并联型

对较复杂的元音和大部分辅音，须采用零极点模型。此时传输函数

$$H(z) = \sum_{r=0}^{R} b_r z^{-r} \bigg/ \left(1 - \sum_{k=1}^{P} a_k z^{-k}\right) \quad (2\text{-}10)$$

通常 $P > R$；若分子与分母无公因子且分母无重根，则上式分解为

$$H(z) = \sum_{k=1}^{P/2} \frac{A_k}{1 - B_k z^{-1} - C_k z^{-2}} \quad (2\text{-}11)$$

即为并联型共振峰模型，如图 2-17（$P/2 = 5$）所示。

（3）混合型

上面两种模型中，级联型较简单，可用于描述一般的元音。级联的级数取决于声道长度；后者长度为 17cm 左右时，取 3~5 级即可。当鼻化元音或鼻腔参与共振，以及发阻塞音或摩擦音等时，级联型模型就不适用了；此时腔体有反谐振特性，须加入零点，成为极零点模型。为此可采用并联型结构；其比级联型复杂，每个谐振器（即滤波器）的幅度需独立控制。

将级联型与并联型结合的混合型是较完备的共振峰模型，如图 2-18 所示。其可根据不同性质的语音进行切换。图中并联部分，从第一到第五共振峰的幅度均可独立控制和调节，以模拟辅音频谱中的能量集中区。并联部分还有一条直通路径（幅度控制因子为 AB），是为一些频谱较平坦的音素（如[f]、[p]、[b]等）考虑的。

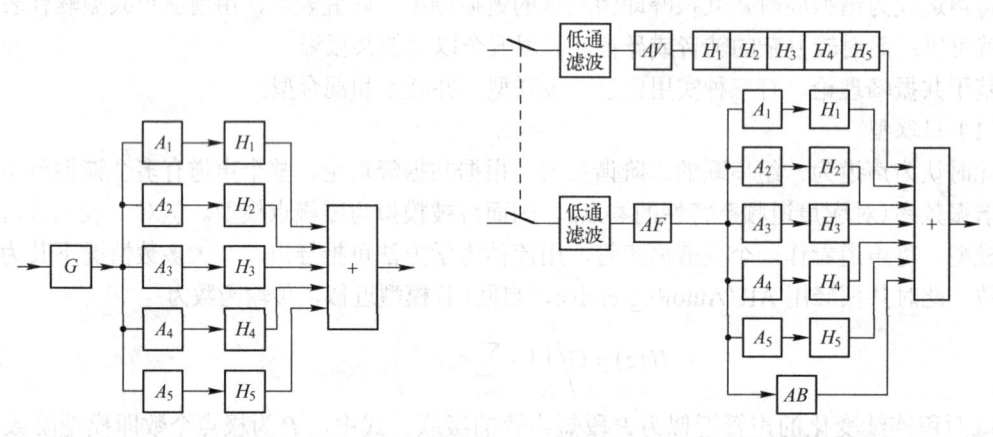

图 2-17　并联型共振峰模型　　　　图 2-18　混合型共振峰模型

2.4.3　辐射模型

声道终端为口和唇。声道输出的为速度波，而语音信号为声压波，二者之倒比称为辐射阻抗 z_L。其表征口和唇的辐射效应，也包括圆形的头部的绕射效应等。

口唇辐射在高频端较显著，在低频端影响较小，因而辐射模型 $R(z)$ 应为一阶高通滤波器形式（如 2.3.2 节所述）。口唇辐射模型表示为

$$R(z) = R_0(1 - z^{-1}) \quad (2\text{-}12)$$

是一阶后向差分。

语音信号模型中，如不考虑周期激冲脉冲串模型 $E(z)$，则斜三角波模型为二阶低通，辐射模型为一阶高通，因而实际信号分析中常采用预加重技术。即对信号取样后插入一阶高通滤

波器，从而只剩下声道部分，便于对声道参数进行分析。语音合成时需进行去加重处理，以恢复原始语音。常用的预加重因子为 $1-[R(1)/R(0)]z^{-1}$；其中 $R(n)$ 为语音信号的自相关函数。通常，对浊音，取 $R(1)/R(0) \approx 1$；而对清音该值可取得很小。

2.4.4 语音信号数字模型

完整的语音信号模型用三个子模型：激励模型、声道模型和辐射模型的级联表示。其系统函数

$$V(z) = U(z)H(z)R(z) \tag{2-13}$$

其中，$H(z)$ 为声道传递函数，既可用声管也可用共振峰模型。共振峰模型中，可采用级联、并联或混合型等几种形式。

应指出，式(2-13)模型的内部结构并不与语音产生的物理过程一致，但与语音产生的真实模型在输出端是等效的。另外，这种模型是短时模型，其中 $G(z)$、$R(z)$ 保持不变，而基频、清音或浊音的幅度、清/浊音开关、声道参数 a_k（$k=1,2,\cdots,P$）均是时变的。但发音器官的惯性使这些参数的变化速度受限；其 0～20ms 内近似不变，因而 $H(z)$ 是参数随时间缓慢变化的模型。而激励参数在 5ms 左右近似不变。

另外，该模型认为语音是由声门激励线性系统—声道而产生的。实际上，声带-声道互相作用的非线性特性应考虑。同时，如 2.4.1 节所指出，浊音和清音这种简单划分有缺陷，对某些音不适用，如浊音中的摩擦音；这种音要有浊音和清音两种激励，且不是叠加关系，需用修正的或更精确的模型来模拟。

根据图 2-13 的语音产生模型及上述分析，得出语音信号的数字模型如图 2-19 所示。其中，清/浊音开关模拟作用于声道的激励变化情况：开关接在浊音位置时，激励源为准周期脉冲序列发生器，重复频率由基频决定；接在清音位置时，激励源为随机噪声发生器。图中，线性时变系统主要用于模拟声道特性。发浊音时的声门脉冲与声波辐射效应(可用一阶滤波器)这两种影响通常与

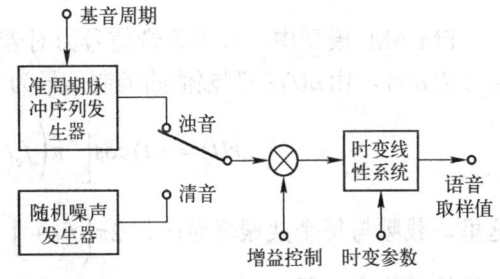

图 2-19 语音产生的数字模型

声道特性合并进行考虑，反映在时变系统中。该系统的时变参数反映了语音的时变特性，即模型中以下参数均为时变：基频、清/浊音开关位置、增益及线性系统的滤波器参数。

这种模型对语音产生模拟得是否成功，主要是考察其产生的语音信号听上去是否合乎预期结果；而是否准确描述发音器官产生语音的物理过程并不重要。这种终端模拟方法在语音合成及编码的大量实践中被证明是成功的。语音信号处理的两个最基本问题，即语音分析和语音合成，均基于该模型实现。其中，语音分析根据语音信号来估计模型参数，而语音合成则利用信号模型参数产生听起来自然易懂的语音。由语音分析和语音合成构建的分析-合成系统，主要用于降低语音信号传输或储存的比特率及增加对语音参数控制的灵活性；这将在第 11 章语音编码及第 12 章语音合成中进行详细介绍。

上述语音产生模型的基本思想源于 20 世纪 30 年代的声码器。只是当时还没有离散线性系统的成熟理论，而是采用滤波器组频谱分析来粗略估计系统频率特性。但其基本思想是将模型中的激励与系统进行分离，使语音信号解体以对二者分别描述，而不是只着眼于信号波形；这是导致语音处理技术飞速发展的关键。

2.5 语音产生的非线性模型

在 2.4 节介绍的语音线性模型中,将语音信号看作声门激励作用于声道的输出。发音时声道处于运动状态,这种运动和语音信号相比变化较缓慢,因而该过程用时变线性系统模拟。上述模型多年来一直是语音分析和处理的基础。

语音产生的线性模型假设来自肺部的气流在声道中以平面波形式传播。但 20 世纪 80 年代 Teager 等人的研究表明,声道中传播的气流不总是平面波,有时分离,有时附着在声道壁上。气流通过真正的声带和伪声带间的腔体时会存在涡流,经过伪声带后的气流又重新以平面波形式传播。因而伪声带处的涡流区域也会产生语音,且对语音信号有调制作用。这样,语音信号由平面波的线性部分和涡流区域的非线性部分组成。与传统的线性模型相比,Teager 模型考虑了涡流的存在及其对语音信号的影响,并给出 Teager 能量算子。且在一个基音周期中存在多个激励脉冲。这表明语音信号不仅可由声门激励产生,也可由声道中的涡流产生。

基于上述非线性现象,并考虑语音由声道共振产生,可得到语音产生的调频-调幅(FM-AM)模型。该模型中,语音中单个共振峰的输出是以该共振峰频率为载频进行 FM 和 AM 的结果,因而语音信号由若干共振峰经这样的调制再叠加。从而用能量分离算法(ESA,Energy Separation Algorithm)将与每个共振峰对应的瞬时频率从语音中分离出来,由该瞬时频率可得到信号的一些特征。

2.5.1 FM-AM 模型的基本原理

FM-AM 模型中,假设语音信号为对若干共振峰调幅和调频后的叠加。设载频为 f_c,FM 信号为 $q(t)$,由 $a(t)$ 控制幅值的调制信号为

$$r(t) = a(t)\cos\left[2\pi\left(f_c t + \int_0^t q(\tau)\mathrm{d}\tau\right) + \theta\right] \tag{2-14}$$

这里,载频与每个共振峰对应,$2\pi\left(f_c t + \int_0^t q(\tau)\mathrm{d}\tau\right) + \theta$ 为 t 时刻的瞬时相位。瞬时频率为瞬时相位的变化率,即 $f(t) = f_c + q(t)$;表明载频附近的频率随调制信号而变化。因而 $r(t)$ 可看作语音信号中单个共振峰的输出,从而将信号看作若干共振峰调制信号的叠加,即

$$s(t) = \sum_{k=1}^{K} r_k(t) \tag{2-15}$$

式中,K 为共振峰个数,$r_k(t)$ 为第 k 个共振峰作为载频的 FM 和 AM 后的信号。

单个共振峰的调制信号 $r_k(t)$ 可用 ESA 将 AM 的幅值包络 $|a(t)|$ 和 FM 后的瞬时频率 $f(t)$ 从语音信号中分离出来,而 ESA 由 Teager 能量算子发展而来。

2.5.2 Teager 能量算子

Teager 能量算子在连续域和离散域形式不同。连续域中,可表示为信号 $s(t)$ 的一阶和二阶导数的函数,即

$$\psi_C[s(t)] = \left(\frac{\mathrm{d}s(t)}{\mathrm{d}t}\right)^2 - s(t)\frac{\mathrm{d}^2 s(t)}{\mathrm{d}t^2} \tag{2-16}$$

式中,$\psi_C[\ ]$ 表示连续的 Teager 能量算子。由后面分析可见,其在一定程度上对语音信号的能

量提供一种测度，表示对单个共振峰能量的调制状态。其也可用于表示两个时间函数 $g(t)$ 与 $h(t)$ 的相关性，即

$$\psi_{\mathrm{C}}[g(t),h(t)]=\frac{\mathrm{d}g(t)}{\mathrm{d}t}\cdot\frac{\mathrm{d}h(t)}{\mathrm{d}t}-g(t)\cdot\frac{\mathrm{d}^2h(t)}{\mathrm{d}t^2} \tag{2-17}$$

$$\psi_{\mathrm{C}}[h(t),g(t)]=\frac{\mathrm{d}g(t)}{\mathrm{d}t}\cdot\frac{\mathrm{d}h(t)}{\mathrm{d}t}-h(t)\cdot\frac{\mathrm{d}^2g(t)}{\mathrm{d}t^2} \tag{2-18}$$

可见，$g(t)$ 和 $h(t)$ 的顺序不同时其结果不同。

将上述公式离散化，用差分代替微分运算，式(2-16)变为

$$\psi_{\mathrm{D}}[s(t)]=s^2(n)-s(n+1)s(n-1) \tag{2-19}$$

其中，$\psi_D[\ ]$表示离散的能量算子。

由式(2-19)可见，能量算子输出信号的局部特性只依赖于原始信号及其差分，即为计算能量算子在某时刻的输出，只需知道该时刻和它前后各一个延迟时刻的信号值。这将使能量算子输出的信号与原始信号保持相似的局域性。对多分量信号用 Teager 能量算子时将产生交叉项干扰 ，因而其一般只用于单共振峰调制信号。

2.5.3 能量分离算法

利用 Teager 能量算子可将语音信号的 AM 与 FM 部分进行分离，即为 ESA。ESA 使用非线性能量算子跟踪语音信号，将只包含单个共振峰的信号分离为频率和幅度分量。其中单个共振峰调制信号的形式与式(2-14)类似，而离散形式为

$$r(n)=a(n)\cos[\varphi(n)]=a(n)\cos\left(f_c n+\int_0^n q(k)\mathrm{d}k+\theta\right) \tag{2-20}$$

其中瞬时频率 $f(n)=f_c+q(n)$ 表示中心频率 f_c 附近按调制信号频率 $q(n)$ 变化的频率。对信号进行能量算子操作，得

$$\psi_{\mathrm{D}}[r(n)]=|a(n)|^2\sin^2[f(n)]\approx|a(n)|^2f^2(n) \tag{2-21}$$

能量算子输出由两部分组成：FM 后的瞬时频率及 AM 后的幅度包络；其反映能量跟踪能力，因而称为能量算子。其输出是信号幅度包络 $|a(n)|$ 和瞬时频率的函数，反映了幅值和频率的变化。如 $r(n)$ 只是 FM 信号而幅度不变，则能量算子输出如图 2-20 所示；可见它反映了频率的高低。

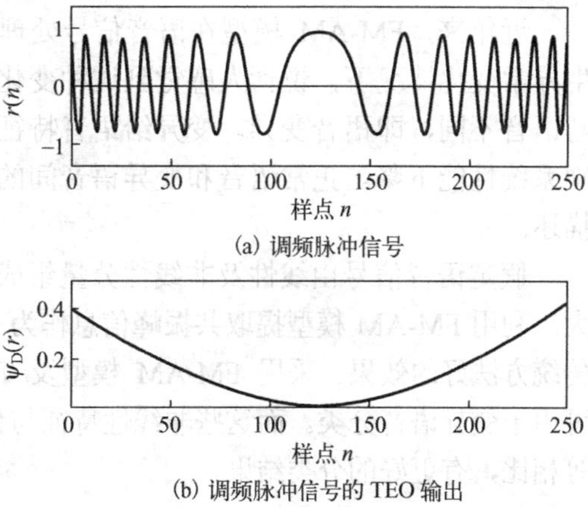

(a) 调频脉冲信号

(b) 调频脉冲信号的 TEO 输出

图 2-20 线性 FM 信号的 Teager 能量算子输出

对 $r(n)$ 的导数，其能量算子输出仍只与 $|a(n)|$ 和 $f(n)$ 有关。用 $x(n)=[r(n+1)-r(n-1)]/2$ 代替 $r(n)$ 的导数，则

$$\psi_{\mathrm{D}}\left[\frac{\mathrm{d}r(n)}{\mathrm{d}n}\right]=\psi_{\mathrm{D}}[x(n)]=|a(n)|^2\sin^4[f(n)] \tag{2-22}$$

联立求解式(2-21)和式(2-22)，得

$$\begin{cases} f(n) \approx \dfrac{1}{2\pi T}\arcsin\sqrt{\dfrac{\psi_D[r(n+1)-r(n-1)]}{2\psi_D[r(n)]}} & (2\text{-}23) \\ |a(n)| \approx \dfrac{2\psi_D[r(n)]}{\sqrt{\psi_D[r(n+1)-r(n-1)]}} & (2\text{-}24) \end{cases}$$

式中，T 为取样周期。用前向和后向差分

$$\begin{cases} y(n) = r(n+1) - r(n-1) \\ z(n) = r(n+1) - r(n) = y(n+1) \end{cases} \quad (2\text{-}25)$$

代替一阶导数，用 $\dfrac{\psi_D[y(n)] + \psi_D[z(n)]}{2}$ 代替 $r(n)$ 一阶导数的能量算子输出，得另一种形式：

$$G(n) = 1 - \dfrac{\psi_D[y(n)] + \psi_D[y(n+1)]}{4\psi_D[r(n)]} \quad (2\text{-}26)$$

$$f(n) \approx \dfrac{1}{2\pi T}\arccos[G(n)] \quad (2\text{-}27)$$

$$|a(n)| \approx \sqrt{\dfrac{\psi_D[r(n)]}{1 - G^2(n)}} \quad (2\text{-}28)$$

上述两种形式的核心，是 FM-AM 信号的能量算子输出与该信号一阶导数能量算子的输出均为瞬时频率与幅度包络的函数；根据这两个输出，可分别求出瞬时频率和幅度包络。两种方法的瞬时频率均以样本点为单位，有较高的时间分辨率。第 2 种形式的误差略小于第 1 种，而第 1 种分析过程较简单，因而更常用。

2.5.4 FM-AM 模型的应用

FM-AM 模型在语音分析中广泛应用，包括共振峰轨迹跟踪、基音检测及端点检测等；其中主要是共振峰估计，将在 8.2.5 节介绍；而语音端点检测方法将在 3.6.3 节介绍。

近年来，FM-AM 模型在语音信号处理中逐渐得到重视，尤其对变异语音。变异指环境发生异常变化情况下，说话人感觉到这种变化的存在，从而进行相应的调整，使产生的语音与正常语音不同，即语音变异。变异给语音特征提取带来困难，使语音特征产生偏差，导致语音识别系统性能下降。正常语音和变异语音间的区别主要体现在声道特性上，这可用共振峰参数来描述。

假定语音信号由线性及非线性分量组成；变异情况下，非线性分量与正常语音相比变化较大。利用 FM-AM 模型提取共振峰信息作为变异语音特征，并应用于变异语音分类中，可得到比传统方法好的效果。采用 FM-AM 模型及 Teager 能量算子可得到变异语音的非线性特征，从而可用于变异语音分类。而这些非线性特征与传统的线性特征如基频、音素或词的持续时间、强度等相比，有更好的分类结果。

2.6 语音感知

2.6.1 听觉系统

人的听觉系统是有效的音频信号处理器，对声音的处理能力来自其生理结构。人耳由内耳、中耳和外耳构成。

外耳由耳廓、外耳道与鼓膜组成。其中，外耳道是一条较均匀的耳管，长约 2.7cm，直径约 0.7cm(成年人)；其封闭时最低的共振频率约为 3060Hz，处在语音频率范围内。外耳道同其他管道一样也有许多共振频率；其共振效应使声音得到 10dB 左右的放大。外耳在对声音的感知中起着声源定位和声音放大的作用。除外耳道的共振可使声音放大之外，头的衍射效应也会增加鼓膜处的声压，可使声音放大约 20 倍。声音沿外耳道传至鼓膜，通过鼓膜传至内耳。因而外耳是将声音发送给内耳神经转换器的一系列机构中的第一个环节。

中耳的作用有两个：一是进行声阻抗变换，将中耳两端的声阻抗进行匹配；二是保护内耳。中耳有三块听小骨；在一定声强范围内，其对声音进行线性传递；而声音很强时，听小骨进行非线性传递，这对内耳起到保护作用。

内耳的主要器官为耳蜗，其为听觉接收器，对声音进行机械变换以产生神经信号。声音的感受细胞位于内耳的耳蜗部分，外来声波须传到内耳才能引起听觉。耳蜗对声信号具有时频分析特性，将信号分解为各频率成分，类似于频谱分析仪。

耳蜗是一条密闭的管子，长约 3.5cm，呈螺旋状盘旋 2.5 圈左右。耳蜗由耳蜗隔膜隔为三个区域，如图 2-21 所示。中间的隔膜为基底膜，其听觉响应与刺激的频率有关；频率较低时，靠近耳蜗尖部的基底膜产生响应；频率较高时，靠近圆形窗的窄而紧的基底膜产生响应。基底膜是耳蜗的重要部分，基底膜上是柯蒂氏器官，相当于一种传感器官，基底膜的频率响应的空间分布导致基底膜上不同位置的柯蒂氏器官的纤毛细胞对不同频率的声音引起弯曲，从而刺激其附近的听觉神经末梢，产生电化学脉冲，并沿听觉神经传递到大脑。大脑对脉冲进行分析和判断，识别并理解语音的含义。

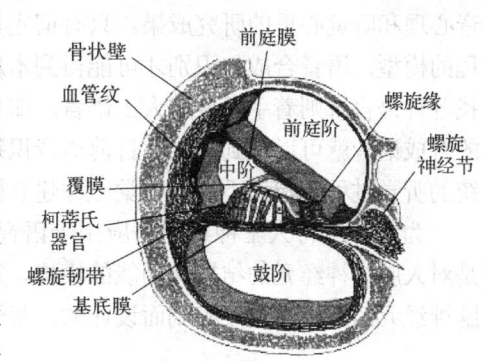

图 2-21 耳蜗横截面示意图

耳蜗里有感声的毛细胞，通过听觉神经与神经系统进行耦合，其中传入听觉神经由耳蜗中的螺旋神经节发出。毛细胞将声音刺激变为神经冲动，经听神经传入大脑的听觉中枢，以完成对语音的感知。外界声波振动鼓膜，经中耳的听小骨传到卵形窗，进而引起耳蜗的淋巴的振动，这样的刺激使耳蜗中的听觉感受器的毛细胞兴奋，并将这种声音刺激转化为神经冲动，由听神经传到大脑皮层的听觉中枢，形成听觉。

并非所有声音都能被人耳听到，取决于其强度和频率范围。人可感觉到 20~20kHz、强度 −5~130dB 的声音信号。该范围外的声音听不到，在语音处理中可忽略。

2.6.2 神经系统

人的发音特别是听别人说话时都涉及神经活动。说话时将要说的内容变为单词和句子并发出指令，控制发音器官做出相应的运动；而听别人说话时，内耳的柯蒂氏器官发出脉冲，经神经系统处理，使人脑感知这些被编码的信号，变为词汇并理解其含义。

神经系统的基本单元是神经元。它是人耳内的一种细胞。由细胞体伸展出去的树形枝称为轴突或神经纤维。最小分支的末端称为神经末梢。神经元间的联系由突触完成，这种构造还可使突触与人体内其他细胞相联结。例如内耳柯蒂氏器官上的纤毛细胞是一种感受细胞，将接收的感觉信息变为电化学脉冲并传递给神经元的突触，然后由神经系统处理。这种电化学脉冲的波形是固定的，宽度约 1ms，幅度约 100mV，如图 2-22 所示。

神经受刺激反应的特点：

（1）只有超过一定门限的刺激才产生反应脉冲，且脉冲波形不携带刺激强度的信息。

（2）在刺激时间为 1~2ms 内，无论刺激多么强烈，均不能产生反应脉冲；在 10ms 内需要强刺激才能产生脉冲。

（3）刺激超过门限并持续 10ms 以上时，神经元将不断产生脉冲，但最高的刺激强度只能产生约每秒 1000 个脉冲，刺激强度再大则不起作用。

（4）脉冲沿神经纤维传输的速度取决于纤维的粗细；其直径越大则传输速度越快。

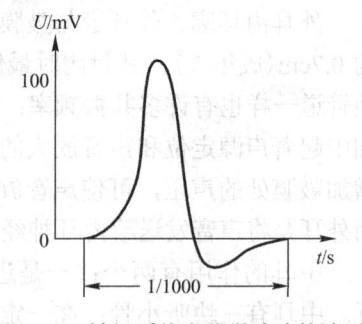

图 2-22　神经系统电化学脉冲的波形

（5）神经元间的传输机制主要是电化学的。

（6）神经纤维有兴奋和抑制两种状态；兴奋时神经元间的传送无阻碍，而抑制时则不传送脉冲。若神经元同时受多个兴奋和抑制状态的联合刺激，则其综合效应决定神经元的反应。

需要指出，与神经系统有关的语音信号处理的两个分支，即语音合成与语音识别期待着发音心理和听觉心里的研究成果。只有彻底弄清人在发音和听音时的心理过程并研究出模仿这些过程的模型，语音合成与识别才可能得到本质性提高。如目前语音合成中的按规则合成方法只从寻找各种语言规则着手来合成人工语言。如果发音时大脑智能活动的机理被研究清楚，则高度自然的合成语音就可以得到。又如目前语音识别只从语音信号出发，用隐过程（如 HMM）进行神经系统的听觉过程模拟而不是按听觉过程建立模型，因而无法达到理想的识别和理解效果。

为此，可将人工神经网络应用于语音信号处理。人工神经网络的基本处理单元是神经元，是对人脑中神经元的结构和功能的模拟。人工神经网络由大量神经元并行连接构成，就是借鉴人脑神经元的结构及连接机制而设计的。基于神经网络的语音信号处理方法将在第 15 章介绍。

2.6.3　语音感知

语音信号处理区别于其他信号处理的显著特点是对信号的分析须与人对语音的感知特性相联系。语音感知的研究主要集中于心理学和语言学领域。人的听觉器官即耳的作用是接收声音并转换为神经刺激，人耳听到声音后，还要经脑的处理才能转变为确定的含义。这就是语音感知。

听觉系统很灵敏，人耳能感觉的最低声压接近空气分子热运动产生的声压。一般声音从右耳传至左大脑的速度较快，而从左耳传至右大脑的速度较慢，即两耳传递速度不同。接收语音时，两耳也有所不同，但辨听元音的能力基本相同。对辅音，右耳比左耳强；听音调也是右耳有优势。

听觉系统是外界语音信息进入大脑的唯一通路。在听觉通路的各阶段上，都要对语音信号进行处理。听觉系统有复杂的特性，没有哪一种物理仪器有人耳那样的特性。听觉机构不但是非常灵敏的声音接收器，还有选择性，而且还有判别声音强弱、音调和音色的能力。这些功能在一定程度上与大脑相结合而产生，因而听觉特性涉及心理声学和生理声学问题。

人耳非常灵敏。正常人可听到的声音频率范围为 16Hz~16kHz，年轻人的上限频率可达 20kHz，老年人可听到的最高频率衰退为 10kHz 左右。低频端听起来像脉冲序列，高端频率声音越来越小直至完全听不到。

迄今为止，对人耳听觉特性的研究多为心理声学和语言声学领域。实践证明，人的主观感觉（听觉）与客观实际（声波）不完全一致。听觉有独性的性能。因而，不但要了解语音的特征及语音信号的特点，还应研究人耳对语音的听觉特性。

任何复杂的声音都可用声强（或声压）的三个物理量表示：幅度、频率和相位。对于人耳的感觉,声音的描述用另外三个特性:响度、音调和音色,即所谓声音三要素。听觉器官对声波的音高、音强、声波的动态频谱具有分析感知能力。音质、音调、音强和音长是人类能感受到的语音的四大要素。人们对这种感受特性已有较深入的认识,提出各种声学模型,并应用于语音识别与语音编码中,取得了一定效果。

人耳听觉的主观感知是响度、音调、音色,以及掩蔽效应等。下面分别介绍。

1. 响度

响度是人耳对声音强弱程度即声音轻、响的主观反应,取决于声音幅度。其主要是声压的函数,但与频率和波形也有关。根据实验,人耳对3000~4000Hz声音的音强的感觉最灵敏。

响度的单位为 Sone(宋)。描述声音强弱的物理量为声强,单位为 W/m^2(瓦/米^2)。而在心理上,主观感觉声音强弱的单位为宋或 Phon(方),其中方是响度级的单位。人耳对不同频率的纯音辨别力不同,响度级用于描述这种辨别灵敏度,1 方等于 1kHz 纯音的声强级。而高于听阈 40dB、频率为 1kHz 的纯音的响度为 1 宋。

正常人能感知的声强范围是 0~140dB 声压级,达到10^{14}倍,范围相当宽。而基压级为 10^{-6}W/cm^2。声压级过低听起来无声,过高则人耳难以承受。听阈是人耳刚好能够听到的最低声压级即最小声音强度,此时主观强度级为 0 方。听阈是频率的函数:1kHz 纯音时约 4dB,10kHz 时约 15dB,40kHz 时达 50dB 左右。

人耳对不同频率的声音的响应不平坦,其感知的声音响度是频率和声压级的函数。声压级增大到一定强度时,人耳会感到不适或疼痛,分别称为不适阈或痛阈,正常人的不适阈约为 120dB,痛阈约为 140dB。不适阈与痛阈属于感觉阈,反映人耳对声压的容忍程度。人耳对不同频率的痛阈不同。听阈和痛阈之间是人耳的听觉范围。

2. 音调

也称音高,也是一种主观心理量,是人耳对声音频率高低的感受。音调与频率有关:频率低的声音听起来感觉其音调低;频率高的声音听起来音调高。但音调与声音频率不成正比,而近似为对数关系;其还与声音强度及波形有关。

客观上用频率表示音调,主观上感觉的音调的单位为美(Mel)。Mel 是音调的度量单位;高于听阈 40dB、频率 1kHz 的纯音的音调为 1000Mel。如一个纯音听起来比 1000Mel 的声音调子高一倍,则其音调为 2000Mel。

Mel 与 f 的关系近似为

$$f_{Mel} = 2595\lg(1+f/700) \qquad (2\text{-}29)$$

见图 2-23。

语音信号处理中,Mel 频率倒谱系数(MFCC)是十分常用的参数(将在 5.7 节介绍),其在语音识别中有重要应用。

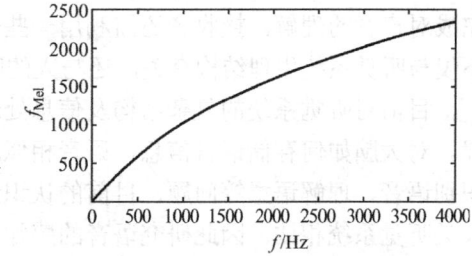

图 2-23 频率与 Mel 的对应关系

3. 音色

也称音质。每个声音有特殊的音色,人根据音色在主观感觉上区别有相同响度和音调的不同声音。

4. 听觉掩蔽效应

心理声学的听觉掩蔽效应,是指在强信号附近弱信号听不到,即被掩蔽掉。人类听觉中存在一种现象——两个音同时存在时一个声音可能受到另一个声音的干扰或压制,即一个音被另一个音掩盖；称为听觉掩蔽。如工厂机器噪声会淹没人的谈话声音。两个声音音调越接近，则掩蔽现象越严重。被掩蔽掉的不能听到的信号的最大声压级称为掩蔽阈值或掩蔽门限，该阈值以下的声音将被掩蔽掉。听觉掩蔽现象在语音处理中得到了应用，如在语音编码中利用听觉掩蔽效应改善输出语音质量已取得很大效益。

图 2-24 给出一个掩蔽曲线。其中底端为最小可听阈曲线，即安静环境下人耳对各种频率声音可听到的最低声压。由图可见，人耳对低频和高频不敏感，而在 1kHz 附近最敏感。图中上面的曲线表示 1kHz 的掩蔽声的存在使听阈曲线发生变化。原来可听到的 3 个被掩蔽声听不见了；即掩蔽声在其附近产生了掩蔽效应，使低于掩蔽曲线的声音即使阈值高于安静听阈也听不到。

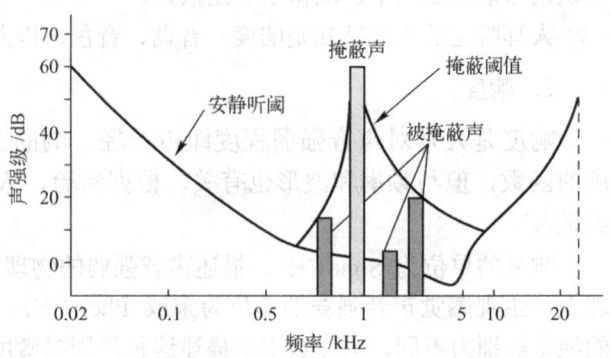

图 2-24　某 1kHz 掩蔽声的掩蔽曲线

掩蔽效应分为同时掩蔽和短时掩蔽。同时掩蔽指同时存在的弱信号与强信号频率接近时，强信号会提高弱信号的听阈，当弱信号听阈高到一定程度时就听不到了。如同时出现的 A 声和 B 声，若 A 声原来阈值为 50dB，由于另一个不同频率的 B 声使 A 声阈值提高到 68dB，则称 B 为掩蔽声，A 为被掩蔽声。掩蔽作用表明：只有 A 声时应将声压级 50dB 以上的声音信号传送出去，因为 50dB 以下声音听不到。但若同时存在 B 声，由于 B 的掩蔽作用，A 声压级 68dB 以下的部分已听不到，因而无须传输。掩蔽声越强则掩蔽作用越大；掩蔽声与被掩蔽声频率越近，掩蔽效果越显著；频率相同时掩蔽效应最大。

两个声音不同时出现时也存在掩蔽作用，称为短时掩蔽。它又分为后向掩蔽与前向掩蔽。掩蔽声消失后，掩蔽作用仍持续一段时间，约 0.5~2s(由于人耳的存储效应)，这称为后向掩蔽。若被掩蔽声 A 出现后，相隔 0.05~0.2s 内出现了掩蔽声 B，它也会对 A 起掩蔽作用，这是因为此时 A 尚未被人反应过来而接收，而强大的 B 已来临；这种掩蔽称为前向掩蔽。

除听觉掩蔽效应外，人的听觉器官还能排斥各种噪声而集中注意力于所需要的声音，使人在嘈杂环境中具有抗噪声能力。

另一方面，实验表明人的听觉系统对声音的感知过程极为复杂，包含自下而上(数据驱动)和自上而下(知识驱动)两方面的处理。前者基于语音信号中的信息，但只凭这些信息还不足以完成对声音的理解。接收者还需利用一些先验知识进行指导。从另一角度看，人对声音的理解不仅与听觉系统生理结构有关，还与人的听觉心理特性密切相关。

目前对听觉系统的复杂结构及信息处理过程已有所揭示，但对所有实质性问题还未完全掌握。对大脑如何存储语言信息，语音相似度如何估算，如何利用区别特征进行模式分类，如何识别语音、理解语意等问题，目前的认识还较肤浅。因而现今的语音识别系统的鲁棒性无法与人类听觉系统相比。因此研究语音的感知特性是未来很长一段时间的基础工作之一。语音感知涉及的首要问题是进入人耳的声音如何被大脑转化为语音，虽已有很多实验数据对该问题的基本原理进行了回答，但还需进一步研究。目前已清楚，语音感知与声道的共振峰密切相关。这一点已在分析-合成语音编码系统中得到应用，如利用感知加权滤波器改善合成语音质量(将在 11.7 节中介绍)。

在本章最后，简单介绍语音与图像的区别。很多情况下，将语音信号处理和图像信号处理相提并论。语音与图像是人类进行信息交流的主要媒介。研究表明，人类 80%以上的信息通过视觉和听觉接受，而嗅觉、触觉、味觉等接收的信息不到 20%。但语音与图像又有很大不同。

与语音相比,图像信息量极大,包括黑白的二值图像,有一定亮度级的灰度图像,以及彩色图像等几类。图像信号作为光线强度的反映,幅度一般非负。图像信号的低频部分决定图像整体亮度及大致形状,高频部分决定其边缘和细节等特征。

语音与图像的区别包括以下方面:

(1) 语音由人的发声系统产生,而图像是客观世界景物的转换,但二者均可人工合成。语音最终由人的听觉系统接受,图像则由视觉系统接收,但均需大脑的处理和理解。

(2) 语音信号为时间信号,图像信号为空间信号。语音信号随时间变化剧烈,转瞬即逝。语音信号常用时域幅度表示,为一维信号;图像信号常用空域幅度表示,为二维信号。

(3) 语音信号频带范围为 20Hz~20kHz,而视频信号最大带宽为 6.5MHz。

(4) 人的视觉感觉细胞的数目约为听觉感觉细胞的数十倍,而视觉接受的信息只是听觉的几倍。因而每个听觉感觉细胞比视觉感觉细胞承担的信息量约多 10 倍。

思考与复习题

2-1 语音学包括几部分?其主要研究内容是什么?

2-2 人类发音器官有哪些?在发音过程中各起何种作用?

2-3 试述语音产生的物理过程。

2-4 共振峰频率由何决定?共振峰有几种模型?

2-5 基音频率由哪些因素决定?发声时声道是如何运动的?

2-6 语音信号为什么具有短时平稳性?

2-7 什么是清音和浊音,声母和韵母,元音和辅音?

2-8 汉语有多少声母和韵母?有多少个声调?声调对汉语语音处理有何重要意义?

2-9 汉语语音的特点是什么?汉语语音处理与西方语言的语音处理相比,有何特点与优势?

2-10 试述语音信号的数学模型。其由哪几部分组成?各部分的数学形式是什么,起到何种滤波作用?

2-11 对图 2-8:

(1) 利用时间标度,估计该段语音中每个浊音段(振荡波形)的基频;

(2) 解释 7.30 至 7.55s 间单词 "above" 中发[Λ]音时振荡波形不断变化(即不严格周期性)的原因。

2-12 图 2-9 中,基频缓慢变化。为什么在约 1.5kHz 以上时,谐波峰值的不规则性逐渐加大?

2-13 语音信号幅度通常符合哪些概率分布?

2-14 式 (2-3) 所示的 Laplacian 分布中,取 $\alpha = \sqrt{2}/\sigma_x$,因而 $P_L(x) = 0.5\alpha e^{-\alpha|x|}$,试求 $|x| > 4\sigma_x$ 时的概率。

2-15 截面积为 A_m 和 A_{m+1} 的两个无损声管在节点处的反射系数为 k_m,则式 (2-7) 写作

$$k_m = \frac{\frac{A_{m+1}}{A_m} - 1}{\frac{A_{m+1}}{A_m} + 1} = \frac{1 - \frac{A_m}{A_{m+1}}}{1 + \frac{A_m}{A_{m+1}}}$$

试证明:$-1 \leq k_m \leq 1$(A_m 和 A_{m+1} 均为正)。

2-16 人类能够感知语音的四要素是什么?并具体说明。

2-17 什么是人耳的听觉掩蔽效应?如何利用其提高语音处理性能?

第二篇 语音信号分析

第3章 时域分析

3.1 概 述

语音信号处理包括语音编码、语音合成、语音识别、说话人识别、语种辨识、语音增强和语音麦克风阵列信号处理等很多方面，但其前提和基础是对语音信号的分析。只有将语音信号分析为表示其特性的参数，才可能利用这些参数进行高效的语音编码与通信，建立用于语音合成的语音库，建立用于识别的模板或知识库等。且语音合成的音质好坏、语音识别率的高低等均取决于语音信号分析的准确性和精度。

语音信号非平稳、时变、离散性大、且其中蕴含着说话内容及说话人特征等，处理难度较大。语音信号携带各种信息，不同应用场合下人们感兴趣的信息不同。那些与应用目的不相关或影响不大的信息应去掉；而需要的信息不仅应提取出来，有时还要加强。这涉及语音信号中信息的表示问题，语音信息表示的原则是最方便和最有效。

语音信号可用其取样波形描述，也可用信号参数和特征来描述。提取少量参数描述语音信号，即语音信号的参数表示，是语音处理的关键技术之一。根据所分析的参数不同，语音信号分析分为时域、频域、倒谱域、时频域、小波域、高阶累积量域等方法。时域分析具有简单、运算量小、物理意义明确等优点；但更为有效的分析多围绕频域进行，因为语音中最重要的感知特性反映在其功率谱中，而相位变化只起很小作用。

另一方面，按语音学观点，可将语音特征的表示和提取分为模型分析和非模型分析两种。模型分析是依据语音产生的数学模型，分析和提取表征其模型的特征参数，包括共振峰模型法及声管模型（即 LPC）法等。不进行模型分析的其他方法属非模型法，时域、频域及同态分析等。基于语音产生模型的多种参数表示法在语音编码、合成、识别和说话人识别等研究的大量实践中被证明是十分有效的。

贯穿于语音分析全过程的是短时分析技术。语音信号特性随时间变化，是非平稳随机过程。但从另一方面看，虽然语音信号有时变特性，但短时间内其特性却基本不变。这是因为人的肌肉运动具有惯性，从一个状态到另一个状态的转变不可能瞬间完成，而存在一个过程。在较短时间内语音信号的特征基本保持不变，就是语音的短时平稳性，是语音信号分析和处理的一个重要出发点。因而，可将语音看作准平稳过程，采用平稳过程的分析处理方法对其进行处理。以后各章几乎所有方法均基于这种短时平稳假设。

因而，语音分析和处理建立在短时基础上。即对语音信号流进行分段处理，即分为一段一段来分析，每一段称为一帧（借用电影和电视术语，原意为画面）。语音通常在 10～30ms 内保持相对平稳，因而帧长一般取 10～30ms。

短时处理是用平稳信号处理方法处理非平稳信号的关键。虽然它是语音处理的根本方法，但对某些要求较高的应用场合(如语音识别)，应考虑语音信号的时变或非平稳性，此时应采用 HMM 进行分析。

语音信号本身是时域信号，对语音信号分析时，最先接触且最直观的是其时域波形。时域分析是最早、也是应用最广泛的方法，通常用于最基本的参数分析及语音分割、预处理和大致的分类等。其特点是：(1)表示直观，物理意义明确；(2)实现简单，运算量小；(3)可得到语音的一些重要参数。

3.2 数字化和预处理

本节首先讨论与时域分析密切相关的语音信号数字化和预处理方面的内容。

3.2.1 取样率和量化字长的选择

为将原始的模拟语音信号转变为数字信号，须经过取样和量化两个步骤，以得到时间和幅度均离散的信号。取样是将时间上连续的信号离散化为样本序列。根据取样定理，取样频率大于信号两倍带宽时，取样过程不会丢失信息，且由取样信号可精确地重构原信号。

语音信号占据的频率范围可达 10kHz 以上，但对语音清晰度和可懂度有明显影响的成分，最高约为 5.7kHz。CCITT(国际电话电报咨询委员会)提出过一个数字电话的建议，只利用 3.4kHz 以内的信号分量。原理上说，这样的取样率对语音清晰度有损害，但受损失的只有少数辅音，而语音信号本身冗余度较大，少数辅音清晰度的下降并不明显影响语句的可懂度；就像人们打电话时感觉到的那样。

这样的语音又称电话带宽语音(Telephone Speech)，信号频带限于 300～3400Hz。目前长途通信、移动通信、卫星通信中的声音以它为主，数字化时取样率多为 8kHz。但实际语音信号处理中，取样率常取 10kHz。为实现更高质量的语音合成或使语音识别系统有更高的识别率，某些现代语音处理系统频率高端扩展到 7～9kHz，相应的取样率提高到 15～20kHz。信号带宽不明确时，取样前应接入反混叠(低通)滤波器，使其带宽限制在某个范围内。否则，如不满足取样定理将产生频谱混叠，此时信号中高频成分将产生失真。

取样后需对信号进行量化，即将时间上离散而幅度仍连续的波形再离散化。其过程是将整个幅度值分割为有限个区间，将落入同一区间的样本赋予相同幅度值。量化范围和电平的选取方式，取决于数字表示的应用。量化过程中不可避免地会产生误差：常将量化过程用图 3-1 所示的统计模型表示，即量化后的信号 $\tilde{x}(n)$ 为量化前取样信号 $x(n)$ 与量化噪声 $e(n)$ 之和，即

$$\tilde{x}(n) = x(n) + e(n) \tag{3-1}$$

量化后信号与原信号的差值为量化误差，又称量化噪声。若信号波形变化足够大或量化间隔 Δ 足够小，则可证明量化噪声符合具有下列特性的统计模型：(1)为平稳白噪声过程；(2)量化噪声与输入信号不相关；(3)量化噪声在量化间隔内均匀分布，即具有等概率密度分布，其概率密度函数见图 3-2。

语音信号为波形复杂的随机信号。若量化阶梯选择得足够小(即量化电平数目足够多，如 2^6 以上)，则信号幅度从一个取样值到相邻取样值的变化可能非常大，常跨越很多量化阶梯。这样产生的量化噪声与上述三个假设相吻合。对实际语音信号的实验证实了这一点。图 3-3(a)所示为一段语音信号 400 个取样值的包络，由图(b)和(c)可见，3bit 量化器的量化噪声与被量化信号间存在一定相关性，但 8bit 时量化噪声几乎已看不出这种相关性了。图(d)和(e)分别为图(b)和(c)量化噪声的自相关函数的估计；可见，3bit 量化器的噪声与平稳白噪声假设不太相

符，但 8bit 时噪声自相关函数的估计几乎为冲激函数，与白噪声过程相一致。从图(f)和(g)来看，3bit 量化噪声谱与语音信号谱有些类似，即随频率升高而下降；但 8bit 时，量化噪声谱就较平坦，这是典型的白噪声谱形状。

图 3-1 量化过程统计模型

图 3-2 量化误差概率分布密度

(a) 语音信号

(b) 3bit 量化误差

(c) 8bit 量化误差

(d) 3bit 量化噪声的自相关函数

(e) 8bit 量化噪声的自相关函数

(f) 3bit 量化噪声谱

(g) 8bit 量化噪声谱

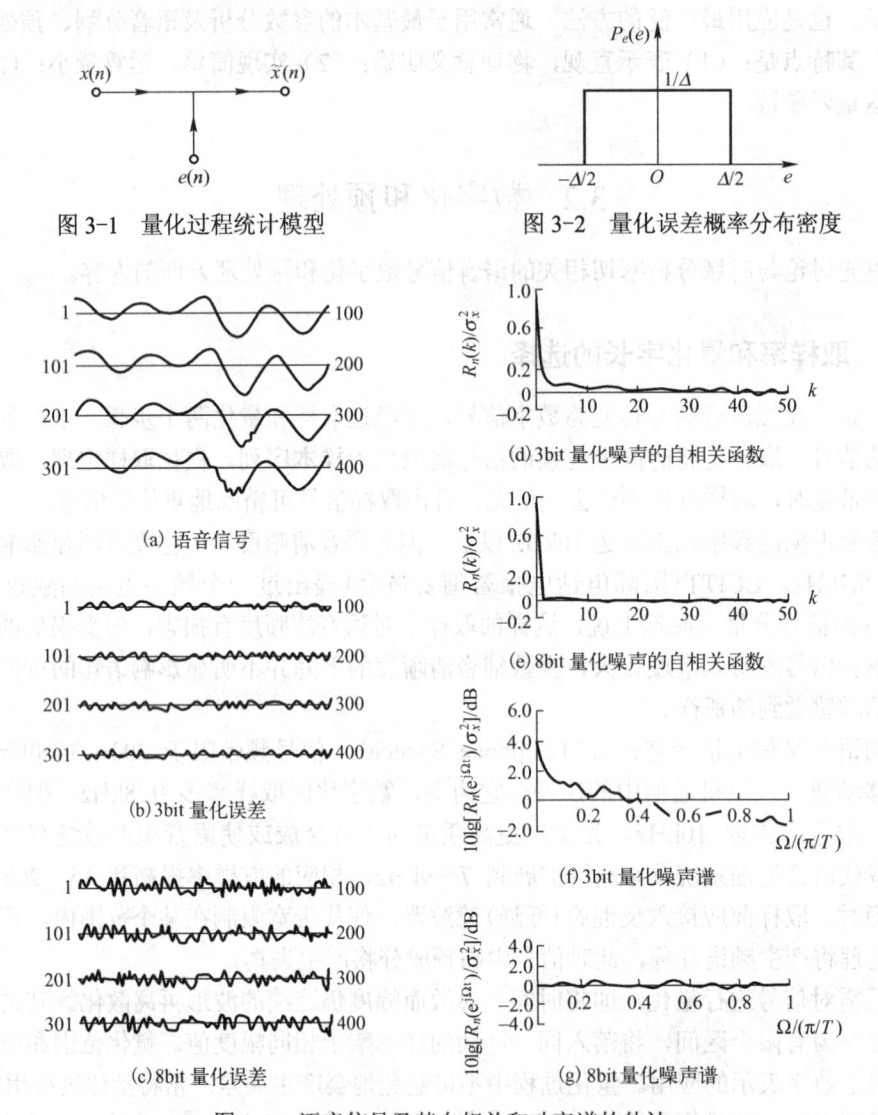

图 3-3 语音信号及其自相关和功率谱的估计

若用 σ_x^2 表示语音信号方差，X_{max} 表示信号峰值，B 表示量化字长，σ_e^2 表示噪声方差，则可证明量化信噪比(信号与量化噪声的功率之比)为

$$\text{SNR}(\text{dB}) = 10\lg\left(\frac{\sigma_x^2}{\sigma_e^2}\right) = 6.02B + 4.77 - 20\lg\left(\frac{X_{max}}{\sigma_x}\right) \tag{3-2}$$

设语音信号幅度服从 Laplacian 分布，此时信号幅度超过 $4\sigma_x$ 的概率很小(见图 2-11)，只有 0.35%，因而可取 $X_{max} = 4\sigma_x$。此时式(3-2)可写为

$$\text{SNR}(\text{dB}) = 6.02B - 7.2 \tag{3-3}$$

上式表明，量化器中每比特字长对 SNR 贡献为 6dB。$B = 7b$ 时，SNR = 35dB。此时量化后的语音质量可满足一般通信系统要求。但研究表明，语音波形动态范围可达 55dB，故 B 应取 10b 以上。为在语音信号变化的范围内保持 35dB 信噪比，一般要求 $B \geq 11$；实际常用 12bit 量化，

其中附加的 5bit 用于补偿 30dB 左右的语音波形动态范围变化。

3.2.2 预处理

对语音信号分析和处理前须进行预处理。其除了前面介绍的数字化外，还包括放大及增益控制、反混叠滤波、预加重等。对有语音输出的场合，需进行 D/A 变换和起平滑作用的模拟低通滤波。图 3-4 所示为语音数字分析或处理的系统框图。

图 3-4 语音信号分析和处理系统框图

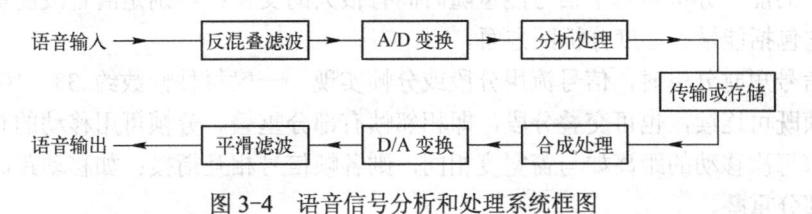

图中，A/D 变换前有反混叠滤波器。由第 2 章的分析可知，浊音语音频谱一般在 4kHz 以上迅速下降，而清音语音谱在 4kHz 以上频段呈上升趋势，甚至超过 8kHz 后仍没有明显下降。因而，语音处理须考虑信号包含 4kHz 以上的频率成分。即使对能量主要集中在低频段的语音，由于噪声环境中宽带随机噪声叠加的结果，使取样前语音信号包含 4kHz 以上的频率成分。因而，为防止混叠失真和噪声干扰，需在取样前用一个有良好截止特性的模拟低通滤波器对信号进行滤波，该滤波器即为反混叠滤波器。有时为防止 50Hz 市电干扰，该低通滤波器设计为 100Hz 到 3.4kHz 的带通滤波器。对该滤波器的要求是带内波动和带外衰减特性尽可能好；但要实现满足以上指标的有良好截止特性的滤波器较为困难，通常允许有一定的过渡带。

反混叠滤波器的频率特性见图 3-5。其带宽 3.4kHz，而 4.6kHz 以上为阻带。混叠频率为 4kHz，因而取样时只有 4kHz 以上的频率成分会反映到 3.4kHz 以下的通带中，产生混叠失真；但这些高频成分已经受到阻带的很大衰减，因而混叠失真可忽略不计。由式(3-3)知，为将混叠效应引起的谐波失真减小到与 11bit 量化器的量化噪声相同的水平，阻带衰减约为 −66dB。对通带内波纹的要求就没有这么严格，因为：(1) 混叠失真频率分量的出现表明感兴趣的频率范围内某些频率成分的信息已丢失，而通带内波纹不会引起这种信息的丢失，只会引起某种失真。(2) 混叠失真人耳可感觉到，而通带波纹引起的频谱失真几乎感觉不到。因而，通常允许带内波纹达 0.5dB。

上述指标可用 9 阶椭圆滤波器实现，用于高质量的语音信号处理系统中。反混叠滤波器通常与 A/D 集成在一块芯片内。图 3-4 中，D/A 后的低通滤波器是平滑滤波器，其对重构语音波形的高次谐波进行平滑，以去除高次谐波失真。对该低通滤波器的特性及 D/A 变换频率，也要求与取样时有相同的关系。

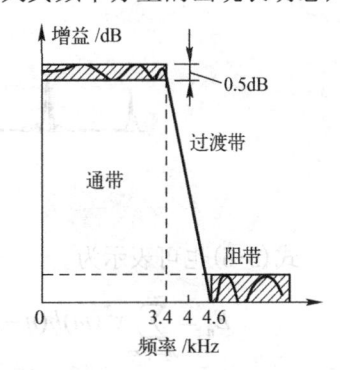

图 3-5 反混叠滤波器的典型特性

2.4.3 节中介绍了语音的预加重。语音信号的平均功率谱受声门激励与口鼻辐射的影响，高频端约在 800Hz 以上按 6dB/倍频程跌落，因而要在预处理中进行预加重。目的是提升高频成分，使信号频谱平坦化，以便于频谱分析或声道参数分析。预加重可在 A/D 变换前的反混叠滤波前进行，这样可压缩信号动态范围，以提高量化 SNR（如式(3-2)）。预加重也可在 A/D 变换后进行，用有 6dB/倍频程的提升高频特性的预加重数字滤波器实现，其一般为一阶：

$$H(z) = 1 - \mu z^{-1} \tag{3-4}$$

式中，μ 接近于 1。

加重后的信号在分析处理后，需去加重，即加上 6dB/倍频程下降的频率特性，以还原为原始特性。

3.3 短时能量分析

语音信号的能量分析是基于信号能量随时间有很大的变化；特别是清音段能量一般比浊音段小得多。它包括能量和幅度分析两方面。

对语音信号短时分析时，信号流用分段或分帧实现。一般每秒帧数约 33～100，视实际情况而定。分帧既可连续，也可交叠分段，即相邻帧有部分重叠。分帧可用移动的有限长窗口加权来实现。窗每次移动的距离如与窗宽度相同，则各帧信号相互衔接；如移动距离比窗宽小，则邻帧间有部分重叠。

窗口可采用直角窗，即

$$w(n) = \begin{cases} 1, & 0 \leqslant n \leqslant N-1 \\ 0, & \text{其他} \end{cases} \tag{3-5}$$

也可采用其他形式的窗口。

短时平均能量定义为

$$E_n = \sum_{m=-\infty}^{\infty}[x(m)w(n-m)]^2 = \sum_{m=n-N+1}^{n}[x(m)w(n-m)]^2 \tag{3-6}$$

可见，E_n 为语音信号一个短时间段内的能量，且以 n 为标志。这是因为窗口沿信号平方值序列移动，选取的是用于计算的一段时间间隔。图 3-6 说明短时能量的计算方法，其中窗口为直角窗。

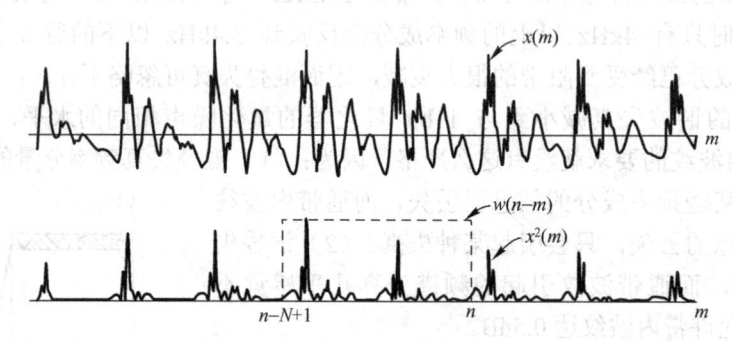

图 3-6 短时平均能量计算的说明

式(3-6)也可表示为

$$E_n = \sum_{m=-\infty}^{\infty} x^2(m)h(n-m) = x^2(n) * h(n) \tag{3-7}$$

其中

$$h(n) = w^2(n) \tag{3-8}$$

图 3-7 短时平均能量的框图表示

式(3-7)表明，短时平均能量相当于语音信号的平方通过单位函数响应为 $h(n)$ 的线性滤波器的输出，见图 3-7。

显然，不同的窗口选择(形状、长度)将决定短时能量的特性。应选择合适的窗口，使平均能量更好地反映语音信号的幅度变化。第一个问题是窗口形状，如 Hanning 窗、Hamming 窗、Blackman 窗及 Kaiser 窗等，均为对称形状的窗口。下面以最常用的直角窗和 Hamming 窗为例来比较。

直角窗时
$$h(n) = \begin{cases} 1, & 0 \leq n \leq N-1 \\ 0, & 其他 \end{cases} \tag{3-9}$$

相应数字滤波器的频率特性为

$$H(e^{j\omega T}) = \sum_{n=0}^{N-1} e^{-j\omega nT} = \frac{\sin(N\omega T/2)}{\sin(\omega/2)} e^{-j\omega T(N-1)/2} \tag{3-10}$$

具有线性相频特性。其频率特性的第一个零点位置

$$f_{01} = \frac{f_s}{N} = \frac{1}{NT} \tag{3-11}$$

式中，f_s 为取样率，$T = 1/f_s$ 为取样周期。

Hamming 窗时
$$h(n) = \begin{cases} 0.54 - 0.46\cos[2\pi n/(N-1)], & 0 \leq n \leq N-1 \\ 0, & 其他 \end{cases} \tag{3-12}$$

图 3-8(a) 和 (b) 分别给出 $N = 51$ 的直角窗及 Hamming 窗的对数幅频特性。可见，Hamming 窗的第一个零频率位置比直角窗大 1 倍左右，即带宽约增加 1 倍；同时带外衰减也比直窗大得多。因而，语音信号时域分析中，窗口形状是很重要的。不同窗口使能量平均结果不同：直角窗谱平滑效果较好，但波形细节丢失；而 Hamming 窗则相反。

第二个问题是窗口宽度。不论何种窗口，其宽度对于能否反映语音信号幅度变化起决定作用。如 N 很大，相当于带宽很窄的低通滤波器，此时 E_n 随时间变化很小，不能很好地反映信号波形变化细节；反之，如 N 太小，则滤波器通带变宽，短时能量随时间急剧变化，不能得到平滑的能量函数。因而，窗宽应合理选择。

这里，窗宽是相对于语音信号基音周期而言的。通常认为在语音帧内，应含有 1~7 个基音周期。然而不同人基音周期变化范围很大，从女性、儿童的 2ms 到老年男子的 14ms（即基频为 500~70Hz），所以 N 的选择较困难。10kHz 取样率下，其通常折中选为 100~200（即 10~20ms 持续时间）。

图 3-9 给出一个男子说 "What she said" 时，各种长度 Hamming 窗的短时能量函数。可见，$N = 51$ 时，窗较窄，E_n 随语音信号波形变化起伏很快；$N = 401$ 时，窗太宽，E_n 随语音信号波形的变化而缓慢变化；$N = 101$ 或 $N = 201$ 时，E_n 随语音信号的波形而快速变化，充分反映出信号特征。

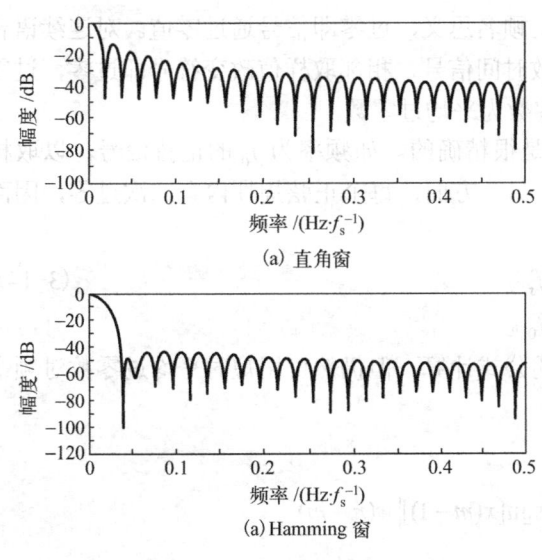

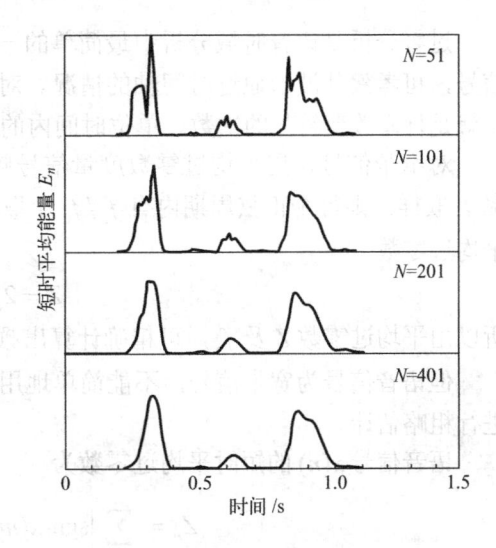

图 3-8　窗的频率特性　　　图 3-9　各种宽度 Hamming 窗时的短时平均能量函数

短时平均能量反映了语音能量随时间变化的特性，其主要应用为：

（1）区分清音与浊音段，因为浊音时 E_n 比清音时大得多。如图 3-9 中，E_n 值大的对应浊音段，E_n 小的对应清音段。根据 E_n 变化可大致判断出浊音变为清音或清音变为浊音的时刻。

（2）区分声母与韵母、无声与有声的分界；连字（指字之间无间隙）的分界等。如对高 SNR 信号，E_n 用于区分有无语音：无语音信号时的噪声 E_n 很小，而有语音信号时，其显著增大到某个数值，由此区分语音的开始或终止点。

（3）作为超音段信息，用于语音识别。

但 E_n 对高电平信号很敏感（因为其值与信号幅度平方有关），为此可采用另一种描述语音信号幅度变化的函数，即短时平均幅度 M_n。定义为

$$M_n = \sum_{m=-\infty}^{\infty} |x(m)| w(n-m) = |x(n)| * w(n) \tag{3-13}$$

其用加权的信号绝对值之和来代替平方和，见图 3-10。这种处理较简单，无须平方运算。显然，浊音与清音的 M_n 不如 E_n 那样差异明显。

图 3-10　语音信号短时平均幅度的实现框图

图 3-11 为相应于图 3-9 的语音信号的短时平均幅度函数，同样用了 Hamming 窗。由图可见，窗宽 N 对平均幅度函数的影响与短时平均能量类似。比较图 3-11 与图 3-9，可知短时平均幅度的动态范围比短时平均能量小（接近于短时平均能量的平方根）。因而，虽然由图 3-11 也可区分清浊音，但二者的差值不如图 3-9 中短时能量那样明显。同时，对于清音，二者的区别特别显著。

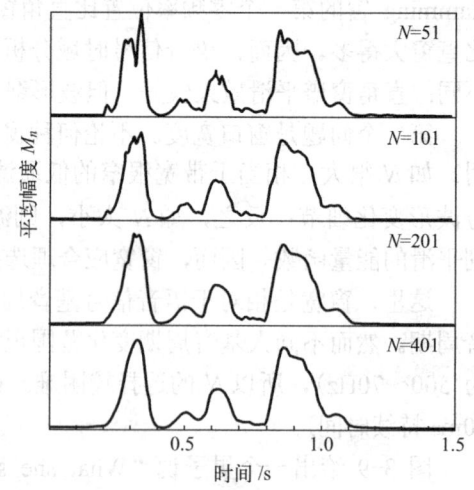

图 3-11　各种宽度 Hamming 窗的平均幅度函数

3.4　短时过零分析

过零分析是语音时域分析中最简单的一种。顾名思义，过零即信号通过零值。对连续语音信号，可考察其波形通过时间轴的情况。对离散时间信号，相邻取样值改变符号即过零，过零数就是样本改变符号的次数。单位时间内的过零数为平均过零数。

对窄带信号，用平均过零数度量信号频率是很精确的。如频率为 f_0 的正弦信号，以取样率 f_s 取样，则每个正弦周期内有 f_s/f_0 个取样；另一方面，每个正弦周期内有二次过零，因而平均过零数

$$Z = 2f_0/f_s \tag{3-14}$$

所以由平均过零数 Z 及 f_s，可精确计算出频率 f_0。

但语音信号为宽带信号，不能简单地用上述公式计算。但仍然可用短时平均过零数对频谱进行粗略估计。

语音信号 $x(n)$ 的短时平均过零数为

$$Z_n = \sum_{m=-\infty}^{\infty} \left| \text{sgn}[x(m)] - \text{sgn}[x(m-1)] \right| w(n-m)$$

$$= \left| \mathrm{sgn}[x(n)] - \mathrm{sgn}[x(n-1)] \right| * w(n) \tag{3-15}$$

式中，sgn[ ]为符号函数，即

$$\mathrm{sgn}[x(n)] = \begin{cases} 1, & x(n) \geqslant 0 \\ -1, & x(n) < 0 \end{cases} \tag{3-16}$$

$w(n)$为窗口序列，其作用与短时平均能量和幅度中的类似。设

$$w(n) = \begin{cases} 1/(2N), & 0 \leqslant n \leqslant N-1 \\ 0, & 其他 \end{cases} \tag{3-17}$$

其中，窗口幅度$1/(2N)$是对窗口范围内的过零数取平均；因为窗口内有N个样本，每个样本使用了 2 次。当然，也可不用直角窗而采用其他形式的窗，与前面讨论能量与幅度时的情况类似。

根据式(3-15)得到实现过零数的框图，见图 3-12。可见，先对语音信号成对地检查采样，以确定是否发生过零；若符号变化则表示有一次过零。再进行一阶差分运算，并求绝对值，最后进行低通滤波。

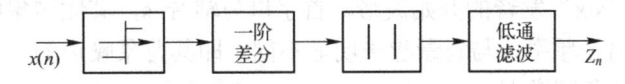

图 3-12 短时平均过零数的实现框图

短时平均过零数可应用于语音信号分析。它粗略地描述了信号频谱特性，因而可用于区分清/浊音。发浊音时，尽管声道有若干共振峰，但由于声门波引起了频谱高频跌落，所以语音能量集中于 3kHz 以下。发清音时，多数能量出现在较高频率上。高频率意味着高的平均过零数，低频率意味着低的平均过零数，因而可认为浊音具有较低的平均过零数，清音时较高的平均过零数。但是，这种高低仅是相对而言的，没有精确的数值关系。

图 3-13 给出浊音和清音语音的典型的平均过零数的概率分布。图中，横坐标为平均过零数，为每 10ms 内过零数的平均值。可见浊音短时平均过零数的均值为 14 过零/10ms，而清音为 49 过零/10ms。两种分布有交叠区域，此时难以区分是清音还是浊音。

图 3-14 为三句不同讲话的平均过零数。其中，信号取样率为 10kHz，窗宽为 150 个取样周期，窗每次移动 100 个取样周期(即相邻两段有 50 个样本重叠)；即每 100 个输入数据计算一次平均过零数。由图可见，三句话的平均过零数变化都很大，高平均过零数对应于清音，低平均过零数对应于浊音；但清音和浊音的变化非常明显。因而，短时平均过零数可用于清音和浊音的大分类。

利用短时平均过零数还可从背景噪声中找出语音信号，用于判断无语音和有语音的起点和终点位置。孤立词语音识别中，须在一连串连续语音信号中进行分割，以确定各单词多对应的信号，找出每个单词的开始和终止位置，这就是端点检测。其在语音处理中是一个基本问题。为此，背景噪声较小时用平均能量较为有效，背景噪声较大时用平均过零数较为有效。但以某些音为开头或结尾时，只用其中一个参数判断有困难，应同时使用两个参数。端点检测问题在 3.6 节还将详细介绍。

图 3-15 为"eight"发音的开始波形，是在高保真隔音室中录制的，SNR 极高。此时背景噪声小，最低电平的语音能量均超过背景噪声能量，二者明显变化之处即为发音的起始时刻。而用平均过零数确定单词起点时，起始点前的平均过零数极低，起始点后的平均过零数有一个明显的值。

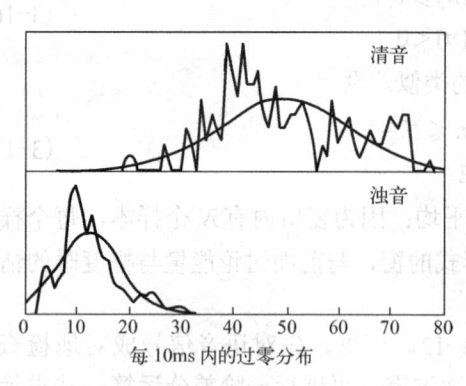

图 3-13 清音和浊音的过零分布

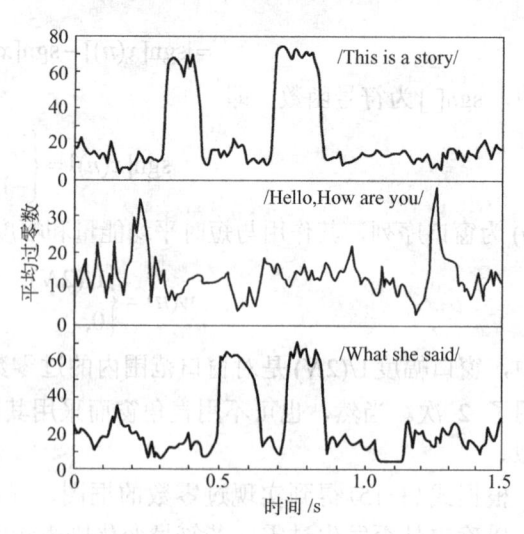

图 3-14 三句不同讲话的平均过零数

图 3-16 为单词 "six" 发音的开始波形，首字母为辅音 s，其频谱集中于高频段。因此该单词起始段有较高的语音频率，与背景噪声明显不同；即其背景噪声的平均过零数较低，而单词起始段的平均过零数急剧增大。

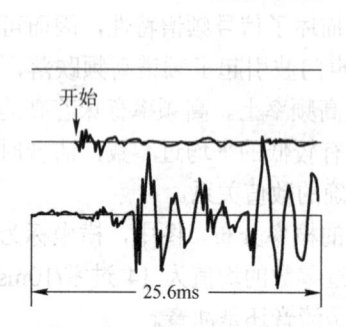

图 3-15 "eight" 发音的开始波形

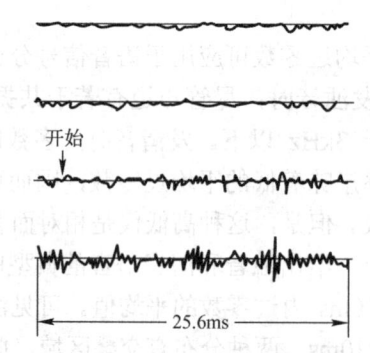

图 3-16 "six" 发音的开始波形

式(3-15)给出的短时过零率易受低频干扰，特别是 50Hz 交流干扰的影响。为此可进行高通或带通滤波，以减小随机噪声的影响。也可对短时过零率定义进行修正；即设置门限 T，将过零的定义修改为跨过正负门限，见图 3-17。

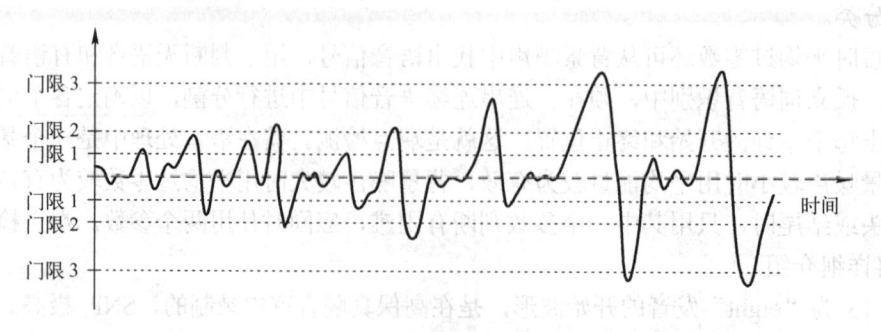

图 3-17 门限过零率

此时短时过零率定义为

$$Z_n = \sum_{m=-\infty}^{\infty} \{|\text{sgn}[x(n)-T] - \text{sgn}[x(n-1)-T]| +$$

$$\{\text{sgn}[x(n)+T] - \text{sgn}[x(n-1)+T]\}w(n-m) \tag{3-18}$$

这种过零率具有一定的鲁棒性。即使有小的随机噪声，只要不使信号越过正负门限所构成的带状区域，就不会产生虚假过零数。在语音识别前端检测还可采用多门限过零率，以进一步改善检测效果。

3.5 短时相关分析

相关分析是常用的时域波形分析方法，分自相关和互相关两种，分别用自相关函数和互相关函数表示。相关函数用于测定两个信号的时域相似性，如用互相关函数可测定两信号的时间滞后或从噪声中检测信号。如两个信号完全不同，则互相关函数接近于零；如两个信号波形相同，则在超前、滞后处出现峰值，由此可得到两个信号的相似度。而自相关函数用于研究信号自身，如波形的同步性、周期性等。这里主要讨论自相关函数。

3.5.1 短时自相关函数

对于确定性信号序列，自相关函数定义为

$$R(k) = \sum_{m=-\infty}^{\infty} x(m)x(m+k) \tag{3-19}$$

对随机性或周期性信号序列，自相关函数定义为

$$R(k) = \lim_{N \to \infty} \frac{1}{2N+1} \sum_{m=-N}^{N} x(m)x(m+k) \tag{3-20}$$

自相关函数有以下性质：

（1）如果序列是周期的（设周期为 N_P），则其自相关函数也是同周期的周期函数，即 $R(k) = R(k+N_P)$。

（2）为偶函数，即 $R(k) = R(-k)$。

（3）$k=0$ 时，自相关函数有极大值，即 $R(0) \geq |R(k)|$。

（4）$R(0)$ 表示确定性信号的能量或随机性信号的平均功率。

自相关函数的上述性质可用于语音信号时域分析中。如根据性质（1），可不用考虑信号起始时间，而用自相关函数第一个最大值的位置来估计其周期，这使自相关函数成为估计各种信号（包括语音信号）周期的一个很好的依据。如发浊音时，可用自相关函数求语音信号的基音周期（如8.1.1节所述）。此外，自相关函数还用于语音信号的LPC方程组的求解（如6.4节所述）等。

短时自相关函数定义为

$$R_n(k) = \sum_{m=-\infty}^{\infty} x(m)w(n-m)x(m+k)w(n-m-k) \tag{3-21}$$

即式(3-19)应用于窗选语音段。容易证明

$$R_n(-k) = R_n(k) \tag{3-22}$$

因而

$$R_n(k) = \sum_{m=-\infty}^{\infty} x(m)x(m-k)[w(n-m)w(n-m+k)] \tag{3-23}$$

如定义

$$h_k(n) = w(n)w(n+k) \tag{3-24}$$

则

$$R_n(k) = \sum_{m=-\infty}^{\infty} [x(m)x(m-k)]h_k(n-m) = [x(n)x(n-k)] * h_k(n) \tag{3-25}$$

因而，短时自相关函数可看作 $x(n)x(n-k)$ 通过单位函数响应为 $h_k(n)$ 的数字滤波器的输出，见

图 3-18。

短时自相关函数的计算通常用式(3-21)进行,此时将其改写为

$$R_n(k) = \sum_{m=-\infty}^{\infty}[x(n+m)w'(m)][x(n+m+k)w'(m+k)] \quad (3-26)$$

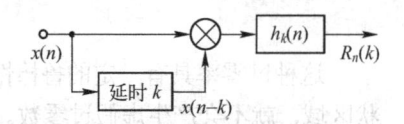

图 3-18 短时自相关函数的框图

其中 $w'(n) = w(-n)$。上式表明,输入信号起始时间被等效移至取样时刻 n 处,进而乘以窗函数 $w'(n)$ 以选择语音段。如 $w'(n)$ 的长度为 $0 \leq n \leq N-1$,则式(3-26)简化为

$$R_n(k) = \sum_{m=0}^{N-1-k}[x(n+m)w'(m)][x(n+m+k)w'(m+k)] \quad (3-27)$$

上式表明,计算第 k 次的自相关滞后时,$x(n+m)w'(m)$ 需 N 次相乘。而为计算滞后乘积的求和,需 $N-k$ 次乘和加,因而计算量较大。利用该式的一些特殊性质可减少运算量,如利用 FFT。

图 3-19 给出的三个自相关函数的例子,是用式(3-27)在 $N=401$ 时对 10kHz 取样的语音计算得到的,即滞后 $0 \leq k \leq 250$ 的自相关值。其中,图(a)和(b)为浊音语音段,图(c)为清音段。由图(a)和(b)可见,对应于浊音段的自相关函数有一定周期性,相隔一定取样后其达到最大值。图(c)的自相关函数没有很强的周期峰值,表明信号中缺乏周期性;这种清音语音的自相关函数有类似噪声的高频波形,有点像清音信号本身的波形。浊音语音的周期可用自相关函数中第一个峰值的位置估算:图(a)中,峰值约出现在 72 的倍数上,由此估计浊音基音周期约为 7.2ms 或约 140Hz 的基频。图(b)中,第一个最大值出现在 58 个取样的倍数上,表明平均基音周期约为 5.8ms。

对 N 点窗的 K 点短时自相关函数,如直接计算,约需 KN 次乘法和加法;对很多实际应用,K 与 N 均较大(如 $K=250$,$N=401$)。为此提出一些减少运算量的方法。如 FFT。为避免自相关计算的混叠,需 $2N$ 点 FFT,其中有 N 点数据由 N 个零值取样来补足。构成一个平方幅度约需 $2N$ 次乘法,而 $2N$ 点 FFT 需 $2N\lg_2 2N$ 次乘法,以得到所有 N 点自相关函数。因而,FFT 方法所需乘法总数为

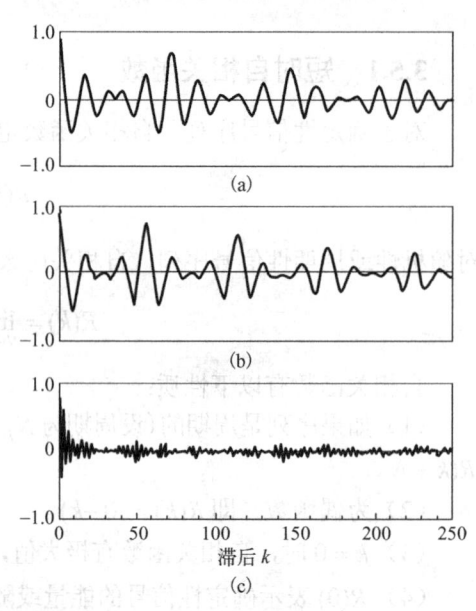

图 3-19 $N=401$,直角窗时浊音及清音语音的自相关函数

$$N_F = 2 \times 2N\lg_2 2N + 2N \quad (3-28)$$

另一方面,目前 DSP 可在一个很短的指令周期内完成一次乘加运算,且为卷积运算设计了一些效率很高的运算指令,所以如采用 DSP 实现自相关运算,常常是直接计算反而更加简单,而不必采用结构复杂的快速算法。

3.5.2 修正的短时自相关函数

语音信号处理中,计算自相关函数所用的窗口长度与平均能量等情况有所不同;其至少要大于二倍基音周期,否则找不到第二个最大值点。另一方面,N 也要尽可能小,如过大将影

响短时性。语音信号的最小基频为 80Hz，其最大周期为 12.5ms，两倍周期为 25ms，因而 10kHz 取样时 N 为 250。因而，用自相关函数估计基音周期时，N 不应小于 250。同时，基音周期范围很宽，应使窗与预期的基音周期相适应；对长基音周期用窄窗，则得不到预期的基音周期；对短基音周期用宽窗，则自相关函数将对很多基音周期进行平均计算，是不必要的。为解决这一问题，可用修正的短时自相关函数代替短时自相关函数，以便使用较窄的窗。

修正的短时自相关函数为
$$\hat{R}_n(k) = \sum_{m=-\infty}^{\infty} x(m)w_1(n-m)x(m+k)w_2(n-m-k) \quad (3\text{-}29)$$

或
$$\hat{R}_n(k) = \sum_{m=-\infty}^{\infty} x(n+m)w_1'(m)x(n+m+k)w_2'(m+k) \quad (3\text{-}30)$$

上面两式分别与式(3-21)及式(3-26)对应，不同之处是其 $w_1'(n)$ 和 $w_2'(n)$ 用了不同长度。即为消除式(3-27)中可变上限引起的自相关函数的下降，选取 $w_2'(n)$ 使其包括 $w_1'(n)$ 的非零间隔外的取样。如直角窗时，可使

$$w_1'(m) = \begin{cases} 1, & 0 \leqslant m \leqslant N-1 \\ 0, & \text{其他} \end{cases} \quad (3\text{-}31a)$$

$$w_2'(m) = \begin{cases} 1, & 0 \leqslant m \leqslant N-1+\overline{K} \\ 0, & \text{其他} \end{cases} \quad (3\text{-}31b)$$

因而，式(3-30)写为
$$\hat{R}_n(k) = \sum_{m=0}^{N-1} x(n+m)x(n+m+k), \quad 0 \leqslant k \leqslant \overline{K} \quad (3\text{-}32)$$

其中，$\overline{K}$ 为最大延迟点数。该式表明，总是取 N 个取样的平均，且 n 到 $n+N-1$ 间隔外的取样也应计算。式(3-26)与式(3-32)中，计算数据间的差别见图 3-20，其中图(a)为语音波形，图(b)为矩形窗选取的 N 个抽样段。对矩形窗，该段作为式(3-27)中的两项，而在式(3-32)中将为 $x(n+m)w_1'(m)$；图(c)表示式(3-32)的另一项。这里包括 $\overline{K}$ 个外加抽样。

严格说，$\hat{R}_n(k)$ 为两个不同长度的语音段 $x(n+m)w_1'(m)$ 与 $x(n+m+k)w_2'(m+k)$ 的互相关函数，因而具有互相关函数的特性，而不是自相关函数，如 $\hat{R}_n(k) \neq \hat{R}_n(-k)$。然而 $\hat{R}_n(k)$ 在周期信号周期的倍数上有峰值，因而与 $\hat{R}_n(0)$ 最近的第二个最大值点仍代表了基音周期的位置。图 3-21 所示为相应于图 3-19 所给例子的修正自相关函数。$N=401$ 时，波形变动效应超过图 3-19 中逐渐变细的效应，因而这两个图很相似。

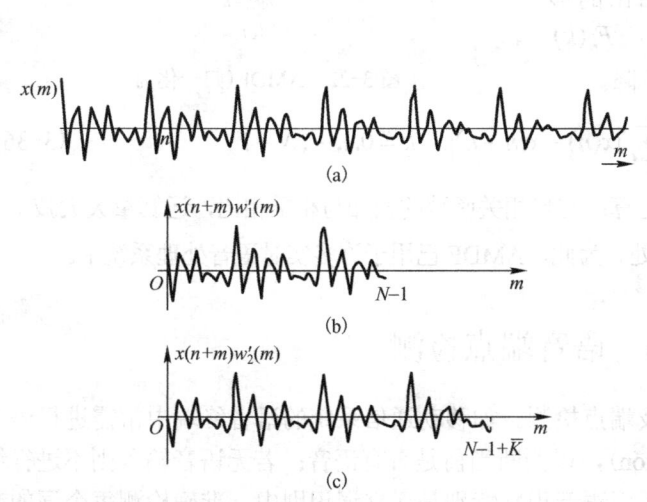

图 3-20 修正的短时自相关函数计算中窗宽选择的说明

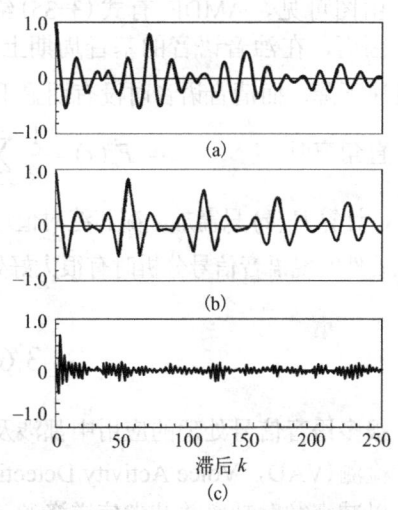

图 3-21 与图 3-19 有相同语音段的修正的短时自相关函数，$N=401$

3.5.3 短时平均幅差函数

短时自相关函数是语音信号时域分析的重要参数。其有两个主要应用：一是判断清/浊音，并估计浊音的基音周期；二是其傅里叶变换为短时谱(语音短时谱的问题将在第 4 章中介绍)。第一种应用不必计算短时自相关函数。计算自相关函数运算量很大，原因为乘法运算时间较长。自相关函数的简化计算方法有多种，如 FFT 等，但均无法避免乘法运算。为避免乘法，一个简单方法是利用差值。为此，常采用另一种与自相关函数有类似作用的短时平均幅差函数(AMDF)。

用平均幅度差函数代替自相关函数进行语音分析的原因在于，浊音语音具有准周期性。如果信号是真正意义上的周期信号，则相距为周期倍数样点的取样幅值相同，即其差值为零，则

$$d(n) = x(n) - x(n-k) = 0, \quad k = 0, \pm N_p, \pm 2N_p, \cdots \tag{3-33}$$

实际语音信号中，$d(n)$ 虽不为零，但值仍很小；这些极小值出现在整数倍周期位置上。因而，定义短时平均幅差函数

$$F_n(k) = \frac{1}{R} \sum_{m=-\infty}^{\infty} |x(n+m)w_1'(m) - x(n+m+k)w_2'(m+k)| \tag{3-34}$$

式中，R 为信号 $x(n)$ 的平均值。显然，如 $x(n)$ 在窗口取值范围内有周期性，则 $F_n(k)$ 在 $k = N_p, 2N_p, \cdots$ 处出现极小值。这里窗口应使用直角窗。如果窗口 $w_1'(n)$ 与 $w_2'(n)$ 有相同宽度，则得到类似于短时自相关函数的一个函数；如果 $w_2'(n)$ 比 $w_1'(n)$ 长，则类似于式(3-31)中修正的短时自相关函数的情况。研究表明

$$F_n(k) \approx \frac{\sqrt{2}}{R} \beta(k) [\hat{R}_n(0) - \hat{R}_n(k)]^{1/2} \tag{3-35}$$

式中，$\beta(k)$ 对不同语音段在 0.6~1.0 间变化，但对特定语音段其随 k 的变化不是很快。

图 3-22 给出 AMDF 的例子，其与图 3-19 和图 3-21 中相应的语音段相同，且有相同宽度。由图可见，AMDF 有式(3-35)给出的形状。因而，在浊音语音的基音周期上，$F_n(k)$ 值迅速下降，而清音语音时没有明显下降。

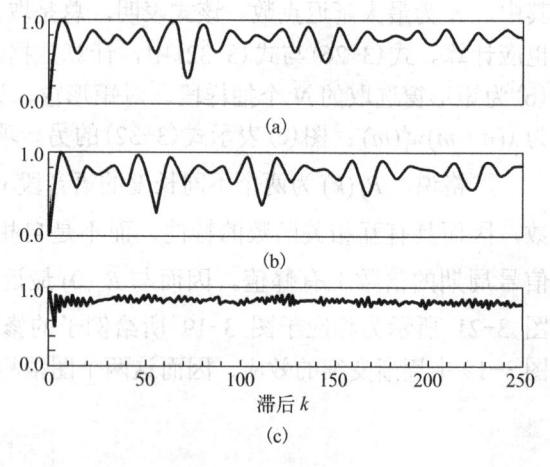

图 3-22 AMDF(归一化为 1)

直角窗时
$$F_n(k) = \frac{1}{R} \sum_{m=-\infty}^{\infty} |x(n) - x(n+k)|, \quad k = 0, 1, \cdots, N-1 \tag{3-36}$$

可见，计算 $F_n(k)$ 只需加、减和绝对值运算；与自相关函数的相加与相乘相比，运算量大大减小，这在硬件实现语音信号分析时有很大好处。为此，AMDF 已用于许多实时语音处理系统中。

3.6 语音端点检测

很多语音信号处理的应用中都涉及端点检测。如移动通信系统的语音终端中常需进行语音激活检测(VAD, Voice Activity Detection)，以判断当前是否有语音；若无语音输入则不进行编码，以减小发射功率并节省信道资源。而语音识别特别是孤立词识别中，准确检测每个词的起点和终点对模板匹配并提高识别率相当重要。语音识别常需判断输入信号中哪些部分是语音，

哪些部分不是语音；有时对已判定为语音的部分还要区分清音和浊音。这些问题归结起来就是有/无声或浊音/清音/无声判定。

汉语中，音节末尾基本都是浊音，只简单地用短时能量就可较好地判断一个词语的末点。当然有时韵尾拖得很长，衰减较慢，有时韵尾衰减较快，难免有些误差。一般只要短时平均幅度降低到该音节最大短时平均幅度的 1/16 左右时，即认为该音节已结束。实际上即使截掉一点拖尾也不会明显影响识别与合成。因而汉语孤立词的末点检测不存在困难。

相比之下，汉语的起始点检测有难度，而且检测是否准确对语音识别性能影响很大。因为音节起始处的大多数声母为清声母，还有送气与不送气的塞音和塞擦音，很难将它们与环境噪声相区别。

高 SNR 环境下录制的语音端点检测很容易，此时背景噪声能量远低于语音能量，仅利用能量就可很好地确定语音起点和终点。但实际应用中很难有很高的 SNR，发音开始时若语音能量与背景噪声能量可比拟时，仅根据能量来判断是较粗糙的。

下面介绍几种检测语音起点的方法。

3.6.1 双门限前端检测

双门限法利用的参数为短时能量和短时过零率（也可用短时平均幅度和短时过零率），见图 3-23。

如上所述检测语音起点有较大困难。双门限法是考虑到语音开始后总会出现能量较大的浊音，设一个较高的门限 T_h 以确定语音已开始，再取一个比 T_h 稍低的门限 T_L，以确定真正的起止点 N_1 及结束点 N_2。判断清音与无话的差别是采用另一个较低的门限 T_1，求超过该门限的过零率。只要 T_1 选取合适，通常背景噪声的低门限过零率明显低于语音的低门限过零率，见图 3-23。

这种方法广泛应用于有/无声判别或语音前端检测。通常窗长（帧长）取 10~15ms，帧间隔取 5~10ms。

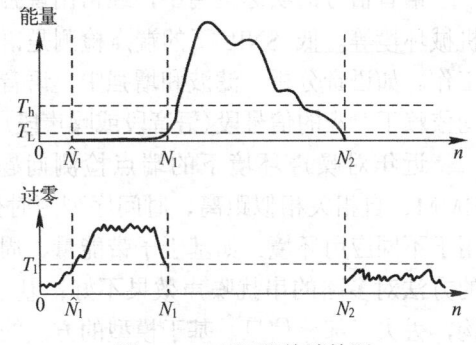

图 3-23 双门限前端检测

3.6.2 多门限过零率前端检测

双门限法与单门限过零率法相比，可明显减少语音前端误判，但有时存在较大时延。因为首次找到高门限越过点，再往前推可能要搜索 200ms 左右才能找到清音起点，从而难以实时处理。

多门限过零率法设置多个门限，如三个门限 $T_1 < T_2 < T_3$，对每帧（如 10ms 输入信号），用式 (3-18) 分别求出相应于 T_1、T_2 和 T_3 三个门限的过零率 Z_1、Z_2 和 Z_3，再用加权和表示总过零率：

$$Z = w_1 Z_1 + w_2 Z_2 + w_3 Z_3 \tag{3-37}$$

如果 T_1、T_2 和 T_3 与权 w_1、w_2 和 w_3 选择得合理，则语音开始后的 Z 值将明显大于无声时的 Z。通过实验确定门限 Z_0；若 $Z > Z_0$ 则判断为有声帧，否则为无声帧，从而可实时确定语音起点。这种方法已普遍用于汉语语音识别中的实时特征提取。

3.6.3 基于 FM-AM 模型的端点检测

2.5 节介绍的 FM-AM 模型也可用于端点检测。因为 Teager 能量算子不仅反映幅度变化，也反映频率变化。幅值或频率变化越快，能量算子输出越大。另一方面对不同类别的信号，Teager 能量算子输出也反映不同特性，从而可以算子输出能量进行端点检测。

其过程如下：

（1）计算每帧信号功率谱。

（2）对功率谱中每个样本点用频率平方加权；加权后的功率谱和的平方根为每帧能量，称为 Teager 帧能量。

（3）基于 Teager 能量进行端点检测。

用上述帧能量进行的端点检测，比常规的基于短时能量的端点检测方法有更好的效果。

3.7 基于高阶累积量的语音端点检测

3.7.1 噪声环境下的端点检测

能否在预处理阶段准确定位语音端点在很大程度影响后续语音处理性能。端点检测准确性对减少语音编码比特数及正确进行语音识别十分重要；比如，即使在安静环境中，语音识别系统一半以上的识别错误来自端点检测。

传统端点检测方法多根据语音短时特征进行判断，如短时能量、幅度和过零率等；及其混合特征，如帧平均能量跨零数积、帧平均能量跨零数比等。但噪声环境下这些特征难以对噪声和语音做出准确区分。

语音信号的实际应用中，经常出现强背景噪声，如火车、汽车、船舶中，移动通信环境、机械环境等。低 SNR 下的端点检测是语音增强、语音编码和语音识别中的难点及关键的一步工作。如语音分析、滤波和增强中，语音信号模型参数、噪声模型参数及滤波器中的自适应权均依赖于对应的信号段（语音段或噪声段）来确定。

近年对噪声环境下的端点检测问题提出了一些方法，如基于时频参数、LPC 特征、HMM、自相关相似距离、时间序列短时分形维数、模糊逻辑及熵的方法等。但这些方法只适用于不同应用环境。如基于子带能量、周期度量、基频的方法只适用于某些噪声环境；基于熵的方法对多路的串扰噪声效果不好；基于特征滤波的方法增大了计算量，且改变了语音谱结构，丢失了部分信息。基于模型的方法的缺点在于噪声环境多种多样，不可能对各种情况都建立模型；因而噪声环境与模型不匹配时性能将严重下降。

为此可采用多种特征组合的端点检测方法，但其在计算量及不同特征得分组合的权重参数的鲁棒性方面无法从根本上解决噪声环境下的端点检测问题。

下面介绍基于高阶累积量的语音端点检测方法。其在噪声环境下的性能远优于短时能量和过零率方法，在不同噪声、不同 SNR 环境下具有较好的性能。

3.7.2 高阶累积量与高阶谱

1. 概述

高阶累积量的研究与应用是近年来信号处理领域的重要发展，是现代信号处理的前沿课题与核心内容之一。其广泛用于非高斯及循环平稳信号中，如高阶谱分析、自适应滤波、时间序列分析等。

信号处理中常假设信号或噪声服从高斯分布，从而仅利用二阶累积量或基于二阶累积量的功率谱对信号进行分析及处理。即常规的信号处理中，用二阶累积量表示随机信号的统计特性与关系：时域用相关函数，频域用功率谱，即频域的能量密度分布。但功率谱或自相关函数仅能对均值已知的高斯过程进行描述。

但是，高斯分布只是众多分布中的一种。非高斯信号非常普遍，对这种信号来说，二阶累积量只是其中一部分信息，不包含相位信息。实际上常需对非高斯信号进行处理，而高阶累积量是解决这一问题的主要工具；其可提供比功率谱更多的有用信息。

非高斯信号的主要数学分析工具是高阶累积量及基于高阶统计量的高阶谱估计。20 世纪 60 年代初开始对高阶累积量的研究，而取得迅速发展是在 80 年代后期。目前其在雷达、声呐、通信、生物医学及其他领域得到大量应用，包括信号滤波、信号重构、谐波恢复、多元时间序列分析、时变非高斯信号的时频分析等。高阶累积量还用于数字通信中的信道盲均衡、非线性雷达、浅海中声呐信号的源特征估计等。

由于高阶累积量计算的复杂性，作为工程应用，常用零均值平稳随机过程的三阶、四阶累积量。

任何类型的高斯信号，其三阶以上的高阶累积量均为 0。高阶累积量的这种特性可用于抑制噪声。因而使用高阶累积量作为分析工具时，理论上可完全抑制高斯色噪声。如非高斯信号在与之独立的加性高斯色噪声中被观测，则观测过程的高阶累积量即为原非高斯过程的高阶累积量。

高阶累积量还用于信号的盲源分离，如 17.5 节将介绍基于高阶累积量的语音盲分离方法。

2．高阶累积量的基本原理

累积量是信号的一种统计特性。

（1）累积量的定义

考虑均值为零的复平稳随机序列 $\{x(n)\}$，$n = 0, \pm 1, \cdots \pm \infty$，其二阶累积量为

$$C_{2,x}(\tau) = E\{x(n)x^*(n+\tau)\} \tag{3-38}$$

即 $x(n)$ 的自相关函数。

三阶累积量
$$C_{3,x}(\tau_1, \tau_2) = E\{x(n)x(n+\tau_1)x^*(n+\tau_2)\} \tag{3-39}$$

四阶累积量
$$\begin{aligned}
C_{4,x}(\tau_1, \tau_2, \tau_3) = {} & E\{x(n)x(n+\tau_1)x^*(n+\tau_2)x^*(n+\tau_3)\} - \\
& E\{x(n)x(n+\tau_1)\}E\{x^*(n+\tau_2)x^*(n+\tau_3)\} - \\
& E\{x(n)x^*(n+\tau_2)\}E\{x(n+\tau_1)x^*(n+\tau_3)\} - \\
& E\{x(n)x^*(n+\tau_3)\}E\{x(n+\tau_1)x^*(n+\tau_2)\}
\end{aligned} \tag{3-40}$$

由上述定义可证明：任何类型的高斯信号，其三阶以上的高阶累积量均为零。

（2）累积量的性质

性质 1：若 $\lambda_i (i=1,2,\cdots,k)$ 为常数，且 $x_i (i=1,2,\cdots,k)$ 为随机变量，则

$$\text{cum}(\lambda_1 x_1, \lambda_2 x_2, \cdots, \lambda_k x_k) = \left(\prod_{i=1}^{k} \lambda_i\right) \text{cum}(x_1, x_2, \cdots, x_k) \tag{3-41}$$

式中，cum 表示累积量运算。

性质 2：累积量相对于其变元是对称的，即

$$\text{cum}(x_1, x_2, \cdots, x_k) = \text{cum}(x_{i_1}, x_{i_2}, \cdots, x_{i_k}) \tag{3-42}$$

其中下标 $i_1, i_2, \cdots, i_k$ 为 $1, 2, \cdots, k$ 的一个排列。

性质3：累积量相对于其变元为加性的，即

$$\text{cum}(x_1+y_1,x_2,\cdots,x_k)=\text{cum}(x_1,x_2,\cdots,x_k)+\text{cum}(y_1,x_2,\cdots,x_k) \tag{3-43}$$

性质4：若随机变量 $\{x_i\}$ 与 $\{y_i\}$ 独立，则

$$\text{cum}(x_1+y_1,x_2+y_2,\cdots,x_k+y_k)=\text{cum}(x_1,x_2,\cdots,x_k)+\text{cum}(y_1,y_2,\cdots,y_k) \tag{3-44}$$

3. 高阶谱

随机信号理论中的维纳-辛钦定理建立了二阶累积量时域和频域的对应关系，即相关函数与功率谱密度是一对傅里叶变换。类似地，随机过程的高阶谱与其相应的累积量也存在傅里叶变换关系。高阶谱又称多谱；其中三阶谱为三阶累积量的傅里叶变换，用 $S_{3,x}(\omega_1,\omega_2)$ 表示，也称双谱；四阶谱为四阶累积量的傅里叶变换，用 $S_{4,x}(\omega_1,\omega_2,\omega_3)$ 表示，也称三谱。高阶谱中，双谱的应用非常广泛。

功率谱是重要的信号分析工具，但为二阶累积量分析，所得到的信息仅为信号的幅频特性及自相关等。而高阶谱可提供蕴含在信号内部的高阶统计量信息。

高阶谱在随机信号处理中有很多应用，如噪声中的信号检测。传统信号检测方法主要是似然比检测，已得到广泛应用，但其有两个局限：（1）检测对象须满足高斯假设，才能根据某种最优准则划分观测空间，做出判决；（2）观测信号的 SNR 下降时，检测性能急剧下降。为此可用双谱检测强高斯噪声背景下的信号。

考虑以下二元随机信号检测问题：

$$\begin{cases} H_0: x(k)=n(k) \\ H_1: x(k)=s(k)+n(k) \end{cases}; \quad k=1,2,\cdots N \tag{3-45}$$

式中，$s(k)$ 为实信号，$n(k)$ 为高斯噪声，两者不相关。如对该问题采用传统的谱估计方法，则有

$$\begin{cases} H_0: S_x(\omega)=S_n(\omega) \\ H_1: S_x(\omega)=S_s(\omega)+S_n(\omega) \end{cases} \tag{3-46}$$

显然，SNR 下降时，检测概率急剧下降。若采用双谱方法，则

$$\begin{cases} H_0: S_{3,x}(\omega_1,\omega_2)=0 \\ H_1: S_{3,x}(\omega_1,\omega_2)=S_{3,s}(\omega_1,\omega_2) \end{cases} \tag{3-47}$$

因而，如果信号双谱信息足够大，即使 SNR 很小，也有望得到较高的检测概率。

3.7.3 基于高阶累积量的端点检测

语音信号一般为非高斯分布，如噪声为高斯分布，则带噪语音信号的高阶累积量为原始语音信号的高阶累积量。从而可在高斯噪声环境下在高阶累积量域进行端点检测。

是否接近于高斯分布是绝大部分噪声和语音在信号域的根本区别，因而基于高阶累积量的方法对噪声有很强的鲁棒性。高阶累积量可采用三阶或四阶；从处理结果看，四阶累积量有更好的端点区分性能。

设语音信号为 $s(k)$，高斯噪声为 $n(k)$，则带噪语音信号表示为

$$x(k)=as(k)+bn(k) \tag{3-48}$$

其中，a 和 b 为增益系数。由于 $s(k)$ 与 $n(k)$ 独立，则由前述的累积量性质得 $x(k)$ 的四阶累积量

$$\begin{aligned}&\text{cum}[x(k)x(k+\tau_1)x(k+\tau_2)x(k+\tau_3)]\\&=a^4\cdot\text{cum}[s(k)s(k+\tau_1)s(k+\tau_2)s(k+\tau_3)]+\\&b^4\cdot\text{cum}[n(k)n(k+\tau_1)n(k+\tau_2)n(k+\tau_3)]\end{aligned} \tag{3-49}$$

为计算带噪语音信号的四阶累积量的问题；若以四阶累积量作为判断语音端点的依据，则语音的端点检测问题转化为其四阶累积量的端点检测。

图 3-24 给出一段带噪语音的四阶累积量。语音为男性"a"，采样率 22kHz，噪声为高斯噪声，SNR 为 10dB。比较图(c)和(d)可见，只有在语音存在的时间范围内四阶累积量才存在；这表明高斯噪声在高阶累积量域为 0。

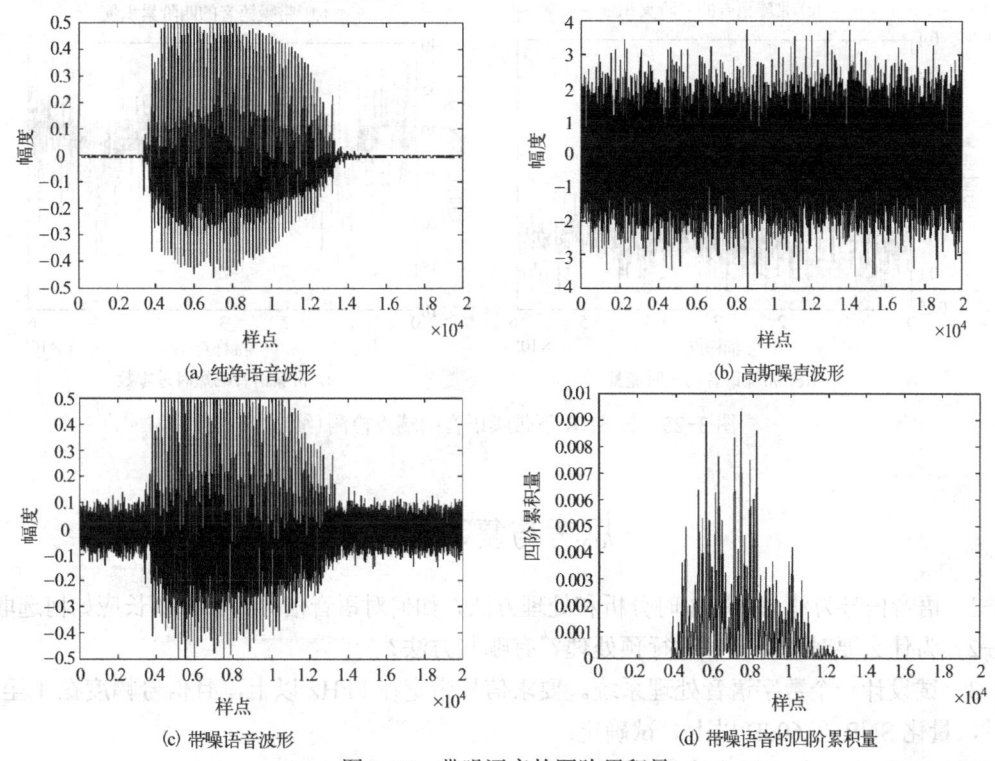

图 3-24 带噪语音的四阶累积量

图 3-25 给出低 SNR 下带噪语音的分析结果。其中为纯净语音为男性发音"how are you"，取样率 22kHz；高斯噪声，SNR 为-7dB。分别给出带噪语音的三阶和四阶累积量、短时能量及短时过零数。由其中的图(d)可见，即使在很低的 SNR 环境下，四阶累积量也可准确进行端点检测，而传统的端点检测方法(短时能量及过零数，图(e)和(f))将得到错误的检测结果。

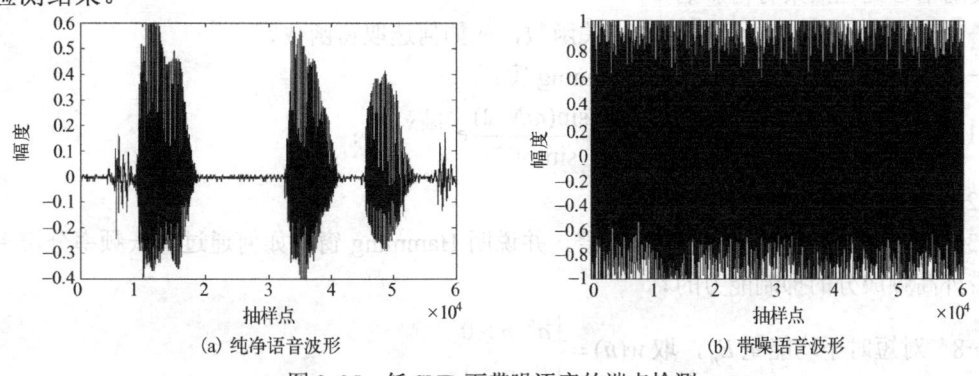

图 3-25 低 SNR 下带噪语音的端点检测

(c) 带噪语音的三阶累积量

(d) 带噪语音的四阶累积量

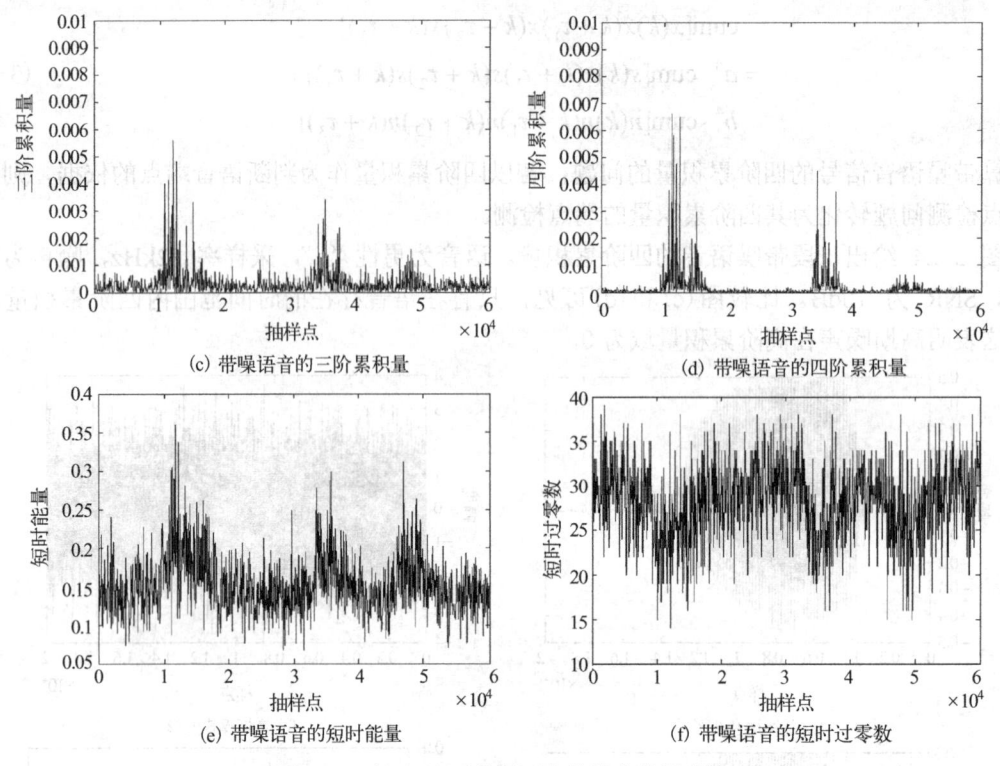

(e) 带噪语音的短时能量

(f) 带噪语音的短时过零数

图 3-25 低 SNR 下带噪语音的端点检测(续)

思考与复习题

3-1 语音信号为什么采用短时分析和处理方法？如何对语音信号分帧？帧长应如何选取？

3-2 为什么要对语音信号进行预处理？有哪些方法？

3-3 试设计一个数字语音处理系统。要求信号带宽在 8kHz 以上，且信号幅度在 1 至 100 之间时，量化 SNR 在 60dB 以上。试确定：

（1）A/D 和 D/A 各应取多少比特？

（2）取样率应如何选取？其依据是什么？A/D 之前和 D/A 之后应采用何种形式的模拟滤波器？

3-4 试证明 Laplacian 概率密度函数的标准差为 $\sigma = \sqrt{2}/\alpha$。

3-5 对语音信号进行时域分析时，应如何选取窗函数？常用的窗函数有哪些？窗口形状与长度对语音处理效果有何影响？

3-6 对短时平均能量和短时自相关函数，应如何选取窗函数？

3-7 对长度为 N 的直角窗和 Hamming 窗：

（1）证明矩形窗的频谱为 $W(e^{j\omega}) = \dfrac{\sin(\omega N/2)}{\sin(\omega/2)} e^{-j\omega(N-1)/2}$；

（2）大致画出矩形窗的幅度谱；

（3）大致画出 Hamming 窗的幅度谱。并说明 Hamming 窗是如何通过降低频率分辨率来提高对带外高频成分的抑制能力的？

3-8 对短时平均能量 E_n，取 $w(n) = \begin{cases} a^n, & n > 0 \\ 0, & n < 0 \end{cases}$。

（1）试确定 E_n 的递推公式，即用 E_{n-1} 和语音 $x(n)$ 表示 E_n；

（2）画出其实现框图。

3-9　对短时平均幅度 M_n，试证明其递推公式为 $M_n = aM_{n-1} + |x(n)|$。

3-10　浊语音与清语音的短时平均能量、短时平均过零数、短时自相关函数及短时平均幅差函数之间有何区别？这些区别在语音处理中有何种应用？

3-11　证明短时自相关函数为偶函数。

3-12　语音端点检测有哪些方法？试说明其工作原理。

3-13　试说明高阶累积量与高阶谱的基本概念与原理。其在信号处理领域有哪些应用？

3-14　说明基于高阶累积量的语音端点检测的基本原理。

第4章 短时傅里叶分析

4.1 概　　述

傅里叶分析十分重要，是分析线性系统和平稳信号稳态特性的有力手段，在很多科学和工程领域得到广泛应用。这种以复指数函数为基函数的正交变换，理论上完善，计算上方便，概念上易于理解。同时，傅里叶分析可使信号的某些特性变得很明显，而在原始信号中这些特性可能没有表现出来或至少不明显。

语音信号处理中，傅里叶表示在传统上一直起主要作用。原因一方面在于稳态语音的产生模型由线性系统组成，此系统被随时间做周期变化或随机变化的源所激励，因而系统输出的频谱反映了激励谱与声道频率特性。另一方面，语音信号频谱有非常明显的语言声学意义，可得到某些重要的语音特征(如共振峰频率和带宽等)。同时，语音感知过程与人类听觉系统有频谱分析功能密切相关。人的听觉对语音频谱特性更为敏感，时域上相差很大的语音如具有类似的频谱，则对它们的感知是类似的。因而，频谱分析是认识和处理语音信号的重要方法。

但语音信号为非平稳过程，适用于周期瞬变或平稳随机信号的傅里叶变换不能直接对其进行表示。短时分析是有效的解决途径。语音信号特性随时间缓慢变化，可假设在一短段时间内保持不变。短时分析应用于傅里叶分析就是短时傅里叶变换(STFT)，即有限长度的傅里叶变换；相应的频谱为短时谱。语音信号短时谱的特征是频谱包络与微细结构以乘积方式混合在一起，且可用 FFT 进行高速处理。

短时傅里叶分析是分析缓慢时变频谱的简便方法，在语音处理中是非常重要的工具。其最重要的应用是语音分析-合成系统，因为由短时傅里叶变换可精确恢复语音波形。

广义上讲，语音信号的频域分析包括频谱、功率谱、倒谱、频谱包络分析等，常用的频域分析方法有带通滤波器组、傅里叶分析、LPC 等。本章介绍短时傅里叶分析。

4.2 短时傅里叶变换

4.2.1 短时傅里叶变换的定义

语音信号为局部平稳的，因而可对一帧语音进行傅里叶变换，此时得到短时傅里叶变换，其定义为

$$X_n(\mathrm{e}^{\mathrm{j}\omega}) = \sum_{m=-\infty}^{\infty} x(m)w(n-m)\mathrm{e}^{-\mathrm{j}\omega m} \tag{4-1}$$

可见，短时傅里叶变换是窗选语音信号的傅里叶变换，其中下标 n 用于区别常规的傅里叶变换。式(4-1)中，$w(n-m)$ 是窗函数序列。因而不同窗函数将得到不同的短时傅里叶变换结果。由该式知，短时傅里叶变换有两个自变量：n 和 ω，所以其既是关于时间 n 的离散函数，又是关于角频率 ω 的连续函数。与 DFT 及连续傅里叶变换的关系类似，令 $\omega = 2\pi k/N$，则得到离散的短时傅里叶变换

$$X_n\left(\mathrm{e}^{\mathrm{j}\frac{2\pi k}{N}}\right) = X_n(k) = \sum_{m=-\infty}^{\infty} x(m)w(n-m)\mathrm{e}^{-\mathrm{j}\frac{2\pi km}{N}}, \qquad 0 \leqslant k \leqslant N-1 \tag{4-2}$$

其为 $X_n(\mathrm{e}^{\mathrm{j}\omega})$ 在频域的取样。由式(4-1)和式(4-2)可见，这两个公式有两种解释：（1）n 固定时，它们是序列 $w(n-m)x(m)$ 的傅里叶变换或 DFT，此时 $X_n(\mathrm{e}^{\mathrm{j}\omega})$ 与傅里叶变换有相同性质，而 $X_n(k)$ 与 DFT 有相同的特性。（2）ω 或 k 固定时，$X_n(\mathrm{e}^{\mathrm{j}\omega})$ 与 $X_n(k)$ 可看作时间 n 的函数；是信号序列和窗口函数序列的卷积，此时窗口相当于一个滤波器。下面分别从这两方面对短时傅里叶变换进行分析。

4.2.2 傅里叶变换的解释

重写傅里叶变换的定义
$$X_n(\mathrm{e}^{\mathrm{j}\omega}) = \sum_{m=-\infty}^{\infty} [x(m)w(n-m)]\mathrm{e}^{-\mathrm{j}\omega m} \tag{4-3}$$

n 取不同值时，窗 $w(n-m)$ 沿 $x(m)$ 序列滑动，即为滑动窗，如图 4-1 所示；其表明几个不同 n 值上，$x(m)$ 及 $w(n-m)$ 与 m 的关系。窗口有限长，满足绝对可和条件，所以这个变换存在。与序列的傅里叶变换类似，短时傅里叶变换随 ω 进行周期变化，且周期为 2π。

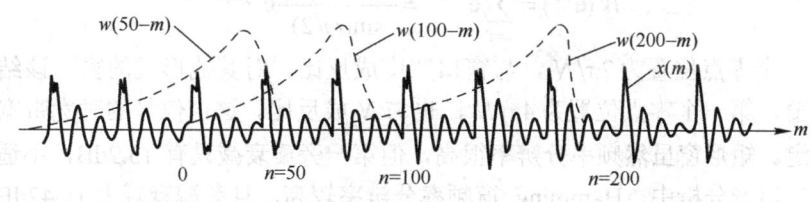

图 4-1 在几个 n 值上 $x(m)$ 与 $w(n-m)$ 的示意图

根据功率谱的定义，短时功率谱 $S_n(\mathrm{e}^{\mathrm{j}\omega})$ 与短时傅里叶变换的关系为

$$S_n(\mathrm{e}^{\mathrm{j}\omega}) = X_n(\mathrm{e}^{\mathrm{j}\omega})X_n^*(\mathrm{e}^{\mathrm{j}\omega}) = \left|X_n(\mathrm{e}^{\mathrm{j}\omega})\right|^2 \tag{4-4}$$

且功率谱为短时自相关函数
$$\hat{R}_n(k) = \sum_{m=-\infty}^{\infty} w(n-m)x(m)w(n-k-m)x(m+k) \tag{4-5}$$

的傅里叶变换。

下面将短时傅里叶变换写为另一种形式。设信号和窗函数的傅里叶变换为

$$X(\mathrm{e}^{\mathrm{j}\omega}) = \sum_{m=-\infty}^{\infty} x(m)\mathrm{e}^{-\mathrm{j}\omega m} \tag{4-6}$$

$$W(\mathrm{e}^{\mathrm{j}\omega}) = \sum_{m=-\infty}^{\infty} w(m)\mathrm{e}^{-\mathrm{j}\omega m} \tag{4-7}$$

均存在。n 固定时，$w(n-m)$ 的傅里叶变换为

$$\sum_{m=-\infty}^{\infty} w(n-m)\mathrm{e}^{-\mathrm{j}\omega m} = \mathrm{e}^{-\mathrm{j}\omega n} \cdot W(\mathrm{e}^{-\mathrm{j}\omega}) \tag{4-8}$$

根据频域卷积定理
$$X_n(\mathrm{e}^{\mathrm{j}\omega}) = X(\mathrm{e}^{\mathrm{j}\omega}) * [\mathrm{e}^{-\mathrm{j}\omega n} \cdot W(\mathrm{e}^{-\mathrm{j}\omega})]$$

上式右侧两个卷积项均为 ω 的以 2π 为周期的连续函数，其卷积积分形式为

$$X_n(\mathrm{e}^{\mathrm{j}\omega}) = \frac{1}{2\pi}\int_{-\pi}^{\pi} W(\mathrm{e}^{-\mathrm{j}\theta})\mathrm{e}^{-\mathrm{j}n\theta}X(\mathrm{e}^{\mathrm{j}(\omega-\theta)})\mathrm{d}\theta \tag{4-9}$$

将 θ 改为 $-\theta$，得
$$X_n(e^{j\omega}) = \frac{1}{2\pi}\int_{-\pi}^{\pi} W(e^{j\theta})e^{jn\theta}X(e^{j(\omega+\theta)})d\theta \tag{4-10}$$

下面讨论窗口的作用。语音信号乘以窗函数时，窗口边缘两端不应急剧变化，应使波形缓慢降为零；且相当于信号谱与窗函数谱的卷积。为此窗函数应有如下特性：(1) 频率分辨率高，即主瓣狭窄尖锐；(2) 通过卷积，在其他频率上产生的频谱泄漏少，即旁瓣衰减大。但上述两个要求相互矛盾，不能同时满足。

窗宽 N、取样周期 T 及频率分辨率 Δf 存在以下关系：
$$\Delta f = 1/(NT) \tag{4-11}$$

可见，频率分辨率随窗宽的增加而提高，但同时时间分辨率下降；如窗口短，则频率分辨率下降，但时间分辨率提高，因而二者矛盾。

首先，$W(e^{j\omega})$ 的主瓣宽度与窗口宽度成反比。如最简单的直角窗
$$w(n) = \begin{cases} 1, & 0 \leqslant n \leqslant N-1 \\ 0, & \text{其他} \end{cases}$$

的傅里叶变换由式(4-7)得
$$W(e^{j\omega}) = \sum_{n=0}^{N-1} e^{-j\omega n} = \frac{\sin(N\omega/2)}{\sin(\omega/2)} e^{-j\omega(N-1)/2} \tag{4-12}$$

由上式知其第一个零点位置为 $2\pi/N$，与窗口宽度成反比。对其他形式的窗，该结论也成立。如 Hamming 窗，第一个零点位置为 $4\pi/N$，也与 N 成反比。这由信号的时宽带宽积为常数这一基本性质决定。矩形窗虽然频率分辨率很高，但第一旁瓣衰减只有 13.2dB，不适合用于频谱动态范围很宽的语音分析中。Hamming 窗频率分辨率较高，且旁瓣衰减大于 42dB，有频谱泄漏少的优点，频谱中高频分量弱、波动小，可得到较平滑的谱。

其他窗函数中，还有 Hanning 窗
$$w(n) = 0.5 - 0.5\cos\left(\frac{2\pi n}{N-1}\right) \tag{4-13}$$

其优点是高次旁瓣低，但第一旁瓣衰减只有 30dB。

语音波形乘以 Hamming 窗，压缩了接近窗两端的部分波形，相当于用作分析的区间减小 40%左右；使频率分辨率下降 40%左右。因而，即使在基音周期明显的浊音频谱分析中，乘以合适的窗函数也可抑制基音周期与分析区间的相对相位关系的变动影响，从而得到稳定的频谱。乘以窗函数导致分帧区间缩短，为跟踪随时间变化的频谱，要求一部分区间重复移动。

下面讨论窗口宽度的影响。窗函数的傅里叶变换 $W(e^{j\omega})$ 很重要；为使 $X_n(e^{j\omega})$ 准确再现 $X(e^{j\omega})$ 的特性，$W(e^{j\omega})$ 相对于 $X(e^{j\omega})$ 应为一个冲激函数。N 越大则 $W(e^{j\omega})$ 的主瓣越窄，$X_n(e^{j\omega})$ 越接近 $X(e^{j\omega})$。$N \to \infty$ 时，$X_n(e^{j\omega}) \to X(e^{j\omega})$。但 N 太大时，信号分帧已失去意义，尤其是 N 大于音素长度时，$X_n(e^{j\omega})$ 已不能反映该音素的频谱。因而应折中选择窗宽。

图 4-2 给出 $N = 500$（取样率 10kHz，窗持续时间 50ms）时，直角窗及 Hamming 窗下的浊音语音频谱。其中图(a)为 Hamming 窗的窗选信号，图(b)为其对数功率谱；图(c)为矩形窗的窗选信号，图(d)为其对数功率谱。由图(a)可见时间波形的周期性，此周期性也在图(b)中表现出来：基频及谐波在频谱中表现为等频率间隔的窄峰。图(b)中，频谱在 300～400Hz 附近有较强的第一共振峰，而在 2000Hz 附近有一个对应于第二、三共振峰的宽峰；在 3800Hz 附近有第四个共振峰。由图可见，频谱在高频部分的下降趋势(由于声门脉冲频谱的高频衰减特性)。

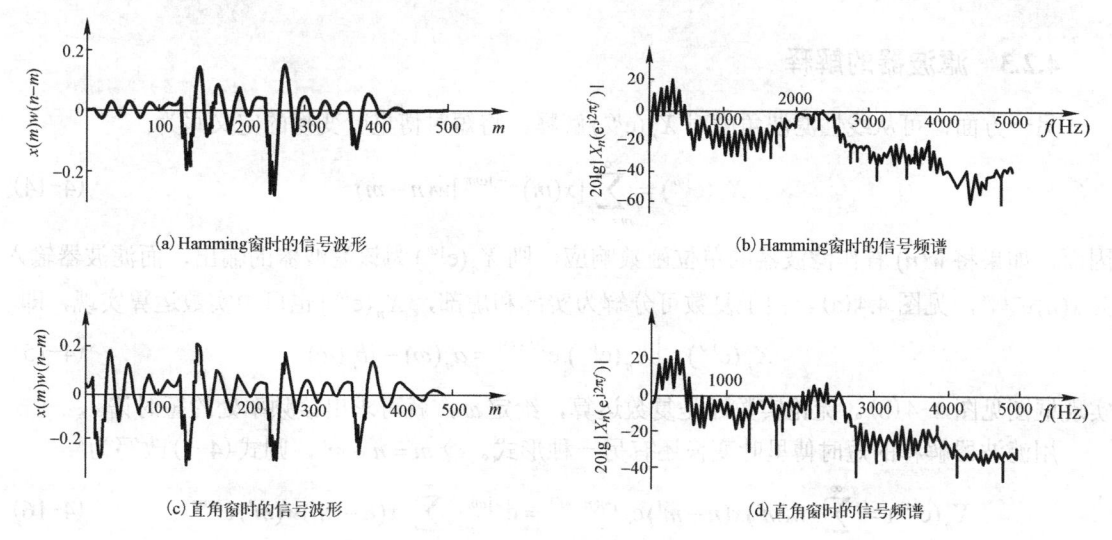

(a) Hamming窗时的信号波形

(b) Hamming窗时的信号频谱

(c) 直角窗时的信号波形

(d) 直角窗时的信号频谱

图 4-2 $N=500$ 时，浊音语音的频谱分析

将图 4-2(b)和(d)比较，可见在基音谐波、共振峰结构及频谱大致形状上的相似性，同样也可看到其频谱间的差别。最明显的是，图(d)中基音谐波尖锐度增加，这主要由于矩形窗的频率分辨率较高。另一差别是矩形窗较高的旁瓣产生一个类似于噪声的频谱。这是由于相邻谐波的旁瓣在谐波间隔内相互作用(有时加强有时抵消)，因而在谐波间产生随机变化。这种相邻谐波间的泄漏抵消了其主瓣较窄的优点，因而在语音频谱分析中极少采用矩形窗。

图 4-3 给出 $N=50$ 的比较结果(取样率与图 4-2 相同，因而窗口持续时间为 5ms)。由于窗口很短，时间序列(图(a)和(c))及其频谱(图(b)和(d))均不能反映信号周期性。与图 4-2 相反，其只约在 400、1400 及 2200Hz 上有少量较宽的峰值，它们与窗内语音段的前三个共振峰对应。比较图(b)与(d)的频谱，再次表明矩形窗可得到较高的频率分辨率。

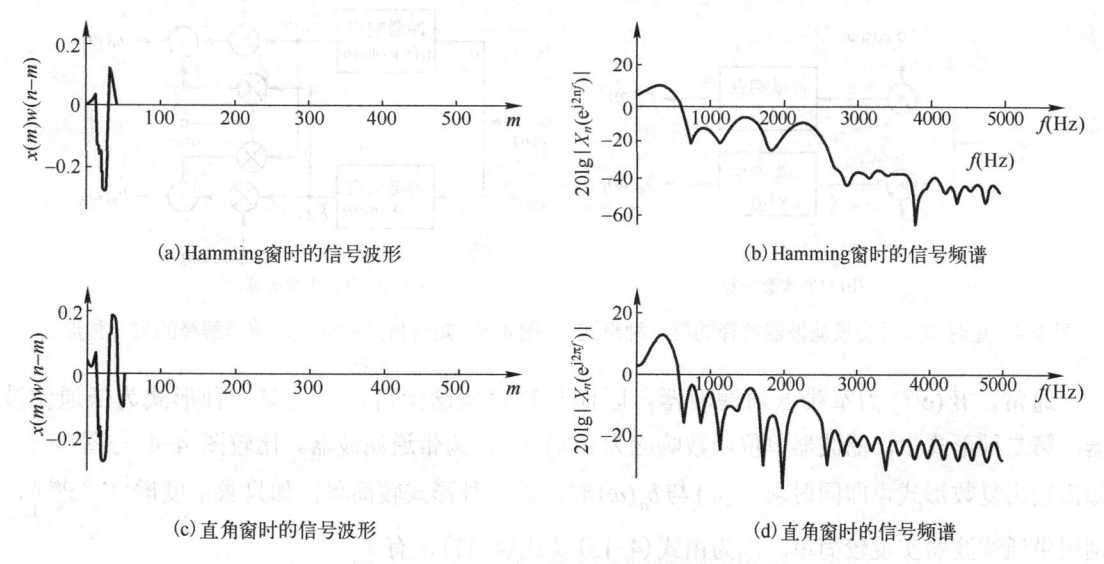

(a) Hamming窗时的信号波形

(b) Hamming窗时的信号频谱

(c) 直角窗时的信号波形

(d) 直角窗时的信号频谱

图 4-3 $N=50$ 时，浊音语音的频谱分析

图 4-2 及图 4-3 说明了窗口宽度与短时傅里叶变换特性的关系，即用窄窗可得到好的时间分辨率，用宽窗可以得到好的频率分辨率。窗函数的目的是限制分析时间使波形特性没有显著变化，因而这两个分辨率要折中考虑。

4.2.3 滤波器的解释

另一方面,可从线性滤波角度对 $X_n(e^{j\omega})$ 解释。将短时傅里叶变换的定义写为

$$X_n(e^{j\omega}) = \sum_{m=-\infty}^{\infty} [x(m)e^{-j\omega m}]w(n-m) \tag{4-14}$$

因而,如果将 $w(n)$ 看作滤波器的单位函数响应,则 $X_n(e^{j\omega})$ 为该滤波器的输出,而滤波器输入为 $x(n)e^{-j\omega n}$,见图 4.4(a)。由于复数可分解为实部和虚部,$X_n(e^{j\omega})$ 也可由实数运算实现,即

$$X_n(e^{j\omega}) = |X_n(e^{j\omega})|e^{j\theta_n(\omega)} = a_n(\omega) - jb_n(\omega) \tag{4-15}$$

实现框图见图 4-4(b)。无论实数还是复数运算,给定 ω,就可求出该频率处的短时谱。

用滤波器解释的短时傅里叶变换还有另一种形式。令 $m = n - m'$,则式(4-1)改写为

$$X_n(e^{j\omega}) = \sum_{m'=-\infty}^{\infty} w(m')x(n-m')e^{-j\omega(n-m')} = e^{-j\omega n} \cdot \sum_{m'=-\infty}^{\infty} x(n-m')w(m')e^{j\omega m'} \tag{4-16}$$

令

$$\widetilde{X}_n(e^{j\omega}) = \sum_{m'=-\infty}^{\infty} x(n-m)w(m)e^{-j\omega m} \tag{4-17}$$

则

$$X_n(e^{j\omega}) = e^{-j\omega n} \cdot \widetilde{X}_n(e^{j\omega}) \tag{4-18}$$

由此得到短时傅里叶变换滤波器解释的另一种形式,见图 4.5;同样可分为复数及实数运算两种形式。

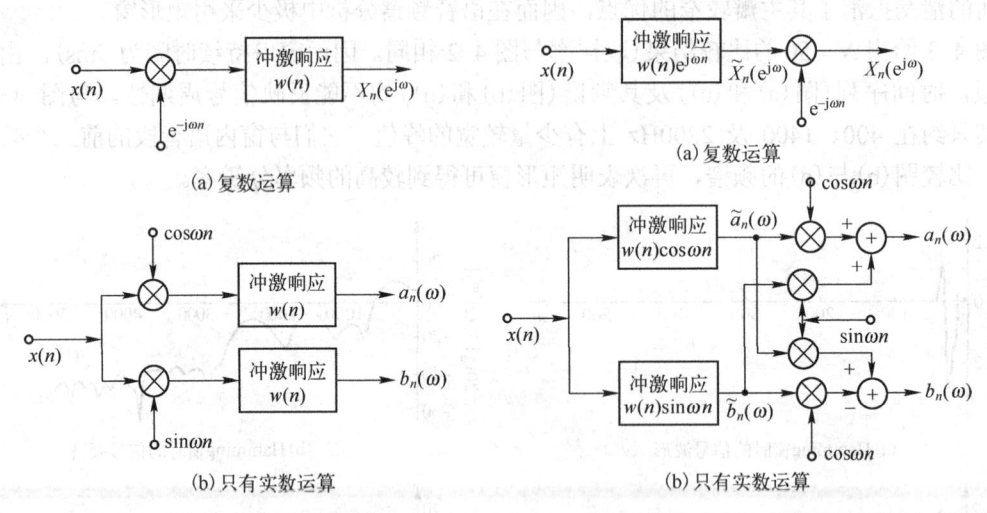

图 4-4 短时傅里叶变换滤波器解释的第一种形式   图 4-5 短时傅里叶变换滤波器解释的另一种形式

通常,$W(e^{j\omega})$ 为窄带低通滤波器。因而从物理概念上讲,上述第一种形式为低通滤波器;第二种形式中,滤波器单位函数响应为 $w(n)e^{j\omega n}$,为带通滤波器。比较图 4-4 与图 4-5,如需输出复数形式,即同时求 $a_n(\omega)$ 与 $b_n(\omega)$ 时,第一种形式较简单;如只求幅度谱 $|X_n(e^{j\omega})|$,则用带通滤波器实现较简单。因为由式(4-15)及式(4-17),有

$$|X_n(e^{j\omega})| = [a_n^2(\omega) + b_n^2(\omega)]^{1/2} = |\widetilde{X}_n(e^{j\omega})| \cdot |e^{-j\omega n}| = |\widetilde{X}_n(e^{j\omega})| \tag{4-19}$$
$$= [\tilde{a}_n^2(\omega) + \tilde{b}_n^2(\omega)]^{1/2}$$

从物理概念上考虑,如将 $w(n)$ 的滤波运算除外,短时傅里叶变换是对信号的幅度调制。上面第一种形式是在输入端调制,$x(n)$ 乘以 $e^{-j\omega n}$ 相当于将 $x(n)$ 的频谱从 ω 移至零频

处；而 $w(n)$（直角或 Hamming 窗等）为窄带低通滤波器。后一种形式是在输出端进行调制，此时先对信号进行带通滤波，滤波器单位函数响应为 $w(n)\mathrm{e}^{\mathrm{j}\omega n}$，调制后输出的是中心频率为 ω 的短时谱。

用线性滤波实现短时傅里叶变换的主要优点在于，可利用线性滤波器的一些研究成果，从而使实现非常简单。线性滤波器分为 FIR 和 IIR、因果和非因果的，类似地也可将短时傅里叶变换或时变谱分为有限宽度窗和无限宽度窗、因果窗和非因果窗等类型。

4.3 短时傅里叶变换的取样率

上节介绍的是分帧语音信号的短时傅里叶变换，即由语音信号求短时谱 $X_n(\mathrm{e}^{\mathrm{j}\omega})$。而由 $X_n(\mathrm{e}^{\mathrm{j}\omega})$ 恢复 $x(n)$ 的过程为短时傅里叶反变换，是由短时谱合成语音信号的问题。$X_n(\mathrm{e}^{\mathrm{j}\omega})$ 为 n 与 ω 的二维函数，因而须对 $X_n(\mathrm{e}^{\mathrm{j}\omega})$ 在时域及频域取样，而取样率应保证 $X_n(\mathrm{e}^{\mathrm{j}\omega})$ 不产生混叠，从而可准确恢复原始语音信号。

1. 时间取样率

先讨论 $X_n(\mathrm{e}^{\mathrm{j}\omega})$ 要求的时间取样率。前已指出，ω 固定时，$X_n(\mathrm{e}^{\mathrm{j}\omega})$ 是单位函数响应为 $w(n)$ 的低通滤波器的输出。设低通滤波器带宽为 B，则 $X_n(\mathrm{e}^{\mathrm{j}\omega})$ 有与窗相同的带宽。根据取样定理，$X_n(\mathrm{e}^{\mathrm{j}\omega})$ 取样率至少为 $2B$，才不致混叠。

低通滤波器带宽由 $w(n)$ 的傅里叶变换 $W(\mathrm{e}^{\mathrm{j}\omega})$ 的第一个零点位置 ω_{01} 决定，因而 B 取决于窗的形状及长度。以直角窗和 Hamming 窗为例，第一个零点位置分别为 $2\pi/N$ 与 $4\pi/N$，而数字角频率与模拟频率 F 的关系为 $\omega_d = 2\pi fT = 2\pi f/f_s$，因而用模拟频率表示的 $W(\mathrm{e}^{\mathrm{j}\omega})$ 的带宽为

$$B = \begin{cases} \omega_{01} f_s / 2\pi = f_s/N, & \text{直角窗} \\ 2f_s/N, & \text{Hamming窗} \end{cases} \tag{4-20}$$

因而 $X_n(\mathrm{e}^{\mathrm{j}\omega})$ 的时间取样率为
$$2B = \begin{cases} 2f_s/N, & \text{直角窗} \\ 4f_s/N, & \text{Hamming窗} \end{cases} \tag{4-21}$$

2. 频域取样率

n 固定时，$X_n(\mathrm{e}^{\mathrm{j}\omega})$ 为 $x(m)w(n-m)$ 的傅里叶变换。为用数字方法得到 $x(n)$，须对 $X_n(\mathrm{e}^{\mathrm{j}\omega})$ 进行频域取样。$X_n(\mathrm{e}^{\mathrm{j}\omega})$ 为 ω 的周期为 2π 的函数，因而只需考虑 2π 范围内的取样问题。取样在 2π 内等间隔进行；设取样点数为 L，则取样角频率为

$$\omega_k = 2\pi k/L, \quad k = 0, 1, \cdots L-1 \tag{4-22}$$

其中 L 为取样频率。上式表明在单位圆上取 L 个均匀分布的频率，在这些频率上求出相应的 $X_n(\mathrm{e}^{\mathrm{j}\omega})$ 值。这样，在频域内 L 个角频率上对 $X_n(\mathrm{e}^{\mathrm{j}\omega})$ 取样，由这些取样恢复出的时间信号应为周期延拓的结果，且周期为 $2\pi k/\omega_k = L$。显然，为使恢复的时域信号不产生混叠失真，需满足
$$L \geq N$$
这表明，在 $0 \sim 2\pi$ 范围内，取样至少应有 N 个样点。通常可取 $L = N$。

3. 总取样率

由上面的讨论可确定由 $X_n(\mathrm{e}^{\mathrm{j}\omega})$ 恢复 $x(n)$ 所需的总取样率 SR。其为时域取样率与频域取样率的乘积，即

$$\text{SR} = 2BL = \begin{cases} 2f_sL/N, & \text{直角窗} \\ 4f_sL/N, & \text{Hamming窗} \end{cases} \tag{4-23}$$

$L=N$，直角窗时 $\text{SR}=2f_s$，Hamming 窗时 $\text{SR}=4f_s$；即短时谱表示所要求的取样率为原信号时域取样率的 2 或 4 倍。

如式(4-20)所示，对大多实际应用的窗，带宽 B 与 f_s/N 成正比，即

$$B = k \cdot f_s/N$$

式中，k 为正的常数。因而 $X_n(\text{e}^{\text{j}\omega})$ 最低时域取样率为 $2k \cdot f_s/N$。所以

$$\text{SR} = 2k \cdot \frac{f_s}{N} \cdot L \geq 2k \cdot \frac{f_s}{N} \cdot N = 2kf_s$$

其单位为 Hz。可见最低取样率为 $\text{SR}_{\min}=2kf_s$。因而，短时谱的取样率是信号波形取样率的 $2k$ 倍，称为过取样比。Hamming 窗时，过取样比为 4（即 $k=2$），如前所述。

在某些应用场合，如谱估计、基音检测、共振峰估计、数字语谱图和声码器中，通常只对傅里叶分析感兴趣，且主要目的是尽可能降低语音编码的比特率。这些情况下，短时谱的取样率可低于 $2kf_s$，即欠取样。此时虽然短时谱产生了混叠失真，但仍可用一些方法由欠取样的短时谱中准确恢复语音信号。

增加或减小取样率的问题在语音信号处理中很常见。某些实际系统致力于使存储量(或传输比特率)为最小；此时欠取样有重要意义，如通道声码器就是据此压缩数码率(见 11.4.3 节)的。如窗口宽度很大时，B 很小，低通滤波器带宽很窄。ω 固定时，只需一个 $X_n(\text{e}^{\text{j}\omega})$ 即可表示 ω_k 时的频谱；因而声道声码器只需传输一个参数码。而对所有频率 $(k=0,1,\cdots,L-1)$ 只需传送 L 个谱值(通常为 10~16)即可代表 $x(m)w(n-m)$ 的频谱，以恢复良好质量的语音。当然，N 不能太大，如超出音素长度则语音质量大大降低。

但是，另外一些情况下，要求短时傅里叶变换进行某些处理(即线性或非线性滤波)，并由滤波后的频谱合成信号。这时，最重要的是，短时傅里叶变换在时域及频域均不能产生混叠失真。

4.4 语音信号的短时综合

下面讨论由 $X_n(\text{e}^{\text{j}\omega})$ 恢复 $x(n)$ 的问题，即语音的短时综合。经典方法有滤波器组求和及叠接相加法等两种。

4.4.1 滤波器组求和法

这种方法与短时频谱的滤波器组表示有关。对频率 ω_k，如已知 $X_n(\text{e}^{\text{j}\omega})$，则由式(4-17)得

$$\widetilde{X}_n(\text{e}^{\text{j}\omega_k}) = \sum_{m=-\infty}^{\infty} x(n-m)w_k(m)\text{e}^{\text{j}\omega_k m} = X_n(\text{e}^{\text{j}\omega_k})\text{e}^{\text{j}\omega_k n} \tag{4-24}$$

若令

$$h_k(n) = w_k(n)\text{e}^{\text{j}\omega_k n} \tag{4-25}$$

则

$$\widetilde{X}_n(\text{e}^{\text{j}\omega_k}) = \sum_{m=-\infty}^{\infty} x(n-m)h_k(m) = X_n(\text{e}^{\text{j}\omega_k})\text{e}^{\text{j}\omega_k n} \tag{4-26}$$

用 $y_k(n)$ 表示 $\widetilde{X}_n(\text{e}^{\text{j}\omega_k})$，即

$$y_k(n) = \widetilde{X}_n(\text{e}^{\text{j}\omega_k}) \tag{4-27}$$

则
$$y_k(n) = \sum_{m=-\infty}^{\infty} x(n-m)h_k(m) = X_n(e^{j\omega_k})e^{j\omega_k n} \tag{4-28}$$

由式(4-25)知，$h_k(n)$ 为带通滤波器，且中心频率为 ω_k。因而，由式(4-27)知，$y_k(n)$ 为第 k 个滤波器 $h_k(n)$ 的输出。图 4-6 给出式(4-28)的运算过程。

下面考虑 L 个带通滤波器的情况，假定所有带通滤波器用相同的窗，即
$$w_k(n) = w(n), \quad k = 0, 1, \cdots, L-1 \tag{4-29}$$

考察整个带通滤波器组，其每个带通滤波器有相同输入，将其输出相加即得到恢复信号
$$y(n) = \sum_{k=0}^{L-1} y_k(n) = \sum_{k=0}^{L-1} X_n(e^{j\omega_k})e^{j\omega_k n} \tag{4-30}$$

即输出信号为各通带输出信号之和，恢复时这些通带信号被移回到原来的中心频率上。该方法为带通滤波器组求和法，见图 4-7。

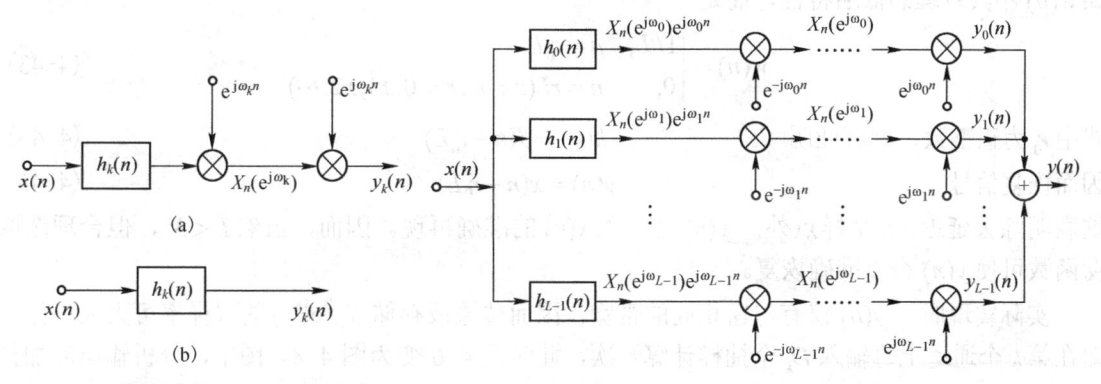

图 4-6 滤波器组求和法的单通道表示　　图 4-7 滤波器组求和法

下面证明 $y(n)$ 正比于 $x(n)$。由式(4-25)有
$$H_k(e^{j\omega}) = W_k(e^{j(\omega-\omega_k)}) \tag{4-31}$$

将 L 个 $H(e^{j\omega})$ 求和，得
$$\widetilde{H}(e^{j\omega}) = \sum_{k=0}^{L-1} H_k(e^{j\omega}) = \sum_{k=0}^{L-1} W_k(e^{j(\omega-\omega_k)}) \tag{4-32}$$

其中，$W_k(e^{j\omega})$ 为 $w(n)$ 的傅里叶变换；将 $W(e^{j\omega})$ 用 L 点取样，则其 DFT 为
$$\frac{1}{L}\sum_{k=0}^{L-1} W(e^{j\omega_k})e^{j\omega_k n} = \sum_{r=-\infty}^{\infty} w(n+rL) \tag{4-33}$$

得到周期重复的 $w(n)$。$w(n)$ 的长度为 N，则
$$w(n) = 0, \quad n < 0 \text{ 或 } n \geq N \tag{4-34}$$

若 $N \leq L$，由式(4-32)知，当 $n = 0$ 时
$$\frac{1}{L}\sum_{k=0}^{L-1} W(e^{j\omega_k}) = w(0) \tag{4-35}$$

这表明由于 $N \leq L$，$w(n)$ 没有重叠，因而可由特定的 n（如 $n = 0$）简化 $n = 0$ 的 IDFT。根据上式，并考虑 $W(e^{j(\omega-\omega_k)})$ 为 $W(e^{j\omega})$ 均匀取样后在 $\omega - \omega_k$ 处的值，得
$$\frac{1}{L}\sum_{k=0}^{L-1} W(e^{j(\omega-\omega_k)}) = w(0) \tag{4-36}$$

代入式(4-32)，得
$$\widetilde{H}(e^{j\omega}) = \sum_{k=0}^{L-1} H_k(e^{j\omega}) = Lw(0) \tag{4-37}$$

整个系统的单位函数响应

$$\tilde{h}(n) = \sum_{k=0}^{L-1} h_k(n) = \sum_{k=0}^{L-1} w_k(n) e^{j\omega_k n} = Lw(0)\delta(n) \tag{4-38}$$

即为单位冲激序列乘一个比例系数，而合成输出为

$$y(n) = \sum_{k=0}^{L-1} y_k(n) = x(n) * \tilde{h}(n) = Lw(0)x(n) \tag{4-39}$$

这表明当 $L \geq N$ 时，$y(n)$ 正比于 $x(n)$，且与窗口形状无关。

以上是频域取样率 $L \geq N$ 的情况。$L < N$ 时，如窗函数有理想低通特性

$$W(e^{j\omega}) = \begin{cases} 1, & -\pi/L \leq \omega \leq \pi/L \\ 0, & \text{其他} \end{cases} \tag{4-40}$$

则可证明

$$\tilde{h}(n) = \delta(n) \tag{4-41}$$

因而

$$y(n) = x(n) * \tilde{h}(n) = x(n) \tag{4-42}$$

如 $w(n)$ 不具有理想低通特性，而是

$$w(n) = \begin{cases} 1/L, & n = r_0 L \\ 0, & n = rL(r \neq r_0, r = 0, \pm 1, \pm 2, \cdots) \end{cases} \tag{4-43}$$

式中 r_0 为正整数，则可证明

$$\tilde{h}(n) = \delta(n - r_0 L) \tag{4-44}$$

因而恢复信号

$$y(n) = x(n - r_0 L) \tag{4-45}$$

这表明除去延迟 $r_0 L$ 个样点外，$y(n)$ 是输入 $x(n)$ 的准确再现。因而，虽然 $L < N$，但合理选取窗函数可使 $y(n)$ 得以准确恢复。

实际实现时，$y(n)$ 仅有与窗相同的带宽，因而传输或存储 $X_n(e^{j\omega_k})$ 的取样率可大大降低。即在第 k 个通道上每输入 D_k 个抽样计算一次，此时图 4-6 变为图 4-8。图中，分析输出后加抽取器并在综合输入端加插入器后，$X_n(e^{j\omega_k})$ 的取样率减小 D_k 倍。即取样器在每 D_k 个取样中删掉 $D_k - 1$ 个取样，或等效为每 D_k 个取样值计算一次 $X_n(e^{j\omega_k})$。而插值是在降低速率后的每个 $X_n(e^{j\omega_k})$ 取样间填充 $D_k - 1$ 个零值，再用一个合适的低通滤波器滤波。

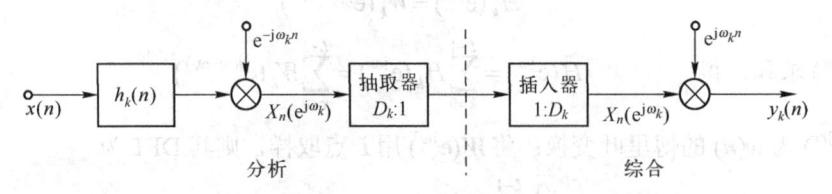

图 4-8 短时谱分析中降低取样率的单通道表示

4.4.2 FFT 求和法

另一种从短时谱恢复 $x(n)$ 的方法基于短时谱的傅里叶表示。前已指出，$X_n(e^{j\omega})$ 可看作 $x(m)w(n-m)$ 的傅里叶变换。为实现反变换，可将 $X_n(e^{j\omega})$ 进行频域取样 $\omega_k = 2\pi k/L$，则

$$X_n(e^{j\omega_k}) = \sum_{m=-\infty}^{\infty} [x(m)w(n-m)] e^{-j\omega_k m} \tag{4-46}$$

若以 n 为参量，将 $X_n(e^{j\omega_k})$ 在各 ω_k 的值用 IDFT 求出各 n 时刻的序列值，再除以窗口长度可得到 $x(n)$；但由于 $X_n(e^{j\omega_k})$ 采用时域欠取样而很容易产生混叠。

下面介绍一种可靠的时域信号恢复方法，其与 DFT 周期卷积的叠接相加法类似。

设在时域上用周期为 R 的速率对 $X_n(e^{j\omega_k})$ 取样，则可令

$$Y_r(e^{j\omega_k}) = X_{rR}(e^{j\omega_k}), \quad n = rR \ (r = 1, 2, \cdots) \tag{4-47}$$

用各 $Y_r(e^{j\omega_k})$ 可求出其 IDFT，即

$$y_r(n) = \frac{1}{L}\sum_{k=0}^{L-1} Y_r(e^{j\omega_k}) e^{j\omega_k n} \tag{4-48}$$

显然
$$y_r(n) = x(m)w(n-m)\big|_{n=rR} = x(m)w(rR-m) \tag{4-49}$$

对 r 求和，得
$$y(n) = \sum_{r=-\infty}^{\infty} y_k(n) = \sum_{r=-\infty}^{\infty}\left[\frac{1}{L}\sum_{k=0}^{L-1} Y_r(e^{j\omega_k}) e^{j\omega_k n}\right] = \sum_{r=-\infty}^{\infty} x(n)w(rR-n)$$

$$= x(n) \cdot \sum_{r=-\infty}^{\infty} w(rR-n) \tag{4-50}$$

可见，$y(n)$ 仍为 $x(n)$ 与 $w(n)$ 的卷积和，只是其中每隔 R 个样值参与一次运算。比如，设 $R = N/4$，则 n 取不同值时，有

$0 \le n \le N/4 - 1$ 时 $y(n) = x(n)w(R-n) + x(n)w(2R-n) + x(n)w(3R-n) + x(n)w(4R-n)$

$N/4 \le n \le N/2 - 1$ 时 $y(n) = x(n)w(2R-n) + x(n)w(3R-n) + x(n)w(4R-n) + x(n)w(5R-n)$

$$\tag{4-51}$$

不难证明，如果 $w(n)$ 的傅里叶变换频带受限，且 $X_n(e^{j\omega_k})$ 在时间上被正确取样，即 R 选得足够小以避免混叠，则不论 n 为何值，均有

$$\sum_{r=-\infty}^{\infty} w(rR-n) = \frac{1}{R}W(e^{j0}) \tag{4-52}$$

因而式(4-49)变为
$$y(n) = x(n) \cdot \frac{W(e^{j0})}{R} \tag{4-53}$$

式中，$W(e^{j0})/R$ 为常系数。上面只证明了 $y(n)$ 正比于 $x(n)$，实际上求 $y(n)$ 仍要用式(4-48)，即：先将 $X_n(e^{j\omega})$ 在频域离散化为 $X_n(e^{j\omega_k})$，再进行周期为 R 的取样，得到 $X_{rR}(e^{j\omega_k}) = Y_r(e^{j\omega_k})$，再由式(4-48)用 IFFT 求出 $y_r(n)$，最后在长度为 N 的范围内对 r 求和以得到 $y(n)$。

滤波器组求和法与 FFT 求和法存在对偶性，即一个与频率取样有关，另一个与时间取样有关。滤波器组求和法所要求的频率取样率应使窗变换满足

$$\frac{1}{L}\sum_{k=0}^{L-1} W(e^{j(\omega-\omega_k)}) = w(0) \tag{4-54}$$

而 FFT 求和法要求时间取样应选得使窗满足

$$\sum_{r=-\infty}^{\infty} w(rR-n) = \frac{1}{R}W(e^{j0}) \tag{4-55}$$

以上两式对偶关系很明显。

当 $X_n(e^{j\omega})$ 变形时（如传输过程中有噪声，相当于增加了 $E_n(e^{j\omega})$），滤波器组求和法的性能较好，因为其对噪声敏感性较小。

4.5 语 谱 图

在数字信号处理技术发展的很久以前，人们就使用一种特殊仪器——语谱仪来分析和记录语音信号的短时谱，它是语音学研究的重要工具，是 Bell 实验室在 20 世纪 40 年代发明的。

时域分析和频域分析是语音分析的两种重要方法。但这两种方法均有局限：时域分析对语音信号的频率特性没有直观反映，频域特性中又没有语音信号随时间变化的关系。因而人们致

力于研究语音的依赖于时间的傅里叶分析方法；其用图形表示即为语谱图。语谱图显示了大量与语句特性有关的信息，综合了频谱图与时域波形的优点，直观显示出语音频谱随时间的变化情况，即为一种动态频谱。可见，语谱图反映的是语音的一种联合时频分析图（对语音信号的时频分析方法将在 7.2 节介绍）。

用语谱图分析语音称为语谱分析，记录语谱图的仪器是语谱仪。从语谱图中可看出基频、共振峰随时间的变化过程。专业人员可从中估计出语音的很多特性，甚至区分不同音素。

语谱图的纵轴为频率，横轴为时间。任一给定频率成分在给定时间的强弱用黑白度（即灰度）表示，频谱值越大则越浓越黑，反之则越浅越淡。语谱图上横、纵坐标轴的分辨率分别为时间和频率分辨率，均受窗函数的影响。根据 STFT 的第一种解释，窗函数频率特性 $W(e^{j\omega})$ 的通带决定语谱图的频率分辨率；由于带宽与窗宽成反比，高频率分辨率需要的窗长一些。根据 STFT 的第二种解释，窗函数的作用相当于对时间序列 $x(n)e^{j\omega n}$ 进行低通滤波，见图 4-4(a)；输出信号带宽就是窗 $w(n)$ 的带宽。根据采样定理，两倍带宽的采样率就可反映输出信号，此时时间分辨宽度为 2 倍带宽的倒数，因而高时间分辨率对应短的窗。这与高频率分辨率对窗长的要求相矛盾。

为解决该问题，语音处理中采用不同的窗长同时得到两种语谱图，分别为宽带语谱图及窄带语谱图。前者有高时间分辨率，后者有高频率分辨率。因而，语谱仪中一个带通滤滤器的中心频率连续变化，以进行语音的频率分析。带通滤波器有两种带宽：窄带为 45Hz，宽带为 300Hz。窄带语谱图有良好的频率分辨率及较差的时间分辨率，宽带语谱图有良好的时间分辨率及较差的频率分辨率。窄带语谱图中，时间坐标方向表示基音及各次谐波；而宽带语谱图给出语音的共振峰频率及清辅音的能量汇集区，其中共振峰呈现黑色条纹。

宽带语谱图的典型谱型包括：

（1）宽横杠。表示元音的共振峰位置，即图中与水平时间轴平行的较宽的黑杠。不同元音共振峰不相同，根据各横杠位置可区分不同元音。不同音的共振峰在纵轴上分布不同。不同人发音的共振峰位置不同，但分布结构类似。

（2）垂直黑条。表示塞音或塞擦音，即图中与垂直频率轴平行的较窄的黑条，在时间上持续很短。在频率轴上的集中区位置随不同辅音而不同。

（3）磨擦乱纹代表磨擦音或送气音的送气部分，表现为无规则的乱纹。

窄带语谱图的典型谱型包括：

（1）窄横条。代表元音的基频及各次谐波，表现为图中与水平轴平行的细线条。窄横条在频率轴上的位置对应于音高频率值，随时间轴的曲折、升降变化表示音高变化的模式，对应于不同的调模。

（2）无声间隙段。对应于语音停顿间隙，表现为空白区，在窄带语谱图及宽带语谱图中均存在。

图 4-9 给出一个宽带语谱图，对应的时域波形见图 2-8。语句内容(Ten above in the suburbs)在图下面用音标写出。由图 4-9 可见，所有元音都是强度变化的规则垂直条纹。条纹起点相当于声门脉冲起点，条纹间距表示基音周期。条纹越密表示基频越高，如"Ten"中的[ɛ]音；而基音周期在"the"字中的[ə]音时达到最大。声道共振峰表示基音脉冲的某些频率成分被加强，表现为条纹区更宽更黑。摩擦音如[s]、[z]呈现不规则条纹，主要在 2.5kHz 以上；这些条纹表示存在宽带噪声。"suburbs"开始的[s]音显示其有最大能量和最高频率成分，而结尾部分的[zs]的能量和频率仅次于[s]。

语谱仪发明以来，很多语音工作者利用其进行语音分析研究。可用测量语谱图的方法确定语音参数，如共振峰频率及基频。语谱图的实际应用是确认说话人的特性。语谱图上不同的黑白程度形成不同纹路，称为声纹；其因人而异。不同人的声纹不同，因而可用其鉴别不同的讲话人。这与不同人有不同指纹，根据指纹可区分不同人是类似的。尽管对采用语谱图的语音识别技术的可靠性还有质疑，但其在司法及法庭中已得到一些认可及采用。

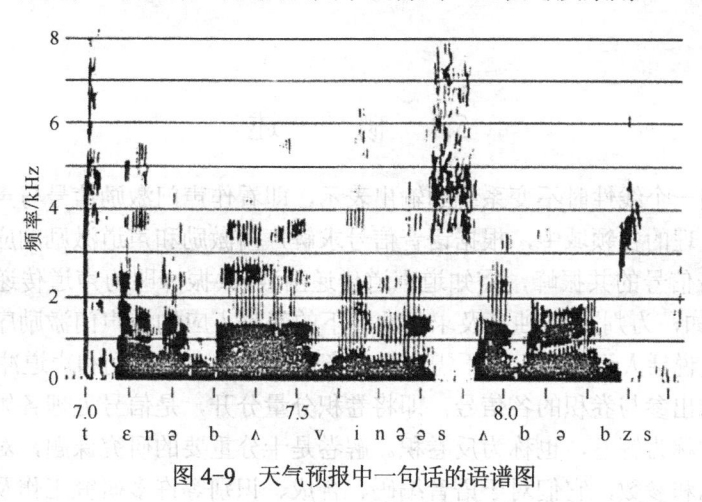

图 4-9 天气预报中一句话的语谱图

思考与复习题

4-1 编写计算语音频谱的程序。要求对输入语音信号进行 12bit 量化，且用 Hamming 窗加权。试确定信号中各频率成分的幅度并画出信号频谱图。

4-2 语音信号处理中，功率谱有何应用？

4-3 如何用 FFT 求语音信号的短时谱？

4-4 如何提高语音短时谱的频率分辨率？

4-5 试由标准傅里叶变换及线性滤波器等两种观点，对短时傅里叶变换的物理意义进行解释。

4-6 试述短时傅里叶反变换即语音信号的短时综合有哪些方法？其基本原理是什么？

4-7 语谱图在语音信号处理中有哪些应用？如何利用语谱图测量语音参数？宽带语谱图与窄带语谱图有何区别？

第 5 章　倒谱分析与同态滤波

5.1　概　　述

语音信号可用一个线性时不变系统的输出表示，即看作声门激励信号与声道冲激响应的卷积。在语音信号处理的各领域中，根据语音信号求解声门激励和声道激励响应有非常重要的意义。如为求出语音信号的共振峰，需知道声道传递函数(共振峰即为声道传递函数各对复共轭极点的频率)。又如，为判断清/浊音及求出浊音下的基频，应知道声门激励序列。实现语音编码、合成、识别及说话人识别时，无不需要由语音信号求出声门激励和声道冲激响应。

由卷积结果求出参与卷积的各信号，即将卷积分量分开，是信号处理各领域普遍遇到的一项共同任务，通常称为解卷，也称为反卷积。解卷是十分重要的研究课题，对其深入研究还引入了许多重要概念和参数，它们对于语音编码、合成、识别等许多研究工作及应用技术都至关重要。解卷算法分为两大类：第一类为参数解卷，包括 LPC 等。第二类为非参数解卷，同态信号处理是其中最重要的一种。

同态信号处理也称同态滤波，可实现将卷积关系变为求和关系的分离处理。众所周知，为分离加性组合信号常采用线性滤波方法。而为分离非加性组合(如乘性或卷积性组合)信号，常采用同态滤波技术。同态滤波是非线性滤波，但服从广义叠加原理。

对语音信号进行同态分析可得到其倒谱参数，所以同态分析也称倒谱分析。语音信号的分析以帧为单位进行，因而得到的是短时倒谱参数。无论对语音通信、合成还是识别，倒谱参数包含的信息都比其他参数多，即语音质量好、识别正确率高；缺点是运算量较大。尽管如此，其仍是一种有效的语音分析方法。

5.2　同态信号处理的基本原理

加性信号可用线性系统处理，这种系统满足叠加性(即信号各分量按加法原则进行组合)。但对许多信号，其组成分量不是按加性原则组合的。如语音信号、图像信号、地震信号、通信中的衰落信号、调制信号等均不是加性信号，而是乘性或卷积性信号。此时不能采用线性系统，须用满足其组合原则的非线性系统来处理。同态信号处理就是将非线性问题转化为线性问题进行处理。按被处理的信号分类，可分为乘积同态和卷积同态处理等两种。下面仅讨论卷积同态信号处理。

设有一卷积同态系统，见图 5-1。图中*表示卷积运算，即系统输入和输出都是卷积性运算。

同态处理理论中，任何同态系统均表示为三个子系统的级联，见图 5-2。即同态系统可分解为两个特征系统(只取决于信号的组合规则)和一个线性系统(仅取决于处理要求)。第一个系统以若干信号的卷积组合作为输入，并将其变换为对应输出的加性组合。第二个系统为普通的线性系统，服从叠加原理。第三个系统为第一个系统的逆变换，将信号的加性组合反变换为卷积性组合。同态系统采用这种结构的意义在于，使系统设计简化为线性系统的设计问题。对语音信号，其特征系统和逆特征系统的构成分别如图 5-3(a)和(b)所示。

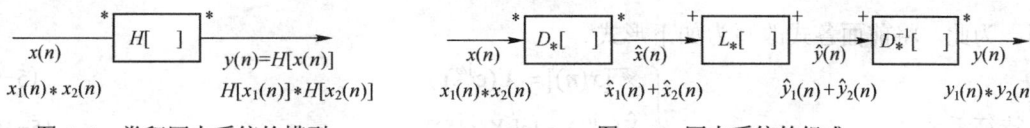

图 5-1　卷积同态系统的模型　　　　　　　图 5-2　同态系统的组成

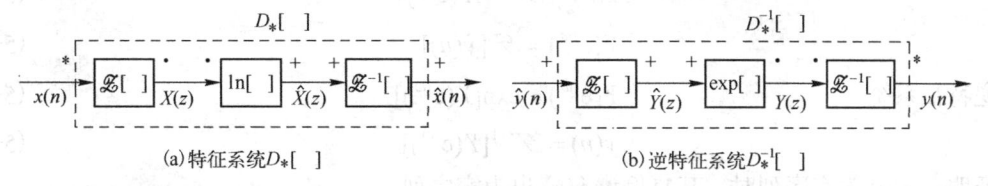

(a) 特征系统 $D_*[\ ]$　　　　　　　　　(b) 逆特征系统 $D_*^{-1}[\ ]$

图 5-3　特征系统和逆特征系统的构成

下面分析同态信号处理的基本原理。设输入信号

$$x(n) = x_1(n) * x_2(n) \tag{5-1}$$

其中，$x_1(n)$ 与 $x_2(n)$ 分别为声门激励及声道冲激响应。特征系统 $D_*[\ ]$ 将卷积性信号转化为加性信号。其包括三部分，首先进行 Z 变换，将卷积性信号转化为乘积性信号

$$\mathscr{Z}[x(n)] = X(z) = X_1(z)X_2(z) \tag{5-2}$$

再进行对数运算，将乘性运算转化为加性运算：

$$\ln X(z) = \ln X_1(z) + \ln X_2(z) = \hat{X}_1(z) + \hat{X}_2(z) = \hat{X}(z) \tag{5-3}$$

上面这个信号为加性的对数 z 域信号，使用起来不方便，因而再将其转变为时域信号。即最后进行逆 Z 变换，从而

$$\mathscr{Z}^{-1}[\hat{X}(z)] = \mathscr{Z}^{-1}[\hat{X}_1(z) + \hat{X}_2(z)] = \hat{x}_1(n) + \hat{x}_2(n) = \hat{x}(n) \tag{5-4}$$

加性信号的 Z 变换或逆 Z 换仍为加性信号，因而对 $\hat{x}(n)$ 这个时域信号可用线性系统来处理。处理后，若将其恢复为卷积性信号，可通过图 5-3(b) 的逆特征系统，它是特征系统的逆变换。首先将线性系统输出的加性信号

$$\hat{y}(n) = \hat{y}_1(n) + \hat{y}_2(n) \tag{5-5}$$

进行 Z 变换，得

$$\mathscr{Z}[\hat{y}(n)] = \hat{Y}(z) = \hat{Y}_1(z) + \hat{Y}_2(z) \tag{5-6}$$

再进行指数运算，得到乘性信号

$$\exp[\hat{Y}(z)] = Y(z) = Y_1(z)Y_2(z) \tag{5-7}$$

最后进行逆 Z 变换，得到卷积性的语音恢复信号

$$y(n) = \mathscr{Z}^{-1}[Y_1(z)Y_2(z)] = y_1(n) * y_2(n) \tag{5-8}$$

5.3　复倒谱和倒谱

由式(5-4)知，$\hat{x}(n)$ 为时域序列；其称为 $x(n)$ 的复倒频谱，简称复倒谱，也称为对数复倒谱。其英文为 Complex Cepstrum，其中 Cepstrum 为人造的词，由 spectrum 的前四个字母倒置构成。复倒谱包含了取复对数的意思，称为"复"是为区别下面将要介绍的另一个概念。类似地，$\hat{y}(n)$ 为 $y(n)$ 的复倒谱。

显然，$\hat{x}(n)$ 与 $\hat{y}(n)$ 所处的离散时域不同于 $x(n)$ 和 $y(n)$ 所在的离散时域，其称为复倒谱域。这样，特征系统 $D_*[\ ]$ 将离散时域的卷积运算转换为复倒谱域的加性运算。

绝大多数数字信号处理问题中，$X(z)$、$\hat{X}(z)$、$Y(z)$ 及 $\hat{Y}(z)$ 的收敛域均包含单位圆，因而上面各式中的正、反 Z 变换均可用 DFT 及 IDFT 替代。这使得计算上很方便，且物理意义更为

清晰。为此，将前面各式改写为如下形式。

特征系统
$$\begin{cases} \mathscr{F}[x(n)] = X(e^{j\omega}) & (5\text{-}9) \\ \hat{X}(e^{j\omega}) = \ln[X(e^{j\omega})] & (5\text{-}10) \\ \hat{x}(n) = \mathscr{F}^{-1}[\hat{X}(e^{j\omega})] & (5\text{-}11) \end{cases}$$

逆特征系统
$$\begin{cases} \hat{Y}(e^{j\omega}) = \mathscr{F}[\hat{y}(n)] & (5\text{-}12) \\ Y(e^{j\omega}) = \exp[\hat{Y}(e^{j\omega})] & (5\text{-}13) \\ y(n) = \mathscr{F}^{-1}[Y(e^{j\omega})] & (5\text{-}14) \end{cases}$$

容易证明：$x(n)$ 为实序列时，其复倒谱 $\hat{x}(n)$ 也为实序列。

进行同态信号处理即可完成解卷。若时域中有 $x(n) = x_1(n) * x_2(n)$，则复倒谱域中有 $\hat{x}(n) = \hat{x}_1(n) + \hat{x}_2(n)$。若 $\hat{x}_1(n)$ 与 $\hat{x}_2(n)$ 位于复倒谱域的不同区域且没有重叠，则设计合适的线性系统，可将 $x_1(n)$ 或 $x_2(n)$ 分离出来。

设 $X(e^{j\omega}) = |X(e^{j\omega})| e^{j\arg[X(e^{j\omega})]}$，则式(5-10)可写为

$$\hat{X}(e^{j\omega}) = \ln|X(e^{j\omega})| + j\arg[X(e^{j\omega})] \tag{5-15}$$

即复数的对数包含实部和虚部两部分。然而，由于虚部($\arg[X(e^{j\omega})]$)为 $X(e^{j\omega})$ 的相位，将导致不唯一性。

除复倒谱分析外，还有另一种同态处理方法，即将式(5-10)和式(5-11)改写为

$$c(n) = \mathscr{F}^{-1}\left[\ln|X(e^{j\omega})|\right] \tag{5-16}$$

上式表明，$c(n)$ 为 $x(n)$ 对数幅度谱的傅里叶逆变换。显然其没有返回时域，而是进入一个新的域，称作倒谱域。$c(n)$ 用于表示倒频谱，简称倒谱，也称为对数倒频谱。用 $c(n)$ 表示是为了与 $\hat{x}(n)$ 相区别。后面将看到，$c(n)$ 为 $\hat{x}(n)$ 的偶对称分量。复倒谱涉及复对数运算，而倒谱只进行实数的对数运算。倒谱的量纲为 quefrency，称为倒频，也是人造的词，由 frequency 转变而来。quefrency 的量纲为时间，因为其由频率的逆变换得到。

$c(n)$ 中不包含信号相位信息，即认为相位为 0，但仍用于语音分析中。原因为人的听觉对语音的感觉特征主要包含在信号幅度信息中，而相位信息起的作用较小。

与复倒谱类似，如 $c_1(n)$ 和 $c_2(n)$ 分别为 $x_1(n)$ 和 $x_2(n)$ 的倒谱，且 $x(n) = x_1(n) * x_2(n)$；则 $x(n)$ 的倒谱为 $c(n) = c_1(n) + c_2(n)$。但与复倒谱不同，对于倒谱，信号经正逆两个特征系统变换后不能还原为自身，因为计算倒谱时相位信息丢失了。

5.4 语音信号两个卷积分量复倒谱的性质

语音信号可看作声门激励信号和声道冲激响应的卷积，下面分别讨论这两个分量的倒谱的性质。这里考虑一般情况，即 Z 变换形式。

5.4.1 声门激励信号

除发清音时，声门激励是能量较小、频谱均匀分布的白噪声外；发浊音时，声门激励是以基音周期为周期的冲激序列：

$$x(n) = \sum_{r=0}^{M} \alpha_r \delta(n - rN_p) \tag{5-17}$$

式中，M 为正整数，且 $0 \leq r \leq M$；α_r 为幅度因子，N_p 为基音周期（用样点数表示）。

下面求 $x(n)$ 的复倒谱，先求其 Z 变换为

$$X(z) = \sum_{n=-\infty}^{\infty}\left[\sum_{r=0}^{M}\alpha_r\delta(n-rN_p)\right]z^{-n} = \sum_{r=0}^{M}\alpha_r z^{-rN_p} \tag{5-18}$$

展开

$$X(z) = \alpha_0\left[1 + \frac{\alpha_1}{\alpha_0}z^{-N_p} + \frac{\alpha_2}{\alpha_0}z^{-2N_p} + \cdots + \frac{\alpha_M}{\alpha_0}z^{-MN_p}\right] = \alpha_0\prod_{r=1}^{M}[1 - a_r(z^{N_p})^{-1}] \tag{5-19}$$

通常 $\alpha_r < 1$，因而将上式取对数时可用 Taylor 公式展开

$$\hat{X}(z) = \ln X(z) = \ln\alpha_0 + \sum_{r=1}^{M}\ln[1 - a_r(z^{N_p})^{-1}]$$

$$= \ln\alpha_0 - \sum_{r=1}^{M}\sum_{k=1}^{\infty}\frac{a_r^k}{k}(z^{N_p})^{-k}, \quad (|z^{N_p}| > |\alpha_r|) \tag{5-20}$$

对上式进行逆 Z 变换，得到复倒谱

$$\hat{x}(n) = \ln\alpha_0\delta(n) - \sum_{r=1}^{M}\sum_{k=1}^{\infty}\frac{a_r^k}{k}\delta(n-kN_p) = \ln\alpha_0\delta(n) - \sum_{k=1}^{\infty}\left[\frac{1}{k}\sum_{r=1}^{M}a_r^k\delta(n-kN_p)\right] \tag{5-21}$$

或改写为

$$\hat{x}(n) = \ln\alpha_0 \cdot \delta(n) - \sum_{k=1}^{\infty}\beta_k\delta(n-kN_p) \tag{5-22}$$

式中

$$\beta_k = -\frac{1}{k}\sum_{r=1}^{M}a_r^k \quad (1 \leq k < \infty) \tag{5-23}$$

也可写为另一种形式

$$\hat{x}(n) = \sum_{k=0}^{\infty}\beta_k\delta(n-kN_p) \tag{5-24}$$

其中 $\beta_0 = \ln\alpha_0$。

由以上两式得出以下结论：有限长度周期冲激序列，其复倒谱也是周期冲激序列，且周期 N_p 不变，只是序列变为无限长序列。同时其振幅随 k 增大而衰减。周期冲激序列复倒谱的这种性质对语音分析很有用。其表明除原点外，可用高复倒谱窗从语音信号的复倒谱中提取浊音激励信号的特性（对于清音，也只损失了 $0 \leq n \leq N-1$ 部分的激励信息），从而可用复倒谱提取基音。

5.4.2 声道冲激响应序列

如果用最严格（也是最普遍的）极零模型描述声道冲激响应 $x(n)$，则其 Z 变换为

$$X(z) = |A|\frac{\prod_{k=1}^{M_i}(1-a_kz^{-1})\prod_{k=1}^{M_0}(1-b_kz)}{\prod_{k=1}^{P_i}(1-c_kz^{-1})\prod_{k=1}^{P_0}(1-d_kz)} \tag{5-25}$$

式中，$|A|$ 为归一化系数，$|a_k|$、$|b_k|$、$|c_k|$、$|d_k|$ 均小于 1。这表明，$X(z)$ 有 M_i 个位于 z 平面单位圆内的零点，M_0 个位于 z 平面单位圆外的零点，P_i 个位于单位圆内的极点，P_0 个位于单位圆外的极点。

式（5-25）求对数得 $\hat{X}(z) = \ln X(z) = \ln|A| + \sum_{k=1}^{M_i}\ln(1-a_kz^{-1}) + \sum_{k=1}^{M_0}\ln(1-b_kz) -$

$$\sum_{k=1}^{P_i}\ln(1-c_kz^{-1}) - \sum_{k=1}^{P_0}\ln(1-d_kz) \tag{5-26}$$

因 $|a_k|$、$|b_k|$、$|c_k|$、$|d_k|$ 均小于 1，用 Taylor 公式将上式右侧后四项按以下形式展开：

$$\begin{cases} \ln(1-mz^{-1}) = -\sum_{n=1}^{\infty} \dfrac{m^n}{n} z^{-n} & (|mz^{-1}|<1 \text{ 或 } |z|>|m|) \\ \ln(1-mz) = -\sum_{n=1}^{\infty} \dfrac{m^n}{n} z^n & \left(|mz|<1 \text{ 或 } |z|<\dfrac{1}{|m|}\right) \end{cases}$$

代入式(5-26)，有
$$\hat{X}(z) = \ln|A| - \sum_{k=1}^{M_i}\sum_{n=1}^{\infty} \dfrac{a_k^n}{n} z^{-n} - \sum_{k=1}^{M_0}\sum_{n=1}^{\infty} \dfrac{b_k^n}{n} z^n + \sum_{k=1}^{P_i}\sum_{n=1}^{\infty} \dfrac{c_k^n}{n} z^{-n} + \sum_{k=1}^{P_0}\sum_{n=1}^{\infty} \dfrac{d_k^n}{n} z^n \quad (5\text{-}27)$$

式中，后四项的收敛域分别为 $|z|>|a_k|$、$|z|<1/|b_k|$、$|z|>|c_k|$、$|z|<1/|d_k|$；逐项求逆 Z 变换，得复倒谱

$$\hat{x}(n) = \ln|A|\delta(n) - \sum_{k=1}^{M_i} \dfrac{a_k^n}{n} u(n-1) + \sum_{k=1}^{M_0} \dfrac{b_k^{-n}}{n} u(-n-1) + \sum_{k=1}^{P_i} \dfrac{c_k^n}{n} u(n-1) - \sum_{k=1}^{P_0} \dfrac{d_k^{-n}}{n} u(-n-1) \quad (5\text{-}28)$$

改写为
$$\hat{x}(n) = \begin{cases} \ln|A|, & n=0 \\ \sum_{k=1}^{P_i} \dfrac{c_k^n}{n} - \sum_{k=1}^{M_i} \dfrac{a_k^n}{n}, & n>0 \\ \sum_{k=1}^{M_0} \dfrac{b_k^{-n}}{n} - \sum_{k=1}^{P_0} \dfrac{d_k^{-n}}{n}, & n<0 \end{cases} \quad (5\text{-}29)$$

由以上两式得到声道冲激响应的复倒谱的性质：

（1）$\hat{x}(n)$ 为双边序列，存在于 $-\infty < n < \infty$ 范围内。

（2）由于 $|a_k|$、$|b_k|$、$|c_k|$、$|d_k|$ 小于 1，$\hat{x}(n)$ 为衰减序列，即随 $|n|$ 的增大而减小。

（3）$\hat{x}(n)$ 随 $|n|$ 增大而衰减的速度比 $1/|n|$ 快，因为 $|\hat{x}(n)| < c\alpha^n/n$。其中 α 为 $|a_k|$、$|b_k|$、$|c_k|$、$|d_k|$ 中的最大值，c 为常数。因而 $\hat{x}(n)$ 比 $x(n)$ 更集中于原点附近。因而，可用低复倒谱窗在复倒谱域中提取声道冲激响应。

（4）如 $x(n)$ 为最小相位序列，则极零点均在 z 平面单位圆内，即 $b_k=0$，$d_k=0$；此时 $\hat{x}(n)$ 只在 $n \geq 0$ 时有值，即为因果序列。即最小相位信号序列的复倒谱为因果序列。

（5）如 $x(n)$ 为最大相位序列，则极零点均在 Z 平面单位圆外，此时 $a_k=0$、$c_k=0$，则 $\hat{x}(n)$ 只在 $n \leq 0$ 时有值，为左边序列。因而，最大相位信号序列的复倒谱为左边序列。

5.5 避免相位卷绕的算法

复倒谱分析中，Z 变换后得到的是复数，所以取对数时进行的是复对数运算。此时存在相位多值性问题，称为相位卷绕。相位卷绕使后续的求复倒谱及由复倒谱恢复语音信号等运算存在不确定性，从而产生错误。下面以傅里叶变换这一 Z 变换的特例为例，说明相位卷绕是如何产生的。

设信号
$$x(n) = x_1(n) * x_2(n) \quad (5\text{-}30)$$

其傅里叶变换
$$X(e^{j\omega}) = X_1(e^{j\omega}) X_2(e^{j\omega}) \quad (5\text{-}31)$$

取复对数
$$\ln X(e^{j\omega}) = \ln X_1(e^{j\omega}) + \ln X_2(e^{j\omega}) \quad (5\text{-}32)$$

则对数谱中的幅度和相位分别为
$$\begin{cases} \ln|X(e^{j\omega})| = \ln|X_1(e^{j\omega})| + \ln|X_2(e^{j\omega})| \\ \varphi(\omega) = \varphi_1(\omega) + \varphi_2(\omega) \end{cases} \quad \begin{array}{l}(5\text{-}33)\\(5\text{-}34)\end{array}$$

式中，$\varphi_1(\omega)$ 与 $\varphi_2(\omega)$ 范围均在 $(0,2\pi)$ 内，但 $\varphi(\omega)$ 可能不在 $(0,2\pi)$ 内。但计算机处理时，求出的相位只能用其主值 $\Phi(\omega)$ $(0<\Phi(\omega)<2\pi)$ 表示。因而

$$\varphi(\omega) = \Phi(\omega) + 2k\pi \quad (k \text{ 为整数}) \tag{5-35}$$

这样就产生了相位卷绕。

下面介绍几种避免相位卷绕求复倒谱的方法。

5.5.1 微分法

该方法利用傅里叶变换的微分特性：

$$j\frac{d}{d\omega}X(e^{j\omega}) = \sum_{n=-\infty}^{\infty} nx(n)e^{-j\omega n} \tag{5-36}$$

上式表明，若 $x(n)$ 的傅里叶变换为 $X(e^{j\omega})$，则 $nx(n)$ 的傅里叶变换为 $jdX(e^{j\omega})/d\omega$。而 $x(n)$ 的复倒谱 $\hat{x}(n)$ 和其对数谱 $\hat{X}(e^{j\omega})$ 也满足这种关系

$$j\frac{d}{d\omega}\hat{X}(e^{j\omega}) = \sum_{n=-\infty}^{\infty} n\hat{x}(n)e^{-j\omega n} \tag{5-37}$$

上式可写为
$$j\frac{d}{d\omega}\hat{X}(e^{j\omega}) = j\frac{d}{d\omega}[\ln X(e^{j\omega})] = j\frac{\frac{d}{d\omega}[\ln X(e^{j\omega})]}{X(e^{j\omega})} = \sum_{n=-\infty}^{\infty} n\hat{x}(n)e^{-j\omega n} \tag{5-38}$$

由式(5-36)和式(5-38)，得到避免相位卷绕求复倒谱的框图，见图5-4。

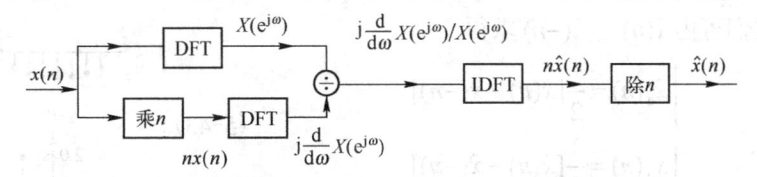

图 5-4 利用傅里叶变换的微分特性求复倒谱的框图

虽然该方法避免了求复对数，但会产生严重的频谱混叠。原因为 $nx(n)$ 的频谱中高频分量比 $x(n)$ 有所增加，若仍使用 $x(n)$ 原来的取样率将产生频谱混叠；混叠后求出的 $\hat{x}(n)$ 不是 $x(n)$ 的复倒谱。因而它不是一种理想方法。

5.5.2 最小相位信号法

这是一种较好的避免相位卷绕的方法。但有限制条件，即信号 $x(n)$ 为最小相位信号。实际上许多信号就是最小相位信号，或可看作最小相位信号。如可将语音信号模型看作极点均在 z 平面单位圆内的全极模型，或极零点均在 Z 平面单位圆内的极零模型。

最小相位信号法由最小相位信号的复倒谱性质及 Hilbert 变换性质得到。设信号 $x(n)$ 的 Z 变换为 $X(z) = N(z)/D(z)$，则

$$\hat{X}(z) = \ln X(z) = \ln \frac{N(z)}{D(z)} \tag{5-39}$$

根据 Z 变换的微分性质

$$\sum_{n=-\infty}^{\infty} n\hat{x}(n)z^{-n} = -z\frac{d}{dz}\hat{X}(z) = -z\frac{d\left[\ln\frac{N(z)}{D(z)}\right]}{dz} = \frac{-z\frac{d}{dz}\left[\frac{N(z)}{D(z)}\right]}{N(z)/D(z)}$$

$$= -z\frac{\dfrac{D(z)N'(z)-N(z)D'(z)}{D^2(z)}}{N(z)/D(z)} = -z\frac{D(z)N'(z)-N(z)D'(z)}{N(z)D(z)} \tag{5-40}$$

若 $x(n)$ 为最小相位信号，则 $N(z)=0$ 和 $D(z)=0$ 的根均在 z 平面单位圆内；同时，由上式知，$n\hat{x}(n)$ 的 Z 变换的所有极点(分母 $N(z)D(z)$ 的根)也均位于 z 平面单位圆内。这表明，若 $x(n)$ 为最小相位信号，则 $\hat{x}(n)$ 为稳定的因果序列。这是因为 $\hat{x}(n)$ 的极点在单位圆内，因而收敛域在单位圆外，从而为因果序列(与 5.4.2 节的结果一致)。

另一方面，由 Hilbert 变换性质知，因果的复倒谱序列 $\hat{x}(n)$ (用复倒谱是因为其也具有时间单位，也是为后面推导的需要)可分解为偶对称分量 $\hat{x}_e(n)$ 与奇对称分量 $\hat{x}_o(n)$ 之和，即

$$\hat{x}(n) = \hat{x}_e(n) + \hat{x}_o(n) \tag{5-41}$$

且这两个分量的傅里叶变换分别为 $\hat{x}(n)$ 的傅里叶变换的实部和虚部。设

$$\hat{X}(e^{j\omega}) = \sum_{n=-\infty}^{\infty}\hat{x}(n)e^{-j\omega n} = \hat{X}_R(e^{j\omega}) + j\hat{X}_I(e^{j\omega})$$

则

$$\begin{cases}\hat{X}_R(e^{j\omega}) = \displaystyle\sum_{n=-\infty}^{\infty}\hat{x}_e(n)e^{-j\omega n}\\ \hat{X}_I(e^{j\omega}) = \displaystyle\sum_{n=-\infty}^{\infty}\hat{x}_o(n)e^{-j\omega n}\end{cases} \tag{5-42}$$

图 5-5 所示为因果的复倒谱序列 $\hat{x}(n)$ 分解为 $\hat{x}_e(n)$ 和 $\hat{x}_o(n)$ 的情况。可见，它们可由 $\hat{x}(n)$ 与 $\hat{x}(-n)$ 求得

$$\begin{cases}\hat{x}_e(n) = \dfrac{1}{2}[\hat{x}(n) + \hat{x}(-n)]\\ \hat{x}_o(n) = \dfrac{1}{2}[\hat{x}(n) - \hat{x}(-n)]\end{cases} \tag{5-43}$$

由此得

$$\hat{x}(n) = \begin{cases}0, & n<0\\ \hat{x}_e(n), & n=0\\ 2\hat{x}_e(n), & n>0\end{cases} \tag{5-54}$$

图 5-5 因果序列的分解和恢复

这表明，因果序列可由其偶对称分量恢复。引入辅助因子 $g(n)$，上式可写作

$$\hat{x}(n) = g(n)\hat{x}_e(n) \tag{5-45}$$

其中

$$g(n) = \begin{cases}0, & n<0\\ 1, & n=0\\ 2, & n>0\end{cases}$$

由上所述得到最小相位信号法求复倒谱的原理框图，见图 5-6。

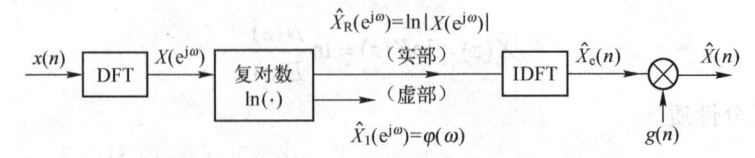

图 5-6 最小相位信号法求复倒谱

根据该图，由倒谱 $c(n)$ 的定义，可见 $\hat{x}(n)$ 的偶对称分量 $\hat{x}_e(n)$ 即为 $c(n)$，即 $c(n) = \hat{x}_e(n)$。

5.5.3 递推法

这种方法也限于 $x(n)$ 为最小相位信号的情况。由

$$-z\frac{d}{dz}\hat{X}(z) = -z\frac{d}{dz}[\ln X(z)] = -z\frac{\frac{d}{dz}X(z)}{X(z)} \tag{5-46}$$

得

$$-zX(z)\frac{d}{dz}\hat{X}(z) = -z\frac{d}{dz}X(z) \tag{5-47}$$

对上式求逆 Z 变换，根据 Z 变换的微分性质及卷积定理，得

$$n\hat{x}(n) * x(n) = nx(n) \tag{5-48}$$

从而

$$\sum_{k=-\infty}^{\infty}[k\hat{x}(k)]x(n-k) = nx(n) \tag{5-49}$$

因而

$$x(n) = \sum_{k=-\infty}^{\infty}\left(\frac{k}{n}\right)\hat{x}(k)x(n-k), \quad n \neq 0 \tag{5-50}$$

设 $x(n)$ 为最小相位信号，而最小相位信号为因果序列，同时 $\hat{x}(n)$ 也为因果序列（见 5.4.2 节及 5.5.2 节所述），因而

$$\begin{cases} x(n) = 0, & n < 0 \\ \hat{x}(n) = 0, & n < 0 \end{cases}$$

将式(5-50)写作

$$x(n) = \sum_{k=0}^{\infty}\left(\frac{k}{n}\right)\hat{x}(k)x(n-k) = \sum_{k=0}^{n-1}\left(\frac{k}{n}\right)\hat{x}(k)x(n-k) + \hat{x}(n)x(0) \tag{5-51}$$

根据式(5-50)，$\hat{x}(k) = 0(k<0)$ 及 $x(n-k) = 0(k>n)$，因而求和上下限变为 0 至 n。由上式得递推公式

$$\hat{x}(n) = \frac{x(n)}{x(0)} - \sum_{k=0}^{n-1}\left(\frac{k}{n}\right)\hat{x}(k)\frac{x(n-k)}{x(0)}, \quad n>0 \tag{5-52}$$

因而求出 $\hat{x}(0)$ 即可进行递推运算。由复倒谱定义

$$\hat{x}(n) = \mathscr{Z}^{-1}\{\ln\mathscr{Z}[x(n)]\} = \mathscr{Z}^{-1}\left\{\ln\left[\sum_{n=-\infty}^{\infty}x(n)z^{-n}\right]\right\} \tag{5-53}$$

$n = 0$ 时

$$\hat{x}(0) = \mathscr{Z}^{-1}\{\ln\mathscr{Z}[x(0)]\} = \ln x(0) \cdot \delta(n)|_{n=0} = \ln[x(0)]$$

如果 $x(n)$ 为最大相位序列，则式(5-45)中的 $g(n)$ 变为

$$g(n) = \begin{cases} 0, & n > 0 \\ 1, & n = 0 \\ 2, & n < 0 \end{cases} \tag{5-54}$$

此时式(5-52)变为

$$\hat{x}(n) = \frac{x(n)}{x(0)} - \sum_{k=n+1}^{0}\left(\frac{k}{n}\right)\hat{x}(k)\frac{x(n-k)}{x(0)}, \quad n<0 \tag{5-55}$$

其中 $\hat{x}(0) = \ln[x(0)]$。

仿真研究表明，递推法求复倒谱存在一个问题：如果信号初值 $x(0)$ 过小，则由式(5-52)计算将导致 $\hat{x}(n)$ 发散。因而其有一定局限。

5.6 语音信号复倒谱分析实例

对语音信号进行倒谱分析时需加窗处理。直角窗可导致倒谱域中的基音峰值不明显甚至消失；Hamming 窗对用倒谱提取共振峰参数等应用可减少畸变，得到较好的效果。

图 5-7 给出对一段浊音语音同态分析的实例，其中图(a)为加窗语音的波形图，用 Hamming 窗加权，窗长 15ms，$f_s=10\text{kHz}$，因而包括 150 个样点；基音周期 $N_p=45$。图(b)为其对数幅度谱，其谐波分量由信号周期性引起；图(c)显示出相位主值的不连续性，而图(d)给出的避免了卷绕的相位谱就没有不连续性。图(b)和图(d)合在一起，构成图(e)所示的复倒谱的傅里叶变换。图(e)中，正负两侧为基音周期的时间上出现尖峰，迅速衰减的低复倒谱域分量表示声道、声门激励及辐射的组合效应。图(f)为倒谱，是对数幅度谱的傅里叶反变换(即设相位为零)。倒谱表现出与复倒谱类似的性质，因为其为复倒谱的偶对称分量；由图(f)见，倒谱为偶函数(这由偶对称分量所决定)。

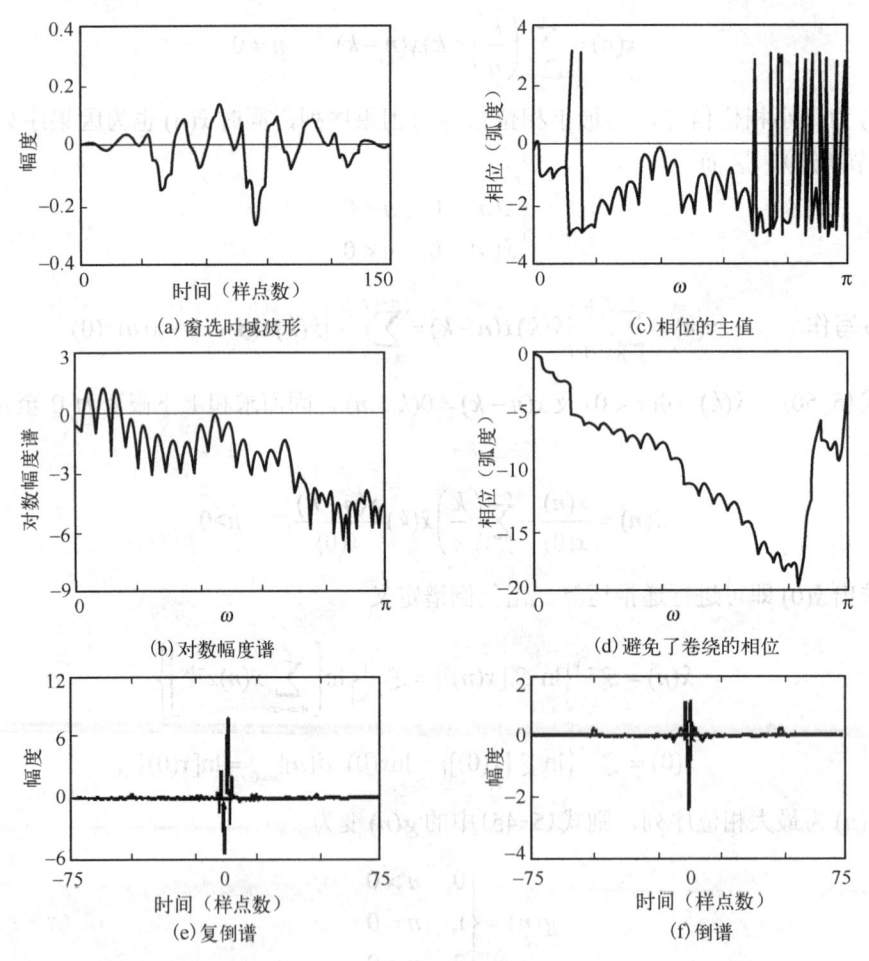

(a) 窗选时域波形

(b) 对数幅度谱

(c) 相位的主值

(d) 避免了卷绕的相位

(e) 复倒谱

(f) 倒谱

图 5-7 浊音的倒谱和复倒谱示例

图 5-7 表明可用同态滤波进行语音分析。由图可见，由周期声门激励产生的复倒谱分量可由高复倒谱域分离出来。这表明语音同态滤波系统应如图 5-8 所示：用窗 $w(n)$ 选择语音段，计算复倒谱，再将欲得到的复倒谱分量用复倒谱窗 $l(n)$ 分离；最后用逆特征系统处理，以恢复所需的参与卷积的分量。

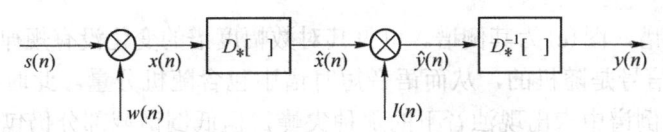

图 5-8 语音同态滤波系统的构成

图 5-9 给出同态滤波和逆特征系统的处理结果。其中，图(a)和(b)为特征系统得到的对数幅度及相位谱，经低复倒谱窗 $l(n)$ 和 $D_*^{-1}[\ ]$ 后，输出即为声道冲激响应，见图(c)。图(d)给出声门激励信号，可见其波形类似于冲激脉冲串，而其幅度随时间的变化关系保持了加权所用的 Hamming 窗形状。

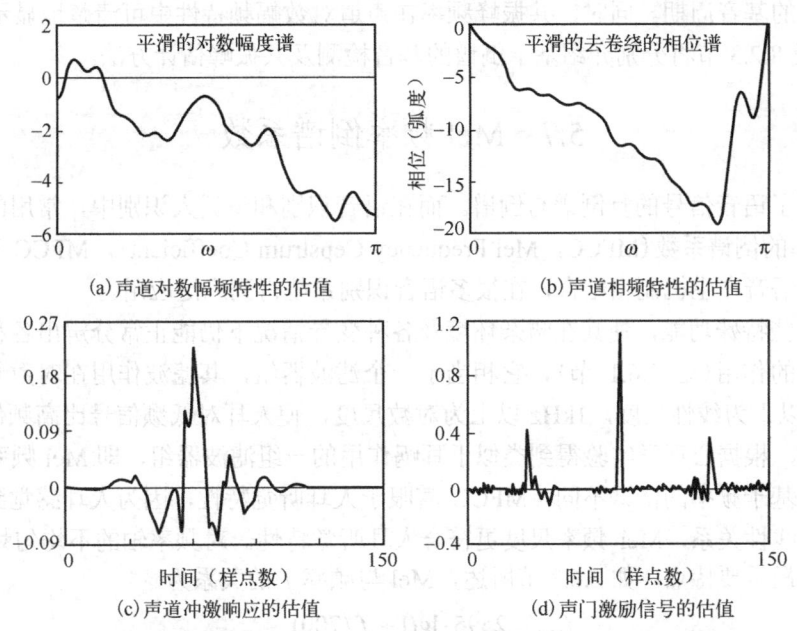

(a) 声道对数幅频特性的估值

(b) 声道相频特性的估值

(c) 声道冲激响应的估值

(d) 声门激励信号的估值

图 5-9 浊音语音用同态滤波分离出声门激励和声道响应的示例

图 5-10 给出相同条件下一段清语音的倒谱。其中图(a)为 Hamming 窗加权的清音段，

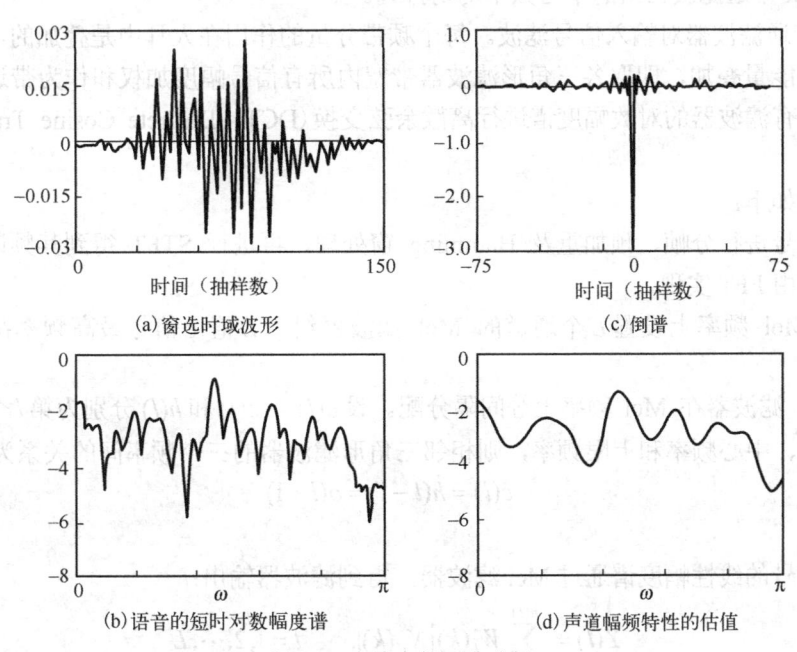

(a) 窗选时域波形

(b) 语音的短时对数幅度谱

(c) 倒谱

(d) 声道幅频特性的估值

图 5-10 清音的同态分析

图(b)为其对数幅度谱，图(c)为其倒谱。可见其对数幅度谱的变化没有规律，未体现出谐波分量，这是因为激励信号是随机的，从而语音短时谱中包含随机分量。此时，计算相位没有意义。由图(c)可见，倒谱中未出现浊音下的那种尖峰，但低倒谱域部分仍包含了声道冲激响应的信息。由图(c)可见，倒谱为偶函数。图(d)为对图(c)所示的倒谱经低倒谱窗滤波后得到的声道的对数幅频特性。

上面的举例表明可用同态滤波来估计语音的一些基本特征参数。实际上，大多数语音分析应用中，没有必要对语音信号解卷，只需要估计基音周期和共振峰等基本参数，因而可从复杂的相位计算中解脱出来。如比较图5-7(f)及5-10(c)可知，用倒谱可区分清音和浊音；且倒谱中存在着浊音的基音周期。同时，共振峰频率在声道对数幅频特性中可清楚地显示。

8.1.3节及8.2.3节将分别介绍基于倒谱的基音检测及共振峰估计方法。

5.7　Mel 频率倒谱系数

前面介绍了语音信号的复倒谱与倒谱。而在语音识别和说话人识别中，常用的语音特征是基于 Mel 频率的倒谱系数（MFCC，Mel Frequency Cepstrum Coefficient）。MFCC 参数将人耳听觉感知特性与语音产生机制相结合，在很多语音识别系统得到广泛应用。

人耳有一些特殊功能，使其在嘈杂环境及各种变异情况下仍能正常分辨出各种语音，其中耳蜗起很关键的作用（见 2.6.1 节），它相当于一个滤波器组，其滤波作用在对数频率尺度上进行，在 1kHz 以下为线性尺度，1kHz 以上为对数尺度，使人耳对低频信号比高频信号更敏感。基于这一特点，根据心理学实验得到类似于耳蜗作用的一组滤波器组，即 Mel 频率滤波器组。

与常规的基于频率的倒谱不同，MFCC 着眼于人耳听觉特性，因为人耳感觉到的声音高低与其频率不是线性关系，Mel 频率尺度更符合人耳听觉特性。对频率轴的不均匀划分是 MFCC 区别于倒谱的最重要特点。如 2.6.3 节所述，Mel 与频率 f 的关系为

$$f_{\text{Mel}} = 2595 \cdot \lg(1 + f/700) \tag{5-56}$$

将语音频率划分成一系列三角形的滤波器，即 Mel 滤波器组，见图 5-11。将频率变换到 Mel 域后，Mel 带通滤波器组的中心频率均匀排列。

用 Mel 带通滤波器对输入信号滤波。每个频带分量的作用在人耳中是叠加的，因而将每个滤波器带内的能量叠加，即取各三角形滤波器带宽内所有信号幅度加权和作为带通滤波器组的输出，再对所有滤波器的对数幅度谱进行离散余弦变换（DCT，Discrete Cosine Transform），得到 MFCC。

计算过程如下：

（1）将信号进行分帧、预加重及 Hamming 窗处理，再进行 STFT 得到其频谱。该过程可对信号补零再由 FFT 实现。

（2）在 Mel 频率上设置 L 个通道的 Mel 滤波器组，L 值由信号最高频率决定，一般取 12～16。

每个 Mel 滤波器在 Mel 频率上等间隔分配。设 $o(l)$，$c(l)$ 和 $h(l)$ 分别为第 l 个三角形滤波器的下限频率、中心频率和上限频率，则相邻三角形滤波器的三个频率间的关系为

$$c(l) = h(l-1) = o(l+1) \tag{5-57}$$

见图 5-12。

（3）令信号的线性幅度谱通过 Mel 滤波器，得到滤波器输出：

$$Y(l) = \sum_{k=o(l)}^{h(l)} W_l(k) |X_n(k)|, \quad l = 1, 2, \cdots, L \tag{5-58}$$

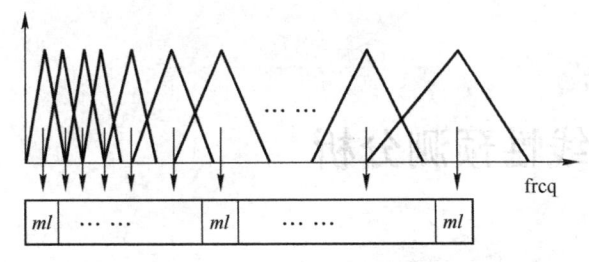

图 5-11 Mel 频率尺度滤波器组 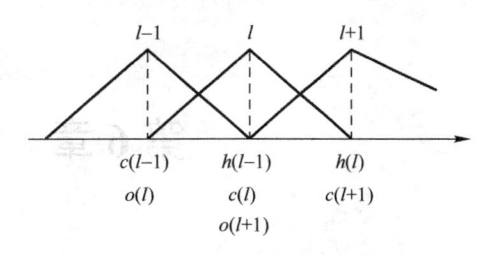　　　图 5-12 相邻 Mel 滤波器频率的关系

其中，频波器频率特性

$$W_l(k) = \begin{cases} \dfrac{k - o(l)}{c(l) - o(l)}, & o(l) \leqslant k \leqslant c(l) \\ \dfrac{h(l) - k}{h(l) - c(l)}, & c(l) \leqslant k \leqslant h(l) \end{cases}$$

（4）对滤波器输出取对数，再进行 DCT，得到 MFCC：

$$C_{\text{MFCC}}(n) = \sum_{l=1}^{L} \lg Y(l) \cdot \cos[\pi(l - 0.5)n/L], \quad n = 1, 2, \cdots, L \tag{5-59}$$

将上述得到的 MFCC 作为静态特征，进行一阶与二阶差分，可得到相应的动态特征。

需要说明，MEL 滤波器也可选择为正弦等形式。另外，求 Mel 倒谱时要进行 FFT，若 FFT 点数过大则运算复杂度增大，难以满足实时性要求；如太小则频率分辨率过低，参数误差过大。因而应合理选择。研究表明，最前面若干维及最后若干维的 MFCC 对语音的区分性能较大；因而语音识别中通常只取前 12 维 MFCC。

思考与复习题

5-1　信号的复倒谱和倒谱分别为 $\tilde{x}(n)$ 和 $c(n)$，试证明 $c(n)$ 为 $\tilde{x}(n)$ 的偶对称分量，即

$$c(n) = \frac{\tilde{x}(n) + \tilde{x}(-n)}{2}$$

5-2　如何由倒谱求复倒谱，此时对信号 $x(n)$ 有何要求？

5-3　证明：若 $x(n)$ 为最小相位信号，则 $x(-n)$ 为最大相位信号。

5-4　为对语音信号的对数幅度谱进行平滑，需对其倒谱加窗后再进行傅里叶变换，见图 5-13。

（1）试用 $\lg|X(e^{j\omega})|$ 和 $L(e^{j\omega})$（即 $l(n)$ 的傅里叶变换）表示 $\tilde{X}(e^{j\omega})$；

（2）为平滑 $\lg|X(e^{j\omega})|$，如何选取倒谱窗 $l(n)$？

（3）$l(n)$ 取直角窗和 Hamming 窗时有何区别？

（4）$l(n)$ 长度如何选取？说明原因。

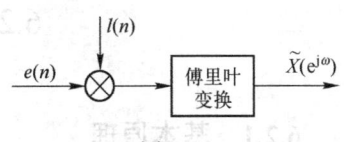

5-5　有哪些可避免相位卷绕求复倒谱的方法？试说明其工作原理。

图 5-13

5-6　如何利用语音的复倒谱或倒谱进行清/浊音判断、基音检测及估计共振峰？

5-7　Mel 频率的物理意义是什么？MFCC 在语音处理中与复倒谱相比有何优势？如何求解 MFCC？

第 6 章 线性预测分析

6.1 概述

线性预测(LPC，Linear Prediction Coding)由 Wiener 于 1947 年提出；此后，其被用于许多研究领域。1967 年，Itakura(板仓)等最先将 LPC 技术应用于语音分析与合成。

线性预测是语音处理的核心技术，几乎普遍用于语音信号处理的各个方面，是最有效和应用最广的语音分析技术之一。且是第一个真正得到实际应用的语音分析技术。线性预测技术产生至今，语音处理又有许多突破，但它仍是最重要的分析技术。近 30 多年来语音处理技术的飞速发展与以线性预测为中心的信号处理技术是分不开的；特别是在线性预测中提出多种参数形式，并在频谱度量方面发展了多种与人类听觉密切相关的谱失真测度，对语音识别和语音编码研究的发展起到重要作用。

线性预测可极精确地估计语音参数；它在估计基本语音参数(如共振峰、谱、声道面积函数)，及用低速率传输或储存语音等方面，是一种主要技术。其可用很少的参数有效而准确地表现语音波形及其频谱的性质，且计算效率高，应用上灵活方便。

LPC 的基本思想是，一个语音的取样可用过去若干语音取样的线性组合来逼近。通过使实际语音取样与 LPC 取样间差值的平方和(在一个有限间隔上)最小，即进行 LMS(最小均方误差)逼近，可决定唯一的一组预测系数；而它们就是线性组合中的加权系数。

LPC 用于语音信号处理，不仅有预测功能，且提供了一个非常好的声道模型，对理论研究及实际应用均相当有用。因而，LPC 的基本原理与语音信号数字模型密切相关。声道模型的优良性能意味着 LPC 不仅是特别合适的语音编码方法，且预测系数也是语音识别的非常重要的信息来源。LPC 技术用于语音编码时，利用模型参数可有效降低传输码率；用于语音识别时，将 LPC 参数形成模板存储，可提高识别率并减小计算时间；其还用于语音合成及语音分类、解混响等。语音分析中，常需要将语音段的短时谱包络与其细微结构相区分，而 LPC 正是一种恰当而又简便的方法。

线性预测分析参数包括 LPC、PARCOR 及 LSP 参数等多种。

6.2 线性预测分析的基本原理

6.2.1 基本原理

LPC 分析的基本原理是将被分析的信号用一个模型表示，即将信号看作一个模型(即系统)的输出。这样，可用模型参数描述信号。图 6-1 是信号 $s(n)$ 的模型化框图。图中，$u(n)$ 表示模型输入，$s(n)$ 表示模型输出。通常模型中只包含有限个极点而没有零点，此时系统函数表示为

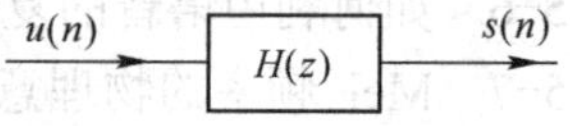

图 6-1 信号 $s(n)$ 的模型化

$$H(z)=\frac{G}{1-\sum_{i=1}^{P}\alpha_i z^{-i}} \tag{6-1}$$

这种模型称为全极点模型或 AR 模型。式中，各系数 α_i 和增益 G 为模型参数，而 α_i 为实数。α_i 称为 LPC 系数。从而，信号可用有限数目参数构成的信号模型来表示。LPC 分析就是根据已知的 $s(n)$ 对参数 $\{\alpha_i\}$ 与 G 进行估计。由于语音信号的时变特性，预测系数估值须在一短段信号中即按帧进行。线性预测的基本问题是由语音信号直接决定一组预测器系数 $\{\alpha_i\}$，使预测误差在某个准则下最小。如采用 LMSE 准则，则得到著名的 LPC 算法。

线性预测模型采用全极点模型的原因为：
（1）全极点模型易计算，对其进行参数估计解线性方程组，较易实现。若模型含有零点，则为非线性方程组，求解非常困难。
（2）有时无法知道输入序列，如对一些地震应用、脑电图及解卷等问题。
（3）如不考虑鼻音和摩擦音，语音的声道传递函数就是全极点模型。
（4）人耳听觉对只能用零点表现的频谱陡峭谷点较迟钝。

对鼻音和摩擦音，声学理论表明，声道传输函数既有极点又有零点。如模型阶数 P 足够大，可用全极点模型近似表示极零点模型。因为一个零点可用多个极点近似，即

$$1-\alpha z^{-1}=\frac{1}{1+\alpha z^{-1}+\alpha^2 z^{-2}+\alpha^3 z^{-3}+\cdots} \tag{6-2}$$

如分母多项式收敛足够快，只取前几项就可以，所以全极点模型为实际应用提供了合理近似。

语音信号 $s(n)$ 是声道冲激响应 $h(n)$ 与声门激励的卷积，可用 LPC 分析求出声道传递函数 $H(z)$，因而实现解卷。这种方法由于需要求解参数，因而称为参数解卷（如 5.1 节所述）。

6.2.2 语音信号的线性预测分析

根据上述模型化思想，可对语音信号建立模型，见图 6-2。它是图 2-13 语音产生模型的一种特殊形式，将其中的声门激励、声道及辐射的全部谱效应简化为一个时变数字滤波器来等效，其系统函数

$$H(z)=\frac{S(z)}{U(z)}=\frac{G}{1-\sum_{i=1}^{P}\alpha_i z^{-i}} \tag{6-3}$$

这就将 $s(n)$ 模型化为一个 P 阶 AR 模型。该模型常用于产生合成语音，故 $H(z)$ 也称为合成滤波器。模型参数包括：浊/清音判决、浊音语音的基音周期、增益 G 及数字滤波器参数 $\{\hat{\alpha}_i\}(1\leq i\leq P)$。这些参数均随时间缓慢变化。

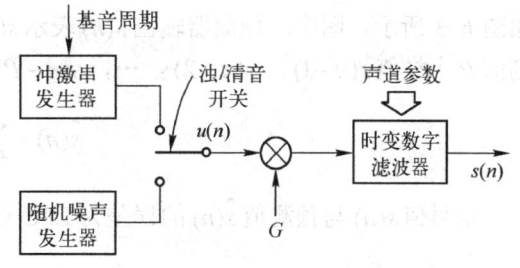

图 6-2 语音信号的模型

采用图 6-2 这种简化模型的优点在于，可用 LPC 分析方法对滤波器系数与增益进行非常直接与高效的计算。

图 6-2 中，数字滤波器 $H(z)$ 的参数 $\{\hat{\alpha}_i\}$ 即为 LPC 系数；因而，求解滤波器参数及 G 的过程称为语音信号的 LPC 分析。由于语音的时变特性，预测系数的估值须按帧进行。

这种简化的全极模型对非鼻音的浊音语音是合理的描述，而对鼻音和摩擦音，需采用极零模型。

对语音信号，确定了各 LPC 系数后，根据 $H(z)$ 可得到其频率特性的估值，即 LPC 谱

$$H(e^{j\omega}) = \frac{G}{1-\sum_{i=1}^{P}\alpha_i e^{-j\omega i}} \tag{6-4}$$

LPC 谱的特点为，对浊音信号谐波成分处匹配效果远好于谐波之间，这由 LMSE 准则决定；因而其反映的是谱包络。由于女声信号谱中谐波成分的间隔远大于男声，使谐振特性不如男声谱尖锐，因而 LPC 谱逼近女声信号谱的共振特性时，误差远大于男声信号，对童声信号效果更差。

LPC 谱较其他谱的优点是，可很好地表示共振峰结构，而不出现额外的峰值和起伏，因为可通过选择阶数 P 控制谐振峰个数（将在 6.6.1 节中详细说明）。

需要指出，若信号受噪声污染，则不能满足全极模型的假设，同时 LPC 谱估计的质量也将下降。当 SNR 太低（如低于 5~10dB）时，可引起 LPC 谱的严重畸变。如上所述，LPC 谱匹配是谱峰胜于谱谷，如噪声由周期函数组成（如机械旋转发出的噪声），则 LPC 试图匹配与这些噪声分量对应的谱峰。对这一问题没有很有效的解决方法，一般是先对语音进行预处理即去噪，也就是语音增强（如第 16 章所述）。

对 LPC 参数数字化时，应采取抗混叠措施。数字语音在线性预测前通常进行差分运算，目的有两个：一是保证不出现直流分量，二是进行高频预加重（如 2.4.3 节及 3.2.2 节所述）。

6.3 线性预测方程组的建立

信号模型的建立是由信号估计模型参数的过程。信号是客观存在，用一个有限数目参数的模型进行表示不可能完全准确，总会存在误差；且信号还是时变的。因而求解 LPC 系数是一个逼近过程。

对图 6-1 模型采用直接逼近的方法求解是不可取的，因为这需要解一组非线性方程，实现非常困难。实际中采用逆滤波法。

为此，定义线性预测器
$$F(z) = \sum_{i=1}^{P}\alpha_i s(n-i) \tag{6-5}$$

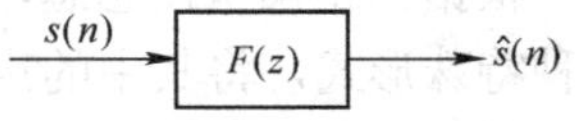

图 6-3　线性预测器

如图 6-3 所示。图中，预测器输出 $\hat{s}(n)$ 表示 $s(n)$ 预测值。设 n 时刻前 P 个样值 $s(n-1)$，$s(n-2)$，…，$s(n-P)$ 已知，则可由其线性组合预测当前时刻的值：

$$\hat{s}(n) = \sum_{i=1}^{P}\alpha_i s(n-i) \tag{6-6}$$

信号值 $s(n)$ 与预测值 $\hat{s}(n)$ 的误差为 LPC 误差，用 $e(n)$ 表示，即

$$e(n) = s(n) - \hat{s}(n) = s(n) - \sum_{i=1}^{P}\alpha_i s(n-i) \tag{6-7}$$

可见，$e(n)$ 是输入为 $s(n)$、且传递函数为

$$A(z) = 1 - F(z) = 1 - \sum_{i=1}^{P}\alpha_i z^{-i} \tag{6-8}$$

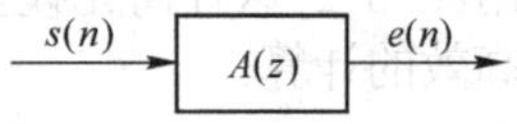

图 6-4　逆滤波器

的滤波器的输出。由于 $A(z) = 1/H(z)$，因而 $A(z)$ 为 $H(z)$ 的逆，称为逆滤波器，见图 6-4。其输入为 $s(n)$、输出为 $e(n)$，故称预测误差滤波器。LPC 一般借助于预测误差滤波器来求解预测系数。

线性预测的基本问题是由语音信号来估计 $\{\hat{\alpha}_i\}$，以使 $e(n)$ 在 LMS 准则下最小。这里 $e(n)$

为随机序列，可用均方值 $\sigma_e^2 = E[e^2(n)]$ 描述预测精度：其越接近零，则预测精度在均方误差意义上就越佳。实际运算时，以时间平均代替集合平均，即表示为 $\sigma_e^2 = \sum_n e^2(n)$。在 P 确定的情况下，σ_e^2 取决于 $\{\hat{\alpha}_i\}$ 和 G。线性预测过程即找到一组预测系数，使 σ_e^2 最小。

下面推导线性预测方程。短时预测均方误差为

$$E_n = \sum_n e^2(n) = \sum_n \left[s(n) - \hat{s}(n)\right]^2 = \sum_n \left[s(n) - \alpha_i s(n-i)\right]^2 \quad (6-9)$$

预测系数估值须在一短段语音信号中进行，即取和间隔有限。另外，为取平均，应除以语音段长度；但其与线性方程组的解无关，可忽略。

LMSE意义下，$\{\hat{\alpha}_i\}$ 应满足
$$\frac{\partial E_n}{\partial \alpha_j} = 0, \quad 1 \leqslant j \leqslant P \quad (6-10)$$

考虑式(6-7)，有
$$\frac{\partial E_n}{\partial \alpha_j} = 2\sum_n s(n)s(n-j) - 2\sum_{i=1}^{P} \alpha_i \sum_n s(n-i)s(n-j) = 0 \quad (6-11)$$

即得到LPC标准方程组如下

$$\sum_n s(n)s(n-j) = \sum_{i=1}^{P} \alpha_i \sum_n s(n-i)s(n-j), \quad 1 \leqslant j \leqslant P \quad (6-12)$$

即由 P 个方程组成的有 P 个未知数的方程组，求解方程组可得 $\{\hat{\alpha}_i\}$。如定义

$$\Phi(j,i) = \sum_n s(n-i)s(n-j), \quad 1 \leqslant j \leqslant P, \ 1 \leqslant i \leqslant P \quad (6-13)$$

则式(6-12)可更简洁地写为
$$\sum_{i=1}^{P} \hat{\alpha}_i \Phi(j,i) = \Phi(j,0), \quad 1 \leqslant j \leqslant P \quad (6-14)$$

上式为 P 阶正定的线性方程组，其中 $\Phi(j,i)$ 由输入语音决定。这样求 $\{\hat{\alpha}_i\}$ 归结为求解线性方程组的问题。由式(6-9)及式(6-12)，得 LMSE 为

$$E_n = \sum_n s^2(n) - \sum_{i=1}^{P} \hat{\alpha}_i \sum_n s(n)s(n-i) \quad (6-15)$$

考虑式(6-14)，可表示为
$$E_n = \Phi(0,0) - \sum_{i=1}^{P} \hat{\alpha}_i \Phi(0,i) \quad (6-16)$$

因而最小均方误差由一个固定分量及一个依赖于预测系数的分量组成。

线性预测增益为
$$G = \sqrt{E_n} \quad (6-17)$$

为求解最佳预测器系数，须先计算 $\Phi(i,j)$ $(1 \leqslant j \leqslant P, 1 \leqslant i \leqslant P)$，再按式(6-14)求出 $\hat{\alpha}_i$。因而从原理上，LPC 分析非常直接了当。但 $\Phi(i,j)$ 的计算及方程组的求解均十分复杂。

6.4 线性预测分析的解法(1)——自相关和协方差法

为有效进行 LPC 分析，需采用高效方法求解线性方程组。有很多方法求解含有 P 个未知数的 P 个线性方程，但系数矩阵的特殊性质使求解方程的效率比通常情况下高得多。

式(6-12)所示的线性预测标准方程组中，n 的上下限取决于使误差最小的具体做法。求和范围不同时，导致不同的线性预测解法。经典解法有两种：一是自相关法，二是协方差法。

6.4.1 自相关法

这种方法在整个时间范围内使误差最小,并设 $s(n)$ 间隔在 $0 \leqslant n \leqslant N-1$ 外为 0,即经过窗处理。对加窗处理后的信号进行自相关估计,显然会引入误差。为减小窗口作用于语音段时在两端引起的误差,一般不采用突变的矩形窗,而是用有平滑过渡特性的窗,如 Hamming 窗。

$s(n)$ 自相关函数为

$$R(j) = \sum_{n=-\infty}^{\infty} s(n)s(n-j), \quad 0 \leqslant j \leqslant P \tag{6-18}$$

设 $s_w(n)$ 为加窗后的信号,则其短时自相关函数为

$$R_n(k) = \sum_{j=0}^{N-j-1} s_w(n)s_w(n-j), \quad 0 \leqslant j \leqslant P \tag{6-19}$$

比较式(6-13)和式(6-19)知,式(6-13)中的 $\Phi(j,i)$ 即为 $R_n(j-i)$,即

$$\Phi(j,i) = R_n(j-i) \tag{6-20}$$

式(6-19)中,$R_n(j)$ 保留了 $s(n)$ 的自相关函数的特性,如:
(1) 为偶函数,即 $R_n(j) = R_n(-j)$。
(2) $R_n(j-i)$ 只与 j 和 i 的相对大小有关,而与 j 和 i 的取值无关,即

$$\Phi(j,i) = R_n(|j-i|), \quad j=1,2,\cdots P;\ i=0,1,\cdots P \tag{6-21}$$

此时式(6-14)表示为

$$\sum_{i=1}^{P} \hat{\alpha}_i R_n(|j-i|) = R_n(j), \quad 1 \leqslant j \leqslant P \tag{6-22}$$

类似地,式(6-16)中最小预测均方误差为

$$E_n = R_n(0) - \sum_{i=1}^{P} \alpha_i R_n(i) \tag{6-23}$$

式(6-22)中的方程组可表示为矩阵形式

$$\begin{bmatrix} R_n(0) & R_n(1) & R_n(2) & \cdots & R_n(P-1) \\ R_n(1) & R_n(0) & R_n(1) & \cdots & R_n(P-2) \\ \vdots & \vdots & \vdots & & \vdots \\ R_n(P-1) & R_n(P-2) & R_n(P-3) & \ddots & R_n(0) \end{bmatrix} \begin{bmatrix} \hat{a}_1 \\ \hat{a}_2 \\ \vdots \\ \hat{a}_P \end{bmatrix} = \begin{bmatrix} R_n(1) \\ R_n(2) \\ \vdots \\ R_n(P) \end{bmatrix} \tag{6-24}$$

称为 Yule-Walker 方程,其系数矩阵即 $P \times P$ 阶自相关函数矩阵为 Toeplitz 矩阵;其关于对角线对称,且在主对角线上,及与其平行的任一条斜线上的所有元素相同。这种矩阵方程无须像求解一般矩阵方程那样进行大量计算,利用 Toeplitz 矩阵性质可得到高效递推算法。求出 $(n-1)$ 阶方程组的解即 $(n-1)$ 阶预测器的系数,就可用 $\left\{\hat{\alpha}_i^{(n-1)}\right\}$ 求出 n 阶方程组的解,即 n 阶预测器系数 $\left\{\hat{\alpha}_i^{(n)}\right\}$(上标表示预测器阶数)。$\left\{\hat{\alpha}_i^{(n)}\right\}$ 递推算法有若干种,Levinson-Durbin 算法为最常用的一种,其也是一种最佳算法。

该算法的具体过程:
(1) $i=0$ 时,$E_n = R_n(0)$。
(2) 对第 i 次递推:
①
$$k_i = \frac{1}{E_{i-1}} \sum_{i=1}^{P} \alpha_j^{(i-1)} R_n(j-i), \quad 1 \leqslant j \leqslant P \tag{6-25}$$

② $\alpha_i^{(i)} = k_i$ (6-26)

③ 对 $j=1\sim i-1$ $\quad \alpha_j^{(i)} = \alpha_j^{(i-1)} - k_i \alpha_{i-j}^{(i-1)}$ (6-27)

④ $\quad E_i = (1-k_i^2)E_{i-1}$ (6-28)

以上各式括号内上标表示预测器阶数。式(6-25)~式(6-28)可对 $i=1,2,\cdots,P$ 递推, 最终解

$$\hat{\alpha}_j = \alpha_j^{(P)}, \quad 1 \leqslant j \leqslant P \quad (6\text{-}29)$$

式中, $\hat{\alpha}_j$ 为 i 阶预测器的第 j 个系数。以上递推过程表明, 对阶数为 P 的预测器, 求解预测器系数过程中可得到 $i=1,2,\cdots,P$ 各阶预测器的解, 即阶数低于 P 的各阶预测器系数也被求出。实际上只需 P 阶预测器系数, 但须先求出 $i<P$ 各阶的系数。

图 6-5 给出了自相关法求解过程。由式(6-28)得

$$E_n = R_n(0)\prod_{i=1}^{P}(1-k_i^2) \quad (6\text{-}30)$$

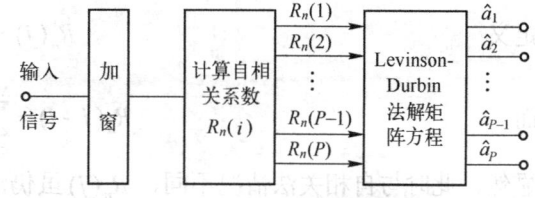

图 6-5 自相关法的求解

可见, E_n 大于 0 且随预测器阶数增加而减小。因而, 每步求出的预测误差总小于前一步误差。这表明, 虽然预测器精度会随阶数增加而提高, 但误差不会消除。由式(6-30)知

$$|k_i|<1 \quad (1 \leqslant i \leqslant P) \quad (6\text{-}31)$$

由式(6-25)~式(6-28)可见, 每步递推的关键为 k_i。该系数有特殊意义, 称为线性预测反射系数。式(6-31)关于参数 k_i 的条件很重要, 可以证明, 其就是多项式 $A(z)$ 的根即 $H(z)$ 的极点位于单位圆内的充分必要条件, 因而可保证系统 $H(z)$ 的稳定性。

k_i 与声道无损声管网络模型有密切联系

$$k_i = \frac{A_{i+1}-A_i}{A_{i+1}+A_i} \quad (6\text{-}32)$$

式中, A_i 为第 i 节声管的面积函数。上式表明, k_i 为第 i 个节点处的反射系数。这一公式在 2.4.2 节中曾出现。k_i 根据语音模型被解释为反射系数, 而根据统计特性称为部分相关系数。

采用 Levinson-Durhin 递推算法, 自相关矩阵计算约需 NP 次乘法, 而矩阵方程的解约需 P^2 次乘法。如前所述, 系统稳定性在理论上可以保证; 但计算机存储或运算不可避免存在量化误差。如自相关函数计算精度不够, 四舍五入会导致病态的自相关矩阵, 此时稳定性得不到保证。为避免这一问题, 可将频谱动态范围(频谱最大值与最小值间的范围)尽可能缩小; 为此, 按 6dB/倍频程或由适应频谱全部特性的均衡器进行高频预加重, 使信号频谱尽可能平滑, 以使有限字长影响减至最小。这里预加重为一阶数字滤波器(如 3.2.2 节所述)。预加重的另一好处是减小了信号动态范围, 对 LPC 定点运算有利。

6.4.2 协方差法

协方差法与自相关法的区别在于无须对语音加窗, 即不规定信号 $s(n)$ 的长度。它可使信号 N 个样本上的误差最小, 即计算均方误差间隔固定。设计算 $R_n(j)$ 中变量 n 的范围为 $0 \leqslant n \leqslant N-1$, 即求和范围为固定值 N, 因而

$$r(j) = \sum_{n=0}^{N-1} s(n)s(n-j), \quad 0 \leqslant j \leqslant P \quad (6\text{-}33)$$

这样，为对全部需要的 j 估算 $R_n(j)$，所需 $s(n)$ 长度范围为 $-P \leqslant n \leqslant N-1$；即需 $N+P$ 个样本。有时为方便起见，也定义 $s(n)$ 的长度范围为 $0 \leqslant n \leqslant N-1$；但计算 $R_n(j)$ 时，n 的范围为 $-P \leqslant n \leqslant N-1$，这样误差在 $[P, N-1]$ 内最小。

式(6-33)中，$r(j)$ 已不是自相关序列，而是两个相似却不相同的有限长语音段间的互相关序列，类似于第 3 章中的修正自相关函数。式(6-33)和式(6-19)只有微小差别，却导致线性预测方程组性质的很大不同，这对求解方法及所得到的最佳预测器的性质有很大影响。

重写式(6-22)的线性预测方程组

$$R_n(j) - \sum_{i=1}^{P} \alpha_i R_n(j-i), \quad 1 \leqslant j \leqslant P \tag{6-34}$$

定义

$$R_n(j) = \sum_{n=1}^{N-1} s(n) s(n-j) \tag{6-35}$$

而

$$R_n(j-i) = \sum_{n=1}^{N-1} s(n-j) s(n-i) \tag{6-36}$$

显然，此时与自相关法情况不同，$R_n(j)$ 虽仍满足偶对称性，但 $R_n(j-i)$ 不仅与 j、i 相对值有关，也取决于 j 和 i 的值。用 $c(j,i)$ 表示 $R_n(j-i)$，即

$$c(j,i) = R_n(j-i) = \sum_{n=1}^{N-1} s(n-j) s(n-i) \tag{6-36}$$

$c(j,i)$ 称为 $s(n)$ 的协方差，该名称广泛使用但不确切。上式表明，其并不是协方差，后者指信号去掉均值后的自相关。

引入 $c(j,i)$ 后，式(6-34)的预测方程组为

$$c(j,0) - \sum_{i=1}^{P} \alpha_i c(j,i) = 0, \quad 1 \leqslant j \leqslant P \tag{6-37}$$

表示为矩阵形式

$$\begin{bmatrix} c(1,1) & c(1,2) & \cdots & c(1,P) \\ c(2,1) & c(2,2) & \cdots & c(2,P) \\ \vdots & \vdots & \ddots & \vdots \\ c(P,1) & c(P,2) & \cdots & c(P,P) \end{bmatrix} \begin{bmatrix} \hat{a}_1 \\ \hat{a}_2 \\ \vdots \\ \hat{a}_P \end{bmatrix} = \begin{bmatrix} c(1,0) \\ c(2,0) \\ \vdots \\ c(P,0) \end{bmatrix} \tag{6-38}$$

上述矩阵有很多性质与协方差矩阵类似。显然 $c(j,i) = c(i,j)$，因而上式由 $c(j,i)$ 组成的 $P \times P$ 阶矩阵对称，但不是 Toeplitz 矩阵(因 $c(j+k,i+k) \neq c(j,i)$)。求解矩阵方程(6-38)不能采用自相关法中的简便算法，而可应用矩阵分解的 Cholesky 法。其将协方差矩阵 C 进行 LU 分解，即 $C = LU$，其中 L 为下三角矩阵，U 为上三角矩阵。由此得到一种有效解法。

图 6-6 为协方差法的图解表示。

图 6-6 协方差法的图解表示

6.4.3 自相关和协方差法的比较

求解 LPC 参数时，LPC 正定方程组的主要解法有自相关和协方差法。选择何种方法取决于经验及对 $s(n)$ 的假设。自相关法适用于平稳信号而协方差法适用于非平稳信号。语音处理

中，由经验知，自相关法对摩擦音效果较好，协方差法对周期性语音效果较好。

自相关法利用语音加窗来求解预测系数，用加窗信号的自相关函数代替原始语音信号的自相关函数，此时 LPC 正定方程组的系数矩阵为 Toeplitz 矩阵，利用这种矩阵的性质可用高效递推算法求解方程组。但加窗信号不同于原始信号，从而用加窗信号的自相关函数代替原自相关函数将引入误差。特别是短数据情况下，这一缺点较为严重。所以，自相关法求得的预测系数精度不高，这是其本质性缺点。

协方差法无须加窗，直接从语音中截取短序列求解预测系数，计算精度大为提高，所得到的协方差系数可更精确地表示语音信号。该方法的特点是精度高；其需利用 Cholesky 法对矩阵进行 *LU* 分解，但无快速算法。而主要缺点是没有自相关法中 $|k_i|<1$ 的条件，不能保证解的稳定性，可能产生不稳定的逆滤波器。因而，有时不得不随时判断 $H(z)$ 的极点位置并不断修正，才能得到稳定结果。

Levinson-Durbin 推解法与 Cholesky 分解可分别求解自相关方程与协方差方程。自相关法稍简单些，采用 Levinson-Durhn 解法所需乘法与除法分别为 P^2 和 P；Cholesky 分解所需乘法、除法和开方次数分别为 $(P^3+9P^2+2P)/6$、P 和 P。$P=10$ 时，二者计算量相差 3 倍。

自相关法用定点运算有其优点，更适合于硬件实现；而协方差法的一个困难在于对中间量的比例运算。语音处理各项应用中，很多情况下要求实时处理。通过合理选择窗函数并加大窗宽，自相关法在精度上的劣势不再明显，而高速性能仍然突出。因此实用中大多采用自相关法。

6.5 线性预测分析的解法(2)——格型法

从上节讨论可知，不论是自相关法还是协方差法，均分为两步：（1）计算相关值的矩阵；（2）解一组线性方程。

这两种方法的精度和稳定性间存在矛盾，导致了另一类算法的发展，即格型法。20 世纪 70 年代初，Itakura 在分析自相关法的基础上，引入正向预测和反向预测的概念，阐述了参数 k_i 的物理意义，提出逆滤波器 $A(z)$ 的格型结构。格型法避开了相关估计这一中间步骤，直接由语音信号得到预测器系数，因而无须用窗口对信号加权，同时又可保证解的稳定性，较好地解决了精度和稳定性的矛盾。特别是，正向预测和反向预测的概念，使 LMSE 准则的运用大大提高了灵活性，派生出一系列基于格型结构的新的 LPC 算法。

6.5.1 格型法基本原理

首先引入正向预测和反向预测的概念。在自相关法的 Levinson-Durbin 算法中，递推到 i 阶时，可得到 i 阶的预测系数 $a_j^{(i)}$，$j=1,2,\cdots,i$。此时，可定义一个 i 阶 LPC 逆滤波器，其传输函数按式(6-8)为

$$A^{(i)}(z)=1-\sum_{j=1}^{i}a_j^{(i)}z^{-j} \tag{6-39}$$

该滤波器的输入为 $s(n)$，输出为预测误差 $e^{(i)}(n)$；其关系为

$$e^{(i)}(n)=s(n)-\sum_{j=1}^{i}a_j^{(i)}s(n-j) \tag{6-40}$$

经过推导，第 i 阶 LPC 逆滤波器的输出可分解为两部分，一部分是 $i-1$ 阶滤波器输出

$e^{(i-1)}(n)$；另一部分是与 $i-1$ 阶有关的输出信号 $b^{(i-1)}(n)$，通过单位移序和 k_i 加权后的信号。下面讨论这两部分信号的物理意义。将这两部分信号分别定义为正向预测误差信号 $e^{(i)}(n)$ 及反向预测误差信号 $b^{(i)}(n)$：

$$e^{(i)}(n) = s(n) - \sum_{j=1}^{i} a_j^{(i)} s(n-j) \qquad (6-41)$$

$$b^{(i)}(n) = s(n-i) - \sum_{j=1}^{i} a_j^{(i)} s(n-i+j) \qquad (6-42)$$

式 (6-41) 的 $e^{(i)}(n)$ 即为通常的 LPC 误差，是用 i 个过去的样本值 $s(n-1)$，$s(n-2)$，…，$s(n-i)$ 预测 $s(n)$ 时的误差；而式 (6-42) 中的 $b^{(i)}(n)$ 可看作用延迟时刻的样本 $s(n-i+1)$，$s(n-i+2)$，…，$s(n)$ 预测 $s(n-i)$ 的误差，因而称反向预测误差，该预测过程称为反向预测过程。图 6-7 示意了这两种预测情况。

图 6-7 用 i 阶预测器进行前向及后向预测的图解说明

建立了正向及反向预测概念后，可推导出 LPC 分析用的格型滤波器结构，它是根据预测误差递推公式得到的。由式 (6-41) 和式 (6-42)，$i=0$ 时

$$e^{(0)}(n) = b^{(0)}(n) = s(n) \qquad (6-43)$$

$i = P$ 时

$$e^{(P)}(n) = e(n) \qquad (6-44)$$

这里，$e(n)$ 为 P 阶 LPC 逆滤波器输出的预测误差信号。有如下递推形式(推导过程从略)

$$\begin{cases} e^{(i)}(n) = e^{(i-1)}(n) - k_i b^{(i-1)}(n-1) \\ b^{(i)}(n) = b^{(i-1)}(n-1) - k_i e^{(i-1)}(n) \\ e^{(0)}(n) = b^{(0)}(n) = s(n) \end{cases} \qquad (6-45)$$

由此得到适用于 LPC 分析的格型滤波器结构，见图 6-8。

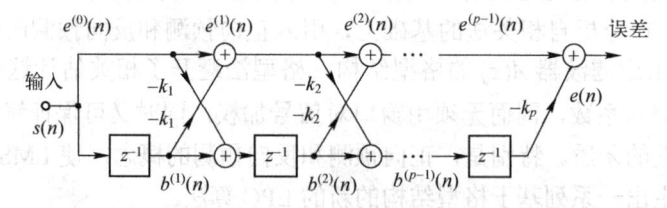

图 6-8 格型分析滤波器结构

该滤波器输入为 $s(n)$，输出为正向预测误差 $e(n)$。另一方面，图 6-2 所示的语音信号模型化框图中，模型即合成滤波器 $H(z)$ 也可采用格型结构。如将模型增益因子 G 考虑到输入信号中，则滤波器输入为 $Gu(n)$，输出为合成语音 $s(n)$，通过 LPC 求得的 $A(z)$ 是 $H(z)$ 的逆滤波器，$Gu(n)$ 由 $e(n)$ 来逼近；因此合成滤波器 $H(z)$ 的结构应该满足输入 $H(z)$ 时输出为 $s(n)$。由式 (6-45) 得到

$$\begin{cases} e^{(i-1)}(n) = e^{(i)}(n) + k_i b^{(i-1)}(n-1) \\ b^{(i)}(n) = b^{(i-1)}(n-1) - k_i e^{(i-1)}(n) \end{cases} \qquad (6-46)$$

得到图 6-9 所示的格型合成滤波器结构。图 6-8 与图 6-9 表明，格型滤波器可用于语音分析-合成系统。图 6-9 格型网络采用反射系数实现声道滤波器。$\{k_i\}$ 有良好的内插、量化特性及较低的参数灵敏度，因而这种格型网络稳定性好，在语音合成与声码器中广泛应用。

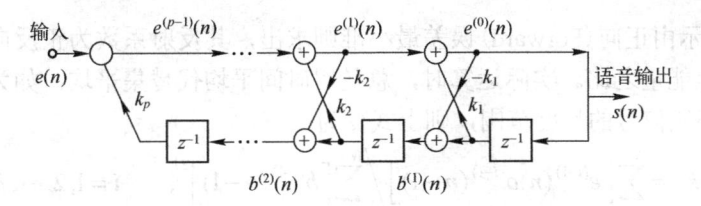

图 6-9 格型合成滤波器结构

由图 6-8 及图 6-9 可见，P 阶滤波器可由 P 节斜格构成，其中关键参数为 k_i ($i=1,2,\cdots,P$)。此外，图 6-9 的格型合成滤波器结构与第 2 章中的声道声管模型有相同形式，因而在预测误差、格型滤波器及声管模型间存在密切关系，而这种格型滤波器正是声管模型的模拟。这样就找到了 LPC 和语音间的关系。声管模型中，声道被模拟为一系列长度不同、截面积为 A_i 的声管的级联，k_i 规定了声波在各声管边界处的反射量(如式(2-7) 及式(6-32)所示)。而这里每个格型网络相当于一个小声管，k_i 反映了第 i 节格型网络处的反射，故称 $k_1 \sim k_p$ 为 P 级格型滤波器的反射系数。

反射系数是语音处理中至关重要的参数，其计算是个重要问题。自相关法和协方差法中，以预测误差最小为出发点求 LPC 系数。格型法的特点之一是，可在格型的每一级进行合适的本级反射系数计算。

显然，格型法结构与自相关法和协方差法间存在差异。格型滤波器的优点为：

（1）反射系数可直接用于计算预测系数，格型滤波器的级数等于预测系数的个数。

（2）滤波器不稳定会导致输出语音信号无规律地振荡。格型滤波器的稳定性可由其反射系数判定。可以证明，格型滤波器稳定的充要条件为 $|k_i|<1$。由于格型滤波器参数是各阶反射系数，其模均小于 1。这不仅保证了滤波器的稳定，且利于量化；为数字传输或存储，常需对滤波器参数进行量化。

因而，格型法已成为构成 LPC 系统的一种非常重要且很有生命力的方法。

6.5.2 格型法的求解

格型法的求解是指基于图 6-8 的格型滤波器结构形式，用 LPC 方法求出 k_i。如需要还可进一步由递归公式(6-26)和(6-27)求出预测系数 α_i。格型滤波器中出现了正向预测误差 $e^{(i)}(n)$ 和反向预测误差 $b^{(i)}(n)$，因而可设计几种最优准则求解反射系数。根据格型滤波器的结构形式，定义三个均方误差。

正向均方误差 $$E^{(i)}(n) = E\left[\left(e^{(i)}(n)\right)^2\right] \tag{6-47}$$

反向均方误差 $$B^{(i)}(n) = E\left[\left(b^{(i)}(n)\right)^2\right] \tag{6-48}$$

交叉均方误差 $$C^{(i)}(n) = E\left[e^{(i)}(n)b^{(i)}(n-1)\right] \tag{6-49}$$

因为有三种均方误差，从而派生出几种方法，下面介绍常用的几种。

1．正向格型法

正向格型法的逼近准则是：使格型滤波器的第 i 节正向均方误差最小来求 k_i。即令

$$\partial E^{(i)}(n)/\partial k_i = 0 \tag{6-50}$$

经推导得 $$k_i^F = C^{(i-1)}(n)/B^{(i-1)}(n-1) = E\left[e^{(i-1)}(n)b^{(i-1)}(n-1)\right]\Big/E\left[\{b^{(i-1)}(n-1)\}^2\right] \tag{6-51}$$

式中，上标 F 表示由正向（Forward）误差最小准则求出，其反射系数为正反向预测误差的互相关与反向预测误差能量之比。实际运算时，总是用时间平均代替集平均。如为提高精度，可像协方差法那样不限制信号的长度范围，则上式变为

$$k_i^F = \sum_{n=0}^{N-1}\left[e^{(i-1)}(n)b^{(i-1)}(n-1)\right] \bigg/ \sum_{n=0}^{N-1}\left[b^{(i-1)}(n-1)\right]^2, \quad i=1,2,\cdots,P \tag{6-52}$$

式中，假定 $e^{(i-1)}(n)$ 与 $b^{(i-1)}(n)$ 长度范围为 $0 \leqslant n \leqslant N-1$。

2. 反向格型法

反向格型法的逼近准则是：使格型滤波器第 i 节反向均方误差最小来求 k_i。即令

$$\partial B^{(i)}(n)/\partial k_i = 0 \tag{6-53}$$

由此得

$$k_i^B = C^{(i-1)}(n)/E^{(i-1)}(n-1) = \mathrm{E}\left[e^{(i-1)}(n)b^{(i-1)}(n-1)\right] \bigg/ \mathrm{E}\left[\left(e^{(i-1)}(n)\right)^2\right] \tag{6-54}$$

式中，上标 B 表示由反向（Backward）误差最小准则求出，其反射系数为正反向预测误差的互相关与正向预测误差能量之比。$E^{(i)}(n)$ 与 $B^{(i)}(n)$ 非负，因为其分别为 $e^{(i)}(n)$ 与 $b^{(i)}(n)$ 平方的平均，因而 k_i^F 与 k_i^B 符号相同。

上面两种方法不能保证 $\left|C^{(i-1)}(n)\right| < \left|E^{(i-1)}(n)\right|$ 及 $\left|C^{(i-1)}(n)\right| < \left|B^{(i-1)}(n)\right|$，因而不能保证 $|k_i| < 1$ 即解的稳定性。

3. 几何平均格型法

这种方法不采用逼近准则。其 k_i 为正向格型法与反向格型法中 k_i^F 与 k_i^B 的几何平均，即

$$k_i^I = S\sqrt{k_i^F k_i^B} \tag{6-55}$$

式中，上标 I 表示由 Itakura 提出，S 为 k_i^F 或 k_i^B 的符号。

将 k_i^F 与 k_i^B 代入式(6-55)，得

$$k_i^I = \mathrm{E}\left[e^{(i-1)}(n)b^{(i-1)}(n-1)\right] \bigg/ \sqrt{\mathrm{E}\left[\left[e^{(i-1)}(n)\right]^2\right] \cdot \mathrm{E}\left[\left[b^{(i-1)}(n-1)\right]^2\right]} \tag{6-56}$$

或

$$k_i^I = \sum_{n=0}^{N-1}\left[e^{(i-1)}(n)b^{(i-1)}(n-1)\right] \bigg/ \sqrt{\sum_{n=0}^{N-1}\left[e^{(i-1)}(n)\right]^2 \cdot \sum_{n=0}^{N-1}\left[b^{(i-1)}(n-1)\right]^2}, \quad 1 \leqslant i \leqslant P \tag{6-57}$$

上式具有归一化互相关函数形式，表示正向与反向预测误差间的相关程度；因而 k_i^I 称为部分相关（PARCOR，PartialCorrelation）系数，也称偏相关系数。由式(6-57)的定义，用 Cauchy-Schwarz 不等式容易证明 $|k_i^I| < 1$。即然 k_i^I 为正向及反向预测误差的归一化自相关函数，因而其值在 ±1 之间。从而，这种方法得到的反射系数可保证合成系统的稳定性。

PARCOR 系数是语音处理中至关重要的参数。可以证明，式(6-57)与式(6-25)等效。PARCOR 系数的逐次计算方法与 Levinson-Durbin 递推解法相同。另一方面，只要给出 PARCOR 系数与 $\{\alpha_i\}$ 二者中的一种，就可求出另一种。

4. Burg 法

Burg 法使格型滤波器第 i 节正向和反向均方误差之和最小来求 k_i，即令

$$\partial\left[E^{(i)}(n) + B^{(i)}(n)\right]/\partial k_i = 0$$

由此得

$$k_i^B = 2C^{(i-1)}(n)/\left[E^{(i-1)}(n) + B^{(i-1)}(n-1)\right] \tag{6-58}$$

或
$$k_i^B = 2\sum_{n=0}^{N-1}\left[e^{(i-1)}(n)b^{(i-1)}(n-1)\right] \Big/ \left\{\sum_{n=0}^{N-1}\left[e^{(i-1)}(n)\right]^2 + \sum_{n=0}^{N-1}\left[b^{(i-1)}(n-1)\right]^2\right\} \tag{6-59}$$

同样可证明，$\left|k_i^B\right|<1$（由 Cauchy-Schwarz 不等式，$k_i = \dfrac{2ab}{|a|^2+|b|^2} \leqslant 1$，因而 $|k_i|\leqslant 1$）；所以该结果也可保证稳定。

由上述几种方法可见，格型法因其结构上的特点，可由语音样本直接求出 k_i，无须计算自相关矩阵这一中间步骤。这是其与自相关法及协方差法的主要区别。

5. 协方差格型法

格型法求解时，先计算 $e^{(i)}(n)$ 和 $B^{(i)}(n)$，再求 $\{k_i\}$ 和 $\{\alpha_i\}$。此过程中要多次调用相同语音样本，运算量很大，大致为自相关或协方差法的四倍以上。

协方差格型法为减少运算量，对格型法进行了改进。即只是改写 E、B、C 的表达式，使它们成为协方差 $c(j,i)$ 的函数形式。其结果是 E、B、C 的运算量均减半。根据求得的 E、B、C，仍可用前面给出的不同准则求 k_i，从而既保持了格型法的灵活性、解的稳定性及精度，又使运算量恢复到自相关法的水平上。因而，其为很有吸引力的 LPC 算法。

6.6 线性预测分析的应用——LPC 谱估计和 LPC 复倒谱

本节介绍 LPC 分析在语音信号处理中的部分应用。而其他一些应用，如 LPC 声码器、LPC 参数在语音识别中的应用等，将在后面有关章节中讨论。

6.6.1 LPC 谱估计

前面讨论的 LPC 主要限于差分方程及相关函数，用的是时域表示式。然而，6.2 节指出，LPC 系数可认为是一个全极点滤波器系统函数分母多项式的系数，而该系统是声道响应、声门脉冲形状及口鼻辐射的综合模拟。给定一组预测器系数后，可得全极点线性滤波器的频率特性

$$H\left(e^{j\omega}\right) = \frac{G}{1-\sum\limits_{i=1}^{P}a_i e^{-j\omega i}} = \frac{G}{A\left(e^{j\omega}\right)} \tag{6-60}$$

其频率特性曲线会则在共振峰频率处出现峰值，这与 2.3 节中讨论的谱表示法相同。因此 LPC 可看作一种短时谱估计法。

可以证明，若信号 $s(n)$ 为 P 阶 AR 模型，则

$$\left|H\left(e^{j\omega}\right)\right|^2 = \left|S\left(e^{j\omega}\right)\right|^2 \tag{6-61}$$

式中，$H\left(e^{j\omega}\right)$ 为模型 $H(z)$ 的频率特性，简称为 LPC 谱；$S\left(e^{j\omega}\right)$ 为信号频谱，$\left|S\left(e^{j\omega}\right)\right|^2$ 为其功率谱。但语音信号并非 AR 模型，$\left|H\left(e^{j\omega}\right)\right|^2$ 只能是 $\left|S\left(e^{j\omega}\right)\right|^2$ 的一个估计。另一方面，如 6.2.1 节所述，一个零点可用无穷多个极点逼近：

$$1 - az^{-1} = \frac{1}{1+\sum\limits_{k=1}^{\infty}\left(az^{-1}\right)^k} \tag{6-62}$$

即极零模型可用无穷高阶全极点模型逼近。因而，尽管语音信号可作为 ARMA（Autoregressive

Moving Average，自回归滑动平均)模型即极零点模型，但只要阶数 P 足够大，总能用全极点模型谱以任意小的误差逼近语音信号谱，即有

$$\lim_{P \to \infty} \left| H\left(e^{j\omega}\right) \right|^2 = \left| S\left(e^{j\omega}\right) \right|^2 \quad (6\text{-}63)$$

但上式并不表明 $H\left(e^{j\omega}\right) = S\left(e^{j\omega}\right)$。因为 $H(z)$ 的全部极点在单位圆内，而 $S\left(e^{j\omega}\right)$ 不一定满足该条件。

基于上述讨论，参数 P 可有效控制所得谱的平滑度。这可由图 6-10 说明。该图给出一段语音信号的 LPC 谱随 P 增加变化的实例。显然，P 增加时更多谱细节被保存。因为目的是只得到声门脉冲、声道及辐射组合效应谱，因而 P 的选择应使共振峰谐振点及一般谱形状得以保持。通常其在 10 以上时，短时谱的显著峰值部分基本可反映出来。

为表明用 LPC 谱进行语音信号谱估计的能力，图 6-11 中，对 $20\lg\left|H\left(e^{j\omega}\right)\right|$ 及 $20\lg\left|S\left(e^{j\omega}\right)\right|$ 进行了比较。$S\left(e^{j\omega}\right)$ 由 FFT 得到，信号经过 Hamming 窗加权，来自元音[æ]。$H\left(e^{j\omega}\right)$ 为自相关法求出的 14 个极点的 LPC 谱。由图可看出信号谐波结构及 LPC 谱估计的一个特点：信号能量较大区域即接近谱的峰值处，LPC 谱与信号谱匹配得很好；信号能量较低区域即接近谱的谷底处，匹配得较差；并可进一步引申出，对呈现谐波结构的浊音语音谱，谐波成分处 LPC 谱匹配信号谱的效果远好于谐波之间(正如 6.2.2 节中所指出的那样)。LPC 谱估计的这一特点来自 LMSE 准则，下面进行证明。

自相关函数与功率谱间存在依赖关系，从而 LPC 的表示也可在频域进行。由 Parseval 定理，均方预测误差 $E_n = \mathrm{E}\left[e^2(n)\right]$ 表示为

$$E_n = \frac{1}{2\pi} \int_{-\pi}^{\pi} \left|E\left(e^{j\omega}\right)\right|^2 d\omega \quad (6\text{-}64)$$

其中，$E\left(e^{j\omega}\right)$ 为 $e(n)$ 的傅里叶变换。由 LPC 原理

$$E_n = \frac{1}{2\pi} \int_{-\pi}^{\pi} \left|S\left(e^{j\omega}\right)\right|^2 \left|A\left(e^{j\omega}\right)\right|^2 d\omega \quad (6\text{-}65)$$

而

$$H\left(e^{j\omega}\right) = G / A\left(e^{j\omega}\right) \quad (6\text{-}66)$$

所以

$$E_n = \frac{G^2}{2\pi} \int_{-\pi}^{\pi} \left|S\left(e^{j\omega}\right)\right|^2 / \left|H\left(e^{j\omega}\right)\right|^2 d\omega \quad (6\text{-}67)$$

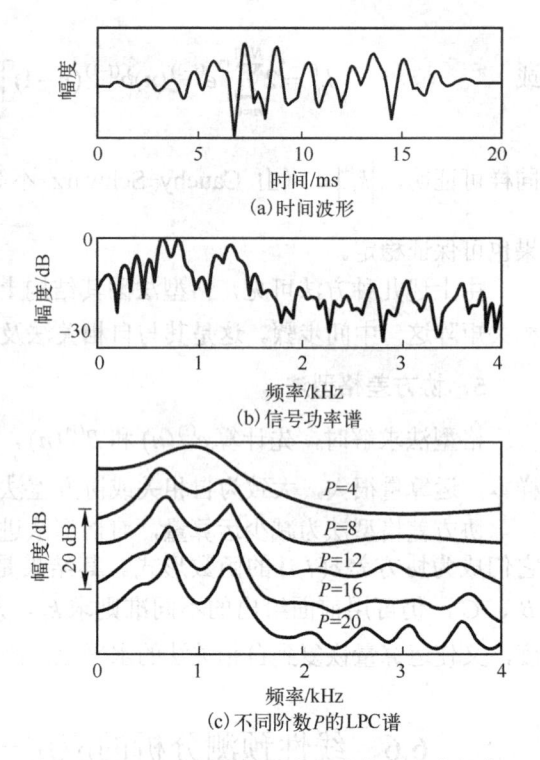

图 6-10 8kHz 取样的元音[a]的信号和功率谱

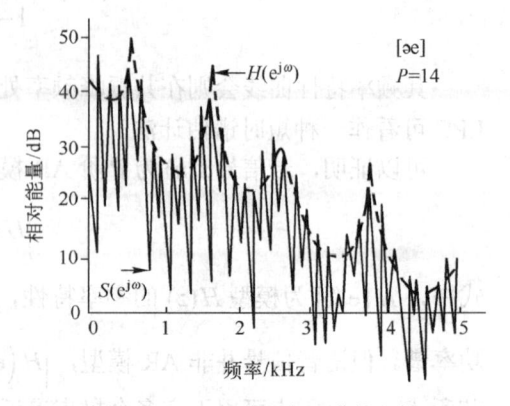

图 6-11 LPC 谱和实际谱的比较

上式表明，时域 LMSE 准则在频域上的表现是：误差贡献与 $\left|S\left(e^{j\omega}\right)\right| / \left|H\left(e^{j\omega}\right)\right|$ 有关。$\left|S\left(e^{j\omega}\right)\right| > \left|H\left(e^{j\omega}\right)\right|$ 的区域在总误差中所起的作用比 $\left|S\left(e^{j\omega}\right)\right| < \left|H\left(e^{j\omega}\right)\right|$ 区域大。这将使 $\left|H\left(e^{j\omega}\right)\right|$ 逼近 $\left|S\left(e^{j\omega}\right)\right|$ 的峰值而不是谷值，事实上在共振峰附

近 $|H(e^{j\omega})|$ 最接近 $|S(e^{j\omega})|$。因而，LPC 谱逼近信号谱的效果在 $|S(e^{j\omega})| > |H(e^{j\omega})|$ 处要好一些。

下面结合谱估计，讨论预测器阶数与分析帧长的选择。P 的选择应从谱估计精度、计算量、存储量等多方面考虑，而与 LPC 求解方法无关。若 P 选得很大，则 $|H(e^{j\omega})|$ 精确匹配于 $|S(e^{j\omega})|$，但运算量与存储量大大增加。选择 P 的原则是：保证有足够极点模拟声道谐振结构。根据发声过程机理分析，对正常声道（长度为 17cm），语音频率平均每 kHz 带宽有一个共振峰（实际上每 $c/2L$ Hz 带宽有一个共振峰，其中 L 为声道长度。如 2.2 节中所述），一个共振峰需一对复共轭极点描述；因而每个共振峰需两个预测器系数，或每 kHz 带宽需两个预测器系数，从而每 kHz 需两个极点表征声道响应。

这就是说，取样率为 10kHz 时，为反映声道响应需 10 个极点。此外，需 3~4 个极点逼近频谱中可能出现的零点及声门激励与辐射的组合效应。因而，10kHz 取样时，要求 P 约为 12~14。虽然随 P 增加预测误差趋于下降，但其在 12~14 后，继续增加则误差改善很小。若谱估计的主要目的是得到声道谐振特性，则 P 取上述值较合适；此时信号谱的谐振特性及一般形状已得到保持。

根据上面的分析，P 的选择取决于分析带宽，而带宽又取决于取样率。其也可按下列经验公式选择

$$P = \frac{f_s}{1000} + \gamma \tag{6-68}$$

由于每 kHz 带宽需两个预测器系数，而总带宽为 $f_s/2$，因而带宽范围内需要阶数为 $f_s/1000$。γ 为待定常数，根据经验确定，典型值为 2 或 3。这些外加极点考虑了声门激励等影响，同时也使预测器结构更为灵活。相同 P 时，清音语音的预测误差比浊音语音高得多，因为全极点模型对清音来说远没有浊音语音精确。

LPC 中，帧长 N 也是一个重要因素。其选得尽可能小是有利的，因为几乎所有算法中计算量都与 N 成正比。自相关法由于加窗引入谱畸变；为得到精确的谱估计，窗宽不能低于两个基音周期。协方差和格型法无须加窗，原则上帧长小到何种程度没有限制，但估计谱的精度随 N 增加而提高；通常，可取为 2~3 个基音周期。

6.6.2 LPC 复倒谱

LPC 系数是线性预测分析的基本参数，可将这些系数变换为其他参数，以得到语音的其他替代表示方法。LPC 系数可表示为 LPC 模型系统冲激响应的复倒谱。

设由 LPC 得到的声道模型系统函数为

$$H(z) = \frac{1}{1 + \sum_{k=1}^{P} a_k z^{-k}} \tag{6-69}$$

设其单位冲激响应为 $h(n)$，则

$$H(z) = \sum_{n=1}^{\infty} h(n) z^{-n} \tag{6-70}$$

下面求 $h(n)$ 的复倒谱 $\hat{h}(n)$。根据复倒谱定义

$$\hat{H}(z) = \ln H(z) = \sum_{n=1}^{\infty} \hat{h}(n) z^{-n} \tag{6-71}$$

代入式(6-69)，并将其两边对 z^{-1} 求导，有

$$\frac{\partial}{\partial z^{-1}}\left[\ln\left(\frac{1}{1+\sum_{k=1}^{P}a_k z^{-k}}\right)\right] = \frac{\partial}{\partial z^{-1}}\left[\sum_{n=1}^{\infty}\hat{h}(n)z^{-n}\right] \quad (6-72)$$

即

$$\frac{\sum_{k=1}^{P}ka_k z^{-k+1}}{1+\sum_{k=1}^{P}a_k z^{-k}} = \sum_{n=1}^{\infty}n\hat{h}(n)z^{-n+1} \quad (6-73)$$

因而

$$\left(1+\sum_{k=1}^{P}a_k z^{-k}\right)\sum_{n=1}^{\infty}n\hat{h}(n)z^{-n+1} = \sum_{k=1}^{P}ka_k z^{-k+1} \quad (6-74)$$

令上式左右两侧对应项系数相同，得到 $\hat{h}(n)$ 与 a_k 的递推关系：

$$\begin{cases}\hat{h}(0) = 0 \\ \hat{h}(1) = -a_1 \\ \hat{h}(n) = -a_n - \sum_{k=1}^{n-1}(1-k/n)a_k\hat{h}(n-k), & 1 < n \leq P \\ \hat{h}(n) = \sum_{k=1}^{P}(1-k/n)a_k\hat{h}(n-k), & n > P\end{cases} \quad (6-75)$$

根据上式，可由 LPC 系数求出复倒谱 $\hat{h}(n)$，因而后者称为 LPC 复倒谱。其利用了 LPC 的声道系统函数 $H(z)$ 的最小相位特性，避免了一般同态处理中求复对数的问题，而在求复对数时相位卷绕问题会带来很多麻烦(如 5.5 节所述)。

前已证明，如式(6-63)所示，在 $P \to \infty$ 时，语音信号短时谱满足 $|S(e^{j\omega})| = |H(e^{j\omega})|$；因而认为 $\hat{h}(n)$ 中包含语音信号的谱包络信息，即可近似将其看作 $s(n)$ 的短时复倒谱 $\hat{s}(n)$。通过对 $\hat{h}(n)$ 的分析，可分别估计出语音短时谱包络及声门激励参数。

LPC 复倒谱分析的最大优点是运算量小，计算 LPC 复倒谱所需的时间，仅是 5.5 节中利用 FFT 用最小相位信号法求复倒谱的一半。LPC 倒谱系数也称为 LPCC (Linear Predictive Cepstral Coefficient)，语音识别中常用作特征矢量。

6.6.3 LPC 谱估计与其他谱分析方法的比较

下面对用 LPC 求取谱的方法与其他得到语音短时谱的方法进行比较。

图 6-12 给出一段元音 "a" 的四种对数幅度谱(dB)。其中图(a)和(b)由短时傅里叶分析得到。图(a)是对 512 个样点的语音段(51.2ms)经过窗选，然后变换(512 点 FFT)，给出相对窄带分析谱。由于窗持续时间很长，激励信号各次谐波明显可见。对图(b)，分析持续期减少到 128 个样点(12.8ms)，导致宽带谱分析。此时激励源各次谐波无法分辨，而谱包络却可看出。虽然共振峰频率可看出，但可靠定位及确认并不容易。图(c)由同态处理得到。平滑前的谱由 300 个抽样语音段(30ms)用上述 FFT 算法得到。可见，各共振峰可很好地分辨，且用峰值检测器可容易地从平滑谱中提取。然而共振峰带宽不易获得，这是由平滑造成的。图(d)由 LPC 得到，$P=12$，$N=128$ 个取样(12.8ms)。LPC 谱与其他谱比较表明，其可很好地表示共振峰结构而不出现额外的峰值与起伏。这是因为若阶数合适，则 LPC 模型对元音是极佳的。而若已

知语音带宽，就可正确确定阶数，因而 LPC 可对声门脉冲、声道与辐射组合谱效应进行极佳的估计。

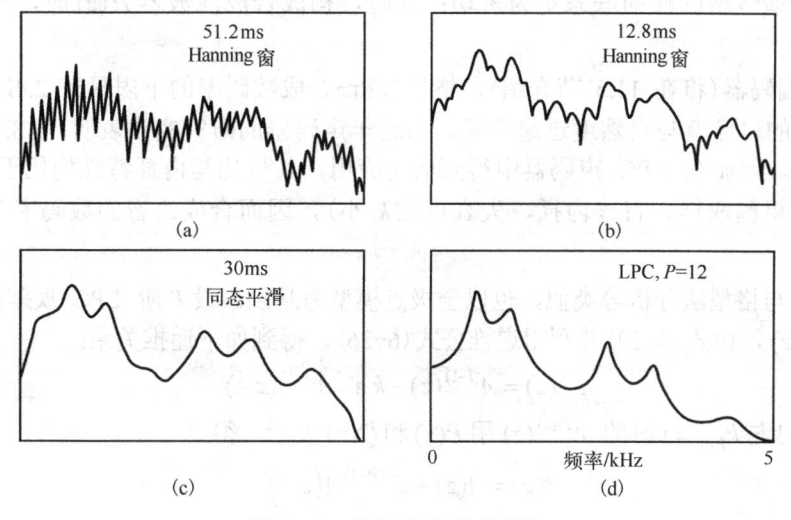

图 6-12 元音"a"的各种谱

为估计语音信号的短时谱包络，已有三种方法：
（1）由 LPC 系数估计；
（2）由 LPCC 估计；
（3）先用最小相位信号法求复倒谱，即对信号进行 FFT、复对数变换，再求 $\ln|S(e^{j\omega})|$ 的 IFFT，并用辅助因子 $g(n)$ 得到 $\hat{s}(n)$。再用低复倒谱窗取出短时谱包络信息。该方法用波形直接计算得到倒谱；为与 LPCC 相区别，其也称为 FFT 倒谱。

图 6-13 给出用上述三种方法求出的一帧语音信号的短时谱包络。为便于比较，图中还给出了短时谱。可见，FFT 倒谱求出的包络与由 LPCC 得到的结果相当接近，而后者比前者更好地重现了谱的峰值；它们均比直接由 LPC 系数得到的谱包络要平滑得多。

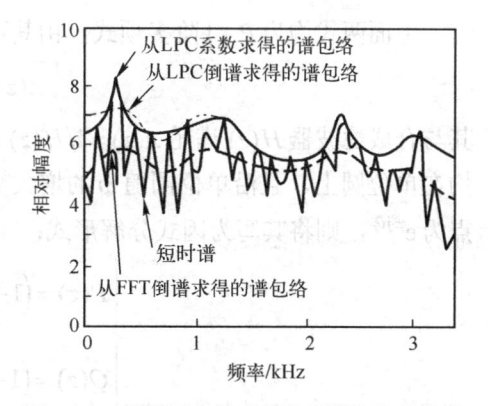

图 6-13 用不同方法求得的频谱包络的比较

6.7 线谱对(LSP)分析

LPC 求出的是一个全极点系统函数，形式上为递归滤波器。全极点语音产生模型假定下，该滤波器为声道滤波器。实际上有多种不同参数表示法，如反射系数 $\{k_i\}$，其与多节级联无损声管模型中反射波相联系。在 11.5.1 节中还将介绍其他一些参数，这些参数可看作由 $\{\alpha_i\}$ 推演出的，但有不同的物理意义和特性，如量化、插值特性及参数灵敏度等。

本节介绍线谱对参数。

6.7.1 线谱对分析原理

前面讨论的模型参数均为时域参数。下面介绍一种频域参数分析方法，即线谱对分析。这种 LPC 方法求解的模型参数为线谱对(LSP, Line Spectrum Pair)。LSP 在数学上等价于其他 LPC 参数，如 $\{\alpha_i\}$ 与 $\{k_i\}$。如将声道视为由 $P+1$ 段声管级联而成，则 LSP 表示声门完全开启或完全闭合下声管的谐振频率。它同样可用于估计语音基本特性。其为频域参数，因而与语音信号的谱包络的峰的联系更为密切；同时，构成合成滤波器 $H(z)$ 时，与 k_i 类似，易保证稳定性。

对 LPC 编码器（将在 11.5 节介绍），格型分析-合成数码率的下限只有 2.4kb/s；继续下降则合成语音的可懂度与自然度迅速变差。而近年声码器的研究实践表明，LSP 有良好的量化和插值特性，因而在 LPC 声码器中得到成功应用。其量化与内插特性均优于 k_i（因为是频域参数，即使粗糙取样、直线内插，失真也比 k_i 小），因而合成语音的数码率与格型法相比得以降低。

LSP 分析与格型法分析等类似，也以全极点模型为基础。设 P 阶 LPC 误差滤波传递函数为 $A(z) = A^{(P)}(z)$，由式(6-39)并利用递推公式(6-26)，得到如下递推关系：

$$A^{(i)}(z) = A^{(i-1)}(z) - k_i z^{-1} A^{(i-1)}(z^{-1}) \tag{6-76}$$

分别将 $k_{P+1} = -1$ 与 $k_{P+1} = 1$ 时的 $A^{(P+1)}(z)$ 用 $P(z)$ 和 $Q(z)$ 表示，得

$$P(z) = A(z) + z^{-(P+1)} A(z^{-1}) \tag{6-77}$$

$$Q(z) = A(z) - z^{-(P+1)} A(z^{-1}) \tag{6-78}$$

上面两式均为 $P+1$ 阶多项式，由其可得

$$A(z) = \frac{1}{2}[P(z) + Q(z)] \tag{6-79}$$

其与合成滤波器 $H(z)$ 满足 $A(z) = 1/H(z)$。$A(z)$ 的零点位于 z 面单位圆内时，$P(z)$ 与 $Q(z)$ 零点均在单位圆上，且沿单位圆随 ω 的增大交替出现。若 P 为偶数，设 $P(z)$ 零点为 $e^{\pm j\omega_i}$，$Q(z)$ 零点为 $e^{\pm j\theta_i}$，则将其写为因式分解形式：

$$\begin{cases} P(z) = (1+z^{-1})\prod_{i=1}^{P/2}(1-2\cos\omega_i z^{-1} + z^{-2}) \\ Q(z) = (1-z^{-1})\prod_{i=1}^{P/2}(1-2\cos\theta_i z^{-1} + z^{-2}) \end{cases} \tag{6-80}$$

ω_i 与 θ_i 按下式关系排列 $\qquad 0 < \omega_1 < \theta_1 < \cdots < \omega_{P/2} < \theta_{P/2} < \pi \tag{6-81}$

因式分解中系数 ω_i、θ_i 成对出现，反映了谱特性，称为线谱对，其就是线谱对分析所要求解的参数。可以证明，$P(z)$ 与 $Q(z)$ 的零点互相分离是保证 $H(z)$ 稳定的充要条件。事实上它保证了在单位圆上，即任意值下 $P(z)$ 与 $Q(z)$ 不可能同时为零。P 为奇数时，与之类似，也可求出线谱对参数。

以上分析表明，线谱对分析的基本出发点是通过两个 z 变换 $P(z)$ 和 $Q(z)$，将 $A(z)$ 的 P 个零点映射到单位圆上，以使这些零点直接用频率 ω 反映，而 $P(z)$ 与 $Q(z)$ 各提供 $P/2$ 个零点频率。从物理意义上说，按照第 2.4.2 节中的声管模型，格型滤波器中 k_{P+1} 表示声门处边界条件不连续（随声带振动重复开闭）引起的反射；而声门全开或全闭均对应全反射情况，即 $k_{P+1} = \pm 1$，这正是 $P(z)$ 和 $Q(z)$ 情况。由图 6-9 格型合成滤波器的结构可见，其口唇处假定是全开的，即全反射情况，也就是 $k_0 = -1$。从而对模拟声道的这样一个多级声管，两端反射系数绝对值均为 1，能量被封闭而没有损耗。这种理想条件下，声管内各谐振点 Q 值近似无穷大，即对应声门这两个不同边界条件的 $P(z)$ 与 $Q(z)$ 多项式根应位于 z 平面单位圆上。这就是线谱对分析的出发点。

线谱对参数与语音信号谱特性有密切联系。如第 6.6 节所述，语音信号谱特性可由 LPC 模

型谱估计，利用式(6-79)，LPC 谱可写为

$$\left|H\left(\mathrm{e}^{\mathrm{j}\omega}\right)\right|^2 = \frac{1}{\left|A\left(\mathrm{e}^{\mathrm{j}\omega}\right)\right|^2} = 4\left[P\left(\mathrm{e}^{\mathrm{j}\omega}\right)+Q\left(\mathrm{e}^{\mathrm{j}\omega}\right)\right]^{-2}$$

$$= 2^{(1-P)}\left[\sin^2(\omega/2)\prod_{i=1}^{P/2}(\cos\omega-\cos\theta_i)^2 + \cos^2(\omega/2)\prod_{i=1}^{P/2}(\cos\omega-\cos\omega_i)^2\right]^{-2} \quad (6\text{-}82)$$

式中，对括号内第一项，当 ω 接近 0 或 $\theta_i(i=1,2,\cdots P/2)$ 时其接近于零；对括号中第二项，当 ω 接近 π 或 ω_i 时其接近于零。如 ω_i 与 θ_i 很靠近，则 ω 接近这些频率时，$\left|A\left(\mathrm{e}^{\mathrm{j}\omega}\right)\right|^2$ 变小，$\left|H\left(\mathrm{e}^{\mathrm{j}\omega}\right)\right|^2$ 有强谐振特性；相应地，语音信号谱包络在这些频率处出现峰值。因而，LSP 分析用 P 个离散频率 ω_i 与 θ_i 的分布密度表示语音信号的谱特性。

语音产生模型中，一般不直接用 LSP 构成声道模型参数，主要原因一是用 LPC 系数构成声道模型参数较容易，而 LSP 与声道模型的 Z 域表示为隐性关系，很难构成滤波器；二是 LPC 系数到 LSP 参数的转换可逆，即可由 LSP 参数准确得到 LPC 系数。

为表示语音短时谱包络信息，LPC 参数广泛用于语音编码中。其对保证语音质量及压缩数码率起直接作用。目前，表示 LPC 参数最有效的方式为 LSP，它的一些特别性质使其比其他系数更有吸引力。如 LSP 参数的误差仅影响全极点模型中邻近该参数对应频率处的语音谱，而不影响其他地方。因而，LSP 可根据人耳听觉特性分配量化比特数：敏感频率段对应的 LSP 参数可分配较多比特数，不敏感频率段对应的 LSP 参数则分配较少的比特数。研究表明，在相对低的编码率上，使用 LSP 参数可得到高质量语音，主观性能也表明其可产生高质量合成语音。

6.7.2 线谱对参数的求解

求解线谱对参数即求解 $P(z)$ 与 $Q(z)$ 的根，即与 z^{-1} 有关的零点。$A(z)$ 系数 $\{\alpha_i\}$ 求出后，可用下述方法求出 $P(z)$ 和 $Q(z)$ 的零点。

1. 代数方程式求根

因为

$$\prod_{j=1}^m\left(1-2z^{-1}\cos\omega_j+z^{-2}\right) = \left(2z^{-1}\right)^m\prod_{j=1}^m\left(\frac{z+z^{-1}}{2}-\cos\omega_j\right) \quad (6\text{-}83)$$

通过变换 $(z+z^{-1})/2\big|_{z=\mathrm{e}^{\mathrm{j}\omega}} = \cos\omega = x$，可得到 $P(z)/(1+z^{-1})=0$ 和 $Q(z)/(1-z^{-1})=0$ 是关于 x 的一对 $P/2$ 次代数方程组，可用 Newton 迭代法求方程的根，进而求出 $\{\omega_i,\theta_i\}$。

2. DFT 法

对 $P(z)$ 和 $Q(z)$ 的系数求 DFT，得到 $z_k = \mathrm{e}^{-\mathrm{j}k\pi/N}(i=0,1,\cdots N-1)$ 各点的值，根据两点间嵌入零点的内插推算零点。用式(6-81)可使查找零点的计算量大为减小。可以证实，N 取 64～128 就可满足要求。这种方法直接得到线谱对参数的编码，码长取决于 N。DFT 法是实用的线谱对参数求解方法。

6.8 极零模型

全极点模型有许多优点，但很多情况下仍需采用极零模型。如 6.2 节所述，发鼻音和摩擦音时，其生成模型有共振峰及反谐振特性；频谱中，声门激励模型也存在零点。虽然极零模型

信号用多加极点的方法可看作全极模型信号，但采用零点较精确同时又节省运算量。与全极模型相比，极零模型的 LPC 分析需求解非线性方程以寻找最优参数，因而解法困难，至今还不成熟，尚未找到高效的参数估计方法，从而在语音信号处理中应用很有限。

下面介绍一种极零模型的分析方法，即同态预测法。它是结合同态处理及全极模型LPC的方法。其利用同态处理特性，将极零模型求解转化为全极模型的求解。若信号 $s(n)$ 的 z 变换为

$$S(z) = N(z)/D(z) \tag{6-84}$$

则 $ns(n)$ 的 z 变换为

$$-z\frac{\mathrm{d}}{\mathrm{d}z}S(z) = -z\frac{\mathrm{d}}{\mathrm{d}z}\left[\frac{N(z)}{D(z)}\right] \tag{6-85}$$

设 $\hat{s}(n)$ 为 $s(n)$ 的复倒谱，由同态分析原理知，$n\hat{s}(n)$ 的 z 变换为

$$-z\frac{\mathrm{d}}{\mathrm{d}z}\hat{S}(z) = -z\frac{\mathrm{d}}{\mathrm{d}z}\left[\ln\frac{N(z)}{D(z)}\right] = -z\frac{N'(z)D(z) - N(z)D'(z)}{D(z)N(z)} \tag{6-86}$$

上式表明，$n\hat{s}(n)$ 的极点包含了 $s(n)$ 的极点和零点，即 $s(n)$ 的零点变换为极点形式。利用这一关系，对 $n\hat{s}(n)$ 进行全极模型 LPC 分析，则模型极点中包括极零信号 $s(n)$ 的全部极点和零点。再对 $s(n)$ 进行全极模型的 LPC 分析，得到相应于 $D(z)$ 的所有根，由此推出 $N(z)$ 的根。也可采用极点留数符号法判定所得到的极点中哪些是 $D(z)$、哪些是 $N(z)$ 的根。下面进行简要介绍。

按极零点形式写出 $S(z)$ 和 $\hat{S}(z)$

$$S(z) = \frac{N(z)}{D(z)} = \prod_{l=1}^{q}\left(1 - z_{ol}z^{-1}\right) \bigg/ \prod_{i=1}^{P}\left(1 - z_{pi}z^{-1}\right) \tag{6-87}$$

$$\hat{S}(z) = \ln S(z) = \sum_{l=1}^{q}\ln\left(1 - z_{ol}z^{-1}\right) - \sum_{i=1}^{P}\ln\left(1 - z_{pi}z^{-1}\right) \tag{6-88}$$

考虑式(6-86)，则 $n\hat{s}(n)$ 全极模型的 z 变换为

$$-z\frac{\mathrm{d}}{\mathrm{d}z}\hat{S}(z) = -z\left[\sum_{l=1}^{q}\frac{z_{ol}z^{-2}}{1-z_{ol}z^{-1}} - \sum_{i=1}^{P}\frac{z_{pi}z^{-2}}{1-z_{pi}z^{-1}}\right] = -\sum_{l=1}^{q}\frac{z_{ol}}{z-z_{ol}} + \sum_{i=1}^{P}\frac{z_{pi}}{z-z_{pi}} \tag{6-89}$$

式中，z_{ol}、z_{pi} 均为 $n\hat{s}(n)$ 全极模型的极点。设 $n\hat{s}(n)$ 某极点 z_{ol} 对应 $s(n)$ 的一个零点，则 $-z\cdot\mathrm{d}\hat{S}(z)/\mathrm{d}z$ 在该极点的留数为

$$\mathrm{Res}\left[-z\frac{\mathrm{d}}{\mathrm{d}z}\hat{S}(z)\right]_{z=z_{ol}} = -z_{ol} \tag{6-90}$$

如 $n\hat{s}(n)$ 的另一个极点 z_{pi} 对应 $s(n)$ 的一个极点，则 $-z\cdot\mathrm{d}\hat{S}(z)/\mathrm{d}z$ 在该点处的留数为

$$\mathrm{Res}\left[-z\frac{\mathrm{d}}{\mathrm{d}z}\hat{S}(z)\right]_{z=z_{pi}} = z_{pi} \tag{6-91}$$

可见，逐个求出 $n\hat{s}(n)$ 全极模型在所有极点处的留数，并比较其与相应极点的符号；若符号相同则该极点为 $s(n)$ 的极点，否则为零点。由此求出极零模型的 LPC 参数。

除采用极零模型进行参量推测的解法外，还有下列几种方法得到研究：

（1）使用逆滤波器的重复运算法。将极零模型中的零点模型部分，通过长除改写为全极模型，以便将极零模型转变为两个全极模型的级联。然后，用逐阶交叉逆滤波及逆逼近技术，得出级联的两个全极模型的极点，以得出极零模型信号极点与零点的全部参数。

（2）由倒谱确定极点和零点倒频的迭代算法。

（3）Yule-Walker 方程式的扩张解析法（适用特征值分解法）。

（4）极零参数的最优推测法。

极零模型如直接用 LMS 准则求解，即使在最简单的场合，分子中包含的项也要转变为非线性方程，解这种方程须用迭代算法，不能保证收敛于最佳值。即使求出极零点系数，也无法保证其为最优解。极零分析的另一个困难是如何确定模型阶数，即需要多少极点和零点才合适；阶数选取不当将导致不正确的极零估计。一般线性系统中，输入与输出已知。但对语音信号不知道输入(声门激励)，因而完全适于语音的极零模型解法可能不存在。

思考与复习题

6-1 若 $|a|<1$，试证明：$1-az^{-1}=1\Big/\sum\limits_{n=0}^{\infty}a^{n}z^{-n}$。

因而可用多个极点近似表示一个一阶极点(上式即为式(6-2)的一般形式)。

6-2 什么是逆滤波与逆滤波器？为什么说线性预测误差滤波器是一个逆滤波器？

6-3 如何求解线性预测方程组？

6-4 试述线性预测系数的自相关和协方差法求解的原理。二者有何区别？

6-5 对阶数 $P=1$ 的自相关线性预测器，有 $a_1(1)=-r_1/r_0$。试进行说明。

6-6 格型法的基本原理什么？其如何解决线性预测的稳定性和精度之间的矛盾？其与自相关法和协方差法相比有何优势？格型法有哪些改进形式？

6-7 试证明：线性预测反射系数 $|k_i|\leqslant 1$。

6-8 线性预测反射系数与部分相关系数有何关系？

6-9 线性预测模型的阶数如何确定？一般取为多少？

6-10 由线性预测得到的 LPC 谱与语音信号谱有何区别？其与功率谱在哪部分匹配得好，哪部分匹配得差？原因是什么？

6-11 由 LPC 谱、LPCC 及 FFT 倒谱三种方法所估计的语音谱包络的效果有何异同？原因是什么？

6-12 对声道的声管模型与线性预测模型 $H(z)$ 的关系进行描述。设声管截面积为 $A_0=5.70$，$A_1=3.03$，$A_2=1.56$，$A_3=1.35$，$A_4=1.85$，$A_5=4.12$，$A_6=8.77$，$A_7=13.42$，$A_8=12.36$，$A_9=7.27$，$A_{10}=3.52$，$A_{11}=1.85$，$A_{12}=1.50$。

（1）求出反射系数；

（2）利用 Levinson-Durbin 递归算法求出预测器系数；

（3）求解预测多项式的根；

（4）计算谱包络，并将其大致画出。

6-13 LSP 参数有何特点？与其他 LPC 参数相比有何优势？有何应用意义？

第 7 章 语音信号的非线性分析

7.1 概 述

前面各章介绍了多种语音信号分析方法，包括时域分析、频谱分析、倒谱分析及 LPC 分析。它们是传统的语音分析方法，均为线性方法。但是，语音线性分析方法存在一些局限，制约着语音分析和处理性能的进一步提高。

为此，可对语音信号进行非线性分析。统计信号处理的经典方法建立在线性、平稳及二阶统计量(特别是服从高斯分布)基础上；在这些很强的约束条件下，信号可用线性模型表示。但很多信号不完全满足上述假设，经典的线性方法只能得到次优解。还有一些问题完全不能用线性模型描述。因而现代信号处理一个十分重要的问题是非线性、非平稳及非高斯信号的处理。非线性信号分析和处理方法在雷达、通信、声呐、地球物理、生物医学等领域有重要应用。

与语音信号分析类似，语音信号处理方法也可分为两大类。一类基于确定性的线性系统理论，另一类基于不确定性的非线性系统理论。目前大多数方法属于第一类，即基于几十年来使用的传统语音线性模型(激励源-滤波器)。语音线性分析方法基于语音的短时平稳性，即当分段足够小时，用线性系统近似非线性系统，从而产生了诸如 LPC、同态滤波、正交变换等分段线性分析方法。这类方法理论上简单、计算上易于处理，一直是研究的重点。如 20 世纪 80 年代的子词单元、多级识别、多模板和聚类技术、连续语音匹配技术等语音识别方法均属这类方法。

但传统的分段线性方法存在许多不足，从而使基于这类方法的语音处理技术，如语音识别、语音合成及语音编码系统的性能难以进一步提高，如非特定人连续语音识别、高自然度语音合成及高质量低数码率语音编码等问题尚未彻底解决。大量的理论与实验研究表明，语音信号是复杂的非线性过程，可认为由具有固有非线性动力学特性的系统产生。语音产生过程中存在重要的非线性空气动力学现象，简单地用线性模型描述是不够精确的。

近年，语音信号的非线性处理方法得到迅速发展。其目的是结合语音的非线性特性分析，改善音素识别与自然语音合成、说话人辨认的性能。非线性处理克服了传统线性方法的一些不足，如混沌、分形、小波、人工神经网络等，在语音信号处理中得到了广泛和有效的应用，在语音识别和语音编码等方面取得很多进展。

但应指出，语音信号的非线性分析和处理方法不能完全取代线性分析和处理方法，二者的结合是语音信号分析和处理的发展方向。

本章介绍基于小波、混沌与分形的语音非线性分析方法，属于基于智能信息处理与现代信号处理技术的语音分析方法。而基于非线性及智能信息处理的语音信号处理技术与应用(语音编码、语音识别、说话人识别等)的有关内容将在第 15 章介绍。

7.2 时 频 分 析

传统信号分析建立在傅里叶变换基础上；但是，傅里叶变换是全局变换，无法描述信号的时频局部特征，而这种性质正是非平稳信号最根本和关键的性质。为分析和处理非平稳信号，对傅里叶分析进行了推广及变革，提出并发展了一系列新的信号分析理论，包括 STFT、Gabor 变换、时频分析、小波变换等。

7.2.1 短时傅里叶变换的局限

1. 傅里叶分析的局限性

时域和频域是信号处理的主要方式。时域分析的时间分辨率在理论上可达到无穷大，但频率分辨率为零；而频域分析正相反。频域分析可得到信号的更多信息，更受重视。傅里叶变换 (FT, Fourier Transform) 是平稳信号分析的最重要的工具，其在全频域范围内分辨率相同。但实际应用中，信号大多数不平稳。傅里叶分析将信号分解为无穷多频率成分之和，权函数即为信号的 FT。但各正弦分量的频率固定且波形无始无终，只适合于信号组成频率不随时间变化的平稳信号，且无法给出这些正弦分量何时出现与消失的信息。从而，FT 无法反映信号在某时刻附近频率范围内的频谱信息，在理论和应用上有很多不便。

信号频率与周期成反比，因而应用中，对高频部分，进行分析的信号时间长度应较短，从而给出精确的高频成分；对低频部分，进行分析的信号时间应较长，以给出一个周期内完整的信息。即信号分析应有灵活多变的时间和频率窗，使时域和频域联合窗宽有如下关系：中心频率高的地方时间窗窄，中心频率低的地方时间窗宽。但 FT 在整体上将信号分解为不同频率分量，频谱不能反映某种频率分量出现在什么时候及变化情况。此外，如果信号只在某一时刻的小范围内发生变化，则其整个频谱都受到影响；而频谱变化无法标定发生变化的时间及幅度，即对信号局部畸变没有标定和度量能力。而许多应用中，畸变是所关心的信号的局部特征；如对语音信号关心其何时发出什么音节。

用 FT 分析语音信号难以得到所需的信息。语音信号有明显的有声及无声段，这两部分频谱有很大不同；FT 将有声和无声段的差异混叠在一起；语音信号的其他一些信息也难以从频谱中得到，如基频、各单音起始和结束处的信号频谱变化等。

为此，在 FT 基础上发展了 STFT、Gabor 变换及小波变换等。

2. 短时傅里叶变换的局限性

4.2 节介绍了 STFT。其用加窗技术对语音进行分帧，将信号在时间上分成很多段，对每段求傅里叶变换，得到对应于不同时间的信号频谱。其移动窗函数使信号在不同时间宽度内为平稳信号，计算不同时刻的频谱；这些 FT 的集合就是 STFT。

STFT 的窗宽固定。其局限是无法根据信号频率变化，自适应调整分析窗宽度，在时频局部化的精细性及灵活性方面欠佳。如 4.2 节所述，用矩形窗时，窗宽为 N 时频谱的主瓣宽度为 $2\pi/N$。若信号时域取短，则时域分辨率提高，但 $X(e^{j\omega})$ 主瓣变宽，频域分辨率下降；即 STFT 的时域和频域分辨率存在矛盾。为此可利用时频分析自动地适应这一要求。而 STFT 的窗函数的时宽和带宽不随 (n,ω) 变化，不具有这种调节能力：其窗函数确定后，时频分辨率也就固定了。它是单一分辨率的分析方法，为改变分辨率须重新选择窗函数。

式(4-1)的 STFT 的定义中，$w(n-m)$ 为滑动窗，n 为时间平移因子。加窗后使 FT 具有局部分析能力。图 7-1 示意了这种变化。时间窗的加入相当于对时频空间进行如图 7-1(b)的分割，从而对信号分析与描述更为精细。但其窗函数的大小和形状固定，对高频和低频的分辨一致，不符合所期望的低频时有高频率分辨率，高频时有高时间分辨率的要求。

3. Gabor 变换

4.2 节中，对 STFT 的窗函数选取问题进行了讨论，包括矩形窗、Hamming 窗等。从时频

95

分析角度，另一种窗函数——高斯函数也经常使用。此时 STFT 演变为 Gabor 变换。用高斯函数作为窗函数的原因有两个：一是其 FT 仍为高斯函数，相当于傅里叶反变换也用高斯函数加窗，同时体现了频域局部化；二是 Gabor 变换作为窗函数具有最佳性，即时频窗面积最小。一般认为，Gabor 变换出现后，才有真正意义的时频分析。

图 7-1 加窗傅里叶变换的时频分析效果

Gabor 变换的定义为
$$G_x(n,\omega) = \sum_{m=-\infty}^{\infty} x(m) g(n-m) e^{-j\omega m} \tag{7-1}$$

式中，$g(n) = \dfrac{1}{2\sqrt{\pi a}} e^{-\dfrac{n^2}{4a}}$ 为高斯函数，其中 a 为大于零的常数。

Gabor 变换可看作 STFT 在时间和频率域取样的结果。STFT 与 Gabor 变换没有离散正交基，数值计算没有 FFT 那样的快速算法，使应用受限；另一方面，如上所述，时频窗固定，不能随信号高频或低频成分进行相应的调整，对非平稳信号的分析能力有限。

而在时频分析时，对快变信号希望有高的时间分辨率以观察快变部分，如尖脉冲等。但此时频率分辨率下降。快变信号对应高频成分，对其采用高时间分辨率要降低频率分辨率。慢变信号对应低频信号，因而希望在低频处有较高的频率分辨率，但这不可避免地降低了时间分辨率。

7.2.2 时频分析

由于频谱分析的局限性，时频分析得到迅速发展，它是用于非平稳信号的信号分析理论。时频分析是时间和频率的二维联合函数，反映信号频谱随时间的变化，即信号包含多少频率分量及每个分量如何随时间变化。时频表示建立了一种分布，以在时间和频率上同时表示信号的能量或密度；其将一维时域信号 $x(n)$ 或频谱 $X(e^{j\omega})$ 映射为时频平面的二维信号 $P(n,\omega)$。

信号瞬时能量为
$$|x(n)|^2 = \sum_{\omega=-\infty}^{\infty} P(n,\omega) \tag{7-2}$$

功率谱为
$$|X(e^{j\omega})|^2 = \sum_{n=-\infty}^{\infty} P(n,\omega) \tag{7-3}$$

在时频域 $n \in [n_1, n_2]$ 和 $\omega \in [\omega_1, \omega_2]$ 的能量为

$$\sum_{n=n_1}^{n_2} \sum_{\omega=\omega_1}^{\omega_2} P(n,\omega) \tag{7-4}$$

STFT 与 Gabor 变换可看作最基本的时频分析。但它们是随窗在时间轴上滑动而形成的时频表示，使用固定大小的时频网格，在时频平面上的变化只限于时间和频率平移。如前所述，希望低频成分的频率分辨率高，高频成分的时间分辨率高；从而要求窗宽可随频率变化。小波变换（WT，Wavelet Transform）是窗宽随频率而变化的时频表示；其时频分析网格的变化除时间平移外，还有时间和频率轴比例尺度的改变，即使用长宽不同的长方形时频分析网格。

时频分析是分析非平稳信号的有力工具,近年来已取得很大进展,在雷达、声呐、语音、地震、生物信号分析等领域引起广泛重视。自适应时频分析的研究也得到发展,可提高小波变换及 Gabor 变换等在时间-频率域的分辨率,减少二次时频分析(如 Wigner 及 Cohen 类分布)的交叉项,对信号的描述更为准确和细致。

7.3 小波分析

7.3.1 概述

小波分析是一种新兴的时频分析方法,为非平稳信号分析提供了新途径。经 20 余年的研究,其数学体系已建立,理论基础更为充实。小波分析在信号处理领域表现出良好的前景,对数学和工程应用产生了深远影响。原则上凡是使用傅里叶分析的地方均可用小波分析,其已在信号处理、图像识别、数据压缩、地震勘探等很多方面得到重要应用。小波分析具有良好的时域频域局部化特点及小波函数选择的灵活性,并与多尺度分析思想有效结合,且有快速算法实现,是性能优良、很有前途的语音分析方法。

小波在语音增强中有重要应用(见 16.9 节)。另一方面,利用它对听觉特性的模仿,在语音分析、压缩编码、合成、基音检测(见 8.1.6 节)、端点检测(见 7.4.5 节)等方面均具有良好的应用前景。如基于小波的多分辨率思想建立听觉模型滤波器组(见 7.4.4 节),提取语音或音频信号的特征,进行了很多有成效的研究,特别是在音频编码方面。

将复杂函数分解为一系列基函数的表示,首先应有一组性能优良的基。FT 采用三角级数对信号进行分解与重构,较好地描述了信号频率特性,但对奇异信号重构效果很差。小波分析使信号仍在一组正交基上进行分解,其采用有时域局域化特性的小波函数为基底,对低频和高频局部信号均能自动调节时频窗,以适应分析的需要;从而具有很强的灵活性,可聚焦到信号时频段的任意细节。已证明其逼近有一维特性奇异性的目标时有最优性能。

小波变换采用面积固定但形状不断改变的分析窗,因而有多分辨分析的特点,在时域及频域均具有表征信号局部特征的能力,是时间窗和频率窗均可改变的时频局部化分析。与 FT 相比,其为时间和频率的局部变换;通过伸缩和平移等运算,可对信号进行多尺度细化分析,解决了 FT 不能解决的许多问题。其时域和频域均有表征信号局部特征的能力,窗口大小不变但形状可变,窗口时宽和频宽乘积固定。小波分析对信号有自适应性;即低频部分有高频率分辨率及低时间分辨率,高频部分有高时间分辨率和低频率分辨率,从而适合于分析非平稳信号,适合于探测信号中的突变和反常现象并展示其成分。

小波分析与 FT 还有以下区别:

(1) FT 的基函数为 $\sin\omega t$ 和 $\cos\omega t$,有唯一性;小波分析的函数不具有唯一性,用不同小波函数可得到不同结果。

(2) 对 STFT,若用滤波器的观点解释(如 4.2.3 节所述),其带通滤波器的带宽与中心频率无关;而对小波变换,带通滤波器的带宽正比于中心频率,即相对带宽恒定。

7.3.2 小波变换的定义

设 $f(t)$ 为有限能量信号,则其连续小波变换(CWT,Continuous WT)为

$$W_f(a,b) = \int_{-\infty}^{\infty} f(t)\psi_{a,b}(t)\mathrm{d}t \tag{7-5}$$

其中
$$\psi_{a,b}(t) = \frac{1}{\sqrt{a}} \psi\left(\frac{t-b}{a}\right) \tag{7-6}$$

这里，$\psi(t)$ 为小波母函数，而 $\psi_{a,b}(t)$ 为 $\Psi(t)$ 生成的依赖于参数 (a,b) 的连续小波函数，简称小波。式(7-6)中，a 为尺度参数，为非零实数，当于 FT 中的频率 ω，反映频率信息，只是换了一种形式。$a>1$ 时 $\psi_{a,b}(t)$ 有伸展作用；$a<1$ 时有压缩作用。时间因子 b 为实数，是定位参数，反映信号的时间信息。如 $\psi_{a,b}(t)$ 为复变函数，则式(7-5)中其采用复共轭函数，如 $\overline{\psi}_{a,b}(t)$。

CWT 的连续性是 (a,b) 可任意取值；a 与 b 变化可得到一簇函数 $\psi_{a,b}(t)$。

在小波参数中，a 用于对基本小波 $\psi(t)$ 进行伸缩，b 用于确定 $x(t)$ 分析的时间位置(即中心)。$\psi_{a,b}(t)$ 在 $t=b$ 附近有明显波动，波动范围取决于 a。$a>1$ 时，波动范围比原来小波 $\psi(t)$ 大，小波波形幅度减小且展宽；a 越大则越宽且幅度越小，函数形状变化越来越缓慢。$0<a<1$ 时，$\psi_{a,b}(t)$ 在 $t=b$ 附近波动范围比母函数 $\psi(t)$ 小，小波波形变得尖锐而压缩；a 越小则小波波形越接近于脉冲函数，函数形状变化越来越快。

$\psi_{a,b}(t)$ 随 a 的这种变化使小波可对信号任意指定点处进行任意精细的分析，且对非平稳信号有时频同时局部化的能力。用较小的 a 对信号进行高频分析时，是用高频小波对信号进行细致观察；用较大的 a 对信号进行低频分析时，是用低频小波对信号进行概貌观察。

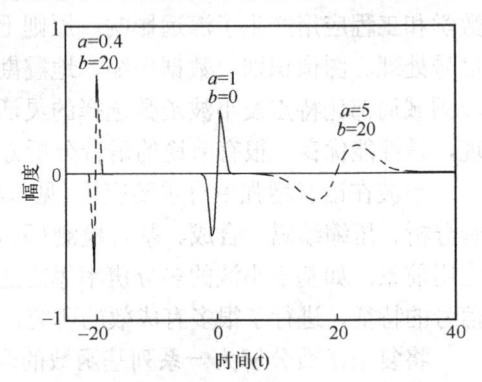

设小波函数 $\psi(t) = te^{-t^2}$，则其随 a 和 b 的变化见图 7-2。可见 $b>0$ 时波形右移，$b<0$ 时波形左移。$a>1$ 时波形展宽，$a<1$ 时波形收缩。随 a 的减小，$\psi_{a,b}(t)$ 的支撑区变窄，频率展宽；反之亦然。这样就可实现窗口大小的自适应变化。信号频率增大时，时窗变窄而频窗增宽，利于提高时域分辨率；反之亦然。

图 7-2 $\psi_{a,b}(t)$ 随伸缩和平移参数的变化情况

由图 7-3 可见，小波变换非均匀划分时间和频率轴。随尺度因子增大，时频单元的频率分辨率增大；随尺度因子减小，其频率分辨率降低。这种变化规律与要求相符。

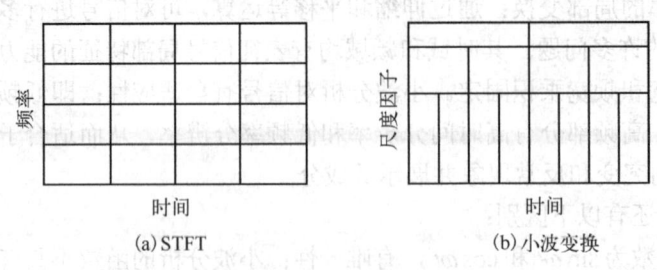

图 7-3 STFT 与小波变换的时频分割比较

小波的选择不是唯一的，但也不是任意的。其为有单位能量(归一化)的解析函数，应满足如下条件：

(1) 紧支撑，即在很小区间外函数为零，函数具有速降特性。

(2)
$$C_\psi = \int_{-\infty}^{\infty} \frac{|\psi(\omega)|^2}{\omega} d\omega < \infty \tag{7-7}$$

其中
$$\psi(\omega) = \int_{-\infty}^{\infty} \psi(t) e^{-j\omega t} dt \tag{7-8}$$

C_ψ 为有限值，因而 $\psi(\omega)$ 连续可积：

$$\psi(0) = \int_{-\infty}^{\infty} \psi(t)dt = 0 \tag{7-9}$$

即 $\psi(t)$ 均值为零，且其值正负交替，即有振荡性。该条件容易满足。

综上所述，小波为有振荡性和迅速衰减的波。小波指小的波形，其中"小"表示衰减性，"波"表示波动性；即小波为幅度正负交替的振荡。

CWT 由式（7-5）及式（7-6）给出，而连续小波的逆变换为

$$f(t) = \frac{1}{C_\psi} \int_{-\infty}^{\infty} \int_{-\infty}^{\infty} \frac{1}{a^2} W_f(a,b) \psi_{a,b}(t) da db \tag{7-10}$$

7.3.3 典型的小波函数

小波应用中，一个重要问题是最优小波基的选择。下面介绍几种常见的小波函数。

（1）Haar 小波

Haar 小波是最早使用的有紧支撑性的正交小波函数，也是最简单的一个函数。定义为

$$\psi_H(t) = \begin{cases} 1, & 0 \leqslant t \leqslant 1/2 \\ -1, & 1/2 \leqslant t < 1 \\ 0, & 其他 \end{cases} \tag{7-11}$$

见图 7-4。

（2）Mexico 帽小波

这种小波以其形状命名，见图 7-5。即

$$\psi_{Me}(t) = \frac{2}{\sqrt{3}} \pi^{\frac{1}{4}} (1-x^2) e^{-\frac{x^2}{2}} \tag{7-12}$$

为高斯函数的二阶导数。该小波在时间与频率域均具有良好的局部化特性。

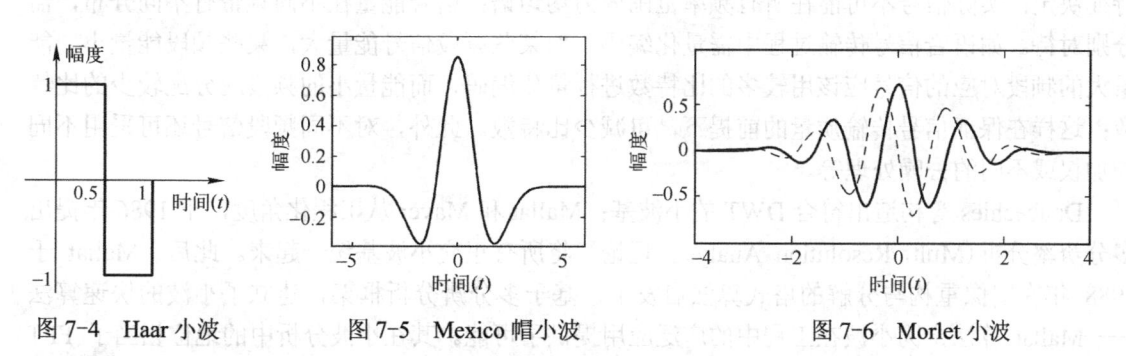

图 7-4 Haar 小波   图 7-5 Mexico 帽小波   图 7-6 Morlet 小波

（3）Morlet 小波

为最常用的复值小波，定义为

$$\psi_{Mo}(t) = \pi^{-\frac{1}{4}} \left(e^{-\omega_0 t} - e^{-\frac{\omega_0^2}{2}} \right) e^{-\frac{t^2}{2}} \tag{7-13}$$

图 7-6 给出其在 $\omega_0 = 5$ 时的实部与虚部（分别用实线和虚线表示）。

7.3.4 离散小波变换

连续小波变换主要用于理论分析，其伸缩和平移参数连续取值。而计算机处理和工程实现往往采用离散小波变换（DWT，Discrete WT），其与理论上的连续变换有所不同。首先要进行离散化，不仅对 t、还要对 a 和 b；且要求离散化的小波变换可实现完全重构及正交变换，因而小波基不像 CWT 那样容易得到。

DWT 中，a 和 b 被离散化：

$$\begin{cases} a = a_0^m, & a_0 > 1 \\ b = nb_0 a_0^m, & b_0 \text{为常数} \end{cases} \quad (7\text{-}14)$$

则离散小波为

$$\psi_{m,n}(t) = \frac{1}{\sqrt{a_0^m}} \psi\left(\frac{t - nb_0 a_0^m}{a_0^m}\right) = a_0^{-\frac{m}{2}} \psi\left(\frac{t}{a_0^m} - nb_0\right) \quad (7\text{-}15)$$

相应地，DWT 为

$$\langle f, \psi_{m,n} \rangle = \frac{1}{a_0^{m/2}} \int_{-\infty}^{\infty} f(t) \psi_{m,n}(t) \mathrm{d}t = \frac{1}{a_0^{m/2}} \int_{-\infty}^{\infty} f(t) \psi\left(\frac{t}{a_0^m} - nb_0\right) \mathrm{d}t \quad (7\text{-}16)$$

$a_0 = 2$，$b_0 = 1$ 时，得到二进制小波

$$\psi_{m,n}(t) = \frac{1}{2^{m/2}} \psi\left(\frac{t}{2^m} - n\right) \quad (7\text{-}17)$$

如其满足正交条件，则为二进制正交小波；由其可得到信号 $f(t)$ 的任意精确的近似表示，即

$$f(t) = \sum_{m=-\infty}^{\infty} \sum_{n=-\infty}^{\infty} \langle f, \psi_{m,n} \rangle \psi_{m,n}(t) \quad (7\text{-}18)$$

7.3.5 小波多分辨分析与 Mallat 算法

进行小波分析时，尺度 a 大时则视野宽而分析频率低，可进行概貌观察；a 小时，则视野窄而分析频率高，可做细节观察。这种由粗到细的逐级分析称为多分辨分析，这由信号的自然特征决定：实际信号不可能在所有频率范围内为均匀谱；信号能量在不同频带有不同分布，需分别对待。如语音信号传输过程中需量化编码，但某些频段信号能量大，某些频段能量小。能量大的频段对应的信号应该用较多的比特数进行量化编码，而能量小的频段应分配较少的比特数；这样在保证信号传输质量的前提下，可减少比特数。此外，对不同频段信号还可采用不同的加权或不同的去噪处理等。

Daubechies 等构造出符合 DWT 的小波基；Mallat 和 Mayer 从工程化角度，于 1986 年提出多分辨率分析(Multi-Resolution Analysis)理论，将所有正交小波基统一起来。此后，Mallat 于 1988 年在图像重构与分解的塔式算法启发下，基于多分辨分析框架，建立了小波的快速算法——Mallat 算法，为小波在工程中的广泛应用提供了可能。其在小波分析中的地位相当于 FFT 在傅里叶分析中的地位。

Mallat 从函数空间的划分引入多分辨率分析概念，从空间概念上说明了小波的多分辨特性，给出了正交小波的构造方法，数学上较严谨，结论较全面。从函数空间划分角度看，在二分情况下，其从函数多分辨率空间分解出发，将小波变换与多分辨分析建立起联系。

但对具体的信号处理，由理想滤波器组引入多分辨率分析更易理解。从理想滤波器组角度，多分辨分析是将信号按频带分解。信号分解可采用等频带划分，也可采用二进制分解。信

号采样频率满足采样定理，归一频带须限制在 $-\pi \sim \pi$ 间。此时可用理想低通滤波器 $H_0(z)$ 和理想高通滤波器 $H_1(z)$ 将信号分解为 $0 \sim \pi/2$ 的低频部分与 $\pi/2 \sim \pi$ 的高频部分，分别反映信号的概貌与细节。两种滤波器输出带宽均减半，因而采样频率减半也不引起信息丢失。图 7-7 给出分解过程，其中 ↓2 表示 2：1 抽取。

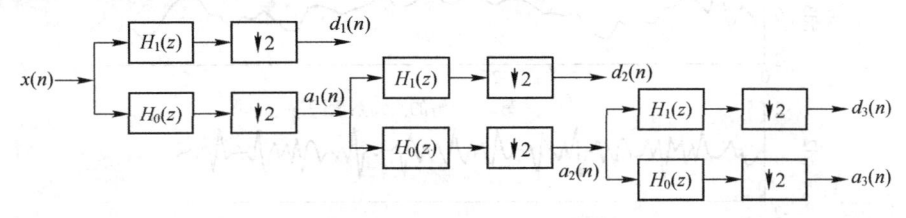

图 7-7 信号二进制分解的实现

可见，每级分解后信号频带比前级减小一半，因而每级中跟随一个 2：1 抽取环节，从而采样频率减小一半。$H_1(z)$ 的输出 $d_1(n)$ 是每级的高频信号，反映该级信号的细节；$a_j(n)$ 为每级的低频信号，反映该级信号的概貌。

由图 7-7 可见，经多次分解将信号分解为一些有不同频带的子带信号。若对各子带信号进行 DFT，且 DFT 长度相同，则每个子带信号的频率分辨率不同。如对信号 $x(n)$ 的频率分辨率为 f_s/N，则对 $a_1(n)$ 和 $d_1(n)$ 的频率分辨率为 $f_s/2N$，提高一倍；对 $a_2(n)$ 和 $d_2(n)$ 为 $f_s/4N$；对 $a_3(n)$ 和 $d_3(n)$ 为 $f_s/8N$。这是一个由粗到精的分析过程，因而为多分辨分析。

7.4 基于小波的语音分析

7.4.1 语音分解与重构

根据前面的分析，可将语音信号经低通(H)作用得到平滑分量，经高通(G)作用得到细节分量。重复上述过程，对平滑分量再进行小波变换，可得其更平滑的分量和一系列细节分量。因此，语音信号的小波分解流程如图 7-8 所示。

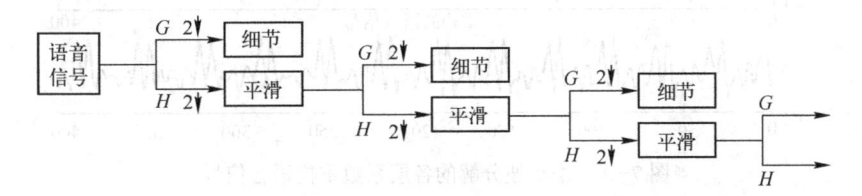

图 7-8 语音信号的小波分解流程

采用 Daubechies 紧支撑小波(简称 Db 小波)对语音进行分解与重构，该小波函数在 FIR 滤波器中具有最大正则性，小波波形较光滑，时频局部化特性也较好。

图 7-9 给出采用 Db 紧支撑小波，$N = 5$，用 3 层分解得到的各层高频系数和最后一层低频系数。利用小波变换，语音信号可表示为其平滑分量(最后一项)和一系列细节分量(前面几项)。由于每次小波分解相当于亚抽样为一个平滑和细节分量，所得系数不变，如果能用较少的比特数存储这些系数，就可实现语音编码。

同样，利用分解得到的高频和低频系数可进行语音信号重构，见图 7-10，其采用 $N = 5$ 的 Db 小波。图中给出每层系数重构得到的时间波形，反映每层系数对重构语音信号的贡献，各层重构信号相加可得到重构语音。需要说明，图 7-9 与图 7-10 中的原始语音已进行了归一化。

图 7-9　小波分解各层的系数

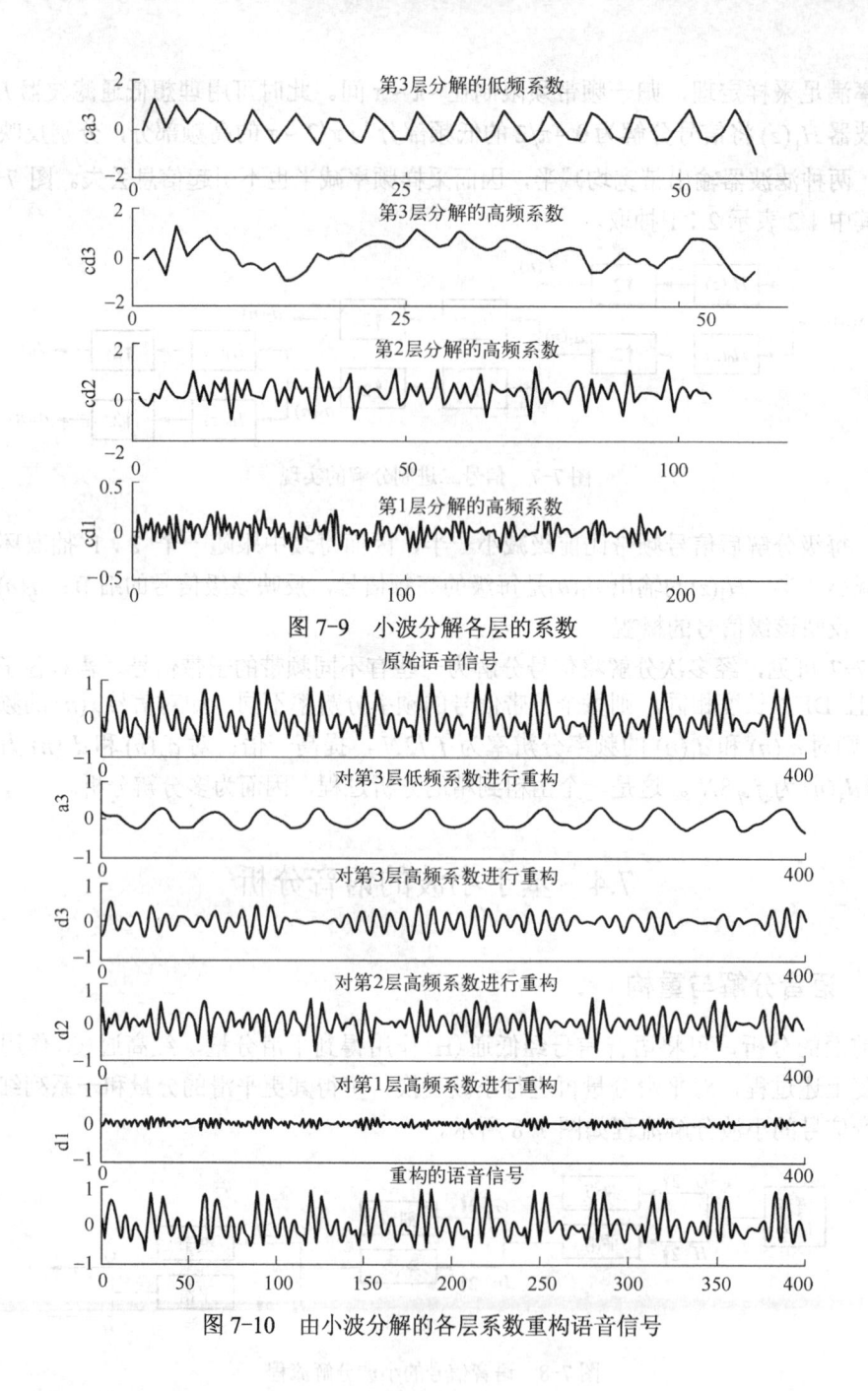

图 7-10　由小波分解的各层系数重构语音信号

7.4.2　清/浊音判断

语音信号小波系数的低频部分描述了信号轮廓，相当于信号经过低通滤波器的输出；高频部分描述了信号细节，相当于信号经高通滤波器的输出。根据语音的短时平稳性，先对语音分帧进行小波变换，将小波域系数均分为 4 个频带，计算各频带平均能量。如满足以下条件，则认为该段语音信号为清音：(1) 小波域最高频带的能量比其他频带能量大；(2) 最低频带与最高频带能量之比小于 0.9。

7.4.3　语音去噪

传统的基于滤波器的去噪方法是将带噪信号通过滤波器，以滤掉噪声频率成分。但对于短时瞬态信号、非平稳信号、含宽带噪声的信号等其有明显局限。小波变换有时频局部化分析特点，具有传统方法所不具有的非常灵活的奇异特征提取能力，可在 SNR 下有效去噪，并检测信号波形特征。

小波去噪的基本思想是：将带噪信号变换到小波域，根据噪声与信号在各尺度(即各频带)上的小波谱的不同特点，将噪声小波谱占主导地位的那些尺度上的噪声小波谱分量去掉，使保留的小波谱基本为信号小波谱，再由小波域重构原始信号。其关键在于如何滤除由噪声产生的小波谱分量。

基于小波的语音去噪与增强属于语音信号处理与应用的内容，将在 16.9 节详细介绍。

7.4.4 听觉系统模拟

2.6 节曾介绍了语音感知的原理与过程。听觉系统对声音的感知是一系列复杂的转换过程，大致分为 3 个阶段：耳蜗滤波器，即基底膜完成对信号的分析；毛细胞完成机械振动到点激励的转换；侧抑制网络完成声学谱特征的缩减。对声音信号的分析主要在基底膜完成。基底膜上的振动以行波方式传递，频率不同则行波传播距离也不同，从而不同频率行波的极大值出现在基底膜的不同位置上。频率高的极大值在基底膜前端，频率低的极大值在其末端，这使基底膜具有频率分解能力。此外，对相同频差，振动频率低时极大值相距较远，振动频率高时其极大值相距较近。因而基底膜对低频的分辨率高于对高频的分辨率。

人耳频率分辨率为非线性的，采用传统线性信号处理方法，如 FT 模拟人耳基底膜频率特性较为困难。为此可利用小波变换对频带进行划分，使其接近于临界频带。其将整个频带进行二分并保留高频部分，对低频部分继续二分，这样重复下去。因而频带为 4kHz 时，各子带带宽依次为 2kHz、1kHz、500Hz 和 125Hz（见图 7-11）；这与临界频带划分相去甚远。

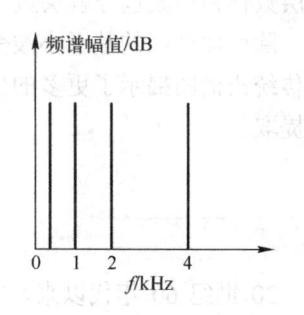

图 7-11 小波变换对频带的划分

为此可将小波变换与小波包变换相结合，以不完全的小波包变换对信号进行处理。语音高频处有丰富信息，仅用小波变换得到的高层细节系数不足以反应其特点。因而可采用小波包变换，它是小波变换的推广，有良好的时频分析性能；其与小波分解的不同之处在于不仅分解低频小波系数，还分解高频小波系数。它对小波变换没有细分的高频部分进一步分解，提供了更丰富和精确的信号特性。其灵活的时频分析能力更符合人耳基底膜的频率分析特性。

此时频带划分见图 7-12。进行小波包变换时阶数最大为 5；带宽为 4kHz 时，子带最小宽度为 125Hz，接近最小临界频带带宽。

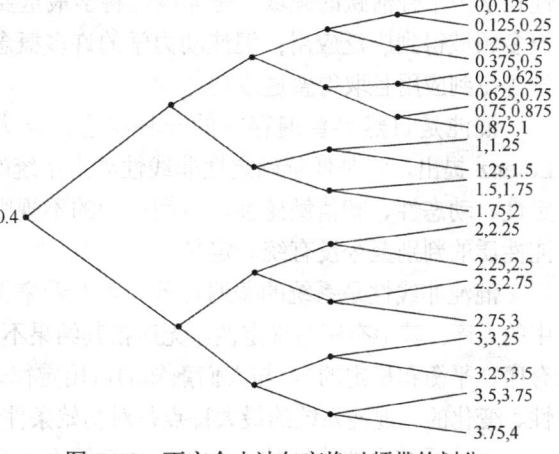

图 7-12 不完全小波包变换对频带的划分

7.4.5 小波包变换在语音端点检测中的应用

3.7.3 节介绍了基于高阶累积量的语音端点检测，但只适用于高斯噪声背景。很多情况下，背景噪声很复杂，高斯噪声假设难以成立，此时基于高阶累积量的方法不再适用。

非高斯信号处理是信号处理领域的重要课题。对非高斯噪声环境下的端点检测，由于实际情况复杂多变，没有普遍适用的方法。为此可引入小波包方法。小波包基具有正交性和完备性，为分析非高斯分布噪声提供了有利工具。还可以采用小波包变换与高阶累积量结合的方法进行端点检测，其检测性能与背景噪声的形式无关，具有鲁棒性。

理论上可证明，对非高斯噪声，信号样本序列足够长、分解层数足够多时，其小波包变换近似服从高斯分布。因而在小波包域，可将非高斯噪声作为高斯噪声处理。小波包变换后，噪声分布对高斯分布的近似程度很高。通过将信号及噪声变换到小波包系数域，使噪声在某些尺度及子空间上的小波包系数成为近似平稳的高斯噪声。

基于小波包变换和高阶累积量的端点检测过程如下：

（1）根据输入信号的长度确定分解层数，根据语音信号的大致频带决定需分析输出的子空间。

（2）利用 Mallat 算法进行小波包分解，将非高斯噪声高斯化。

（3）在小波包域，利用三阶或四阶累积量进行语音端点检测。

选择小波包分解层数时，可结合以下方法：选择一段没有信号的时段，分析噪声在子空间上的小波包变换的峰度与偏度，若不满足高斯分布要求则继续分解，直到满足高斯分布，并以该层数作为小波包分解层数。

除前面介绍的基于小波变换的语音分析方法外，小波变换还可用于语音的动态谱分析，其比传统语谱图揭示了更多的信号信息，特别是对快变语音段的特征；其在语音识别中可用于特征提取。

7.5 混沌与分形

20 世纪 60 年代以来，非线性科学迅速发展。混沌(chaos)、分形(Fractal)是非线性理论的一个分支，是 20 世纪 70 年代出现的非线性科学中两个联系极为密切的分支。

世界上很多表面上确定的简单系统其行为却难以预测，由此产生了混沌理论。混沌是非线性科学中十分活跃的领域，是非线性科学最重要的成就之一。20 世纪 90 年代后，混沌理论在很多领域得到广泛应用；混沌动力学的许多概念方法，如混沌吸引子、相空间重构及符号动力学等得到应用且取得普遍成功。

混沌是自然界普遍存在的一种状态，从人脑到社会系统都有混沌行为。混沌的概念由 Lorenz 提出，它是低阶确定性非线性动力系统的一种非常复杂的行为；非线性、非平衡性、确定性、动态性、初值敏感性、时间序列的不规则性及有奇异吸引子是混沌的必要条件。但对混沌性质的判别至今没有统一定义。

混沌非线性是系统的普遍现象。表面看来无规则的运动实际上并不是一片混乱，而是有序中的无序；其中有序指确定性，无序指其结果不可预测。混沌比有序更普遍（绝大部分现象不是有序、平衡和稳定的）。与人们熟知的可用定律表述的运动完全不同，它是无周期、无序、非线性、变化的。混沌系统的最大特点是对初始条件十分敏感，因此系统未来的行为不可预测。

混沌系统是非线性的，但非线性系统不一定存在混沌。混沌运动有遍历性、随机性、规律性等特点，其在一定范围内按其自身规律逐步重复地遍历所有状态。混沌介于严格的规则性及随机性之间。一个混沌系统的行为是许多有序行为的集合，但每个有序行为都不占主导地位。混沌系统可在许多不同行为方式之间转换，因而特别灵活。

混沌信号是介于确定性和随机性之间的信号，一般有不规则的波形，却由确定性机制产生。随机过程常用作不规则物理现象的模型；当过程本身复杂、存在大量独立自由度时，用随机过程建模是合理的。但利用随机过程往往是基于数学上的方便，而不是基于物理根源。混沌信号处理弥补了这一不足，且作为非线性方法可弥补线性处理的不足。

混沌理论已在多方面得到应用，如混沌并行分布处理、确定性非线性预测、动态存储与搜索、动态压缩编码与通信等。混沌应用包括稳定性、综合及分析等方面。稳定性利用初值敏感性，给系统加入微小扰动，使其进入某个所希望的状态，如混沌控制。综合则利用人为生成的混沌以获取混沌动力学的可能的功能，以避免局部极小；分析则分析从自然和人为复杂系统中观察得到的混沌信号以寻找隐藏其中的规律，如时间序列的非线性确定性预测。

继模糊逻辑和神经网络后，混沌已成为与前者相互交叉融合进行智能模拟和智能信息处理的有力工具。

语音信号是复杂的非线性过程，存在产生混沌的机制，从而可将混沌理论引入语音处理中。基于混沌理论的非线性系统可对语音生成中的很多非线性动态现象建模；将其应用于语音编码、合成及识别，已取得了一定成功。

例如可利用语音信号调制、分形和混沌结构，进行识别、合成及基于重构多维吸引子的非线性语音分析与预测。又如可基于混沌原理在多维相空间对语音信号建模并提取非线性声学特征，将这些混沌特征与(基于倒谱的)标准的线性方法相结合，可研究语音短时声学特征的一般化混合集，这将对基于 HMM 的单词识别的性能进行重要改进。

混沌与分形有密切联系。混沌事件在时间上表现了相似变化的模式，分形在空间标度上表现出相似的结构模式。混沌吸引子就是分形集。混沌是演化现象，而分形是存在现象。混沌过程在一些地方形成某种环境(如海岸、大气、地质断层等)，就可能留下分形结构(海岸、云、岩层等)。目前混沌与分形的结合日益密切。

自然界中很多不规则的复杂现象无规则可循，但其整体与局部之间有相似性；从而产生了分形理论。分形是描述混沌信号特征的有效手段，是计算智能及非线性科学的研究热点之一，在模式识别、智能信息处理等很多领域有广泛应用。

分形于 1973 由 B.B.Mandelbrot 提出，是一种描述不规则几何形状的数学方法，是对不规则事物的一种数学抽象。分形(Fractal)的意思即为破碎、不规则，因而分形指物体形状、结构与形态的分割、分解与分裂。分形是一种过程，是事物从整体向局部的转化，认识从宏观向微观的深化。

分形的应用包括分形内插、压缩编码、分形神经网络及非线性混沌等。

混沌、分形是非线性的，可弥补传统线性分析方法的不足。但采用单一的混沌、分形特征，如 Lyapunov 指数、分形维数等，只能作为语音编码、识别、说话人识别等的辅助特征，不能代替传统特征。而多尺度分形分析方法可得到更精确的特征。

本章后面两节将介绍基于混沌和分形的语音分析方法，而基于混沌和分形的语音处理与应用将在第 15 章介绍。

7.6 基于混沌的语音分析

7.6.1 语音信号的混沌性

语音非线性特性的研究至少可在两方面进行：(1) 非线性微分方程(Navier-Stokes)组的仿真。这种方程决定了声管中语音气流的三维动力学特性。(2) 检测这种现象并提取有关信息的信号处理系统。对后一个问题，计算上必须简化，即为了研究模型并提取有关的语音信号声学特征，描述了语音中的两类非线性现象，即调制(如第 2.5 节所述)和湍流。湍流可从几何方面探测到，这引入了分形； 同时又可从非线性动态方面检测到，这又引入了混沌。

严格的声学与空气动力学理论证明，语音信号不是确定性线性过程，也不是随机过程，而是复杂的非线性过程。另外，语音由混沌的自然音素组成，其中存在混沌机制。语音信号会在声道边界层产生涡流，并最终形成湍流。湍流本身就是一种混沌，且辅音信号的混沌程度大于元音，这是因为发辅音时送气强度及其声道壁的摩擦程度比元音强。

混沌信号处理可应用简单的确定性系统解释高度不规则的非线性运动。从信号处理的角度，确定信号是否为混沌应从其产生的物理背景出发。同时须由实验验证下列特性：(1) 信号有界；(2) 信号的分数维有限，且通常不是整数，这是不规则信号与噪声区别的根本特性之一；(3) 信号的最大 Lyapunov 指数为正，这决定了信号对初始条件的敏感性；(4) 信号是局部可预测的，特别地信号的动力学系统可用确定性模型重建。上面提到的分数维及 Lyapunov 指数是混沌信号的特征量。

大量语音信号分形维数和 Lyapunov 指数的统计实验表明，语音信号符合最大 Lyapunov 指数为正及分形维数有限的要求；且其显然是局部可预测的。因此，从物理背景及实验两方面均可得出结论：语音信号存在混沌因素。这是将混沌理论引入语音信号处理的基础。

7.6.2 语音信号的相空间重构

系统中独立变量构成的空间称为相空间。相空间中运动的轨迹为相图；其可反映吸引子的形态，是分析动力学系统的重要工具。语音分析时，通过对系统相空间(吸引子)的分析，可了解发声系统的动力学特性。

目前无法得到语音信号动力学系统的微分方程，因而无法通过数值分析得到不同初始条件下微分方程对应轨迹的集合即相图，因而相空间未知。只能考察语音时间序列，因而须由时间序列重构系统相空间；这一问题具有重要意义。

目前还不存在理论上的相空间重构方法，而是采用 Takens 提出的嵌入定理。嵌入定理采用延时相图法重构相空间；其用时间序列重构相空间，包括吸引子、动态特性及相空间的拓扑结构。

重构相空间时，所用数据是对时间序列以一定间隔重采样得到的，间隔为 τ。对语音序列 $\{s(i)\}_{i=1}^{N}$，取延时 τ，则 m 维空间的点

$$\{s(i), s(i+\tau), \cdots, s(i+(m-1)\tau)\}_{i=1}^{N}$$

构成了一个 m 维向量集，其在 m 维空间随 t 变化的轨迹构成了相空间，即语音信号的相图。

时间延迟的意义在于使参加重构的相邻样点间尽可能不相关，从而使嵌入空间中的样点包含的关于原吸引子的信息尽可能多。因而，τ 应取得大一些；如 τ 太小则冗余度加大，使重构相空间轨迹向相空间主对角线压缩。

嵌入定理实质上是将系统相空间向嵌入空间投影，嵌入维数很小时相空间轨迹向低维空间投影，将产生许多错误的交叉；随着嵌入维数增大，错误交叉数量减少；嵌入维数大于吸引子维数的 2 倍，是相空间重构的充分条件。嵌入维数并非越大越好。如维数过大，观测数据中的噪声会占满嵌入空间的大部分，使原系统吸引子退缩，重要性被噪声掩盖。且维数越大计算量也越大。因而有必要得到最小的嵌入维数。

求最小嵌入维数可采用基于去虚假交叉(相邻点)的方法，如虚邻点法(FNN, False Nearest Neighbors)、主成分分析法(PCA)，或基于信息论分析系统变量相互依赖性的交互信息法等。

下面介绍交互信息法。通常选择时间序列自相关函数的第一个零点对应的 τ 为最佳值，这样可得到线性独立的嵌入向量。交互信息的概念强调了样点间随机意义上的广义独立性。采用交互信息曲线上第一个局域最小值所对应的 τ 为延迟时间，可使吸引子能够在空间中充分展开。

对语音序列，设

$$S = \{s(t), s(t+\tau), \cdots s(t+(m-1)\tau)\} \quad Q = \{q(t), q(t+\tau), \cdots q(t+(m-1)\tau)\}$$

式中，$q(t) = s(t+\tau)$。熵

$$H(Q) = -\sum_i P(q_i)\lg P(q_i) \quad H(S) = -\sum_j P(s_j)\lg P(s_j)$$

$$H(Q;S) = -\sum_{i,j} P(q_i, s_j)\lg P(q_i, s_j)$$
(7-19)

则交互信息量

$$I(Q;S) = H(Q) + H(S) - H(Q;S) \quad (7\text{-}20)$$

这里，$I(Q;S)$ 为 τ 的函数，$I(\tau)$ 与 τ 的关系曲线即交互信息曲线。

用延时相图法对语音信号重构后，可得到其吸引子；由于相空间的维数大于 3，无法直接将吸引子表示出来。这里，相空间维数描述了语音信号对应的动力学系统所需的微分方程个数，即自由度。

为直观表示语音吸引子，可将其在某平面投影。下面吸引子用其在 $\{s(i), s(i+\tau)\}$ 平面上的投影表示。

图 7-13 给出通过延时相图法，求出的汉语[o]、[a]、[u]、[i]、[p]、[f]、[t]、[zh]等音素的吸引子的相空间轨迹图。可见：

(1) 不同语音有不同的吸引子。

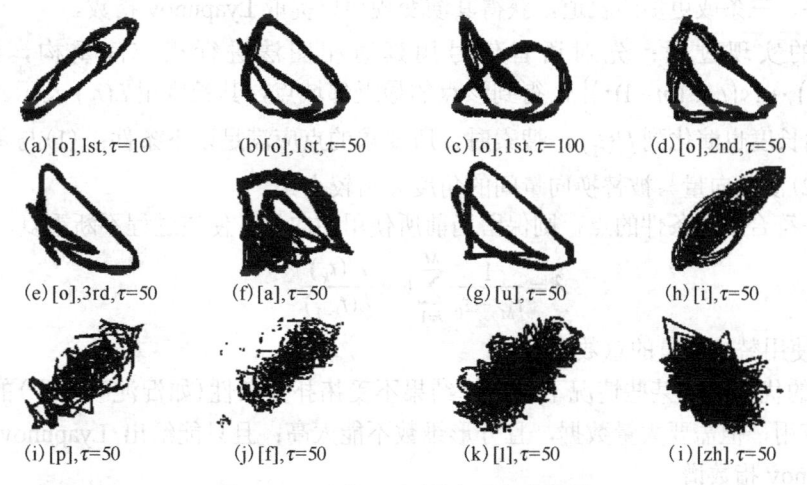

图 7-13 语音吸引子的相空间轨迹图

(2) [o]、[a]、[u]、[i]等语音是浊音，由于波形有准周期性，其吸引子表现为闭合环面；[p]、[f]、[t]、[zh]等为清音，不具有准周期性，故其吸引子与浊音完全不同，为不规则曲线。

(3) 吸引子形状与 τ 有关；图(a)~(c)为对同一语音，τ 分别取 10、50、100 的吸引子，可见其形状差别较大。

(4) 同一音素的语音信号吸引子有某种相似性。图(a)、(d)、(e)为[o]的 3 次不同发音时的吸引子，形状相似。

另一方面，也可用 LPC 法进行相空间重构。考虑到语音信号的特点及计算效率，这种方法可较好地去掉样点间的相关性。当预测器阶数足够高时，LPC 误差序列样点间不相关，因而对应的延时相图可重构相空间。因为语音混沌特性主要由激励气流产生，LPC 误差信号相当于

激励信号，LPC 法去掉了发音时声道共鸣的影响，所以是合理的。LPC 有很多成熟的快速解法（如 6.4 节和 6.5 节所述），其计算量与原始延时相图法相比增加不大。

7.6.3 语音信号的 Lyapunov 指数

在重构相空间基础上可分析 Lyapunov 指数。Lyapunov 指数是混沌过程中描述非线性系统动态特性的重要动力学参数，给出动态系统沿其相空间主轴发散或收敛的平均速度。它表示系统对初始条件敏感性的度量，是判断系统是否处于混沌状态的最直接的特征量之一。

Lyapunov 指数与系统混沌程度有关。设系统从相空间中某个半径足够小的超球开始演变，则第 i 个 Lyapunov 指数为

$$\lambda_i = \lim_{t \to \infty} \left\{ \frac{1}{t} \lg \frac{r_i(t)}{r_i(0)} \right\} \tag{7-21}$$

式中，$r_i(t)$ 为 t 时刻按长度排在第 i 位的超椭球轴的长度，$r_i(0)$ 为初始球半径。即在平均意义下，随时间演变，小球半径变化为

$$r_i(t) \propto r_i(0) e^{\lambda_i t} \tag{7-22}$$

设最大 Lyapunov 指数为 λ，即 $\lambda = \max_i \lambda_i$。$\lambda < 0$ 时，相空间运行轨迹收缩，对初始条件不敏感，相当于没有混沌；$\lambda = 0$ 时，相空间运行轨迹稳定，初始误差既不放大也不缩小，相当于没有混沌；$\lambda > 0$ 时，相空间运行轨迹迅速分离，长时间动态行为对初始条件敏感，处于混沌状态。因而，即使不知道 Lyapunov 指数值，其符号也可提供动力学系统的定性情况。

Wolf 等提出一种从实际数据中计算最大 Lyapunov 指数的算法，称为轨道跟踪法。其利用跟踪系统两条、三条或更多的轨道，获得其演变规律以提取 Lyapunov 指数。

该方法的实现过程：先对语音信号用延时相图法进行相空间重构，给定起始点 $\{s(t_0), s(t_0+\tau), \cdots, s(t_0+(m-1)\tau)\}$，得到该点的最近邻域点，其长度用 $L(t_0)$ 表示。随着时间演化到 t_1，初始长度也演化到 $L'(t_1)$。搜索时，所要求的点应满足以下条件：(1) 与基准点的分开距离较小；(2) 演化向量与被替换向量间的角度分离较小。

如不存在符合上述条件的点，则保留当前所使用的向量，使该过程不断重复。于是

$$\lambda = \frac{1}{t_M - t_0} \sum_{i=1}^{M} \log \frac{L'(t_k)}{L(t_{k-1})} \tag{7-23}$$

式中，M 为使用替换向量的总数。

Wolf 法的优点是在某些情况下，计算结果不受拓扑复杂性（如混沌吸引子）的影响。这种方法被广泛应用，但需要大量数据，且分形维数不能太高；且只能给出 Lyapunov 指数值，无法给出 Lyapunov 指数谱。

表 7-1 给出汉语语音中 10 个音素的最大 Lyapunov 指数的分布。这里用 15 个说话人的 6000 次发音，取样率为 16kHz，12 阶 LPC 后重构三维空间。

表 7-1 部分汉语语音的最大 Lyapunov 指数的分布

音素	类别	λ	音素	类别	λ
sh	舌尖后阻声	5.4980~7.3085	j	舌面阻声	3.3348~4.1981
z	舌尖前阻声	3.1975~4.8830	b	唇阻声	3.3348~4.1981
g	舌根阻声	0.9457~1.3528	d	舌尖阻声	0.9055~1.5661
l	舌尖阻声	0.3998~0.6248	j	单元音	0.7886~1.3786
ian	复鼻尾音	0.6482~1.1727	ao	双元音	0.4654~0.5356

λ是相空间演化轨迹变化的快慢程度，可近似理解为语音发音器官状态的变化。实验表明，辅音的λ比元音大，而其擦音和塞擦音的λ最大，其次是塞音，再次为浊音；这与语音发声机理相吻合。

目前，对Lyapunov指数计算的研究致力于使算法有良好的收敛性、精度及较强的抗噪声和干扰能力。

7.6.4 基于混沌的语音、噪声判别

语音信号处理中，判别有声与无声段的关键在于提取其不同的特征参数。这相当于进行端点检测(见3.6节和3.7节)。目前一般利用短时能量、过零率及谱特征等进行判别。但若背景噪声较大，有声和无声段的判别就较困难。

语音信号的混沌特征可为有声与无声段判别提供新的方法。但混沌信号的特征如Lyapunov指数及分形维数等均为长时性的，而用于判别的特征应是短时的。

为此，基于混沌信号的相空间重构，利用和信号分形维关联的嵌入维特征，进行有声和无声的判别。该方法还可进一步对语音段的噪声含量进行定性评价。

语音和噪声的重构相空间轨迹有很大区别。语音的相空间重构图较规则，而噪声的相空间重构图是杂乱无章的。这一特性可用于区分有声和无声段，表征为相空间重构特性的嵌入维。嵌入维和系统的分形维相关联。对语音吸引子，一般认为其分形维为1.66左右，白噪声的维数(即自由度)理论上为无穷大，反映到系统嵌入维上，可提供区别有声和无声段的新特征。

这里统计了汉语语音音素的嵌入维。汉语的主要音素可分为辅音、单元音、复元音和复鼻尾音，其中辅音22个，单元音和复元音均13个，复鼻尾音16个。这里取其中的56个作为语音样本，采集了一个男声和一个女声的发音。统计的嵌入维见表7-2。

表7-2 汉语音素嵌入维数统计

嵌入维数	3	4	5	6	7	>14
元音	0	8	2	1	1	0
辅音	2	20	12	0	0	8
复元音	0	18	5	0	1	0
复鼻尾音	0	20	11	2	0	1
占总数(%)	1.79	58.93	26.79	2.68	1.79	8.04

可见，男、女声音素的嵌入维一般为4左右，加上嵌入维为5的音素，为85.72%，占大多数；其中，浊音的嵌入维为4左右。而辅音表现出较强的随机性，这与常规的有声和无声段判别时，对清音和噪声判别较为困难的原因一致。以上是取样率为16kHz时的结果；取样率降为8kHz时，时间延迟降为原来的一半，嵌入维保持不变。

在一段语音中混有白噪声和1000Hz的单频正弦波，见图7-14。图7-15为求出的各信号短时段的嵌入维。可见语音段、白噪声和单频信号容易区分。因为语音段嵌入维在4附近，白噪声嵌入维大于10，单频正弦波嵌入维为2。短时与长时分析基本相同。同时，语音段中，字与字间的噪声也被清楚标注，如图中的"*"段。

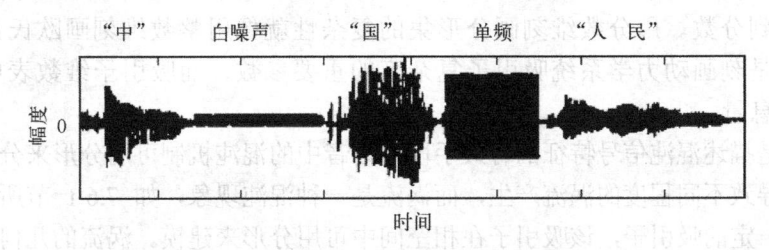

图7-14 嵌入维语音样本及白噪声和单频正弦波

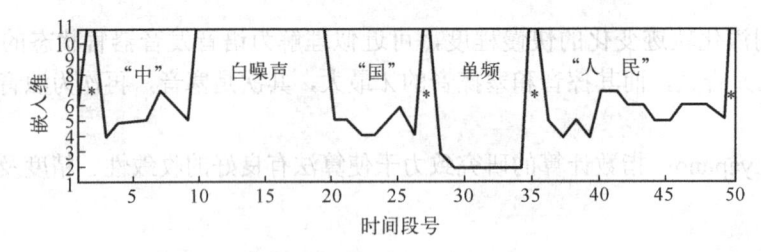

图 7-15 语音信号的嵌入维数

基于混沌的语音、噪声判别和利用能量的有声与无声段判别方法不同，其未利用信号幅度信息，与信号相对幅度无关。

7.7 基于分形的语音分析

7.7.1 概述

传统上，描述客观世界的几何学是欧几里德几何学及解析几何、微分几何等；它们可有效地对三维物体进行描述。欧氏几何是研究规则图形的几何学，其中规则指逐段可微，更确切地说是逐段光滑。但传统几何学并不能描述自然界中的所有对象，如海岸线、山形、河川等，这些不规则的对象无法用欧氏几何学描述。

分形是研究不规则图形的几何学，是研究自然界自相似现象的数学工具，而自相似现象产生的动力学基础是混沌吸引子。分形的数学基础是分形几何学，研究对象是自然界及非线性系统中不光滑及不规则的几何体。分形是没有特征长度但有一定自相似的图形和结构的总称（特征长度指集合对象所含有的各种长度的代表者，如球可用半径作为特征长度）。

分形最主要的特征是相似性，即局部与整体以某种方式相似；最常见的是统计相似性，即局部放大后与整体有相同的统计分布。用欧氏几何描述的对象有一定特征长度和标度，且形状规则；而分形几何无特征长度和标度。没有特征长度的形状如海岸线、云等，如没有参照物则很难测量其长度。但如将细节放大可发现其局部与整体相似；而没有特征长度的图形的重要性质是自相似。

分形几何图形有自相似性和递归性，易于计算机迭代，适用于描述自然界普遍存在的事物如语音、图像等。近 20 年来，由于深刻的理论意义和巨大的应用价值，分形研究受到了非常广泛的重视。分形作为自然物体的描述模型，分数维作为图像图形的形态特征参数，用于图像分析与模式识别；还可与神经网络一起构成分形神经网络等。

分形的主要工具是其维数，表示一个集合占有多大空间，定量描述分形的形状与复杂性。欧氏空间采用整数维。而分形中的维数一般为分数，突破了拓扑集整数维的限制。分形集的不规则性使其区别于经典的光滑点集，分形维数用于度量分形集的不规则程度，从而将维数扩展到分数。用分数维刻画分形集的复杂性就像用整数维刻画欧氏几何中的对象一样。分数维是刻画动力学系统吸引子复杂度的重要参数，而吸引子维数表明了刻画该吸引子所需的信息量。

分形理论是描述混沌信号特征的有效手段，语音中的混沌机制可用分形来分析。非线性动态语音气流会导致不同程度的涡流产生，而涡流是一种混沌现象，如 7.6.1 节所述。混沌动力学系统收敛于一定的吸引子，该吸引子在相空间中可用分形来建模。涡流的几何特征有分形特性，所以涡流的结构可用分形定量表述；从而可用分形分析语音信号中各种程度的涡流现象。

分形理论在语音信号处理中有很大的应用前景。分形可有效地为自然现象中的混沌建模，是语音建模的理想方法。分形编码是新兴的研究领域，由于其高压缩比的潜在能力而引起关注。分形在语音编码中的应用将在11.7.6节介绍。

下面介绍基于分形的语音信号分析。

7.7.2 语音信号的分形特征

状态空间维数反映了描述该空间中运动所需的变量个数。几何对象的维数用来表示其中的一个点所需的独立变量的个数，如对n维空间就有n个独立变量。对于集合A来说，如果描述其中的点需要d个坐标，则称该集合为d维的，d通常为非负整数。而混沌吸引子的维数是刻画混沌吸引子所必须的信息量。

分数维有多种，常用的有计盒维数、信息维数、相关维数、相似维数等。其中计盒维数最常用，其概念清晰、计算简单且易于经验估计。

多数分数维的度量基于"尺度δ下度量"的思想。n维欧氏空间子集F的计盒维数D_B定义为

$$D_B = \lim_{\delta \to 0} \frac{\lg N_\delta(F)}{\lg(1/\delta)} \qquad (7\text{-}24)$$

式中，$N_\delta(F)$表示用单元大小δ来覆盖子集F所需的个数。假定上述极限存在，$\lg N_\delta(F)$是下列五个数中的任一个：(1)覆盖F的半径为δ的最少闭球个数；(2)覆盖F的边长为δ的最小立方体个数；(3)与F相关的δ——网立方体个数；(4)覆盖F的直径最大为δ的集的最少个数；(5)球心在F上，半径为δ的相互不交的球的最大个数。

式(7-24)表明，曲线$\lg(1/\delta) - \lg N_\delta(F)$在$\delta \to 0$的渐近线为直线，斜率就是$D_B$。

研究表明，计盒维数对语音信号并不特别合适。实际计算中，使$\delta \to 0$是困难的，因为信号以固定时间间隔采样，所以可用直线拟合来计算D_B。

语音信号的各种分形特征中，分形维数是一种主要参数，其能定量表示语音时域波形的复杂程度。语音波形可视为二维开曲线，其轮廓有分形特性。一定条件下，不同音素的波形具有不同的不规则性；分形维数即是表示音素波形不规则性的测度。

各种文献求得的语音信号分形维数不一致，这与采用的具体分数维有关；也与计算方法有关。如有的语音信号分数维在1.66左右，并给出了物理意义上的解释；有的为1.5左右，且不同性质的语音，分数维波动较大；有的在2.9左右。一般元音波形较简单，分形维数较小；辅音较复杂，分形维数较大。

寻找适合于语音信号的分数维的定义和计算方法，从带噪信号、短样本数的语音信号中正确、高效地估计分数维，是目前的研究方向之一。

还提出了适合于语音信号的幅度尺度法，及利用小波分析求自相似信号(或$1/f$过程)的分数维数。利用小波分析的特性或信号的自相关性，可较准确地从带噪信号中求出信号的分形维数。如何将这种方法应用于语音信号中，特别是语音中相关性很强的浊音部分，目前尚在研究之中。

分形维数有一定几何意义，揭示了集合的尺度不变性或自相似性，但单一的分形维数只能从整体上反映集合的不规则性，提供的信息量太少，缺乏对局部奇异性的描述，无法满足一些实际应用的需要。为此可采用多标度分形(Multi-fractal)即多重分形，其为常规分形维数的扩展，描述了分形体在不同最大观测尺度下的特性，是定义在分形结构上的由多个标度指数的奇异测度构成的无限集合。

7.7.3 基于分形的语音分割

语音识别中一个重要问题是将发音分割为小的单元,即进行语音分割。而短时语音的分形维数是语音分割中非常有用的特征参数。

分形维数的轨迹由语音特性决定。语音波形的幅度有不规则性,而波形的分形维数可作为不规则性的测度。每个音素、词由于其自身的相关性而表现出相对稳定的分维值,相邻音素、词的分形维数有一些差异,使语音分形维数轨迹产生突变。

一段语音中,无声段由于含有噪声而呈现高分形维数,有声段由于语音有相关性而表现为低分形维数。这样,发音起止点可由分形维数轨迹确定。此外,元音由于其自相关性更强和波形更规则而呈现低分形维数,辅音由于有较大的波动性和类似噪声的特性而呈现较高的分形维数;这也提供了一种分割元音和辅音的方法。

估算语音信号短时分形维数的轨迹可检测一段发音的边界,并有效地用于语音分割,可将发音分割为句子、词,甚至音素。

用式(7-24)计算分形维数时,由离散的语音信号,使 $\delta \to 0$ 不现实。既然求语音信号的分形维数是为了进行语音分割,因而,只要使分形维数的变化趋势正确即可,而其值的准确性并不十分重要。为此可用下面的方法处理。

沿语音波形 $s(k)$,$k=0,1,2\cdots$ 用一个窗(大小为 N)进行分割,对每个窗内的语音求分形维数。在一个窗内,均匀分为 r 段:$r=1/\delta_i=2^i$,$i=1,2,\ldots,n$。其中第 j 段($s(k)$ 到 $s(l)$)有

$$\left[N_{\delta_i}(F)\right]_j = \sqrt{\left[s(l)-s(k)\right]^2+(l-k)^2} \tag{7-25}$$

则 $N_{\delta_i}(F) = \sum_j \left[N_{\delta_i}(F)\right]_j$,再由

$$D_{Bi} = \lim_{\delta_i \to 0} \frac{\lg N_{\delta_i}(F)}{\lg(1/\delta_i)}, \quad i=1,2,\cdots,n \tag{7-26}$$

拟合 n 个点,求得的斜率即为分形维数 D_B:

$$D_B = \frac{n\sum_{i=1}^{n}\left[\ln N_{\delta_i}(F)\ln 2^i\right]-\sum_{i=1}^{n}\ln 2^i \sum_{i=1}^{n}\ln N_{\delta_i}(F)}{n\sum_{i=1}^{n}\left[\ln 2^i \ln 2^i\right]-\sum_{i=1}^{n}\ln 2^i \sum_{i=1}^{n}\ln 2^i} \tag{7-27}$$

即采用多点直线拟合计算 D_B。

图 7-15 给出处理结果。可见分形维数轨迹在词与词的边界处存在拐点,从而可容易地进行词与词的分割。由图 7-16 可见,对于音"发",辅音[f]与元音[a:]的波形不规则性不同,使不规则性测度–分形维数发生明显变化,从而可完成元音与辅音的分割。

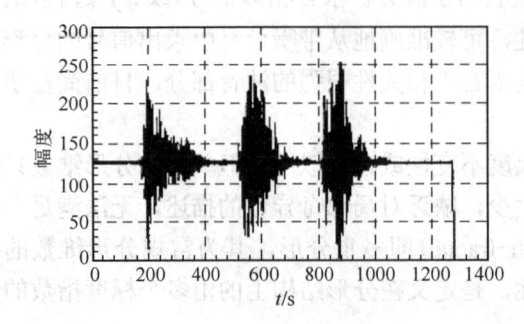

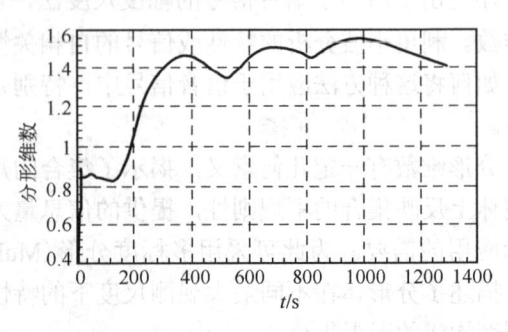

图 7-15 由三个字组成的语音波形分维轨迹

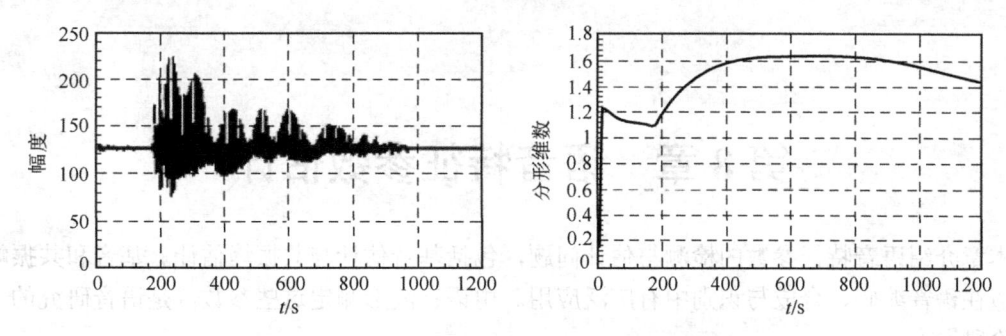

图 7-16 单字"发"的语音波形和分形维数轨迹

思考与复习题

7-1 与前面各章介绍的语音线性分析方法相比，本章介绍的语音非线性分析有何特点与优势？

7-2 试述小波变换的原理。

7-3 在语音信号分析中，小波变换与 STFT 相比有何优势？

7-4 如何利用小波变换进行语音分析？如何用小波变换进行语音端点检测及清浊音判断？

7-5 小波包与小波有何区别？如何用其模拟人耳听觉特性？

7-6 试述混沌的原理。语音具有混沌特性的机理是什么？

7-7 试述混沌吸引子、Lyapunov 指数及相空间重构的物理意义。

7-8 试述分形的原理。分数维有何物理意义？其与传统欧氏空间的维数有何区别？计盒维数如何计算？

7-9 混沌与分形有何关系？

7-10 混沌与分形在语音分析中有哪些应用？

7-11 试述基于下列三种技术的语音端点检测方法在原理上的区别：（1）高阶累积量；（2）混沌；（3）分形。

第 8 章　语音特征参数估计

本章介绍语音特征参数的检测与估计问题，包括基音估计与共振峰估计。基音和共振峰参数估值在语音编码、合成与识别中有广泛应用。由语音波形测定这些参数，是语音研究的一个重要阶段。

8.1　基 音 估 计

基音是语音信号的重要参数；在语音产生的数字模型中，也是激励源的一个重要参数。基音提取与估计是语音信号处理中十分重要的问题，尤其是对于汉语。汉语为有调语言，基音变化的模式为声调，它携带了非常重要的有辨意作用的信息，有区别意义的功能。准确检测语音信号的基音周期对高质量的语音分析与合成、语音压缩编码、语音识别与说话人确认等有重要意义。低速率语音编码中，准确的基音检测非常关键，将直接影响整个系统的性能。此外其也用于发音系统疾病诊断及听觉残障者的语言指导等。

自研究语音分析以来，基音检测一直是一个研究课题，所提出的很多方法均有局限性；迄今为止尚未找到一种完善的方法可适用于不同讲话者、要求和环境。不同方法有不同的适用范围。比如对低基音语音频域方法较好，因为这类语音在分析范围内提供了丰富的谐波；对高基音语音时域方法较好，因为这类语音在时窗范围内产生很多个基音周期。

基音提取存在许多困难，被认为是语音处理中最困难及最有挑战性的任务之一。基音检测的复杂性由语音信号的多变性及不规则性引起。表现在：

（1）声门激励信号不是真正的周期序列，语音头、尾部不具有声带振动那样的周期性，有些清音和浊音的过渡帧很难准确判断是周期的还是非周期的。

（2）很多情况下，清音语音及低电平浊音语音段间的过渡非常细微，确认它非常困难。

（3）从语音信号中去除声道影响，直接提取仅与声带振动有关的激励信号的信息并不容易，如声道共振峰有时会严重影响激励信号谐波结构。这种影响在发音器官快速动作且共振峰也快速改变时，对基音检测的危害最大。

（4）基频变化范围大，从最低的老年男性的 80Hz，到最高的儿童、女性的 500Hz，接近 3 个倍频程，给基音检测带来一定困难。

（5）语音信号包含丰富的谐波成分。另一方面，基频在 100~200Hz 的情况占多数。因而浊音信号可能包含三四十次谐波分量，而基波往往不是最强的分量。语音第一共振峰通常在 300~1000Hz 范围内，即 2~8 次谐波成分常常比基波分量还强。丰富的谐波成分使语音信号波形非常复杂，常有基频估计结果为实际值的二、三次倍频或二次分频的情况。

（6）浊音段很难精确确定各基音周期的开始与结束位置，这不仅因为语音信号本身的准周期性（即音调有变化），还由于波形的峰或过零受共振峰结构、噪声等影响。

（7）实际应用中，背景噪声强烈影响基音检测的性能；这对移动通信环境尤为重要，因为此时经常会出现高电平噪声。

针对基音检测，开展了以下三方面的研究：

（1）稳定并提取准周期性信号的周期性；

（2）因周期混乱，对基音提取误差进行补偿；

（3）消除声道(共振峰)影响。如上所述，基音提取时，易错误地提取基频两倍处的频率(即倍基音)和基频一半处的频率(即半基音)，至于产生哪种错误随提取方法而变化。

基音检测方法大致分为三类：

（1）波形估计。直接由语音波形进行估计，分析波形上的周期峰值。其特点为简单，硬件实现容易；此外可定出峰值点位置，这在一些处理中很有用。这类方法包括并行处理法(PPROC)、数据减少法(DARD)。

（2）相关处理法。时域中周期信号的最明显特征是波形的类似性，因而可通过比较原始信号及位移后信号的相似性确定基音周期。如移位距离为基音周期，则两信号有最大的类似性(相关性最强)。大多现有的基音检测都基于这一思想，最有代表性的是自相关函数法，这种方法在语音处理中广泛应用，因为其抗波形相位失真强，且硬件结构简单。包括波形自相关法(MAUTO)、AMDF、SIFT。

（3）变换法。将语音信号变换到频域、倒谱域、小波域或高阶累积量域等进行估计。如倒谱法采用倒谱分析提取基音(如 5.6 节所述)。倒谱分析算法较复杂，但基音估计效果较好。上述方法中，某些已针对不同系统得到应用。而新兴的基于小波分析及高阶累积量的基音检测方法取得了较好的结果。

表 8-1 列出了典型的基音估计方法及其特性。

表 8-1 典型基音估计方法及特征

分 类	基音提取法	特 征
波形估计法	并行处理法	由多种简单的波形峰值检测器决定提取的多数基音周期
	数据减少法	根据各种理论操作，从波形中去掉修正基音脉冲以外的数据
	过零数法	关于波形的过零数，着眼于重复图形
相关处理法	自相关法及其改进	语音波形的自相关函数，根据中心削波，平坦处理频谱，采用峰值削波可简化运算
	SIFT 法	语音波形降低取样后，进行 LPC 分析，用逆滤波器平坦处理频谱，通过预测误差的自相关函数恢复时间精度
	AMDF 法	采用 AMDF 检测周期性，根据线性预测误差信号的 AMDF 也可进行提取
变换法	倒谱法	根据对数功率谱的傅里叶逆变换分离频谱包络和微细结构
	循环直方图	在频谱上，求出基频高次谐波成分的直方图，根据高次谐波的公约数决定基音

基音检测的同时，应进行清/浊音判断。一般采用与基音检测相同的方法决定清/浊音。由于清/浊音特征可看作与周期/非周期性相同，所以可简化问题；清/浊音往往由自相关函数及预测误差自相关函数的峰值决定。但无周期性的有声区内，这种方法不是很有效，常采用其他参数作为辅助参量以提高精度。辅助参量包括语音信号能量、过零数、自相关函数及 LPC 系数。

下面介绍几种常用的基音检测方法。

8.1.1 自相关法

由 3.5 节知，浊音信号自相关函数在基音周期的整数倍位置上出现峰值，而清音的自相关函数没有明显峰值。因而检测是否有峰值就可判断是清音还是浊音，检测峰值位置就可提取基音周期。

很多情况下，基音检测用电话语音进行。话音级的电话信道频率特性在 300Hz 以下衰减很快，因而很多男性语音经电话传输后，基频不是缺失就是很弱，以至于湮灭在系统噪声中。基频缺失情况下，常利用自相关函数得到其周期性。但将自相关函数用于基音检测存在若干问题，影响从短时自相关函数中提取基音的准确性；其中最主要的是声道响应。短时自相关函数中保留的语音信号幅度太多，有很多峰值，其中许多由声道响应的阻尼振荡引起。当基音的周期性与共振峰的周期性混叠在一起时，被检测的峰值偏离原来的真实位置。主要问题是第一共振峰可能对基音造成干扰：某些浊音中，第一共振峰频率可能等于或低于基频；如果其幅度很大，则可能在自相关函数中产生一个峰值，可同基频的峰值相比拟。

图 8-1 为一个女子发"the"中的[ə]音的自相关函数，其有 3 个明显峰值。通过自相关波形，可确定第 40 个样本延迟处的峰值相应于基频，为 200Hz；而第 20 个样本处的峰值与相应于基频的峰值很接近，可被误认为基音。

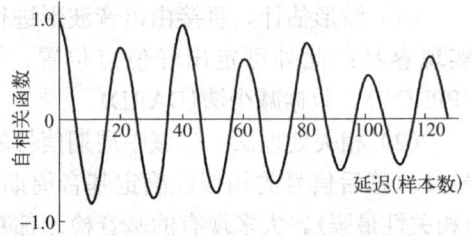

图 8-1 女子发[ə]音时的自相关函数，语音信号按 8kHz 取样

因而，对语音信号进行预处理，以去除声道响应的影响及其他带来扰乱的特征。方法之一是非线性处理。语音信号的低幅度部分包含大量共振峰信息，而高幅度部分包含大量基音信息。因而，任何削减或抑制语音低幅度部分的非线性处理都会使自相关函数性能得到改善。非线性处理的优势是，可在时域用低成本硬件实现。

中心削波即为一种非线性处理，以削除语音信号的低幅度部分，即

$$y(n) = C[x(n)] \tag{8-1}$$

削波特性及工作过程见图 8-2。

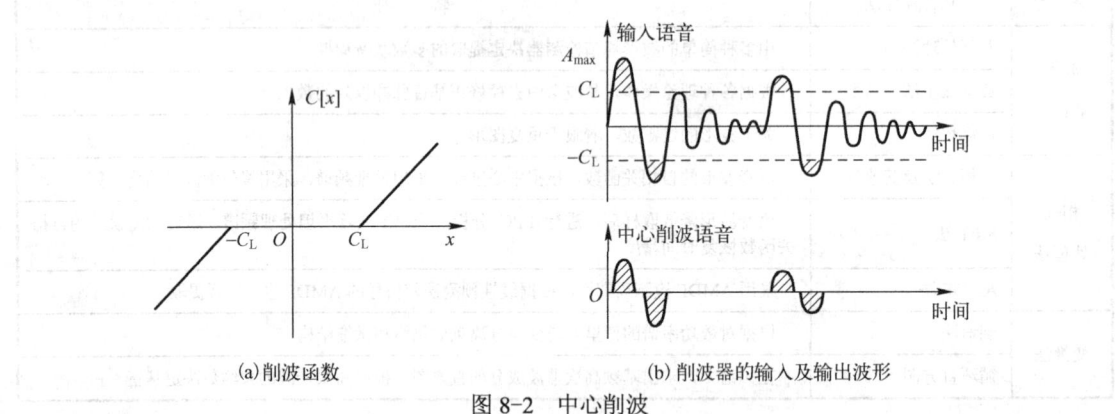

图 8-2 中心削波

图 8-2 中，削波电平由语音信号的峰值幅度确定，即为语音段最大幅度的一个固定百分数。该门限的选择很重要；在不损失基音信息情况下，应尽可能选得高些。中心削波后，只保留超过削波电平的部分，从而去除了很多与声道响应有关的波动。中心削波后的语音通过一个自相关器，以在基音周期位置呈现大而尖的峰值，而其余次要的峰值幅度都很小。使用这种方法，对电话带宽语音在 SNR 低至 18dB 情况下，得到了良好的性能。

计算自相关函数的运算量很大，因为计算机乘法运算非常耗时。为此对中心削波函数进行修正，采用三电平中心削波，见图 8-3。其输入-输出函数为

$$y(n) = C'[x(n)] = \begin{cases} 1, & x(n) > C_L \\ 0, & |x(n)| \leq C_L \\ -1, & x(n) < -C_L \end{cases} \tag{8-2}$$

即削波器输出在 $x(n) > C_L$ 时为 1，$x(n) < -C_L$ 时为 −1，除此之外为零。虽然这种处理会增加刚刚超出

图 8-3 三电平中心削波函数

削波电平的峰的重要性，但大多数次要的峰被滤除，只保留了明显显示周期性的峰。

三电平中心削波自相关函数的计算很简单。设 $y(n)$ 为削波器输出，重写式(3-27)的短时自相关函数直接计算的公式：

$$R_n(k) = \sum_{m=0}^{N-1-k} [y(n+m)w'(m)][y(n+m+k)w'(m+k)] \qquad (8-3)$$

如果窗口为直角窗，则上式变为

$$R_n(k) = \sum_{m=0}^{N-1-k} y(n+m)y(n+m+k) \qquad (8-4)$$

式中，$y(n+m)y(n+m+k)$ 的值只有-1、0、1三种情况，无须乘法运算，从而只需简单的逻辑组合即可。

图 8-4 所示为不削波、中心削波及三电平削波的信号波形及自相关函数举例。比较中心削波及三电平削波这两种削波器，可见其性能只有微小差别。

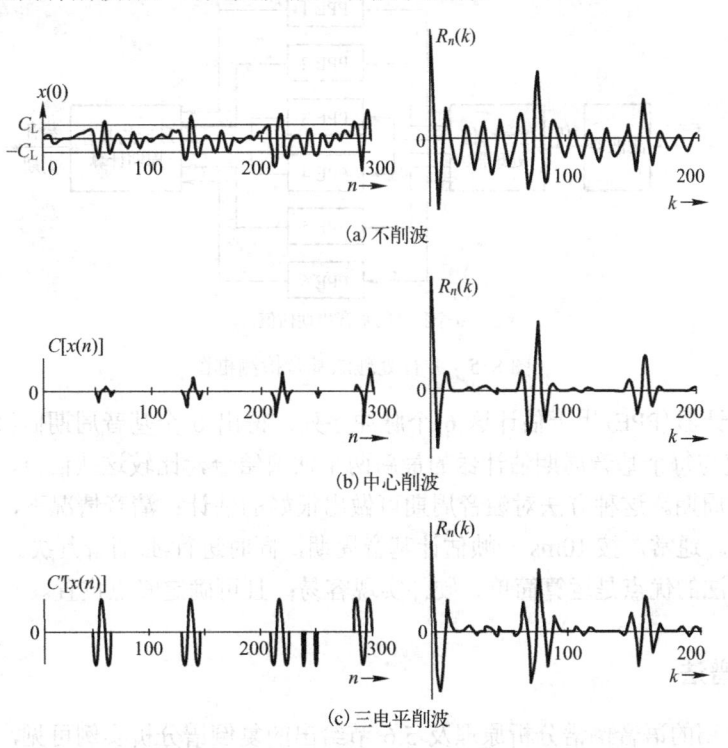

(a) 不削波

(b) 中心削波

(c) 三电平削波

图 8-4 信号波形及自相关函数举例（$R_n(k)$ 均归一化）

非线性处理除削波外，还可进行幅度立方运算。即对语音波形进行 $y(n) = x^3(n)$，以削弱其低幅度部分。该方法的一个优点是无须使用门限。

除非线性处理，还可进行频谱平坦化以消除第一共振峰可能对基音检测造成的干扰，使所有谐波基本上有相同幅度，就像周期冲激串那样。这种技术又称为谱平滑。为此可采用自适应滤波；将语音送入一个高通滤波器组，各滤波器覆盖频率范围约 100Hz，且有各自的自动增益控制，以保持输出为常数。于是合成的滤波器输出有平坦的频谱，再对这些输出进行自相关计算，以进行基音估值。

8.1.2 并行处理法

这是一种时域方法，其在很多应用中是成功的。这种检测器找出语音波形的 6 个测度，并用于 6 个独立的基音检测器。6 个检测器驱动服从多数的逻辑电路,以进行最终的基音判决。利用的波形属性是正负峰值的幅度及位置,后峰至前峰的测度及峰值至谷值的测度。语音先经截止频率为 900Hz 的低通滤波,如需要还附加高通滤波以去除 60Hz 交流声。这种方法找出的基音测度与经检验确定的基音测度相当一致,且有抗噪声性能。

并行处理法基音检测框图见图 8-5。语音信号经预处理后,形成一系列脉冲,以保留信号的周期性,而略去与基音检测无关的信息;然后由一些并行检测器估计基音周期;最后对这些基音检测器的输出进行逻辑组合,得出估计值。如语音信号的取样率 10kHz,估计精度达 0.1ms。图中滤波器是截止为频率为 900Hz 的低通滤波器,作用是去除信号频谱中高阶共振峰的影响,又保留足够的谐波结构,使峰值检测更为容易。该滤波器既可在 A/D 变换前由模拟滤波器实现,也可在 A/D 变换后由数字滤波器实现。滤波后,由峰值处理器找出峰点和谷点,再根据其位置和幅度产生 6 个脉冲序列。

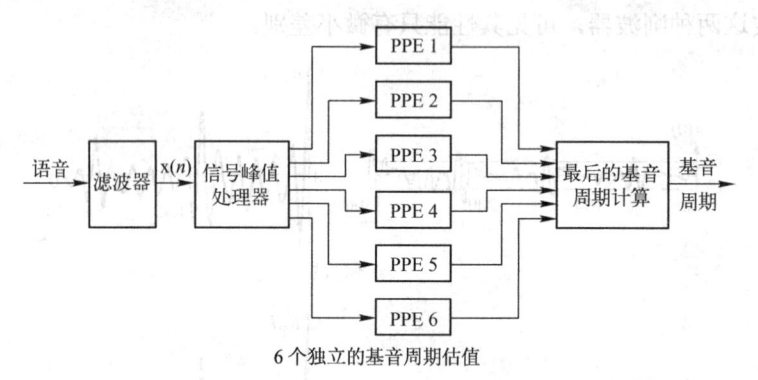

图 8-5　并行处理法基音检测框图

音调周期估计器(PPE)用于估计这 6 个脉冲序列,得出 6 个基音周期估值。基音周期计算是将这 6 个估值与每个基音周期估计器的最新两个估值结合,比较这些估值,出现次数最多的为该时刻的基音周期。这种方法对浊音周期可做出很好的估计;清音情况下,各估值不一致,因而判断为清音。通常,按 10ms 一帧估计基音周期,同时进行浊/清音判决。

时域估计方法的优点是运算简单、硬件实现容易;且可确定峰点位置。

8.1.3　倒谱法

从第 5 章介绍的语音倒谱分析原理及 5.6 节给出的复倒谱分析实例可见,浊音语音的复倒谱存在峰值,出现时间等于基音周期;而清音语音段的复倒谱不出现这种峰值。利用上述性质可进行清/浊音判断,并估计浊音的基音周期。

这种方法的要点是计算复倒谱后解卷,提取声门激励信息,在预期的基音周期附近寻找峰值。若果峰值超过设定门限则为浊音,而峰的位置就是基音周期估值;否则为清音。如果计算的是依赖于时间的复倒谱,则可估计出激励源模型及基音周期随时间的变化。

设语音信号 $s(n)$ 的频谱为 $S(e^{j\omega})$,$U(e^{j\omega})$ 为声门激励频谱,$H(e^{j\omega})$ 为声道频率特性,则

$$S(e^{j\omega}) = U(e^{j\omega})H(e^{j\omega}) \tag{8-5}$$

则 $s(n)$ 的复倒谱

$$\hat{s}(n) = \mathscr{F}^{-1}\left[\ln S(e^{j\omega})\right] = \mathscr{F}^{-1}\left[\ln U(e^{j\omega})\right] + \mathscr{F}^{-1}\left[\ln H(e^{j\omega})\right] \tag{8-6}$$

式中,$\mathscr{F}^{-1}\left[\ln U(e^{j\omega})\right]$ 为声门激励的复倒谱,$\mathscr{F}^{-1}\left[\ln H(e^{j\omega})\right]$ 为声道冲激响应的复倒谱。

声道模型的复倒谱集中于低复倒谱域,即 $n=0$ 附近。根据式(8-6),声门激励与声道响应

的复倒谱为加性组合。如果它们在复倒谱域中不混叠，则可进行复倒谱域滤波，即用一个高复倒谱窗，以滤除声道响应的影响。清音复倒谱中没有明显的峰起点，且分布范围很宽，从低复倒谱域到高复倒谱域，因而滤波后只损失 $0 \leqslant n \leqslant N-1$ 部分的激励信息(其中 N 为窗口宽度)。

倒谱与复倒谱表现出相同的性质，而为估计基音周期，没有必要对语音波形解卷，所以采用倒谱 $c(n)$ 就可以，从而从复杂的相位计算中解脱出来。人耳对语音信号相位不敏感，因而可假定输入语音信号为最小相位序列，这样可由最小相位信号法计算 $c(n)$。

图 8-6(a)为 $\ln S\left(\mathrm{e}^{\mathrm{j}\omega}\right)$ 示意图，其包括两个分量：相应于频谱包络的慢变分量(虚线所示)，及相应于基音谐波峰值的快变分量(实线所示)。通过滤波或傅里叶逆变换，可将慢变与快变分量进行分离。图 8-6(b)为 $c(n)$ 的示意图，其靠近原点部分为频谱包络的变换，位于 t_0 处的窄峰为谐波峰值的变换，表示基音周期。如基音峰值的变换与频谱包络变换的间隔足够大，则可容易地提取基音信息。

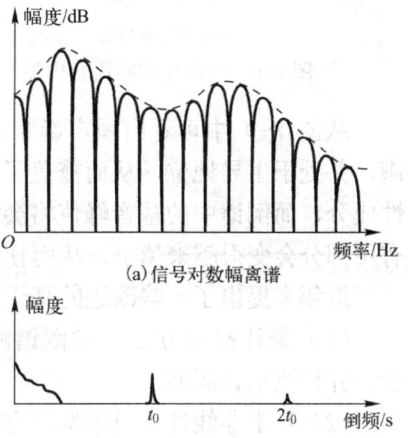

倒谱提取基音的实例见图 8-7。原理为：

(1) 取样率为 10kHz，帧长 51.2m，然后求出 $c(n)$。这里，窗口很少采用矩形窗，因为其得到的谱估计质量较差。采用的 Hamming 窗的长度及窗相对于语音信号的位置均对倒谱峰的高度有很大影响。为使倒谱有明显周期性，窗口选择的语音段应至少包含有两个明显的周期。如对基频低的男性，要求窗口长度为 40ms；对基频高的语音，窗宽可相应缩短。

(2) 求出倒谱峰值 I_{PK} 及其位置 I_{POS}。如峰值未超过某门限，则进行过零计算；若过零数超过某门限，则为无声语音帧。反之，则为有声，且基音周期仍等于该峰值的位置。

(3) 图中，无声检测器是时域信号的峰值检测器；若低于某门限则认为是无声，无须进行上述由倒谱检测基音的计算。

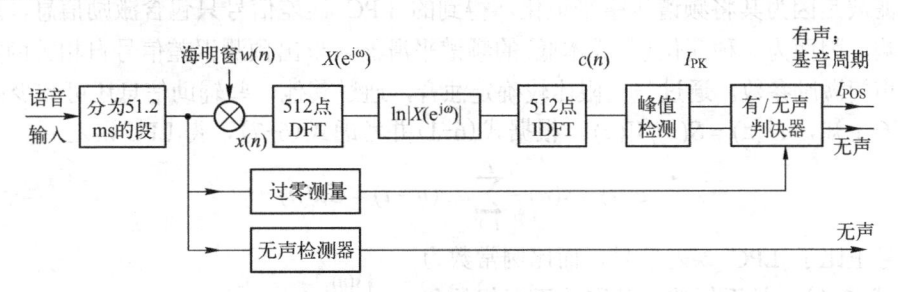

图 8-6 倒谱示意图

图 8-7 基音检测的倒谱法

如上所述，对语音窗(通常为 Hamming 窗)的宽度，为表示出明显的周期性其至少应为两个基音周期。考虑到窗的逐渐弱化效应也应这样选择。但另一方面，窗应尽可能短，使分析间隔中语音参数变化减至最小；这是短时处理的要求。窗越长则变化越大，因而与模型的偏差就越大。

没有噪声时，用倒谱法进行基音检测是很理想的，以其性能为标准可对其他基音检测方法进行评价。但存在加性噪声时，其性能急剧恶化。图 8-8(b)为有加性噪声的语音模型。此时，待分析信号不再是 $U\left(\mathrm{e}^{\mathrm{j}\omega}\right)H\left(\mathrm{e}^{\mathrm{j}\omega}\right)$，而是 $U\left(\mathrm{e}^{\mathrm{j}\omega}\right)H\left(\mathrm{e}^{\mathrm{j}\omega}\right)+N\left(\mathrm{e}^{\mathrm{j}\omega}\right)$；这就失去了倒谱所依赖的乘积性质。

图 8-8 纯净与带噪语音模型

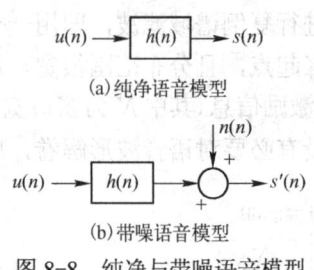

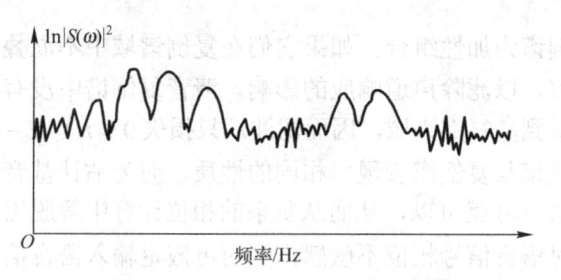

图 8-9 带噪语音对数功率谱示意图

从图 8-9 中可看出噪声影响,该图表示带噪语音的对数功率谱,其低电平部分被噪声填满,并处于主导地位,从而掩盖了基音谐波的周期性。这意味着倒谱的输入不再是纯净的周期性成分,而倒谱中的基音峰值将会展宽并受到噪声污染。随着噪声电平的增加,对数功率谱的有用部分会变得越来越小,从而使倒谱的灵敏度随之下降。

近年来提出了一些改进的基于倒谱的基音检测方法,包括:

(1)统计检测方法。对倒谱峰值进行适当加权,并以其统计中值为检测阈值判断清/浊音,并检测基音周期。

(2)基于非线性声道模型的方法。将语音产生模型设为

$$s(n) = \prod_{k=0}^{N-1} e(n)^{v(n-k)} \tag{8-7}$$

式中,$e(n)$ 为声门激励信号,$v(n)$ 为声道冲激响应。对上式求对数再求倒谱。

(3)倒谱与单边自相关函数结合的方法。先求出信号的单边自相关函数,再求其倒谱。

8.1.4 简化逆滤波法

简化逆滤波跟踪是相关处理法进行基音提取的一种现代化版本,是检测基音的较有效的方法。其先对语音波形降低取样率,进行 LPC 分析,抽取声道模型参数,再利用这些参数用 LPC 逆滤波器对原信号逆滤波,从预测误差中得到激励源序列,最后用自相关法求出基音周期。用逆滤波是因为其将频谱包络平坦化,得到的 LPC 误差信号只包含激励信息,从而去除了声道影响,因而为一种简化(即成本低)的频谱平滑器。求出预测误差信号自相关函数后,就可提取出声门激励参数。通过与门限比较确定浊音,通过其他一些辅助信息还可减少误差。

由图 6-1 知,$H(z) = S(z)/V(z)$,根据式(6-1)并考虑式(6-7),得 LPC 误差

$$e(n) = s(n) - \sum_{i=1}^{P} a_i s(n-i) = Gu(n) \tag{8-8}$$

即激励信号正比于 LPC 误差信号,而比例常数为增益 G。式(8-8)只是近似的,其取决于理想的和实际的预测器的一致程度。LPC 模型与产生实际信号的系统越接近,$e(n)$ 就越接近激励信号。浊音在每个基音周期起始处预测误差较大。图 8-10 是浊音"啊"的波形 $s(n)$ 及其预测误差 $e(n)$ 波形。这里,$P=14$,语音段长度为 20ms,约包含 5 个基音周期。该图所示波形由协方差法得到。检测 $e(n)$ 相邻两个最大脉冲的间距,可对基音周期进行估计。

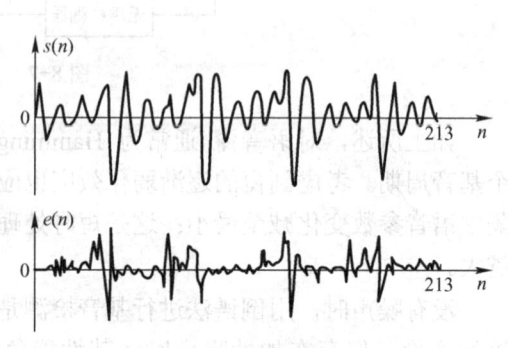

图 8-10 浊音"啊"的波形及预测误差波形

用 LPC 误差信号提取基音的优点是 $e(n)$ 的频谱较平坦(梳齿效应是由基音周期性造成的,

因为周期信号的频谱是离散的),因而共振峰影响已去除。图 8-11 是另几个简单元音的波形及相应的预测误差信号,可见由后者检测基音更可靠。

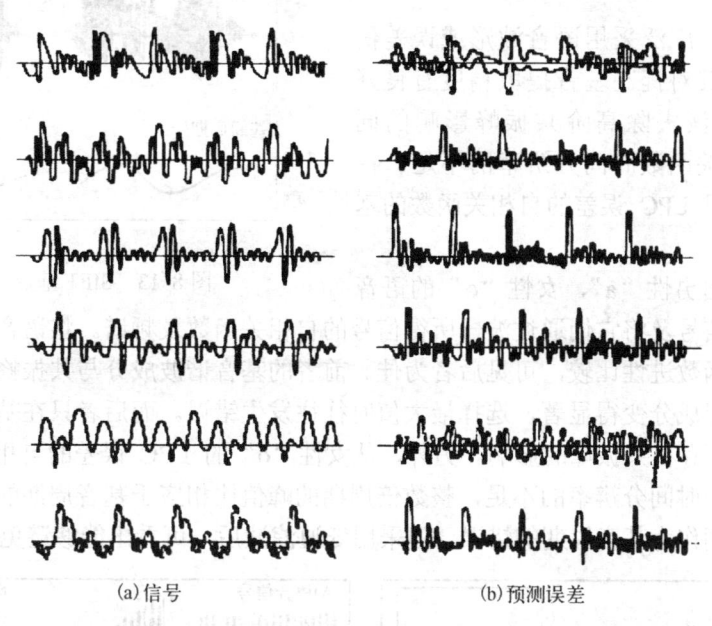

(a)信号　　　　　　　　　　(b)预测误差

图 8-11　几个主要元音(i, e, a, o, u, y)的波形和预测误差

简化逆滤波器原理见图 8-12。其工作过程为:

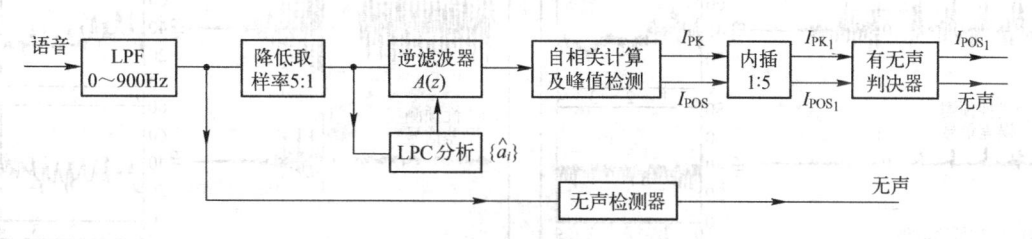

图 8-12　基音检测的简化逆滤波法

(1) 语音信号经 10kHz 取样,通过 0~900Hz 的数字低通滤波器(LPF),目的是滤除声道谱中声道响应部分的影响,使峰值检测更为容易。再降低取样率 5 倍,经 5 次分频降低到 2kHz(声门激励序列宽度小于 1kHz,因而 2kHz 取样就可以);当然后面要进行内插。

(2) 提取 LPC 参数。LPC 滤波器阶数 $P=4$,4 阶滤波器完全可作为 0~1kHz 的信号谱模型,因为此范围通常只有 1~2 个共振峰。然后逆滤波,得到接近平坦的谱。

(3) 进行短时自相关运算,检测峰值及其位置,得到基音周期估值。

(4) 为提高基音周期的分辨率,对最大峰值所处范围的自相关函数进行内插。

(5) 最后进行有/无声判决。此处与倒谱法类似,有一个无声检测器,以减少运算量。

用 LPC 误差信号进行基音检测较为理想,但对某些谐波结构不很丰富的浊音如 "r"、"l",及鼻音如 "m"、"n",其误差信号的峰起不是非常丰富和分明。

另外,这种方法用谱平滑去除声道特性来进行基音检测,因而谱平滑越成功则效果越好。但对高基频说话人(如儿童),谱平坦化往往不成功,在 0~900Hz 范围缺乏一个以上的基音谐波(对电话输入的信号尤其如此)。这类说话人及传输条件应考虑其他方案。预测误差的自相关函数比语音波形的自相关函数好,因为语音波形中包含声道响应即共振峰作用,而预测误差信号代表声门激励，已去除了共振峰作用。

图 8-13 是用 SIFT 估计一段语音得到的基音变化轮廓。

基音提取中，广泛采用语音波形或误差信号的低通滤波，其对提高基音提取精度有良好的效果。低通滤波去除高阶共振峰影响的同时，可弥补自相关函数时间分辨率的不足。特别是，后者对使用 LPC 误差的自相关函数的基音提取尤为重要。

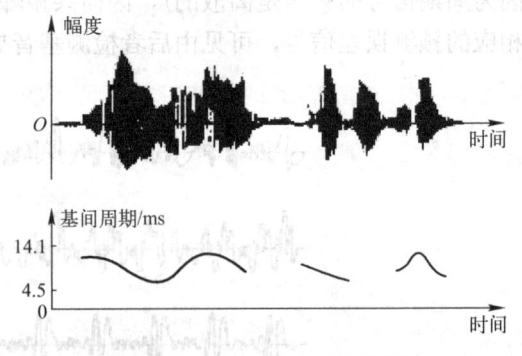

图 8-13 SIFT 基音检测实例

图 8-14 给出男性"a"、女性"o"的语音波形、预测误差信号及将它们通过波器所得信号的自相关函数及频谱。将语音自相关函数及预测误差的自相关函数进性比较，可见后者为佳。前者的基音谐波成分与共振峰频率相近时，在相关函数上共振峰成分变得显著，选择最大值时往往发生错误。而后者只在基波及整数倍位置上存在波峰，而不存在共振峰的影响。另外，从女性"o"的 LPC 误差的自相关函数看，不经低通滤波时，由于时间分辨率的不足，整数倍周期的峰值比相应于基音周期的峰值大，因而产生将两倍基音周期作为基音周期的错误。但采用低通滤波后，可看出能够避免这一错误。

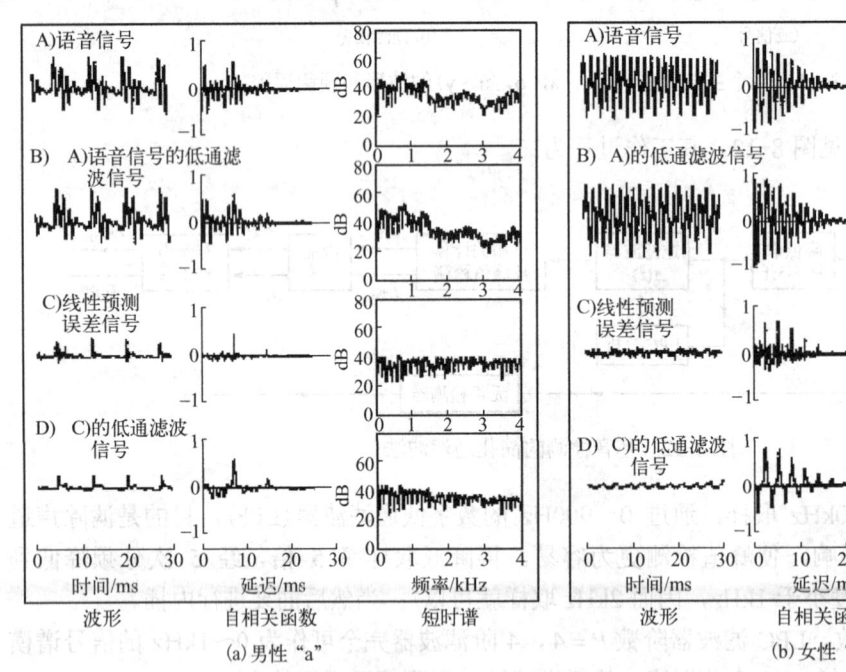

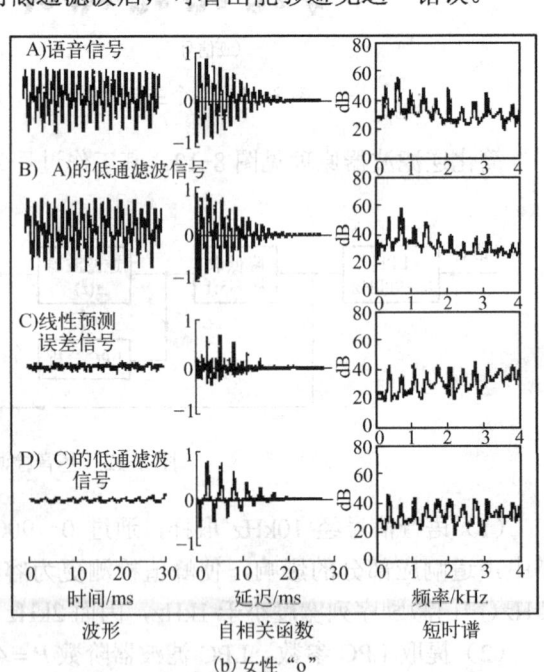

图 8-14 语音波形及低通滤波信号、LPC 误差信号及低通滤波信号（自上而下）、自相关函数及短时谱（30ms Hamming 窗，$P=2$）

基音检测有很多方法，大多基于低通滤波和自相关法。其主要缺点是：（1）准确性不高；（2）只能求出分析帧的平均基音周期，难以对每个基音周期准确定位和标记，而这在很多场合下是很重要的。

而采用高阶累积量和小波等进行基音检测可得到较好的效果。

8.1.5 高阶累积量法

3.7.2 节介绍了高阶累积量的基本原理，3.7.3 节介绍了基于高阶累积量的语音端点检测方法。高阶累积量也可用于基音检测。

三阶累积量用于基音检测的原理与自相关法类似。首先将语音信号通过三电平中心削波器，设其输出为 $x(n)$，求其三阶累积量

$$c_3(\tau_1) = E[x(n)x(n)x(n+\tau_1)] \tag{8-9}$$

基于三阶累积量的基音检测所用的自相关函数为

$$\text{NACC}(\tau_2) = \left[\sum_{i=0}^{N-1} c_3(i)c_3(i+\tau_2) \bigg/ \sqrt{\sum_{i=0}^{N-1} c_3^2(i+\tau_2)}\right]^2 \tag{8-10}$$

其中，N 为窗长度。

求得 NACC 的峰值位置，将这些峰值与门限（可取 NACC(0) 的 30%）进行比较，若低于门限则为清音；反之为浊音，且相邻峰值的时间差为基音周期。

图 8-15 给出一段带噪语音的三阶累积量的自相关函数。语音为男性发音"a"，采样率为 22KHz，噪声为高斯噪声，信噪比为 -5ddB。可见，低 SNR 下，自相关法无法进行基音检测，得到的是错误结果；而用高阶累积量能可靠地检测基音周期。

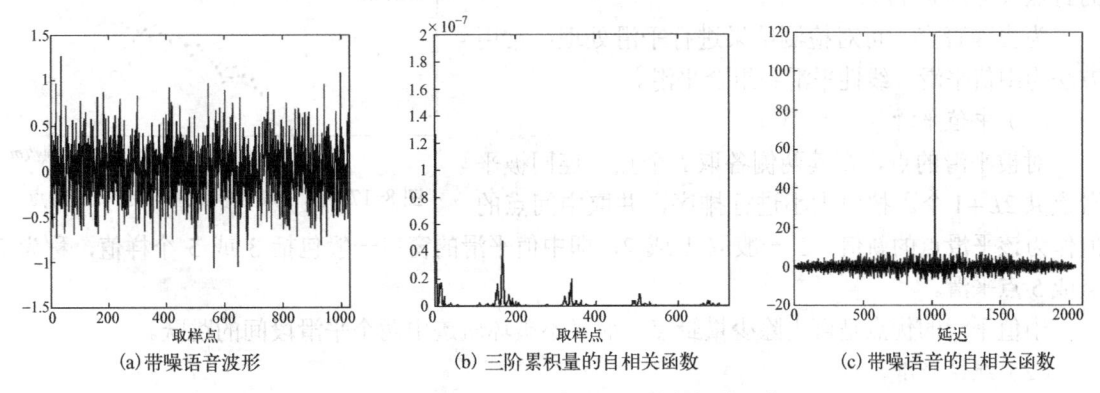

图 8-15 带噪语音的三阶累积量的自相关函数

8.1.6 小波变换法

7.3 节介绍了小波变换的原理及特性。小波变换具有以下性质：信号突变处的模达到极大值，即其极值点对应于信号的锐变或不连续点。由于这种突出局部特征的能力，小波变换成为检测信号瞬态突变的有力工具。

语音为浊音时，声门发生周期性的开启或闭合，从而在语音信号中引起锐变（如 2.3.2 节所述）。对语音信号进行小波变换，其极值点对应于声门的开启或闭合点，相邻极值点的间距对应于基音周期。因而用小波变换可检测基音周期。

语音中的非平稳信号可分为两部分：一是低频信号，主要由基音构成；二是高频信号，主要为噪声及突变信号。基音信号为低频分量，有明显的强度和周期性特征，因而可从表征低频信号分量的小波系数中提取基音周期。基音检测可采用二进制小波变换。

这种应用只涉及信号的小波分解而无须重构，从而对小波函数的限制较小，甚至可选用高斯函数。

图 8-16(a) 中，语音信号为男性发音"family"，采样率 22kHz。利用 Mallat 算法对其进行 6 级小波分解，图 8-16(b)~(f) 分别为逐次小波分解后提取的低频系数。可见，系数 $a_1 \sim a_6$ 中，a_6 的周期性最强；统计单位时间它的峰值个数，可知该段语音的基音周期约为 7.8ms。

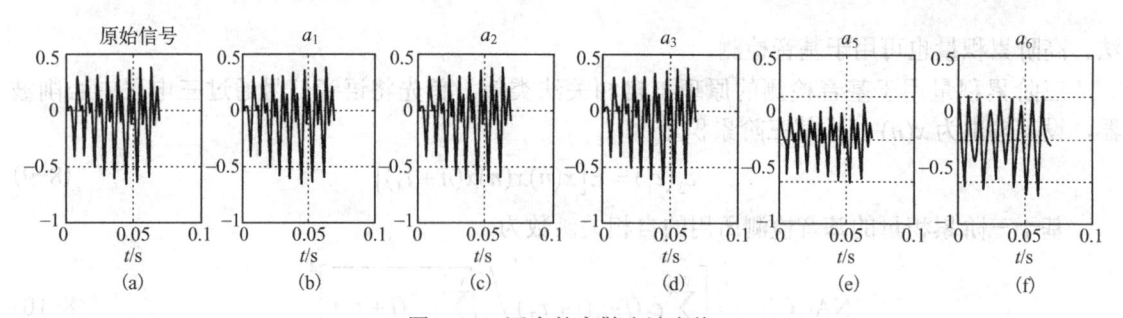

图 8-16 语音的离散小波变换

8.1.7 基音检测的后处理

无论何种基音检测方法均可能产生检测错误，不可能准确估计出所有基音周期。基音周期轨迹中，通常大部分点较准确，但也有一部分估值偏离正常轨迹（通常偏离 2 倍或 1/2），称之为基音轨迹的野点（见图 8-17）。

为去除野点，可对检测结果进行平滑处理；常用方法为中值平滑、线性平滑和组合平滑。

（1）中值平滑

对被平滑的点，在其两侧各取 L 个点，连同被平滑点共 $2L+1$ 个。按值大小进行排序，并取中间点的值作为该平滑点的新值。L 一般取 1 或 2，即中值平滑的窗口一般包括 3 或 5 个样值，称为 3 点或 5 点平滑。

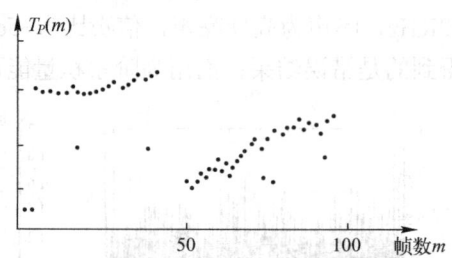

图 8-17 基音周期轨迹及轨迹中的野点

中值平滑的优点是可去除少量野点，而又不破坏轨迹中两个平滑段间的跳跃。

（2）线性平滑

即对周围点进行线性加权。其用滑动窗进行线性滤波处理，即

$$y(n) = \sum_{m=-L}^{L} w(m) x(n-m) \tag{8-11}$$

其中，$w(m)(-L \leqslant m \leqslant L)$ 为 $2L+1$ 点平滑窗，且

$$\sum_{m=-L}^{L} w(m) = 1 \tag{8-12}$$

如三点窗的权可取 $(0.25, 0.5, 0.25)$。

线性平滑在纠正输入信号不平滑样点值的同时，也对附近样点值进行了修改。因而窗宽加大可改进平滑效果，但也导致两个平滑段间阶跃的模糊程度加重。

（3）组合平滑

为改善平滑效果，可将两个中值平滑级联，图 8-18(a) 为 5 点及 3 点中值平滑的结合。

另一种方法是将中值平滑与线性平滑组合：先对原始结果进行中值平滑，再进行线性平滑（见图 8-18(b)）。为使平滑的基音轨迹更贴近，还可采用二次平滑方法。

设欲平滑的信号为 $T_p(n)$，经一次组合得到的信号为 $\tau_p(n)$。先求出两者差值 $\Delta T_p(n) = T_p(n) - \tau_p(n)$，再对 $\Delta T_p(n)$ 进行组合平滑，得到 $\Delta \tau_p(n)$。令输出为 $\tau_p(n) + \Delta \tau_p(n)$，可得到更好的基音周期估计轨迹。算法框图见图 8-18(c)。中值平滑和线性平滑会引入延时，因而上述方案实现时应考虑延时的影响。图 8-18(d) 为采用补偿延时的二次平滑方案；延时大小由中值和线性平滑点数决定。如 5 点中值平滑引入 2 点及 3 点平滑引入 1 点延时，则两者组合平滑

时，补偿延时的点数为3。

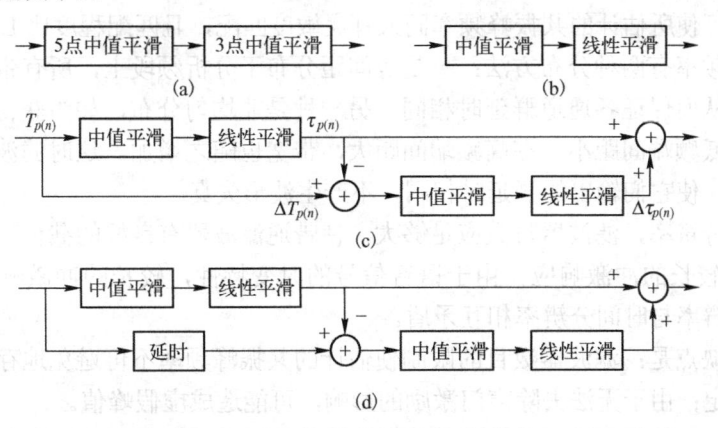

图 8-18　各种组合平滑方法的框图

8.2　共振峰估计

共振峰估计是语音信号处理研究的重要内容。共振峰是反映声道谐振特性的重要特征，代表了发音信息的最直接来源。改变共振峰可产生所有元音和某些辅音，在共振峰中也包含其他辅音的重要信息。共振峰参数随时间的变化反映声道对各种发音的调音运动的变化情况，最能体现声道的一些自然特性，对分析语音信号特性的变化有重要作用。人在语音感知中也利用共振峰信息。因而共振峰是广泛用于语音识别的主要特征及语音编码传输的基本信息。

共振峰信息包含在语音信号谱包络中，谱包络峰值基本上对应于共振峰频率。因而共振峰估计均直接或间接地对频谱包络进行考察。其关键是估计语音谱包络，并认为谱包络最大值就是共振峰。与基音检测类似，共振峰估计为许多问题所困扰，包括：

（1）虚假峰值。正常情况下，频谱包络的最大值完全由共振峰引起。但 LPC 之前的谱包络估值器中，虚假峰值相当普遍。甚至在 LPC 方法中，也可能有虚假峰值：为增加灵活性，需给预测器增加二至三个额外极点（如 6.6.1 节所述），而这些极点会引起虚假谱峰。

（2）共振峰合并。相邻共振峰频率可能会靠得太近而难以分辨。此时，不是认为共振峰额外多了而是认为其明显少了，而探讨理想的可对共振峰合并进行识别的方法有不少实际困难。

（3）高基音语音。传统谱包络估值是用由谐波峰值提供的样点。高基音语音（如女声和童声）谐波间隔较宽，为谱包络估值提供的样点较少，因而谱包络估计不精确。即使采用 LPC 方法，谱包络峰值仍较接近谐波峰值而常偏离共振峰位置。

以上三个问题对传统的谱包络估计方法（以 FFT 为基础）特别严重。虽然 LPC 分析存在某些缺点，但对大多实际应用，由这些极点可计算出共振峰频率和带宽。

提取共振峰特性最简便的手段是使用语谱仪（如 4.5 节所述）。语谱仪在语音学中有独特地位，其用滤波器输出来研究语音信号的频谱特性，这种滤波器是模拟滤波器。随着数字信号处理技术的发展，用数字滤波器组可得到与模拟语谱图相近的功能。提取共振峰还有倒谱、LPC等更准确有效的方法。共振峰表现为语音信号谱包络峰值或声道模型幅度谱的峰值，因而从不同角度出发可得到不同方法。下面讨论常用的几种。

8.2.1　带通滤波器组法

该方法类似于语谱仪，但使用了计算机，从而使滤波器特性选取更为灵活。它是最早的提取共振峰方法。与 LPC 法相比,滤波器组法性能差一些,但目前语音识别中仍在使用;且通过滤波器组设计可使所估计的共振峰频率同人耳灵敏度匹配,且匹配程度比 LPC 法好。

滤波器中心频率有两种分布方法:一是等间距分布于分析频段上,所有带通滤波器的带宽可设计为相同,从而保证各通道群延时相同。另一种是非均匀分布,如为获得类似于人耳的频率分辨特性,在低频端间距小;在高频端间距大,带宽也随之增加。这时滤波器的阶数须设计为与带宽成正比,使它们输出的群延时相同,不产生波形失真。

为提高频率分辨率,滤波器阶数应足够大,使带通滤波器有良好的截止特性;但这也意味着每个滤波器有较长的冲激响应。由于语音信号的时变特性,较长的冲激响应会模糊这种特性,所以频率分辨率与时间分辨率相互矛盾。

这种方法的缺点是:滤波器数目的限制使估计的共振峰频率不可避免地存在误差;且对共振峰带宽不易确定;由于无法去除声门激励的影响,可能造成虚假峰值。

图 8-19 给出一种利用滤波器组进行共振峰估值的系统示意图。滤波器中心频率从 150Hz 到 7kHz,分析带宽从 100Hz 到 1kHz,频率按对数规律递增。滤波器输出经全波整流以提供频谱包络估值。辨识逻辑用于对适当频率范围内的峰值进行辨识,而获得前三个共振峰。频谱峰值依次指定,每一峰值约束在已知频率范围内,且高于前面共振峰的频率。

8.2.2 DFT 法

DFT 是频谱分析的有效手段,可用于提取共振峰参数。对一帧短时语音信号 $s(n)$ 进行 DFT 可得其离散谱。即频域中有

$$S(e^{j\omega}) = U(e^{j\omega})H(e^{j\omega}) \tag{8-13}$$

即信号频谱为声门激励与声道共同作用的结果,即频谱包络与频谱细微结构以乘积方式混合在一起(见图 2-6 及图 8-6(a))。可对其进行 FFT 处理。

1. 浊音时

此时语音信号有明显周期性,信号谱中有多个谐波频率,为 nf_P(f_P 为基频,n 为正整数)。

DFT 得到的频谱受基频谐波影响,最大值只出现在谐波频率上,因而共振峰测定误差较大。为减小误差,可由谐波频率 nf_P 及前、后两个次极值频率 $(n-1)f_P$、$(n+1)f_P$ 插值求出共振峰频率(见图 8-20),图中 F 表示共振峰频率。

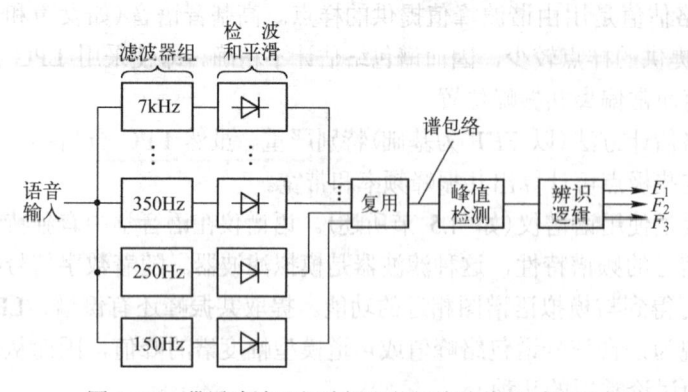

图 8-19 带通滤波器组法提取共振峰估值的系统示意图

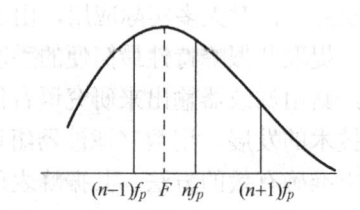

图 8-20 谐波插值求共振峰

2. 清音时

此时信号有随机噪声的特点,频谱不具有离散谐波特性,但其包络基本反映了声道特性。

对频谱进行线性平滑得到谱包络,并用峰值搜索算法确定峰值,并标记为共振峰参数。

图 8-21(a)和(b)分别给出一段经预加重和 Kaiser 窗加权的 25.6ms 的元音段(取样率 12kHz),以及由 DFT 求出的谱和由 LPC 求出的谱包络。

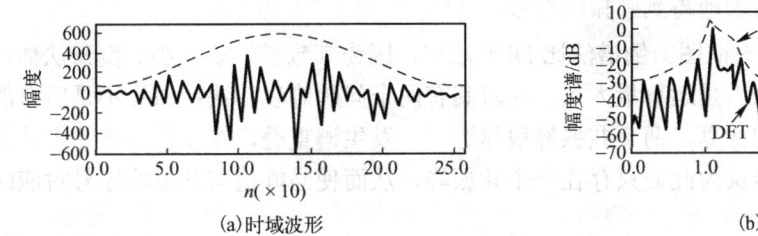

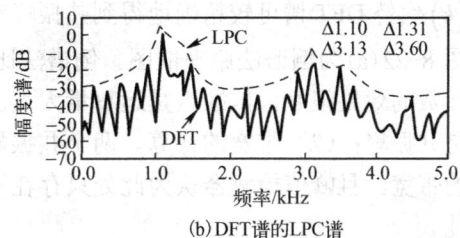

(a)时域波形

(b)DFT谱的LPC谱

图 8-21 元音段[a]的 DFT 谱及 LPC 谱

8.2.3 倒谱法

5.6 节已介绍过可利用倒谱将基音谐波同声道响应信息进行分离。8.1.3 节介绍的用倒谱法进行基音检测是寻找基音谐波;显然,另一方面可用倒谱得到声道信息。

式(8-5)中,$S(e^{j\omega})$ 为信号短时谱,$U(e^{j\omega})$ 相应于频谱微细结构,$|H(e^{j\omega})|$ 相应于谱包络。浊音时,$S(e^{j\omega})$ 是间隔频率为基频的离散线状谱,图 2-7 给出此时语音谱、声门激励谱及声道频率特性的关系。图中,虚线为慢变的谱包络,实线为迅速变化的谐波峰值的谱,即较精细的周期图形。

由式(8-5),与式(8-6)类似,可得信号倒谱

$$c(n) = \mathscr{F}^{-1}\left[\ln|S(e^{j\omega})|\right] = \mathscr{F}^{-1}\left[\ln|U(e^{j\omega})|\right] + \mathscr{F}^{-1}\left[\ln|H(e^{j\omega})|\right] \quad (8\text{-}14)$$

用 IDFT 求 $c(n)$ 时,与时域取样类似,为避免混叠,N 需足够大

$$c(n) = \frac{1}{N}\sum_{k=0}^{N-1}\ln|S(k)|e^{j\frac{2\pi}{N}kn}, \quad 0 \leqslant n \leqslant N-1 \quad (8\text{-}15)$$

式(8-14)右侧两项在倒谱域中有较大差别,其中第一项为声门激励序列的倒谱,为以基音周期为周期的冲激序列;第二项为声道冲激响应序列的倒谱,集中于 $n=0$ 附近的低倒谱域,理想情况见图 8-6(b)。因而可在倒谱域用一个滤波器滤除声门激励的影响,该滤波器称为倒滤波器,即

$$l(n) = \begin{cases} 1, & |n| < n_0 \\ 0, & |n| \geqslant n_0 \end{cases} \quad (8\text{-}16)$$

其中,n_0 应比 N_P 小。再对倒谱进行 DFT,得到声道模型的对数谱 $\ln|H(k)|$,而求得的谱包络的平滑程度因使用倒滤波器的不同成分而变化。

对浊音和清音,倒谱法的检测效果不同:

(1)浊音时,若谱包络的变换与基音峰值的变换在倒谱域中间隔足够大,则前者易识别。$h(n)$ 的倒谱 $\hat{h}(n)$ 的特性取决于声道传递函数 $H(z)$ 的极零分布:其极零点模不很接近于 1 时,$\hat{h}(n)$ 随 n 增大而迅速减小。

(2)清音时,声门激励序列有噪声特性,倒谱 $\hat{u}(n)$ 无明显峰值且分布于低倒谱域到高倒谱域的很宽范围,因而在低倒谱域对声道响应信息产生影响。因而,求得的声道模型对数谱与实际声道对数谱间存在差别。

用倒谱法提取共振峰比 DFT 精确。其用对数运算及二次时域和频域间的变换，将基音谐波与声道谱包络进行分离，因而用低倒谱窗 $l(n)$ 从语音信号倒谱中所截取的 $h(n)$ 可更精确地反映声道响应。用倒谱法经同态滤波后得到平滑的谱，消除了 DFT 法中基频谐波的影响。因而用 $\hat{H}(k)$ 代替 DFT 谱可较精确地得到共振峰参数。

图 8-22(a) 为倒谱法原理框图。倒谱法比 DFT 法好，因为其频谱波动较小。倒谱法估计共振峰参数的效果很好，但缺点是运算量太大。同时其有两个问题难以解决：（1）不是所有的谱峰都是共振峰；（2）带宽的计算。两个共振峰很靠近时，发生谱重叠，难以从频谱图中计算共振峰的带宽。且峰值检测器认为此处只存在一个共振峰，从而使当峰值与共振峰序号对应时引起混乱。

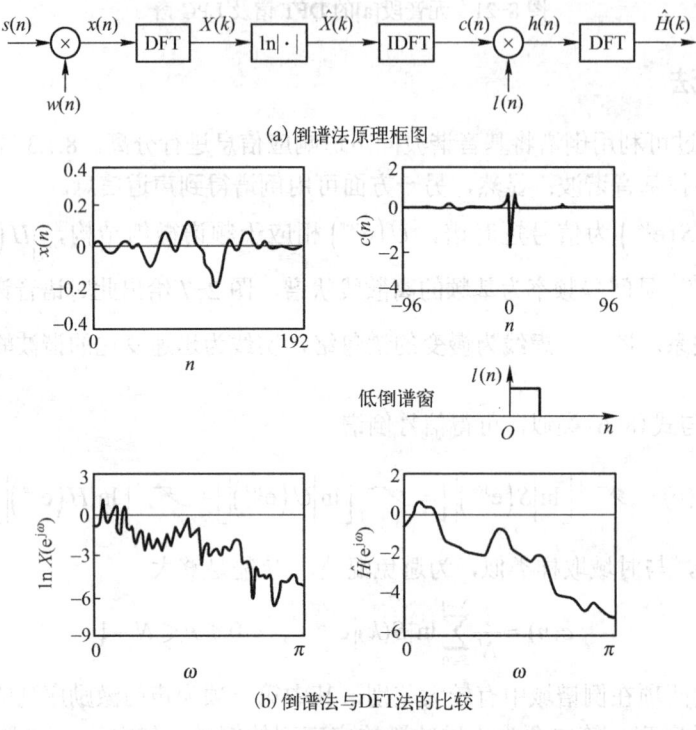

图 8-22 倒谱法估计共振峰原理框图及与 DFT 法的比较

语音倒谱可逐帧计算，从而得到基频和共振峰频率随时间变化的轨迹。基音周期和共振峰频率轨迹有很多应用。图 8-23 为语音"We were away a year ago"的基音周期与共振峰频率轨迹曲线。其中语音帧相继衔接，帧长 512 点，取样率 10kHz，因而分析时帧速率约 20Hz。图中给出约 2s 的轨迹曲线。如相邻帧部分重叠，可提高帧速率(如提高到 50～100Hz)，从而得到更为平滑的曲线。

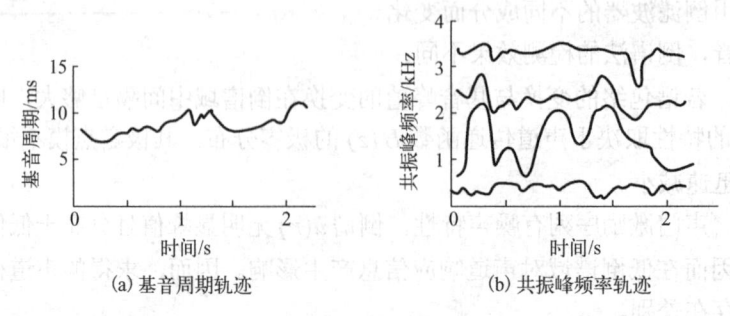

图 8-23 一段英语语音的基音周期及共振峰频率轨迹曲线

8.2.4 LPC 法

LPC 法可对语音信号进行参数解卷。其不足之处是频率灵敏度与人耳不匹配，但仍为最优良的行之有效的方法，因为它提供了优良的声道模型(条件是语音基本上不含噪声)。LPC 可对语音信号解卷：将声门激励分量归入预测误差中，而得到声道全极模型 $H(z)$ 的分量，从而得到 $\{\alpha_i\}$ 参数；尽管其精度由于存在一定逼近误差而有所降低。

用 LPC 法进行共振峰估计有两种方案。最直接的是对全极模型分母多项式 $A(z)$ 进行因式分解，即用任意一种标准求复根的方法求出 $A(z)$ 的根，并由其确定共振峰。这种方法为求根法。另一种是进行 LPC 谱估计。LPC 谱的特点是在信号谱峰处匹配得很好(如 6.6.1 节所述)，因而可准确求出共振峰参数。即求出语音谱包络后，搜索包络的局部极大值，用峰值检测器确定共振峰。

下面介绍求根法。其优点为通过对预测多项式系数的分解，可精确得到共振峰频率与带宽。求多项式复根通常用 Newton-Raphson 搜索算法。即先猜测一个根值，并由此计算多项式及其导数值，再找出一个改进的猜测值；若前后两个猜测值之差小于某门限则结束猜测过程。但这种迭代方法的运算量相当大。可假设每帧最初猜测值与前帧的根的位置重合，则根的帧到帧的移动足够小，经较少的重复运算后可使新的根的值汇聚在一起。初始时，第一帧的猜测值可在单位圆上等间隔设置。

设预先选定的 LPC 阶数为 P（偶数），可得到 $P/2$ 对共轭复根

$$\begin{cases} z_i = r_i \mathrm{e}^{\mathrm{j}\theta_i} \\ z_i^* = r_i \mathrm{e}^{-\mathrm{j}\theta_i} \end{cases}, \quad i=1,2,\cdots,P/2 \tag{8-17}$$

根 z_i 与 z_i^* 的组合对应于一个二阶谐振器(带通滤波器)，其中心频率 F_i 与 3dB 带宽 B_i 及根的近似关系为

$$\begin{cases} 2\pi T_S F_i = \theta_i \\ \mathrm{e}^{-B_i \pi T_S} = r_i \end{cases} \tag{8-18}$$

则

$$\begin{cases} F_i = \dfrac{\theta_i}{2\pi T_S} \\ B_i = \dfrac{\ln r_i}{\pi T_S} \end{cases} \tag{8-19}$$

用 LPC 谱估计方法求共振峰显然比求根法容易，但谱峰合并时将产生误差。共振峰合并时，两个相邻的共振峰极点紧靠在一起，只呈现一个局部极大值，导致峰值检测器认为此处只存在一个共振峰，因而当峰值与共振峰对应时将引起一系列的混乱。为此，可进行谱的预加重，使互相靠近的共振峰合并的可能减至最小。

LPC 法固有的一个优点在于：预测多项式分解可精确地决定频率及带宽。共轭复根对的数量最多为 $P/2$，因而判断哪些极点属于哪个共振峰的问题不太复杂。它比用倒谱法得到的谱峰少，因为最多只有 $P/2$ 个谐振峰起，而同态平滑则没有这种限制。LPC 谱与其他谱的比较表明，其可很好地表示共振峰结构而不出现额外的峰起和起伏。此外额外的极点一般容易被排除，因为其带宽通常比典型的语音共振峰的带宽大得多。

同态处理提取谱包络的原理与 LPC 分析有很大相同，其不依赖模型假定，通过倒谱窗在倒谱域进行平滑，得到的共振峰带宽较宽。而 LPC 法常可得到较尖锐的峰估计，比实际的共振峰可能还要窄。

LPC 法的缺点是用全极模型逼近语音谱，对含有零点的某些音，$A(z)$ 的根反映了极零的

复合效应，从而无法区分其是相应于零点、极点，还是完全与声道谐振极点有关。

8.2.5 FM-AM 模型法

2.5 节介绍了语音产生的非线性 FM-AM 模型，3.6.3 节介绍了基于 FM-AM 模型的端点检测。下面介绍基于 FM-AM 模型的共振峰估计方法。

前面介绍的共振峰估值通过找到平滑的倒谱或 LPC 谱的峰值，及通过求解 LPC 多项式的根来实现；它们通常认为一个短时语音帧内共振峰不变。而基于 FM-AM 模型的共振峰估值可获得任意一个时域点 n 处的瞬时频率，有更高的时间分辨率。对单共振峰调制的信号，可通过式(2-23)、式(2-24)或式(2-26)、式(2-27)、式(2-28)求得瞬时频率。但语音信号由对多个共振峰的调制结果叠加得到，直接对多分量信号进行 ESA 操作会产生交叉项干扰。因此需用一组滤波器将各共振峰调制的信号进行分离，再用 ESA 对幅度包络和瞬时频率进行分离；在瞬时频率基础上进行迭代，得到共振峰的中心频率。上述为基于 ESA 的共振峰估值。

通常用 Gabor 滤波器分离语音信号中与单个共振峰对应的信号分量；Gabor 滤波器有高斯分布形式，同时具有最高的时间和频率分辨率，应用广泛。其时域形式为

$$g(n) = \begin{cases} \exp\left[-(\alpha nT)^2\right]\cos(2\pi f_0 T_s n), & |n| \leqslant N \\ 0, & |n| \geqslant N \end{cases} \quad (8\text{-}20)$$

式中，f_0 与 α 分别为滤波器的中心频率与带宽参数。N 值应使 $g(n)$ 在 $n = N$ 时接近于 0；根据经验公式其最优值满足

$$\exp(-\alpha nT_s)^2 \approx 10^{-6} \quad (8\text{-}21)$$

为将语音信号的瞬时频率和包络进行分离，应用 ESA 前应合理选择各滤波器的中心频率和带宽。其中带宽非常重要，应包含所需要的共振峰信号且抑制相邻的共振峰信号。为简化起见，通常设滤波器带宽固定，并由经验得到。通常共振峰中心频率 $f_0 < 1000$ Hz 时，α 为 800Hz；其他情况下 α 为 1100Hz。如允许带宽变化，其应为共振峰间距的线性函数。

选择好带宽后，共振峰与滤波器的中心频率可进行迭代估计。实验表明，滤波器中心频率与共振峰频率有几百 Hz 偏差时，其瞬时频率的平均值仍接近于共振峰的峰值频率，而平均值接近功率谱的峰值或局部最大值。因而，给定初始估计的中心频率后，用瞬时频率均值可迭代估计滤波器的中心频率；迭代过程中可调整滤波器的中心频率，收敛时的中心频率即为该共振峰中心频率。对于候选共振峰，带宽固定时中心频率的迭代结果为

$$f_0^{i+1} = \frac{1}{N}\sum_{n=0}^{N-1} f^i(n) \quad (8\text{-}22)$$

即对前次中心频率为 f_0^i 的滤波器滤波后的语音信号，用 ESA 进行能量分解，求出第 i 次的瞬时频率 $f^i(n)$，再由上式求出新的中心频率。用新的中心频率构造的滤波器重新对语音信号滤波，再用 ESA 求出瞬时频率，开始下次迭代。若相邻两次迭代的中心频率变化不超过 5Hz 时，则认为已收敛，迭代结束。其中，中心频率的初值可由求 LPC 多项式的根所得到的共振峰频率来获得。

上述方法以 FM-AM 模型为基础，考虑了语音产生模型中的非线性，可在任意样本点得到瞬时频率，有较高的时间分辨率。

FM-AM 模型同样可用于基频检测。可采用与共振峰估值类似的方法，只是使用与基频范围对应的 Gabor 带通滤波器对语音信号滤波，然后用 ESA 对瞬时频率和包络进行分离，并求得中心频率，从而获得基频的估值。也可在语音信号经带通滤波器前，先对信号进行 Teager 能

量算子操作，并将算子输出分为固定的帧，计算互相关系数；再进行峰值检测并提取基频。由能量算子的输出提取基频的原因在于，对元音信号能量算子的输出与原始信号有相同的基频。

本章介绍了基音检测和共振峰估计方法。所有基音检测与共振峰估计都需解决误差问题，降低误差的一个途径是使估值有一定的连续性。以此为依据，错误的估值产生随机数值，而正确的估值产生有规律的数值。

思考与复习题

8-1 常用的基音检测方法有哪些？试说明其工作原理。

8-2 对于三电平中心削波器，设输入信号 $x(n) = A\cos\omega_0 n$。当 C_L 分别取为 $0.5A$、$0.75A$ 和 A 时，试画出输出 $y(n)$ 及 $y(n)$ 的自相关函数。

8-3 共振峰估计有何意义与应用？常用的共振峰检测方法有哪些？试叙述其工作原理。

8-4 基音检测与共振峰估计中存在哪些困难？提高基音检测与共振峰估计精度的途径有哪些？

第 9 章 矢量量化

9.1 概 述

矢量量化(VQ，Vector Quantization)是十分重要的信号压缩方法，广泛用于语音编码、合成与识别等，特别是在低速语音编码及语音识别中具有非常重要的作用。采用 VQ 对信号波形或参数压缩，通常可得到非常高的效益，使存储量、传输比特率或/和计算量大幅降低。其不仅可压缩表示语音参数所需的数码率，在减少运算量方面也非常高效，还可直接用于构成语音识别及说话人识别系统。

在第 11 章将要介绍，语音数字通信的两个关键问题是语音质量及传输数码率，但二者相互矛盾：为获得较高语音质量须使用较高的传输数码率；反之，高效地压缩传输数码率就无法得到良好的语音质量。但矢量量化是既可高效压缩数码率、又可保证语音质量的编码方法。

量化分为两类：一是标量量化，另一类是矢量量化。标量量化将取样后信号值逐个量化；矢量量化将若干取样信号分为一组即构成一个矢量，对其进行一次性量化，即各矢量元素作为整体联合量化。由标量量化推广到矢量量化，有些术语略有变化，但在概念上是对应的。当然，矢量量化压缩数据的同时也有信息损失，但仅取决于量化精度要求。可以说，凡是要用量化的地方均可应用矢量量化。

将一组语音参数看作一组矢量，这在数学上非常自然且主观上有明确的物理意义。这就是语音信号的矢量表示。为使这种表示更有效，常采用矢量量化技术。它是由标量量化推广和发展而来的一种信源编码技术，是 Shannon 信息论在信源编码理论方面的新发展；其基础是信息论的分支——率失真理论。该理论指出：矢量量化总优于标量量化，且矢量维数越大，性能越优越。这是因为，矢量量化有效应用了矢量中各分量间的相互关联性质。率失真理论指出了给定失真 D 条件下所能达到的最小速率 $R(D)$，或给定速率 R 下所能达到的最小失真 $D(R)$。$D(R)$ 或 $R(D)$ 给出的编码工作性能极限不仅适用于矢量量化，且适用于所有信源编码方法。$D(R)$ 为维数 $k \to \infty$ 时 $D_k(R)$ 的极限，即

$$D(R) = \lim_{k \to \infty} D_k(R)$$

即利用矢量量化，编码性能可能任意接近率失真函数，其方法是增加 k。

率失真理论在编码实践中有重要指导作用。根据率失真理论可知，VQ 有很大的优越性。VQ 编码中，可将实际方法与率失真函数相比较，看其性能还可能提高多少。需要指出，率失真理论是存在性而非构造性定理，并未给出构造矢量量化器的方法。

20 世纪 50 年代就已提出矢量量化，指出其可有效提高编码效率，但当时没有解决实现途径。矢量量化在五六十年代被用于语音压缩编码，到 70 年代 LPC 技术被引入语音编码后，矢量量化的研究开始活跃起来。特别是 80 年代初，码书设计的 LBG 算法被提出，成功用于 LPC 声码器，使这一理论变为强有力的实现技术，在语音处理、模式识别等很多领域发挥了巨大作用。

矢量量化领域的研究进展很快。目前其不仅在理论上，且在系统结构、计算机模拟及硬件实现等方面均取得成果。采用 VQ，将声码器传输速率从 2.4kb/s 降低至 150～180b/s，仍可保

持较好的语音质量与可懂度；如分段声码器，采用 VQ 可使声码速率降低到 150b/s。在语音识别方面，提出了各种各样的 VQ 系统，用硬件实现 VQ 系统的方法已处于实际应用阶段。

近年来用随机松弛及模拟退火解决 VQ 码本形成算法中陷于局部最小的问题；后又用遗传算法实现 VQ 码本的优化（如 9.8 节所述）。VQ 与神经网络结合方法的研究（见 15.3.3 节）也得到很大进展。

本章介绍矢量量化的一般原理，矢量量化器设计的有关问题，以及矢量量化技术在语音编码中的一些应用。

9.2 矢量量化的基本原理

标量量化对信号单个样本或单个参数的幅度进行量化，其中标量是指被量化的变量是一维的。而矢量量化过程为：将语音信号波形的 K 个样点的每一帧，或有 K 个参数的每一参数帧，构成 K 维空间中的一个矢量，再对该矢量量化。标量量化可看作一维的矢量量化。矢量量化过程与标量量化相似；标量量化中，在一维的零至无穷大值之间设置一些量化阶梯，输入信号的幅度值落在某相邻的两个量化阶梯之间时，被量化为两阶梯的中心值。而矢量量化时，将 K 维无限空间划分为 M 个区域边界，将输入矢量与这些边界比较，并被量化为距离最小的区域边界的中心矢量值。

以 $K=2$ 为例说明。此时得到的为二维矢量。所有可能的二维矢量形成一个平面。记二维矢量为 (a_1, a_2)，所有可能的 (a_1, a_2) 为一个二维空间。如图 9-1(a)所示，矢量量化先将该平面划分为 M 块（相当于标量量化的量化区间）$S_1, S_2, \cdots, S_M$，再从每块中找出一个代表值 $Y_i(i=1,2,\cdots,M)$，构成有 M 个区间的二维矢量量化器。图 9-1(b)为一个 7 区间二维矢量量化器，即 $K=2$，$M=7$，共有 $Y_1, Y_2, \cdots, Y_7$ 共 7 个代表值；这些代表值 Y_i 称为量化矢量。

若对矢量 X 量化，先选择一个合适的失真测度，再用最小失真原理，分别计算用量化矢量 Y_i 替代 X 产生的失真。其中，最小失真对应的量化矢量即为矢量 X 的重构矢量（或称恢复矢量）。所有 M 个量化矢量（重构矢量或恢复矢量）构成的集合 $\{Y_i\}$ 称为码书或码本（Codebook），码书中每个量化矢量 $Y_i(i=1,2,\cdots,M)$ 称为码字或码矢。图 9-1(b)中，矢量量化的码书为 $\{Y_1, Y_2, \cdots, Y_7\}$，其中各量化矢量 $Y_1, Y_2, \cdots, Y_7$ 即为码字或码矢。不同划分或不同量化矢量的选取即可构成不同的矢量量化器。

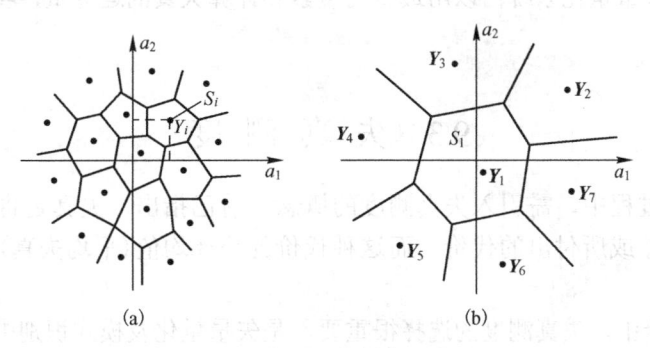

图 9-1 矢量量化概念示意图

如上所述，码书中的各元素均为矢量。根据 Shannon 信息论，矢量越长越好。但实际上码书一般是不完备的，即矢量数量有限，而对任何实际应用来说，矢量数量通常为无限的。许多应用中，可能输入矢量与码书中的码字不完全匹配；这种失真是允许的。

由上述讨论可知，这里主要有两个问题：（1）划分 M 个区域边界。这需对大量的输入信号矢量经统计实验确定。该过程称为训练或建立码书。其方法是：将大量欲处理的信号矢量进行统计划分，并确定这些划分边界的中心矢量来得到码书。(2) 确定两矢量比较的测度。该测度为矢量间的距离，或以其中某矢量为基准的失真度。其描述将输入矢量用码书对应的矢量来表征时，所应付出的代价。

VQ 系统组成见图 9-2。其简单工作过程为：编码端，输入矢量 X_i 与码书中每个码字进行比较，分别计算失真。搜索失真最小的码字 $Y_{j\min}$ 的序号(或该码字所在码书中的地址)，这些序号就作为传输或存储参数。恢复时，根据此序号从恢复端的码书中找出相应的码字 $Y_{j\min}$。由于两个码书相同，此时失真最小，因而 $Y_{j\min}$ 就是输入矢量 X_i 的重构矢量。显然传输或存储的不是矢量本身，而是其序号，因而 VQ 兼有高度保密的优良性能。由图可见，收发两端即编码器和译码器均没有反馈回路，因而稳定性没有问题。以上分析表明，设计矢量量化器的关键是编码器设计，而译码器的工作仅是简单的查表过程。

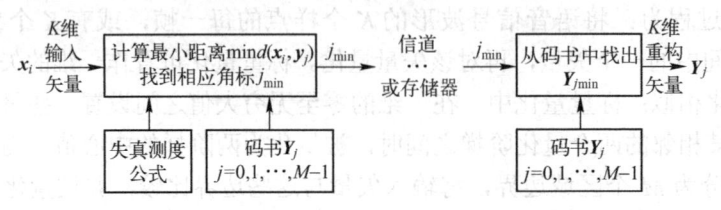

图 9-2 矢量量化器的原理框图

VQ 可实现数据聚类。若所有 K 维矢量都用有限的 M 个码字表示，并将所有码字编号，则所有 K 维矢量均可用这些码字的码号表示，从而可有效地进行数据压缩。

矢量量化器的性能指标除码书大小 M 外，还有量化产生的平均信噪比。定义为

$$\mathrm{SNR(dB)}=10\lg\frac{\mathrm{E}_N\left[\|X\|^2\right]}{\mathrm{E}_N\left[d(X,Y)\right]}$$

式中，$\|\ \|$ 表示范数，N 为系统每秒输入的矢量个数。方括号中的分子为一秒内信号矢量的平均能量，分母为一秒内输入信号矢量与码书矢量间的平均失真(即量化噪声)。

在训练数据已知的情况下，VQ 准则是给定码本大小 K 时，使量化产生的失真最小。矢量量化器的设计就是：从大量信号样本中训练出好的码书，从实际效果出发寻找到好的失真测度，设计出最佳的矢量量化系统；以用最少的搜索和计算失真的运算量，实现最大可能的平均 SNR。

9.3 失真测度

矢量量化编码过程中，需引入失真测度的概念。前已指出，失真是将输入信号矢量用码书矢量表征时的误差或所付出的代价。而这种代价的统计均值(平均失真)描述了矢量量化器的性能。

矢量量化器设计中，失真测度的选择很重要，是矢量量化及模式识别中十分重要的问题：失真测度合适与否直接影响系统性能。为使失真测度有实际意义，须具有以下特性：

(1) 主观评价上有意义，即小的失真对应于好的主观语音质量。
(2) 易于处理，即数学上易于实现，从而可用于实际的矢量量化器设计。
(3) 平均失真存在且可计算。
(4) 易于硬件实现。

不同类型的特征矢量应采用不同的失真测度。语音处理中特征矢量可分为两类：一类是时域特征矢量，由一帧信号的各采样直接构成；另一类是对语音信号进行变换域分析后的特征矢量，为变换域特征矢量，常与短时幅度谱密切相关。人耳对语音信号区别的感受主要取决于其短时幅度谱，特别是各共振峰的频率及宽度，因而特征矢量对语音差异反映的能力主要取决于对幅度谱的表征能力。时域特征矢量计算虽然简单，但无法表征幅度谱也不能压缩维数，因而一般不采用。各种谱失真测度虽计算复杂，但可从不同角度反映幅度谱特征，因而得到广泛应用。

相应地，失真测度也分为两类：一类以欧氏距离为基础。时域特征矢量主要采用这类方法，在希望计算简单的情况下，变换域特征矢量也可采用这类度量方法。另一类是各种非欧距离的度量方法，主要为各种变换域特征矢量设计，用于欧氏距离不能客观反映特征矢量差异的场合。

失真测度主要有均方误差失真测度(即欧氏距离)、加权的均方误差失真测度、板仓-斋藤(Itakura-Saito)似然比距离、似然比失真测度及主观失真测度。下面介绍几种常用的失真测度，它们在语音处理中常被用于语音波形 VQ、LPC 参数 VQ 及孤立词识别的 VQ 中。

9.3.1 欧氏距离——均方误差

设输入信号的某个 K 维矢量 X，与码书中某个 K 维矢量 Y 进行比较，x_i、y_i 分别为 X 和 Y 中的各元素($1 \leqslant i \leqslant K$)，则定义均方误差(MSE)为欧氏距离，即

$$d_2(X,Y) = \frac{(X-Y)^{\mathrm{T}}(X-Y)}{K} = \frac{1}{K}\sum_{i=1}^{K}(x_i - y_i)^2 \tag{9-1}$$

式中，下标 2 表示平方误差。

下面介绍几种其他常用的欧氏距离：

(1) r 方平均误差。即

$$d_r(X,Y) = \frac{1}{K}\sum_{i=1}^{K}|x_i - y_i|^r \tag{9-2}$$

(2) r 平均误差。即

$$d_r'(X,Y) = \left[\frac{1}{K}\sum_{i=1}^{K}|x_i - y_i|^2\right]^{1/r} \tag{9-3}$$

(3) 绝对平均误差。相当于 $r=1$ 时的平均误差，即

$$d_1(X,Y) = \frac{1}{K}\sum_{i=1}^{K}|x_i - y_i| \tag{9-4}$$

其主要优点为使计算简单，硬件容易实现。

(4) 最大平均误差。即 $r \to \infty$ 的平均误差：

$$d_{\mathrm{M}}(X,Y) = \lim_{r \to \infty}\left[d_r(X,Y)\right]^{1/r} = \max_{1 \leqslant i \leqslant K}|x_i - y_i| \tag{9-5}$$

以上五种欧氏距离中，最常用的为式(9-1)的失真测度。其优点是简单、易于处理和计算。欧氏距离测度是人们熟悉的失真测度，应用十分广泛。但其在某些场合下性能不理想，甚至不能用于 VQ：其不能反映声学上的差异。如对由 LPC 系数构成的矢量不能用欧氏距离作为测度。

9.3.2 LPC 失真测度

第 6 章介绍的基于全极模型的 LPC 广泛用于语音处理中。其分析得到的是模型预测系

数 $\{a_k\}(a_0=1, 1\leqslant k\leqslant P)$。为比较用这种参数表征的矢量，直接用欧氏距离意义不大。因为仅由预测器系数差值不能完全表征两个语音信息的差别，即其无法表示两帧语音在短时谱上的差异。此时应由这些系数描述的信号模型功率谱进行比较，为此可采用 Itakura-Saito 距离。

Itakura-Saito 谱失真测度可说明 LPC 的谱匹配特性。如 6.6.1 节所述，$P\to\infty$，即信号与模型完全匹配时，信号功率谱

$$f(\omega)=\left|X\left(e^{j\omega}\right)\right|^2=\sigma^2/\left|A\left(e^{j\omega}\right)\right|^2 \tag{9-6}$$

其中，$\left|X\left(e^{j\omega}\right)\right|^2$ 为信号功率谱，σ^2 为预测误差能量，$A\left(e^{j\omega}\right)$ 为预测逆滤波器的频率特性。相应地，设码书中某重构矢量的功率谱

$$f'(\omega)=\left|X'\left(e^{j\omega}\right)\right|^2=(\sigma_P')^2/\left|A'\left(e^{j\omega}\right)\right|^2 \tag{9-7}$$

则 Itakura-Saito 距离为

$$d_{\text{IS}}(f,f')=\frac{\boldsymbol{a}'^{\text{T}}\boldsymbol{R}\boldsymbol{a}'}{\alpha}-\ln\frac{\sigma^2}{\alpha}-1 \tag{9-8}$$

式中，$\boldsymbol{a}^{\text{T}}=(1,a_1,a_2,\cdots,a_P)$，$\boldsymbol{R}$ 为 $(P+1)\times(P+1)$ 阶自相关矩阵，而 $\boldsymbol{a}^{\text{T}}\boldsymbol{R}\boldsymbol{a}=r(0)r_a(0)+2\sum_{i=1}^{P}r(i)r_a(i)$，其中

$$r(i)=\sum_{k=0}^{N-1-|i|}x(k)x(k+|i|), \quad r_a(i)=\sum_{k=0}^{P-i}a_k a_{k+i}, \quad i=0,1,\cdots P$$

这里，$r(i)$ 为信号自相关函数，N 为信号 $x(n)$ 的长度，$r_a(i)$ 为预测系数的自相关函数，而

$$\alpha=(\sigma_P')^2=\frac{1}{2\pi}\int_{-\pi}^{\pi}\left|A'\left(e^{j\omega}\right)\right|^2 f'(\omega)d\omega$$

为码书重构矢量的预测误差功率，而

$$\boldsymbol{a}'^{\text{T}}\boldsymbol{R}\boldsymbol{a}'=r(0)r_a'(0)+2\sum_{i=1}^{P}r(i)r_a'(i)$$

由式 (9-8) 可见，第一项是预测残差能量与增益的比值，而后面几项是固定的，因而 Itakura-Saito 谱失真测度最小化相当于对 LPC 误差能量最小化。信号频谱与 P 阶全极点频谱间的 Itakura-Saito 谱失真测度是两个失真之和：一个是信号频谱与其最佳 P 阶全极谱之间的失真，另一个是其最佳 P 阶全极频谱与待比较全极频谱间的失真。

Itakura-Saito 谱失真测度比较的两个频谱没有对能量归一化。而语音处理中能量差别只是声音的响度上有区别，并不影响对语音的理解，因而对频谱的比较通常只希望比较其形状。

这种失真测度是针对 LPC 模型、用 ML（极大似然，Maximum Likelihood）准则推导的，特别适用于用 LPC 参数描述语音信号的情况，常用于 LPC 编码中。后来，又提出两种 LPC 失真测度，比上述的 $d_{\text{IS}}(f,f')$ 有更好的性能。

一种是对数似然比失真测度，即

$$d_{\text{LLR}}(f,f')=\ln\frac{(\sigma_P')^2}{\sigma^2}=\ln\left(\frac{\boldsymbol{a}'^{\text{T}}\boldsymbol{R}\boldsymbol{a}'}{\boldsymbol{a}^{\text{T}}\boldsymbol{R}\boldsymbol{a}}\right) \tag{9-9}$$

可见其为非对称失真测度，即 $d_{\text{LLR}}(f,f')\neq d_{\text{LLR}}(f',f)$；而前面介绍的欧氏距离是对称失真测度，即 $d_2(\boldsymbol{X},\boldsymbol{Y})=d_2(\boldsymbol{Y},\boldsymbol{X})$。

另一种为模型失真测度，即

$$d_{\mathrm{m}}(f,f') = \frac{(\sigma_P')^2}{\sigma^2} - 1 = \frac{a'^{\mathrm{T}} R a'}{a^{\mathrm{T}} R a} - 1 \tag{9-10}$$

但上述两种失真测度也有局限，即仅比较两矢量的功率谱而没有反映能量信息。

9.3.3 识别失真测度

将矢量量化用于语音识别时，对失真测度还有其他考虑。如对两矢量功率谱进行比较，使用 LPC 参数似然比失真测度 $d_{\mathrm{LLR}}()$ 时，还应该考虑能量。研究表明，频谱与能量均携带语音信号信息，如果仅利用功率谱作为失真比较参数，则识别性能不理想。为此，可采用以下失真测度

$$d(f,E) = d_{\mathrm{LLR}}(f,f') + \alpha \cdot g(|E - E'|) \tag{9-11}$$

式中，α 为加权因子，E 及 E' 分别为输入信号矢量及重构矢量的归一化能量，而

$$g(x) = \begin{cases} 0, & x \leq x_d \\ x, & x_F \geq x > x_d \\ x_F, & x > x_F \end{cases} \tag{9-12}$$

$g(x)$ 的作用是：两矢量的能量接近即 $|E - E'| \leq x_d$ 时，忽略能量差异的影响；两矢量能量相差较大时，进行线性加权；能量差超过门限 x_F 时，则为固定值。这里，x_F、x_d 及 α 通过实验确定。

此外，近年来基于知觉的失真测度被用于语音编码。其采用主观判定方法衡量样本相似度。感知上相似的音被给予较近的距离，反之给予较远的距离，最后根据感知得到的距离进行矢量量化。

9.4 最佳矢量量化器和码本的设计

9.4.1 矢量量化器最佳设计的两个条件

选择失真测度后，可进行矢量量化器的最佳设计。最佳设计就是使失真最小。码书是在该设计过程中产生的，因而这也就是码书的设计过程。矢量量化器最佳设计可追溯到标量量化器的最佳设计，后者应用了 Lloyd 提出的两个条件，这两个条件又被推广到矢量量化器的最佳设计上。

矢量量化器的最佳设计中，重要的是如何划分量化区间及确定量化矢量。而上述两个条件则回答了这两个问题，内容如下。

1. 最佳划分

对给定的码书 $\mathcal{Y}_M = \{Y_1, Y_2, \cdots, Y_M\}$，找出所有码书矢量的最佳区域边界 $S_i(i=1,2,\cdots,M)$，以使平均失真最小，即寻找最佳划分。该过程类似于标量量化中量化区间的划分。码书已给定，可用最近邻准则（NNR，Nearest-Neighbor Rule）得到最佳划分。即对任意矢量 X，如其与矢量 Y_i 的失真小于与其他码字间的失真，则 X 应属于某区域边界 S_i，S_i 就是最佳划分。图 9-3 给出 $k=2$ 的最佳划分示意图。

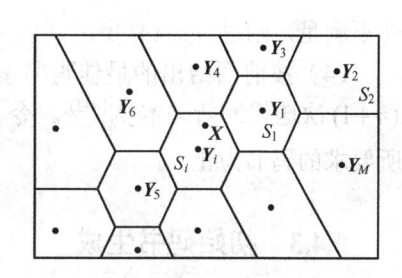

图 9-3 最佳划分示意图

该条件实际上叙述了最佳矢量量化器的设计。因为这表明输入信号矢量可最佳地用矢量空间某区域边界 S_i 表示。由于码书有 M 个码字，可将矢量空间分为 M 个区间 $S_i(i=1,2,\cdots,M)$。这些 S_i 称为 Voronoi 胞腔(Cell)，简称胞腔。

2. 最佳码书

对给定的区域边界 S_i，找出最佳码书矢量以使码书平均失真最小，即得到码书 $\mathcal{Y}_M$。而使平均失真最小，码字 Y_i 须为给定的 $S_i(i=1,2,\cdots,M)$ 的形心，即该区域空间的几何中心。这些形心组成了最佳码书中的码字。这一条件实际上叙述了码书的设计方法。

9.4.2 LBG 算法

由上面条件可得到一个矢量量化器的设计方法。即 Linde，Buzo 及 Gray 于 1980 年提出的 LBG 算法，为标量量化器中 Lloyd 算法的多维推广。LBG 算法是 VQ 的基本算法，为上述两个寻找最佳码书必要条件的迭代过程，即由初始码书使码书逐步优化，以寻找最佳码书；直到系统性能满足要求或不再明显改进为止。

该算法可用于已知信号源概率分布的场合；也可用于未知信号源概率分布的场合，但需知道其一些输出值(称为训练序列)。对实际信源如语音，很难准确得到多维概率分布；语音信号的概率分布随应用场合不同，不可能事先统计。因而目前多用训练序列设计码书和矢量量化器。训练矢量集就是从所给信源产生的矢量中事先选出的一批典型矢量。以这些矢量为参数，设计一个尽可能好的 VQ 码本，使其对训练矢量进行 VQ 编码时的平均量化失真最小。

下面介绍仅知道训练序列时，最优设计矢量量化器及码书的迭代算法步骤：

（1）已知码本尺寸 M，给定设计的失真阈值即门限 $\varepsilon(0<\varepsilon<1)$，给定一个初始码书 $\mathcal{Y}_M^{(0)}$。已知一个训练序列 $\{X_j\}$，$j=0,1,\cdots,m-1$。先取 $n=0$（n 为迭代次数），并设初始平均失真值 $D^{(-1)} \to \infty$。

（2）用给定码本 $\mathcal{Y}_M$ 求出平均失真最小条件下的所有区域边界 $S_i(i=1,2,\cdots,M)$。即根据最佳划分准则将训练序列划分为 M 个胞腔。用训练序列 $X_j \in S_i$ 使 $d(X_j,Y_i)<d(X_j,Y)(Y \in \mathcal{Y}_M)$，从而得到最佳区域边界 $S_i^{(n)}$。再计算该区域下训练序列的平均失真

$$D^{(n)} = \frac{1}{m}\sum_{j=0}^{m-1}\min_{Y \in \mathcal{Y}_M}\left[d(X_j,Y)\right] \tag{9-13}$$

这一步要累计最小失真并在最后计算平均失真。

（3）计算相对平均失真(与第 $n-1$ 次迭代的失真比较而言)，如小于阈值，即

$$\frac{D^{(n-1)}-D^{(n)}}{D^{(n)}} \leqslant \varepsilon \tag{9-14}$$

则认为满足要求，停止计算；且 $\mathcal{Y}_M$ 就是所设计的码书，$S_i^{(n)}$ 就是所设计的区域边界。如该条件不满足，则进行第(4)步。

（4）按前面给出的最佳码书设计方法，计算所划分的各胞腔形心，由这 M 个新形心构成 $(n+1)$ 次迭代的新码本 $\mathcal{Y}_M^{(n+1)}$。令 $n=n+1$，返回第(2)步进行计算；直到满足式(9-14)，得到所要求的码书为止。

9.4.3 初始码书生成

上面的设计过程中，需选取初始码书，其对码书设计有很大影响。显然，初始码书对欲编

码的数据应有很好的代表性。方法之一是直接取输入信号矢量为码字。相邻语音信号高度相关，语音波形量化时，应使样本间隔足够大，才能忽略样本间的相关性。

下面介绍几种初始码书的生成方法。

（1）随机选取法

最简单的方法是从训练序列中随机地选取 M 个矢量作为初始码字，以构成初始码书。这就是随机选取法。其优点是无须初始计算，可大大减少计算时间；且初始码字选自训练序列，无空胞腔问题。但该方法的缺点是可能会选到非典型矢量作为码字，即被选中的码字在训练序列中分布不均匀。另外，会造成在某些空间将胞腔分得过细，而另一些空间分得过大。这两个缺点均可导致码字没有代表性，使码书中的有限个码字得不到充分利用，从而使矢量量化器的性能下降。

（2）分裂法

先设码书尺寸为 $M=1$，即初始码书只包含一个码字。计算所有训练序列的形心，并作为第一个码字 $Y_M^{(1)}(i=0)$。再将其分裂为 $Y_M^{(2)}=Y_M^{(1)}\pm\varepsilon$，即将码字各加或减一个很小的扰动，形成两个新码字。此时码书中包含两个码字，一个为 $i=0$，另一个为 $i=1$；并按 $M=2$ 用训练序列对其设计出码书。再分别将此码书的两个码字一分为二，这时码书中有 4 个码字。这一过程重复下去，经 $\lg_2 M$ 次得到有 M 个码字的初始码书。

分裂法得到的初始码书性能较好，当然用其设计的矢量量化器性能也较好。但随码书中码字的增加，其计算量迅速增加。

（3）乘积码书法

该方法用若干低维数码书作为乘积码，求出所需的高维数码书。如设计一个高维数码书，可简单地用 2 个低维数码书做乘积来得到。即维数为 K_1、大小为 M_1 的码书乘以维数为 $K-K_1$、大小为 M_2 的码书，得到 K 维码书，其大小为 M_1M_2。如设计 $K=8$，$M=256$ 的初始码书，可由 2 个小码书相乘得到。其中一个维数为 6，码书大小为 16；另一个维数为 2，码书大小为 16。

由本节分析可知，VQ 过程是将输入信号矢量与码书中的各量化矢量(码字)进行比较，按某种准则找到一个最相似的量化矢量。显然该过程与模式识别类似。广义上讲，模式识别也是一种信源编码方法。因而，VQ 与模式识别有密切的联系。

VQ 中的码书设计也可等效为模式识别的聚类问题。如 LBG 算法就是一种特殊形式的聚类。矢量量化码书设计中，根据训练序列中各矢量间的相似性或距离进行自动分类，这就是聚类分析。但聚类分析与 LBG 算法在概念上不同，形式上也有差别。聚类中的 K 均值算法与 LBG 算法的区别为：LBG 算法以失真小于事先给定的限制作为终止条件，而 K 均值算法以分类不再变化为终止条件。但二者有很多类似之处，因而可利用一些成熟的聚类分析方法来研究码书设计问题。

9.5 降低复杂度的矢量量化系统

本章前面讨论的为全搜索矢量量化器，其将输入矢量与码本中的每个码字进行比较，根据所选择的失真测度寻找失真最小的码字，以其作为重构矢量。后面讨论各种 VQ 特性时，主要以全搜索矢量量化器为标准进行比较。

但前面介绍的 VQ 技术用于语音信号处理有一定局限，表现在以下两方面：

（1）VQ 时，需计算码本中每一个码字矢量与输入矢量间的失真，通过比较得到最小失真作为输入矢量与码本的失真，或通过寻找最小失真确定输入矢量的重构矢量。随码本和码字维数的增大，完成全搜索的计算量也增大，实时性变差。

如码本中有 J 个码字，码字与输入矢量维数为 K，则完成一次全搜索的计算代价是：乘法运算 KJ 次，加法运算 $(2K-1)J$ 次，比较运算 $J-1$ 次。K 和 J 很大时运算量非常大。因而就有是否需要对码本中所有码字进行失真比较的问题。由于有一些快速搜索算法，为找到有最小失真的码字无须进行全搜索。

（2）码本形成是一个优化问题，即通过迭代运算使系统目标函数对全部训练矢量的平均量化误差最小。但该目标函数在 J 个码字矢量构成的状态空间中是非凸函数，有很多局部极小值，其中只有一个是所需要的全局最小值。LBG 算法是最陡下降算法，其迭代运算结果使目标函数落入哪个极小值取决于初始码矢量，难以保证可得到目标函数的全局最小值。

该问题的解决是码本设计优化问题。一种有效的优化算法为 Holland 提出的遗传算法（Genetic Algorithm，简称 GA），其是一类借鉴生物界自然选择和遗传机制的随机优化搜索算法。基于 GA 的码本优化方法将在 9.8 节介绍。

VQ 系统主要由编码器和译码器组成。编码器主要由码书搜索算法及码书构成，译码器由查表方法及码书构成。研究 VQ 系统时，通常从码书生成及搜索算法着手，以得到计算及存储复杂度较小而又保证一定质量的系统。

速率、失真及复杂度为 VQ 的三个关键问题，矢量量化器的研究主要围绕降低速率、减小失真和降低复杂度展开。降低复杂度一般有两个途径，一是快速算法，二是码书结构化；以减少搜索及存储量。

对低比特率、特别是有很强非线性相关性的信号源，VQ 比标量量化有很多优点，但这是以很大的计算量及存储量为代价的。VQ 一个很大的缺点是编码即设计码本时，需要很大的计算量。许多实际应用中，码本容量与码字矢量的长度都很大，使编码时计算复杂度很大。输入矢量要与码本中的所有码字计算距离，并对距离大小进行比较，计算量很大。对要求实时实现的场合，其产生的延时无法接受。且大容量的码本和很长的码字也会增加系统存储量。由前面讨论可知，全搜索 VQ 的运算及存储量均与维数及每维的比特数成指数关系。随比特数的增加，运算和存储量会大得无法容忍。

过去二三十年里，提出很多减少全搜索 VQ 运算和存储量的方法。减少运算量的方法多以欧氏空间的几何概念为基础，要对码本进行预处理；且往往利用比较运算及增加存储量的方法换取乘法次数的减少，使乘法次数可减少一个数量级（原来与字长成指数关系，现在为线性增长关系），但性能也有某些下降。如减少存储量，则性能有较大下降。

降低 VQ 复杂度的设计方法大致分为两类：一是无记忆的矢量量化器，另一类为有记忆的矢量量化器。

9.5.1 无记忆的矢量量化系统

无记忆 VQ 指量化每个矢量时，不依赖于此矢量前面的其他矢量，即对每个矢量独立量化。无记忆 VQ 降低系统复杂度的方法主要有两种：一是改变搜索算法，降低算法复杂度；二是改进系统结构，从而改变码字结构，使码字变短、码本容量变小。前一种的代表是基于二叉树结构的搜索算法，后一种的代表是 VQ 系统的级联。

1. 树形搜索矢量量化系统

树形搜索是减少 VQ 计算量的重要方法，优点是可减小算法复杂度，但存储容量增加且性能有所下降。其分为二叉树和多叉树两种，但原理类似。下面以简单的二叉树为例来说明。

二叉树搜索是常用的快速搜索算法，应用于编码中可改进运算速度。该方法中，码字不像常规 VQ 码本中那样随意放置，而是排列在一棵树的节点上。图 9-4 为码本尺寸 $M=8$ 的二叉树，其码本包含 14 个码字。输入信号矢量为 X，先与 Y_0 和 Y_1 比较，计算失真 $d(X,Y_0)$ 和 $d(X,Y_1)$。如后者较小则走下面的支路，同时送 1 输出。类似地，如最后到达 Y_{101}，则输出角标为 101。该过程也就是 VQ 的过程。

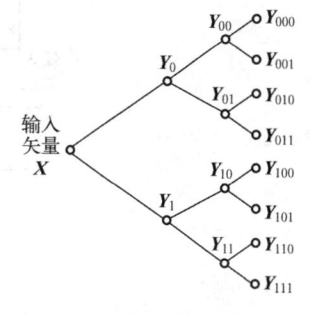

图中各层次的矢量可用下面方法求得。如已知码书 $\mathcal{Y}_M$ 的 8 个码字，则按最邻近原则配对，得到 $[Y_{000},Y_{001}]$，$[Y_{010},Y_{011}]$，$[Y_{100},Y_{101}]$ 和 $[Y_{110},Y_{111}]$ 四对。求各列形心，得到 Y_{00}，Y_{01}，Y_{10}，Y_{11}。再求上面两对的形心，得到 Y_0 和 Y_1。

图 9-4 二叉树搜索示意图

由此可对全搜索及二叉树搜索进行对比。二叉树法中，每层需计算失真两次，比较一次。$M=8$ 的上例中，需 $2\lg_2 8=6$ 次失真及 $\lg_2 8=3$ 次比较。因而，运算量从全搜索的 M 次失真计算及 M 次比较，减少到二叉树的 $2\lg_2 M$ 次失真计算及 $\lg_2 M$ 次比较。但对存储量，全搜索时只需存储 M 个码字，二叉树则增至 $2(M-1)$。表 9-1 给出这两种方法的比较。

表 9-1 二叉树法与全搜索法的比较

	失真运算量	比较运算量	存储容量	最佳程度
全搜索	$M=8$	$M=8$	$M=8$	全体
二叉树	$2\log_2 M=6$	$\log_2 M=3$	$2(M-1)=14$	局部

相对于全搜索，二叉树搜索的主要优点是计算量有很大减少，而性能下降不多；但其存储量却增加一倍。同时，树形搜索不是从全部码本矢量中找出最小失真的输出矢量，因而不是最优的。

2. 多级矢量量化系统

多级矢量量化器又称为级联矢量量化器，由若干级矢量量化器级联而成，其 VQ 分级实现。多级矢量量化器可减少计算量及存储量。

多级矢量量化的工作原理：先用一个小容量 (N_1) 的码本近似逼近输入矢量，码字编号为 i_1；同时在计算过程中保留逼近所带来的失真误差。然后用另一个小容量 (N_2) 码本对失真误差再次量化，码字编号为 i_2；依次进行。可根据实际需要设置系统的级联次数 k。码字编号序列 $\{i_1,i_2,\cdots,i_k\}$ 用于传输和存储。整个系统的性能相当于码本容量为 $N_1 N_2 \cdots N_k$ 的单级矢量量化系统。级联系统中，每级码本的容量都较小，因此搜索复杂度降低。图 9-5 给出一个两级矢量量化系统的系统方框图。

多级矢量量化的局限是，随着级联数目的增加，性能改进趋于饱和。

多级矢量量化器由若干小码书构成。两级矢量量化器是其中最简单的一种，相对简单，性能又接近于全搜索 VQ，因而应用最多。

其工作原理为：先用一个小码书，长度为 M_1，大致逼近输入信号矢量；再用第二个小码书，长度为 M_2，对第一次的误差进行编码；输入矢量与第一级匹配，得到其地址编号 i，再在第二级码书中搜索与该误差矢量最佳匹配的矢量，得到其编号 j；将 i 和 j 同时发送，在接收端根据它们恢复原来的矢量。每级码本体积很小，因而一般用全搜索。

两级 VQ 只有 M_1 和 M_2 尺寸的码书，但相当于有 $M_1 M_2$ 尺寸的一级矢量量化的码书效果；因而失真、比较运算及码书存储量均分别由 $M_1 M_2$ 减少到 $M_1 + M_2$。

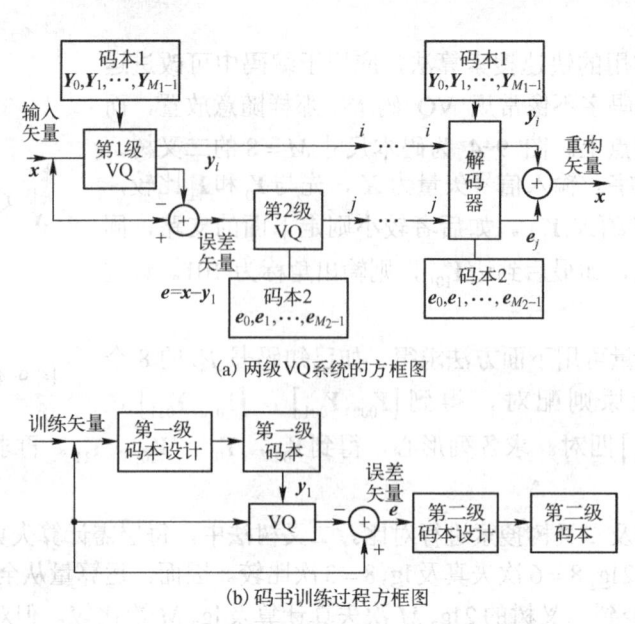

图 9-5 两级 VQ 系统方框图及码书训练方框图

多级 VQ 及前面讨论的树形搜索 VQ 虽然都是分级进行的，但工作原理不同。树形搜索 VQ 用分类方法对空间搜索，目的是要找到所希望的码字；搜索每前进一层就越接近于所希望的码字，而中间矢量只起指引搜索路线的作用。而多级 VQ 每一级都对矢量空间进行完整的 VQ 搜索，得到的是码字的分量，输入矢量量化结果为各级码字分量之和，而每级输入为前级输入与前级分码字之差。

9.5.2 有记忆的矢量量化系统

（1）概述

无记忆的 VQ 中，前后参与量化的输入矢量彼此独立，量化过程完全一致。但实际进行量化的矢量序列往往在时间上有一定相关性，有记忆的 VQ 正是利用这种相关性来提高量化效率的。

有记忆与无记忆的 VQ 不同，其量化每个输入矢量时，不仅与该矢量本身有关，且与前面的矢量有关。量化时，利用过去输入矢量的信息及矢量间的相关性来提高 VQ 的性能。尤其在语音编码中，引入记忆后，还可利用音长，短时非平稳统计特性，清音、浊音和无声区域特性，短时谱特性等。从而在相同维数下，大大提高了了 VQ 系统的性能。有记忆 VQ 可看作复杂度及失真的折中。

有记忆 VQ 可分为反馈 VQ 及自适应 VQ 等两类。反馈 VQ 包括预测矢量量化(PVQ, Predictive VQ)及有限状态矢量量化(FSVQ, Finite State VQ)等。而自适应矢量量化(AVQ, Adaptive VQ)采用多个码书，量化时根据输入矢量的不同特征采用不同码书。编码器需要传送一些速率很低的边信息，通知译码器使用哪个码书。反馈 VQ 及 AVQ 通常结合使用，尤其是 AVQ 常用于各种 VQ 系统中，很少单独使用。下面讨论的自适应预测矢量量化(APVQ)就是典型例子。

（2）FSVQ

FSVQ 是一个有限状态网络，状态间有转移，每个状态与一个码本相联系。处于某特定状态时，就用与此相联系的码本矢量来量化输入矢量。根据所用的那个码字，完成向另一个状态的转移(也可向自己原先所处的状态转移)。现在使用转移后的状态所对应的码本来量化下一个输入矢量，以此类推。所有状态的码本连起来通常很大。将大码本分为每个状态的较小码本，用较少的比特数量化每个输入矢量的结果；与用大码本量化每个输入矢量相比，平均比特率降低了。

首先介绍 FSVQ 工作原理。其为一种有记忆的多码本 VQ，每个码本对应一个状态。输入信号的某矢量用该状态的某码本来量化，得到该码本中某码矢角标作为输出。与此同时，其还根据建立这些码本时所得的状态转移函数，确定下一个输入信号矢量该用哪个码本(仍为该系统多码本中的一个)进行量化。或者说，各编码量化状态是根据上个状态及上个编码结果来确定的。

设 S 为由有限个状态 s_n 构成的状态空间，即 $S=(s_1,s_2,\cdots,s_K)$，对每个状态有 $s_n \in S$。每个状态有一个编码器 a_{s_n}、解码器 β_{s_n} 和码书 C_{s_n}。量化编码时，除要输出该码本中最小失真的那个码矢的角标 j_n 外，还要给出下一状态 s_{n+1}。设输入信号矢量为 $x=\{x_n\}, n=1,2,\cdots$，则 x、j_n、状态转移函数 $f(*,*)$ 及重构矢量(码字) $\tilde{x}_n$ 之间有如下的递推关系：

$$\begin{cases} j_n = a_{ns_n}(x_n) \\ s_{n+1} = f(j_n, s_n) \\ \tilde{x}_n = \beta_{ns_n}(j_n) \end{cases} \quad (9-15)$$

根据上述过程，FSVQ 的原理框图见图 9-6。

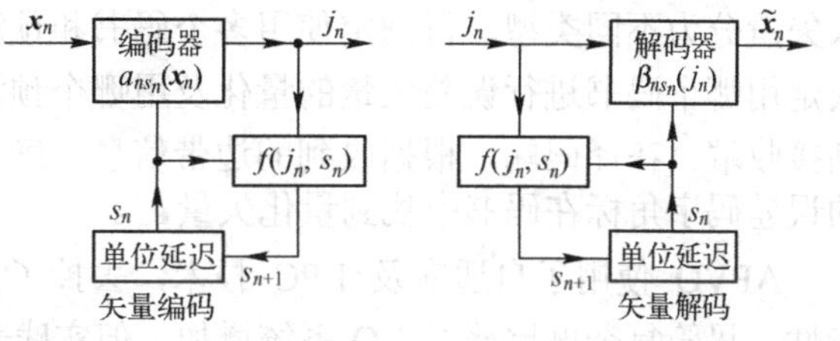

图 9-6　FSVQ 原理框图

系统状态空间 S 只包含有限个状态，因而这种量化称为 FSVQ。而无记忆 VQ 是 FSVQ 的状态数为 1 的特例。

由以上讨论知，FSVQ 的最大特点是有一个状态转移函数；利用该函数，根据上次的状态 s_n 及编码结果 j_n 来确定下一个编码状态 s_{n+1}。因而，该系统在不增加比特率的情况下，可利用过去信息选择合适的码本进行编码，因而性能比同维数的无记忆 VQ 系统好得多，但存储量增加了。

FSVQ 的设计仍建立在 LBG 算法(9.4.2 节)的基础上，可分为三步：（1）各初始码本的设计；（2）由训练序列获得状态转移函数；（3）用迭代法逐步改进各码本的功能。建立初始码本的同时，由训练序列状态转移的统计分布，同时得到状态转移函数。最后，再用训练序列不断进行迭代训练，以改进这些状态的码本性能及状态转移函数，直到满足所要求的失真为止。所得到的状态转移函数实际上是一个表格，可从 s_n 最小失真的码矢角标 j_n 查出 s_{n+1}。

如将图 9-6 所示的 FSVQ 用于实际的数据压缩与传输，即输入语音进行通信，就是 FSVQ 声码器。表 9-2 给出 FSVQ 声码器与 APVQ 及一般 VQ 编码器的性能比较，表中的

表 9-2　FSVQ 与 APVQ 及 VQ 的性能比较

矢量维数 k	FSVQ SNR	状态数 K	APVQ SNR	一般 VQ SNR
1	2.0	2	4.12	2.0
2	7.8	32	7.47	5.2
3	9.0	64	8.10	6.1
4	10.9	512	8.87	7.1
5	12.2	512	9.25	7.9

性能指标为 SNR（dB）。可见，FSVQ 声码器的性能比 APVQ 编码器好一些，比 VQ 编码器要好得多。

（3）APVQ

APVQ 为 PVQ 与 AVQ 的结合。其中，PVQ 是由标量 LPC 推广到矢量中而得到的，已用于语音波形的中速率编码。从语音波形编码的观点，APVQ 就是 ADPCM(如 11.3.3 节所述)的矢量推广。图 9-7 为 APVQ 的系统框图。

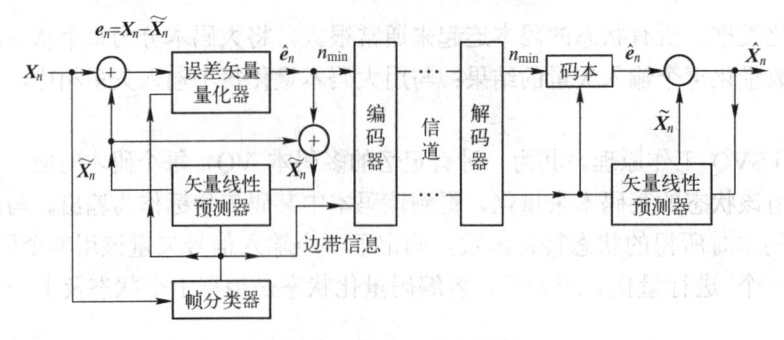

图 9-7 APVQ 系统框图

在输入端，将语音信号分帧构成矢量序列。对输入矢量 X_n，用 LPC 方法产生预测矢量 $\tilde{X}_n$，得到误差矢量 $e_n = X_n - \tilde{X}_n$；将 e_n 矢量量化，得到其量化矢量 $\hat{e}_n$，并将该重构误差码字的角标送到信道。另一方面，其还采用了自适应技术；即据语音流各段不同的统计特性，将输入矢量分为不同类型，再确定使用多个码书和预测器中的哪一对，由帧分类器输出边带信息，决定用哪个码书进行误差矢量的量化及用哪个预测器得到预测矢量。同时，该信息也由信道送到接收端。在译码端，根据收到的边带信息，确定使用接收端的哪对码书与预测器。再由接收的误差码字角标在码书中找到量化矢量 $\hat{e}_n$。

APVQ 使用了自适应及 LPC 技术，去掉了矢量间的编码冗余，又利用了语音信号的局部特性。尽管复杂度比普通 VQ 系统增加，但实践表明，用于语音编码时，SNR 比全搜索矢量量化器提高 7dB 以上。因而这是一种较优良的数据压缩方案。

对语音波形的压缩编码，过去大多采用标量量化。但为达到较高的语音质量，需要很高的传输码率。因而研究用 VQ 对语音波形编码的方法，APVQ 就是一个例子。VQ 是低速率语音信号的编码手段，与波形编码的其他技术(将在 11.3 节介绍)相比，在同样的失真度要求下可得到更低的数码率。

将 VQ 用于语音波形编码得到了较大关注。其他低比特率编码技术的计算量太大，得不到广泛应用，因而某些波形 VQ 技术已在实际中应用，特别是 16kb/s 语音编码。在 8kb/s 以下的低数码率上，其得到长途电话的质量是没有困难的。

9.6 语音参数的矢量量化

除对语音波形进行 VQ 外，另一方面，可对语音参数进行 VQ。语音谱参数的 VQ 的研究走在语音波形 VQ 的前面。对谱参数 VQ 的甚低比特率语音编码器已可硬件实现。LPC 是目前最为常用的参数(语音质量及运算量的折中考虑)，对它的 VQ 是最为关心的问题。下面介绍用于 LPC 编码的矢量量化器，即 VQ-LPC 声码器。

VQ-LPC 声码器是在 2.4kb/s 的 10 阶 LPC 声码器(如 11.5 节所述)的基础上进行的。图 9-8 为该方案的框图。

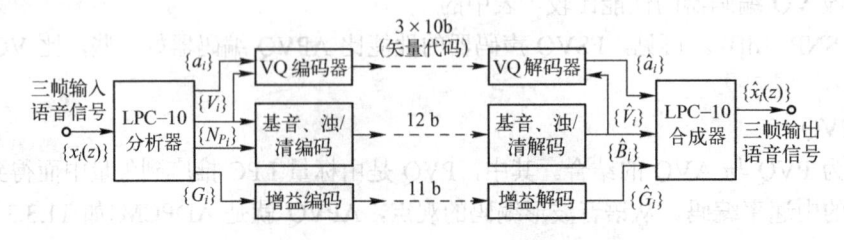

图 9-8 800 b/s 的 VQ-LPC 声码器框图

VQ 前，每秒 44.4 帧，用 54bit 量化（其中，10 个 LPC 系数用 41bit，基音周期 6bit，增益参数 5bit，清/浊音判决 1bit，同步 1bit）。而 VQ-LPC 声码器中，LPC 系数为 $\{\alpha_i\}$，基音周期为 $\{N_{P_i}\}$，增益参数 $\{G_i\}$ 及清/浊音识别参数 $\{V_i\}$。其主要特点是对 LPC 系数采用了 VQ，而其余参数采用差分标量量化；从而编码速率明显低于 LPC 声码器。码位分配对 VQ-LPC 声码器很重要，其帧速率仍为 44.4 帧/秒，但用 54bit 码位对三帧 LPC 参数统一编码（平均每帧 18bit），即每三个连续帧为一组矢量。具体分配为：LPC 系数的编码用 30bit（平均每帧 10bit），基音周期和清/浊音判别 12bit，增益参数 11bit，同步 1bit。表 9-3 比较了这两种声码器的码位分配情况。

表 9-3 LPC 声码器与 VQ-LPC 声码器的码位分配

参数 \ 类型	LPC 声码器	VQ-LPC 声码器
帧速率/(帧·秒$^{-1}$)	44.4	44.4
线性预测系数/(比特·帧$^{-1}$)	41	10
增益参数，基音周期，清/浊音，同步(比特·帧$^{-1}$)	13	8
平均值(比特·帧$^{-1}$)	54	18

语音编码的目的是用尽可能低的编码速率传输尽可能高的语音质量（尽可能减小重建信号与原始信号间的失真）；且希望设备简单，成本尽可能低。因而，VQ-LPC 声码器的设计方法为：

（1）采用与能量及增益无关的对数似然比失真测度 $d_{\text{LLR}}(f, f')$（如 9.3.2 节所述）作为 VQ 的距离测度，以将增益与 LPC 系数分别量化，使增益不包含在码本内。因而它可减小码本尺寸，并使声码器性能不受说讲话人声音高低及模拟输入设备增益的影响。

（2）码书尺寸为 1024，即用 10bit 表示角标。码书由 10 人（7 名男子，3 名女子）约 30 分钟随机对话语音训练产生。将训练序列分为浊音和清音，因而码书分为浊音码书和清音码书两类，均用 LBG 算法训练。码书大小相同的条件下，清音码书比浊音码书有较低的失真；因而，在失真相同条件下，清音码书尺寸可小些。

由于采用了 VQ，VQ-LPC 声码器的编码速率明显降低。这种混合编码方式是降低 VQ 系统复杂度的一种途径。另一方面，为实时处理语音信号且更好地反映不同信号的区别，对其他语音量化参数及量化器结构也进行了大量研究，提出多种其他特征参数（如 LSF，见 6.7 节），并构建了相应的量化结构。

9.7 模糊矢量量化

第 7 章曾介绍了混沌、分形等智能信息处理技术在语音分析中的应用，本节介绍智能信息处理技术在矢量量化中的应用，第 15 章将介绍智能信息处理技术在语音处理（包括语音编码、语音识别、说话人识别等）中的应用。

智能信息处理可实现 VQ 中输入矢量的分类与量化，其中神经网络应用较广。VQ 的研究集中于有最小平均失真的码书形成及快速搜索方法。码书形成的通用方法是随机松弛或模拟退火等，但运算量太大。新的快速搜索算法有近邻划分算法及锚点搜索等，可有效减少搜索量。

有关神经网络的问题将在 15.1 节与 15.2 节讨论。神经网络的一个重要功能是通过学习实现对输入矢量的分类。神经网络与 VQ 的区别为：

（1）神经网络为由大量神经元构成的并行分布处理系统，与常规 VQ 的串行搜索相比，运算速度更快。

（2）神经网络依托并行分布处理结构，学习算法效率高。学习算法可分为监督和无监督两类。无监督学习又称自组织学习，其对输入矢量的分类不依赖于事前建立的对矢量类别的约定。而监督学习需在学习前对训练矢量集中的各矢量进行约定，并通过学习使神经网络完成这种约定，并可推广到对所有未参加训练的输入矢量进行正确分类。

（3）对常规 VQ，其各输出标号间不存在空间上的关联；而自组织特征映射(SOFM)等神经网络中(如 15.2.3 节所述)，各输出间存在的空间拓扑关系可进一步得到利用。

神经网络与 VQ 结合的问题将在 15.3.3 节中讨论。本节讨论模糊逻辑在 VQ 中的应用，即模糊 VQ；下节讨论遗传算法在 VQ 中的应用，即遗传 VQ。

9.7.1 模糊集概述

人脑与计算机相比的一个优势是可掌握未完全明确的含混的观念。如说话和写作时，常使用不精确、难以下定义的术语和原则。现实世界的事物其概念往往没有明确清晰的界限；而传统的数学分类总是试图定义清晰的界限，这是一种矛盾。为使系统的复杂性可与人类思维相比拟，传统的数学分析方法就不适用了。

1965 年提出了模糊集的概念，开创了模糊理论这一新的数学分支。模糊数学或模糊逻辑更接近于人类思维与自然语言，使计算机模拟人类思维方式及行为能力有了重大发展；其将人脑对复杂事物的模糊度量、模糊识别、模糊推理、模糊控制及模糊决策的功能移植到计算机上，以提高其智能化。

模糊集理论是传统经典集合论的扩展。如"高个子"集合、"老年人"集合、"气温高"集合等，其边界均不明确；这类边界不明确的集合就是模糊集。模糊集克服了经典集合"非此即彼"的二值逻辑，使得在集合元素与非集合元素间有一个平滑的过渡：一个元素可部分地属于某集合，而不是完全属于或完全不属于它；即模糊集中元素的特性是模糊的。

模糊逻辑是模糊数学的重要分支，是基于模糊集的一种决策支持理论；包括推理、模式识别、综合判断、规划等人类的思维决策过程。应用模糊理论，可对模糊语言描述的命题进行符合模糊逻辑的推理(演绎和归纳等)。语言分为两种，即自然语言和形式语言。人类日常用的语言为自然语言，而计算机语言是形式语言。自然语言的突出特点是其模糊性，如"今天是个好天气"，"某人很年轻"等。

模糊理论主要用于处理一些含义模糊的问题，对确定性事物的描述可取值为 0 或 1；若所描述的事物在[0, 1]间连续取值，则为模糊性。模糊集有隶属函数，用于描述事物差异的中间过渡的不明确性，即模糊性。集合中每个元素是否属于集合及属于集合的程度(即隶属度)由隶属函数得到。隶属函数为一种模糊表达式，是可取[0, 1]间任意值的连续值逻辑，即一种模糊逻辑；其值越接近于 1，表明真的程度越大。

隶属函数是将模糊集应用于实际的基础。对具体的模糊对象，首先应确定其符合实际的隶属函数，才能用模糊数学方法进行定量分析。

隶属函数的设计是模糊系统的关键问题之一。其没有确定的方法，但应考虑模糊规则的产生及调整简便，易于实现。传统隶属函数多根据专家经验知识设计或用推理方法近似确定。隶属函数反映了信号到隶属度值的映射，将信号(或其特征值)转换为模糊值。二者关系为一条曲线，横坐标为信号(或其特征值)，纵坐标为其属于某一类的隶属度。隶属函数有很多种形式，如三角形函数、S 形函数等。

如用 A 表示模糊集合，x 是 A 中的元素，则其属于 A 的隶属函数可表示为

$$\mu_A(x) = \exp\left(-\frac{(x-c)^2}{2\delta^2}\right) \qquad (9-16)$$

式中，δ 和 c 为特征参数。如图 9-9 所示，其为高斯型隶属度函数。

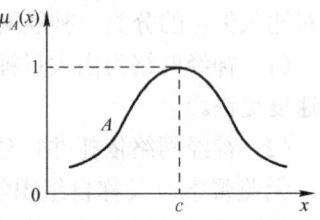

图 9-9 高斯型模糊隶属度函数

第 13 章介绍的语音识别属于模式识别。模式识别的核心问题是，使计算机模拟人脑的思维方式对客观对象进行识别与分类。但是，一方面现有统计模式识别方法与人脑的性能相比，差距还相当大；另一方面，待识别的对象又往往有不同程度的模糊性；因而可用模糊集理论解决模式识别问题。聚类是数理统计中的一种分类方法（分类的对象称为样本）；其定量确定样本间的远近程度，以将其分为不同类别。将模糊数学方法引入聚类可使分类更符合实际，这就是模糊聚类。

模糊聚类是模糊理论的一个重要应用，其研究兴起于 20 世纪 80 年代。其认为待分对象在某种程度上属于某类，在另一种程度上属于另一类；并用隶属度确定样本所属类别。该方法有良好的分类效果，但局限是隶属度的确定较复杂，推广应用有一定困难。人通过听觉器官识别语音的过程有一定模糊性，因而模糊聚类在语音识别中得到广泛应用。

模糊信息处理有良好的性能及应用前景，但其技术还不是很成熟，有很多问题需要研究解决。目前，模糊逻辑、神经网络及遗传算法正逐渐融合。有关内容将在 15.14 节中介绍。

9.7.2 模糊矢量量化

下面将模糊集理论引入矢量量化，即采用模糊 VQ；可得到较好的优化效果。利用模糊思想的聚类是传统的硬聚类的自然而有效的扩展，是从另一角度优化 VQ 的。该方法利用模糊聚类代替传统的 K-均值聚类来设计矢量量化器。下面以模糊 C 均值聚类为例进行介绍。

模糊 C 均值聚类是在引入模糊 C 划分后，对传统 K 均值聚类的模糊推广；其通过隶属度函数引入不确定性思想，实现对硬聚类的扩展，在应用中取得了较好的效果；在同样码本尺寸下，可减小码本量化误差。

模糊 C 均值聚类的目标函数为

$$J(X,U,Y) = \sum_{i=1}^{N}\sum_{k=1}^{J}\left[u_k^m(X_i)d(X_i,Y_k)\right] \qquad (9\text{-}17)$$

式中，$X = \{X_1, X_2, \cdots, X_N\}$ 为训练观察矢量序列；$Y = \{Y_1, Y_2, \cdots, Y_N\}$ 为各聚类中心组成的码本；$U = \{u_1, u_2, \cdots, u_J\}$ 为模糊 C 均值隶属度函数集；$u_k(x)$ 为第 k 个聚类中心即第 k 个码字的隶属度函数，且 $0 \leqslant u_k(x) \leqslant 1$ 及 $\sum_{k=1}^{J} u_k(x) = 1$；$m \in [1,\infty]$ 表示模糊度；$d(X_i, Y_k)$ 表示距离。

根据目标函数的模糊 C 均值聚类表达式为

$$\begin{cases} Y_k = \sum_{i=1}^{N} u_k^m(X_i) X_i \Big/ \sum_{i=1}^{N} u_k^m(X_i) \\ u_k(X_i) = \left[\sum_{j=1}^{J} \dfrac{d(X_i, Y_k)^{\frac{2}{m-1}}}{d(X_i, Y_j)^{\frac{2}{m-1}}}\right]^{-1} \end{cases} \qquad (9\text{-}18)$$

利用输入训练矢量序列，迭代计算聚类中心 Y_k 及隶属度函数 u_k 直至收敛，由新的聚类中心组成重估后的新码本。

模糊 VQ 码本估计的步骤为：

（1）设定初始码本和每个码字的初始隶属度函数，为方便起见，可令每个码字的初始隶属度函数相同；

（2）对训练观察矢量序列 X，利用式 (9-18) 计算新的聚类中心 Y_k 及新的隶属度函数 u_k；

（3）利用式 (9-17) 中的目标函数判断迭代是否收敛。如两次差值小于阈值则结束，由新的聚类中心和隶属度函数集组成新的码本；否则继续迭代。

模糊 VQ 的步骤如下：
（1）对待量化的输入矢量 X_i，不是通过 VQ 将其量化为某个码字 Y_k，而是量化为由隶属度函数组成的矢量 $U(X_i) = \{u_1(X_i), u_2(X_i), \cdots, u_J(X_i)\}$，表示 X_i 分别属于各码字 $Y_k (1 \leq k \leq J)$ 的程度；$u_k(X_i)$ 由式 (9-18) 计算且 $\sum_{k=1}^{J} u_k(X_i) = 1$。

（2）X_i 的量化误差
$$D = \sum_{k=1}^{J} u_k^m(X_i) d(X_i, Y_k) \tag{9-19}$$

（3）X_i 的重构矢量为
$$\hat{X}_i = \sum_{k=1}^{J} u_k^m Y_k \bigg/ \sum_{k=1}^{J} u_k^m \tag{9-20}$$

可见其为码字 Y_k 的线性组合，相当于增加了码本尺寸。

9.8 遗传矢量量化

9.8.1 遗传算法

进化计算是计算智能的重要组成部分，是从生物进化机理中发展而来、适合于现实世界复杂问题优化的模拟进化算法。遗传算法（GA，Genetic Algorithm）是进化计算的重要组成部分。

遗传算法是借鉴生物界自然选择和遗传机制的随机化搜索算法，是模拟生物进化现象（选择、淘汰、交叉、突然变异）的概率搜索和优化方法，是模拟自然淘汰和遗传现象的模型。遗传算法模拟生命的演化过程，认为后者本质上是学习和优化过程，即达到适应环境的最佳结构与状态。

GA 的群体搜索策略及不依赖于梯度的处理方式，使其应用十分广泛。它的主要特点是群体搜索策略和群体中个体间的信息交换，搜索不依赖于梯度信息，尤其适用于处理传统搜索方法难以解决的复杂（如非线性）问题。采用群体搜索策略使得初值选取对搜索结果的影响不大。利用 GA 进行聚类操作可达到全局近似最优解。

优化方法有多种，如梯度法、模拟退火等。与普通的搜索算法（如梯度法）类似，GA 也是一种迭代方法；其从给定初始解经迭代，逐步改进而收敛到最优值。

但 GA 与上述传统优化方法相比，有较大优势。表现为：
（1）对求解的问题给出一种编码方案，而不是对其具体参数进行处理；
（2）从一组初始点开始搜索，而不是从某个单一的初始点开始；
（3）搜索中用到的是目标函数值，而不用目标函数的导数及与具体问题有关的知识；
（4）搜索中用到的是随机变换规则，而不是确定的规则；
（5）易得到通用算法，以求解许多不同的优化问题；
（6）目前多数优化算法为线性的，而 GA 只需评价目标函数值的优劣，具有高度非线性；
（7）适合于并行计算；
（8）普通优化方法难以得到最优解，而 GA 可得到全局最优解。

GA 是自适应全局化搜索方法，有简单易用、普适性强、适合于并行处理和应用范围广等优点。它是鲁棒的方法，适应于不同环境及不同问题。理论上可证明，GA 的很多执行策略可在概率意义上收敛到问题的全局最优解。但应指出，通常 GA 收敛较慢，且局部寻优能力差，所得到的最优解精度不高；原因之一在于其未充分利用与求解问题相关的知识与信息。

GA要用到自然进化的一些术语。其中生物遗传物质的主要载体是染色体，DNA是其中主要的遗传物质，基因是控制生物性状的遗传物质的功能和结构单位。无数个基因组成染色体。

GA中，每次迭代可看作一代生物个体的繁殖，称为代；每组解称为种群，每个解称为一个个体。所求问题的每个解被看作为一个生物个体，一般用一条染色体即一组有序排列的基因表示（自然界中物种的性质由染色体决定）。即染色体对应的是数据或数组，这要求对问题的解进行编码，通常将其用一串数据表示。编码是将搜索空间中的参数或解转换为遗传空间中的染色体或个体，而解码是编码的逆过程。GA的工作对象是字符串，通常用二进制的0，1编码。当问题要用数值描述时，编码变为用二进制数表示十进制数；如用1001代表9。

GA处理的是染色体或叫个体。一定数量的个体组成种群，个体的数目称为种群大小。各个体对环境的适应程度称为适应度。GA中，用适应度值描述个体性能的优劣。适应度值相当于生物学中的生物生存能力，由其确定一些个体是繁殖还是消亡。GA在优化中仅使用适应度函数作为搜索依据，这使其应用很广泛。另一方面，普通搜索算法中，一般采用确定性的搜索策略；而GA利用结构化及随机性信息，使得解有最大的生存可能（相当于生物界的适者生存），是一种概率搜索方法。

GA的计算过程是模拟达尔文的生物进化的优胜劣汰过程；即使一个种群经过一代代选择、杂交及变异，体现适应性的过程。其中，好的个体有较大的选择概率，向更好的状态进化。即利用复制、交换、突变等操作，不断循环执行，逐渐逼近全局最优解。GA是一种群体性操作，以种群中所有个体为对象。遗传操作再加上适当的适应度函数就构成了GA的主体。

GA中，实现进化的主要方法是对字符串的选择、交叉和变异。

（1）选择：指将优良个体在下一代群体中繁殖，体现了适者生存的自然选择原则。选择建立在群体中个体适应度评估基础上，目的是从当前种群中选出优化的个体，使其有机会繁殖下一代个体。个体是否被选择取决于适应度值；适应度值好的被选择，差的被淘汰；使新群体中的个体总数与原来群体的相同。

对从群体中选择出来的个体，再进行后续操作，如交叉，变异等；或直接保留，作为下一代群体中的个体。

（2）交叉：是产生新个体的主要手段。按照生物学中的杂交原理，将两个个体（染色体）的部分基因相互交换。执行交换的个体随机选择。交叉概率即要进行交换的个体的比例约为50%~80%。

交叉模仿自然界的生物繁殖，使选中的个体与个体之间形成的下一代有上一代父母的部分信息（即自然界的遗传）。与自然界类似，该过程可能分别产生优于和差于上一代的个体。这需要一定的准则进行选择（即自然界中的淘汰）。

交叉很重要。一方面使原来群体中优良个体的性能在一定程度上得以保持，另一方面可探索新的基因空间，从而使新的群体中的个体具有多样性。

（3）变异：产生新个体的另一种方法。即将个体的某位字符进行补运算，使1变为0或0变为1。

变异是对选中的、保留和交叉所得到的个体的染色体，进行类似于自然界生物基因突变的操作，目的是保持群体中的个体差异，进而保持群体进化方向的多样性，以避免相同个体过多使群体无法继续进化。该过程对GA的全局寻优有重要影响，对群体进化有直接作用。

GA包括5个要素：（1）参数编码；（2）初始种群的设定；（3）适应度函数的设计；（4）遗传操作设计；（5）控制参数设定（主要是种群大小和遗传操作的概率等）。这5个要素构成了GA的核心内容。GA的主要内容包括染色体编码策略，优化的全局收敛性及搜索效率，基因操作策略及性能，参数选取及与其他智能信息处理方法的综合。

GA 的主要参数包括种群大小、染色体的二进制编码长度、交换概率及变异概率等，它们对算法的性能影响很大。通常参数取值范围为种群 $n = 20\sim 200$，交叉概率 $P_c = 0.5\sim 1.0$，变异概率 $P_m = 0\sim 0.05$。另一方面，如使这些参数随遗传进程而自适应变化，则这种有组织性能的遗传算法有更高的鲁棒性、全局优化性能及效率。每代种群中的个体数越大，则搜索范围越广，易得到全局最优解；但运算量相应增大；通常其可取为 100 左右。

GA 基本流程见图 9-10。

图 9-10 遗传算法实现的基本流程

9.8.2 遗传矢量量化

为解决 VQ 寻优的局部最优解问题，可将 GA 与 VQ 相结合，通过合理的编码方案及对初始群体中 VQ 码本的遗传操作，从而搜索出训练矢量空间中的全局最优 VQ 码本，其原理框图见图 9-11。

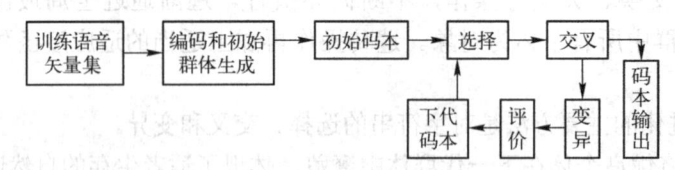

图 9-11 基于遗传算法的矢量量化器框图

（1）基因编码

遗传算法不能直接处理空间数据，须通过编码将其表示为遗传空间的基因型串结构数据。具体做法为：使遗传空间的染色体的每个基因直接对应一个 VQ 码本的每一个码矢量。则染色体长度(基因个数)为码本大小，使一个 VQ 码本对应于一个个体。M 个码本生成有 M 个个体的群体，GA 直接对该群体中的个体进行选择、交叉、变异等操作。这种编码方案有操作简单、计算量小、收敛快、码本质量高等优点。

（2）适应度函数的选择

个体适应度函数可定义为训练矢量序列对该个体(即码本)的平均量化失真的倒数，即

$$f_i = \frac{1}{\frac{1}{N}\sum_{j=0}^{N-1}\min_{Y\in Y_M}\left[d\left(X_j, Y_i\right)\right]} \tag{9-21}$$

为对遗传过程进行动态调节并防止出现早熟现象，应对适应度函数进行动态定标。可采用幂定标方式，定标后适应度函数为

$$f' = f^i, \quad i = \text{int}(1 + g/100) \tag{9-22}$$

式中，g 为遗传代数，int( ) 为取整。

（3）初始码本的形成

GA 有全局寻优性能，初始码字的选取不影响优化结果；但用适当的非随机方法得到的初始码本可缩短优化时间。

（4）遗传操作

可采用简单的 GA。其特点为：(1) 采用轮盘赌选择方法；(2) 随机配对；(3) 一点交叉

并生成两个新个体；(4)群体内允许有相同个体。

轮盘赌方法即选择概率和适应度成正比。其先计算群体中所有个体适应度值之和$(\sum f)$，再计算各个体的适应度值所占的比例$(f_i/\sum f)$，并作为相应的选择概率来进行选择。

（5）迭代停止的条件

通常适应度超过事先设定的门限即可停止。但此时无法确定适应度函数的最大值，因而GA-VQ中优化结束的条件为观察群体中相同个体达到的程度。若占群体一定比例的个体已是同一个体，则迭代结束。该比例值由多次实验确定，一般取得较大如0.85左右。

思考与复习题

9-1 矢量量化在语音处理中有何应用？

9-2 什么是码字(码矢)和码本(码书)？码本尺寸由何决定？

9-3 如何分配矢量量化的各项技术指标？

9-4 矢量量化的失真测度应具有何种特性？常用的失真测度有哪些？各有何应用？

9-5 通常，VQ用于波形编码时采用欧氏距离，用于LPC参数时采用Itakura-Saito失真测度，用于语音识别时又采用其他失真测度。其原因是什么？试从特征矢量的物理意义进行分析。

9-6 如何设计最佳矢量量化器？LBG算法如何实现？如何设计初始码书？如何训练码书？

9-7 设有二维矢量的训练序列：

(0,0)，(0,1)，(1,0)，(0,-1)，(-1,0)，(1,1)，(-1,1)，(1,-1)，(-1,1)，(0,-0.5)，(0,0.5)，(0.5,1)，(-0.5,1)，(0.5,0)，(-0.5,0)，(0.5,1.5)，(1.5,-1)，(-1.5,-1)，(0,2)

试用(0.5,0.5)，(0.5,-0.5)，(-0.5,-0.5)，(-0.5,0.5)作为初始码书，用LBG算法求$N=4$的最佳码书，并求对训练矢量的平均失真。

9-8 已知二维矢量(x,y)在正三角形内均匀分布，三角形的三个顶点分别为(0,2)，$(-\sqrt{3},1)$，$(\sqrt{3},-1)$。试求$N=4$时的最佳码书。

9-9 矢量量化会给信号带来失真，即产生量化噪声。简述量化噪声的形成过程。

9-10 如何减小VQ中的量化误差？其有哪些实现方法？

9-11 如何减小VQ中搜索的运算量？其有哪些快速搜索方法？

9-12 如何降低VQ系统的复杂度？树搜索与全搜索相比有何优势与局限？

9-13 多级VQ与单级VQ相比有何特点？

9-14 什么是有记忆的反馈VQ？其有何特点？

9-15 什么是FSVQ？请述FSVQ声码器的工作原理。

9-16 如何利用语音信号的记忆特性提高VQ性能？

9-17 模糊集及模糊信息处理的基本原理是什么？

9-18 模糊VQ的基本原理是什么？为什么其可减小量化误差？其量化器的训练如何进行？

9-19 试述遗传算法的基本原理。与传统优化方法相比其有哪些优势？

9-20 试述遗传VQ的基本原理和训练步骤。其如何引入遗传算法来改进VQ的性能？

第10章　隐马尔可夫模型

10.1　概　　述

马尔可夫模型(Hidden Markov Model，HMM)是由 Markov 链演变而来的，是一种统计信号模型，是用参数表示的描述随机过程统计特性的概率模型。这里所说的随机过程在语音识别领域一般是有限长随机序列。其可能是一维的观察值序列或编码符号序列，也可能是多维矢量序列。如一个语音段(如词、音素或短语)可用一串特征矢量表示，这就是观察矢量序列；如将这串矢量逐个进行 VQ，每个矢量用一个编码符号表示，就变为观察符号序列。HMM 既可描述语音信号特征动态变化，又可很好地描述语音特征统计分布，是准平稳时变语音信号分析和识别的有力工具。

约在 100 年前人们就已经知道了 Markov 链，但 HMM 的基本理论是 20 世纪 70 年代初提出的；其在语音处理中应用与实现的研究在 70 年代中期开展起来；但对其理论广泛与深入的了解及在语音处理中的成功应用是近 30 年的事。用此模型解决语音识别问题已取得很大成果。HMM 基本理论与各种实用算法是现代语音识别的重要基石。目前绝大多数成功的语音识别系统均是基于 HMM 的；特别是连续语音识别领域，HMM 是声学部分的主流方法。

设实际物理过程产生一个可观察序列，此时建立一个模型来描述该序列的特征非常重要。如果在分析区间内信号为非时变或平稳的，则用人们熟知的线性模型就可以。如对语音信号在短时间内可用一个全极或极零模型来模拟，即 LPC 模型。此外，短时谱、倒谱等也属于线性模型，这些都是已研究得相当透彻的模型技术。

如果分析区间内信号是时变的，显然上述线性模型的参数也为时变的。因而，最简单的方法是在极短时间内用线性模型参数来表示，再将许多线性模型在时间上串接起来。这就是 Markov 链。但除非知道信号的时变规律，否则存在一个问题：如何确定多长时间模型就需要变换？显然不可能准确地确定这一时长，或使模型变化与信号变化同步。因而，Markov 链虽可描述时变信号，但不是最佳和最有效的。

而 HMM 既解决了用短时模型描述平稳段的信号，又解决了各短时平稳段如何转变到下一短时平稳段的问题。其利用概率及统计学理论解决了如何辨识有不同参数的短时平稳信号段，及如何跟踪它们间的转化等问题。语言结构信息是多层次的，除语音特性外，还涉及音长、音调、能量等超音段信息及语法、句法等高层次语言结构信息。HMM 既可描述瞬变的(随机过程)又可描述动态的(随机过程转移)特性，因而可利用这些超音段及语言结构信息。

HMM 与 Markov 链的不同在于其观察结果不与状态有确定的对应关系，而是系统所处状态的概率函数；因而模型是隐藏的，与观察结果还有一层随机关系。HMM 将语音信号看作双重随机过程：一是用具有有限状态的 Markov 链模拟语音信号统计特性变化的隐含随机过程，另一个是与 Markov 链的每个状态相关联的观测序列随机过程。前者通过后者表现出来，但具体参数不可测。人的言语过程就是双重随机过程，语音信号是可观测的时变序列，是由大脑根据语法知识和言语需要(不可观测的状态)发出的音素参数流。语音中，当前与下一个发音音素间以某种概率进行转移。人听(观察)到的只是发音后产生的语音波形信息，如仅考虑语音波形(不经过人的听觉分析)则很难知道该语音波形对应的音素信息。语音识别的任务即是通过分析当前波形推断产生该波形的最可能的音素，从而得到对应的文字信息。HMM 合理模仿了这一过程，很好地描述了语音信号的整体性与局部性。

HMM 使用 Markov 链模拟信号统计特性的变化，而这种变化又间接地通过观察随机序列来描述；因而为双重随机过程。语音信号为可观察序列，是大脑中的(不可观察)、根据言语需要及语法知识(状态选择)发出的音素(语、句)参数流，因而很适合于用 HMM 描述。

用 HMM 描述语音过程的成功在于：(1) 各状态驻留时间可变，从而很好地解决了语音时变问题。(2) 模型参数通过大量训练数据统计运算得到，因而不仅可用于特定人、且可用于非特定人识别；只要将大量不同人的多次发音用作训练数据即可。

HMM 中观察序列的统计特性由一组随机函数描述。按照随机函数的特点，分为：(1) 离散 HMM(DHMM，Discrete HMM)，其采用离散的概率密度函数；(2) 连续 HMM(CHMM，Continuous HMM)，采用连续概率密度函数；(3) 半连续 HMM(SCHMM，Semi-CHMM)，综合了 DHMM 及 CHMM 的特点。通常，训练数据足够大时，CHMM 优于 DHMM 及 SCHMM。

HMM 的训练与识别均已研究出有效算法，并不断完善以提高其鲁棒性。目前对 HMM 的研究已相当深入，从离散到连续模型，用一重到多重高斯分布描述概率统计分布，状态驻留时间的统计独立成为一个附加模型。另外对语音还进行了扩展，加入导出参数。这些改进均为提高识别率。

10.2 隐马尔可夫模型的引入

信号模型可分为确定模型及统计模型。确定模型利用信号的特定性质，如已知信号是正弦函数等。此时模型确定较简单，即估计模型参数，如正弦波的振幅、频率及相位等。统计模型描述信号的统计特性，如高斯过程、隐 Markov 过程及 Markov 过程等。统计模型的基本假定是信号可用参数随机的过程描述，且参数可用精确的被定义的方法进行估计。语音信号为准平稳随机信号，可用确定性模型也可用统计模型来描述。

目前，HMM 已成为描述语音信号最有效的统计模型，在语音识别、共振峰和基音跟踪、语音增强、统计语言模型、语音连接、口语理解、机器翻译中得到广泛应用。

为描述语音信号随时间变化的特性，采用状态的概念，使语音特征的变化表现为从一个状态到另一个状态的转移。HMM 要以具有有限个不同状态的系统作为语音生成模型。各状态可产生有限个输出。生成一个单词时，系统不断地由一个状态转移到另一个状态，各状态均产生一个输出，直至整个单词输出完毕。其一个例子示于图 10-1，其中每个状态用一个圆圈表示(箭头表示状态间允许转移，箭头旁的数字表示转移概率)。由图可见，HMM 由许多状态及状态间的转移弧构成。状态间的转移是随机的，每一状态下的输出也是随机的。由于不允许随机转移与输出，模型可适应发音的各种变化。

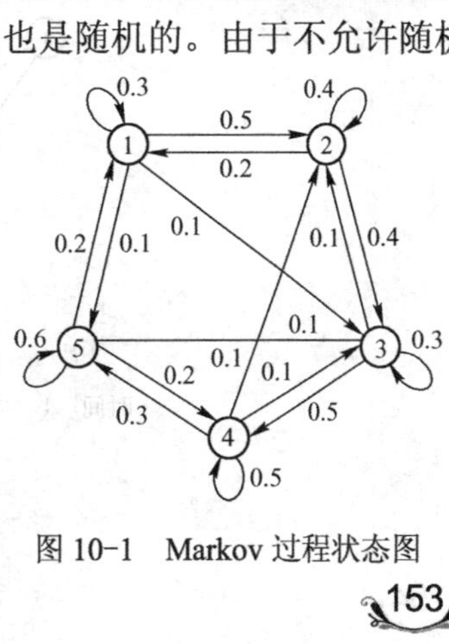

采用这种模型的目的不像其他语音处理技术那样明显；如声道结构、发音器官不同部位及与每个发音部位相应的语音输出等，均容易理解。HMM 不要求对应关系，其不期望发音器官姿态与模型状态有对应关系。设由一个状态向另一个状态的转移在离散时刻发生，且每次从状态 s_i 向 s_j 转移的概率只与 s_i 有关。图 10-1 中，这种转移概率标在箭头旁。设有 L 个状态，用 $L×L$ 维矩阵 A 表示转移概率，其中 a_{ij} 为 s_i 转移到 s_j 的概率。比如，图中的转移概率矩阵可表示为

图 10-1 Markov 过程状态图

$$A = \begin{bmatrix} 0.3 & 0.5 & 0.1 & 0 & 0.1 \\ 0.2 & 0.4 & 0.4 & 0 & 0 \\ 0 & 0.1 & 0.3 & 0.5 & 0.1 \\ 0 & 0.1 & 0.1 & 0.5 & 0.3 \\ 0.2 & 0 & 0 & 0.2 & 0.6 \end{bmatrix}$$

规定转移是不确定的，以处理状态删除或重复等问题。模型的这一性质是必要的，因为不同单词发音变化很大。另一方面，允许系统不只有一个初始状态。

如可能输出的 N 个集合为 $\{y_i\}$，则对应每个状态有一个 N 维矢量 $\boldsymbol{b}_i$，其中 $\boldsymbol{b}_i = P($输出 $= y_i$ | 状态 $= s_i)$。所有状态的输出用 $L \times N$ 维矩阵 $\boldsymbol{B}$ 表示，其中第 i 行矢量为 $\boldsymbol{b}_i^\mathrm{T}$。各状态输出概率之和为 1，因而矩阵每一行的各元素之和为 1。

此系统任何时刻所处的状态 s_j 隐藏于系统内部，不为外界所见；外界看到的只是该状态下的输出 $\boldsymbol{Y}$。每个单词可由这样的模型表示，模型本身看不见(即状态不可见)，只能根据获取的数据推导出来，所以称为隐 Markov 模型。

设模型有有限个离散输出，即 y_i 只能取有限多个离散分布的矢量中的一个，因而每个离散时刻的模型只能处于有限多个状态中的一个。因此，对语音这种连续信号要采取某些方法以选择合适的输出 $\{y_i\}$。

上面只是 HMM 的特殊情况，即遍历或全连接的 HMM。此时各状态均可由其他每个状态到达。实际上，不是所有的 HMM 都像图 10-1 那样复杂，模型越简单越利于估计和应用。对某些应用特别是语音识别，其他类型的 HMM 效果会更好。最常见的为从左至右模型，其一般形式示于图 10-2。此时模型只有唯一一个初始及终止状态，且只要进入一个新状态就不能返回到以前状态。这种模型适合于性质随时间变化的信号，如语音信号。图 10-2 所示模型中，前向转移被进一步约束：只能重复原有状态、前进一个或两个状态。

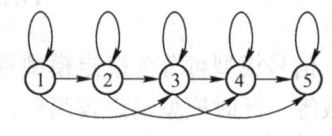

图 10-2 由左至右型 HMM
（初始状态是 1，终止状态为 5）

下面考察其工作过程。设产生某单词时，图 8-2 的模型依次经过 1, 2, 2, 3, 4, 4 和 5 各状态，用图 10-3(a) 表示。图中，时间从左向右进行，且假定每个状态都有不同的输出。由于输出不确知，任一输出与任一状态间不存在对应关系。图 10-3(a) 中给出的输出说明了这一点。实际上，并不知道由哪一过程得到的输出。为将各种可能性都表示出来，重新表示图(a)的经历过程并画

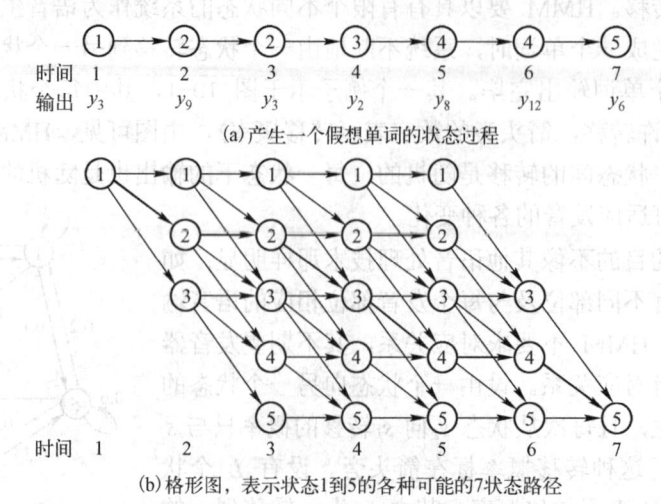

时间 1   2   3   4   5   6   7
输出 y_3 y_9 y_3 y_2 y_8 y_{12} y_6

(a) 产生一个假想单词的状态过程

时间 1   2   3   4   5   6   7

(b) 格形图，表示状态1到5的各种可能的7状态路径

图 10-3 HMM 示意图

在表示所有可能过程的格形图中。该模型经过 7 步,由状态 1 转移到状态 5,见图 10-3(b)。其中,任何一条路径均为模型的可能路径,而粗线表示图(a)的路径。

HMM 在每个离散时刻只处于有限个状态中的一个。A、B 已知后,图 10-2 的模型可表示某音节。由于 A、B 已确定,因而其已表示为确定的模型。若难于使该字的音节数与 HMM 状态数相同,则 A、B 各元素与物理量(音节)的对应意义就模糊不清。某些情况下,为减小计算量并使方法统一,设各字音的模型状态数相同,就会产生这种情况。这是 HMM 的一个缺陷。

10.3 隐马尔可夫模型的定义

设有限状态过程中有 L 种状态,记为 s_j,$j=1\sim L$。该过程在 n 时刻所处的状态用 x_n 表示,其只能是 $s_1 \sim s_L$ 中的某一个。对任意的 n,如该过程时间起点为 $n=1$,则在以后每个时刻 n 其所处的状态以概率方式取决于初始状态概率矢量 π 及状态转移矩阵 A。其中 π 为 L 维行向量,即

$$\boldsymbol{\pi} = [\pi_1, \cdots \pi_j, \cdots, \pi_L] \tag{10-1}$$

其每个分量 π_j 表示初始状态为 s_j 的概率,即

$$\pi_j = P(x_1 = s_j), \qquad j=1\sim L \tag{10-2}$$

A 中元素 a_{ij} 表示状态 s_i 转移到 s_j 的概率,即状态转移概率。其为条件概率,即

$$a_{ij} = P(x_{n+1}=s_j | x_n=s_i), \quad n \geqslant 1, \ i,j=1\sim L \tag{10-3}$$

即在前一时刻状态为 s_i 的条件下,下一时刻状态为 s_j 的概率。如前所述,$\sum_{j=1}^{L} a_{ij}=1$,对任意 i。

可见在任意时刻,状态 x_n 取 $s_1\sim s_L$ 中哪一个的概率只取决于前一时刻所处的状态,而与更前时刻的状态无关。由此产生的状态序列 $x_1, x_2, x_3, \cdots$ 为一阶 Markov 链。如每个运行过程只完成 $N-1$ 次状态转移,则产生一条有限长度的 Markov 链 $x_1, x_2, \cdots, x_N$,用行矢量表示为 $\boldsymbol{X}=(x_1, x_2, \cdots, x_N)$。对任一 $\boldsymbol{X}$,其出现概率为

$$P(\boldsymbol{X}|\boldsymbol{\pi},\boldsymbol{A}) = \pi_{x_1} a_{x_1 x_2} a_{x_2 x_3} \cdots a_{x_{N-1} x_N} \tag{10-4}$$

如 y_n 离散分布,其概率分布只取决于 x_n,用

$$P(y_n | x_n=s_j), \quad n \geqslant 1, \ i,j=1\sim L \tag{10-5}$$

表示 s_j 状态下输出 y_n 的概率分布。

设 HMM 从 $n=1$ 时刻开始运行,在 $n=1\sim N$ 各时刻给出的 N 个随机矢量构成广义 N 维行矢量即矩阵 $\boldsymbol{Y}=(y_1, y_2, \cdots, y_N)$。其每次运行产生的 Markov 链 $\boldsymbol{X}$ 是外界看不见的,可观测的只是 $\boldsymbol{Y}$。

上述概率密度函数与 n 值无关,只取决于 s_j。L 个概率密度函数构成行矢量 $\boldsymbol{B}$,即

$$\boldsymbol{B} = [b_{ij}]_{1 \leqslant i,j \leqslant L} \tag{10-6}$$

其中,b_{ij} 为 $P(y_i|x_n=s_j)$。

若矢量 $\boldsymbol{y}$ 的维数为 1,则 $\boldsymbol{y}_n$ 退化为实随机变量 y_n;则上述 HMM 的时间和状态均为离散的。

HMM 的过程是：

（1）根据初始状态分布概率 $\boldsymbol{\pi}$ 选择初始状态，置 $n=1$。

（2）根据 $\boldsymbol{B}$ 得出 s_i 状态下输出概率分布 b_{ni}。

（3）根据 $\boldsymbol{A}$，由 n 时刻 s_i 状态转移到 $n+1$ 时刻 s_j 状态的转移概率分布确定下一个状态，并置 $n=n+1$。

（4）如 $n<N$，返回第（2）步；否则结束。

为此，HMM 可定义为
$$\lambda = f(\boldsymbol{A},\boldsymbol{B},\boldsymbol{\pi}) \tag{10-7}$$

三个模型参数中，$\boldsymbol{\pi}$ 最不重要；$\boldsymbol{B}$ 最重要，其就是外界观察到的系统输出概率（某状态下系统输出的概率分布）。$\boldsymbol{A}$ 的重要性差些，如其对孤立词识别（如 13.5 节所述）不太重要。

为便于理解，如图 10-4 所示，将 HMM 分为两部分：一是 Markov 链，由 $\boldsymbol{\pi}$、$\boldsymbol{A}$ 描述，输出为状态序列；另一部分为随机过程，由 $\boldsymbol{B}$ 描述，输出为观察值序列。其中 N 为观察值时间长度。

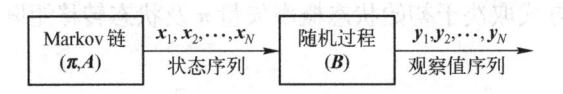

图 10-4 HMM 组成示意图

为理解 HMM 的概念以及其如何应用于语音识别，下面简要介绍基于 HMM 的孤立词识别。对每个孤立词用一个 HMM 描述，通过模型学习或训练完成。待识别的孤立词语音经分帧、参数分析及特征提取，得到一组随机向量序列 $x_1,x_2,\cdots,x_N$（N 为帧数）；通过 VQ 转化为一组观察序列 $Y=(y_1,y_2,\cdots,y_N)$（由码本的码字组成，其对所有类别模型为共同码本，根据所有类别的数据由 LBG 算法聚类得到）。然后计算这组符号序列在各 HMM 上的输出概率，输出概率最大的 HMM 对应的孤立词就是识别结果。其过程见图 10-5。

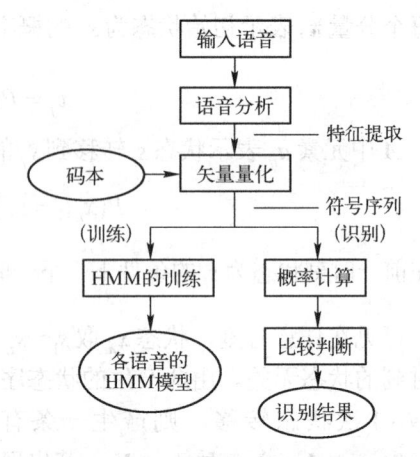

图 10-5 基于 HMM 的孤立字(词)识别

10.4 隐马尔可夫模型三个问题的求解

HMM 用于语音识别时，有三个基本问题需要解决：

（1）已知模型输出 Y 及模型 $\lambda = f(\boldsymbol{A},\boldsymbol{B},\boldsymbol{\pi})$，计算产生 Y 的概率 $P(Y|\lambda)$。

这是评估问题，即已知模型参数及观测序列后，评估模型或对其打分（即与给定的观测序列匹配得如何）。如果有若干可选择的模型，通过此问题的求解可得到与给定观测序列最匹配的模型。

（2）已知模型输出 Y 及模型 λ，估计产生此 Y 最可能经历的状态 X，即选择最佳观察序列。

这是识别问题，揭示模型中隐藏的部分即找出状态序列。实际中，常采用某种最佳判据求解。最佳判据有若干种，取决于状态序列的使用目的。比如一种典型应用是了解模型结构，另一种是得到连续语音识别的最佳状态序列，或求各状态的平均统计特性等。

（3）根据模型输出来优化模型参数，使其对前者吻合的概率最大，即使 $P(Y|\lambda)$ 最大。这

是学习问题，用于调整模型参数；使之最优化的观测序列 Y 称为学习样本或训练序列。可按照 ML 准则，用这些学习样本求 π、A、B。即所求得的模型参数使 HMM 产生的各样本概率的平均值为最大。对多数应用来说，训练是 HMM 的一个关键问题。

上述三个问题在语音识别中均要遇到。以孤立词识别为例，设有 W 个单词要识别，可预先得到这 W 个单词的标准样本。第一步是为各单词建立一个模型，这要用到问题（3）（即给定观察下求模型参数）。为理解模型状态的物理意义，可利用问题（2）将每个单词的训练序列分割为一些状态，再研究导致与每个状态相应的观察结果的那些特征。最后，识别未知单词要用问题（1），即对给定的观察结果找出一个最合适的模型(此处对应一个单词)，以使 $P(Y|\lambda)$ 最大。

下面分别讨论这三个问题。

10.4.1 概率的计算

计算分四个步骤：

（1）在 $n=1,2,\cdots,N$ 时间内，求各状态序列 $X=x_1,x_2,\cdots,x_N$ 下 Y 出现的概率：

$$P(Y|X,\lambda)=\prod_{n=1}^{N}P(y_n|x_n,\lambda)=P(y_1|x_1,\lambda)P(y_2|x_2,\lambda)\cdots P(y_N|x_N,\lambda) \tag{10-8}$$

式中，$P(y_n|x_n,\lambda)$ 为 n 时刻状态 x_n 下出现 y_n 的概率。

（2）计算模型 λ 下出现 X 的状态转移概率

$$P(X|\lambda)=\pi_{x_1}a_{x_1x_2}a_{x_2x_3}\cdots a_{x_{N-1}x_N} \tag{10-9}$$

（3）状态 X 与输出 Y 同时出现的联合概率，即上面两个概率之积

$$P(Y,X|\lambda)=P(Y|X,\lambda)P(X|\lambda) \tag{10-10}$$

（4）任意 Y 出现的概率为上式对所有可能的 X 求和

$$\begin{aligned}P(Y|\lambda)&=\sum_{\text{全部}X}P(Y|X,\lambda)P(X|\lambda)\\&=\sum_{x_1,x_2,\cdots,x_N}\pi_{x_1}P(y_1|x_1,\lambda)a_{x_1x_2}P(y_2|x_2,\lambda)\cdots a_{x_{N-1}x_N}P(y_N|x_N,\lambda)\end{aligned} \tag{10-11}$$

上式给出了求解 $P(Y|\lambda)$ 的理论方法；即为计算观察序列的似然概率，将所有可能产生的 L^N 个状态序列的概率相加。但实际不可能知道每种可能路径，且该方法运算量极大，约 $2L^N$ 次，即 $(2N-1)L^N$ 次乘法与 L^N-1 次加法，这是无法接受的。为此 Baum 等提出前向-后向算法，使运算量大为减少。

下面首先介绍前向概率与后向概率的概念。对确定的某个观察矢量序列，考察 n 时刻。用 n 时刻前出现的观察矢量序列的概率推算 n 时刻出现某个观察值的概率，即用出现 $y_1y_2\cdots y_{n-1}$ 的概率推算出现 $y_1\cdots y_{n-1}y_n$ 的概率，称为前向概率。类似地，用 $y_{n+2}y_{n+3}\cdots y_N$ 推算 $y_{n+1}y_{n+2}\cdots y_N$ 的概率，称为后向概率，见图 10-6。相应地，出现整个 Y 的概率 $P(Y|\lambda)$ 为整体概率。

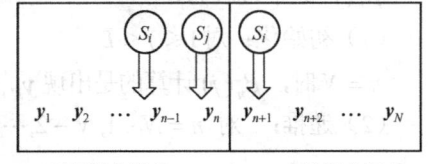

图 10-6 前向概率与后向概率

1. 前向算法

即按输出观察值序列的时间，由前向后递推计算输出概率。

设 $P(Y|\lambda)$ 为 λ 下输出 Y 的概率，$b_{ij}(y_n)$ 为状态 s_i 到 s_j 转移时输出 y_n 的概率。$\alpha_n(j)$ 为输出部分符号序列 $y_1y_2\cdots y_n$ 且到达状态 s_j 的概率，即前向概率；即系统在 n 时刻处于 s_j 状态下，

在出现前 $n-1$ 个观察矢量 $\boldsymbol{y}_1\boldsymbol{y}_2\cdots\boldsymbol{y}_{n-1}$ 的情况下，观察到 $\boldsymbol{y}_n$ 的概率。

为计算 $\alpha_n(j)$，考察系统在前 $n-1$ 时刻的状态。

$\alpha_n(j)$ 由如下递推得到：

（1）初始化：对 $1\leqslant j\leqslant L$，有

$$\alpha_1(j)=\pi_j b_j(\boldsymbol{y}_1) \tag{10-12}$$

（2）递推：对 $1\leqslant n\leqslant N-1, 1\leqslant j\leqslant L$，有

$$\alpha_n(j)=\left[\sum_{i=1}^{L}\alpha_{n-1}(i)a_{ij}\right]b_j(\boldsymbol{y}_n+1) \tag{10-13}$$

（3）最后结果：

$$P(\boldsymbol{Y}|\lambda)=\sum_{j=1}^{L}\alpha_N(j) \tag{10-14}$$

图 10-7 示意了递推中 $\alpha_{n-1}(i)$ 与 $\alpha_n(j)$ 的关系，n 时刻 $\alpha_n(j)$ 为 $n-1$ 时刻所有状态的 $\alpha_{n-1}(i)a_{ij}b_j(\boldsymbol{y}_n)$ 之和，显然如果状态 s_i 到 s_j 未转移时则 $a_{ij}=0$。n 时刻对所有状态 $s_j(j=1,2,\cdots L)$ 的 $\alpha_n(j)$ 均计算一次，则每个状态的前向概率更新一次，然后进入 $n+1$ 时刻。

由于利用了局部路径概率，前向算法的运算量减少为 $L(L+1)(N-1)+L$ 次乘法及 $L(L-1)(N-1)$ 次加法。类似地，$L=5, N=100$ 时，只需约 3000 次乘法。该算法是典型的格型结构，与动态规划递推（如 13.3 节所述）类似（见图 10-8）。

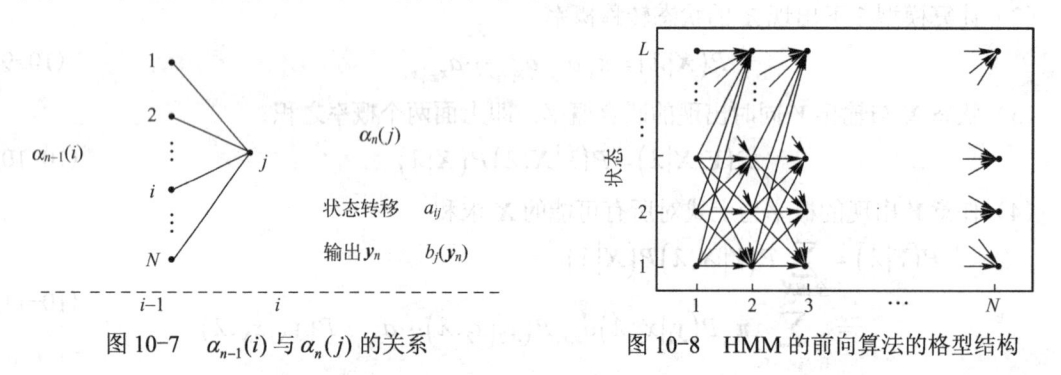

图 10-7 $\alpha_{n-1}(i)$ 与 $\alpha_n(j)$ 的关系　　　图 10-8 HMM 的前向算法的格型结构

2. 后向算法

与前向算法类似，后向算法按输出序列的时间，从后向前递推计算输出概率。设 $\beta_n(j)$ 为从状态 s_j 开始到 s_L 结束输出部分符号序列 $\boldsymbol{y}_{n+1}\boldsymbol{y}_{n+2}\cdots\boldsymbol{y}_N$ 的概率，即后向概率；也就是系统在 n 时刻处于 s_j 状态下，在 $n+2$ 到 N 时刻观察矢量为 $\boldsymbol{y}_{n+2}\boldsymbol{y}_{n+3}\cdots\boldsymbol{y}_N$ 的情况下，出现 $\boldsymbol{y}_{n+1}$ 的概率。

$\beta_n(j)$ 递推过程为：

（1）初始化：对 $1\leqslant j\leqslant L$

$$\beta_N(j)=1 \tag{10-15}$$

$n=N$ 时，$\beta_n(j)$ 计算的是出现 $\boldsymbol{y}_{N+1}$ 的概率，而实际上 $\boldsymbol{y}_{N+1}$ 不存在，是空集，因而 $\beta_N(j)=1$。

（2）递推：对 $n=N-1, N-2,\cdots 1, 1\leqslant j\leqslant L$，有

$$\beta_n(j)=\sum_{i=1}^{L}a_{ij}b_i(\boldsymbol{y}_{n+1})\beta_{n+1}(i) \tag{10-16}$$

（3）最后结果：

$$P(\boldsymbol{Y}|\lambda)=\sum_{j=1}^{L}\beta_1(j)$$

后向算法的计算量约为 $L^2 N$ 个数量级，也是一种格型结构。

由前向及后向概率得到整体概率

$$P(Y|\lambda) = \sum_{j=1}^{L} \alpha_n(j)\beta_n(j) \tag{10-17}$$

代入式(10-13)，有
$$P(Y|\lambda) = \sum_{i=1}^{L}\sum_{j=1}^{L} \alpha_n(i) a_{ij} b_{ij}(y_{n+1}) \beta_{n+1}(j), \quad 1 \leqslant n \leqslant N-1 \tag{10-18}$$

10.4.2 HMM 的识别

HMM 的识别是，在给定 Y 的条件下，得到系统内部的最有可能的状态序列，即最佳状态序列。这里，最佳状态序列的寻找是揭示 HMM 的隐藏部分，即找出所有状态序列中产生 Y 的可能性最大的状态序列；这是 HMM 的识别过程。

一种可能的最佳准则是，选择状态 x_n，使其在各时刻均是最可能的；即 $n=1$ 时最可能的状态为 s_1，$n=2$ 时最可能的状态为 s_2，等等。为此先求

$$r_n(i) = P(x_i = s_i | Y, \lambda) \tag{10-19}$$

为给定 Y 及 λ，在 n 时刻出现 s_i 的概率。由此得 n 时刻最可能的状态为

$$x_n = \underset{1 \leqslant i \leqslant L}{\arg\max}[r_n(i)], \quad 1 \leqslant n \leqslant N \tag{10-20}$$

这里存在一个问题：有时会出现不允许转移的情况，即 $a_{ij} = 0$。此时对这些 i 和 j，得到的为不可能的状态序列。即上式的解只是每个时刻决定一个最可能的状态，没有考虑整体结构、相邻时间的状态及观察序列长度等。为此研究了最佳状态序列基础上的整体约束最佳准则，并由此得到一个最佳状态序列；这就是 Viterbi 算法。

HMM 的解码过程给出最佳意义上的状态序列。最佳指 $P(X|\lambda, Y)$ 最大，即给定 Y 和 λ 使 $P(X|\lambda, Y)$ 为最大的 X。该问题与动态规划(13.3 节)中的最优路径问题类似。对 HMM 而言，与外界观察到的 Y 对应的系统内部的 X 不是唯一的；不同的 X 产生 Y 的可能性不同。最佳状态序列搜索的任务是，根据 Y 搜索最有可能的 X。

这一问题可表示为，在 λ 及 Y 条件下产生 X 的条件后验概率 $P(X|\lambda, Y)$ 最大。另一方面

$$P(X|\lambda, Y) = P(X, Y|\lambda) / P(Y|\lambda) \tag{10-21}$$

式中，分母对于所有 X 均相同，因而可简化为只比较分子，即

$$P(X|\lambda, Y) \Leftrightarrow P(X, Y|\lambda) \tag{10-22}$$

对所有可能的 X，上述概率的计算量很大。为此可采用 Viterbi 递推搜索算法。

现在的问题是求一条状态序列使

$$P(X, Y|\lambda) = P(x_1, x_2, \cdots, x_N, y_1, y_2, \cdots, y_N | \lambda) \tag{10-23}$$

最大。设系统 n 时刻处于状态 $x_n = s_i$，先前时刻的状态为 $x_1 x_2 \cdots x_{n-1}$，可任意选择，则可找到一条从 1 到 n 的路径，使输出 $y_1 y_2 \cdots y_n$ 的概率最大。该概率为

$$\delta_n(i) = \max_{x_1, x_2, \cdots, x_{n-1}} P(x_1 x_2 \cdots x_{n-1}, x_n = s_i, y_1 y_2 \cdots y_n | \lambda) \quad (i = 1, 2, \cdots, L) \tag{10-24}$$

由式(10-23)得
$$\delta_{n+1}(j) = \max_i \left[\delta_n(i) a_{ij} \right] \cdot b_j(y_{n+1}) \quad (i, j = 1, 2, \cdots, L) \tag{10-25}$$

为描述路径节点间的递推关系，用

$$\varphi_{n+1}(j) = \underset{i}{\arg\max} \left[\delta_n(i) a_{ij} \right] \tag{10-26}$$

表示 $x_{n+1} = s_j$ 的一条最优路径 $x_1 \cdots x_n x_{n+1}$ 中 x_n 的状态序号。

Viterbi 算法的实现流程为：

（1）初始化：对 $1 \leqslant i \leqslant L$，$\delta_1(i) = \pi_i b_i(\boldsymbol{y}_1)$。

（2）递推：对 $1 \leqslant n \leqslant N-1$，$1 \leqslant i,j \leqslant L$，由 $\delta_n(i)$ 根据式 (10-25) 求出 $\delta_{n+1}(i)$，根据式 (10-26) 求出 $\varphi_{n+1}(j)$。

（3）确定 δ_N：求 $\delta_N(j)$ 的最大值，其相应的 j 为最优状态序列中最后一个状态 x_N 所取的状态 s_i 的序号，记为 $\hat{l}_N$，即

$$\hat{l}_N = \arg\max_j \left[\delta_N(j)\right] \tag{10-27}$$

（4）路径回溯：由 $n=N$ 回溯，求出最优状态序列路径

$$\hat{l}_N = \varphi_{n+1}(\hat{l}_{n+1}), \quad n = N-1, N-2, \cdots, 1 \tag{10-28}$$

应该指出，Viterbi 算法的附加结果 $\max_X P(X,Y|\lambda)$ 与由前向-后向算法得到的输出概率的关系为 $P(Y|\lambda) = \sum_X P(X,Y|\lambda)$。语音处理中，不同 X 可使 $P(X,Y|\lambda)$ 的差别很大，而 $\max_X P(X,Y|\lambda)$ 是 $\sum_X P(X,Y|\lambda)$ 中唯一起重要作用的部分。因而常等价地使用 $\max_X P(X,Y|\lambda)$ 与 $\sum_X P(X,Y|\lambda)$，即 Viterbi 算法也可用于计算 $P(Y|\lambda)$。

此外，上述 Viterbi 算法也是一种格型结构，类似于前向算法。同样，由后向算法出发，可得到 Viterbi 算法的另一种形式。

10.4.3 HMM 的训练

HMM 中，模型训练是指给定初始模型参数后，用输出对其校正以优化模型参数。由于 HMM 的随机性，最初的模型不可能是最优的。HMM 参数可根据语音变化进行调整；而线性模型级联是选择合适的失真测度以进行参数匹配，其对语音动态特性的利用远不如 HMM。HMM 的训练是三个问题中最困难的，目前还没有解析方法，只能采用迭代（如 Baum-Welch 法）或最佳梯度法。

利用已有观察数据估计模型参数是 HMM 的学习过程，HMM 的训练也就是参数估计。现有理论不能给出完整的表达式来得到使输出观察序列概率最大的模型参数，但可利用 ML 概率作为优化目标。

求 λ 使 $P(Y|\lambda)$ 最大是泛函极值问题。给定的训练序列有限，因而不存在估计 λ 的最佳方法。Baum-Welch 算法利用递推使 $P(Y|\lambda)$ 达到局部极大，以得到模型参数 λ。梯度法也可达到类似目的。

HMM 的学习为无监督学习，只有输出观察序列，缺少对状态的描述，为此可使用 EM (Exception Maximum) 算法。Baum-Welch 算法建立在 EM 算法基础上，以得到 ML 意义下的最优模型参数。

设已知 Y 及初始模型 λ，定义 n 时刻状态为 s_i 且 $n+1$ 时刻状态为 s_j 的概率为

$$\zeta'_n(i,j) = P(x_n = s_i, x_{n+1} = s_j | Y, \lambda) \tag{10-29}$$

其归一化值为

$$\zeta_n(i,j) = a_n(i) a_{ij} b_j(\boldsymbol{y}_{n+1}) \beta_{n+1}(j) / P(Y|\lambda) \tag{10-30}$$

由前向-后向算法，有

$$\zeta_n(i,j) = \alpha_n(i) a_{ij} b_j(\boldsymbol{y}_{n+1}) \beta_{n+1}(j) \bigg/ \sum_{i=1}^{L} \alpha_n(i) \beta_n(i) \tag{10-31}$$

式中，$\alpha_n(i)$ 为 n 时刻终止于状态 s_i 的概率，$a_{ij}b_j(y_{n+1})$ 为从状态 s_i 转移到 s_j 并出现 y_{n+1} 的概率，$\beta_{n+1}(j)$ 为 $n+1$ 时刻状态 s_j 至输出结束不受通路约束的概率，$P(Y|\lambda)$ 为归一化因子。

满足 $\xi_n(i,j)$ 条件的路径见图 10-9，其中前向概率 $\alpha_n(j)$ 从左到右计算，后向概率 $\beta_n(j)$ 从右到左计算。

由前向及后向概率的定义，式 (10-19) 改写为

$$r_n(i) = \alpha_n(i)\beta_n(i) \Big/ \sum_{i=1}^{L} \alpha_n(i)\beta_n(i) \quad (10\text{-}32)$$

因而

$$r_n(i) = \sum_{j=1}^{L} \zeta_n(i,j) \quad (10\text{-}33)$$

而 $\sum_{n=1}^{N} r_n(i)$ 为出现状态 s_i 次数的均值，或说从 s_i 开始的

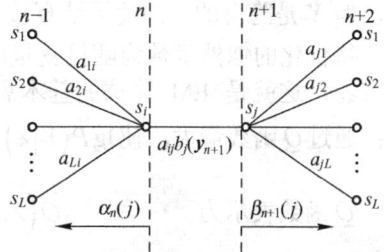

图 10-9　前向-后向概率计算示意图

状态转移次数的统计均值。类似地，从 s_i 到 s_j 状态转移次数的均值为 $\sum_{n=1}^{N-1} \zeta_n(i,j)$。

Baum-Welch 算法的目的是通过迭代使 $P(Y|\lambda)$ 达到极值，以得到最优模型。模型参数重估公式为：

(1)
$$\overline{\pi}_i = r_1(i), \quad 1 \leqslant i \leqslant L \quad (10\text{-}34)$$

即 $n=1$ 时状态为 s_i 的概率。

(2)
$$\overline{a}_{ij} = \sum_{n=1}^{N-1} \zeta_n(i,j) \Big/ \sum_{n=1}^{N} r_n(i) \quad (10\text{-}35)$$

式中，分子为上述 s_i 向 s_j 转移次数的均值，分母为上述由 s_i 开始转移次数的均值。

(3)
$$\overline{b}_{mi} = \sum_{\substack{n=1 \\ y_n=m}}^{N} r_n(i) \Big/ \sum_{n=1}^{N} r_n(i) \quad (10\text{-}36)$$

式中，分子为从状态 s_j 得到输出 y_m 的次数的均值，分母为出现 s_j 的次数的均值。

可以证明，用这些重估公式得到的参数 $\overline{\pi}_i$、$\overline{a}_{ij}$ 和 $\overline{b}_{mi}$ 构成 $\overline{\lambda}$，有 $P(Y|\overline{\lambda}) > P(Y|\lambda)$，即由重估模型 $\overline{\lambda}$ 得到 Y 的概率大于由 λ 得到的概率。因而通过迭代，可使 λ 逐步得到优化。其达到最佳后，即对已给出的训练序列训练完毕。迭代初值 a_{ij} 等可任选，一种合适的方式是均匀选取。

10.4.4　EM 算法

Baum-Welch 算法的证明是通过构造 Q 函数为辅助函数，与 EM 算法中的 Q 函数类似。EM 是一种用于参数学习的 MLE (极大似然估计，Maximum Likelihood Estimation) 方法。它是最大期望算法，是从不完全数据中求解模型参数的 ML 方法，是 HMM 参数估计的一种有效方法。

不完全数据包括两种情况：一是观测过程本身的限制或错误使观测数据有错误或遗漏；另一种是对参数的似然函数直接优化十分困难，而引入额外 (如隐含或丢失的) 参数后优化就较容易。为此由原始观测数据加额外参数构成完全数据。模式识别等领域中，后一种情况更常见。

HMM 中，数据由两部分组成：一部分可观测到，如 Y；另一部分无法观测到，如 X 是隐含的。这两部分可构成完全数据集 (Y, X)。由 Bayesian 公式，完全数据与观测数据的似然函数的关系为

$$P(Y, X|\lambda) = P(X|Y, \lambda)P(Y|\lambda) \quad (10\text{-}37)$$

从而，观测数据的对数似然函数

$$\lg P(Y|\lambda) = \lg P(Y,X|\lambda) - \lg P(X|Y,\lambda) \tag{10-38}$$

其中，Y 的分布预先知道，因而 $\lg P(Y,X|\lambda)$ 可看作 Y 的函数。计算上式需已知 X 的先验知识，但 X 是隐含的；因而无法直接得到 λ 的 ML 估计。

待优化的似然函数为随机变量时，直接最大化难以处理；但其期望是确定性函数，优化相对容易，这就是 EM 算法的基本思想。为此，辅助 Q 函数定义为完全数据对数似然函数的期望；通过 Q 函数最大，使 $\lg P(Y|\lambda)$ 为最大。

Q 函数表示为

$$Q(\lambda,\hat{\lambda}) = \sum_{\text{所有}X} \frac{P(Y,X|\lambda)}{P(Y|\lambda)} \lg P(Y,X|\hat{\lambda}) \tag{10-39}$$

式中，λ 为已有的(计算期望时使用的)模型参数，$\hat{\lambda}$ 为待计算(使模型得到优化)的新参数。

EM 算法利用辅助函数 Q 对模型参数进行迭代估计，以逐步改善估计精度。其实现过程为：

(1) 选择初始参数 λ；
(2) 求期望，即在 λ 下求 Q 函数；
(3) 最大化，选择 $\lambda = \arg\max_{\hat{\lambda}} Q(\lambda,\hat{\lambda})$。

可见，算法包含两方面：一是求期望(E)，一是最大化(M)；这也是该算法名称的由来。其中 E 步利用当前参数集计算完全数据的似然度函数的期望值，M 步通过最大化期望函数得到新参数。可以证明，通过 Q 函数最大化更新 λ，则 $\lg P(Y|\lambda)$ 单调递增，在 $\lambda = \hat{\lambda}$ 时取得极大值。

本节介绍了 HMH 三项问题的求解。对于 HMM，模型训练的前向-后向概率算法及最优路径的 Viterbi 搜索算法是其关键。

10.5 HMM 的选取

以上讨论了 HMM 的一些理论问题，实际应用 HMM 时还有许多具体问题需要解决。

10.5.1 HMM 的类型选择

最主要的分类是状态转移是吸收还是不吸收的。图 10-1 中，允许模型从一个状态向所有状态过渡，即 A 中各元素均可能非零。其起始与终止状态也是任选的，这种类型为不吸收型。

但对语音信号感兴趣的是吸收型，因为其符合语音实际情况。图 10-2 为吸收型 HMM；其限定 1 为起始状态，各状态只能向下标等于或大于当前下标的状态转移，且下标小的状态优先于下标大的；这是从左至右吸收转移模型，图 10-2 为五状态的一个例子。这种模型中，A 为上三角阵；相当于终止状态的最后一行除最后一个元素外均为零，因为不能从终止状态转移出去。A 较稀疏，从而大大减小了模型参数估值计算量。初始状态只有一个，因而 $\pi = (1,0,\cdots,0)$。

孤立词识别一般采用无跳转或有跳转的从左向右 HMM。

其次，是使用离散的还是连续型的 HMM。DHMM 需对观察矢量进行 VQ 以得到离散码本标号，需确定 VQ 码本的容量，一般取为 64、128 或 256。如选择 CHMM，一般用混合高斯密度函数的 HMM，即高斯混合模型(Gaussian Mixed Model，GMM)。此时需确定高斯混合数 M 及各概率密度函数协方差矩阵的分布形式。研究表明，混合数较多且协访差矩阵为对角阵时，系统性能较好，但使训练数据及运算量增加。一般取 $M \geqslant 5$。

10.5.2 输出概率分布的选取

矩阵 B 用于描述某状态时模型输出的概率分布。前面的分析假定其为离散的，现推广到连续情况。此时不能用矩阵而应用概率密度函数表示。即将 b_{jk} 用 $b_j(Y)$ $(1 \leqslant j \leqslant L)$ 代替，而 $b_j(Y)$ 为 y 与 $y+dy$ 间输出 Y 的概率。

下面介绍一种应用于语音处理的 GMM。其概率密度

$$b_j(Y) = \sum_{k=1}^{M} w_{jk} \tilde{N}(Y, u_{jk}, \Sigma_{jk}), \quad 1 \leqslant j \leqslant L \tag{10-40}$$

即 $b_j(Y)$ 表示为多个高斯基函数之和，称为混合高斯函数，M 为高斯函数的个数，$\tilde{N}$ 为多维高斯概率密度(其较易处理，常用作 $b_j(Y)$ 的基函数)。式(10-40)中，w_{jk}、u_{jk}、Σ_{jk} 分别为第 j 个状态下，第 k 个高斯基函数的混合权系数、均值矢量及协方差矩阵。因而建立这类模型时，需设计以下参数：L(状态数)；M；A；$\bar{W}=[w_{jk}]$：基函数加权系数矩阵；$[u_{jk}]$：基函数均值矩阵；$[\Sigma_{jk}]$：基函数协方差矩阵。

GMM 在说话人自适应及说话人识别中具有重要应用。

除高斯多元混合密度外，概率密度形式还有高斯自回归多元混合密度、椭球对称概率密度及对数凹对称和/或椭球对称概率密度等。它们的概率分布均为连续的，与离散情况相比可更好地描述信号的时变特性。

10.5.3 状态数的选取

针对语音信号的特点，每个语音条目时序关系可通过状态先后关系来确定。模型状态数的选取没有明确规则，一般通过实验或经验确定。国外对 10 个英文数字的研究表明，状态数为 6 时识别性能最好。国内对汉语孤立词识别的研究表明，状态数取 4~8 可得到较好的识别效果。另外，有研究认为状态数应约为词条对应观察矢量个数的若干分之一(如1/5)。

另外，由于训练数据不足，一些小概率事件统计估值很小甚至为 0，使系统性能降低。为此可设定阈值 ε，一般取 $\varepsilon = 10^{-8} \sim 10^{-3}$。

10.5.4 初值选取

1. 参数初始化方法

HMM 模型参数的训练，是由给定的初始参数反复迭代计算以得到最终的模型参数。Baum-Welch 重估算法可用于参数训练，但训练结果与初始参数(特别是 B)相关，不同的初始模型将得到不同结果。理论上基于 ML 判据的 Baum-Welch 算法可给出似然函数的局部极大值，但其可能不能收敛到全局最优解。因而一个关键问题是选取合适的 HMM 初始参数，使所得到的局部极大值与全局极大值尽可能接近。此外，好的初值应使算法迭代次数少，即计算效率高。

初值选取可采用经验方法。初始概率 π 及状态转移系数矩阵 A 的初值较易确定；由迭代算法知，如果任一参数的初值为 0，则在以后的迭代中恒为零。因而 π 和 A 的初值均匀分布或为非零的随机数，对识别率影响不大。

但参数 B 的初值设置较其他两组参数更为重要且更困难。对离散型 HMM 等较简单的情况，B 的设置较容易，可均匀或随机设置每一字符出现的概率初值。但对 CHMM，B 中包含

的参数越多越复杂,则参数初值设置对迭代结果越重要。简单的 B 初值设置是用人工对语音进行状态划分并统计相应的概率分布作为初值,这适合于较小的语音(如词汇、音节等)单位。对较大的语音单位,普遍采用分段 K 均值算法,见图 10-10。

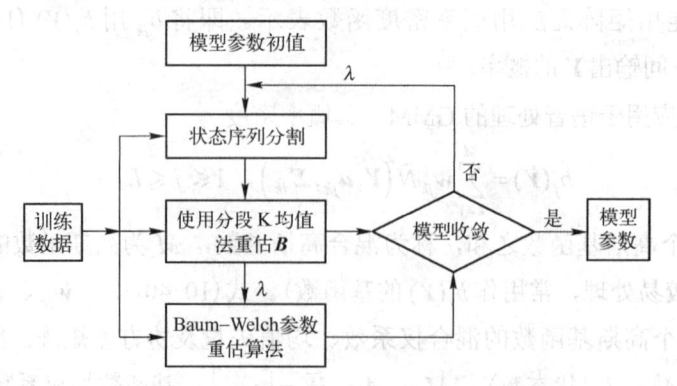

图 10-10　用分段 K 均值算法求模型初始参数

2. K 均值聚类算法

上述初始化参数时要用到 K 均值聚类算法,下面对其进行简单介绍。

语音识别中,第一步工作是对语音进行训练。在没有类别知识的情况下,如何利用已有语音数据得到类型参数是一个重要问题。语音识别大量使用模式识别的基本聚类算法——K 均值算法。模式识别中,需对没有类别知识的训练样本进行分类,称为聚类分析。其基本思想是聚类法:将各样本自成一类,循环比较每类间的距离,并对距离最小的两类样本进行合并,直到其最小距离大于某阈值时结束分类。计算类间距可采用最小距离法、最长距离法、中间距离法、重心法及类平均距离法等多种准则。

聚类法虽可准确分类,但计算量很大。改进的动态聚类法先选择若干样本作为聚类中心,再按某种聚类准则(通常为最小距离原则)使各样本点向各中心聚集,得到初始分类;从而降低了计算量。

常用的动态聚类包括 K 均值及 ISODATA(迭代自组织数据)算法,其中 K 均值算法更为常用;它是使聚类后的分类中,各样本到该类中心的距离平方和为最小;其中 K 指类别数。K 均值算法的聚类结果与所选择的聚类中心数、初始聚类中心位置及模式样本几何性质有关,应用中需试探不同的类别数及初始聚类中心。

3. 初始模型参数的计算过程

分段 K 均值算法仍需基于初始模型参数进行计算。其过程为:

(1) 对语音按某种规则(如等间隔)划分,每段作为某一状态的训练数据,从而计算模型初始参数。

(2) 用 Veterbi 算法将训练语音分为最可能的状态序列;

(3) 用分段 K 均值算法对 B 重估计,即对上面得到的每种状态的所有训练数据进行统计,以得到新的 B。

对 DHMM,每个观察矢量用码本进行 VQ,新的 B 中元素 b_{jm} 为

$$b_{jm} = \frac{\text{状态 } j \text{ 的标号为 } m \text{ 的码字的数目}}{\text{状态 } j \text{ 的所有码字的数目}} \tag{10-41}$$

即 b_{jm} 的估计为任一状态 s_j 中,标号为 m 的矢量数除以该状态所有的矢量数。

对 CHMM,需用 K 均值算法聚类。设 HMM 是混合数为 M 的混合高斯密度函数,即每个

状态输出的概率密度函数为 M 个高斯分布函数的线性相加。以每类的均值向量和协方差矩阵为类中心作为分类准则的度量。用 K 均值算法将某状态的所有数据聚类为 M 类，对同一类语音帧矢量估计均值向量及自协方差阵，作为该类的均值向量和协方差矩阵，从而得到 M 类的 M 个高斯分布参数。某类高斯分量(即每类)的混合权重为

$$w_{jm} = \frac{状态j的属于m类的语音帧数}{状态j下的总语音帧数} \tag{10-42}$$

即该类包含的语音帧数除以该状态下的总语音帧数。

（4）用上面得到的参数作为模型初值，用 Baum-Welch 算法对 HMM 参数进行重估计，得到新的模型参数。

（5）若重估结果与初值之差小于设定的阈值，则模型收敛，停止循环。

上述方法基于状态优化的 ML 判据，通过 K 均值聚类算法实现初始重估，使模型训练收敛速度大幅提高；且可在训练中提供附加信息。

另一方面，常规的分段 K 均值算法采用硬聚类，即限制数据集中的每个点须确定地归为某一类。而模糊集理论通过隶属度函数引入不确定性思想，利用模糊集进行聚类分析，是一种软分类。如利用分段模糊 C-均值 HMM-ML 训练算法，进行混合密度参数的估计可获得优良的性能。

HMM 有多种类型，对不同的形式，应采用不同的初值选取方法。

10.5.5 训练准则的选取

Baum-Welch 算法为对 HMM 的 ML 估计，即给定训练序列 Y，使 $P(Y|\lambda)$ 为最大来求 λ。但 ML 不是唯一及所有情况下均适用的准则。其前提是模型分布已知。HMM 中很多假设不符合语音特性，如输出独立假设、Markov 假设、连续概率密度假设等，从而降低了 ML 估计的合理性。此时 ML 估计的结果不是最优的。

为此提出很多改进的方法，即在不准确的模型(如缺少数据等)情况下准确得到分布参数的训练准则，包括最小分类误差(Minimum Classification Error，MCE)、最大互信息准则(Maximum Mutual Information，MMI)等。如果有关于分布的先验知识，也可使用如最大后验概率(Maximum a Postteriori，MAP)估计等，将先验知识与后验概率结合起来描述模型的真实分布，适用于不完整训练数据的情况。

MCE 和 MMI 估计对中小词汇量的语音识别性能较好，但对大词汇量语音识别的性能不理想。为此可采用联合估计方法，在 MLE 基础上增加新的估计准则。不同模型产生的错误不同，因而可同时使用不同模型对测试数据进行识别；且不同模型可相互纠正错误，从而提高识别率。

基于 MMI 准则的估计是非常有代表性的方法；当事先假定的模型不正确时，其性能优于 MLE。互信息定义为

$$\begin{aligned}I(\lambda,Y) &= \lg\frac{P(Y,\lambda)}{P(Y)P(\lambda)} = \lg\frac{P(Y|\lambda)}{P(Y)} = \lg P(Y|\lambda) - \lg P(Y) \\ &= \lg P(Y|\lambda) - \lg\sum_{\lambda'} P(Y|\lambda')P(\lambda')\end{aligned} \tag{10-43}$$

MMI 是使 $I(\lambda,Y)$ 为最大，从而求出 λ。

但目前 MMI 估计没有类似于 MLE 中的前向-后向那样的有效算法；为使 $I(\lambda,Y)$ 最大，一般采用经典的最大梯度法。

10.6 HMM 应用与实现中的一些问题

10.6.1 数据下溢

计算 HMM 的三个问题时，需使用前向及后向概率。由前所述，它们可通过递推得到，如

$$\alpha_n(j) = \sum_{i=1}^{L} \alpha_{n-1}(i) a_{ij} b_j(y_n) \tag{10-44}$$

其中，a_{ij} 与 $b_j(y_n)$ 均小于 1（甚至远小于 1），因而 $\alpha_n(j)$ 比 $\alpha_{n-1}(j)$ 小得多。因而随 n 增大 $\alpha_n(j)$ 迅速减小，而语音识别中 Y 的长度 N 可达 100 甚至更大，因而最后得到的 $\alpha_n(j)$ 非常小。即使采用双精度运算，n 很大时几乎所有 $\alpha_n(j)$ 趋近于 0，甚至超出计算机数值表示的动态范围；$\beta_n(j)$ 也存在类似问题。这就是计算下溢问题。

为此需对计算结果用放大因子进行尺度调整。每次递推结束后，将运算结果乘以放大比例因子，再用修正后的值进行计算；所有递推计算结束后再消去所有放大比例因子。这样在解决下溢问题的同时，不影响整体精度。

具体过程是，每次计算 $\alpha_n(j)$ 及 $\beta_n(j)$ 后进行归一化处理。归一化因子

$$c_n = \sum_{j=1}^{L} \alpha_n(j) \tag{10-45}$$

表示当前 n 时刻系统全部状态下前向概率的总和。则归一化后的前向及后向概率为

$$\begin{cases} \hat{\alpha}_n(j) = \alpha_n(j)/c_n \\ \hat{\beta}_n(j) = \beta_n(j)/c_n \end{cases} \tag{10-46}$$

利用上述的归一化概率递推 $n+1$ 时刻的概率，再将结果归一化，以得到 $n+1$ 时刻的归一化概率。理论上可以证明，上述的归一化处理对 HMM 三项问题的求解没有影响。实际上，不一定每次迭代后都进行归一化（放大）处理；只需在可能下溢时进行修正，其他情况可取 $c_n=1$。

另外一种防止下溢的方法是将概率取对数。如为避免计算出的 $P(Y|\lambda)$ 太小，可采用 $\lg P(Y|\lambda)$。对数表示可避免下溢且适于定点计算及实现。语音识别中，通常比较多个概率的大小，并由此决策；而取对数不影响概率间的相对大小。

对 Viterbi 等没有概率相加运算的算法，对数表示很适用。而 Baum-Welch 算法有概率相加运算，要采用对数相减。

10.6.2 多输出（观察矢量序列）情况

前面讨论只针对 HMM 输出一个观察矢量序列 Y 的情况。但是，单观察矢量提供的状态转移统计信息不充分，实际中需使用多观察矢量。如为得到鲁棒的参数，须根据系统产生的多输出观察矢量序列进行参数最优估计。比如，需对某词汇收集若干次发音，每次发音为一个学习样本，所有发音形成学习样本集合，训练是使所得到模型产生当前发音的概率为最大。为此，需对模型训练的重估公式进行修正。

设有 Q 个输出序列。每个输出序列为一个学习样本，则有 Q 个学习样本，构成学习样本集合 $\{Y^q\}$，$1 \leq q \leq Q$；且设 Q 个输出序列独立。利用 Y^q 求 λ，以使该参数下 HMM 产生 $\{Y^q\}$ 的联合概率即

$$P(Y|\lambda) = \prod_{q=1}^{Q} P(Y^q|\lambda) = \prod_{q=1}^{Q} P_q \tag{10-47}$$

为最大。

模型训练的重估公式以不同事件出现的频率为基础，各序列单独出现的频率相加可得到新的重估公式。为防止下溢，采用归一化的前向及后向概率；但不同 Y^q 的归一化基值不同，因而需引入 $1/P_q$ 抵消该影响。设每个 Y^q 的时间长度为 N_q，则对 Q 个训练序列，重估公式修正为

$$\begin{cases} a_{ij}' = \sum_{q=1}^{Q}\frac{1}{P_q}\sum_{n=1}^{N_q-1}\hat{\alpha}_n^q(i)a_{ij}b_j\left(y_{n+1}^q\right)\hat{\beta}_{n+1}^q(j) \Big/ \sum_{q=1}^{Q}\frac{1}{P_q}\sum_{n=1}^{N_q-1}\hat{\alpha}_n^q(i)\hat{\beta}_n^q(i) \\ \hat{\mu}_{l\max} = \sum_{q=1}^{Q}\frac{1}{P_q}\sum_{n=1}^{N_q}\hat{\alpha}_n^q(l)\hat{\beta}_n^q(l)y_n^q \Big/ \sum_{q=1}^{Q}\frac{1}{P_q}\sum_{n=1}^{N_q}\hat{\alpha}_n^q(l)\hat{\beta}_n^q(l) \end{cases} \tag{10-48}$$

上面给出的 a_{ij}' 及 $\hat{\mu}_{l\max}$ 的重估公式，对 HMM 的其他参数有类似的变化形式。此外这里仅介绍了一维情况，高维情况与之类似。

10.6.3 训练数据不足

用重估方法训练 HMM 模型时，训练所用的观测数据不可避免地是有限的。HMM 的模型 λ 包含很多待估计参数；为给出模型参数的良好估计，要求有很多训练数据；但这在实际中往往难以做到，即不同模型事件(如各状态中符号的发生)发生的数目不够。另一方面，数据不足使一些出现次数很少的观察矢量未包含在训练数据中，导致训练出的模型中某些参数为 0 的概率，即 0 概率问题。这样，HMM 的一些参数(如小概率事件中的概率)估值不准确，用其进行语音识别将产生很高的误识率。

为解决上述问题，一种考虑是减小模型尺寸(如状态数、每个状态的符号数等)。但通常采用一个确定模型是有其具体理由的，模型大小难以改变。采用较小的模型，如减少模型状态及各状态的混合高斯分量数等会存在很多问题。

为此，需对训练数据不足时得到的模型进行处理。方法是用另一组参数估值对其进行内插(平滑)。即同时设计两个模型，一个是希望的模型，另一个是较小的模型。此时训练数据量是合适的，能够给出良好的参数估计；然后内插两个模型的参数。

用较少的数据分别训练两个 HMM，再合并得到一个新模型。将训练充分但细节较差的模型与训练不充分但细节好的模型进行结合。前一个模型可在 HMM 中将某些相近的状态转移概率及观察输出概率进行捆绑(用相同值表示)，从而减少模型参数。用相同训练数据对捆绑后的模型进行充分训练，用由充分训练数据得到的模型对已有模型的参数(新训练的参数)进行内插。

合并后的模型参数为
$$\lambda = w\lambda_1 + (1-w)\lambda_2 \tag{10-49}$$

式中，λ_1 为全模型的参数，λ_2 为简化模型的参数，w 为合并权。显然 w 是训练数据量的函数：训练数据量很大时 w 接近于 1；小训练数据时 w 接近于 0。

这里，关键问题是 w 的估计。一种方法是人为地选择 w，但其依赖于经验且工作量很大。另一种是采用 Jelinek 的删插平滑法，该方法广泛用于语音识别。

设 b_{jk}^1 与 b_{jk}^2 分别为 λ_1 和 λ_2 中状态 j 对应的观察值概率，b_{jk} 为 λ 中状态 j 对应的观察值概率，则

$$b_{jk} = wb_{jk}^1 + (1-w)b_{jk}^2 \tag{10-50}$$

图 10-11(a)为状态 j 的转移结构，图(b)为由式(10-50)合并的情况。其可看作状态 j 被 j^*、j_1 和 j_2 取代，其中 j^* 没有输出观察值概率，j_1 和 j_2 输出观察值概率分别为 b_{jk}^1 和 b_{jk}^2，从 j^* 转移到 j_1 和 j_2 的概率分别为 w 和 $1-w$，但不占用时间(空转移)。即 w 可认为是从中间状态 j^* 到 λ_1 的转移概率；$1-w$ 是从 j^* 到 λ_2 的转移概率。

因而，式 (10-49) 解释为图 10-11 的 HMM。应用前向-后向算法就对 w 的最佳值进行估计。从而，w 的估计转化为一个 HMM 问题，可根据训练序列用标准 HMM 训练算法估计权重。

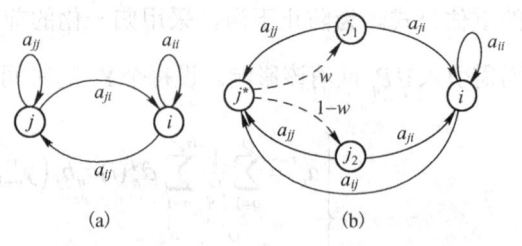

一种处理方法是：将所有的训练数据分为几部分，一部分用于估计 w，其余用于训练 λ_1 和 λ_2。如将训练数据平分为 M 部分，任取 $M-1$ 部分的数据用以训练，得到模型参数 λ_1、λ_2；余下部分数据用以估计内插权重。这种方法可使用 M 次，再将 M 个内插权值平均，以得到最后的权重。

图 10-11 删插平滑法示意图

另一方面，对训练数据的划分可能有多种方式，由此可得到很多 w，可对这些 w 进行循环递归处理。消除内插可在每步迭代后使用。对后面的训练，更新过的内插权重可用于计算前向-后向路径或 Viterbi 最优路径。消除内插也可推广至多分布情况。另外，对合并模型，用一个权值并不是很好的选择；更好的方式是对模型中每个状态都选定一个权。

为克服训练不足的影响，另一种简单方法是增加约束条件，即用阈值限制以保证模型参数不低于特定值。如重估出的某参数小于阈值，则将其设定为阈值；并对所有相关参数进行比例调节以满足约束条件。如 DHMM 中，可定义数值门限

$$b_{jk} = \begin{cases} b_{jk}, & b_{jk} \geq \delta_b \\ \delta_b, & 其他 \end{cases} \tag{10-51}$$

CHMM 中，定义连续概率密度的混合系数

$$C_{jk}(r,r) = \begin{cases} C_{jk}(r,r), & C_{jk}(r,r) \geq \delta_c \\ \delta_c, & 其他 \end{cases} \tag{10-52}$$

这种限制可看作重估问题的后处理。如一个约束条件不满足，就对有关参数进行调整，而所有其他参数改变比例，以使密度服从所要求的统计约束条件。这种后处理技术已成功应用于一些语音处理问题。由式(10-49)可见，该方法为消除内插的简化形式，其中 λ_2 为均匀分布模型，且 w 为常数 $1-\delta_c$。

10.6.4 考虑状态持续时间的 HMM

由前面介绍的 Viterbi 及 K 均值 HMM 训练算法可知，语音信号的各稳定段与相应的 HMM 状态对应，其在各状态的持续时间对描述语音非常有用。但在 HMM 中，观察矢量序列在任何状态的停留时间的概率分布未在系统参数中得到体现。虽然可用状态转移矩阵 A 计算状态 i 持续时间为 n (即 n 帧)的概率：

$$p_i(n) = a_{ii}^{n-1}(1-a_{ii}) \tag{10-53}$$

但上式与实际情况不符：其在 $n=1$ 时出现的概率最大；且随着 n 增大按指数规律衰减。而 HMM 用于语音处理时，状态一般与一定的语音单位相对应，而这些语音单位具有相对稳定的分布。语音中稳定段的持续时间的分布是，n 较小或较大时概率较小，n 为某些中间值时概率

较大。基于这种原因，HMM 的 3 个基本问题的求解中，不是通过 A 估计各状态持续时间，而是用 Viterbi 算法从总体上估计最可能出现的序列。

为在 HMM 中利用状态持续时间，有以下方法。

1. 增加 HMM 的状态数

这是最简单的方法，理想情况下每帧语音信号对应一个状态，就能很好地表现状态持续时间。但随着状态数增加，状态参数也相应增加，给模型训练带来困难。为此可适当增加状态数，再用参数捆绑方法；如对相同稳定段的状态可采用相同的 B 和 A。

2. 后处理

这是间接利用状态持续时间的方法。计算观察矢量序列概率 $P(Y_1,Y_2,\cdots,Y_N)$ 后，由 Viterbi 算法的最佳状态序列求出 i 状态的停留时间 τ_i（即有 τ_i 个观察值）及状态持续时间对数似然函数 $\lg P_i(\tau_i)$，则修正的输出概率为

$$\lg \hat{P}(Y) = \lg P(Y) + w\sum_i \lg P_i(\tau_i) \tag{10-54}$$

且须在 $\sum_i \lg P_i(\tau) = 1$ 的条件下，预先计算出分布 $P_i(\tau)$。

3. 考虑状态持续时间的 HMM

如本小节开始时所述，经典的 HMM 描述状态持续时间具有较大的局限性。针对这一问题，20 世纪 80 年代中期以来，研究了很多改进方法。基本思想是在 HMM 中考虑驻留时间的非指数分布 $p_i(n)$；或对 π，A 进行修正，增加一项描述状态驻留时间的概率值。

一种最直接的方法是非参数方法。即在 HMM 中，令 A 的对角线元素全为 $0(a_{ii}=0)$，即各状态没有自转移弧，而增加每个状态的持续时间概率分布 $p_i(d),1\leq d\leq D$；其中 D 是所有状态可能停留的最长时间。

常规 HMM 见图 10-12(a)，而考虑了状态持续时间的 HMM 见图 10-12(b)。

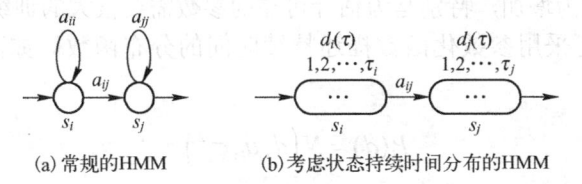

图 10-12 两种 HMM 结构

用 Viterbi 算法进行语音识别时，考虑了状态持续时间的 HMM 的输出概率为

$$\lg \alpha_n(j) = \max_i \left\{ \max_\tau \left[\lg \alpha_{n-\tau}(i) + \lg a_{ij} + w\lg d_j(\tau) + \sum_{k=1}^\tau \lg b_{ij}(Y_{n-k+1}) \right] \right\} \tag{10-55}$$

从而在常规的 HMM 中，将自转移弧去掉，用 τ 表示自转移次数即停留帧数，且用 $\sum_{k=1}^\tau \lg b_{ij}(Y_{n-k+1})$ 将每帧均计算进去。

为训练这种修正的 HMM，引入扩展的前向概率 $\hat{\alpha}_n(j)$，即

$$\hat{\alpha}_n(j) = \sum_{i=1}^N \alpha_n(i) a_{ij} \tag{10-56}$$

其中

$$\alpha_n(i) = \sum_{d=1}^D \left[\hat{\alpha}_{n-d}(i) p_i(d) \prod_{s=n-d+1}^n b_i(y_s) \right] \tag{10-57}$$

及扩展的后向概率

$$\hat{\beta}_n(i) = \sum_{d=1}^{D} \left[\beta_{n+d}(i) p_i(d) \prod_{s=n+1}^{n+d} b_i(y_s) \right] \quad (10\text{-}58)$$

其中后向概率

$$\beta_n(i) = \sum_{j=1}^{N} a_{ij} \hat{\beta}_n(j) \quad (10\text{-}59)$$

以此为基础，HMM 参数的重估公式为：

$$\hat{\pi} = \pi_i \hat{\beta}_0(i) / P(Y|\lambda) \quad (10\text{-}60)$$

$$\hat{a}_{ij} = \sum_{i=1}^{N} \alpha_n(i) a_{ij} \hat{\beta}_n(j) \Big/ \sum_{j=1}^{N} \sum_{i=1}^{N} \alpha_n(i) a_{ij} \hat{\beta}_n(j) \quad (10\text{-}61)$$

$$\hat{b}_{jk} = \frac{\sum_{\substack{n=1 \\ y_n=V_k}}^{N} \left[\sum_{\tau<n} \hat{\alpha}_\tau(j) \hat{\beta}_\tau(j) - \sum_{\tau<n} \alpha_\tau(j) \beta_\tau(j) \right]}{\sum_{k=1}^{M} \sum_{\substack{n=1 \\ y_n=V_k}}^{N} \left[\sum_{\tau<n} \hat{\alpha}_\tau(i) \hat{\beta}_\tau(j) - \sum_{\tau<n} \alpha_\tau(j) \beta_\tau(j) \right]} \quad (10\text{-}62)$$

$$\hat{P}_i(d) = \frac{\sum_{n=1}^{N} \hat{\alpha}_n(i) p_i(d) \beta_{n+d}(i) \prod_{s=n+1}^{n+d} b_i(y_s)}{\sum_{d=1}^{D} \sum_{n=1}^{N} \hat{\alpha}_n(i) p_i(d) \beta_{n+d}(i) \prod_{s=n+1}^{n+d} b_i(y_s)} \quad (10\text{-}63)$$

其中，π_i 的估计为状态 i 作为序列第一个状态的概率，$\hat{a}_{ij}$ 的估计与常规 HMM 类似，只是前向概率使用的是结束为 n 时刻的概率，后向概率使用的是开始为 $n+1$ 时刻的概率。$\hat{b}_{jk}$ 为状态 s_j 下，观察矢量为 $y_n = V_k$ 发生的次数与发生转移的全部次数之比。$\hat{P}_i(d)$ 的重估是在任何持续长度下，模型处于状态 s_i 的比率。

增加了状态持续时间为参数的 HMM 的模型更为精确，比常规 HMM 有更好的语音识别性能。但计算和存储量大为增加，特别是为估计可靠的参数需要很大的训练数据量。

为降低计算量，可采用参数化函数描述持续时间的分布函数。如高斯分布（均值 μ_i，方差 σ_i^2）

$$P_i(d) = N(d, \mu_i, \sigma_i^2) \quad (10\text{-}64)$$

或 Gamma 分布（参数 ν_i 和 η_i，均值 $\nu_i \eta_i^{-1}$，方差 $\nu_i \eta_i^{-2}$）

$$P_i(d) = \eta_i^{\nu_i} d^{\nu_i-1} e^{-\eta_i d} / \Gamma(\nu_i) \quad (10\text{-}65)$$

10.7　HMM 的结构和类型

前面介绍的均为 DHMM。HMM 有多种结构类型，且有不同的分类方法。不同实际需要应选择不同类型的 HMM。

10.7.1　HMM 的结构

HMM 有两种结构，即全连接型和从左至右型。从左至右型又分为多种。图 10-4 中，HMM 由两部分组成，即 Markov 链和随机过程。其中 Markov 链由 π 和 A 描述，不同的 π 和 A 决定了不同的 Markov 链结构，从而得到不同的 HMM 结构。

1. 全连接 HMM

前面讨论的 HMM 均为全连接 HMM，也称为各态历经或遍历 HMM。即系统允许从一个状态转移到任何状态；经有限步转移后可达到任一状态。某些应用中，常遇到一步遍历模型，即经过一步跳转可达到任一状态，见图 10-13。这种 HMM 中，A 中各元素均大于零（没有零值），且起始与终止状态是任意的。

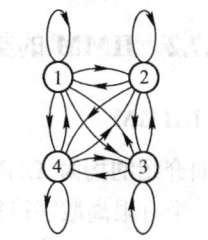

图 10-13　4 状态全连接 HMM

全连接 HMM 可回到以前的状态，不符合时间顺序要求。其只适用于不要求时间顺序的场合，如与文本无关的说话人识别等。

2. 从左到右型 HMM

其各状态只向其右侧编号更高的状态转移（即按时间顺序由编号低向编号高的状态转移），也可向自身转移。其 A 为上三角阵，表示终止状态的最后一行除最后一个元素外全为零（终止状态没有自转移时则最后一行全为零），即 $a_{ij}=0(j<i)$，则

$$A = \begin{bmatrix} a_{11} & a_{12} & a_{13} & a_{14} \\ 0 & a_{22} & a_{23} & a_{24} \\ 0 & 0 & a_{33} & a_{34} \\ 0 & 0 & 0 & a_{44} \end{bmatrix} \tag{10-66}$$

这些特点可大大减少模型参数估计的运算量。

如上所述，这种类型的 HMM 的初始状态概率分布 π_i 在 $i\ne 1$ 时为 0，$i=1$ 时为 1；状态转移从状态 1 开始。因而，考虑随时间变化的信号时从左到右型合适，因为其反映了时序结构。语音识别中的 HMM 一般为左到右型，因为识别特征参数为时间序列。

图 10-14 中，两个 HMM 从状态 1 出发，沿状态序号增加的方向转移，最终停止在状态 4。其中图 10-14(a) 为无跨越式，A 只有主对角元素 $a_{i,i}$ 与次对角元素 $a_{i,i+1}$ 可能非零，其他均为 0。图 10-14(b) 为跨越式，每个状态可向右侧编号隔位转移，即 $a_{i,i}$，$a_{i,i+1}$，$a_{i,i+2}$ 允许非 0。跨越式 HMM 可对语音中某些状态被跳过的情况进行描述。

3. 并行 HMM 网络

在状态转移结构上，HMM 还有其他一些形式，如图 10-15 由两条并行的从左到右模型组成，称为并行 HMM 或 HMM 网络。这种模型较复杂，性能比单一的从左到右型的模型要好。

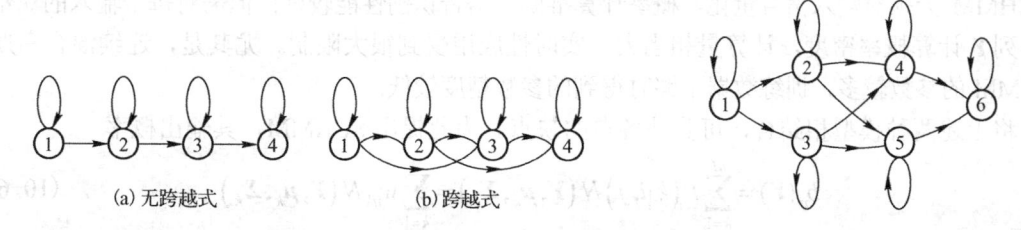

(a) 无跨越式　　(b) 跨越式

图 10-14　从左到右型 HMM

图 10-15　6 状态，并行从左到右型 HMM

不同结构的 HMM 应用于不同场合。如全连接 HMM 可用于说话人识别；无跨越从左到右型模型符合人的语音特点，可用于语音识别；有跨越从左到右模型允许隔位跳转，可用于描述语音中某些发音在说话中被吸收或删除的情况；并行从左到右模型包含了发同一个语音单位可能出现的音变现象。

10.7.2 HMM 的类型

1. DHMM

前面介绍的均为 DHMM，其每个状态输出概率按观察字符离散分布，每次转移时状态输出字符从一个有限离散字符集中按一定的离散概率分布选出。语音信号处理中，经特征分析后语音信号先分帧，每帧求特征参数向量即每帧用特征参数向量表示。此时若使用 DHMM 需将语音特征参数向量的时间序列进行 VQ，使特征参数向量转变为码字符号。B 为 HMM 最重要的参数之一，描述某状态时观察序列的输出概率分布。DHMM 假定其离散，输出 J 个符号（即码本的 J 个码矢）；目的是限定输出值数量，通过 VQ 使无限个参数矢量变为有限个码矢。

对于 DHMM，VQ 引入了量化误差，从而影响系统识别率；但其计算量较小，易于实时实现。

2. CHMM

如观察数据集合不是有限集而是一个连续空间，则须对 DHMM 进行修正；此时可采用 CHMM。CHMM 具有连续的概率密度分布；离散型与连续型 HMM 的区别就在于输出概率的函数形式不同。在语音识别中使用 CHMM，无须对特征进行量化，从而可避免量化误差。

CHMM 输出的是连续值而不是有限值，因而不能用矩阵表示输出概率，而需用概率密度函数即 $[b_{ij}(Y)dY]$ 表示；其为 Y 和 $Y+dY$ 之间观察矢量的输出概率。其中 $b_{ij}(Y)$ 为 Y 的概率密度分布函数，输出 Y 的概率可通过其进行计算。它一般采用高斯概率密度函数。而 Y 为多维矢量，要用多元高斯概率密度函数，即

$$b_{ij}(Y) = P(Y|i,j) = \frac{1}{(2\pi)^{P/2}|\Sigma_{ij}|^{1/2}} \exp\left\{-\frac{1}{2}(Y-\mu_{ij})(\Sigma_{ij})^{-1}(Y-\mu_{ij})^T\right\} \quad (10-67)$$

式中，协方差矩阵 Σ_{ij} 为对角阵时，CHMM 假定参数矢量各维是独立的；这使得 CHMM 参数少，训练数据量要求不高。因为模型参数较多时，如果训练数据不充分，则得到的模型参数精度较差。

3. SCHMM

离散型和连续型的 HMM 通常分别使用，但某些假设下会同时使用这两种 HMM，即 SCHMM。

DHMM 参数少，训练数据量要求不高，计算量小；概率计算可通过查表实现，对语音识别实时实现有利。但缺点是量化语音特征矢量时引入了量化噪声，识别精度不高，低于 CHMM。而 CHMM 无须对输入信号量化，概率计算准确，语音识别性能较好；但需对每个输入的观察矢量序列 Y 计算概率密度，计算量相当大，实时性应用受到很大限制。尤其是，连续混合高斯密度 HMM 的参数较多，训练数据不够时得到的参数精度较低。

将上述两种模型相结合，可弥补各自的缺点。为此提出 SCHMM，其输出概率

$$b_{ij}(Y) = \sum_{k=1}^{M} P(k|i,j) N(Y, \mu_k, \Sigma_k) = \sum_{k=1}^{M} w_{ijk} N(Y, \mu_k, \Sigma_k) \quad (10-68)$$

可见其各状态输出概率分布由若干高斯分布函数相加得到，即各状态使用相同的高斯分布函数，也就是与状态无关（与模型也无关），而权值 w_{ijk} 与状态有关，k 为 DHMM 中码本的码矢，共有 M 个。因而，SCHMM 用 DHMM 中的码本的码矢得到 M 个高斯分布函数，其均值向量 μ_k 为该码矢；而协方差矩阵 Σ_k 可以是属于该码矢的数据，即对该均值向量的协方差；也可是全部数据对该均值向量的协方差。这 M 个高斯分布函数是各状态（和各模型）共有的；而

w_{ijk} 为每个状态输出概率矩阵中各码矢的输出概率值,与状态有关,且

$$\sum_{k=1}^{M} w_{ijk} = 1, \quad w_{ijk} \geq 0 \qquad (10\text{-}69)$$

与 DHMM 相比,SCHMM 用多个高斯分布线性相加作为概率密度函数,弥补了离散分布的误差。相对于 CHMM,其用多个各状态共有的高斯分布线性相加作为概率密度函数,克服了后者参数多、计算量大的缺陷。

SCHMM 综合了 DHMM 和 CHMM 两种模型的特点,计算量较小;且可得到较好的识别效果,在中、大规模语音识别中应用越来越多。

10.7.3 按输出形式分类

(1) 状态输出型与转移弧输出型的 HMM

根据观察矢量 y_n 的产生方式,可将 HMM 分为两种:状态输出型及转移弧输出型。

前面介绍的 HMM 均为状态输出型,即根据各时刻 n 所到达的状态参数 $x_n = s_i$,决定产生 y_n 的概率 $P_{x_n=s_i}(y_n)$,见图 10-16(a)。而对转移弧输出型 HMM,其由当前转移弧两端状态决定生成观察矢量的概率,即 $P_{x_{n-1}=s_j, x_n=s_i}(y_n)$,见图 10-16(b)。

(a) 用4个状态输出概率描述　　(b) 用7个转移弧输出概率描述

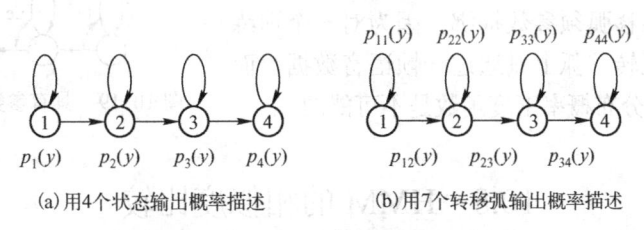

图 10-16　状态输出与转移弧输出型 HMM

转移弧输出型 HMM 中,系统输出与转移弧相联系;其描述语音特性优于状态输出型;在从左至右结构中,HMM 保持在某个状态的时间与语音信号平稳段相对应,可建模为状态向自身的转移。而不同状态间的转移与语音过渡段相对应;即某状态转回自身的转移弧用于描述语音平稳段,状态间的转移弧用于描述语音的过渡段。

如果 HMM 为无跨越式从左向右结构,则 L 个不同状态对应的转移弧至少为 $2L-1$。即转移弧输出型 HMM 用 $2L-1$ 个转移弧输出概率描述,而状态输出型 HMM 只用 L 个状态输出概率描述。因而,转移弧输出型对语音特性描述更为精确,语音处理中常被采用;但其估计的参数比状态输出型要多,使计算量增大。

(2) 空转移(零转移)

在基于转移弧的 HMM 中,为增加系统灵活性,常引入零转移弧。这种 HMM 允许不产生输出的转移,即从一个状态到另一个状态不产生输出(无观察符号或矢量输出),对应的转移弧为零转移弧;这样的转移称为空转移。如图 10-17 中的虚线所示,用 ϕ 表示。它表示两个平稳段之间可以没有过渡段。此时需将前向-后向算法及 Viterbi 算法进行修正。

连续语音识别中,单词或语句的 HMM 由基元 HMM 连接而成;一个基元 HMM 的终止状态与一个基元 HMM 的初始状态相连接,这种连接的转移弧就是空转移,见图 10-18。所以大词汇连续语音识别中大量使用这种模型。

(3) 参数捆绑

如前所述,基于转移的 HMM 的参数多,计算量大。为减少输出概率函数的个数而又不降低模型的准确性,可采用参数绑定方法。其假定有相同特性的不同状态的 HMM 的参数相同。

如"世纪"中的每个音节的元音都相同，因而这两个音节对应的转移弧可假定有相同的输出概率函数。对这些转移弧参数进行捆绑，可减少参数估计数目，某些情况下也更符合实际情况；该方法常在没有足够的训练数据估计大量模型参数时使用。

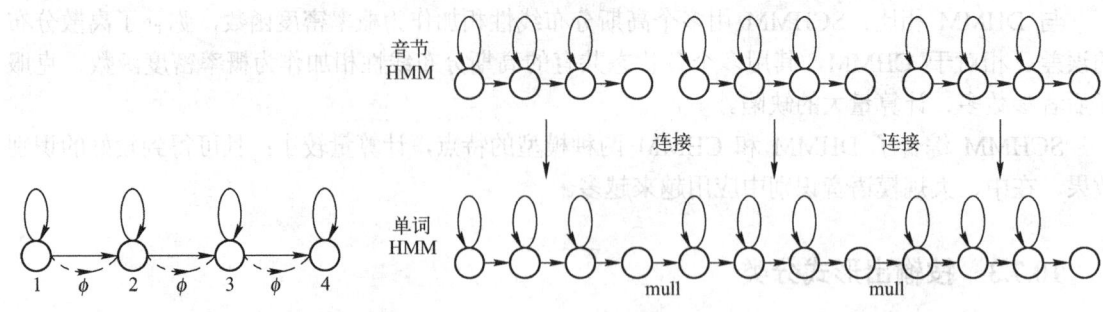

图 10-17　零转移弧示意图

图 10-18　基元 HMM 的连接

参数捆绑是使 HMM 的不同状态的转移弧参数建立起联系，从而使用相同的参数，以减小模型中独立的状态参数。它是解决训练数据不足的重要方法。参数捆绑常用于两个或多个状态输出观察矢量的概率密度分布近似相同的情况，提取的语音特征参数可认为在这些状态转移弧上符合相同的分布。如图 10-19 所示的 CHMM 中，一个状态的自转移弧和互转移弧须参数捆绑；因为对一个训练参数的时间序列，互转移弧上只通过一帧语音数据，而用一帧数据估计高斯分布概率密度函数是不可能的。

图 10-19　具有参数捆绑的 CHMM

10.8　HMM 的相似度比较

实际应用中，常需比较不同 HMM 间的相似性。如语音识别中的数据分布具有多样性，为对其进行可靠的描述，往往将数据复杂的模型进行聚类、分裂为多个 HMM；即对同一类样本建立多个 HMM。另一方面，为增加参数统计的可靠性，需将相似的 HMM 合并为一个，以增加参与训练的样本个数。HMM 的分裂与合并的过程中，需计算与评价不同模型的相似性；聚类过程中，模型相似度的衡量是关键问题。

有多种计算 HMM 相似度的方法，均基于概率测度及互信息相似度。下面介绍基于概率测度的相似度计算方法。

设两个 HMM 的参数分别为 $\lambda_1 = (\boldsymbol{\pi}_1, \boldsymbol{A}_1, \boldsymbol{B}_1)$ 与 $\lambda_2 = (\boldsymbol{\pi}_2, \boldsymbol{A}_2, \boldsymbol{B}_2)$，为描述相似度，定义模型距离 $d(\lambda_1, \lambda_2)$。

设 λ_1 产生 Q 个观察矢量序列 $Y_1^{(q)}$ ($1 \leqslant q \leqslant Q$)，而 λ_1 和 λ_2 产生这 Q 个序列的概率分别为 $P(Y_1^{(q)}|\lambda_1)$ 和 $P(Y_1^{(q)}|\lambda_2)$，则

$$d(\lambda_1, \lambda_2) = \frac{1}{Q} \sum_{q=1}^{Q} \left[\lg P(Y_1^{(q)}|\lambda_1) - \lg P(Y_1^{(q)}|\lambda_2) \right] \tag{10-70}$$

其为非对称距离测度，即 $d(\lambda_1, \lambda_2) \neq d(\lambda_2, \lambda_1)$。以此为基础，可定义对称距离测度：

$$d_s(\lambda_1, \lambda_2) = \frac{d(\lambda_1, \lambda_2) + d(\lambda_2, \lambda_1)}{2} \tag{10-71}$$

显然，$d_s(\lambda_1, \lambda_2)$ 越小，模型相似度越大。

实际计算时，可用 Monte-Carlo 方法从任意一个模型中求得 $Y_1^{(q)}$，Q 足够大时可得到精确的结果。这里，Monte-Carlo 是一种随机模拟方法，其用计算机进行统计，以得到问题的近似解。

思考与复习题

10-1 什么是隐马尔可夫链？什么是隐过程？什么是隐马尔可夫过程？为什么语音信号可看作隐马尔可夫过程？

10-2 HMM 有哪些模型参数？试说明其物理意义。

10-3 为应用 HMM，应如何解决似然函数概率的计算、模型参数的训练及状态转移序列的求解等 3 个问题？

10-4 对一个输出符号序列，如何计算 HMM 对它的输出似然概率？

10-5 试述前向-后向算法的工作原理。其如何用于计算似然概率？试述其节省运算量的原因。

10-6 Viterbi 算法用于解决何种问题？试说明其工作原理。

10-7 给定一个训练（观察值）序列，及一个需通过训练重估参数的 HMM 模型，如何用 Baum-Welch 算法得到重估后的新模型？

10-8 HMM 模型的初始参数如何选取？试述用 K-均值算法进行初值选取的原理。HMM 模型的训练准则有哪些？

10-9 为得到 HMM 计算的有效性及训练的可实现性，基本 HMM 隐含了哪三个基本假设？这对其描述语音信号的帧间相关动态特性有何影响？如何弥补这种缺陷？

10-10 HMM 的实现中，如何解决数据下溢、多输出及训练数据不足等问题？如何在模型中考虑状态持续时间？

10-11 对于 HMM，按照状态转移概率矩阵（A 参数）和输出概率分布（B 参数），其可分为哪些类型？

10-12 与连续型及离散型的 HMM 相比，半连续型的 HMM 有何特点？

10-13 如何对不同的 HMM 的相似度进行度量？

第3篇 语音信号处理技术与应用

第11章 语音编码

11.1 概述

语音处理的研究与通信技术的发展密切相关。语音通信是最基本、最重要的通信方式之一，在现代通信中占有重要地位。它研究语音信号的高效、高质量传输问题，包括语音编码、语音加密等内容。语音通信仅研究语音信号的压缩传输等内容，尽管不涉及听觉及神经系统机制，但该领域仍存在很多需要解决的问题。

模拟方式通信可应用有线或无线电话、广播等，由于音质要求的提高及计算机技术的迅速发展，数字通信得以广泛应用。语音编码是将模拟语音数字化的手段。语音信号数字化后，可作为数字数据传输、存储或处理，具有一般数字信号的优点，包括：

（1）数字语音信号经信道传输时，信道引入的噪声及失真可用整形方法基本消除；特别是多次转发时，各段信道引入的噪声及失真不会积累，也可获得高传输质量。

（2）数字语音信号可用数字加密方法获得极高的保密性，如保密电话通信。

（3）数字语音信号便于存储和选取及进行各种处理（如滤波、变换）。

（4）数字语音信号在一些数字通信网中便于与其他各种数字信号一起传输、交换与处理。

另外常需存储录制的语音，并在一定时间内自动放音，如电话留言系统。数字化语音的放音比模拟录音灵活且易于控制；由于低价存储器的出现，数字化语音更为经济。

数字语音通信是目前电信网络中最重要和最普遍的业务，且在 ISDN（综合业务数字通信网）、卫星通信、移动通信（2G 之后）等系统中均将采用数字化语音进行传输与存储。

信息交流包括两部分内容，即通信和存储。这两个过程可用图 11-1 的数字传输系统模型进行概括。

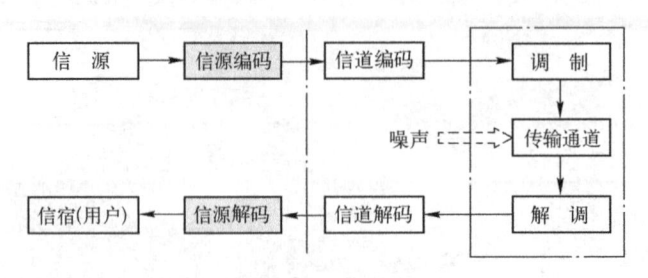

图 11-1 数字传输系统模型

从通信角度，编码就是使信号变换为适合于信道传输的形式。因而，数字通信中的语音编码往往与其数字化密切相关。编码可分为信源编码和信道编码两类。信源编码主要解决有效性问题。通过对信源的压缩、扰乱、加密等处理，力求用最低的数码率传输最大的信息量，使信号更适宜于传输与存储。从信息论角度看，信源编码的主要目的就是数据压缩。目前，数据压缩与信源编码已有相同含义；二者为同一技术，只是名称不同。而信道编码用于提高传输可靠性，又称为可靠性编码；也就是使信号在传输过程中不出错或少出错，即使出错也要自动检错或纠错。

语音信号可看作一种信源，因而语音编码为信源编码，它是数据压缩技术的重要应用领域之一。

语音编码的目的，是在保持可接受失真的情况下，用尽可能少的比特数表示语音。如果对语音直接用 A/D 变换进行编码，则传输或存储的数据量太大。因而须对其压缩。各种编码技术的目的就是减少传输码率或存储量，以提高传输或存储效率。传输码率指传输每秒语音信号所需的比特数，也称数码率。经过编码后，同样的信道容量可传输更多路的信号，如用于存储则只需较小容量的存储器。因而这类编码称为压缩编码（数码率反映的是频带宽度，降低数码率就是压缩带宽）。压缩编码在保持可懂度与音质、降低数码率及降低编码过程计算代价等三方面进行折中。语音编码一直是在用尽可能低的数码率得到尽可能好的合成语音质量的矛盾中发展的。

语音压缩编码后可得到低数码率的语音。后者有以下优点：

（1）可在窄带信道(如 3kHz 模拟电话线路和高频无线电信道)中传输。低数码率语音编码适应了信号电缆带宽窄的特点。

（2）更能克服信道失真，意味着可采用较简单的 Modem。

（3）大多数信道中，当误码率给定时，低数码率比高数码率所需的发射功率更小。

（4）对给定容量的复接电路或复接网络可通过更多的信道。

（5）存储语音所需的存储器容量更小。

（6）与和差纠错及扩频技术相结合，具有更大的抗噪声与抗干扰能力。

目前频率资源愈加宝贵，因而降低语音信号的数码率一直是追求的目标。而语音编码在其中具有重要作用。尽管通信网络容量在不断增加，但语音压缩编码一直在应用中受到关注。体现为以下两类：

（1）语音信号数字传输。主要有数字通信系统、移动无线电、蜂窝电话和保密话音系统。这类应用又称为数字电话通信系统和保密话音系统。其与模拟语音通信系统相比，有抗干扰性强、保密性好、易于集成化等优点。其要求实时编解码，有高抗信道误码能力，可传输带内数据、单频和多频等非语音信号，并有多次音频转接能力。信道条件、延时和数据率为这类应用中应考虑的重要问题。

（2）语音信号的数字存储。主要有呼叫服务、数字应答机和语声响应系统，如数字录音电话、语音信箱、电子留言簿、发声字典、多媒体查询系统等。这类应用又称数字语音录放系统，与模拟语音录放相比，有灵活性高、可控性强及寿命长等优点。这类应用对编码器的实时性要求不高，但希望有高的压缩率，以降低存储量。对解码器而言，要求算法简单、成本低，且可实时解码。这类应用最关心的是语音质量及存储需求。

光纤及微波通信等可提供很宽的频带，但很多情况下仍需压缩编码速率以节省带宽。这一方面可提高信道利用率，另一方面可在窄带模拟信道(如短波)上传输数字语音。特别是军事通信等需要复杂加密的应用场合，声码器有不可替代的作用。语音压缩编码中，LPC、VQ、码本激励等为最重要的实现技术。

根据语音编码的取样率，其可分为窄带(电话带宽 300Hz～3.4kHz)、宽带(7kHz)和音乐带宽(20kHz)等几种。窄带编码的取样率通常为 8kHz，用于语音通信；宽带编码通常为 16kHz，用于更高音质要求的场合如会议电视；20kHz 宽带主要用于音乐的数字化，取样率达 44.1kHz。

语音编码的发展依赖于编码理论、听觉特性及数字信号处理的协同工作。在近 70 多年的时间里，语音编码已取得迅速发展，这是数字通信与电信网络飞速发展的需要。最早的标准化语音编码系统为 64kb/s 的 PCM(脉冲编码调制，Pulse Code Modulation)波形编码器。其后经过近40年的研究已提出许多语音数字压缩方法；至20世纪90年代中期，4～8kb/s的波形与参数混合编码器在语音质量上接近前者水平，且达到实用化阶段。尤其近20年来，语音编码技术取得了更大的发展，在国际标准化中已成为最活跃的领域；已具备较完善的理论与技术体系，并进入实用阶段。

随着研究的深入，语音编码需引入新的分析技术，如非线性预测、多分辨率时频分析（包括小波）、高阶统计分析技术等。它们更能挖掘人耳的听觉掩蔽及感知机理，更能以类似于人耳的特性进行语音分析与合成，使语音编码系统以更接近于人类听觉器官的方式来工作，从而在低速率语音编码研究中取得进展。根据信息论观点，语音编码的数码率可达60～150b/s。因而语音编码研究的空间还很大。

语音编码大致分为两类。一类是波形编码，即对语音波形直接编码，以尽量保持输入波形不变，使恢复的语音信号基本与输入语音波形相同。这类方法有适应能力强、语音质量好等优点，但编码速率高。它们在16～64kb/s的数码率上给出高编码质量，但数码率继续降低时其性能下降较快。第二类方法是先对语音信号进行分析，提取参数，并对参数编码；解码后由这些参数合成出重构的语音信号，使其听起来与输入语音相同；而不是对语音形直接进行处理，因而恢复的信号与原信号不必保持波形相同。这种编码器称为声码器。20世纪30年代末提出PCM原理及声码器的概念后，语音编码一直沿着这两个方向发展。

需要指出，波形编码还广泛用于许多其他的（非语音信号）领域，其基本原理类似。

11.2 语音信号的压缩编码原理

11.2.1 语音压缩的基本原理

数字通信中，语音信号被编码为二进制数字序列；通过信道传输或存储，经解码后恢复为可懂的语音，见图11-2。如前所述，将语音编码为二进制的数字序列再进行传输或存储有很多优点。如可摆脱传输或存储中噪声的干扰。模拟信道的噪声总使语音信号产生畸变，而数字通信只要有足够的通信站就可排除所有噪声的影响。另一方面，存储模拟语音信号受到存储介质噪声及其他噪声的影响，而计算机存储数字语音信号时唯一的失真来自于A/D变换前的低通滤波。另外，数字编码信号还便于处理和加密、再生与转发，也可与其他信号复用一个信道，设备便于集成等。

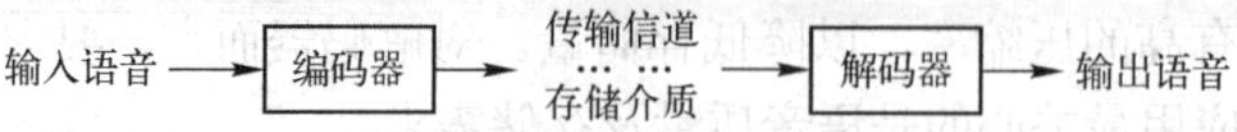

输入语音 → 编码器 → 传输信道/存储介质 → 解码器 → 输出语音

图11-2 数字语音通信的框图

最简单的语音编码是直接进行A/D变换；只要取样率足够高，量化每个样本的比特数足够多，就可保证解码恢复的语音信号有很好的音质而不丢失有用信息。但直接数字化所需的数码率太高，如普通电话通信用8kHz取样，用12bit量化，则数码率为96kb/s；这对很大容量的传输信道也难以承受。另一方面，对语音信号PCM编码后，数码率为64kb/s，如不压缩很难用Modem在电话线上传输。

语音压缩编码的基本依据有两个：

一是从产生语音的物理机制及语言结构的性质看，语音信号中有较大的冗余度。从信息保持的角度，只有信源本身有冗余时才能对其进行压缩。语音压缩本质上就是识别语音中的冗余度并将其去掉。冗余度最主要的部分可分别从时域或频域考虑，包括：(1) 语音信号样本间的相关性很强，即短时谱不平坦；(2) 浊音语音段有准周期性；(3) 声道形状及变化较缓慢；(4) 传输码值的概率分布是非均匀的。

上述冗余可看作客观冗余，其中前三种由语音信号的产生机理所决定，而最后一种与编码方法有关。第 (1) 种冗余度可通过滤波去除，使频谱平坦化以降低冗余度，大多数波形编码均利用该原理。第 (3) 种冗余度是语音帧处理的基础，其允许声道滤波器参数按帧处理，再以较低速率，如每隔 10~30ms 一帧一帧传输。而概率编码方法利用第 (4) 种冗余度进行压缩。

语音编码的第二个依据是利用人类的听觉特性。人耳听不到或感知不灵敏的分量可视为冗余(可看作主观冗余)，可利用人耳的感知模型去除听觉不敏感的语音分量，使重建后的语音质量不明显下降。从听觉器官的物理机理看，可听到声音动态范围与带宽受限。与人类听觉特性有关的冗余包括：

(1) 听觉生理心理特性对语音影响存在听觉掩蔽现象(如 2.6.3 节所述)，从而可压缩语音信号。

一方面可将会被掩蔽的信号分量在传输前就去除；另一方面可忽略将被掩蔽的量化噪声。如对不同频率信号分配不同的量化比特数以控制量化噪声，使噪声能量低于掩蔽阈值，人耳就感觉不到量化噪声存在。如图 11-3 所示，噪声和失真比与频谱包络相关的噪声阈值小时，即使混淆于语音中也感觉不到。语音编码特别是中低速率语音编码，可利用听蔽效应改善重建语音质量，以提高语音编码主观质量。

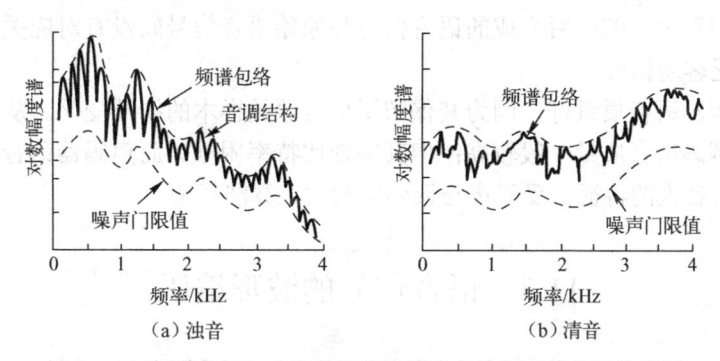

图 11-3 频谱包络与由听觉掩蔽特性决定的噪声阈值间的关系

(2) 人的听觉对低频端较敏感(因为浊音周期和共振峰集中于此)，对高频端不太敏感；即高的低频音可妨碍同时存在的高频音。

(3) 人耳对语音信号的相位变化不敏感(如 5.3 节所述)，LPC 声码器(将在 11.5.2 节介绍)正是利用该性质，不传送语音谱的相位信息，使数码率压缩到 2.4kb/s 甚至更低，而仍能保持很高的可懂度。

(4) 人耳听觉特性对语音幅度分辨率有限。语音样点在幅度上连续，精确表示需无穷多个比特，但实际无需这样做。对人耳不能分辨的过多信息通过量化可去除，以节省比特数。通常均匀量化中每样点取 12~14b 就已听不出失真；若非均匀量化，每样点 8b 已可得到满意效果。如用自适应量化，比特数可进一步压缩。

总之，利用冗余度或语音听觉上的制约，可压缩表示语音信号的必要信息，从而降低传输速率或存储量。

11.2.2 语音通信中的语音质量

语音编码考虑的因素包括：(1) 输入语音信号的特点；(2) 传输比特率的限制；(3) 重构

语音的音质要求。但比特率限制与重构语音音质的要求相矛盾，即重构语音的音质随比特率降低而下降。

语音通信中，将语音质量分为四等：

（1）广播质量：宽带，带宽 0～7200Hz，语音质量高，感觉不出噪声。

（2）长途电话质量：指电话网传输后得到的语音质量，带宽 200～3200Hz，SNR 大于 30dB，谐波失真小于 2%～3%。

（3）通信质量：可听懂，但与长途电话质量相比有较大失真。

（4）合成质量：80%～90%可懂度，音质较差，听起来像机器说话，失去了讲话者的个人特征。

语音通信中，为达到广播质量，至少需 64kb/s 的数码率；长途电话质量需 10～64kb/s；通信质量的数码率可降至 4.8kb/s；而合成质量的数码率在 4.8kb/s 以下。一般公众服务(包括卫星通信)至少需达到长途电话质量。

11.2.3 两种压缩编码方式

波形编码中，要求重构的语音信号 $\hat{s}(n)$ 的各样本尽可能接近原始语音 $s(n)$ 的值。令

$$e(n) = \hat{s}(n) - s(n) \tag{11-1}$$

表示重构误差。波形编码目的是在给定传输比特率的情况下，使 $e(n)$ 最小；因而其以 SNR 为评定标准。而声码器中，解码后合成的语音信号与原始语音信号间没有对应关系，音质好坏需主观评价，而缺乏客观标准。

此外，波形编码语音质量好，因为其保留了信号原始样本的细节变化，从而保留了其各种过渡特征，因而解码语音质量一般较高；但其降低比特率困难。而声码器语音的自然度、可懂度差，较少保留讲话人的特征，受噪声与误码影响大，算法复杂。

11.3 语音信号的波形编码

11.3.1 PCM 及 APCM

1. 均匀 PCM

波形编码最简单的形式为 PCM；其于 1937 年被提出，开创了语音数字通信的历程。目前 64kb/s 的标准 PCM 系统仍占有重要地位。PCM 用同等量化级数进行量化，即采用均匀量化。均匀量化为基本的量化方式，作为 A/D 与通常的 A/D 变换相同。这种编码方法完全未利用语音的性质，信号没有得到压缩。其将语音变换为与其幅度成正比的二进制序列；由于二进制数往往用脉冲表示并用脉冲对采样幅度编码，故称为脉冲编码调制。

PCM 的编码过程见图 11-4。其先用反混叠滤波器将模拟语音频谱限制在适当范围；然后以等于或高于 Nyquist 取样率的频率对语音信号取样，并对取样值进行量化；再用一组二进制码脉冲序列表示量化后的取样值，从而用数字编码脉冲序列表示了原始语音信号波形。实际编码设备中，取样和量化由 A/D 变换器完成。

只要取样率足够高(高于信号最高频率的 2 倍)，且量化字长足够大，PCM 就可使解码后恢复的语音信号有很好的质量。但这种直接量化的方法需要很高的数码率。3.2 节中的式(3-3)曾指出，设量化误差 $e(n)$ 在各量化间隔 Δ 的区间均匀分布，则量化 SNR 近似为

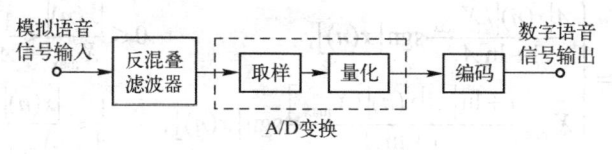

$$SNR(dB) = 6.02B - 7.2 \qquad (11-2)$$

图 11-4 PCM 编码原理图

式中，B 为量化字长。可见，SNR 取决于量化字长。要求 SNR 为 60dB 时，B 至少为 11。此时，对 4kHz 的电话带宽语音信号，若采样率为 8kHz，则 PCM 要求 8k×11= 88kb/s。但这样高的比特率是无法接受的。

2．非均匀 PCM

均匀量化有一个缺点，当信号动态范围较大而方差较小时，SNR 将下降；这可由式(3-2)看出。2.3.3 节中指出，由观测的语音信号概率密度可知，语音信号大量集中于低幅度部分。因而可采用非均匀量化，其在低电平上量化阶梯最密集。非均匀量化也可看作信号非线性变换后，再进行均匀量化；而变换后的信号应具有均匀(矩形)概率密度分布。

非均匀量化的基本思想是对大幅度样本用大的 Δ，小幅度样本用小的 Δ，接收端按此还原。图 11-5 给出均匀与非均匀的量化特性。

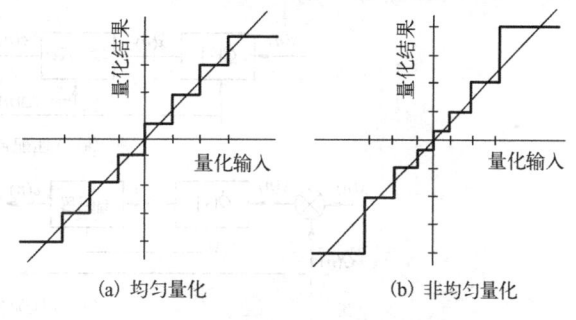

图 11-5 均匀与非均匀量化特性

最常见的非均匀量化为从 20 世纪 60 年代起用于电话网上的语音编码对数压扩特性，也称为对数压缩-扩张技术。采用对数压扩的主要原因是，语音中低幅值信号非常重要，应尽可能精确地量化，同时避免大幅度的信号过载。通常电话系统中采用的 PCM 对幅度按对数进行压缩，再将压缩后的信号进行 PCM，因此称为对数 PCM。当然译码时需进行指数扩展。对数 PCM 是波形编码在语音中最直接的应用。语音信号幅度近似为指数分布，对数变换后各量化间隔内出现的概率相同，这样可得到最大的 SNR。

国际上采用两种非均匀量化：A 律和 μ 律，其差别很小；而 μ 律压缩最常用。在美国，7bit μ 律 PCM 一般为长途电话质量标准。设 $x(n)$ 为语音信号，μ 律压缩为

$$F_\mu[x(n)] = X_{\max} \frac{\ln\left[1+\mu\dfrac{|x(n)|}{X_{\max}}\right]}{\ln(1+\mu)} \operatorname{sgn}[x(n)] \qquad (11-3)$$

式中，$X_{\max}$ 为 $x(n)$ 的最大值，μ 为表示压缩程度的参量。$\mu=0$ 没有压缩，其越大则压缩率越高，故称为 μ 律压缩。通常 μ 在 1~500 之间。$\mu=255$ 时，可对电话质量的语音进行编码，其音质与 12bit 均匀量化时相当。图 11-6 给出 μ 律压缩特性及量化系统框图；图(b)中，$c'(n)$ 为编码后的语音信号，$\tilde{x}(n)$ 为解码后的恢复信号。

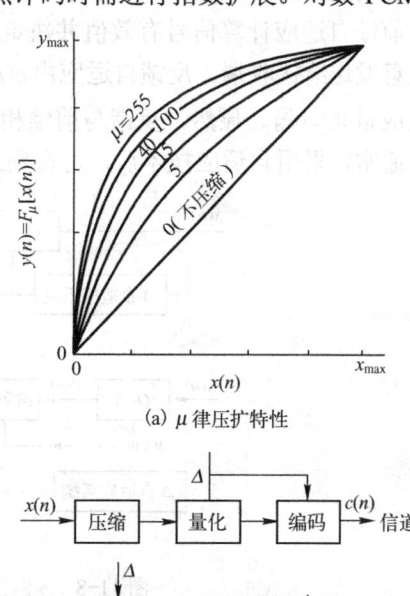

图 11-6 μ 律压扩特性及量化系统框图

在我国，采用 A 律压缩；其压缩公式为

$$F_A[x(n)] = \begin{cases} \dfrac{A|x(n)|/X_{\max}}{1+\ln A}\mathrm{sgn}[x(n)], & 0 \leqslant \dfrac{|x(n)|}{X_{\max}} < \dfrac{1}{A} \\ X_{\max}\dfrac{1+\ln[A|x(n)|/X_{\max}]}{1+\ln A}\mathrm{sgn}[x(n)], & \dfrac{1}{A} \leqslant \dfrac{|x(n)|}{X_{\max}} \leqslant 1 \end{cases} \tag{11-4}$$

目前有标准的 A 律 PCM 编码芯片（如 2911）。

3. APCM

PCM 在量化间隔上存在矛盾：为适应大的幅值需要用大的 Δ，为提高 SNR 又希望用小的 Δ。为此，除非均匀量化外，还有自适应 PCM（APCM，Adaptive PCM）。它使量化器特性自适应于输入信号，即 Δ 匹配于输入信号的方差；或使量化器的增益 G 随幅值而变化，从而使量化前的信号能量恒定。图 11-7 给出这两种自适应量化的方框图。

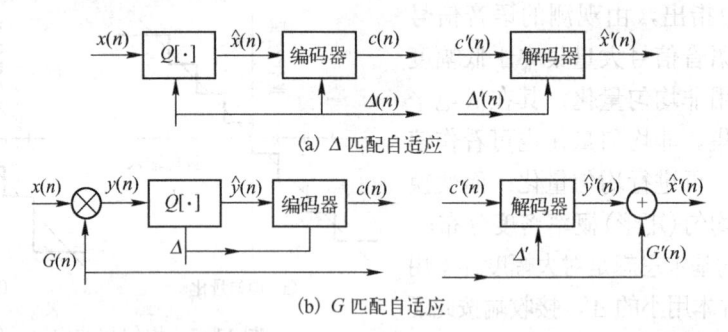

图 11-7 两种自适应量化的方框图

如按自适应参数 $\Delta(n)$ 或 $G(n)$ 的来源，自适应量化又分为前馈与反馈两种。前馈指 $\Delta(n)$ 或 $G(n)$ 由输入信号获取，反馈指由估计量化器的输出 $\hat{s}(n)$ 或编码器的输出 $c(n)$ 得到。两种方法各有优缺点。图 11-8 以 $\Delta(n)$ 为例，给出这两种系统的方框图。

前馈自适应计算信号有效值并决定最合适的量化间隔，以此控制量化器 $Q[]$，并将量化间隔信息发送给接收端。反馈自适应由 $c(n)$ 决定量化间隔，在接收端由量化传输来的幅度信息自动生成量化间隔。显然，反馈与前馈相比，其优点是无须将 Δ 传送到信道，但对误差灵敏度较高。通常，采用自适应技术后，可得到约 4~6dB 的编码增益。

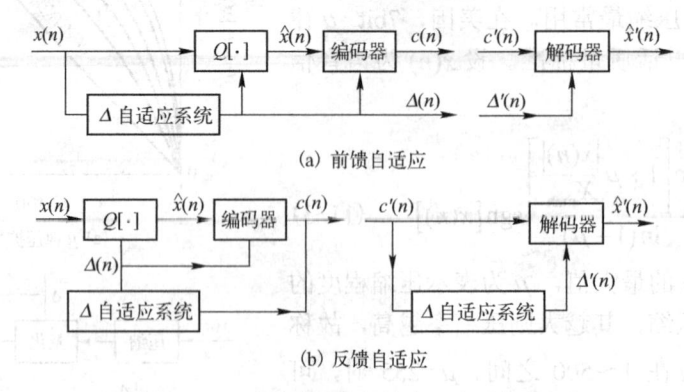

图 11-8 Δ 匹配的前馈及反馈自适应系统方框图

不论是前馈还是反馈自适应，参数 $\Delta(n)$ 或 $G(n)$ 均由下式产生

$$\Delta(n) = \Delta_0 \cdot \sigma(n)$$

$$G(n) = G_0/\sigma(n) \tag{11-5}$$

即 $\Delta(n)$ 正比于方差 $\sigma(n)$，$G(n)$ 反比于 $\sigma(n)$。同时，$\sigma(n)$ 正比于信号的短时能量，即

$$\sigma^2(n) = \sum_{m=-\infty}^{\infty} x^2(m)h(n-m) \tag{11-6}$$

或

$$\sigma^2(n) = \sum_{m=-\infty}^{\infty} c^2(m)h(n-m)$$

式中，$h(n)$ 为短时能量定义中的低通滤波器的单位函数响应。

11.3.2 预测编码及自适应预测编码

1. 原理

第 6 章中详细介绍了 LPC 原理；其由过去一些取样值的线性组合来预测当前的语音值。LPC 也常用于压缩语音，即用预测误差及 LPC 系数进行编码：$e(n)$ 的动态范围及平均能量均比 $x(n)$ 小，因而可实现压缩，减少量化比特数。在接收端，使用与发送端相同的预测器，就可恢复原信号。基于这种原理的编码方式称为预测编码(Predictive Coding，PC)，为波形编码的重要分支，包括 DPCM(差分脉冲编码调制，Differential PCM) 及 DM(增量调制，Delta Modulation)。预测系数随语音信号自适应变化时，称为自适应预测编码(APC，Adaptive PC)。图 11-9 给出一个基本的 APC 系统的方框图。

语音数据流一般分为 10~20ms 相继的帧，而预测器系数(或等效参数)与预测误差一起传输。在接收端，用预测器系数控制的逆滤波器重现语音。采用自适应技术后，预测器 $P(z)$ 要自适应变化，以便与信号匹配。

下面说明预测编码改善 SNR 的原因。根据量化 SNR 的定义

$$\text{SNR} = \frac{\text{E}\left[s^2(n)\right]}{\text{E}\left[q^2(n)\right]} = \frac{\text{E}\left[s^2(n)\right]}{\text{E}\left[e^2(n)\right]} \cdot \frac{\text{E}\left[e^2(n)\right]}{\text{E}\left[q^2(n)\right]} \tag{11-7}$$

其中，$\text{E}\left[s^2(n)\right]$、$\text{E}\left[e^2(n)\right]$ 与 $\text{E}\left[q^2(n)\right]$ 分别为信号、预测误差及量化噪声的平均能量。显然，$\text{E}\left[e^2(n)\right]/\text{E}\left[q^2(n)\right]$ 为由量化器决定的 SNR，而 $G_P = \text{E}\left[s^2(n)\right]/\text{E}\left[e^2(n)\right]$ 反映 LPC 带来的增益，称为预测增益。

由式(11-7)知，由于引入了 LPC，SNR 将得到改善。图 11-10 给出固定预测及自适应预测两种情况下，G_P 与 P 的关系(说话人为女性)。可见，固定预测时，预测增益约 10dB；而 APC 时，预测增益为 14dB。

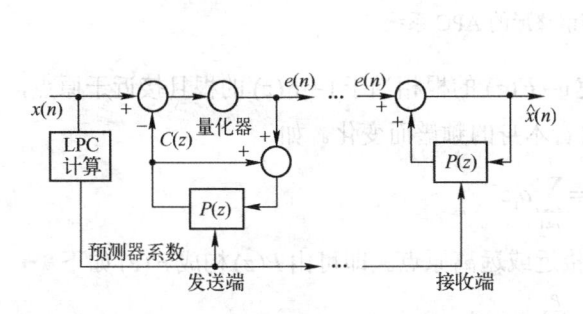

图 11-9 自适应预测编码 APC 系统的方框图

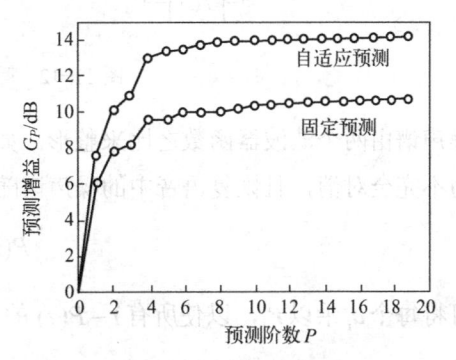

图 11-10 语音信号的预测增益与预测阶数的关系

2. 短时预测和长时预测

浊音信号有准周期性，相邻周期的样本间有很大的相关性。进行相邻样本间的预测后，预测误差序列仍保持这种准周期性。如图 11-11 为"əbove"中[ə]音部分的预测误差(10 阶协方差 LPC；预测前语音进行差分运算)。可见预测误差为脉冲串，有明显的周期性，相当于基音周期。

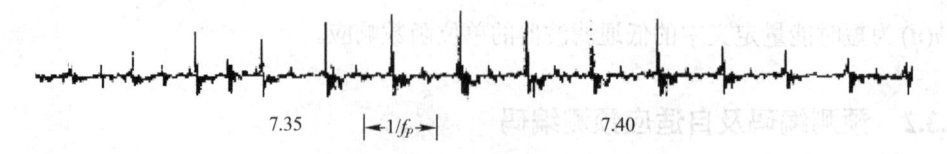

图 11-11 预测误差信号中的基音周期性

为此可再次预测以压缩比特率；即根据前面预测误差中的脉冲消除基音周期性，称为基于基音周期的预测。前面介绍的预测编码中，预测比较了相邻的样本值(如 8kHz 取样，利用 4~20 个样本)，称为短时预测即谱包络预测。而为区别于短时预测，基于基音周期的预测称为长时预测；其为基于频谱细微结构的预测。

3. 噪声整形

预测编码中，输出与输入语音间存在误差，这是由量化引起的，也称为量化噪声。量化噪声的谱一般是平坦的。预测器系数是按 LMSE 准则确定的，但 MSE 最小不等同于人耳感觉到的噪声最小。由于听觉的掩蔽效应，对噪声主观上的感觉还取决于噪声谱包络的形状。因而可对噪声谱整形，使其不易察觉；如果能使噪声谱随语音谱包络而变化，则语音的共振峰频率成分会掩盖量化噪声，如 11.2.1 节所述。这种技术也称噪声整形。

考察图 11-12，其采用一种简单控制量化噪声谱的方法，即加入噪声反馈滤波器 $F(z)$，以从量化器输出减去其输入而分离出量化噪声。因而，在恢复语音中

$$Y(z) = X(z) + N_q(z)\frac{1-F(z)}{1-P(z)} \tag{11-8}$$

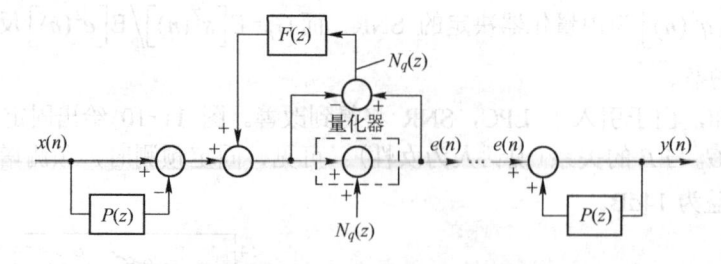

图 11-12 噪声谱整形的 APC 系统

而噪声谱由两个滤波器函数之比来整形。如使 $1-F(z)$ 的根相当于 $1-P(z)$ 的根且接近于原点，则为不完全对消，且恢复语音中的噪声谱随语音本身的频谱而变化。如

$$P(z) = \sum_{i=1}^{P} a_i z^{-i}$$

则可将每个 a_i 乘以 r^i，以使所有 $1-P(z)$ 的根接近或远离原点。即可由 $P(z)$ 构成 $F(z)$ 如下

$$F(z) = \sum_{i=1}^{P} r^i a_i z^{-i} \tag{11-9}$$

式中，r 为控制参数，且 $0<r<1$。r 趋近于 0 时，量化噪声谱线接近于原始语音；r 趋近于 1 时，量化噪声谱线变得平坦。实际上，r 需根据听觉实验来选择。如 $r=0.73$ 时产生满意的结果，图 11-13 即由该因子得到。

噪声抑制使系统变得复杂一些。但实验表明，SNR 可得到 12dB 的改善（$r=0.8$ 时）。若再加上基音周期预测、自适应量化等手段，APC 在 16kb/s 时可得到 7bit 对数 PCM 同等的话音质量（35dB 的 SNR）。

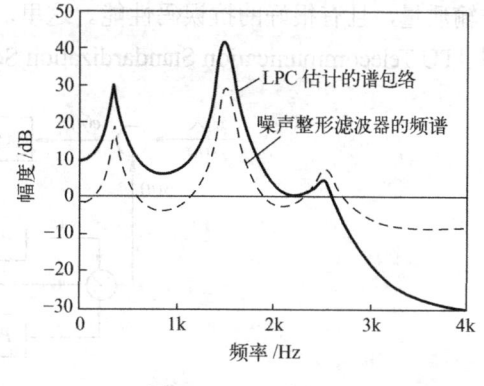

图 11-13 噪声整形

11.3.3 ADPCM 及 ADM

1. ADPCM

11.3.1 节讨论了减少波形编码传输比特率的第一种方法。即对量化噪声重新分配以使其产生的影响尽可能小，如非均匀量化等。下面讨论压缩比特率的第二种方法，即减少要编码的信息量。允许减少编码的信息量是由于语音信号中有大量冗余。相邻语音样本存在明显的相关性，因而对相邻样本的差信号（差分）进行编码可使信息量压缩。因为差分信号比原信号的动态范围及平均能量都小。这种编码即为 DPCM。

DPCM 是预测编码 APC 的一种特殊情况，即最简单的一阶 LPC，即

$$A(z) = 1 - a_1 z^{-1} \tag{11-10}$$

$a_1 = 1$ 时，被量化的编码为 $e(n) = x(n) - x(n-1)$，系统方框图见图 11-14。图中，P 为线性预测器，$Q[\cdot]$ 为量化器。

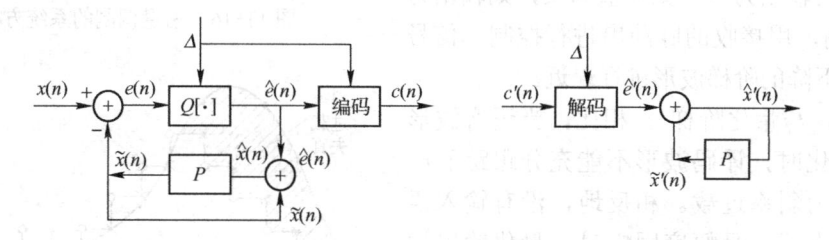

图 11-14 DPCM 系统方框图

由于 a_1 固定，其不可能对所有说话者及所有的语音都是最佳的，而采用高阶（$P>1$）固定预测时，改善效果不明显。较好的方法是采用高阶自适应预测。采用自适应量化及高阶自适应预测的 DPCM 称为 ADPCM（自适应的 DPCM，Adaptive DPCM），其也属于 APC。但通常 APC 包括短时预测、长时预测及噪声谱整形，而 ADPCM 只包括短时预测。ADPCM 可根据信号的大小自动调整控制幅度的比例系数 a_1，以解决 DPCM 的适应问题。它是 DPCM 的改进，通过调整量化步长使数据得到进一步压缩。研究表明，DPCM 可获约 10dB 的 SNR 增益，而 ADPCM 可获得更好的效果（14dB）。

图 11-15 为在 ADPCM 基础上加上基音预测器的系统，称为 APPDPCM（自适应基音周期预测的 DPCM）。图中 $P_A(z)$ 为线性预测器，$P_B(z)$ 为基音周期预测器。

CCITT（国际电报电话咨询委员会）于 1984 年提出 32kb/s 编码器的建议（G.721），即采用 ADPCM 作为长途传输中的一种国际语音编码方案。这种 ADPCM 可达到 64kb/s PCM 的语音

传输质量,且有很好的抗误码性能。这里,CCITT 为 ITU-T(国际电信联盟电信标准化部门,即 ITU Telecommunication Standardization Sector)的前身。

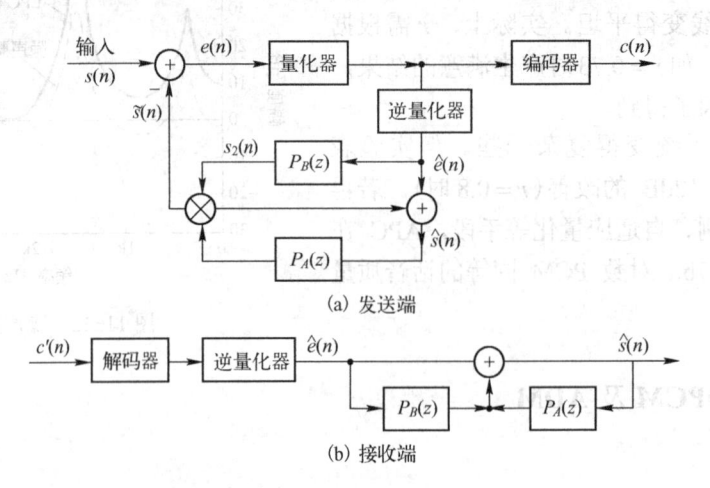

图 11-15 带有基音预测的 ADPCM 系统

2. 增量调制(DM)及自适应增量调制(ADM)

(1) 增量调制

增量调制(DM,Delta Modulation)是一种特殊简化的 DPCM,只用 1bit 量化器。对相关信号,随着取样率的提高,邻近样本的相关性变强,预测误差减小。根据差分结构,由于预测增益很高,允许采用粗糙量化;这就是 DM 的原理。其特点是简单,易于实现。

DM 的系统方框图见图 11-16。如差值为正,则量化器输出为 1;如差值为负,则输出为 0。在接收端,用接收的脉冲串进行控制,信号就可用上升下降的阶梯波形进行逼近。

DM 中,与量化阶梯 Δ 相比,当语音波形幅度急剧变化时,译码波形不能充分跟踪而产生失真,称为斜率过载。相反地,没有输入语音的无声状态或信号幅度固定时,量化输出均将为 0、1 交替的序列,而译码后的波形只是 Δ 的重复增减。这种噪声称为颗粒噪声;其给人以粗糙的噪声感觉。图 11-17 给出这两种噪声形式。

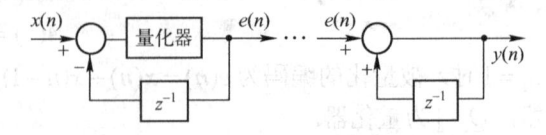

图 11-16 增量调制的系统方框图

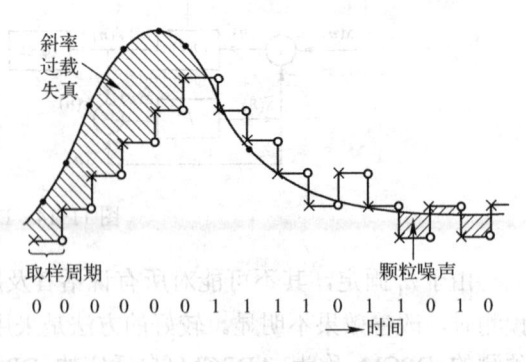

图 11-17 DM 中斜率过载和颗粒噪声

DM 与 DPCM 均为预测编码,且为第一个广泛使用的预测编码。DM 中,对电话频带的语音波形,为确保质量,取样率要在 200kHz 以上。同时,由于使用了固定的增量单元 DM,其不能适应信号的快慢变化,只有约 6dB 的增益。

(2) 自适应增量调制

DM 的优点是,因采用 1bit 码因而收发无须码字同步;但量化噪声过大。一阶 LPC 的精度也不及高阶 LPC。改善性能的一般方法是采用自适应量化。

DM 中只有 Δ 和 $-\Delta$ 两个量化电平,幅值 Δ 固定。在选择 Δ 的问题上存在矛盾: Δ 大时颗粒噪声大, Δ 小时斜率过载失真严重。为此,可采用自适应增量调制(Adaptive DM,ADM),以兼顾两方面的要求，按 LMS 量化失真准则（两种失真均减至最小）来选择Δ。基本原理为：根据输入语音信号的幅度或方差变化来自适应地调整Δ。即语音幅度变化不大时，取较小的Δ，以减小颗粒噪声；语音幅度变化大时，取较大的Δ，以减小斜率过载失真。引入自适应技术后，ADM 增加约 10dB 的增益。实验表明，取样率为 56kHz 时，其与取样率为 8kHz 的 7bit 对数 PCM 有相同的语音质量。

（3）连续可变斜率增量调制

连续可变斜率增量调制（Continuously Variable Slop Delta Modulation，CVSD）是一种常用的 ADM，其自适应规则是

$$\Delta(n) = \begin{cases} k\Delta(n-1) + P, & e(n) = e(n-1) = e(n-2) \\ k\Delta(n-1) + Q, & \text{其他} \end{cases} \quad (11\text{-}11)$$

式中，$0 < k < 1$，$P > Q$，其中 P 为可使系统对斜率过载作出响应的较大的常数。$\Delta(n)$ 的递推公式中，其上下限是确定的。CVSD 的基本原理是按照码序列中表示斜率过载的情况改变 $\Delta(n)$。如相邻三个码字为全 1 或全 0，则 $\Delta(n)$ 增加一个值；否则，一直递减到由 k（因 $k < 1$）及 Q 共同决定的 $\Delta_{\min}$。参数 k 控制自适应速度：接近于 1 时，则 $\Delta(n)$ 增加或减小的速率变慢；k 很小时，则自适应的速度加快。

CVSD 在低于 24kb/s 时，语音质量优于 ADM，其颗粒噪声低，听起来较清晰；但 16kb/s 时，语音质量低于同数码率的 APC；40kb/s 以上时，可有优等长话的语音质量。

11.3.4 子带编码（SBC）

前面介绍的各种编码均为时域编码，本节和下一节将介绍频域编码。频域编码属于变换域编码，是一个研究热点。频域编码主要依据两个原则：

（1）通过合适的滤波或变换，在频域上得到数目较少、相关性较小的分量，以提高编码效率。

（2）按收者感知的失真信息用于提高语音编码性能。

语音信号对人耳听觉的贡献与信号频率有关，如人耳对 1kHz 频率成分非常敏感。与人耳听觉特性在频率上分布的不均匀相对应，语音信号频谱也不平坦。多数人的语音信号能量主要集中于 500Hz～1kHz 左右，并随频率升高而衰减很快。因而可将语音信号划分为不同频段的子信号，根据各子信号的特性分别编码。如对其中能量较大、对听觉有重要影响的部分（500～800Hz 内的信号）分配较多的比特数，次要信号（如电话语音中 3kHz 以上的成分）分配较少的比特数。在接收端，对各子信号分别编码后的比特被分别解码，然后合成重构信号。

子带编码（SBC，Sub-Band Coding）与下节将要介绍的自适应变换编码类似，均在频域寻求语音压缩的途径。与后者不同的是，其不对信号直接变换，而先用带通滤波器组将信号分割为若干频段，称为子带。然后用调制方法对滤波后的信号进行频谱平移，变为低通（即基带）信号，以利于降低取样率抽取（欠采样）；再利用 Nyquist 速率取样，并进行编码。接收端，信号通过内插恢复原始取样率，通过解调恢复到原来的频带；这样，各频带的分量进行合成，以得到重构的语音信号。

SBC 的优点是对应于人的听觉特性，可较容易地考虑噪声抑制：各子带可选用不同的量化参数，以分别控制其 SNR，满足主观听觉要求。如由于语音能量的不平衡，对含基频及第一共振峰的低频部分，对语音清晰度等主观品质影响较大，应分配较多的信息，量化细些。反之，高频部分的量化可粗些。这样可减小量化噪声对听觉的妨害程度，整体上也能降低比特数。另外，量化噪声只能出现在各被分割的频带内，对其他频带没有影响，可较容易地控制噪声谱。

一般 SBC 用 4~8 个子带，各带内用 APCM 编码。各带通滤波器中，子带频率与带宽应根据对主观听觉贡献相等的原则进行分配，即按清晰度指数贡献相同来进行划分。但这将使频率变换很复杂。实际中，常采用整数带取样，其利于硬件实现，因为无须调制器来平移各子带的频谱成分，从而避免频率转换引起的调制工作。而整数带是指子带最低频率与带宽之比为整数。整数带取样子带编码器的原理方框图见图 11-18(a)。图 11-18(b) 中，语音信号经带通滤波器 BP_1 至 BP_N 分为 N 个子带，子带间允许有小的间隙。

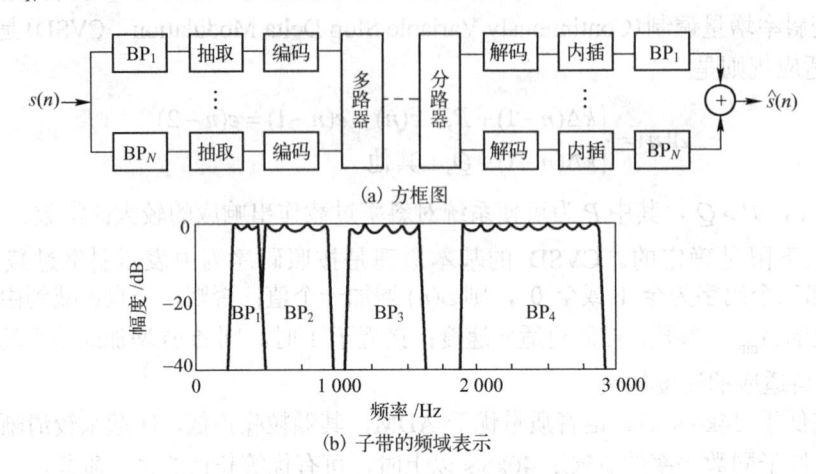

图 11-18 整数带取样子带编码器

图 11-19 给出子带信号取样、编码及解码过程：发送端，各滤波器输出按 $2f_i$ 速率再取样（f_i 为第 i 个子带的带宽），重取样后的子信号经编码及多路器送入数字信道。接收端，分路器与解码器恢复各子带信号，经补零再增加取样，与原始信号 $s(n)$ 相同；再通过与发送端相同的一组带通滤波器，最后对各滤波器的输出求和，得到重构的语音信号。

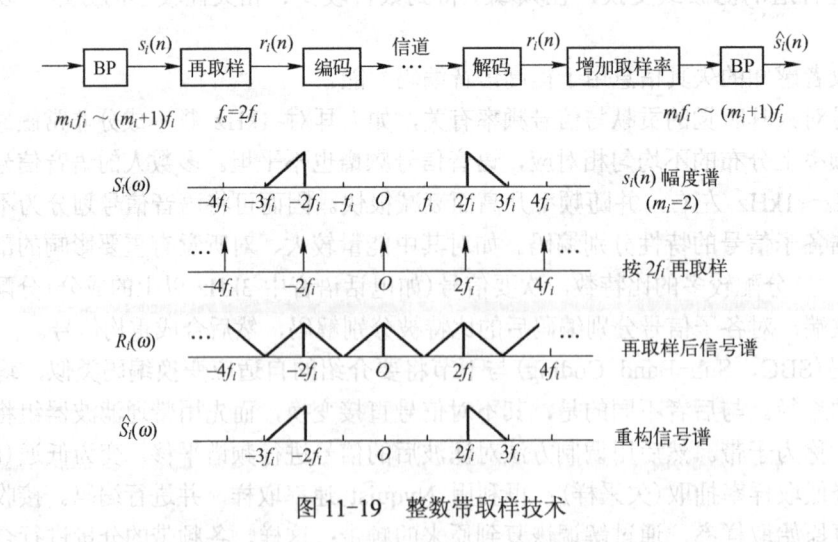

图 11-19 整数带取样技术

子带编码中，重构语音的质量受带通滤波器组的性能影响很大。理想情况下，各子带之和可覆盖全部信号带宽而不重叠。但实际数字滤波器的阻带及通带存在波动，难以得到这种理想情况。如果子带滤波后各频带的重叠太多，将需要更大的数码率；原来各独立子带的误差也会影响相邻子带，造成混叠。早期的解决方法是相邻子带间留有间隙，但这些间隙会引起输出结果的回声。

为此，可采用正交镜像滤波器(QMF, Quadrature Mirror Filter)，它大大降低了解决这一问题的难度，既简单又可消除频谱混叠。QMF 允许编码器分解滤波中的混叠现象，尽管这可能导致信号混淆，但可通过选择重构滤波器来消除。因而实现 SBC 时往往使用 QMF。其先将整个语音频带分为两个相等的部分而形成子带，这些子带再被同样分割形成四个子带。该过程按需要重复，以产生任意 2^k 个子带。

QMF 法方框图见图 11-20。图中，H_1 为低通滤波器，通带为 $x(n)$ 的下半带；H_2 为上半带，为 H_1 的镜像滤波器。即上子带滤波器的频率特性为下子带的镜像：

$$\left|H_1\left(e^{j\omega T}\right)\right| = \left|H_2\left(e^{j(\omega_s/2-\omega)T}\right)\right| \tag{11-12}$$

式中，$\omega_s = 2\pi f_s$ 为 $x(n)$ 的取样角频率。这样一对滤波器可用 FIR 数字滤波器来实现，H_2 是将 H_1 的冲激响应每隔一个样本的符号反号而得到。子带每分割一次，采样率降低一倍。接收端，输入样本通过内插进行过采样，并用与发送端滤波器相匹配的数字滤波器进行带通滤波。

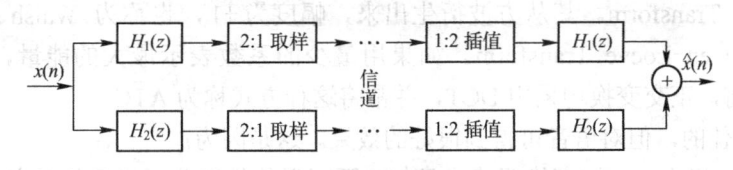

图 11-20 正交镜像滤波法方框图

如果 H_1 与 H_2 滤波器的阶数为偶数，该过程使输入信号完全恢复，只是有一定的延迟。但 QMF 法只能完成频带的对分，从而限制了子带带宽的选择。根据实验，16kb/s 时，SNR 为 11.2dB，几乎与 16kb/s 的 ADPCM 相同。主观评价方面，SBC 大体与 22kb/s 的 ADPCM 相当。

除 QMF 法外，还可采用一些附加方法，如子带编码中加入基音预测、自适应量化及自适应比特分配等。

11.3.5 自适应变换编码（ATC）

变换编码是一种优秀的高质量语音编码方法。其将时域信号变换到频域，变换后的数值表示信号中不同频率分量的强度；再将这些变换系数按比特分配结果进行量化编码。变换编码可得到较高的频率分辨率及压缩效率。

自适应变换编码（ATC，Adaptive Transform Coding）是一种变换编码。与 SBC 类似，其为频域上分割信号的编码方式，但增加了相当大的自由度。它是 8~16kb/s 语音波形编码的著名方法之一。

该方法对信号进行正交变换，以降低相邻样本的冗余度。正交变换起去相关的作用，使变换域系数集中于较小的范围内。其一般方案示于图 11-21：将语音数据分为相邻帧，各帧由 A 进行变换，并对变换值进行编码与传输。接收端由逆变换 A^{-1} 恢复原始语音。

设一帧语音信号 $s(n)$，$0 \leqslant n \leqslant N-1$，形成矢量 $x = [s(0), s(1), \cdots s(N-1)]^T$。通过正交变换矩阵 A 对其进行线性变换：

$$y = Ax \tag{11-13}$$

图 11-21 自适应变换编码的一般方案

且满足 $A^{-1} = A^T$。y 中元素即为变换域系数，其被量化后形成矢量 $\hat{y}$，在接收端通过逆变换重

构信号矢量 $\hat{x}$：

$$\hat{x} = A^{-1}\hat{y} = A^T\hat{y} \tag{11-14}$$

ATC 的任务是设计最佳量化器来量化 y 中的各元素，使重构语音失真最小，即量化 SNR 最大。可以证明，ATC 增益为变换域系数方差的算术平均与几何平均之比

$$I_{\text{ATC}} = \left[\frac{1}{N}\sum_{i=0}^{N-1}\sigma_i^2\right] \bigg/ \left[\prod_{i=0}^{N-1}\sigma_i^2\right]^{1/N} \tag{11-15}$$

其反映了变换域系数的能量集中程度。变换域系数方差均相同即能量均匀分布时，$I_{\text{ATC}} = 1$；即对于 PCM 没有 SNR 增益。通常，变换域系数的能量并不均匀分布，几何平均值总小于算术平均值，因而 I_{ATC} 总大于 1。

这里，关键是要选择一种合适的正交变换。主要有 DFT，沃尔什-哈达马变换(WHT, Walsh-Hadalnard Transform。其从方波衍生出来，幅度为 ±1，也称为 Walsh 函数)，DCT，KLT 变换(Karhunen-Loeve Transform。如果用最少的系数表示最大的能量，最好的方法是 KLT 变换)。目前，正交变换均采用 DCT，并常将这种方式称为 ATC。

DCT 不是最佳的，但对语音可得到很好的效果。这是因为：

（1）与 KLT 相比，频域变换明确，且与人耳听觉的频率分析机理相对应，因而容易控制量化噪声频率范围。

（2）提供的性能一般在 KLT 的 1～2dB 之内，其他变换则相当差。而 KLT 的计算量太大，需计算协方差矩阵的特征值及特征向量。

（3）只需在每帧进行 FFT，运算量、数据量少，也无须传输特征矢量。

（4）其统计地近似于长时最佳正交变换及特征矢量，因而比 DFT 效率高。

（5）与 DFT 比，在端点取出波形的影响较小，频域区的畸变小。

N 点 DCT 为

$$X_c(k) = \sum_{n=0}^{N-1} x(n)c(k)\cos\left[\frac{(2n+1)k\pi}{2N}\right], \quad 0 \leqslant k \leqslant N-1 \tag{11-16}$$

其反变换为

$$x(n) = \frac{1}{N}\sum_{n=0}^{N-1} X_c(k)c(k)\cos\left[\frac{(2n+1)k\pi}{2N}\right], \quad 0 \leqslant n \leqslant N-1 \tag{11-17}$$

式中

$$c(k) = \begin{cases} 1, & k = 0 \\ \sqrt{2}, & 1 \leqslant k \leqslant N-1 \end{cases}$$

可以证明，DCT 与用 N 个零点填充 $x(n)$ 得到的 $2N$ 点函数的 DFT 有关。令 $y(n)$ 为 $x(n)$ 的填充形式，则其 DFT 为

$$Y(k) = \sum_{n=0}^{N-1} y(n)W^{nk}$$

式中，$W = \exp(-j2\pi/2N)$；由于填零，求和计算到 $N-1$ 为止。上式还可写为

$$Y(k) = W^{-k/2}\sum_{n=0}^{N-1} y(n)W^{(n+1/2)k}$$

对实数 $y(n)$，和的实数部分为

$$\sum_{n=0}^{N-1} y(n)\cos\frac{(2n+1)k\pi}{2N}$$

因而，$x(n)$ 的 DCT 为 $\quad X_c(k) = c(k)\text{Re}\left[W^{k/2}Y(k)\right] \tag{11-18}$

这表明，利用这一关系可得到计算 DCT 的快速算法。同时，谱包络信息可从 DCT 得到。

图 11-22 给出 ATC 的原理框图。每帧进行 DCT 变换，将 DCT 系数分为 20 个左右的频

带，求各频带的平均功率，作为边带信息传送。从而，编码器输出的信号表示为频谱包络的辅助信息及被量化的 DCT 系数。传输边带信息需要 2kb/s 数据量。

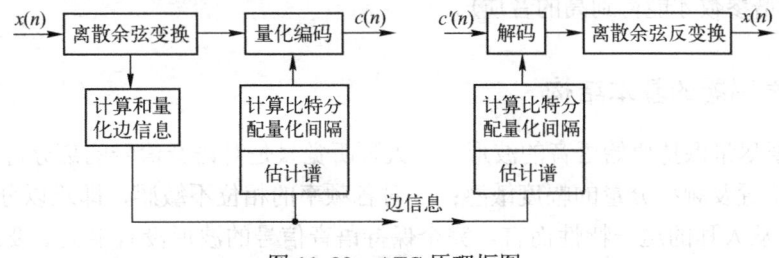

图 11-22　ATC 原理框图

非自适应情况下，码位分配及量化间隔根据语音信号长时间统计特性来确定，是固定的。而自适应情况下，需估计每帧变换谱的包络，使用估计的谱值来代替方差，再计算码位的分配。表征估计谱的参数作为边带信息，传送到接收端，接收端使用与发送端相同的步骤来计算比特分配，以解码变换域参数。这样处理可最佳地(使波形失真最小)分配各 DCT 系数的量化比特数，同时自适应地控制量化级幅度。波形失真最小即使频谱各系数失真平方和最小，且频率轴上产生均一的量化失真。

ATC 优势取决于自适应效果，即估计谱对语音信号短时谱的逼近程度；因而估计谱应正确反映变换域系数的能量分布。但估计谱作为边带信息传送，其比特数受限；因而边带信息的提取和处理也是 ATC 的重要问题之一。谱估计可采用 LPC 分析，也可用线性滤波器组等方法。

16～32kb/s 时，ATC 与对数 PCM 相比，SNR 可得到 17～23dB 的改善。

11.4　声　码　器

11.4.1　概述

与波形编码不同，参数编码只要求合成的信号听起来与原始语音相同；而不必与其波形相同，即重建信号的波形与原语音波形可能有相当大的差别。

参数编码的基础是语音产生的数学模型。实现参数编码的器件又称为声码器(Voice coder, Vocoder)，即声音编码器。它是最早应用的语音编码器。声码器将语音分析与语音合成相结合，是一种语音分析-合成系统；主要用于窄带信道的语音通信。它提取语音的某些特征参量(如频谱分量、共振峰频率与宽度、LPC 系数、基频等)，对这些参量进行编码；在接收端再由这些参量来合成语音。声码器的优点是其传送的是参数，较为简单，节省信道；此外还可将参数码改变为保密系统，从而大大提高信道使用价值，在国防和工商业中都很重要。为得到很低的传输码率，声码器只提取和传送那些携带听觉上最重要信息的参数，同时须进行高效的编码。声码器存在的主要问题是合成语音的质量差，特别是自然度较低(不一定能听出说话人是谁)。

为充分发挥声码器性能，以下三个因素是重要的：(1)提取听觉所需要的重要参数；(2)对参数进行有效的编码；(3)根据编码的参数，尽可能忠实地还原语音(包括自然度和可懂度)。

通道声码器、共振峰声码器、同态声码器，以及广泛使用的 LPC 声码器均为典型的声码器。现代通信系统中，LPC 声码器与通道声码器是研究最深入、应用最广泛的声码器。LPC 声码器有实用价值，较好地解决了传输数码率与语音质量的矛盾。早期的相位声码器由于语音质量不如 LPC 声码器而被淘汰。同态声码器的语音质量比 LPC 声码器好，但无法降低数码率(传送 32 个左右倒谱参数才能得到高的音质)。

11.4.2 声码器的基本结构

波形编码要尽量保持原始语音的波形。但人耳听觉只是对语音信号的部分特征敏感，如对其包含的频率位置及频率分量的幅度敏感；而对各频率的相位不敏感，即难以分辨(如 5.3 节所述)。因而，从人耳的这一特性而言，完全保持语音信号的波形没有很大必要。声码器追求的是与原始语音相同或相近的听觉效果，而不是波形。

声码器以语音数字模型(图 2-19)为基础。该模型中的参数随时间变化缓慢(变化速率约为 25Hz 或以下)，因而可以用 50Hz 左右的取样率来更新。声码器参数一般有 10~20 个就足够了，各参数以 2~5bit 量化。从而，比特率可降至 1~3kb/s 的数量级。

图 11-23 为声码器基本结构，包括分析与合成两部分。语音信号经分析得到谱包络、基音及清/浊音判别，编码后送入信道传输(或存储于存储器)；在接收端，压缩后的语音由合成器恢复。对于合成器，其声道滤波器要与分析部分的谱包络分析器相对应；它们的不同形式决定了声码器的不同类型。

但是，这种结构的声码器输出语音的局限是：

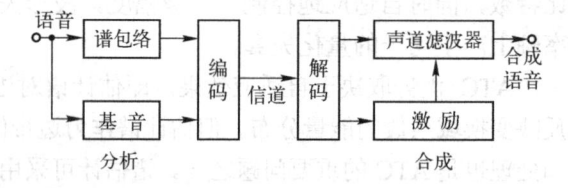

图 11-23 声码器的基本结构

（1）声道滤波器阶数有限，从而合成语音的频谱精度受限。

（2）浊音激励是规则的准周期脉冲，合成语音会出现人为的规则的特性。

（3）采用清/浊音二元判决，只能产生纯粹的清音或浊音，与实际的语音有区别。但在语音分析时，得到清/浊音的多元判决很困难。

（4）语音合成模型中的参数更新速率(即帧率)受限。而实际语音常出现爆破音或阻塞音那样的快速变化情况。

（5）语音合成器中的激励源只有两个，每次只产生一个音。而实际语音是很复杂的，除主要声音外，还可能有背景噪声和额外的音；语音分析时，它们将转化为主要声音的一种失真(不是简单的线性叠加关系)。

然而，上述局限没有严重到使声码器不能应用的程度。特别是军事通信中，低数码率常比高质量语音更为重要。

通道声码器、共振峰声码器及 LPC 声码器等的区别主要在于声道滤波器、谱包络分析器的形式及其参数。

11.4.3 通道声码器

通道声码器是语音技术最早的和非常重要的应用，是广泛应用的早期声码器形式。它基于 STFT 的语音分析-合成系统；利用滤波器组将语音划分为一组相邻的频带，传输各频带中的语音成分。其只保持普通的频谱包络形状。

通道声码器有些类似于 SBC，其输入语音先由一组带通滤波器组产生子带信号，再分别对各子带信号量化和编码。不同的是其通道数很大，约每隔 100Hz 一个，因而每个通道只有一个谐波成分。另外，其不像 SBC 那样使用 APC 对子带信号进行编码，而是对通带内的幅度进行编码。

根据 4.2 节和 4.4 节中介绍的 STFT 的原理，语音信号可用一组带通滤波器的输出 $X_n\left(e^{j\omega_k}\right)$ 来表示，并可由其准确恢复原信号。图 11-24 为一个通道的原理框图。

如果滤波器组有 L 个通道，选择各通道滤波器的中心频率 ω_k 及分析窗 $w_k(n)$ 以覆盖所要求的频带；则对各通道的输出求和得到合成信号

$$y(n)=\sum_{k=1}^{L}p_k\hat{y}_k(n) \qquad (11\text{-}19)$$

图 11-24　一个通道的原理框图

式中，$p_k=|p_k|e^{j\varphi(k)}$ 为复常数，应使全部通道的总响应有尽可能平坦的幅频特性与线性相位特性；而 $w_k(n)$ 相应于低通滤波器的单位函数响应。

通道声码器中，发送端对输入语音进行粗略的频谱分析，接收端产生的信号使频谱与发送端规定的相匹配。通道声码器仅传输各通道幅度谱的均值及基音周期，而不传输相位。虽然损失了谐波间的相位关系，但可大大降低传输码率。但其在分析-合成系统中引入了较多的语音模型特性，增加了基音检测器，从而使复杂度增加。

发送端，语音加于滤波器组及基音提取器上。滤波器组将语音频率范围分为许多相邻频带或通道，滤波器数目一般为 14 到 20 个以上，覆盖频率范围通常为电话带宽，从 300Hz 或以下到约 3.3kHz。各滤波器的输出均为一个可反映其频带功率的瞬时变化的包络，因而整个滤波器输出的包络近似于语音的谱包络。

这种包络的变化比语音波形慢得多，它以很低的速率采样；因而滤波器输出用全波整流和低通滤波进行包络检波，采样率一般为每秒 50 个样本。

通道声码器中，带通滤波器的单位函数响应为 $w_k(n)\cos\omega_k n$，各通道输出为 $\left|X_n\left(e^{j\omega_k}\right)\right|$ 的平均值，见图 11-25。为利用人耳在低频端的较好的分辨特性，各通道带宽不均匀，约 100～400Hz。低通滤波器带宽由取样率决定。通过边带信息，包括浊/清音分类、基音周期等，来恢复语音信号的谐波结构或提供声门激励信息。

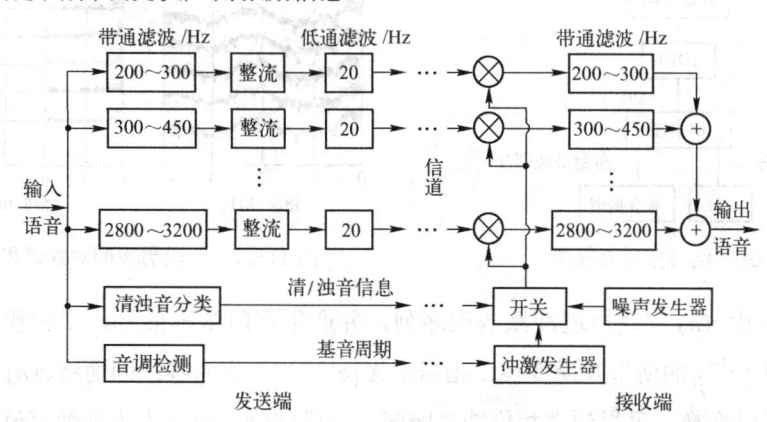

图 11-25　通道声码器方框图

通道声码器的主要缺点是需检测基音周期及清/浊音判断，而精确提取基音周期相当困难，估计误差对合成语音质量影响很大。其次，由于通道数目有限，可能几个谐波分量落入同一通道；而合成时被赋予相同的幅度，导致频谱畸变。

通道声码器的数码率：如每秒 50 帧，有 14 个通道，幅度值用 3bit 量化，基音周期用 6bit 量化，则传输码率为 $50\times(14\times3+6)=2400$ b/s。与前面讨论的波形编码相比，其数码率的压缩非常可观。

在当时研究声码器的硬件条件下，通道声码器是编码问题的较好解决办法。评价其性能时，应区别语音质量与可懂度。音质为相对主观的属性，表示语音听起来是否悦耳及多长时间不致感到疲劳。可懂度为相对客观的量度，表示收听者听到的语音准确性如何。通道声码器的音质较差，听起来有明显的电气特性，如混有正弦声、混响、哨声及蜂音等。但可懂度可达到很高，且通常抗背景噪声能力强。

11.4.4 同态声码器

同态声码器建立在语音信号产生模型上，并用同态滤波方法对声门激励及声道冲激响应进行解卷。

1. 基于倒谱的分析与合成

对语音信号解卷的原理在 5.4 节和 5.6 节中曾讨论过，声道冲激响应与激励的倒谱成分为加性组合且存在于不同区域，因而很容易用一个倒谱窗区分开来。另一方面，由于人耳对语音信号相位不敏感，可假定语音为最小相位序列。5.5.2 节中介绍的最小相位信号法求倒谱只需计算 $\ln\left|X\left(\mathrm{e}^{\mathrm{j}\omega}\right)\right|$，这样求得的倒谱保留了其幅度谱信息。在同态声码器的分析部分，由倒谱 $c(n)$ 分离包含声道频谱包络信息的低倒谱域部分，而由高倒谱域部分判断清/浊音分类并提取基音周期。图 11-26 给出倒谱分析流程图，图 11-27 为由其求倒谱的一个实例。

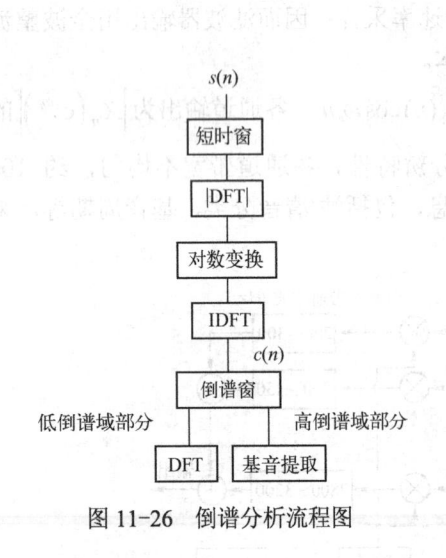

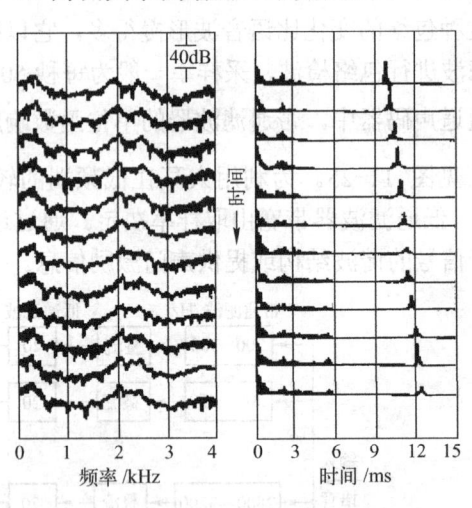

图 11-26 倒谱分析流程图　　图 11-27 一段男声的对数谱和倒谱

合成阶段，由 $c(n)$ 恢复声道冲激响应序列，并产生声门激励信号，二者卷积得到合成语音。$c(n)$ 为 $\ln\left|X\left(\mathrm{e}^{\mathrm{j}\omega}\right)\right|$ 的傅里叶逆变换，相当于 $X\left(\mathrm{e}^{\mathrm{j}\omega}\right)$ 的相位为零；因而将 $c(n)$ 经 IDFT 后求对数再求逆傅里叶变换，可得到零相位冲激响应。合成部分，也可人为地使 $c(n)$ 相应于一个最小相位信号再计算冲激响应。这只需在分析部分取倒谱窗

$$l(n) = \begin{cases} 1, & n=0 \\ 2, & 0 < n \leqslant n_0 \\ 0, & 其他 \end{cases} \quad (11\text{-}20)$$

这样处理的 $c(n)$ 经合成阶段变换后，得到最小相位的冲激响应。类似地，可将冲激响应重建为最大相位。

图 11-28 给出从一帧典型浊音的倒谱 $c(n)$ 得到的各种冲激响应。对这三种相位的冲激响应

的主观测听表明，最小相位合成的语音质量最佳。这也证明，前面认为的语音信号接近于最小相位的假设是合理的。

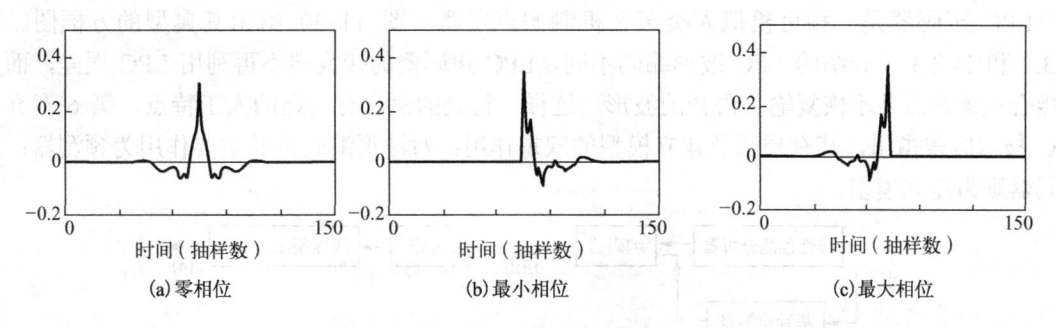

(a) 零相位　　(b) 最小相位　　(c) 最大相位

图 11-28　由倒谱求出的冲激响应

2. 同态声码器

同态声码器方框图见图 11-29。其中，每 10～20ms 计算一次倒谱，由每帧倒谱高时部分估计基音周期及浊/清音信息，并与倒谱低时部分一起经量化和编码，送去传输或存储。在接收端，传输来的声门激励参数生成声门激励序列，由量化的低时段倒谱计算近似的声道冲激响应，二者卷积得到合成的语音信号。

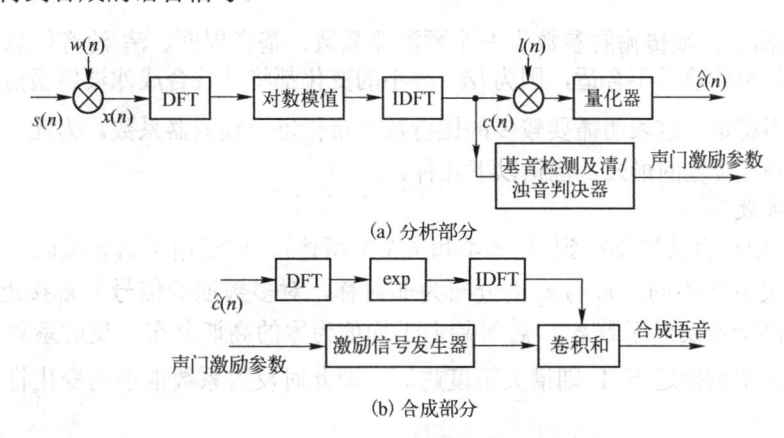

(a) 分析部分

(b) 合成部分

图 11-29　同态声码器方框图

研究表明，同态滤波器用 26 个倒谱值，每个值用 6bit 量化，再加与声门激励有关的边带信息，在帧取样率 50 次/秒的情况下，可产生质量相当高的语音。在量化前对倒谱值做某些处理，如只传输 $c(n)$ 的差分值可进一步压缩数码率。另外，求声门激励与声道模型参数时，如使用不同长度的时窗及使窗长自适应语音波形的特征，也将使编码效率得到提高。如使用复倒谱（保留相位信息），同态声码器输出的语音质量将进一步改善。

同态声码器的运算量较大，由图 11-29 可见，发送端与接收端均需进行两次 DFT。但其优点是，占去大部分计算量的倒谱既可用于估计激励参数，又可用于估计声道参数（8.1.3 节及 8.2.3 节介绍的基音检测及共振峰估计即基于这一特性）。如有计算 DFT 的设备，这种方案很有吸引力。

11.5　LPC 声码器

LPC 声码器是最成功、应用最广泛的声码器。电话带宽语音可用许多方法精确表示，它们均采用了 LPC 模型，因为这种模型结构在各种语音编码中最清晰。LPC 是非常成功的技术，使数码率降低 20~30 倍而不严重影响语音质量，数码率 2.4~4.8kb/s 时仍可得到清晰的语音。

LPC 声码器是一种可模拟人类声音机制的声码器，图 11-30 给出其典型的方框图。与 11.3.2 和 11.3.3 节介绍的 LPC 波形编码不同，LPC 声码器的接收端不再利用 LPC 误差，而是直接合成语音而并不恢复输入语音的波形。这样，得到的语音有明显的人工特点。第 6 章介绍 LPC 技术时曾指出，其有预测及建立模型的双重作用：对波形编码器其主要作用为预测器；对声码器则为建立模型。

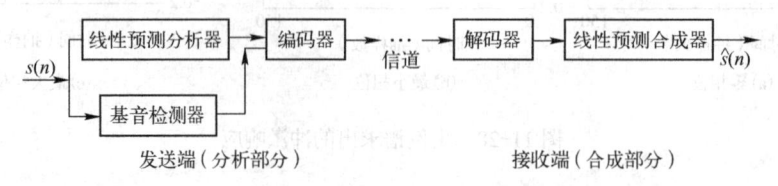

图 11-30　LPC 声码器方框图

LPC 分析-合成的基本原理已详尽讨论过。声码器的主要目的是用低数码率传输语音，因而下面主要介绍其参数编码与传输问题。

11.5.1　LPC 参数的变换与量化

LPC 声码器中，须传输的参数为 P 个预测器系数、基音周期、清/浊音信息及增益参数。直接对 $\{\alpha_i\}$ 量化再传输并不合适，因为 $\{\hat{\alpha}_i\}$ 很小的变化都将导致合成滤波器极点位置的较大变化，甚至导致不稳定。这表明需要较多的比特数来量化每个预测器系数。为此，可将其变换为其他更适于编码及传输的形式，包括以下几种。

（1）反射系数

k_i 在 LPC 中可直接递推得到(如 6.4 和 6.5 节所述)，广泛用于语音编码。研究表明，各反射系数的幅度分布不同：k_1 与 k_2 的分布为非对称，对多数浊音信号，k_1 接近于-1 而 k_2 接近于 1。而较高阶的反射系数 k_3、k_4 等趋向于均值为零的高斯分布。反射系数的谱灵敏度也是非均匀的，其值越接近于 1 则谱灵敏度越高；即此时反射系数很小的变化将导致信号谱的较大偏移。

因而，对反射系数在 (-1,1) 内进行线性量化是低效的，一般应进行非线性量化。比特数也不应均匀分配，k_1、k_2 应多些，通常用 5~6bit；k_2、k_4 的量化比特数逐渐减少。

（2）对数面积比

根据 k_i 的特点，大量研究表明，最有效的编码是针对对数面积比 g_i 的，即

$$g_i = \ln\left[\frac{1-k_i}{1+k_i}\right] = \ln\left[\frac{A_{i+1}}{A_i}\right] \tag{11-21}$$

式中，A_i 为用无损声管表示声道的面积函数。上式将域 $-1 \le k_i \le 1$ 映射至 $-\infty \le g_i \le \infty$，使 g_i 呈现很均匀的幅度分布，从而可采用均匀量化。g_i 适宜于量化，因为其相对于谱的变化的灵敏度较为平缓。此外，其参数间的相关性很小，由内插产生的滤波器必是稳定的，所以对数面积比也很适合于数字编码与传输。每个对数面积比参数平均只需 5~6 bit，就可使量化影响完全忽略。

（3）预测多项式的根

对预测多项式分解，有

$$A(z) = 1 - \sum_{i=1}^{P} a_i z^{-i} = \prod_{i=1}^{P}\left(1 - z_i z^{-1}\right) \tag{11-22}$$

这里，参数 z_i $(1=1,2\cdots,P)$ 为 $A(z)$ 的等效表示，对预测多项式的根进行量化容易保证合成滤波器的稳定，因为只要根在单位圆内即可。平均每个根用 5bit 量化就可精确表示 $A(z)$ 包含的频谱信息。但求根使运算量增加，因而采用这种参数不如上述第（1）、（2）种参数效率高。

通常，一帧 LPC 数据包括 1bit 清/浊音信息、约 5bit 增益常数、6bit 基音周期、平均 5~6bit 量化每个反射系数或对数面积比(共有 8~12 个)，因而每帧约需 60bit。如一帧 25ms，则数码率为 2.4kb/s 左右。

11.5.2 LPC-10

LPC 声码器在通信领域尤其军事通信领域得到广泛应用。1981 年美国采用 LPC 声码器即 LPC-10 作为 2.4kb/s 速率的政府标准。该算法可合成清晰可懂的语音，但抗噪声性能及自然度不是很理想。

LPC-10 的编码器方框图见图 11-31。原始语音经低通滤波后，输入到 A/D 中，以 8k 采样率 12bit 量化得到数字语音，每 180 个样点(22.5ms)为一帧。编码器分为两个支路，其中一路提取基音周期 N_P 和清/浊音信息，另一路提取 LPC 系数及增益因子 RMS。提取基音周期的支路将数字化语音缓存，经低通滤波、二阶逆滤波后，用 AMDF 计算基音周期，经平滑、校正得到该帧的基音周期。同时，利用模式匹配技术，基于低带能量、AMDF 最大最小值之比及过零率进行清/浊音判决，判决结果为以下 4 状态之一：清音，清音向浊音转换，浊音向清音转换和浊音。在提取声道参数的支路，先进行预加重，再计算 RMS：

$$\text{RMS} = \left(\frac{1}{N}\sum_{i=1}^{N} x_i^2\right)^{1/2} \tag{11-23}$$

式中，N 为帧长，x_i 为预加重后的数字语音。

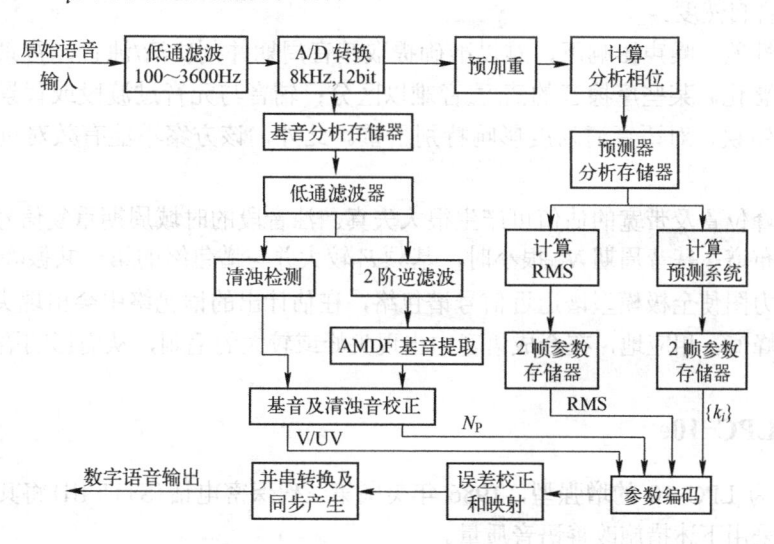

图 11-31 LPC-10 的编码器方框图

用协方差法求 10 阶 LPC 系数，转换为 $\{k_i\}$，$i=1,2,\cdots,10$。前两个反射系数转化为对数面积比后进行量化编码，其余直接进行线性编码。k_1~k_4 每个系数用 5bit，k_5~k_8 每个系数用 4bit，k_9 为 3bit，k_{10} 为 2bit，基音周期和清/浊判决用 7bit，增益对数用 5bit，再加上同步信息 1bit，每帧共 54bit，因而编码速率为 2.4k。

LPC-10 的解码器方框图见图 11-32。先用直接查表法对数码流进行检错和纠错。纠错解码后得到基音周期、清/浊音标志、增益及反射系数。解码结果延时 1 帧输出，从而输出数据可在过去、现在及将来的共 3 帧内进行平滑。每帧语音只传输一组参数，因为一帧内可能有不止一个基音周期，因而对接收数值进行由帧块到基音块的转换与插值，使基音周期、清/浊音标志、增益及反射系数等在每个基音周期更新一次。解码器中，用 Levinson-Durbin 算法将 $\{k_i\}$ 变换为 $\{\alpha_i\}$，再用直接型递归滤波器 $H(z)=1\Big/\Big(1-\sum\limits_{i=1}^{p}a_iz^{-i}\Big)$ 合成语音。采用二元激励，通过全极点滤波器生成浊音激励源。

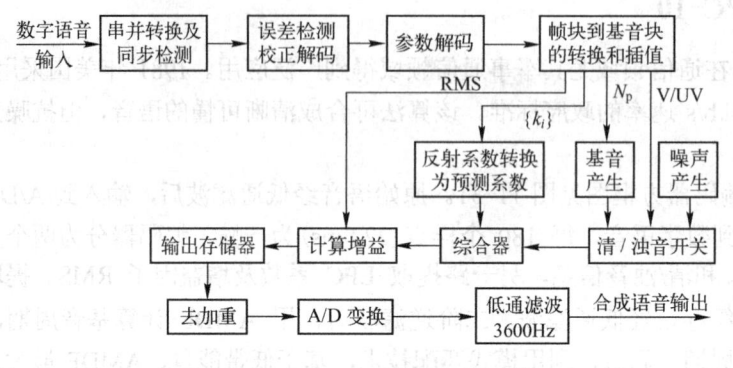

图 11-32 LPC-10 的解码器方框图

LPC-10 的优点是编码速率低，但存在以下问题：

（1）语音自然度不理想（即使增加数码率也得不到改善）。因为采用过分简化的二元激励不符合实际情况，使合成语音听起来不自然。在实际语音的残差信号中，相当一部分既非周期脉冲又非随机噪声；或者低频段是周期脉冲而高频段是随机噪声；此时采用二元激励代替残差信号必然损害语音自然度。

（2）鲁棒性差。噪声影响下，难以准确提取基音周期并判决清/浊音，背景噪声较强时系统性能将显著恶化。某些摩擦音的清/浊音难以区分；辅音与元音过渡段或背景噪声情况下，检测更易发生错误，对语音清晰度影响特别严重。此外，该方案不能有效对抗传输信道中的误码。

（3）共振峰位置及带宽的估值可产生很大失真。浊音段的时域周期重复信号使短时语音谱接近于线状分布谱。基音周期 N_p 很小时，基频 F_1 较大并与谱包络的第一共振峰接近。而 LPC 谱包络的估计力图使全极模型谱逼近信号谱包络，在估计出的谱包络中会出现尖峰，即能量极为集中的共振峰值。相应地，在合成语音中出现尖峰或较大的毛刺，从而影响语音质量。

11.5.3 LPC-10e

LPC-10e 为 LPC-10 的增强型，1986 年美国第三代保密电话(STU-III)将其作为 2.4b/s 的编码方案。它采用下述措施改善语音质量。

1. 改善激励源

（1）用混合激励代替二元激励。浊音激励源由经低通滤波的周期脉冲序列与经高通滤波的白噪声相加得到，周期脉冲与噪声的混合比例随输入语音的浊化程度而变化。清音激励源是白噪声加上位置随机的一个正脉冲跟随一个负脉冲的脉冲而对形成的爆破脉冲。对爆破音，脉冲对的幅度增大，与语音的突变成正比。混合激励对清/浊音判决的敏感度降低，且可使二元激励引起的金属声、重击声、音调噪声等得到改善。

（2）激励脉冲加抖动方式。将基音相关性不是很强或残差信号中有大峰值的语音帧判定为抖动的浊音帧。除采用脉冲加噪声的混合激励外，激励信号中的周期脉冲相位进行随机抖动，即对每个基音周期的长度乘以 0.75～1.25 间的均匀分布随机数，从而改善语音自然度。

（3）单脉冲与码本相结合的激励模式。取 MPLPC 与 CELP 各自的长处，对不同语音段采用不同的激励模式。对周期性语音段用以基音周期重复的单脉冲作为激励源，对非周期性语音段用由码本中选择的随机序列作为激励源。

2. 改进基音提取方法

计算 LPC 残差信号或语音信号的自相关函数，利用动态规划(DP)的平滑算法以更准确地提取基音周期。将该帧 LPC 残差信号进行低通滤波，求出所有可能的基音时延点上的归一化自相关系数，选出其中 L 个最大值，再用相邻 3 帧的每帧 L 个最大值，用 DP 方法求出最佳基音值。

3. 用 LSP 作为声道滤波器的量化参数。

LSP(线谱对参数)曾在 6.7 节介绍过。

11.5.4 变帧率 LPC 声码器

虽然进一步降低 LPC 声码器的数码率是可能的，但须以降低语音质量为代价。尽管如此，这方面还是进行了一些尝试。

变帧率 LPC 声码器就是其中一种。该方法充分利用了语音信号的时域冗余度，尤其是元音和擦音在发音过程中都有缓变区间，描述这部分区间的语音不必像快变语音那样用很多的比特数。语音信号波形变化随时间而不同。如清音至浊音的过渡段期间，语音的特性变化剧烈，原则上应用较短的分析帧，要求 LPC 声码器至少每隔 10ms 发送一帧新的 LPC 参数；而浊音部分在发音过程中有缓变区间，语音信号谱特性变化很小，分析帧可取得长些；语音活动停顿情况下更是如此。因而，可采用变帧速率编码(VFR，Variable Frame Rate)，以降低平均传输码率。

实际上，帧长可保持恒定，只是无须将每帧 LPC 参数进行编码与传送。这时合成部分所需的参数可通过重复使用前帧参数或内插得到，这样每秒传输的帧数是变化的，平均传输码率大为降低。

此时关键问题是如何确定哪一帧 LPC 参数需要传送，因而需要度量当前帧与上帧的参数间的差异(即距离)。如距离超过某门限表明产生了足够大的变化，须传送新一帧 LPC 参数。分别用 P_n、P_l 表示第 n 帧与第 l 帧的 LPC 参数构成的列矢量，则度量这两帧参数变化的最简单方法是欧氏距离

$$(P_n - P_l)^T (P_n - P_l)$$

如 9.3.1 节所述。或用更一般的欧氏距离

$$(P_n - P_l)^T W^{-1} (P_n - P_l)$$

也称马氏距离。式中，W 为正定权矩阵，用于对起主要作用的参数给予较重的权；其由语音信号的统计特性决定，且对不同语音段和讲话人应有不同选择。

曾研究出某系统，只有传输数值发生很大变化时才传输一个新的反射系数矢量，采用的距离测度与对数似然比测度 $d_{\text{LLR}}(\ )$ (如 9.3.2 节所述)类似。

VFR 在某些语音通信系统如信道复用、话音插空、数据和话音复用等场合均有一定应用价值。变帧速率的 LPC 声码器传输码率一般可降低 50%而无明显音质下降，但代价是编码与解

码复杂度增加并产生一些时延。

11.6 各种常规语音编码方法的比较

本节对前面介绍的各种波形编码及声码器技术进行总结。

11.6.1 波形编码的信号压缩技术

图 11-33 示出了各种波形编码的信号压缩技术及以该技术为背景的语音信号特征。

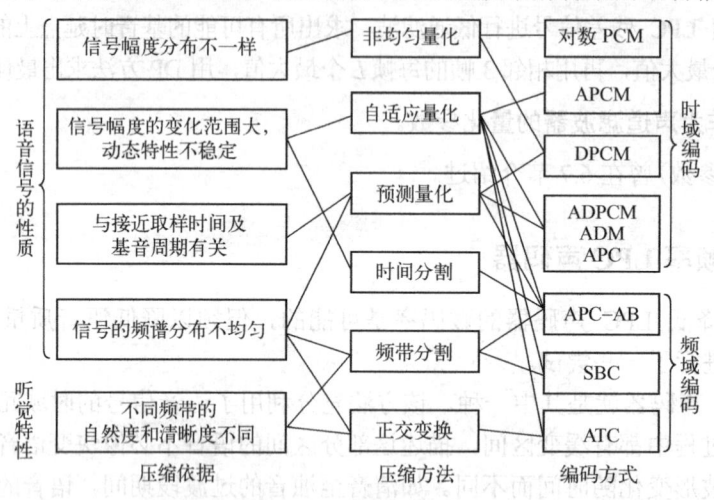

图 11-33 用于波形编码的压缩方法及相应的语音信号及听觉特征

11.6.2 波形编码与声码器的比较

波形编码中，利用语音幅度分布特性对波形进行 PCM 量化处理，当数码率为 64kb/s 时可获得高质量语音。利用波形的相关性及频谱特性，可将数码率压缩至 24～32kb/s。进一步利用音调结构的同时，若进行噪声整形，可压缩到 9.6kb/s 左右。如数码率继续降低，则语音质量急剧恶化。

对声码器，数码率可降低至 2.4b/s。虽然信息量很多，但由于性能方面的本质上的局限，合成语音质量远不如波形编码。在 4.8～9.6kb/s 的范围内，将波形编码与声码器的优点结合起来，可得到 MPLPC 等。为使数码率降至 1kb/s 以下，则须利用语音中的语言性质。

表 11-1 给出波形编码与声码器的比较。

表 11-1 波形编码与声码器的比较

	波形编码	声码器
编码信息	波形	短时谱包络，音源信息(音调、幅度、浊/清音)
数码率/kb/s	9.6～64(中、宽带)	2.4～4.8(窄带)
适用的对象	任何声音	语音
编码质量的客观评价	SNR	频谱失真
存在的问题	受量化噪声的限制，降低数码率困难	环境噪声和误码使合成语音质量下降；提高语音质量困难；处理复杂
典型方式	时域：PCM、ADPCM、DM、ADM、APC 频域：SBC、ATC	通道声码器，共振峰声码器，同态声码器，LPC（PARCOR、LSP）声码器

11.6.3 各种声码器的比较

表 11-2 列出声码器的主要例子。

表 11-2 声码器的主要例子

种　类	提出者(时间)	分析方法	特征参数	传输容量
通道声码器	H.Dudley (1939)	带通滤波器组	带通滤波器的输出振幅	300Hz(模拟传输) 2.4kb/s(数字传输)
共振峰声码器	W.A.Munson (1950)	带通滤波器组、过零率	带通滤波器的输出振幅、过零数	300Hz(模拟传输) 2.4kb/s(数字传输)
图谱匹配声码器	C.P.Smith (1957)	带通滤波器组	音韵的频谱图形	900b/s
相关声码器	M.R.Schroeder	短时自相关	自相关函数	400Hz
相位声码器	J.L.Flanagan (1966)	带通滤波器组	带通滤波输出振幅、带通信号的相位	1 500Hz 7.2～9.6kb/s
同态声码器	A.V.Oppenheim (1969)	倒谱	倒谱	7.8kb/s
PARCOR 声码器	板仓、斋藤 (1969)	自相关	k_i	2.4～9.6kb/s
线性预测声码器	B.S.Atal (1971)	协方差法	线性预测系数	3.6kb/s

对通道声码器，曾设想通过增加通道数量来改善音质，但语音自然度仍然受限。共振峰声码器的困难是准确提取共振峰频率较困难。相关声码器的问题是频谱准确复原困难。图谱匹配声码器根据带通滤波输出的时频图输入音韵，并传输音韵符号。如得以实现，将获得最高的压缩率，但目前还有很多问题有待解决，如从连续语音中切取音韵、与标准图形匹配及从音韵符号系列产生自然语音的合成方法等。而基于 LPC 技术的声码器(LPC 声码器、PARCOR 声码器、LSP 声码器)则有很多优势。

11.7　基于 LPC 模型的混合编码

本章前面介绍的各种波形编码在 32～64kb/s 时可获得优等语音质量；但传输码率下降至 9.6kb/s 以下时，语音质量急剧下降。而前面讨论的几种声码器虽然传输码率可降至 2.4kb/s 左右，但语音质量为中下水平；即使提高数码率语音质量也很难提高。另外，声码器对讲话环境噪声较敏感，需要安静环境才能给出较高的可懂度；因而目前为止其只应用于中下水平的通信业务中。

当前语音数字通信的发展方向有两个：一是在 9.6kb/s 左右中等传输码率的条件下，设法得到优等语音质量；二是在极低传输码率(200b/s 以下)的条件下，设法得到中等以上的语音质量。

研究表明，声码器语音质量差的问题基本不在于声道模型参数而在于激励信号，多年来一直广泛使用的准周期性脉冲或白噪声作为激励源的方法是进一步提高语音质量的障碍。新一代语音编码器的出路在于使用新的激励方法，即用高质量波形编码准则优化激励信号。这实际是向混合编码方向发展。

混合编码结合了波形编码与声码器的优点：既利用了语音产生模型，通过对模型参数(主要是声道参数)进行编码，减少波形编码中被编码对象的动态范围或数目；又使编码过程产生接近原始语音波形的合成语音，以保留说话人的各种自然特征，提高合成语音质量。

声码器语音质量差的原因是激励形式过于简单，因而提高语音质量的方法是改变激励信号的选择原则。即先分析输入语音，提取声道模型参数，再选择激励信号去激励声道模型产生合成语音，通过比较合成语音与原始语音的差别选择最佳激励，所以编码是分析加合成的过程，称为分析-合成（ABS，即 Analysis by Synthesis）编码。

20 世纪 70 年代中期、特别是 80 年代以来，语音编码技术有了突破性进展，提出了一些非常有效的方法，产生了新一代参数编码算法即混合编码，构成了新一代语音编码器。这些算法克服了原有波形编码和声码器的缺点，结合了它们的长处，在 4~16kb/s 速率上可得到高质量的合成语音，同时还具有波形编码的优点。

MPLPC（多脉冲码激励线性预测编码，Multi-Pulse LPC）、RPELPC（规则脉冲激励线性预测编码，Regular Pulse Excitation LPC）及 CELP（码激励线性预测编码，Code Excited LPC）等均属于这类声码器。它们均采用了灵活的语音合成模型。在保留原有声道模型假定的基础上引入高质量波形编码准则来优化激励信号；采用感知加权的 LMS 准则，用闭环搜索即合成-分析法选取最佳激励矢量。激励序列的引入需增加几倍传输码率，但可明显提高合成语音质量。

上述 3 种编码均基于全极点的语音产生模型，其大致过程为：先通过 LPC 提取声道滤波器参数，再通过合成-分析方法确定最佳激励矢量，最后将滤波器参数和最佳激励矢量进行编码传输。因而也称为基于合成-分析的线性预测编码器（ABS-LPC）。

11.7.1 混合编码采用的技术

1. 计入长时相关性的语音产生模型

语音有两种相关性，即样本间的短时相关及相邻基音周期间的长时相关（如 11.3.2 节所述）。对语音信号用 LPC 进行两种相关性的去相关后，可得到更为平坦的 LPC 残差信号，更利于量化编码。同时考虑了两种相关性的语音产生模型见图 11-34。

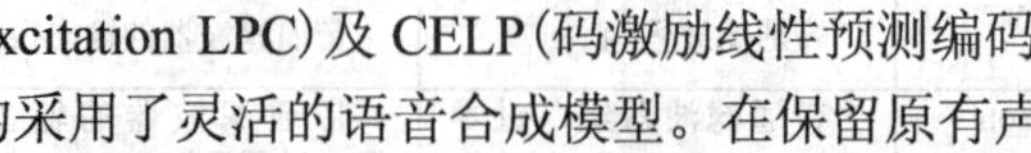

激励发生器 → $1/P(z)$ → $1/A(z)$ → 合成语音

图 11-34 计入长时相关性的语音产生模型

模型中，激励信号输入到长时预测综合滤波器 $1/P(z)$ 中，其输出作为短时预测综合滤波器 $1/A(z)$ 的输入，得到合成语音。$1/P(z)$ 是表示语音信号长时相关性的模型，且

$$\frac{1}{P(z)} = \frac{1}{1 - \sum_{i=-q}^{r} b_i z^{-(N_P+i)}} \tag{11-24}$$

式中，延时参数 N_P 为基音周期，b_i 为语音信号的长时预测系数。

通常，长时预测系数的个数取为 $1(q=r=0)$~$3(q=r=1)$。N_P 与系数 $\{b_i\}$ 可由语音信号提取，也可从去除短时相关性得到的余量信号中提取。长时相关性反映了频谱精细结构。

短时预测综合滤波器 $1/A(z)$ 与语音的短时相关模型相对应。可用 LPC 全极点模型描述，即

$$H(z) = \frac{1}{A(z)} = \frac{1}{1 - \sum_{i=1}^{P} a_i z^{-i}} \tag{11-25}$$

式中，$\{a_i\}$ 为短时 LPC 系数。短时相关性反映了谱包络信息。

编码时，对语音信号用 LPC 方法求出短时及长时预测系数后，构造短时和长时 LPC 逆滤波器，将语音信号输入到 $A(z)$ 和 $P(z)$ 中，去除信号中的短时和长时相关性。其输出端可得到类似于噪声的波形，即 LPC 残差信号。

虽然残差信号中，浊音段可能存在若干尖峰脉冲，但与原语音信号相比要平坦得多，因而可得到较低的编码速率。如用 LPC 残差信号作为激励信号，则可在语音产生模型上得到无失

真的合成语音。但从压缩数码率的角度看，用残差作为激励信号进行编码不现实。需以较低速率精确地对预测残差信号进行压缩编码，这也是 ABS-LPC 编码器的核心问题。

根据编码方案的需要，也可只进行短时预测而不进行长时预测，而在 LPC 激励模型中引入语音的长时相关性。

2. 合成-分析法

近年来在 LPC 算法基础上，对 16kb/s 以下的高质量语音编码技术进行了深入研究和实践。此速率下能用于残差信号编码的比特数较少。若对残差信号直接量化且使残差信号量化误差最小，并不能保证合成语音与原始语音的误差最小。须以重建语音最接近原始语音为目标，闭环搜索残差信号的编码量化值。

基于全极点语音产生模型的编解码算法通过解码得到 LPC 系数，以构造综合滤波器，按一定规则生成激励信号并输入到综合滤波器以合成重构语音。这一功能部件称为综合器。ABS 法将综合滤波器引入编码器，使之与分析器相结合，将搜索到的每一个残差信号的编码量化值作为激励，通过综合滤波器在编码器生成与解码器相同的合成语音，并与原始语音相比较；按某种规则调整参数使二者误差最小，并将此时的参数作为激励编码值。

3. 感知加权滤波

感知加权滤波器的依据是人耳的听觉掩蔽效应，用于提高合成语音的听觉质量。根据听觉掩蔽效应，响度较高的频率成分影响响度较低的频率成分的感知。语音共振峰处的频谱能量较高，相对于能量较低频段的噪声不易被感知。即在语音频谱分量很强的地方如共振峰区域内，语音能量可掩蔽该区域内的量化噪声而不对听觉产生明显影响。度量原始语音与合成语音的误差时可考虑这一因素：即语音能量高的频段允许的误差大一些；反之则小一些。因而允许共振峰区域内的噪声相对于其区域外的噪声大些。

为此，引入频域的感知加权滤波器来计算语音信号与合成信号的误差，即

$$e = \int_0^{f_s} |x(f)\tilde{x}(f)|^2 W(f) df \quad (11\text{-}26)$$

式中，f_s 为取样率；$x(f)$ 和 $\tilde{x}(f)$ 分别为原始与合成语音的频谱。容易证明：为使 e 最小，积分区域内 $|x(f)\tilde{x}(f)|^2 W(f)$ 应为常数。因而，$W(f)$ 在能量大的语音频段应较小，在能量小的频段内应较大；从而增大前者而降低后者的误差能量。为此，$W(f)$ 的 z 域形式应为

$$W(z) = \frac{A(z)}{A(z/\gamma)} = \frac{1 - \sum_{i=1}^{p} a_i z^{-i}}{1 - \sum_{i=1}^{p} a_i \gamma^i z^{-i}} \quad (11\text{-}27)$$

即感知加权滤波器特性由系数 $\{a_i\}$ 及 γ 决定。与 APC 中的噪声整形（见 11.3.2 节）类似，上式中的 a_i 为按经验选择的 LPC 合成滤波器的线性预测系数。γ 为听觉加权系数，取值范围为 0～1，用于控制共振峰区误差的增大或减小。两个极端情况是，$\gamma=0$ 时 $W(z)=1$，即未进行感知加权；$\gamma=1$ 时 $W(z)=1-\sum_{i=1}^{p} a_i z^{-i}$，对误差进行逆滤波；此时 $W(z)$ 与语音信号的幅度谱包络正相反。由此得到的噪声谱能量分布与语音谱一致。

显然，$W(z)$ 的作用是使误差信号的频谱不再平坦，而是与语音谱有相似的包络；从而使误差度量优化的过程与感知上的共振峰对误差的掩蔽效应相一致，以产生较好的主观听觉效果。实际上不取 $\gamma=0$，尽管共振峰处可容忍较大的量化噪声而不被人耳感知，但共振峰部分的语音对听觉更重要，为听觉敏感区。因而人耳对此处的 SNR 要求仍高于其他频段，所以误

差谱调节不应过大。γ 的最佳值通过主观测听来确定，取样率为 8kHz 时可取 0.8 左右。

感知加权滤波器与滤波器 $H(z)$ 级联，得到加权综合滤波器

$$H(z/\gamma) = H(z)W(z) = \frac{1}{1-\sum_{i=1}^{P}a_i z^{-i}} \cdot \frac{1-\sum_{i=1}^{P}a_i z^{-i}}{1-\sum_{i=1}^{P}a_i \gamma^i z^{-i}} = \frac{1}{1-\sum_{i=1}^{P}a_i \gamma^i z^{-i}} \tag{11-28}$$

随着 γ 减小，$H(z/\gamma)$ 中各共振峰带宽增大。因而其又称为频带扩展或误差整形滤波器。若 $H(z)$ 的冲激响应为 $h(n)$，则 $H(z/\gamma)$ 的冲激响应为 $\gamma^n h(n)$。

11.7.2 MPLPC

LPC 声码器在很低的比特率上产生了可懂语音，但重建语音有时听起来有机械或蜂鸣声，及重击声和音调噪声。20 世纪 80 年代后，在 LPC 编码器的基础上，对 16kb/s 以下的高质量语音编码技术进行了深入研究。该速率范围中，用于对 LPC 误差信号编码的比特数有限。如对预测误差信号进行粗糙化，会带来色噪声；且预测误差信号与其它量化模型间的误差最小，不再保证原始语音与重建语音的误差最小。如何有效准确地表示预测误差信号，是这类编码方案的关键。大量实践表明，用感知加权的 LMS 判决准则，配合以 ABS 的自适应预测编码，可在该速率上得到较满意的语音质量。

MPLPC 有 LPC 及 ADPCM 的预测编码结构，但采用感知加权进行设定。其通过改进激励模型来提高 LPC 的性能，但不像 ADPCM 及其他一些波形编码那样直接量化、传送预测误差。它采用几个脉冲作为一个语音帧的激励信号；脉冲数事先确定，但需考虑复杂性及语音音质。

该方法能够压缩数码率的原因如下：语音模型中的激励信号可从 ABS 编码系统的预测误差获得。该预测误差序列可由约只占其个数十分之一的另一组脉冲序列替代，由新脉冲序列激励声道模型产生合成语音，仍具有较好的听觉质量。即该预测误差序列激励合成滤波器得到的语音，与另一组绝大部分位置上均为零的脉冲序列激励同样的合成滤波器得到的语音有类似的听觉效果。后者形成的激励信号序列中不为零的脉冲数占序列总长的极小部分，所以编码时仅处理和传输不为零的激励脉冲位置与幅度参数，因而可大大压缩数码率。

Atal 等提出 MPLPC 的原理和算法，其原理方框图见图 11-35。这里无论有声还是无声，合成清音还是浊音，激励信号均呈现多脉冲形式。这种方法的关键是最优地确定激励序列中各脉冲的幅度及位置；其根据原始语音与合成语音间的听觉加权 LMS 原则逐个地确定，见图 11-36。

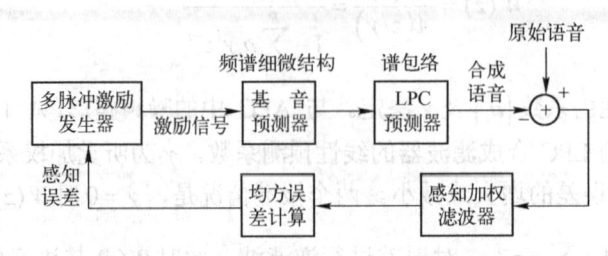

图 11-35 MPLPC 的工作原理方框图

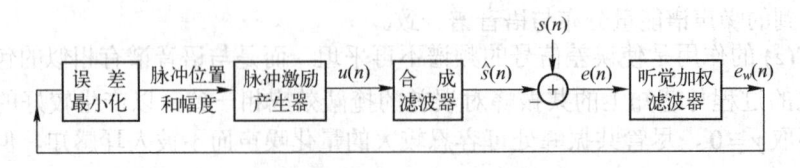

图 11-36 Atal 算法确定多脉冲的振幅和位置

先用自相关法求出 LPC 参数(如 6.4.1 节所述)以构成合成滤波器。施加激励脉冲序列 $u(n)$，得到合成语音 $\hat{s}(n)$，其与原始语音 $s(n)$ 间存在误差 $e(n)$，经听觉加权滤波器后被加权为 $e_w(n)$。

听觉加权滤波器的输出为

$$e_w(n) = e(n) * w(n) = [s(n) - \hat{s}(n)] * w(n) \tag{11-29}$$

为确定各脉冲的幅度与位置，先加上一个单脉冲，调节其幅度和位置。令 $e_w(n)$ 对脉冲幅度的偏导数为 0，使 $|e_w(n)|$ 为最小，此时得到最高的合成语音质量，即滤波器响应与原始信号最佳匹配时的脉冲位置。然后加上第二个脉冲，按同一原则选择其位置与幅度。继续加脉冲，并各自独立调整位置和幅度，使滤波器输出与原始信号最佳匹配；即用 LMS 准则决定新的幅度与位置。这样，顺次地从原语音信号中减去由以前确定的脉冲所合成的语音，然后增加新的脉冲。一直重复下去，直到满足某种失真判决标准或得到最大的容许脉冲数为止。

这是一个优化过程，通过迭代得到最优解。整个算法包括：误差计算、最佳脉冲位置搜索、解线性方程组求脉冲幅度等，运算量很大。图 11-36 中，先将语音信号分帧，帧长可取 10~20ms。根据 LPC 方法推定短时谱包络，即求出 LPC 系数。再在本帧范围内，每 5~10ms 一次按递推算法得到多脉冲序列。

实现这一优化过程的算法很多，下面介绍较常用的最大互相关函数搜索法。其采用合成滤波器冲激响应的自相关函数及该冲激响应与原始语音信号的互相关函数。设 K 个脉冲合成的信号与原始语音信号的误差功率为 E_K，合成滤波器冲激响应为 $h(n)$，则

$$E_K = \sum_{n=1}^{N} e^2(n) = \sum_{n=1}^{N} \left[s(n) - \sum_{i=1}^{K} g_i h(n - m_i) \right]^2 \tag{11-30}$$

式中，N 为帧长，g_i、m_i 分别为帧内第 i 个脉冲的幅度与位置。为简单起见，该式中省略了加权处理，不采用 $s(n)$、$h(n)$，而分别采用对加权滤波器的冲激响应进行卷积的表达式。

为求出激励脉冲最佳位置 $\{m_i\}$ 与幅度 $\{g_i\}$ ($i = 1, 2, \cdots, K$)，令 E_K 的偏微分为 0，即

$$\begin{cases} \partial E_K / \partial m_i = 0 & (11\text{-}31) \\ \partial E_K / \partial g_i = 0 & (11\text{-}32) \end{cases}$$

从而得到 $2K$ 个方程，其中式(11-31)为 K 个非线性方程，式(11-32)为 K 个线性方程。为求出使 E_K 最小的 $\{m_i\}$ 和 $\{g_i\}$，需同时解上述 $2K$ 个方程，这是极复杂的非线性优化问题。

将式(11-32)表示为

$$\sum_{i=1}^{K} g_i R_{hh}(m_j, m_i) = R_{eh}(m_j), \quad j = 1, 2, \cdots, K \tag{11-33}$$

式中

$$R_{eh}(m_j) = \sum_{i=1}^{N} e(n) h(n - m_j), \quad 1 \leq m_j \leq N \tag{11-34}$$

为 $e(n)$ 和 $h(n)$ 的互相关函数；

$$R_{hh}(m_j, m_i) = \sum_{i=1}^{N} h(n - m_j) h(n - m_i), \quad m_i \geq 1 \text{ 且 } m_j \leq N \tag{11-35}$$

$h(n)$ 的协方差函数可用其自相关函数

$$R_{hh}(m_j, m_i) = R_{hh}(|m_j - m_i|) \tag{11-36}$$

来替代。

式(11-33)包含的 K 个方程不可能求出 $2K$ 个未知数。为此采用次优搜索法，依次对各激励的脉冲位置与幅度顺序优化，以代替全局搜索的总体优化。每次只估计两个参数(各脉冲的位置与幅度)，从而大大减小计算复杂度。其也称为准最优顺序激励参数估值法。

为确定最优 $\{m_i\}$，将式(11-30)改写为

$$E_j = \sum_{n=1}^{N} e_j^2(n) - 2\sum_{n=1}^{N} e_j(n) g_j h(n-m_j) + \sum_{n=1}^{N} \left[g_j h(n-m_j) \right]^2$$

$$= \sum_{n=1}^{N} e_j^2(n) - 2g_j R_{eh}(m_j) + g_j^2 R_{hh}(m_j, m_j) \tag{11-37}$$

式中

$$e_j(n) = s(n) - \sum_{i=1}^{j-1} g_i h(n-m_i)$$

即为输入语音中，去除了第 j 个激励脉冲以前所有激励脉冲作用于加权合成滤波器所得到的合成语音的有关部分后，所剩余的语音。其可通过迭代公式

$$e_0(n) = s(n)$$

$$e_j(n) = e_{j-1}(n) - g_{j-1} h(n-m_{j-1}), \quad j=1,2,\cdots,K$$

更新。式中，g_{j-1} 与和 m_{j-1} 分别为第 $j-1$ 次搜索得到的第 $j-1$ 个激励脉冲的最优位置与幅度。

根据式(11-37)，令 $\partial E_j / \partial g_j = 0$，得最佳增益

$$g_j = R_{eh}(m_j) / R_{hh}(m_j, m_j) \tag{11-38}$$

其中，$R_{eh}(m_j)$ 的更新公式为

$$R_{eh}(m_j) = \sum_{i=1}^{N} e_j(n) h(n-m_j), \quad 1 \leqslant m_j \leqslant N \tag{11-39}$$

将式(11-38)代入(11-37)，得最佳增益 g_j 时的误差总能量

$$E_j = \sum_{n=1}^{N} e_j^2(n) - \frac{R_{eh}^2(m_j)}{R_{hh}(m_j, m_j)} \tag{11-40}$$

本次搜索中 $e_j(n)$ 固定，即上式第一项与 g_j 与 m_j 无关；为使上式右侧第二项最大，m_j 应满足

$$m_j = \arg\max_{m_j} \left(\frac{R_{eh}^2(m_i)}{R_{hh}(m_i, m_i)} \right) \tag{11-41}$$

上述的 MPLPC 搜索过程为：一帧内逐个搜索 K 个脉冲的最佳位置和最佳幅度，在第 $i(i=1,2,\cdots,K)$ 个激励脉冲搜索时，先按式(11-41)搜索最佳位置，再按式(11-38)得到该位置处的最佳幅度。这种简单的多脉冲搜索不是全局最优的，会产生一些问题。如激励脉冲数大到一定后，继续增加则不能达到预期的质量改善，平均 SNR 难以继续提高；估计的新脉冲位置可能与先前的估计结果重叠；激励脉冲间隔很近时，幅度与相位估值不准确。因而应进行一些改进。

MPLPC 合成语音有较好的自然度及一定的抗噪能力。但即使采用上述的准最优顺序优化激励参数，分析时的运算量仍很大，难以实时实现。

对每 10ms 语音采用 8 个脉冲时，根据实验，合成语音失真很小。图 11-37 给出原始语音、合成语音、多脉冲及误差信号在 100ms 区间的各种波形。这里 $P=16$，帧长 20ms，每隔 5ms 确定多脉冲。由图可见，甚至有/无声过渡区也能准确再现。

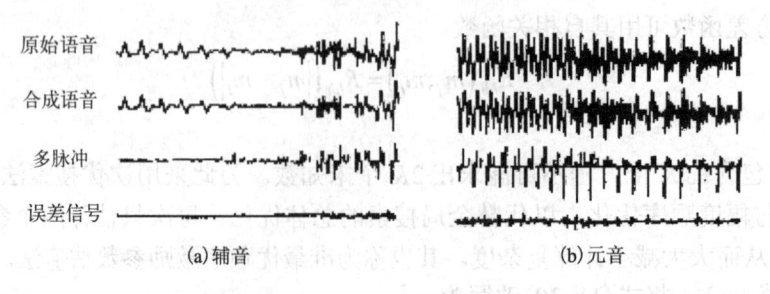

图 11-37 MPLPC 中的各种波形

MPLPC 可在 9.6~16kb/s 范围内得到较好的合成语音质量。根据主观评价，9.6kb/s 左右时（每 20ms 为 16 个脉冲）得到的语音品质与 64kb/s 对数 PCM 相当；如再降低编码速率则语音质量很差。

11.7.3 RPELPC

1985 年提出的 RPELPC 是 MPLPC 的进一步发展，其编码结构与思想与 MPLPC 类似，但更为实用。RPELPC 中，加权滤波器的作用和结构与 MPLPC 相同，但激励脉冲序列的求法不同。它利用一组间隔一定的非规则脉冲代替残差信号，而该脉冲序列的相位（即第一个非零脉冲出现的位置）及各非零脉冲幅度的优化与 MPLPC 类似。RPELPC 的激励脉冲序列中，各非零脉冲的相互位置固定，因而计算量与编码速率比 MPLPC 小得多。

图 11-38 为 RPELPC 的原理方框图。语音信号先经 $A(z)$ 得到残差信号 $r(n)$，$v(n)$ 表示激励信号；将 $r(n)$ 与激励信号之差输入感知加权滤波器，输出为感觉加权误差 $e(n)$。优化过程是调整激励信号，使 $e(n)$ 在一定范围内的平方和最小。

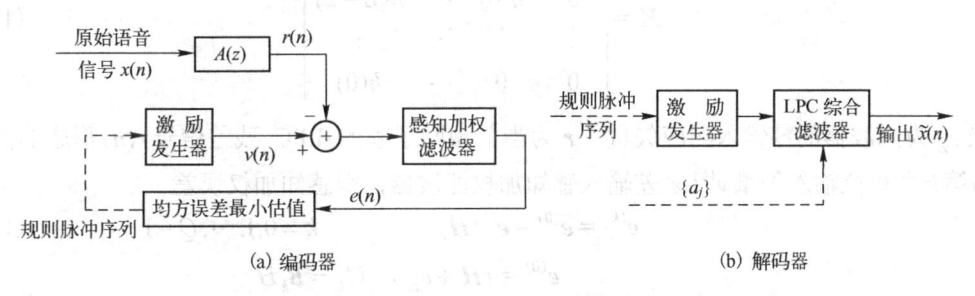

图 11-38 RPELPC 的原理方框图

RPELPC 的激励脉冲序列的求法与 MPLPC 不同，其利用预测残差、加权滤波器的单位冲激响应和位置脉冲模式等信息，通过解线性方程组得到；利用位置脉冲矩阵生成若干激励脉冲模式，将 MPLPC 中脉冲搜索的非线性优化问题简化为线性方程的求解。

编码时，将一帧语音激励信号分为若干子帧，设子帧长度为 L。8kHz 采样时，L 的典型值为 40 个样点（相当于 5ms）。每个激励子帧内，采用间隔相同的规则脉冲串为激励信号，按照这些脉冲串中第一个非零脉冲出现的位置分为 K 种不同相位的候选激励信号，记为 $v^{(k)}$（$0 \leqslant k \leqslant K-1$）。激励 $v^{(k)}$ 中有 Q 个等间距非零脉冲（其余样点值为零）；非零脉冲间隔为 $P=[L/Q]$（[ ]表示取最大整数）个样点。脉冲串的不同相位数最多为 $K=P+1$。

ETSI（欧洲电信标准协会，European Telecommunications Standards Institute）的 GSM（全球移动通信）分会用的就是长时预测 RPELPC 编码方案。其 $L=40$，$Q=13$，因而 $P=3$；根据第一个脉冲在子帧出现的位置判别，不同的相位数为 4。图 11-39 为每个子帧可能的 $v^{(k)}$ 的相位示意图，其中竖线与圆点分别表示非零与零脉冲的位置。

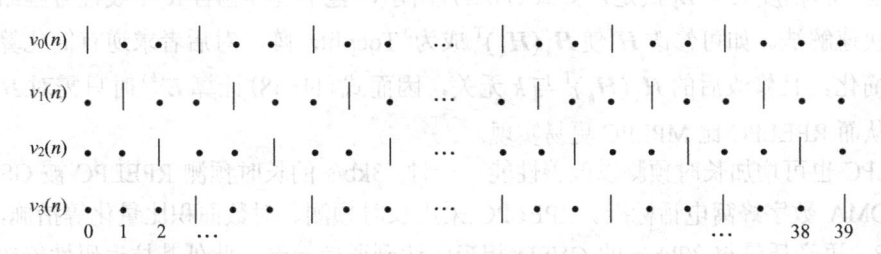

图 11-39 子帧规则脉冲激励序列相位示意图

规则脉冲串的模式可由 $Q \times L$ 维的位置脉冲矩阵表示。设 B_k 是相位为 k 时的位置脉冲矩阵，则其元素 b_{ij}^k ($0 \leqslant i \leqslant Q-1$，$0 \leqslant j \leqslant L-1$) 为

$$b_{ij}^k = \begin{cases} 1, & j = iR + k \\ 0, & j \neq iR + k \end{cases}$$

相位为 k 的规则脉冲序列中，Q 个非零脉冲的幅度用行矢量表示为

$$g^{(k)} = \left[g^{(k)}(0), g^{(k)}(1), \cdots, g^{(k)}(Q-1) \right]$$

将一个子帧的激励信号表示为一个矢量，每个采样点为矢量中的一维。L 维激励矢量为

$$v^{(k)} = g^{(k)} B_k \tag{11-42}$$

设 H 为感知加权滤波器 $H(z)$ 的单位冲激响应矩阵，为 $L \times L$ 维的上三角阵；其第 j 行由滤波器对单位冲激信号 $\delta(n-j)$ 的响应取前 $L-j$ 项组成，即

$$H = \begin{bmatrix} h(0) & h(1) & \cdots & h(L-1) \\ 0 & h(0) & \cdots & h(L-2) \\ \vdots & \vdots & \ddots & \vdots \\ 0 & 0 & \cdots & h(0) \end{bmatrix} \tag{11-43}$$

设 e_{zi} 为滤波器的零输入响应矢量，r 为当前激励子帧的 LPC 残差信号 $r(n)$ 形成的向量，将 r 与第 k 个相位输入矢量 $v^{(k)}$ 之差输入感知加权滤波器，得感知加权误差

$$e^{(k)} = e^{(0)} - g^{(k)} H_k, \qquad k = 0, 1, \cdots, Q-1 \tag{11-44}$$

式中
$$e^{(0)} = rH + e_{zi}, \quad H_k = B_k H$$

优化过程的第一步是求 $g^{(k)}$，使 $e^{(k)}$ 中各分量的平方和 $E^{(k)}$ 为最小。即本子帧的误差能量

$$E^{(k)} = e^{(k)} [e^{(k)}]^T \tag{11-45}$$

对固定的 k，$g^{(k)}$ 的最佳幅度由式(11-44)与式(11-45)解线性方程组求得。首先优化激励脉冲的非零值的幅度，以使 $E^{(k)}$ 为最小。将式(11-44)代入式(11-45)，得

$$E^{(k)} = \left[e^{(0)} - g^{(k)} H_k \right] \left[e^{(0)} - g^{(k)} H_k \right]^T \tag{11-46}$$
$$= e^{(0)} (e^{(0)})^T - g^{(k)} H_k (e^{(0)})^T - e^{(0)} (H_k)^T (g^{(k)})^T + g^{(k)} H_k (H_k)^T (g^{(k)})^T$$

$H_k (H_k)^T$ 可逆时，求出相位为 k 的激励脉冲序列的最佳激励幅度矢量为

$$g^{(k)} = e^{(0)} (H_k)^T \left[H_k (H_k)^T \right]^{-1} \tag{11-47}$$

将上式代入式(11-46)，则相位为 k 的最佳激励矢量 $v^{(k)}$ 引入的误差为

$$E^{(k)} = e^{(0)} \{ I - (H_k)^T [H_k (H_k)^T]^{-1} H_k \} (e^{(0)})^T \tag{11-48}$$

使 $E^{(k)}$ 最小的 k 为最佳激励信号的相位模式号；相应的激励信号 $v^{(k)}$ 由式(11-42)得到，其由相位信息 k 和幅度矢量 B_k 决定。如式(11-47)所示，整个过程包含 K 个线性方程组的求解，其有多种快速解法。如可修改 H 使 $H_k(H_k)^T$ 成为 Toeplitz 阵，对后者求逆有简化算法，因而算法得到简化。且修改后的 $H_k(H_k)^T$ 与 k 无关，因而式(11-48)计算 $E^{(k)}$ 时只需对 $H_k(H_k)^T$ 求一次逆；从而 RPELPC 比 MPLPC 更易实现。

RPELPC 也可增加长时预测以改善性能。一种 13kb/s 的长时预测 RPELPC 被 GSM 作为其第一个 TDMA 数字蜂窝电话标准。RPELPC 采用长时预测、对数面积比量化等措施，使 MOS 分达到 3.8，语音质量与 32kb/s 的 CVSD 相当，达到通信等级。此外其抗误码性能较好，不加任何纠错情况下，误码率为 10^{-3} 时语音质量基本不下降。纠错保护后，在 22.8kb/s 的速率上，

误码率为 10^{-1} 时语音质量下降不多。

11.7.4 CELP

MPLPC 与 REPLPC 克服了由于基音检测及清/浊音判断不精确而导致的编码质量下降问题，但激励脉冲所需的比特数很难进一步压缩；数码率低于 8kb/s 时其语音质量急剧下降，应用范围受到很大限制。

CELP 由 M.R.Schroeder 与 B.S.Atal 于 1985 年提出，是基于 ABS 及 VQ 的 LPC 编码技术；其目的是将 MPLPC 中使用的混合编码方法扩展到低比特范围。它与 MPLPC 的区别只是激励不同。CELP 是中低速率编码最成功的方案；以高质量的合成语音及优良的抗噪和多次转接性能，在 9.6kb/s 以下得到广泛应用。1988 年，美国以 AT&T 公司 Bell 实验室的 4.8kb/s 的 CELP 为基础，制定了保密电话标准。

CELP 与 MPLPC 不同，其对激励信号的量化编码采用了 VQ。MPLPC 为提高合成语音质量，对传统的清/浊音激励模型进行了改进。但为降低数码率，多个脉冲激励仅以约原始取样十分之一的取样值作为激励，其余十分之九以零脉冲(从而不必传输编码)代替。然而，大大增加激励脉冲达到与波形编码相同的个数而又不增加数码率的最好方法，是在激励部分采用矢量脉冲激励；即用有限数量的存储序列代替多脉冲序列，该序列称为码本。CELP 用 VQ 对激励信号进行编码；为压缩数码率，对误差序列采用了大压缩比 VQ 技术。它不是一个一个将误差序列量化，而是将一段误差序列作为一个矢量进行整体量化(不对预测误差进行限制，将全部误差序列编码传输以获得高质量合成语音)。

CELP 从矢量激励码本中选择激励信号，再激励合成系统以产生合成声音。在其 VQ 码本中，每个码字都可代替残差信号作为可能的激励源。残差序列对应于语音生成模型的激励部分；由于这里是用码字来代替的，故称为码激励。编码时，对码本中的码矢量逐个搜索，找到与输入语音误差最小的合成语音的激励码矢量。然后将其在码本中的位置(即下标)传送给接收端；接收端用存储的同样的码本，根据收到的标号找到相应的码矢作为激励。

CELP 用最佳码矢量作为激励信号，可在 8kb/s 时有较高的语音质量，并有可能使码率下降到 4.8kb/s；这使得用无线电窄带信道及用电话线实现点对点的数字通信成为可能。其采用分帧技术进行编码，帧长一般 20～30ms，并将每帧分为 2～5 个子帧，每个子帧内搜索最佳的码矢量作为激励信号。图 11-40 给出其工作原理框图。图中，每帧所需的激励序列选自某固定码本中的一个波形样本码矢量，用该码矢量激励合成滤波器时，合成语音与原始语音间的感知误差最小。

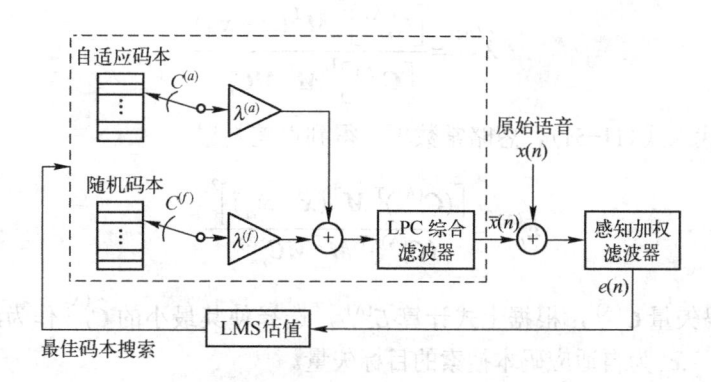

图 11-40 CELP 基本工作原理框图

产生码本中 K 个码矢量的一种方法是用 VQ 从大量 LPC 残差序列中用聚类方法产生，但运算量太大。因为确定码矢时，须计算每个预测残差序列产生的合成语音。另一种方法是用高斯白噪声序列随机生成，其依据是语音信号 LPC（包括长时预测）分析后的残差信号接近于高斯分布。其又称为随机激励编码器，优点是码矢可在发送及接收端同步即时产生，以节省大量的存储空间。码本矢量确定后，编码就是在码本中寻找最优激励矢量，其过程与 MPLPC 类似。

CELP 采用分阶段量化将码本分为两个：一个为自适应码本，码矢量逼近语音的长时周期性（基音）结构；另一个为固定码本，其矢量为随机激励，对应语音经短时及长时预测后的残差信号。生成激励信号时，先搜索确定自适应码本矢量，再搜索确定固定码本矢量。搜索固定码本时须考虑自适应码本矢量的响应分量。两个码本矢量乘以各自的最佳增益后相加，其和为 CELP 的激励信号源。两个码本的尺寸远小于未采用基音预测（自适应码本）的单码本尺寸，搜索效率大为提高。激励信号输入 LPC 滤波器得到合成的语音信号；将合成信号与原始语音的误差经感知加权滤波器。

图 11-40 中也有感知加权滤波器。听觉感知加权是混合编码方法包括 MPLPC、RPELPC 及 CELP 等成功的主要原因之一；如采用不加权的方差之和搜索最佳激励，则不能产生良好音质的语音。

CELP 用感知加权 LMS 预测误差作为搜索最佳码矢量及其幅度的准则。设一个子帧内的信号为一个矢量，输入语音矢量为 $\boldsymbol{x} = [x(0), x(1), \cdots, x(L-1)]^{\mathrm{T}}$，激励矢量为 $\boldsymbol{e} = [e(0), e(1), \cdots, e(L-1)]^{\mathrm{T}}$，其中 L 为子帧长度。

设 $\boldsymbol{C}_r^{(\mathrm{A})}$ 是标号 r 的自适应码矢量，增益因子为 $\lambda^{(\mathrm{A})}$；$\boldsymbol{C}_q^{(\mathrm{F})}$ 为标号 q 的固定码矢量，增益因子为 $\lambda^{(\mathrm{F})}$。激励信号为

$$\boldsymbol{e}_{r,q} = \lambda^{(\mathrm{A})}\boldsymbol{C}_r^{(\mathrm{A})} + \lambda^{(\mathrm{F})}\boldsymbol{C}_q^{(\mathrm{F})} \tag{11-49}$$

搜索自适应码本，对所有矢量计算重构信号，每个矢量在同样的初始状态即零输入响应条件下输入 LPC 合成滤波器。设 $\tilde{\boldsymbol{x}}_r$ 为激励 $\boldsymbol{C}_r^{(\mathrm{A})}$ 时滤波器的合成信号，$\tilde{\boldsymbol{x}}_{\mathrm{zi}}$ 为滤波器的零输入响应，则

$$\tilde{\boldsymbol{x}}_r = \lambda^{(\mathrm{A})}\boldsymbol{M}\boldsymbol{C}_r^{(\mathrm{A})} + \tilde{\boldsymbol{x}}_{\mathrm{zi}} \tag{11-50}$$

原始信号与合成信号的均方误差为

$$E_r^{(\mathrm{A})} = |\boldsymbol{x} - \tilde{\boldsymbol{x}}_r|^2 = (\lambda^{(\mathrm{A})})^2 \left[\boldsymbol{C}_r^{(\mathrm{A})}\right]^{\mathrm{T}} \boldsymbol{M}^{\mathrm{T}}\boldsymbol{M}\boldsymbol{C}_r^{(\mathrm{A})} - 2\lambda^{(\mathrm{A})}\left[\boldsymbol{C}_r^{(\mathrm{A})}\right]^{\mathrm{T}}\boldsymbol{M}^{\mathrm{T}}(\boldsymbol{x} - \tilde{\boldsymbol{x}}_{\mathrm{zi}}) + |\boldsymbol{x} - \tilde{\boldsymbol{x}}_{\mathrm{zi}}|^2 \tag{11-51}$$

对给定的 $\boldsymbol{C}_r^{(\mathrm{A})}$，为求最优增益 $\hat{\lambda}^{(\mathrm{A})}$ 以使 $E_r^{(\mathrm{A})}$ 为最小，应有 $\partial E_r^{(\mathrm{A})}/\partial \lambda^{(\mathrm{A})} = 0$。从而

$$\hat{\lambda}^{(\mathrm{A})} = \frac{\left[\boldsymbol{C}_r^{(\mathrm{A})}\right]^{\mathrm{T}}\boldsymbol{M}^{\mathrm{T}}(\boldsymbol{x} - \tilde{\boldsymbol{x}}_{\mathrm{zi}})}{\left[\boldsymbol{C}_r^{(\mathrm{A})}\right]^{\mathrm{T}}\boldsymbol{M}^{\mathrm{T}}\boldsymbol{M}\boldsymbol{C}_r^{(\mathrm{A})}} \tag{11-52}$$

将式(11-52)代入式(11-51)，忽略常数项，得到误差判据

$$E_r^{(\mathrm{A})} = \frac{\left[(\boldsymbol{C}_r^{(\mathrm{A})})^{\mathrm{T}}\boldsymbol{M}^{\mathrm{T}}(\boldsymbol{x} - \tilde{\boldsymbol{x}}_{\mathrm{zi}})\right]^2}{(\boldsymbol{C}_r^{(\mathrm{A})})^{\mathrm{T}}\boldsymbol{M}^{\mathrm{T}}\boldsymbol{M}\boldsymbol{C}_r^{(\mathrm{A})}} \tag{11-53}$$

对各自适应码矢量 $\boldsymbol{C}_r^{(\mathrm{A})}$，根据上式计算 $E_r^{(\mathrm{A})}$，选择使其最小的 $\hat{\boldsymbol{C}}_r^{(\mathrm{A})}$ 作为激励信号的自适应分量。显然，$\boldsymbol{x} - \tilde{\boldsymbol{x}}_{\mathrm{zi}}$ 为自适应码本搜索的目标矢量。

按同样方法搜索固定码本，得到激励信号的固定码本分量。这时需考察 $\hat{\boldsymbol{C}}_r^{(\mathrm{A})}$ 中的响应分量 $\tilde{\boldsymbol{x}}_r$，在固定码本搜索时计算

$$E_q^{(F)} = \frac{\left[(C_q^{(F)})^T M^T (x - \tilde{x}_r)\right]^2}{(C_q^{(F)})^T M^T M C_q^{(F)}} \tag{11-54}$$

选择使 $E_q^{(F)}$ 最小的 $\hat{C}_q^{(F)}$ 作为激励信号中的固定分量,可见此时目标矢量为 $x - \tilde{x}_r$。

最佳码矢量选定后,将 $\hat{C}_r^{(A)}$ 代入式(11-52)得到最佳增益因子 $\hat{\lambda}^{(A)}$。类似地,由下式计算 $\hat{\lambda}^{(F)}$:

$$\hat{\lambda}^{(F)} = \frac{\left[(\hat{C}_q^{(F)})^T M^T (x - \tilde{x}_r)\right]^2}{(\hat{C}_q^{(F)})^T M^T M \hat{C}_q^{(F)}} \tag{11-55}$$

对以上两个增益进行量化,其中自适应码本增益约需 3~4bit,固定码本约需 4~5bit。

CELP 的解码器由综合器与后置滤波器两部分组成,其中综合器生成的合成语音经后置滤波器,以去除噪声并提高音质。

CELP 的计算复杂度高,但还是可用指令周期小于 100ns 的 32bit 高速单片 DSP 实时实现。CELP 是 ABS-LPC 最重要的形式,可在低数码率下得到高语音质量,一直是语音编码的研究热点。近年来的研究重点是寻找较好的码本激励序列、较简单的实现过程、模拟长时间隔激励的新方法,及短时系数的高效编码技术。未来的研究工作可能是新的建模方法及听觉感知加权方面。

11.7.5 CELP 的改进形式

对 CELP 已提出大量减小复杂度、提高性能的改进方法。下面分别介绍。

1. VSELP

VSELP(Vector Sum Excited LPC)为矢量和激励 LPC,其与 CELP 的区别是激励序列的形成。如图 11-41 所示,其有 3 个激励源:一个来自基音(长时)预测器的状态,即自适应码本;另外两个分别来自有 128 个码字的结构化随机码本。3 个激励源的输出分别乘以增益,相加得到最后的激励序列。其中,LPC 合成滤波器为 10 个极点,分析帧长 20ms。在合成端,通过内插,激励参数和 LPC 预测系数每 5ms 更新一次。

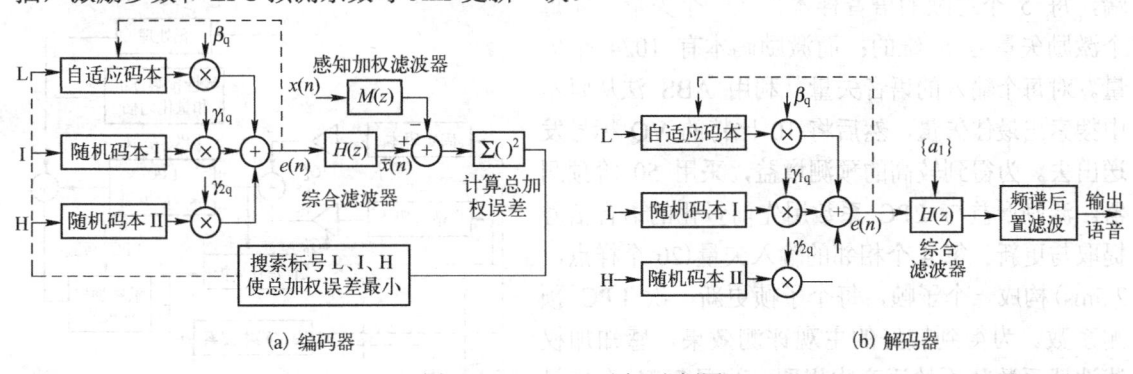

图 11-41 VSELP 原理方框图

VSELP 是 CELP 的较好的改进形式,保留了后者高效编码的优点,又使运算量大为降低。两个随机码本可在一定复杂度下提高语音质量。结构化码本减小了运算量,又增强了抗信道误码的能力。

1989 年,8kb/s 的 VSELP 被 EIA(美国电子工业协会)下属的 TIA(电信工业协会)选为北美 TDMA 数字蜂窝(JDC)电话系统语音编码标准;其语音质量与 32kb/s 的 CVSD 和 13kkb/s 的 RPELPC 相当。一种 6.7kb/s 的 VSELP 被日本选为 TDMA 数字蜂窝系统的全速率语音编码器标准。

2. LD-CELP

LD-CELP(Low Delay-CELP)为短时延的 CELP。16kb/s 的 LD-CELP 已作 ITU-T 的 G.728 标准。

前面介绍的声码器均利用前馈自适应预测来去除语音的相关性,需要足够的编码时延及存储空间,典型时延为 40~60ms。同时还需要缓存足够的语音抽样。但许多应用中,长延时不符合要求或不可接受。

LD-CELP 在 CELP 的基础上,采用有增益参数的后馈自适应预测及 5 维激励矢量达到高音质及低时延效果。算法时延为 0.625ms,一路编码时延小于 2ms。原理方框图见图 11-42。

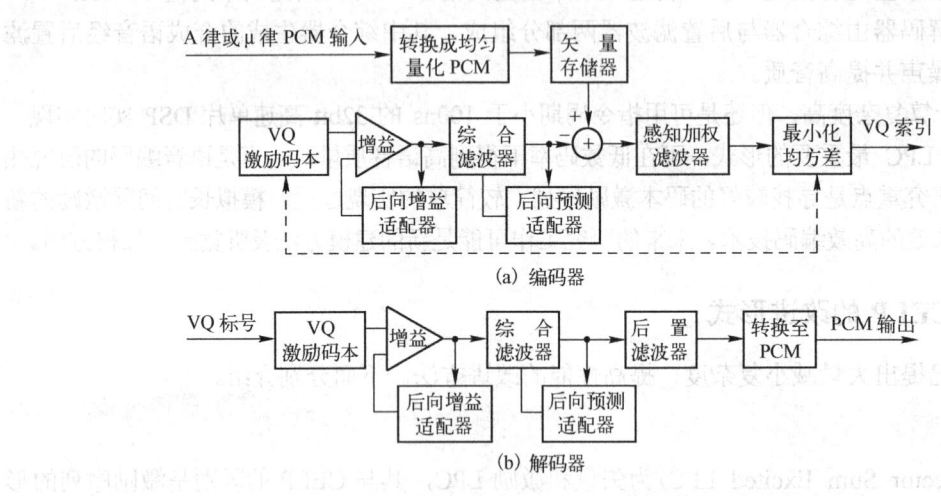

图 11-42 LD-CELP 原理方框图

这里,后向自适应学习用于减小编码延迟,即 LPC 预测系数不是由待编码的语音采样产生,而由先前已量化的语音采样产生;从而避免了前向预测所需的 20ms 输入语音缓冲。编码端,每 5 个连续的语音样本构成一个矢量,即每个激励矢量为 5 维的;而激励码本有 1024 个矢量。对每个输入的语音矢量,利用 ABS 法从码本中搜索出最佳矢量,然后将 10 比特的 VQ 标号发送出去。为得到较高的预测增益,采用 50 阶预测器。激励增益与 LPC 系数用先前量化的语音信号提取与更新。每 4 个相邻的输入矢量(20 个样点,2.5ms)构成一个子帧,每个子帧更新一次 LPC 预测系数。为得到较好的主观评测效果,感知加权滤波器系数从原始语音中提取,也是每 4 个矢量修改一次。

3. CS-ACELP

CS-ACELP(Conjugate Structure Algebraic CELP) 即共轭结构代数 CELP,其原理方框图见图 11-43。

CS-ACELP 是基于 CELP 的编码方法,但编码器对增益的 VQ 采用共轭结构。通过语音分析提取 CELP 模型参数,即 LPC 系数、自适应码本和

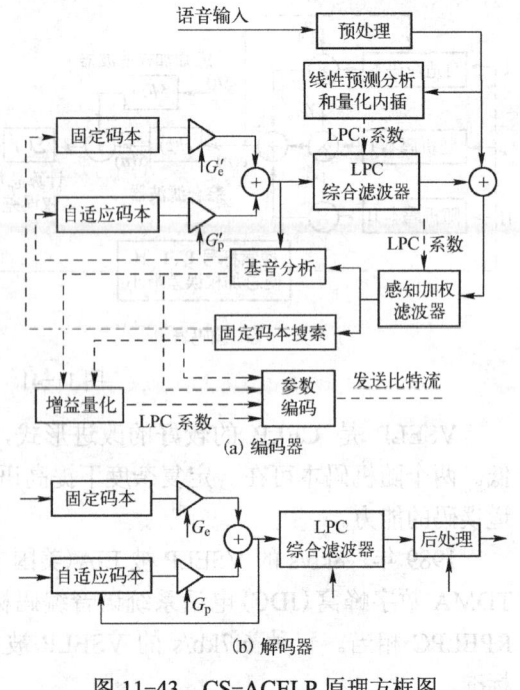

图 11-43 CS-ACELP 原理方框图

固定码本的地址和增益，其中 LPC 系数转换为 LSP 参数。所有这些参数编码传送；解码端这些参数用于恢复激励信号与合成滤波器，通过短时合成滤波器对激励信号进行滤波，以重建语音信号。

CS-ACELP 码本搜索分为固定码本及自适应码本两部分。固定码本采用代数结构，代数码本特点是算法简单，码本无须存储，码矢量为 40 维，其中有 4 个非零脉冲，幅度为 1 或–1，位置也在限定范围内。解码端只从编码中得到非零脉冲的幅度和位置信息，就可得到相应输出矢量。

发送端进行 LSP 参数量化、基音分析、固定码本搜索与增益量化 4 个步骤。编码器对输入信号(8k 采样 16bit PCM 信号)预处理，每帧(帧长 10ms，80 个样点)进行 LPC 分析得到 LPC 系数，并转换为 LSP 参数；再对 LSP 参数进行二级 VQ。基音分析采用开环分析与自适应码本搜索结合的方法，每帧搜索到最佳基音时延的一个候选，依据在每个子帧内搜索出各自的最佳基音时延。固定码本搜索主要是找到 4 个非零脉冲位置和幅度，还对自适应码本增益与固定码本增益量化。LSP 参数每帧更新一次，其他编码参数每子帧更新一次。

解码端对接收的各参数标志解释得到编码器参数，依次进行激励生成、语音合成及后处理。对 LSP 参数内插以使每子帧更新一次，再转换为 LPC 系数。

在 CELP 基础上，ITU-T 于 1996 年制定的 G.729 语音编码标准采用了 8kb/s 的 CS-ACELP。同年 ITU-T 又公布了 G.729 建议的附件 A 和 B。其中附件 A 主要是减小 G.729 的计算复杂度并可用于多媒体语音和数据的同步处理。附件 B 主要是最佳静音方案，在附件 A 基础上使用 VAD/不连续传输/舒适噪声产生算法。两个附件仍以 CS-ACELP 为基础。

G.729 可满足 ITU-T 于 1992 年提出的基本要求，即无误码条件下质量不低于 32kb/s 的 ADPCM；编/解码时延不超过 32ms；3%帧删除情况下与无误码 ADPCM 相比，MOS 降低小于 0.5。主观测试表明，该算法合成的语音质量较高(MOS 分可达 4.0)，有较强的实用性；在无线移动通信网、数字多路复用系统和计算机通信系统中有良好的前景，也是多媒体通信系统的关键技术。

此外，ITU-T 于 1996 年制定的 G.723.1 用于语音和多媒体音频编码，特别是可视电话；在网络多媒体通信领域得到广泛应用。它提供两种编码速率：5.3kb/s 下采用 ACELP，6.3k 下采用多脉冲极大似然(MP-ML)量化。6.3kb/s 保证较好的编码质量，而 5.3b/s 在一定编码质量的前提下为设计者提供了更多的灵活性。编码速率可在任意两帧边界进行两种速率的切换，也可选择非连续传输及无声段噪声填充等变速率手段。此建议标准采用定点算术运算。信号帧长 30ms，有 7.5ms 的提前量，算法延迟 37.5ms。其他附加延迟由以下引起：编码和解码数据处理的时间花费，传输线路时延及多路技术协议缓冲交换的时延。

本小节介绍了 CELP 及一些改进形式。实际上，LPC 声码器可看作只有两类激励矢量的开环 CELP。基于 CELP 的变化形式还有很多，如基音同步刷新 CELP(PSI-CELP)、变速率 CELP(QCELP)等。

11.7.6　基于分形码本的 CELP

7.7 节中介绍了基于分形的语音信号分析方法。下面介绍基于分形码本的 CELP。

CELP 中，输入语音 $s(n)$ 先经短时 LPC 得到误差信号 $u(n)$，再对 $u(n)$ 进行长时 LPC 得到激励信号 $e(n)$。如何对 $e(n)$ 进行编码是各类 ABS-LPC 算法的关键。CELP 用一个随机噪声码本集中选择出来的码矢量来代替 $e(n)$，其在码本集中的位置即为 $e(n)$ 的编码。但 CELP 的最大缺陷是运算量太大。

实际上，语音产生的激励信号并非随机噪声，而是分形信号。因而构造 CELP 码本时，可采用分形码本代替随机噪声码本，以实现快速搜索。

这里统计了三十分钟的语音信号 LPC 激励信号的 D_B，其分布曲线见图 11-44。

分形码本的实现过程：先将码本按 D_B 大小进行分类，使每个子码本类大小相同。根据此原则及 D_B 的分布特性，确定分类的判决门限。编码时先计算激励信号的 D_B，再由此选择最佳码本搜索的子码本类，从而提高搜索速度。

采用分形码本可将码本取得更大。如取总码本为 12bit，即 4096 个码矢量，分别将总码本集分为 8、16、32 类，相应每类子码本大小分别为 9、8、7bit，最佳码搜索只在某类子码本中进行，可使搜索速度提高 2~8 倍。常规的 CELP 以 20ms 为一帧，每 5ms 为一子帧进行最佳码搜索。而基于分形码本的 CELP 由于码本更大，可将子帧周期增加。其每 10ms 为一子帧进行最佳码搜索，相应地每 10ms 的激励信号比常规 CELP 少用 8bit，可使总数码率降低 800b/s。

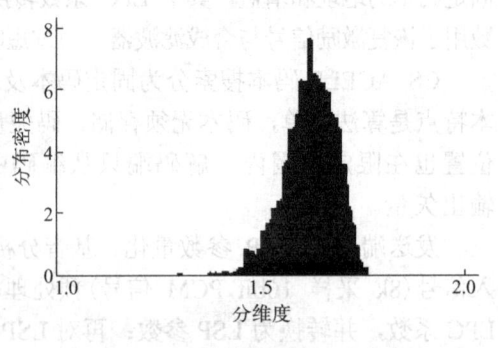

图 11-44 分形维数的分布曲线

11.8 基于正弦模型的混合编码

上节介绍的 MPLPC、REPLPC 及 CELP 是基于全极声道模型、用 LPC 实现的混合编码方法。它们通过 VQ、ABS 及感知加权误差最小等方法，在 4.8k~16kb/s 范围内取得很大成功。但当编码速率进一步降低时，合成语音质量迅速下降。全极点声道模型是基于人的发音物理机制而提炼的，因而上述 LPC 编码器用于非语音的声音（如语音段中的强噪声）时，语音质量难以满足要求。

正弦模型编码采用对语音信号频谱分解而建立的正弦 ABS 模型。其主要优点是对一般声音的表示和重建也能给出很好的效果，如乐音、有音乐背景的语音、多人同时讲话的语音等。且这种混合编码方法同样易与人耳的听觉特性相结合，以改善合成语音的主观音质。

正弦模型思想由 Mcaulay 等于 20 世纪 80 年代提出，是相位声码器的进一步发展。在语音信号的线性模型中，语音 $x(t)$ 可表示为线性时变声道滤波器在声门激励信号 $e(t)$ 下产生的输出，即

$$x(t) = \int_0^t h(t-\tau,t)e(\tau)d\tau \tag{11-56}$$

式中，$h(\tau,t)$ 为线性时变声道滤波器的单位冲激响应，其频率特性可表示为

$$H(\omega,t) = |H(\omega,t)|e^{j\varphi(\omega,t)} \tag{11-57}$$

式中，$|H(\omega,t)|$ 与 $\varphi(\omega,t)$ 分别为其幅频与相频特性。另一方面，可用一组时变的正弦波来描述激励信号

$$e(t) = \sum_{k=1}^{N(t)} a_k(t)\sin[V_k(t)+\varphi_k] \tag{11-58}$$

其中

$$V_k(t) = \int_{t_1}^t \omega_l(\sigma)d\sigma$$

且 t_1 为第 k 个正弦波的开始时间。适当选取幅度 $a_k(t)$、频率 $\omega_l(t)$ 与相位 φ_k 可形成浊音、清音或过渡音所需的声门激励 $e(t)$。将式 (11-58) 代入式 (11-56)，得到 $x(t)$ 的简化形式

$$x(t) = \sum_{k=1}^{N(t)} A_k(t)\sin[V_k(t) + \varphi_k + \varphi(\omega_k(t), t)] \tag{11-59}$$

式中
$$A_k(t) = a_k(t) \cdot |H(\omega_k(t), t)|$$

式(11-59)为语音信号的正弦模型,即将其表示为基音及各次谐波的组合;从而可用基频、谐波振幅及相位等参数来表示。其中,振幅和频率是缓慢时变的,可用帧间峰值匹配算法估计,相位可用去卷绕的内插方法实现其平滑变化。$N(t)$变化说明语音信号正弦分量的产生和消失现象,语音过渡段主要依靠正弦分量的产生和消失来实现语音特征的急剧过渡。浊音段可视为准周期信号,也可用正弦模型描述(数学上已证明正弦模型可用于描述准周期性信号)。

用正弦模型对语音信号进行分析与合成有很多优点,许多基于该模型的编码方法在低速率表现出良好的性能。正弦模型语音编码包括正弦变换编码和多带激励编码等。这类编码器在分析端提取和量化某些参数表示语音短时谱,特别注重浊音的基音谐波;合成端用一组正弦波叠加表示浊音,并通过修正每帧正弦波的频率和相位来跟踪浊音的短时谱特性。从这方面说,正弦模型语音编码与波形编码有类似之处。

11.8.1 正弦变换编码

正弦变换编码(STC, Sinusoidal Transform Coding)对语音进行傅里叶分析,提取表示其特性的几个频率成分,并用这些频率的正弦波合成语音。

其原理方框图见图 11-45。编码端分析语音帧的基音及谐波成分(谱峰),并对这些谱峰和相位信息进行编码和传输。接收端用这些参数控制一组正弦波的幅度和相位来重构信号,使合成语音有与原始语音相似的时变谱。

STC 与波形编码结合可得到波形内插编码。

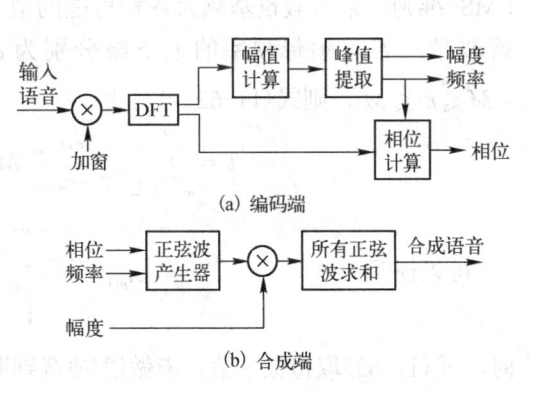

图 11-45 正弦变换编码原理方框图

11.8.2 多带激励(MBE)编码

语音信号的短时段中常常既含有周期性分量,又含有非周期性分量;其频谱表现为某些频段呈现周期性,另外一些频段又呈现噪声谱特征。

为此,20 世纪 80 年代提出多带激励(MBE, Multi-Band Excitation)编码方法。其将语音谱按谐波成分分为若干频带,对各带信号进行清/浊音判断,并用不同的激励产生合成信号;最后将各带信号相加得到合成语音。其分析过程类似于合成-分析法,从而提高了语音参数提取的准确度。MBE 在 2.4k~4.8kb/s 速率上可得到比传统声码器好得多的语音,且有较好的自然度及抗噪性能。

MBE 采用由正弦模型引出的频域多带激励模型,其结构见图 11-46。模型中,加窗的短时语音谱表示为

$$X_w(\omega) = H_w(\omega)E_w(\omega) \tag{11-60}$$

图 11-46 MBE 语音产生模型

式中,$H_w(\omega)$为系统频率特性,$E_w(\omega)$为激励信号谱。重构语音表示为

$$\tilde{X}_w(\omega) = \tilde{H}_w(\omega)\tilde{E}_w(\omega) \tag{11-61}$$

式中，$\tilde{H}_w(\omega)$ 和 $\tilde{E}_w(\omega)$ 分别为 $H_w(\omega)$ 与 $E_w(\omega)$ 的估计，由原始信号计算得到。

LPC 声码器中，$\tilde{H}_w(\omega)$ 用全极点函数逼近，激励信号 $\tilde{E}_w(\omega)$ 采用二元形式。而 MBE 模型中，按基音的各谐波频率将一帧语音的频谱分为若干谐波带，以若干谐波带为一组进行分带，并对各带进行清/浊音判决。浊音带用周期脉冲序列谱作为激励谱，清音带用白噪声谱作为激励谱。激励信号由各带激励信号相加得到。$\tilde{H}_w(\omega)$ 的作用是确定各频带的相对幅度和相位，从而将这种混合激励谱映射为语音谱。该模型使合成语音谱与原始语音谱在细致结构上可很好地拟合。同时，在每个谐波带内认为 $\tilde{H}_w(\omega)$ 不变，用常数 A_m 表示，其描述了谐波带内的谱包络情况。

MBE 编码器通过调整 A_m 和 $\tilde{E}_w(\omega)$，使原始语音的幅度谱 $|X_w(\omega)|$ 与合成语音幅度谱之差的加权和

$$\varepsilon = \frac{1}{2\pi}\int_{-\pi}^{\pi} M(\omega)\left(|X_w(\omega)| - |\tilde{X}_w(\omega)|\right)^2 d\omega \tag{11-62}$$

最小。式中，$M(\omega)$ 为感知加权滤波器。

由图 11-46 可知，每帧语音需已知如下参数才可完成模型的分析：基频 ω_P、清/浊音判决和谱包络参数 A_m（实际为谐波处抽样）。基频和谱包络参数的估计同时进行，采用搜索算法及 LMS 准则，依次假设基频为各种可能的值。对各 ω_P，按谐波带宽将 ω 在 $(-\pi, \pi)$ 内分为 M 个谐波带。若各频带频率的上下限分别为 $\omega_{m\_max} = (m+1/2)\omega_P$ 和 $\omega_{m\_min} = (m-1/2)\omega_P$，其中 $-M \leq m \leq M$，则式（11-62）可写为

$$\varepsilon = \sum_{m=-M}^{M}\left[\frac{1}{2\pi}\int_{\omega_{m\_min}}^{\omega_{m\_max}} M(\omega)\left(|X_w(\omega)| - |A_m||\tilde{E}_w(\omega)|\right)^2 d\omega\right] \tag{11-63}$$

可以证明

$$|A_m| = \frac{\int_{\omega_{m\_min}}^{\omega_{m\_max}} M(\omega)|X_w(\omega)||\tilde{E}_w(\omega)| d\omega}{\int_{\omega_{m\_min}}^{\omega_{m\_max}} M(\omega)|\tilde{E}_w(\omega)|^2 d\omega} \tag{11-64}$$

时，式（11-63）取得极小值。未做清/浊音判断时，所有频带均假设为浊音。

基音频率搜索和估计用以下方法实现：为减小运算复杂度，先在时域进行粗估计。将式（11-62）转化为时域形式并进行修正，得到无偏估计

$$\varepsilon_{\mu b} \approx \frac{\sum_{n=-N}^{N} w^2(n)x^2(n) - N_P \sum_{k=-L}^{L} \varphi(kN_P)}{\left[1 - N_P \sum_{n=-N}^{N} w^4(n)\right]\left[\sum_{n=-N}^{N} w^2(n)x^2(n)\right]} \tag{11-65}$$

式中，$x(n)$ 和 $w(n)$ 分别为语音信号与窗函数，且 $\sum_{n=-\infty}^{\infty}|w(n)|^2 = 1$；$N_P$ 为假定的基音周期；$\varphi(m) = \sum_{n=-\infty}^{\infty} w^2(n)x(n)w^2(n-m)x(n-m)$ 为 $w^2(n)x(n)$ 的自相关函数。窗关于原点对称，窗长为 $2N+1$，设窗长范围内有 L 个假设的基音周期，即

$$L = \left\lceil \frac{2N+1}{N_P} \right\rceil \tag{11-66}$$

通过搜索得到基音周期的初始估值 N_{P1}。为提高精度，再在频域内根据式（11-63）搜索初始估值附近的值，以最终确定 ω_P。再由式（11-64）计算 $|A_m|$。

对各频带进行清/浊音判断，首先计算

$$\xi_m = \frac{\varepsilon_m}{\frac{1}{2\pi}\int_{\omega_{m\_\min}}^{\omega_{m\_\max}}|X_w(\omega)|^2 d\omega} \tag{11-67}$$

估计谱时假设语音为浊音，因而浊音带误差 ξ_m 较小，清音带误差较大。因而可将 ξ_m 与设定的门限 η_m 比较，以进行清/浊音判决。然后确定各谐波幅度：对浊音带，有 $a_m = A_m$；对清音带，为原始语音在该谐波带的平均幅度。

MBE 算法以 MBE 模型为依据，用分析算法得到的参数合成语音。清、浊音分别合成，再将二者相加得到最终的语音。

1. 清音语音合成

清音合成在频域进行。设 U_w 为单位方差的白噪声信号的加窗谱。用清/浊音判断结果修正，使白噪声信号在频率分布与能量上与原始清音相一致。在谐波带的浊音区，令 $U_w(\omega) = 0$，则修正效果相当于用一组带通滤波器滤除浊音带信号。修正后的 U_w 进行傅里叶反变换得到合成的清音序列。为保证前后帧的连续性，还要进行前后帧的线性插值，最后得到当前帧的清音部分 $\bar{x}_{wu}(t)$。

2. 浊音语音合成

浊音可用以基频及其谐波为振荡频率的正弦波在时域直接合成。即

$$\tilde{x}_{wv}(t) = \sum_m a_m(t)\sin\theta_m(t) \tag{11-68}$$

式中，$a_m(t)$ 为第 m 次谐波带幅度，而

$$\theta_m(t) = \int_0^t \omega_m(\xi)d\xi + \varphi_0 \tag{11-69}$$

为相位，其中 φ_0 为初始相位，$\omega_m(t)$ 为经前后帧线性插值的频率轨迹。合成语音为

$$\tilde{x}_w(t) = \tilde{x}_{wv}(t) + \tilde{x}_{wu}(t)$$

MBE 编码在速率降至 2.4kb/s 时，仍保持较好的可懂度与自然度。这种编码无须码本，复杂度较低，在多项语音编码标准评选中显示了强大的竞争力。一种改进的 MBE 编码器(IMBE)于 1990 年被 INMARSAT(国际海事卫星组织)及美国的 AUSAT 卫星作为移动卫星通信编码标准，数码率为 6.4kb/s；此外 EIA/TIA 将其作为北美陆地移动通信系统的语音编码标准，数码率为 7.2kb/s。

11.9 极低速率语音编码

本章前面所介绍的各种编码方法主要针对中低速率语音。而数码率低于 1.2kb/s 时称为极低速率语音编码。这类编码器有其自身的一些特点，下面进行介绍。

现代通信一方面通过扩展信道，实现宽带通信；另一方面仍致力于实现更有效、更经济实用的信道。其中最重要的技术就是要压缩信源频带或数码率。语音通信中，有的信道难以扩展且质量很差，如短波信道；有的信道广泛使用，短期内难以更新，如市话和载波信道；有的信道通信环境复杂，如强人为干扰或环境噪声下的军用通信、数字语音保密通信、Intenet 语音通信；还有的信道十分昂贵，如卫星、宇宙通信等。这些应用场合下，极低速率语音编码有很大的吸引力。

11.9.1 400～1.2kb/s 数码率的声码器

400～1.2kb/s 的语音编码方法一般在 2.4kb/s 的 LPC 声码器基础上，利用 VQ 和帧相关性

进一步压缩数据。

1. 帧填充技术

2.4kb/s 声码器的码序列中，相邻帧存在相关性，尤其对较平稳的语音段如浊音段，帧间变化不大。因而编码时可每隔一帧进行一次编码传输，通过边信息通知合成端如何填充空白帧。填充时可用前邻或后邻帧。这种处理大约可再压缩一半的数码率。此外还可进一步采用其他一些措施，如使填充帧的基频、能量按某种规则生成而不是复制相邻帧。

帧填充技术可使合成语音的音质基本保持不变。

2. VQ 技术

VQ 技术可进一步减小帧间编码参数的相关性。CELP 中利用 VQ 对激励信号进行编码，实现了编码压缩。实际上还可用 VQ 对声道滤波器系数等参数进行编码，以进一步降低数码率。其基本思想是：将一帧或多帧需传输的参数划分在一起组成矢量。根据感知误差最小准则，在训练好的码本中搜索该矢量对应的最佳码字，在传输时只传送该码字在码本中的序号，从而可进一步降低数码率而对音质没有较大的影响。

极低速率声码器中，利用 VQ 压缩数码率的典型例子是 VQ-LPC 声码器。由 11.5.2 节的分析可知，LPC-10 的参数量化比特分配为：基音 6bit，清/浊标志 1bit，增益 5bit，这些参数已没有进一步压缩的余地。但 P 个 LPC 参数仍有较大的压缩余地，它们本身就是一种典型的矢量信号。每组 LPC 参数代表与能量无关的谱形状，反映声道的形态；且对这样的矢量已研究出与主观感知有较好对应关系的失真测度。由于是声道形态的表征，因而在 P 维空间中的分布必然较集中。而人类听觉系统对语音信号频谱形状的分辨能力有限，允许一定的量化失真。因而用 VQ 进行量化编码时码本不必很大。

通常码本中码字数量为 256，最多为 1024。这样用 VQ 对 LPC 参数编码可提高数据压缩比。以 $P=10$ 为例，量化编码前若每个参数用 4bit 浮点数表示，则每帧需 40 字节。若用码本为 256 的矢量量化器编码，一帧数据仅用 1 字节，压缩 40 倍。与 LPC-10 中对每个参数独立编码(标量量化)相比，压缩比也提高 4~5 倍。同时，用 VQ 对 LPC 参数编码不必考虑每个参数的量化特性，只需考虑其在多维空间中的失真测度。

VQ 用于数据压缩的优势在 LPC 参数编码中得到充分体现。A.Buzo 等首次提出 VQ 技术的应用时，就是以 VQ-LPC 声码器为例证实其在压缩数据方面的潜力的；这对新型语音编码器及低速率声码器的发展起到了重要推动作用。

11.9.2 识别-合成型声码器

根据信息论的观点，语音包含信息量的信息率下界为 50b/s 左右(对英语)。但研究表明，数码率压缩至 400b/s 以下后，目前各种 ABS 方法提供的语音质量无法达到公众接受的程度。根本原因在于 ABS 型声码器的编码单元是一帧或几帧语音信号，每帧约 10~30ms；其特性变化很大，用一个很小的有限符号集编码会使恢复的信号不可避免地产生不可容忍的失真。

为接近上述数码率的下界，只有采用语音识别与合成技术，以语音基元为单位编码。这一思想在 20 世纪五六十年代被提出，在 80 年代曾进行过较多的研究；但由于面临语音识别与合成等两大难题，一直未能实用化。近一二十年来，非特定人连续语音识别及基于规则的语音合成已取得突破性进展，从而为实现这种声码器提供了一定的基础。

识别-合成型声码器以语音单位(或称语音基元)为单元。语音基元可以是音素、音节或词，任何语言的音素或音节均为有限数目的集合，用其作基元可实现无限词汇的语音编码。

这种声码器的结构见图 11-47。发送部分采用语音识别技术进行语音基元的识别和编码，接收部分根据收到的语音基元代码串及某些附加韵律信息来合成语音。因而这种声码器在信道中传输的参数很少，可以极低的数码率传输或存储语音参数，且能恢复出高质量的语音。

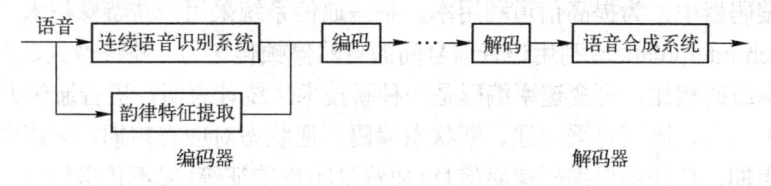

语音 → 连续语音识别系统 → 编码 → … → 解码 → 语音合成系统
         韵律特征提取
         编码器   解码器

图 11-47 识别-合成型声码器结构

这种语音编码技术至少对汉语可行。汉语有独特的语言结构，音节基本以声母、韵母和声调结合而成（如2.3.1节所述）。汉语音节的总数只有一千余种，其在语音流中有一定的独立性与稳定性，较易基于音节基元进行识别，也容易以音节为基元合成无限词汇。目前汉语非特定人连续语音识别及高清晰度高自然度语音合成技术已取得重大进展，因而发展识别-合成型编码的条件已基本具备。

但识别-合成型声码器还存在常规的识别-合成研究中不曾遇到的问题：

（1）如何从语音信号中提取韵律特征参数并编码。

韵律为语句中各音节的声学特征，如音长、音强、基音轮廓线、共振峰轨迹等的变化规律；接收端利用这些韵律参数可获得较高质量语音。汉语音节间的相互影响十分明显，特别是同一词内相邻音节间存在明显的协同发音现象，其基音轮廓线和共振峰走向等特征间的相互影响有时十分显著。合成时若不对音节进行韵律修改，则语音自然度和可懂度均较差。

（2）如何在语音识别中保证高的音节识别率。

例如使用特定人语音识别技术。虽然汉语非特定人连续语音识别已经取得重大进展，但识别性能仍无法和特定人情况相比。但对特定人系统，大词汇量情况有大量参数训练，需使用者录入大量训练数据，这是非常繁琐的工作且在很多情况下不可能。为此，一种方法是采用说话人自适应技术以提高系统性能。另外，用适当的语言模型可也提高系统识别率。

另外，识别-合成声码器中的语音模型与一般的语音识别系统中不同，在音节正确发音情况下，其不必区分音节对应的不同汉字；且模型中可利用韵律信息提高识别性能。因而研究适用于识别-合成型声码器的语言模型也是一项重要任务。

11.10 语音编码的性能指标

评价语音编码器或语音编码算法的性能需多种指标，对语音通信系统主要包括编码速率、语音质量、顽健性、编解码时延、误码容限、计算复杂度及算法可扩充性等。对同一编码方法，这些性能指标往往是矛盾的，须根据应用要求进行折中。

1. 编码速率

编码速率即比特率，是编码器的信息速率。语音通信系统中，其决定编码器工作时占用的信道带宽。降低编码速率通常是语音编码的首要目标，直接关系到传输资源的有效利用及网络容量的提高。编码器可分为固定速率编码器及可变速率编码器；11.5.4 节中的变帧率 LPC 声码器即为一种可变速率编码器。

现有的大部分编码标准都是固定速率编码，范围为 0.8～64kb/s。其中保密电话最低，为 0.8～4.8kb/s，原因为其通信信道带宽在 4.8kHz 以下。数字蜂窝移动电话和卫星电话为 3.3～

13kb/s，使数字蜂窝系统容量达到模拟系统的 3～5 倍。但蜂窝系统常伴有信道编码，使总编码率达 20～30kb/s。普通电话网的编码速率为 16～64kb/s。其中一类特别的编码器即宽带编码器，为 48/56/64kb/s，用于传送 50Hz～7kHz 的高质量音频信号，如会议电视。

固定速率编码器中，为提高信道利用率，某些通信系统采用一些特殊技术。如数字话音插空（Digital Speech Interpolation）利用语音信号间的自然停顿传送另一路语音或数据。

与固定速率编码相比，可变速率编码是一种新技术。统计表明，语音通信大约只有 40%的时间是真正有声音的，因而可采用通、断状态编码。通状态对应有声期，采用固定编码速率；断状态对应无声期，传送极低编码速率信息（如背景噪声特征等）或不传送信息。更复杂的多状态编码还可根据网络负荷、剩余存储容量等调整编码速率。

可变速率编码主要包括两种算法：

（1）VAD，即有声检测（VAD 的概念如 3.6 节所述）。用于确定输入信号是语音还是背景噪声；其难点在于正确识别语音段的起始点，确保语音可懂度。

（2）舒适噪声生成（CNG，Comfortabk Noise Generation）。用于接收端重建背景噪声，其应保证发送端与接收端同步。

可变速率编码的典型应用包括数字电路倍增设备、非实时语音存储及 CDMA 移动通信系统。如 CDMA 数字蜂窝系统中，采用可变速率编码技术使得在有语音期间工作于最大速率，在无语音期间工作于最小速率。

2. 顽健性

编码器应用于通信系统，须能适应于各种情况。顽健性是通过对多种不同来源的语音信号进行编解码，并对输出语音质量比较测试而得到的一种指标。如不同类型发音人的语音、各种背景噪声下的语音、用各种麦克风或不同频响放大器录制的语音、非语音声音等。

多级编解码下的输出语音质量也是衡量顽健性的重要指标。在逐步发展的数字通信网中，既有数字电话也有模拟电话，语音信号将在模拟信号与数字压缩编码间进行多次转换，出现异步级联多级编解码情况。此时有些编码算法的语音质量明显下降，如 ADPCM 级联时音质大为降低。即使全数字化网络也存在 64kb/s PCM 的多级级联编解码情况。这种同步多级级联编码对一些复杂方法如 ATC（如 11.3.5 节所述）等影响很大。反之，64kb/s 的 μ 律 PCM（如 11.3.1 节所述）对以上两种类型的多级级联编解码情况有良好的顽健性。

此外，部分数据丢失情况下的编码器顽健性研究也有重要意义。特别是异步传输方式下，通信数据基元的丢失难以避免；如不采取一定措施，即使 64b/s 的 μ 律 PCM 的语音质量也会明显下降。解决该问题的方法有 3 种，即替代、插值及嵌入式编码；它们可有效提高数据丢失情况下编码器的顽健性。

3. 时延

编码器时延由 4 部分组成：

（1）算法时延。编码和解码操作通常以帧为单位，有些算法还需知道下一帧的部分数据。因而算法时延为帧长及下帧部分数据的长度之和，只取决于算法本身。PCM 算法时延为 125μs；对低速率编码其典型值为 20～30ms。

（2）计算时延。即编码器分析及解码器重建的时间，取决于硬件速度。通常认为计算时延等于或略小于帧长，以确保下一帧数据到齐后当前帧已处理完毕。算法计算时延之和为单向编解码器时延。

（3）复用时延。编码器发送与解码器解码前，须将整个数据块的所有比特装配好。

（4）传输时延。取决于采用专用线还是共享信道。对共享信道，常假设传输和复用时延之和约为 1 个帧长。

上述 4 部分时延之和为单向系统时延，粗略估计至少为 3 个帧长。语音通信对时延有较高要求。对交互式通信，单向时延大于 150ms 就可感受到通话连续性受到影响，最大可容忍为 400~500ms，超过此值只能半双工通信。对于有回声的情况，单向时延不能超过 25ms，否则需要抑制回声。

需要指出，单向系统时延不只取决于语音编码，还与网络环境等多种外部因素有关。即使采用相同的编码器，不同系统的时延也会有很大差异。

4. 计算复杂度

计算复杂度影响硬件成本。编码算法能否推广应用，设备成本是重要因素。一些复杂算法如混合编码算法(如 11.7 节所述)，一般用处理每秒信号所需的 DSP 指令数表示计算复杂度。

5. 可扩展性

指编码算法的推广能力即将来的发展能力。如随着运算器件性能的提高，算法稍加修改应得到更高的语音质量。

11.11 语音编码的质量评价

编解码后的语音质量受很多条件制约，如编码速率、环境噪声、信道误码、多重编解码、不同发音者(如高音和低音)、不同语言等。其中数码率等是定量概念，而音质易受主观因素的影响。对编码器进行性能评价时，需要可重复、意义明确、可靠的方法对语音质量进行量化。不只是语音编码，语音合成与语音增强等同样需要进行音质评价。

语音编码后，合成语音质量包括可懂度(又称清晰度)与自然度。可懂度是衡量语音中的字、单词及句的可懂程度，反映对语音输出内容的识别程度；而自然度指语音听起来有多自然，反映对说话人的辩识水平。编码器可能合成可懂度高的语音但自然度很差，听起来像机器发出的，不能辨认说话人是谁。同时，不可懂的语音不可能有高的自然度与音质。

用于评价输出语音质量的方法分为主观和客观两种。已有很多语音客观评价准则，如 SNR 及谱失真测度等，它们在最初评价上很有用；但语音编码器质量的最终判决还是采用主观评价，即通过人的感觉器官来测试。主观评价反映了听者对语音质量好坏程度的主观印象，可分为音质和可懂度评价两类。音质直接反映了听者对输出语音质量的综合意见，包括自然度和可辨识说话人能力等；可懂度反映评听人对输出语音内容的识别程度。音质高一般可懂度也高，反过来却不一定。

11.11.1 主观评价方法

测试汉语时，可采用 1984 年电子工业部部颁标准 SJ2467-84：通信设备汉语清晰度测试方法。该标准是为评定语言通信设备及其他语言传输系统的话音清晰度而制定的。

美国也有类似测试标准。经大量实验研究，对电话带宽语音编码器找到了一些有效的性能评价方法。应用得最广泛的是 MOS(Mean Opinion Score，平均评价测试法)，是一种音质评价方法。编码器的 MOS 值范围为 1~5；是听众听到编码器的声音样本后，根据主观感受的失真对音质进行的评价。其标准是：5 分(优)，察觉不到失真；4 分(良)，稍微觉察到失真但无不舒适感；3 分(中)，能察觉到失真且有不舒适感；2 分(差)，有不舒适感但能忍受；1 分(劣)，很不舒适且无法忍受。MOS 值可基本反映语音压缩编码算法的优劣。

另一种评价语音编码性能的方法是 1977 年提出的 DRT（诊断押韵测试，Diagnostic Rhyme Test），用于测定语音的可辨认程度。即请一些受过训练的听众评价几组被编码的单词（押韵词的音节）的发音，每组中单词开始或结尾的辅音不同。DRT 是衡量通信系统可懂度的国际标准之一，主要用于低速率语音编码；因为此时可懂度为主要问题。好的语音编码器的 DRT 分值一般为 85~90。

还有一种音质评价方法，即 DAM（可接受程度测试，也称判断满意度得分；Diagnostic Acceptability Measure）。它是多方位测试，用于评价中等或高质量语音。DAM 用于评价主观语音质量及满意度，但不像 DRT 及 MOS 那样在语音编码评估中被广泛接受。

MOS、DRT 及 DAM 对一些常规的语音编码方法评价的典型分值见表 11-3。

表 11-3 常用语音编码的 DRT、DAM 及 MOS 分值

编码器	DRT	DAM	MOS
64 kb/s　PCM	95	73	4.2
32 kb/s　ADPCM	94	68	4.0
4.8 kb/s　CELP	91	65	3.2
2.4 kb/s　LPC 声码器	87	54	2.2

对语音编码器的主观评价的要求：

（1）有足够的测试者，且他们的声音特征非常丰富，可代表绝大部分用户；

（2）有足够的数据，以包括所有可能性。

对一些设计得很好的测试方法，如 DRT 及 DAM，其语音材料固定且对测试者类型及数量也有大致要求，因而不会引起争议。但 MOS 没有规定有多少测试者和多少数据才算足够。

对语音来说，主观评价最准确也最易理解，但十分消耗时间、人力和费用，且很难管理；而且常受到人反应的不可重复性的影响，使评价结果受到怀疑。主观评估要求大量人的大量次数的测听试验，以得到普遍接受的结果。如作为候选标准的 16kb/s 的 LD-CELP 经历了两阶段共 12 个质量参数的测试。其中最主要的工作是语音质量的主观测试，涉及 10 多个国家，使用 10 多种语言，有 6 个实验室参加，历时一年多才完成。因而评估语音编码系统的质量相当困难。

另一方面，主观评价往往不能为所评价系统的性能改进提供有益的方向。研究语音编码的鲁棒性问题时，希望随时得到所合成的语音质量的指标，以便即时地改进及方便地进行算法的抗噪性能研究。

因而需进行语音质量的客观评价。理想的客观评价方法应反映主观评价的初步结果，这不仅可对通信系统进行初步评价，且可为设计通信系统提供最佳准则。目前国内外均致力于语音质量客观评价方法的研究，已经提出许多基于客观测度的方法。

11.11.2 客观评价方法

客观评价建立在对原始语音信号与失真语音信号对比的基础上，采用特定的参数如距离或描述听觉系统感知质量的模型，来表征语音编码的失真程度并评估系统性能。客观评价需借鉴主观评价的高度智能和人性化的过程，其性能优劣常取决于与主观评价在统计意义上的相关程度。客观评价无法找到绝对完善的测度及很理想的测试方法；它并不是用于全部替代主观评价标，而是为克服后者的缺点，即更方便快速地给出符合主观评价的结果。

目前已研究了多种客观评价方法，各种方法的区别在于采用的失真参数不同。表示语音的特征参数可分为时域参数、频域参数和其他测度等 3 类；相应地，客观质量评价方法也分为 3 类。

时域测度为输入与输出语音在时域波形上的失真度。主要有 SNR、分段 SNR 及改进形式的感知加权分段 SNR 等。SNR 越大，则语音质量越好。频域测度采用谱失真测度并模仿人耳的一些听觉特性，使之尽量与主观感觉相符，包括对数谱距离、LPCC 距离、Bark 谱测度、

Mel 谱测度等。频域测度值越小，则输出语音与原始语音越接近，语音质量越好。

除时域和频域测度外，还有在此两者基础上发展的其他测度；如相关函数法、转移概率距离测度及组合距离测度等。

1. 时域法

SNR 是最简单的时域失真测度，即

$$\text{SNR} = 10\lg\left\{\frac{\sum_{n=0}^{N}s^2(n)}{\sum_{n=0}^{N}\left[s(n)-\hat{s}(n)\right]^2}\right\} \tag{11-70}$$

式中，N 为帧数，$s(n)$ 和 $\hat{s}(n)$ 分别为第 n 帧的原始语音信号及编码后的信号。由上式可见，SNR 为整个时间轴上的语音与噪声的平均功率之比，是对长时语音重建准确性的度量。

由于语音的的短时平稳性，分段 SNR 更接近于主观值，即

$$\text{SNR}_{\text{Seg}}(n) = 10\lg\left\{\frac{s^2(n)}{\left[s(n)-\hat{s}(n)\right]^2}\right\} \tag{11-71}$$

其为一段时间内，语音与噪声的平均功率之比。

而感知加权分段 SNR 基于听觉系统的特性，对分段 SNR 进行了修正；其与主观评价的拟合程度更好。

2. 频域法

频域评价用于度量原始及编码后的语音间的频谱失真度。频谱特性包括完整的频谱特性和谱包络两种；相应地频域法分为谱失真法及谱包络失真法两类。

谱失真，即输入与输出语音的对数谱的距离为

$$\text{SD} = \sqrt{\frac{1}{\omega}\int_0^\omega \left[S_x(f,t) - S_y(f,t)\right]^2 d\omega} \tag{11-72}$$

其中，$S_x(f,t)$ 和 $S_y(f,t)$ 分别为输入与输出语音的对数谱，其可用 FFT 得到。

下面考虑原始语音及编码后语音的谱包络失真。如 5.6 节所述，信号的谱包络可用倒谱的低倒谱域部分表示。或者由 LPCC（见 6.6.2 节）来估计（见 6.6.3 节）。倒谱 $c(n)$ 和 LPCC 分别为

$$\begin{cases} c(n) = \dfrac{1}{2\pi}\int_{-\pi}^{\pi}\lg|S(e^{j\omega})|e^{j\omega n}d\omega \\ \hat{h}(n) = \dfrac{1}{2\pi}\int_{-\pi}^{\pi}\lg|H(e^{j\omega})|e^{j\omega n}d\omega \end{cases} \tag{11-73}$$

其中，$S(e^{j\omega})$ 为信号谱，$H(e^{j\omega})$ 为 LPC 模型谱。

对频谱包络参数，用不同的距离将得到不同的倒谱距离测度。其中加权倒谱距离为

$$d_{\text{wcep}} = \left\{\sum_{n=1}^{Q}\left\{w(n)\left[c_t(n)-c_r(n)\right]\right\}^\gamma\right\}^{1/\gamma} \tag{11-74}$$

式中，$c_r(n)$、$c_t(n)$ 分别为输入及输出信号的倒谱矢量，$w(n)$ 为权函数，Q 为倒谱维数。$\gamma = 2$ 及 $w(n) = 1$ 时，称为欧氏倒谱距离。

通常，谱包络失真测度比谱失真及时域失真测度有更好 MOS 符合程度。其中 LPCC 距离与 MOS 符合得最好，其中欧氏 LPCC 距离常用于频域客观评价。

倒谱可由最小相位信号法经两次 FFT 得到（见 5.5.2 节），但运算量较大。由 6.6.2 节知，

其也可由 LPC 系数得到，即 LPCC；它利用了 LPC 模型的最小相位特性，因而避免了相位卷绕。6.6.3 节对这两种谱包络估计方法进行了比较。LPCC 随时间快速衰减（$1/n$ 速率），应用中可使用截断的倒谱序列

$$C = [C_1, C_2, \cdots C_K]^T \tag{11-75}$$

一般，取 $K = P$。

3. 听觉域法

听觉域法包括基于人耳听觉感知机理的 Bark 谱距离。

掩蔽效应（见 2.6.3 节）是人耳的一种听觉特性。对于纯音对纯音的掩蔽效应，有两个结论：

（1）对中等掩蔽强度来说，最有效的掩蔽出现在其频率附近；

（2）低频纯音可有效掩蔽高频纯音，而高频纯音对低频纯音的作用很小。

研究表明，纯音可被宽带噪声所掩蔽，且只与以该纯音为中心的一段窄带中的噪声与掩蔽效应有关。掩蔽作用最明显的是被掩蔽纯音频率附近的一个窄带掩蔽分量，该窄带称为临界带。常用频率群的概念解释临界带；通常在 20Hz 至 16kHz 间分为 24 个频率群（或临界带），或称为有 24 Bark。

Bark 谱距离是模仿人耳声音处理过程建立的语音质量客观评价模型。其主要内容为：

（1）声音的 Bark 域即主观听觉表示：声音进入人耳前用频域表示，这样处理方便且与时域相对应。人耳处理后，不以频域而以 Bark 域表示；这与听神经激励相对应。

（2）声音信息的提取：是声音在主观感知上最初的信息表示。借助临界带滤波器组收集声音中的信息，也对应其从内耳基底膜到大脑神经激励的过程。

（3）声音信息的客观度量：声强到响度级的变换，同时反映人耳对不同频率声音的敏感度不同。反过来，不同频率的不同幅度的声音却有相同的响度级。

（4）声音信息的主观度量：响度级与响度间的变换。表示声音在人脑中有多响，即主观听觉感知。物理上表示为听神经激励的大小。

经上述处理后，可得到声音在主观听觉空间上信息的表示矢量，它是听觉空间的一个"坐标"。语音编码系统的质量可用原始与合成语音在主观听觉空间中的距离表示。Bark 谱距离的实现原理框图如图 11-48 所示。

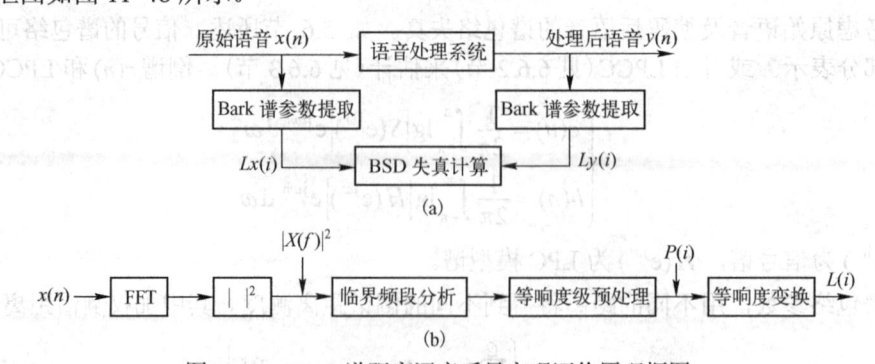

图 11-48 Bark 谱距离语音质量客观评价原理框图

Bark 参数提取过程包括临界频段分析、等响度级预处理及等响度变换。

● 临界频段分析

临界频段分析分为两个过程。首先进行频域到 Bark 域的转换：

$$b = 6\lg\left(f/600 + \sqrt{(f/600)^2 + 1}\right) \tag{11-76}$$

式中，f 为频率，b 为 Bark 域频率。

第二步是借助临界带滤波器函数来平滑语音谱。临界带滤波器组为

$$C_k(\omega) = \begin{cases} 10^{0.1(b-b_k+0.5)}, & b \leq b_k - 0.5 \\ 1, & b_k - 0.5 < b < b_k + 0.5 \\ 10^{-2.5(b-b_k-0.5)}, & b \geq b_k + 0.5 \end{cases} \quad (11\text{-}77)$$

其在 Bark 域内等间距配置，而 b_k 为滤波器的中心 Bark 频率。频率域临界带滤波器组见图 11-49。

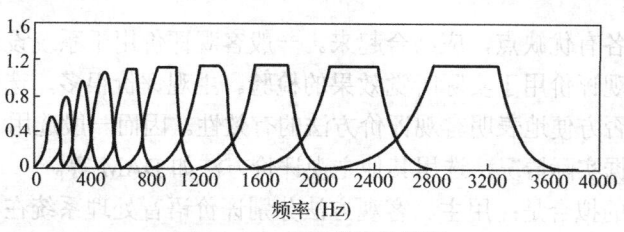

图 11-49 临界带滤波器组

- 等响度级预处理

根据人耳对不同频率有不同灵敏度的特点(听觉系统对语音谱的中间频段较为敏感)，对临界频段分析得到的谱进行等响度级变换。等响度级预处理为

$$E(\omega) = 1.151 \sqrt{\frac{(\omega^2 + 144 \times 10^4)\omega^2}{(\omega^2 + 16 \times 10^4)(\omega^2 + 961 \times 10^4)}} \quad (11\text{-}78)$$

预处理后，第 k 个滤波器的输出为

$$F_k = E(\omega_k) \int_0^\pi C_k(\omega) P(\omega) d\omega \quad (11\text{-}79)$$

- 等响度转换

由上述处理得到响度级谱。但响度级不是响度：它是心理学表示声音渐强的度量，而不是主观听觉感知的响度(见 2.6.3 节)。响度级与响度的关系为非线性的，即

$$L(i) = (F_i)^{1/3} \quad (11\text{-}80)$$

从而得到 Bark 谱距离所需的 Bark 谱参数，其为声音信息的主观度量参数。$L(i)$ 反映了人耳对频率的非线性响应及对声音的频谱综合分析。用原始语音与合成语音的 Bark 谱矢量均方距离表示 Bark 谱失真，即 Bark 谱距离为

$$BSK^k = \sum_{i=1}^{N} \left[L_x^k(i) - L_y^k(i) \right]^2 \quad (11\text{-}81)$$

其中，N 为临界带个数，$L_x^k(i)$ 与 $L_y^k(i)$ 分别为处理前后的第 k 帧的 Bark 谱矢量。逐帧处理后，得到 Bark 谱失真

$$BSD_u = \text{Ave}\left[BSK^k \right] \quad (11\text{-}82)$$

原始信号的平均 Bark 域能量为

$$E_{\text{Bark}} = \text{Ave}\left\{ \sum_{i=1}^{M} \left[L_x^k(i) \right]^2 \right\} \quad (11\text{-}83)$$

从而归一化 Bark 谱失真为
$$BSD = BSD_u / E_{\text{Bark}} \quad (11\text{-}84)$$
其不随输入信号的大小而改变。

11.11.3 主客观评价方法的结合

上节介绍了一些客观评价方法，包括 SNR、谱失真测度、Bark 谱距离等。客观评价方法

计算简单，但对增益和延迟较敏感，最重要的是未考虑人耳听觉特性，因而主要用于速率较高的波形编码。对低于 16kb/s 的编码评价常用主观方法，因为其符合人听话时对语音质量的感觉，特别是许多低码率算法的设计基于人耳感知标准，因而其应用较为广泛。

客观评价方法在最初的评价上很有用；但语音通信系统的最终使用者是人，客观评价最终要以与主观评价的一致程度来判断其性能的优劣及可靠程度。评价客观评价方法的好坏称为主客观评价方法的拟合。

主观与客观评价各有优缺点，应结合起来。一般客观评价用于系统设计阶段，提供参数调整方面的信息；而主观评价用于实际听觉效果的检验。主观评价很多，选用其作为客观评价参考标准的原则是：能否方便地表明客观评价方法的有效性。因而一般选用 MOS 作为客观评价的对照标准；也可根据实际情况，选用其他主观评价方法如 DAM 等。

主客观评价方法的拟合是：用主、客观方法分别评价语音处理系统在各种条件下的质量，分别用主、客观值表示；再将客观方法得到的参数值与主观方法的结果进行最小二乘拟合；以客观参数为横轴，得到客观与主观评价的对应关系。图 11-50 为客观与主观评价比较的原理框图。

拟合参数一般采用主、客观值的相关系数和预测均方差，还包括预测平均偏差、预测最大偏差等。它们的含义很明显：相关系数越接近于 1 或预测方差越接近于 0，则客观评价与主观评价符合得越好。

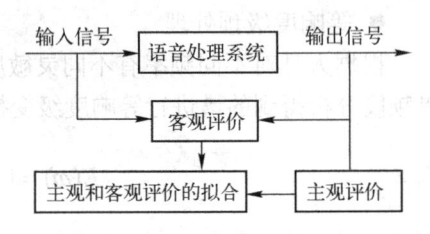

图 11-50 客观与主观评价比较的原理框图

拟合参数的求解步骤为：

（1）由客观评价方法得到一定量的客观测量参数值，用 $P_i^{(obj)}$ 表示；

（2）由主观评价方法得到相应的主观评价参数值，用 $P_i^{(sub)}$ 表示；

（3）用二项式 $y = a + bx + cx^2$ 对以上数据根据 LMS 准则进行递归分析，并得到 a,b,c 的最优值。其中 x 表示客观参数，y 表示由客观参数经递归分析得到的预测主观评价参数值，用 $\hat{P}_i^{(sub)}$ 表示。

（4）求出拟合参数。其中归一化相关系数为

$$\rho = \sum_i (P_i^{(sub)} \cdot \hat{P}_i^{(sub)}) \bigg/ \left[\sum_i (P_i^{(sub)})^2 (\hat{P}_i^{(sub)})^2 \right]^{1/2} \tag{11-85}$$

预测均方差

$$d_\sigma = \sqrt{\frac{1}{N}\sum_{i=1}^{N}(\hat{P}_i^{(sub)} - P_i^{(sub)})^2} \tag{11-86}$$

其中，N 为主客观参数的总个数。

11.11.4 基于多重分形的语音质量评价

在语音质量评价中，人是语音的接受者，所以主观评价是最基本的评价方法；但这种方法在实际应用中存在很大困难。目前语音质量的客观评价方法的研究多集中在输入–输出方式上，其以系统原始语音和合成语音间的误差为基础。这种方法要求有原始语音，且在时间上要求同步。但在很多应用中特别是移动通信、航天及军事等领域中，要求有较高的灵活性和实时性，且可能无法得到原始信号。为此，需要基于输出方式的评价方法。

这里，引入分形理论进行语音质量评价(7.7 节介绍了基于分形的语音分析方法，11.7.6 节介绍了基于分形码本的 CELP)。但是，常规的分形方法有一定局限，因为其采用单一的分形维数。对于语音信号，单一的分数维不能完全揭示其内部特征。可采用多重分形，通过计算语音

信号的计盒维数、信息维数、相关维数等分形维数，来描述语音信号的特征。

计盒维数本质上以在不同尺度 δ 下覆盖信号的方格数为基础，它忽视了信号样点在不同尺度 δ 方格覆盖下的分布信息。而语音信号是随时间变化的序列，包含着丰富的信息，隐含了各种信息变化的痕迹，因而应反映信号波形在不同尺度 δ 方格覆盖下的空间概率分布。

设语音信号取样后的点的集合为 A，$A \subset R^2$，用边长为 δ 的小正方形组成的网格对空间进行分割及对 A 集进行覆盖。令 $N_\delta(i)$ 表示 δ 尺度下形成的第 i 个网格 A 集元出现的个数，$i=1,2,\cdots,N$；而 N 为 δ 尺度下形成的网格区域数。设点成概率分布，令集合中的点进入第 i 个网格内的概率为 $P_\delta(i)$，则

$$P_\delta(i) = N_\delta(i)/N, \quad i=1,2,\cdots,N \tag{11-87}$$

其中，$P_\delta(i)$ 也可认为是 δ 尺度下第 i 个网格对集合 A 的权重分布，表征了集合 A 对 δ 尺度网格区域的密度分布即在局部网格区域的生长几率。

根据多重分形理论，得到语音信号的多重维数的定义：

$$D_q = \begin{cases} \lim_{\delta \to 0} \dfrac{\lg \sum_{i=1}^{N} I_\delta(i)}{\lg(1/\delta)}, & q=1 \\ \dfrac{1}{1-q} \lim_{\delta \to 0} \dfrac{\lg \sum_{i=1}^{N} P_\delta^q(i)}{\lg(1/\delta)}, & q \neq 1 \end{cases} \tag{11-88}$$

其中

$$I_\delta(i) = \begin{cases} P_\delta(i) \lg P_\delta(i), & P_\delta(i) \neq 0 \\ 0, & P_\delta(i) = 0 \end{cases}$$

显然，$q=0$ 时，D_q 表示计盒维数 D_B；$q=1$ 时，D_q 为信息维数；$q=2$ 时，D_q 为相关维数；等等。

设将语音信号分为 N 帧，设 $D_q^{(i)}$ 为其每帧的分形维数，其中 $i=1,2,\cdots,N$，$q=0,1,2$。分别定义客观评价指数 I_1, I_2, I_3：

$$I_1 = \frac{1}{N}\sum_{i=1}^{N} D_0^{(i)}, \quad I_2 = \frac{1}{N}\sum_{i=1}^{N} D_1^{(i)}, \quad I_3 = \frac{1}{N}\sum_{i=1}^{N} D_2^{(i)} \tag{11-89}$$

及联合评价指数 I：

$$I = w_1 I_1 + w_2 I_2 + w_3 I_3 \tag{11-90}$$

其中 w_1, w_2, w_3 为权系数，且 $w_1+w_2+w_3=1$。以 I_1, I_2, I_3 和 I 为特征参量可对语音信号的质量进行评价。

这种评价方法的性能应与主观评价的相关性，即与 MOS 的相关程度来衡量。研究表明，I_1, I_2, I_3 均与 MOS 有一定相关性，而联合评价指数的性能最好。

11.12 语音编码国际标准

本章前面已介绍了一些语音编码标准。语音编码技术近 20 余年来取得了重大发展，出现了很多实用的高质量语音编码算法。针对不同应用，ITU-T 及一些地区标准协会已制定了大量语音编码标准，为应用于通信网的各种语音编码器的兼容性提供了保证。

CCITT 于 1972 年首先制定了 G.711 的 64kb/s 的 PCM 标准。20 世纪 80 年代初研究了低于 64 kb/s 的非 PCM 编码算法，于 1986 年通过了 32kb/s 的 ADPCM 的 G.721 建议，1992 年公布 16kb/s 的 LD-CELP 的 G.728 建议，1995 年通过了 CS-ACELP 的 8kb/s 的 G.729，并于 1996 年通过 G.729 附件，成为国际电信标准。

下面给出 CCITT 和 ITU-T 以及其他机构制定的一些语音压缩算法国际标准。波形编码国际标准主要由 ITU-T 制定，为 G 系列，见表 11-4。其中 G.726 为 G.721 与 G.723 的合成（G.726 推出后，G.721 与 G.723 被删除）。

表 11-4 波形编码国际标准

标　准	制定年份	编码速率/kbps	编码算法	话音质量
G.711	1972	64	μ/A 律 PCM	长途
G.726（G.721，G.723）	1984，1986，1988	40/32/24/16	ADPCM	长途
G.727	1990	40/32/24/16	ADPCM	长途
G.722	1988	64/56/48	SBC+ADPCM	长途

混合编码的国际和地区标准主要由 ITU-T 与数字蜂窝标准组织制定，见表 11-5。

表 11-5 混合编码的国际和地区性标准

标　准	制定机构	制定年份	编码速率/kbps	编码算法	话音质量
G.728	ITU-T	1994	16	LD-CELP	长途
G.729	ITU-T	1996	8	CS-ACELP	长途
G.729A	ITU-T	1996	8	CS-ACELP	长途
G.723.1	ITU-T	1995	6.3/5.3	多脉冲 CELP	长途
GSM 全速率	ETSI（欧）	1987	13	RPELTP	长途
GSM 半速率	ETSI（欧）	1994	5.6	VSELP	长途
IS54	TIA（美）	1989	7.95	VSELP	=RPELTP
IS96	TIA（美）	1993	8.5/4/2/0.8	QCELP	<IS54
JDC 全速率	RCR（日）	1990	6.7	VSELP	<IS54
JDC 半速率	RCR（日）	1993	3.45	PSI-CELP	同全速率

JDC（Japanese Digital Cellular）为日本数字式蜂窝，RCR 为无线电系统研发中心。

11.13 语音编码与图像编码的关系

语音编码与图像编码均为压缩编码中十分重要的应用领域；二者有很多类似之处，但又有较大区别。

语音与图像这两种信号的区别在 2.6 节介绍过。体现在编码方面，这两种信号的关系为：

（1）语音信号带宽较窄，而视频信号最大带宽为 6.5MHz。信号带宽的不同使二者数字化后的数据量差别很大：语音音频的比特率比图像视频要小得多。

（2）语音和图像均有大量冗余。语音信号的冗余主要包括：信号样本间的相关性很强，浊音的准周期性，声道形状的变化速率有限，话音间隙段有冗余，共振峰特征，及不均匀的传输码概率分布等。

而图像的信息量极大，冗余度也非常大。包括空间冗余，即图像信号内的相似性数据，变化不大的背景等；时间冗余，即连续图像帧之间同一位置数据的相似性；结构上的冗余，即图像内呈现的结构特点；熵冗余，即不均匀分布的代码符号概率；视觉冗余，即人类的视觉系统的掩蔽特性；以及图像结构的自相似性等。

（3）有频域或变换域表示形式。如语音有 DCT、STFT 等；图像有 DCT、DFT 等。

语音编码与图像编码的联系，包括以下 5 方面：

（1）语音编码与图像编码有很多通用技术，如变换编码、子带编码、预测编码等。图像编码也大致分为基于模型的编码、基于波形的编码及混合编码三类。

两种编码在方法上存在以下联系：

① 预测编码主要利用信号间的相关性，通过差值进行数据压缩。差值使相关性减弱，从而实现压缩。预测编码分为时域预测和空域预测，分别利用不同时间段或不同空间区域的相关性。语音编码只利用时域预测编码(如 11.3.2 节所述)，而图像编码则同时利用了两种预测编码。

② 变换编码利用正交变换的能量集中特性，将信号能量集中于少量参数上，并仅对这些参数进行处理。ATC(如 11.3.5 节所述)是有效的语音编码方法，而图像编码则常用 DCT。

③ 子带编码基于信号由不同子带的能量组成，通过将信号能量分解到各子带中，以去除子带间的相关性；再对各子带分别编码。人的听觉与视觉系统对不同的子带信号敏感程度不同，利用这点可实现较大的数据压缩。子带的思想在语音编码(如 11.3.4 节所述)及图像编码中均得到了应用。

④ 自适应量化与 VQ 等技术既用于语音编码又用于图像编码。

(2) 语音与人的发音和听觉机制均有关，图像只与人的视觉机制有关。因而语音编码既可利用语音的发声模型建立信源模型，又可利用人的听觉掩蔽特性建立信宿模型。而图像编码只能利用人的视觉掩蔽特性建立信宿模型，但也可通过其他途径建立信源模型。

(3) 图像冗余与语音有很大不同，从而使图像编码与语音编码有很大区别。如对图像编码，对空间上的冗余可进行帧内预测及变换编码；对时间上的冗余可进行运动补偿及帧间预测；对结构上的冗余可进行轮廓编码及区域基编码；对视觉上的冗余可进行非均匀量化和比特分配；对自相似性可进行分形编码等。

(4) 语音编码及图像编码均分帧或分块进行。其中语音编码按帧进行，图像编码分块进行，如分为 8×8 像素或 16×16 像素的块。

(5) 语音和图像编码的最后环节一般均为熵编码。熵编码利用各编码符号出现的概率不平均，从统计学角度进行数据压缩；主要是基于信息论。

小　　结

本章介绍了语音编码。近 30 年来，语音编码研究主要集中于以 CELP 为核心的 ABS 方面，在一定速率和相当复杂的条件下得到了高质量语音，并有多种实用系统与技术标准。随 DSP 芯片技术的迅速发展，CELP 还有一定的潜力。但当转向 2.4kb/s 速率以下时，CELP 即使应用更高效的量化技术也无法达到预期指标。而余弦声码器(包括 MBE 及改进形式)更符合低速编码的需要。

随着研究工作的深入，语音编码也需要引入新的分析技术，如非线性预测、时频分析(包括小波)、高阶统计分析等；以更好地挖掘人耳听觉掩蔽等感知机理，更能以类似于人耳的特性进行语音分析与合成；使编码器以更接近于人类听觉器官的处理方式工作，从而在低速编码研究中取得突破。

另一方面，VAD 技术的发展使有/无声语音判决成为可能，从而可对背景噪声和激活的语音部分以不同速率编码即采用变速率编码，这就降低了平均速率。人进行语音通信时，约 70%的空闲时间没有讲话，因而用同一种速率进行语音编码对信道资源是个浪费。变速率语音编码可动态调整编码速率，从而在合成语音的质量及系统容量间进行灵活的折中，以更好地发挥系统的效能。

思考与复习题

11-1　现代通信的发展对语音编码提出了何种要求？当前语音编码研究主要致力于解决哪些问题？

11-2　信源编码与信道编码有何区别？其各用于解决何种问题？

11-3　为什么可对语音信号进行压缩编码？语音信号的冗余度表现在哪些方面？

11-4　语音信号的量化、编码与解码如何实现？

11-5　语音通信中，将语音质量分为几个等级？各等级有何特点？

11-6　波形编码、声码器与混合编码这几种编码方式的特点是什么？

11-7　什么是 PCM 的均匀量化和非均匀量化？后者与前者相比有何优点？有哪些常用的非均匀量化方法？我国采用哪种形式？

11-8　语音编码中，如何应用自适应技术？什么是前馈与反馈自适应？试画出其系统方框图。

11-9　短时预测和长时预测的区别是什么？预测编码中如何进行噪声整形？

11-10　子带编码的基本思想是什么？各子带内采用何种编码方式？整数带取样法用于解决何种问题？二次镜像滤波法有何优势？试画出基于正交镜像滤波的子带编码的实现方框图。

11-11　什么是 ATC 编码？其通常采用何种变换，原因是什么？其边信息指什么？如何实现自适应比特分配？

11-12　本章讨论了一些典型的声码器，包括通道声码器、同态声码器及 LPC 声码器等。

（1）试说明它们的工作原理。

（2）将其输出的语音质量进行排列。

（3）讨论各种声码器对语音信号模型的依赖性、重构语音中信息的损失及基音跟踪的必要性等。

11-13　目前声码器可达到的最低数码率为多少？

11-14　试画出 LPC 声码器的实现方框图。其最好的量化参数是什么？如何用 VQ 技术进一步降低数码率？什么是变帧率 LPC 声码器？

11-15　什么是基于 ABS 的编码方式？其有何优势？

11-16　试述 MPLPC 的工作原理并画出其实现方框图。它采用哪些技术来改善语音编码质量？为什么要使用感知加权滤波器？

11-17　什么是 CELP？试述其工作原理，并画出其实现方框图。这种编码方法采用何种措施改善语音质量？

11-18　MPLPC、REPLPC 及 CELP 等几种基于 ABS 的混合编码方法有何区别？

11-19　声码器的未来发展方向是什么？

11-20　语音编码质量的主观与客观评价标准都有哪些？如何将两类评价方法进行结合？

11-21　语音编码的频谱失真测度包括哪些？

11-22　目前语音编码的国际标准主要有哪些？

11-23　语音编码与图像编码所采用的方法有哪些异同？试从语音与图像两种信号的冗余度的不同，来说明其编码方法的区别。

第 12 章 语 音 合 成

12.1 概 述

语音合成(Speech Synthesis)由机器或计算机产生语音，是人机语声通信的重要组成部分。其根据输入的语音符号产生有一定音质与可懂度的语音。语音合成有以下优点：(1)任何人都可理解；(2)可直接使用电话网和电话机；(3)无须消耗纸张等资源。

语音合成看起来有一定难度，但事实并非如此。因为合成语音的效果在很大程度上取决于人的听觉接受及理解能力。

语音合成有两个关键：一是正确，二是自然。正确是指文字的读音要正确，其难度在于一个字常有几个读音，使用其中哪个需根据词组甚至前后文来判断。另一方面，合成的语音还须有较高的自然度，即读出来的文章韵律和节奏要比较准确，为此常需对句子进行分析和理解。语音合成的可懂度很重要；同时，语音质量与自然度这些主观因素对其实用性也有很大影响。

语音合成与语音编码有密切联系，某些应用如语声应答系统中，两者的区别只是将收发间的信道换成存储器。但语音合成系统与上一章所讨论的声码器接收端的合成部分有所不同：声码器的合成部分输入为一组参数(如共振峰、LPC 参数及谱包络参数等，还包括基音、增益等。这些参数通过对实际语音分析得到；其编码后还要传输或存储)，而语音合成系统的输入一般是发音符号甚至是书面文字，或是关键词及发音特征。

语声应答系统是较简单的语音合成系统。它用语声进行通信，以口语形式输出信息；可作为计算机的一个外设，将计算机存储信息转换为语声输出，这对许多用计算机查询和检索的场合很有意义。如邮电部门的微机响应系统，机场、车站的问讯系统，信息检索如股票行情系统等。如股票行情系统中，用户通过按键输入某代码询问某股票的价格，系统通过按键进行译码以确定股票市价，同时用语声输出。

语声应答系统实际由语音合成和语音识别两部分组成，其中语音合成部分只是语音存储(包括压缩)及重放的器件。其词汇事先确定并被存储，存储时要进行语音压缩。因而将语音编码系统中的传输信道改为存储器，就变为语声应答系统中的合成部分。

语音合成是非常重要的智能接口技术，特别是通过文-语转换可使计算机朗读文章。文-语转换是以语音合成及自然语言处理为基础的智能系统，是语音合成的最高形式，是语音合成的重要应用及研究前沿。它输入书面文字，输出可懂的有较高质量的语言；其仿照自然语言的发音、韵律与节奏，以朗读计算机中存储的文本文件。

语音合成是单向系统，即由计算机到人。如将其与语音识别相结合，可构成由计算机到人及由人到计算机的双向系统，且还可发展出很多崭新的研究领域。在语音合成与语音识别这两个问题中，显然合成是较容易的。目前还未研究清楚大脑如何识别语音和说话人的一般理论(即使有这样的理论也不能保证在计算机上模仿就可得到最佳处理方法及方法可行)，但已经掌握了语音生成的声学特性。用现代数字信号处理技术，特别是格型结构的 LPC 滤波器(如 6.5 节所述)可很容易地复制发音机理；尽管还不清楚音位转化语音的心理过程，但语音合成已取得巨大成功。

人工智能的研究成果不断向语音研究渗透，使语音合成也得到迅速发展。和语音识别相比，语音合成相对成熟一些。随着硬件技术的发展，特别是数字信号处理和实验语音学、现代音韵学的交叉发展和相互促进，语音合成器的处理内容不断扩大，从最初的有限简单词汇发展到现在对完整的文章进行处理，且合成语音的可懂度与自然语音几乎没有区别。目前，文-语转换系统已得到广泛应用。

目前语音合成针对的主要问题是：

（1）自然度。合成语音是机器根据要求通过模型得到的，不可避免地存在机器音的现象。

（2）音调。音调对语音自然度的影响非常明显，尤其对决定音调的基音适当处理是一项困难的工作。走调即基音周期不准，在机器输出合成语音过程中不可避免。

（3）辅音。辅音处理在合成语音时较为困难与复杂。

按照人类言语功能的不同，语音合成可分为三个层次，分别为：从文字到语音的合成；从概念到语音的合成；从意向到语音的合成。这三个层次反映了人脑中形成说话内容的不同过程，涉及人脑的高级神经活动。为合成出高质量的语音，除依赖语义学、词汇及语音学等规则外，还须对文字内容有很好的理解，这涉及自然语言理解。即使是文字到语音的合成，也需多学科综合处理。要实现从意向到语音的合成，涉及更多的神经活动，这还有很多需要研究的问题。

优质合成语音与建模方法有关。使用性能较好的方法，如自适应格型 LPC 及 ARMA 模型（如 6.8 节所述）等；使用波形合成法可取得令人满意的效果。

语音合成已在许多方面实用化，并开发出很多产品。目前有很多专用语音处理芯片，它们与计算机或微处理器结合可组成各种复杂的语音处理系统。其中语音合成在技术上较成熟，在语音处理中影响也最大。目前语音合成应用领域十分广泛，从办公信息处理、工业自动化、交通运输到文化教育以至日常生活用品等。

汉语有许多不同于西方语言的特点。常用汉字 6000 多个（二级字库），每个汉字发音对应一个单音节；考虑到同音字，全部汉字发音只有 1281 个。汉语为有调语言，这些单音节是四种声调的一种；如不考虑声调变化，独立的汉语无调单音节字只有 412 个。显然，对于汉语以单音节字作为规则合成基本单元是最佳选择。当然，这些合成单元不但应有准确清晰的发音，其发音特征如强弱、持续时间、音调等也应由规则来控制。

汉语语音合成研究在 20 世纪 70 年代后发展较快。80 年代采用 ADM 及 ADPCM 等波形编码技术开发了一些普通话语音编辑合成系统，用于公共汽车报站、自动电话报时、查号台自动报号等场合。90 年代初，开始在语音合成中采用 LPC 技术及专用语音板，开发了一些性能更高的系统，出现了可合成国际一级和二级全部 6763 个汉字的语音合成系统。这些系统可看作初级文-语转换(TTS，Text-To-Speech)系统，用于文本校对、计算机辅助教学等。目前汉语规则合成技术也取得进展，包括普通话所有音节的合成系统已开发成功；目前开发的重点是连续语音合成。

汉语在发音和语法结构上有独特的特点，因而本章中对汉语语音合成问题进行一些专门介绍。

12.2 语音合成原理

12.2.1 语音合成的方法

语音产生的机理非常复杂。语音合成的基础是语音特性分析及发音模型的建立。语音合成是根据不同的激励源及声道参数来合成语音的。语音合成方法可分为以下三种。

1. 波形合成法

这是相对简单的语音合成技术。其将人发音的语音波形直接进行存储或进行波形编码后再存储，根据需要编辑组合输出。这里，语音合成器只是语音存储和重放的器件。

最简单的是直接的 A/D 变换和 D/A 反变换，也称为 PCM 波形合成法。这种方法合成的语音词汇量不可能很大，因为所需的存储容量太大(机器讲一秒钟的语音约需 64kbit 以上的存储量)。为此可使用波形编码技术(如 ADPCM，APC 等)压缩存储量，而合成时要解码处理。如使用大的语音单元作为基本存储单元，如词组或句子，则可合成出高质量语句；但需很大的存储空间。波形合成法在自动报时、报号、报站及报警中应用较多。

2. 参数合成法

压缩存储量的进一步发展是参数合成形式。参数合成也称分析-合成，采用声码器技术。为节约存储容量，须先对语音信号进行分析，提取语音参数以压缩存储量。最常用的方法是提取 PARCOR 系数(见 6.5.2 节)和 LPC、LSP 系数(见 6.7 节)，人工控制这些参数的合成。实现合成的方法，则因 LPC 系数、共振峰参数等的不同而不同。这种方法以高效的编码来减少存储空间，提取参数或编码过程中难免存在误差，从而使合成语音的音质欠佳。其合成语音的质量(清晰度等)比波形合成法要差。

参数合成又称终端模拟合成，其只在谱特性基础上模拟声道的输出语音，而不考虑发音器官是如何运动的。

3. 规则合成法

它是一种高级合成方法，通过语音学规则产生语音。合成词汇表不事先确定，系统存储最小的语音单位(如音素或音节)的声学参数，及由音素组成音节、由音节组成词、由词组成句子及控制音调、轻重等韵律的各种规则。其利用语言中归纳出来的规则，对合成语句的韵律特征进行定量描述。给出待合成的字母或文字后，合成系统利用规则自动将其转换为连续的语音声波。

规则合成法可合成无限词汇的语句，存储量比参数合成法更小，但对语音段进行了较多的人工调整；而很多规则不能很准确地体现自然语音的产生原理，音质更难保证。这种以最小单位合成的方法是极复杂的研究课题。

上述三种方法中，波形合成与参数合成法均进入实用阶段。表 12-1 列出这三种方法的特征比较。

表 12-1 三种语音合成方法的比较

		波形合成	参数合成	规则合成
基体信息		波形	特征参数	语音的符号组合
语音质量	可懂度	高	高	中
	自然度	高	中	低
词汇量		小(500 字以下)	大(数千字)	无限
合成方式		PCM、ADPCM、APC	LPC、LSP、共振峰	LPC、LSP、共振峰
数码率		9.6~64kb/s	2.4~9.6kb/s	50~75b/s
1 Mbit 可合成的语音长度		15~100s	100s~7 分钟	无限
合成单元		音节，词组，句子	音节，词组，句子	音素、音节
装置		简单	较复杂	复杂
硬件主体		存储器	存储器和微处理器	微处理器

除上述几种方法外，还包括波形拼接合成法。其将准备好的语音分段拼接在一起，再对韵律进行调整，可得到较好的音质。PSOLA（基音同步叠加法，Pitch Synchronous Overlap and Add）是其中应用最广泛的一种。1985 年提出 PSOLA，使基于波形拼接的合成方法成为语音合成的主流。12.5节将对 PSOLA 进行详细介绍。近年研究的语音合成方法还包括同态处理法、正弦模型法等。

对上面的各种语音合成方法，根据人工参与合成的程度，语音合成还可分为规则合成和数据驱动两类。其中规则合成是选择各种语音单元，利用已提取的韵律规则、语义学规则、词汇规则及语音学等产生所需要的语音。它需要人工分析、提取大量语音规则并保证规则正确，要求有大量语言学、音韵学知识，人工参与程度很高。

而数据驱动方式是从实际语音中自动获取语音合成参数，基本不需人工参与。语音拼接合成法就属于数据驱动方式。实际中为减少语音存储空间，通常需对其进行压缩编码，因而数据驱动也称为编码合成方式。

本节介绍的各种语音合成方法本质上未解决机器说话问题，只是一个声音还原过程。语音合成的最终目的是使机器像人一样说话或者说使计算机模仿人说话。真正的语音合成应根据第 2 章介绍的语音产生过程，先在机器中形成讲话内容，一般为信息字符代码形式，再按照复杂的语言规则将其转换为由发音单元组成的序列，同时检查内容上下文，决定声调、重音、必要的停顿及陈述、命令、疑问等语气，并给出相应的符号代码表示。根据这些符号代码按照发音规则生成一组随时间变化的参数序列，控制语音合成器发出声音，就像人脑中形成的神经命令，以脉冲形式向发音器官发出指令，使舌、唇、声带、肺等肌肉协调动作发出声音一样。

12.2.2　语音合成的系统特性

语音合成系统中，合成单元、合成参数与合成音质是系统的重要特性。

1. 合成单元

合成单元是系统处理的最小语音单位。按由小到大顺序可分为音素、双音素、半音节（声韵母）、音节、词、短语和句子。通常合成单元越大，合成音质越易提高，但合成语音数据量越大。波形合成法中，合成单元多为词、短语或句子；参数或规则合成法中，英语多采用音素、辅音加元音组及元音加辅音组作为合成单元，汉语多采用音节或声韵母作为合成单元。

音节是语音中最自然的结构单位。汉语有许多不同于西方语言的特点，其一个音节即为一个字的音，再由音节构成词，最后由词构成句子，所以由音节作为基元构成的语句也是无限多的。汉语只有 412 个无调音节字，以这些基元组成语音库并不庞大，却有合成音质好、控制简单灵活等优点；因而用音节作为基元是汉语合成中一种很好的方案。

2. 合成参数

合成参数为参数合成及规则合成法中，控制语音合成器所需的参数。其分为音色及韵律参数。常用音色参数有共振峰频率、LSP 及生理发音参数。常用韵律参数有控制音强的幅度、控制音高的基频及控制音长的时间。参数合成法中，各合成单元的每帧合成参数直接从该合成单元实际录音中提取；而规则合成法中，是在分析大量语音材料基础上，经反复调试选择出来的。

3. 合成音质

合成音质指语音合成系统输出语音的质量。主要用清晰度（或可懂度）、自然度或连贯性等主观指标评价。其中清晰度为最重要的指标，体现合成的语音被听懂的概率。自然度用于评价合成语音是否接近自然语音的音色和韵律；若自然度低下，也会使合成语音难以听懂。连贯性用于评价合成语音是否流畅。

12.3　共振峰合成

语音合成器是将合成参数转变为语音波形的部件(一般为软硬件结合)。语音合成器通常按语音产生模型构成，模拟了语音产生的 3 个过程：声门激励、声道共振及口鼻辐射。语音合成器关键部分是模拟声道共振特性的数字滤波器。根据控制音色的合成参数及数字滤波器构造的不同，终端模拟合成器有两种形式：一是共振峰合成，一是 LPC 合成。本节介绍共振峰合成。

12.3.1　共振峰合成原理

决定语音感知的基本因素为共振峰，音色各异的语音有不同共振峰模式。以各共振峰及带宽为参数可构成共振峰滤波器。将多个这种滤波器组合来模拟声道传输特性，对激励声源产生的信号进行调制，经辐射即可得到合成语音。这就是共振峰语音合成器的构成原理。若共振峰合成器结构及参数选择合理，则可合成出高音质高可懂度的语音。长期以来，共振峰合成器一直处于主流地位。

共振峰合成的主要工作是综合一个时变数字滤波器，该滤波器参数受共振峰控制。由于语音信号共振峰变化缓慢，可用较低的速率编码。

与 LPC 合成法相同的是，共振峰合成也是对源-声道模型的模拟，但侧重于声道谐振特性。其将声道视为谐振腔，腔体谐振特性决定发出信号的频谱即共振峰特性。这种谐振腔特性易用数字滤波器模拟，改变滤波器参数可近似模拟出实际语音信号的共振峰特性。而激励源与辐射模型与 LPC 合成一致。显然，该方法有很强的韵律调整能力，无论时长、短时能量、基音轮廓线和共振峰轨迹均可灵活修改，这是规则合成法最希望有的性能。

早期共振峰滤波器用模拟电路实现，但目前用数字电路。按照共振峰滤波器组合方式其分为级联及并联两种方式(如 2.4.2 节所述)。两者中，对合成激励源位于声道末端的语音，级联方式效果较好；对合成激励源位于声道中间的语音(清擦音和塞音)，并联方式效果较好。

共振峰合成器音质主要取决于其参数设置，它需要从自然语言中有效及准确地提取控制参数并将其合成为规则。而归纳出可适应千变万化自然语言的合成规则是主要困难。目前使用的规则太简单，无法适应不同情况，要大量人工处理才能产生满意的语音。

多数共振峰合成器使用类似于图 12-1 的模型。其内部结构与发音过程不完全一致，但在终端处即语音输出上等效。图中，激励源有三种类型：浊音时用周期冲激序列，清音时用伪随机噪声，浊擦音时用周期冲激调制的噪声。

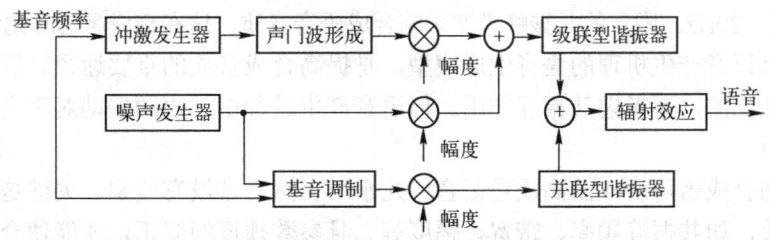

图 12-1　共振峰合成系统模型

激励源对合成语音自然度有明显影响。发浊音时，最简单的为三角波脉冲，但不够精确，可采用更精确的形式。对高质量语音合成，激励源脉冲形状十分重要。但按规则在语音合成中，合成参数不精确对音质的影响远大于激励源脉冲影响；因而按规则合成中，也常采用三角波激励源。

合成清音时的激励源一般用白噪声，实际用伪随机数发生器代替。清音激励源的频谱应平坦，波形样本幅度服从 Gaussian 分布。而伪随机数发生器产生的序列有平坦频谱，但幅度均匀分布。根据中心极限定理，互相独立具有相同分布的随机变量之和服从 Gaussian 分布。因此，若干(典型为 16)随机数叠加可得到近似 Gaussian 分布的激励源。

但将激励分为浊音和清音是有缺陷的，因为对浊辅音尤其是其中的浊擦音，声带振动产生的脉冲波与湍流同时存在，这时噪声幅度被声带振动周期性调制，因而应考虑这种情况。总之，为得到高质量合成语音，激励源应有多种选择，以适应不同发音情况。

对于声道模型，声学理论表明，语音信号谱中谐振特性(对应声道传输函数极点)由声道形状决定，与激励源位置无关；而反谐振特性(对应声道传输函数零点)在发大多数辅音(如摩擦音)和鼻音(包括鼻化元音)时存在。因此对于鼻音及大多数辅音应采用极零模型。因而图 12-1 中使用两种声道模型，一是将其模型化为二阶数字谐振器级联，一是模型化为并联形式。级联型可模拟声道谐振特性，很好地逼近元音谱特性。这种形式结构简单，各谐振器表示一个共振峰特性，只用一个参数控制共振峰幅度。采用二阶数字滤波器的原因是其对单个共振峰特性提供了良好的物理模型；同时在相同频谱精度上，低阶数字滤波器量化比特数较少。而并联型结构可模拟谐振及反谐振特性，被于来合成辅音。并联型也可模拟元音但效果不如级联型好。并联型结构中，各谐振器幅度单独控制，可能产生合适的零点。

合成鼻音的声道模型通常比合成元音多一个谐振器，因为鼻腔参与共振，声道等效长度增加；在相同语音信号带宽内谐振峰个数增加。鼻音零点可通过二阶反谐振器逼近，其与第 2 章所述数字谐振器呈镜像关系，输出 $y(n)$ 与输入 $x(n)$ 的差分方程为

$$y(n) = ax(n) + by(n-1) + cy(n-2) \tag{12-1}$$

其中，a、b、c 取决于共振峰频率 F 和带宽 B：

$$\begin{cases} c = -e^{-2\pi BT_S} \\ b = 2e^{-\pi BT_S}\cos(2\pi FT_S) \\ a = 1 - b - c \end{cases} \tag{12-2}$$

对二阶数字反谐振滤波器

$$y(n) = a'x(n) + b'x(n-1) + c'x(n-2) \tag{12-3}$$

a'、b'、c' 可由 a、b、c 得到：

$$a' = 1/a, \quad b' = -ba, \quad c' = -ca \tag{12-4}$$

图 12-1 中辐射模型较简单，可用一阶差分逼近；这在第 2 章已介绍过。

发声时，声道中器官运动导致谐振特性变化，因而声道模型应是时变的。高级的共振峰合成器要求前四个共振峰频率及前三个共振峰带宽随时间变化；再高频率的共振峰参数变化可忽略。对要求简单的场合，只改变共振峰频率 F_1、F_2 及 F_3，而带宽固定。如前三个共振峰带宽保持在 60Hz、100Hz 及 120Hz。固定的共振峰带宽影响合成语音音质，这在合成鼻音时尤为突出。

采用更符合语音产生机理的语音生成模型，是提高合成音质的重要途径。目前的模型中，声源与声道是独立的，不考虑其相互作用。但语音产生过程中，声源振动对声道传播的声波有不可忽略的作用。

高级共振峰合成器可合成出高质量语音，几乎与自然语音没有差别。关键是如何得到合成所需的控制参数，如共振峰频率、带宽、幅度等。且参数须逐帧修正，才能使合成与自然语音最佳匹配。这是因为，合成模型过分简化，须对由分析或规则获取的参数进行调整。

以音素为基元的共振峰合成中，可存储各音素参数，再根据连续发音时音素间的影响，从这些参数内插得到控制参数轨迹。共振峰参数理论上可计算，但实践表明，这样产生的合成语音在自然度和可懂度方面均不令人满意。

理想方法是从自然语音样本出发，调整共振峰合成参数，使合成语音及自然语音样本在频谱共振峰特性上最佳匹配，即误差最小，此时的参数作为控制参数，即分析-合成法。实验表

明，如合成语音谱峰值与自然语音频谱峰值之差保持在几 dB 内，且基音与声强变化曲线也较精确吻合，则合成语音在自然度与可懂度方面均与自然语音没有差别。为避免连读时邻近音素影响，对较稳定的音素如元音、摩擦音等，控制参数可由孤立发音提取；而对瞬态音素如塞音，其特性受前后音素影响很大，参数值应对不同连接情况的自然语句取平均。

根据语音产生的声学模型，直接从自然语音样本中精确提取共振峰参数还依赖于激励源信息的获取。设浊音激励源的频谱以-12dB/倍频程变化(如 2.3.2 节所述)，则预加重后的语音谱特性与声道谱特性相当。虽然这过分简化了激励源，但这种方法最有效。

12.3.2 共振峰合成实例

美国 Votrax 公司最早推出的语音合成器产品 Computalker，即采用共振峰合成。其原理方框图见图 12-2。说明如下：

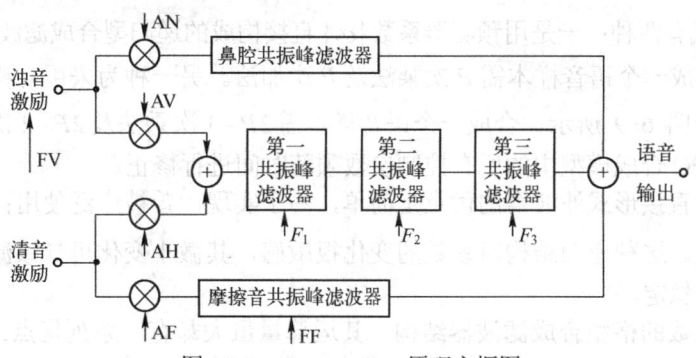

图 12-2 Computalker 原理方框图

（1）中间的信号传输通道对应于口腔发音，为主要的声道路径。元音和部分辅音通过此路径发音。口腔语音不用鼻腔，而鼻音用口腔和鼻腔发音。因而发鼻音时，要附加一个并联于口腔的鼻腔，图中用一个鼻腔共振峰滤波器来模拟。部分辅音如摩擦音的发音虽然也用口腔，但共振峰不同；因而发这部分辅音时，用一个摩擦音共振峰滤波器来模拟。

（2）AN 和 AV 为浊音的幅值控制，其中 AN 为鼻腔幅值控制，AV 为非鼻音的浊音幅度控制。AH 与 AF 为清音的幅值控制，其中 AH 对应于送气音，AF 对应于摩擦音。发送气音时 (AH≠0)AV=0,AN=0。因为生理学上，浊音和送气音不会同时发生。

（3）对平均长度约 17cm 的声道(男性)，3kHz 范围内大致包含三或四个共振峰，5kHz 内包含四或五个共振峰。高于 5kHz 的语音能量很小。语音合成研究表明：表示浊音最主要的为前三个共振峰，前三个时变共振峰频率可得到可懂度很好的合成浊音。因而主声道用三个共振峰滤波器 F_1、F_2 及 F_3，频率均在 3kHz 以下。根据不同的浊音，调整 F_1、F_2 及 F_3 以改变三个共振峰频率。

对特定人来说，鼻腔外形与大小相对时不变，因而发鼻音的附加鼻音共振峰滤波器不必进行频率控制。FF 为摩擦音共振峰的频率控制，调节它可得到不同摩擦音的共振峰频率。FV 为激励的频率控制，根据不同的讲话者，调节它可得到不同的基频。

12.4 LPC 合成

LPC 为一种简单实用的语音合成方法。LPC 广泛应用的原因是除基音周期外，其可提取语音信号的全部谱特性，如共振峰的频率、带宽及幅度等。而且，它将具有音高和振幅的激励源与控制音素发音的声道滤波器相分离，即将语音的许多韵律特性从分段语音信息中分离出来。它提供了由单词连接产生声音所需的总的音调轮廓，增强了语音存储的灵活性，也容易进行已存储语音的合成。图12-3 为 LPC 分析-合成系统的一般组成。

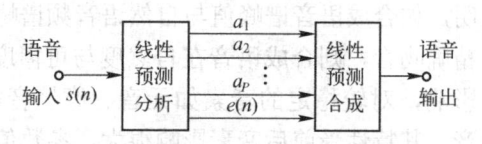

图 12-3 LPC 分析-合成系统组成

LPC 合成器的原理是，以全极点的数字滤波器来模拟声道，而滤波器参数通过 LPC 方程求解(见 6.4 和 6.5 节)。该方法在语音编码中应用更为广泛(包括 11.3 节的预测编码及 11.5 节的 LPC 声码器)。LPC 全极点滤波器为 IIR 滤波器，可用多种不同的结构来实现。

LPC 合成器非常成功，大大压缩了合成语音的数据量。早期的 LPC 合成器产生浊音需基频的脉冲序列激励，清音需伪随机噪声序列激励。后来的 MPLPC 合成器(与 11.7.2 节的 MPLPC 编码方法类似)不论浊音还是清音，统一用一组脉冲激励，从而提高了合成语音的自然度及顽健性。

LPC 合成形式有两种：一是用预测器系数 $\{\alpha_i\}$ 直接构成的递归型合成滤波器，见图 12-4。这种结构简单，合成一个语音样本需 P 次乘法及 P 次加法。另一种为采用 k_i 构成的格型合成滤波器，如 6.5 节的图 6-9 所示。合成一个语音样本需 $2P-1$ 次乘法及 $2P-1$ 次加法。无论是哪种滤波器结构，LPC 合成模型中的所有控制参数须随时间进行修正。

由 $\{\alpha_i\}$ 构成的直接形式滤波器的优点是简单，易于实现，曾被广泛使用；但合成语音样本需很高的计算精度。这种递归结构对系数的变化很敏感，其微小变化可导致滤波器极点位置的很大变化，甚至不稳定。

而采用反射系数的格型合成滤波器结构，其运算量虽大却有一系列优点：$|k_i| \leqslant 1$，因而滤波器稳定；与直接结构形式相比，对有限字长引起的量化效应灵敏度较低(如 11.5.1 节所述)。图 12-5 为利用格型合成滤波器合成的语音，可见语音被近似原样地合成出来。因而 $\{k_i\}$ 合成方式有很优越的性能，被认为是目前非常好的方法，实用语音合成产品的绝大多数均采用了格型滤波器结构。

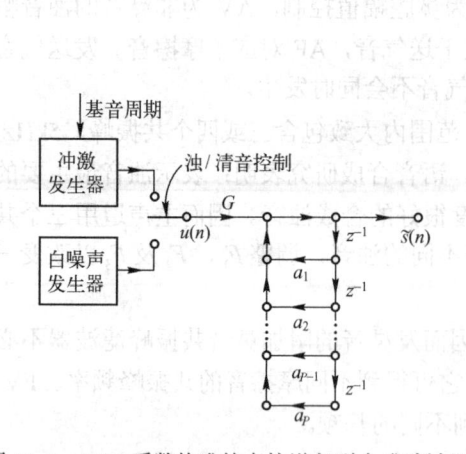

图 12-4 LPC 系数构成的直接递归型合成滤波器

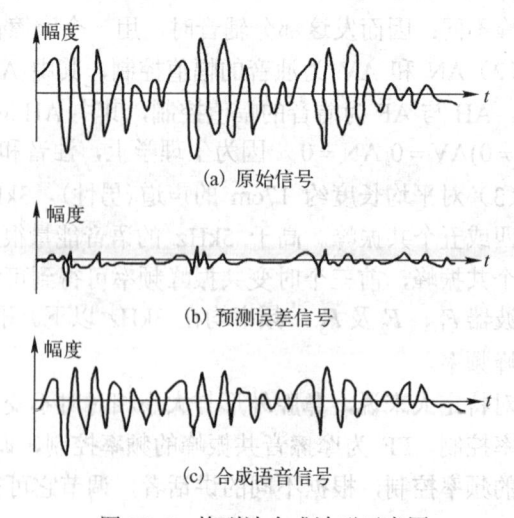

图 12-5 格型法合成波形示意图

(a) 原始信号

(b) 预测误差信号

(c) 合成语音信号

图 12-6 为 P 级分析格型及 P 级合成格型波波器的整体结构。分析格型链通道的末端与合成格型链通道的始端相连。两个格型链的下通道不相连，但分析链通道的输出为合成链通道的输入。两格型链有相同的反射系数 $k_1, k_2, \cdots, k_P$，但排列次序倒过来；从中间向两边看，分析与合成级成对出现。

这种结构的特点：(1) 允许合成滤波器由反射系数实现；(2) 准确度、乘因子数及复杂度间没有很强的制约关系，这是合成技术实现中需要考虑的非常重要的因素。

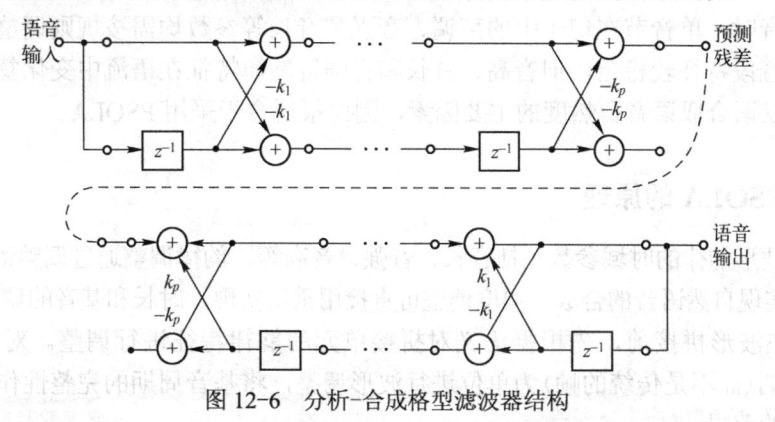

图 12-6 分析-合成格型滤波器结构

格型滤波器用于语音分析与合成的参数有：(1) 浊/清音标志；(2) 音高；(3) 总体振幅；(4) 反射系数。前三个参量是关于激励源的，其中音高是关于格型滤波器的。第三个参量是误差信号的平均振幅及总增益。第四个参量是关于格型滤波器的。LPC 系数不适于量化，每对系数量化至少 8～10bit。k_i 适于量化，每个系数需 5～6bit。进行存储的反射系数个数为 LPC 阶数。10 阶通常只能得到低质量语音，15 阶才能得到高质量语音。

LPC 及共振峰合成是非常流行的两种语音合成技术。LPC 分析有简单、可进行系数分析的优点；缺点是对合成语音的控制没有共振峰参数那样直观和方便。较复杂的共振峰合成有望产生较高质量的合成语音。

12.5 PSOLA 语音合成

12.5.1 概述

语音合成时，只有合成单元的音段特征和超音段特征都与自然语言相近时，音质才能清晰自然。现有的语音合成方法中，参数合成法可灵活改变合成单元的音段和超音段特征，原则上最合理。但其依赖于参数提取技术，且目前对语音产生模型的研究还不完善，因此合成语音的清晰度往往达不到实用程度。与之相反，波形拼接技术直接将语音数据库中的波形连接起来，用原始语音波形替代参数；且这些波形取自自然语音的词或句子，隐含了声调、重音、发音速度的影响，合成的语音清晰自然，质量高于参数合成法。

直接波形拼接是用预先的录音直接拼接波形，或用编码技术对录音进行压缩存储，解压后再用波形拼接产生合成语音。其合成语音就是录制的语音，因此合成音质好，在有限词汇语音合成中得到了广泛应用，如公共汽车报站器及 TTS 系统等。但简单的波形拼接只能对基本单元进行有限的调整；且这些语音单元多为完整的词、短语，合成单元一旦确定就无法改变，也就无法根据上下文调节韵律特征。因而其用于任意文本的 TTS 系统时，合成语音的自然度不高，从而限制了在无限词汇语音合成中的应用。

20 世纪 80 年代末提出了 PSOLA 可在波形拼接时对韵律进行修改。该方法与直接波形拼接有原则性的区别，既保持了原始语音的主要音段特征，又在拼接时灵活地调整基音、能量及音长等韵律特征，从而大大地提高了波形拼接法的音色与自然度。

PSOLA 使语音合成技术向实用化迈进了一大步。20 世纪 90 年代以来，基于 PSOLA 的法、德、英、日等 TTS 系统研制成功，自然度比 LPC 或共振峰合成器要高。基于 PSOLA 的合成器结构简单，易于实时实现，在计算复杂度等方面有明显优势，有很好的应用前景。

PSOLA 也适于汉语的按规则合成。汉语是声调语言系统，词调、句调模式复杂，以音节为基元合成语音时，单音节在句子中的声调、音强和音长等参数均需按规则调整。汉语音节的独立性较强，音段特征较稳定，但音高、音长和音强等韵律特征在语流中变化复杂，这些韵律特征又是影响汉语合成语音自然度的主要因素，因此很适合于采用 PSOLA。

12.5.2 PSOLA 的原理

决定语音波形韵律的时域参数包括音长、音强、音高等。韵律调整通过调整语音段的幅度、时长和基音，实现自然语音的合成。幅度调整可直接用乘法实现，时长和基音的调整则较复杂。

PSOLA 在波形拼接前，先根据语义对拼接单元的韵律特征进行调整。对韵律特征调整时，以基音周期(而不是传统的帧)为单位进行波形调整，将基音周期的完整性作为保证波形及频谱平滑连续的前提。

PSOLA 是利用 STFT 重构信号的叠接相加法。通过对原始信号进行基频、时长和短时能量等韵律特征的修改，使得到的合成信号与原始信号有基本相同的动态谱包络。如 4.2 节所述，STFT 为：

$$X_n(e^{j\omega}) = \sum_{m=-\infty}^{\infty} x(m)w(n-m)e^{-j\omega m} \tag{12-5}$$

设语音短时平稳，则在时域每隔若干(如 R 个)样本取一个频谱函数即可重构信号，即

$$Y_r(e^{j\omega}) = X_n(e^{j\omega})\big|_{n=rR}, \quad r\text{为整数} \tag{12-6}$$

其傅里叶逆变换

$$y_r(n) = \frac{1}{2\pi}\int_{-\infty}^{\infty} Y_r(e^{j\omega})e^{j\omega n}d\omega \tag{12-7}$$

对 $y_r(n)$ 进行叠加，以得到原信号：

$$y(n) = \sum_{r=-\infty}^{\infty} y_r(n) \tag{12-8}$$

上述过程如 4.4.2 节所述。

PSOLA 有三种形式，即时域 PSOLA、频域 PSOLA 及 LPC-PSOLA。下面主要考虑应用广泛的时域 PSOLA。

12.5.3 PSOLA 的实现

PSOLA 的实现包括基音同步分析、基音同步修改及基音同步合成三个步骤。

1. 基音同步叠加分析

对原始语音信号进行基音同步标注，并与一系列基音同步的窗函数相乘，得到一系列有重叠的短时信号。一般采用 Hamming 窗，窗长为两个基音周期，相邻的短时分析信号间有 50% 的重叠。基音周期的准确性和起始位置对合成语音的质量有很大影响。

对 PSOLA，为原始语音段进行基音标注是它的基础。基音同步标记是与合成单元浊音段的基音保持同步的一系列位置点，须准确反映各基音周期的起始位置。同步分析主要是对语音合成单元进行同步标记设置。短时信号的截取和叠加、时长的选取均依据同步标记进行。浊音有基音周期，能够进行标注。清音无基音周期；但为保持算法的一致性，一般标注为一个适当的常数。

首先从语音库中提取原始语音 $x(n)$ 并进行基音同步标注,以语音合成单元的同步标记为中心,用基音同步分析窗 $h_A(n)$(宽度一般为基音周期的两倍)对原始语音进行加权,得到一组短时分析信号 $x_m(n)$:

$$x_m(n) = h_A(t_m - n)x(n) \tag{12-9}$$

式中,t_m 为基音标注点,可取基音周期中信号绝对值最大的位置。

2. 对基音同步的中间标注进行修改

对短时分析信号进行调整,根据待合成语音信号的韵律信息,将短时分析信号修改为短时合成信号;同时原始信号的基音标注也相应地改为合成基音标注。这种转换包括 3 种操作:即分别修改短时信号的数量、延时和波形;对应于修改音长、基频和幅值。

首先,根据原始语音的基音曲线和超音段特征与目标基音曲线和超音段特征修正的要求,建立合成波形与原始波形间的基音周期映射关系,再由此确定合成所需的短时合成信号序列。

同步修改在合成规则的指导下调整同步标记,产生新的基音同步标记。即通过对合成单元同步标记的插入或删除来改变合成语音的时长;通过对合成单元标记间隔的增大或减小来改变合成语音的基频等。这些短时合成信号序列在修改时,与一套新的合成信号基音标记同步。时域 PSOLA 中,短时合成信号由相应的短时分析信号直接复制得到。

音长修改,是找到分析信号基音同步标注点 t_m 与合成信号基音同步标注点 t_q 的对应关系;通常二者间为线性关系。图 12-7 给出音长缩短时的基音标注。

基频调整通过修改信号的延时实现。即短时分析信号 $x_m(n)$ 与短时合成信号 $\tilde{x}_q(n)$ 间满足

$$\tilde{x}_q(n) = x_m(n - \Delta_q) \tag{12-10}$$

式中,Δ_q 表示时延,即 $\Delta_q = t_q - t_m$。

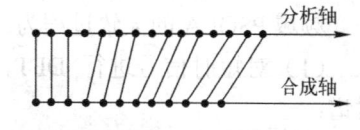

图 12-7 音长缩短情况的基音标注

3. 基音同步叠加与合成

基音同步合成利用短时合成信号进行叠加合成。其将合成的短时信号序列与目标基音周期进行同步排列,并重叠相加得到合成波形。此时,合成语音具有所期望的超音段特征。如合成信号仅在时长上有变化,则增加或减少相应的短时合成信号;如基频有变化,则首先将短时合成信号进行变换;符合要求后再进行合成。

PSOLA 合成的方法很多,下面采用基于原始信号与合成信号的频谱误差最小的最小平方叠加合成法。合成信号为

$$\tilde{x}(n) = \frac{\sum_q a_q \tilde{x}_q(n) h_S(t_q - n)}{\sum_q h_S^2(t_q - n)} \tag{12-11}$$

式中,分母为时变的归一化因子,以补偿窗之间时变叠加的能量;$h_S(n)$ 为合成窗,a_q 为相加归一化因子,用于补偿修改音高时的能量损失,表示合成能量的变化;$\tilde{x}_q(n)$ 为合成语音的短时信号,由原始短时信号 $x_m(n)$ 经变换得到。由上式可见,通过 a_q 可调整合成语音信号的幅度。

式(12-11)可近似表示为

$$\tilde{x}(n) = \sum_q a_q \tilde{x}_q(n) \bigg/ \sum_q h_S(t_q - n) \tag{12-12}$$

式中,分母用于补偿相邻窗口叠加部分的能量损失。其在窄带条件下接近常数;在宽带条

件下，当合成窗长为合成基音周期的两倍时，也为常数。设 $a_q=1$，则

$$\tilde{x}(n) = \sum_q \tilde{x}_q(n) \qquad (12\text{-}13)$$

利用式(12-10)，通过对原始语音的基音同步标志 t_m 间的相对距离伸长和压缩，可使合成语音的基音增大或减小。通过对音节中基音同步标志的插入或删除，可改变合成语音的音长，以得到新的基音同步标志 t_q。通过式(12-11)中的能量因子 a_q，可调整语音中不同位置合成语音的能量。基音周期与音长的调节见图 12-8。

下面简要介绍频域 PSOLA。与时域 PSOLA 类似，其也分为基音同步叠加分析、对中间表示进行修改及基音同步叠加处理三个过程。时域 PSOLA 在时域实现，较适合于改变音长；而调整基频特别是改变较大时，易造成叠加单元的混叠。而频域 PSOLA 不仅可改变时间标尺，还可将信号在频域上进行适当调整。

频域 PSOLA 的大致过程为：

（1）对短时信号进行 DFT，得到其短时谱；

（2）进行同态滤波，得到短时谱的包络及激励源频谱；

（3）对频谱进行压缩及拉伸；

（4）对短时合成谱进行傅里叶反变换，得到短时合成信号。

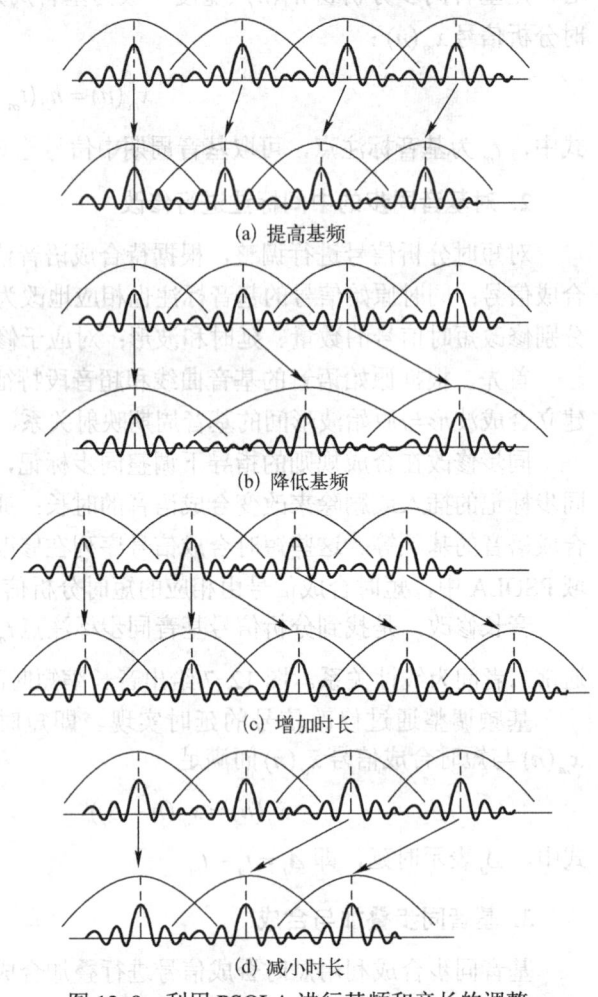

(a) 提高基频

(b) 降低基频

(c) 增加时长

(d) 减小时长

图 12-8　利用 PSOLA 进行基频和音长的调整

12.5.4　PSOLA 的改进

PSOLA 有良好的韵律调整能力，但基音频率修改过大时谱包络失真严重；即使不存在基音定位错误，在拼接不同语音段时也会存在以下问题：

（1）相位不匹配。即使基音周期估计正确，标注点位置的不匹配也会使输出产生毛刺。多带重合成叠加法通过时域 PSOLA 进行韵律调整，可解决相位不匹配问题。该方法将得到的基音周期设定为固定相位。这样可直接在时域对基音周期进行内插以实现谱平滑，且对标注点检测方法的相位误差敏感性更低，鲁棒性更强。但其缺陷是合成语音中会产生主观可感觉到的加性噪声。

（2）基音不匹配。即使没有基音或相位估计错误，也有基音不匹配现象。如两个语音段有相同的谱包络但基音不同，则估计得到的谱包络不一样，此时就会发生拼接不连续的情况。

（3）幅度不匹配。不同语音段的幅度不匹配可利用适当的幅度因子进行修正，但计算较复杂。更重要的是语音音色会随响度的改变而变化。

(4) 存储空间较大。波形拼接合成往往需要很大的语音库，占据了较大存储空间；不适合于掌上计算机或小的终端设备。

解决拼接边界不连续问题的较好途径是将 PSOLA 与参数合成法相结合。为此可利用 LPC-PSOLA。其对基频调整时，利用 LPC 频谱的残差信号而不是由内插得到的频谱。LPC 谱可很好地与谱包络相符（如 6.6 节所述），以减少频谱不连续现象。同时，语音产生的线性模型中，激励源与声道滤波器可分开调整，因而可对合成语音进行更多的控制。

LPC-PSOLA 可在单元边界对 LPC 参数进行平滑，以获得更好的语音质量。直接对 LPC 参数平滑可使语音不稳定，因而可用替代参数，如 LSP、$\{k_i\}$、对数面积比及 PARCOR 等。

LPC-PSOLA 减少了频带展宽，但由于语音质量更多地受协同发音的控制，因而不会带来语音质量的显著提高。同时，使用很长的平滑窗会破坏自然语音中的剧烈频谱变化。研究表明，长度 20-50ms、中心在边界上的窗的效果很好。

12.5.5 PSOLA 语音合成系统的发展

最初的 PSOLA 系统多采用二元音子作为合成的基本单元。其存储量很小，但为得到较准确的二元音子，录制时要求说话人用很平稳的方式说话。因而其合成语音的自然度较差。目前 PSOLA 合成系统的基本单元可进一步缩小。

另一方面，PSOLA 合成系统已不仅仅将不同的语音单元进行简单的拼接，而采用多种复杂技术，包括统计方法和神经网络等，在大量语音库中选择最合适的语音单元用于拼接，最后用 PSOLA 对合成语音的韵律特征进行修改，从而得到了很高的音质。如在多语种语音合成系统中采用 HMM 进行选音。

目前，在 PSOLA 的基础上又提出一些新的模型，如基音同步的正弦模型等，以进一步改善系统性能。

12.6 文语转换系统

文语转换将文本文件转换后由计算机或电话系统等输出语音。其可提供良好的人机交互界面，在信息查询、自动售票，残疾人的辅助交流工具（如盲人的阅读工具或聋哑人的代言工具），以及通信设备或数字产品中（如手机和掌上计算机）中有很好的应用前景。

语音通信将语音信号经编码、调制后进行传输，占用较宽的频带，通信速度与质量也受到限制和影响。如果传输的信息不是语音而是文字，由于一个汉字只占用两个字节，则通信速度将大大增加，通信设备终端只需将收到的文字转换为语音，因而有很大的应用价值。

语言的产生、感知和语音通信过程见图 12-9。文语转换系统包含了语法处理以下的所有部分，因而涉及了语言学和语音学的各个方面。

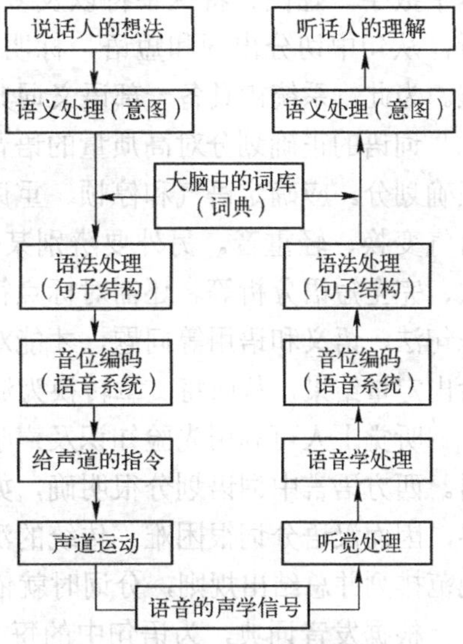

图 12-9 语音产生和感知过程

12.6.1 组成与结构

若仅将单个字的发音连接起来，则合成的语音缺乏自然度。语音自然度取决于发音声调的变化，而连续语音中字的发音不仅与其本身有关，且受相邻字的影响。因而须先进行文本分析，根据上下文关系确定每个字发音的声调应如何变化，然后用这些声调变化的参数来控制语音合成。

文语转换系统的方框图见图 12-10。文本分析、韵律控制与语音合成是核心部分。文本分析模块对要处理的文本进行分词、注音，输出是文本对应的音标序列。韵律生成模块对每个发音单元进行韵律调整，输出是包含韵律信息的音标序列。合成模块利用音标序列中的相应参数，选择合适的合成方法得到语音。

图 12-10 文语转换系统的方框图

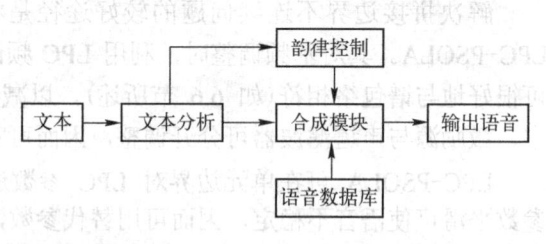

12.6.2 文本分析

文本分析是 TTS 系统的前端，根据发音字典对文本进行处理，将输入的文字串分解为带有属性标记的词并注音。同时根据语义和语音规则，为每个词、音节确定重音等级和语句结构及语调、各种停顿等。从而将文字串转变为表征发音特征的参数代码串。为对文本进行分析，除依赖各种规则（语义学、词、语音学）外，还须对文字内容有正确的理解，这涉及语言学及高级语言理解的问题。

文本分析的主要功能是使计算机识别文字，并根据上下文关系在一定程度上对文本进行理解，从而知道要发什么音、如何发音，并将发音方式告诉计算机，还要使计算机知道文本中哪些是词，哪些是短语、句子，哪里停顿、停顿多长时间等。

词典是文本分析所必需的，为一个存储语言学知识的数据库。文本分析各模块均可能用到语言学知识，因而词典管理模块为系统中的共享模块。语言学信息包括很多层面，如语音、语法或语义等。各层面均有相应的词典，如语音词典给出常用的每个单词的读音，语法词典收录单词的词性，语义词典定义单词的语义类别等。

文本分析分为三个步骤：

（1）输入文本的规范化。查找拼写错误，将文本中不规范或无法发音的字符滤掉。

（2）词语划分与词法分析。分析文本中的词或短语的边界，确定文字的读音，同时分析文本中数字、姓氏、特殊字符以及多音字的读音方式；对文本进行词汇、语法及语义的综合分析，从句中切分出词和短语，标明每个词的属性及在句子中的语法关系。这是语义学处理过程。为此，系统需具备一部语义词典，其中每个词须有词类标记等。

词语的正确划分对高质量的语音合成有重要影响，汉语中准确的韵律调整须依赖于词语的正确划分。应确定语气和停顿、重读。对文本进行句法分析，根据文本结构和组成确定句子的语气变换、轻重音。另外要辨别某些发音的歧义性。句法分析的常用方法包括句子成分、层次、完全短语分析等。还需对标点符号及其他字符进行处理，确定文本间的停顿。只有全面考虑句法、语义和语用等问题，才能对句子发音的轻重位置、各成分的时长分布，各种节奏停顿给出定量结果，从而将文章转换为流畅自然的语音。

听觉上人可利用先验知识及声学特征判断词的边界，但文本却没有对应的特征，尤其是汉语。西方语言中词语划分很明确，如英语中词与词间有空格。汉语文本没有标志来区分词的边界，因而汉语分词很困难。传统的汉语分词主要基于词典和规则；首先尽可能将文字中的分词规范排列并总结出规则，分词时就依赖于这些规则。

根据发音词典，为语句中的每个音节标明基本的发音单元及语句的基本调型和重度（重度是音节在词中的轻重程度，通常分为四级，即重、次重、次轻和轻等）。

需对多音字分析，找出与上下文相匹配的合适发音。一般可在系统中配备多音字读音字典进行选音。它应尽量少占用存储量,且效率和发音正确率要高。显然如配备有几万条词汇的语音词典且合成语音以词为单位输出,则不但可解决多音字问题还可改善合成语句的音质。

(3) 根据文本结构、组成及不同位置出现的标点符号,确定发音时语气的变换及不同音的轻重方式。最后将输入的文字转换为计算机可处理的参数。

传统的文本分析主要是基于规则的方法。代表性的包括正向最大匹配、逆向最大匹配、逐词遍历、最佳匹配法及二次扫描法等。

① 正向最大匹配法:设词典中最长的词长度为 n,首先取汉字串序列的前 n 个字,查词进行匹配;若不成功则取前 $n-1$ 个字匹配,直到成功。

② 逆向最大匹配法:与正向匹配法不同,从汉字串序列的最后一个字开始匹配。

③ 最小匹配法:从一个字开始匹配,如不成功则增加一个字的长度。

这些方法简单易于实现,但需大量的时间总结规则,且性能好坏依赖于设计人的经验及背景知识。目前汉语分词广泛使用这些方法,其中前两种匹配方法最为常用。为提高分词精度,现代汉语分词都辅之以区分歧义字段的规则。

近年来,随着数据挖掘(Data mining)技术的发展,许多统计学及神经网络技术在计算机数据处理中得到成功应用,从大量数据中自动提取规律已经是完全可能的。因而出现了基于数据驱动的文本分析方法,代表性的有:二元文法法、三元文法法、HMM 和神经网络法等。一些著名的系统,如 IBM 的语音产品就采用了 HMM 法。这类方法的特点是根据统计学或神经网络方面的知识,设计出可训练的模型并用大量已经存在的数据去训练,训练得到的模型即可用于文本分析。设计人员不需太多的语言学背景知识,因而减轻了其研究语言学的负担。

这类方法也可实现多语种的混合。目前它们在文本分析精度上已达到或部分超过基于规则系统的分析结果,应用日益广泛。这类方法易获得文本信息的共同特征,但缺点是忽略了个性;而这些个性对发音影响很大。因此可将这类方法与传统的分词方法进行结合。

12.6.3 韵律控制

系统用以进行语音信号合成的韵律参数要依靠韵律控制模块。与文本分析类似,韵律控制也分为基于规则和基于数据驱动的两种。早期韵律控制采用基于规则的方法,目前通过神经网络或统计驱动进行韵律控制已得到成功应用。

机器声呆板,缺乏自然语音中的抑扬顿挫、轻重缓急等变化。而人说话都有韵律特征,有不同的声调、语气、停顿方式,发音长短也不同,这些均属于韵律特征。自然语音中感情和语气的变化通过音高、音强和响度等的变化表现出来,这些特征称为韵律。韵律包含了感知信息及说话人的意图信息,对帮助理解语言及意图十分有用。韵律参数包括影响这些特征的声学参数,如基频、音长、音强等。语音中的停顿也是韵律的重要成分。

韵律主要是听觉特征,而声学特征都是可以测量的物理量。基频是韵律特征中最主要的声学特征,其变化反映了说话人情绪或语句内容的不同重要性,语音也因此听上去舒服。某些语言中,基频的变化也可能由词汇和句法的约定控制,如汉语作为有调语言,词的意思完全由四声确定,音调的变化有固定的搭配。另外,在固定的基音变化规律的基础上,允许基音有一定程度的改变,这可反映感情或重视程度的变化。

12.6.3.1 韵律的特点

1. 说话方式

韵律规则由说话方式及语言本身共同确定。不同人及同一个人在心情不同时,说话方式都不同;这会改变韵律。

(1) 个性:指说话人长期稳定的特征。对人的众多个性因素进行联合建模很困难,语音合成中,个性特征的考虑还很不充分。

(2) 情绪:与个性特征无关,很不稳定。为将说话人的心理信息表达出来,需考虑其情绪因素。

从语音信号中提取情感特征的研究还较少,一般限于分析信号的持续时间、发音速度、振幅、基频、频谱等变化特征,以寻找能反映情感特征的物理参数。下面是对包含有某些情感的语音信号的分析结果:

① 欢快:发音持续时间稍微缩短,速率变快但小于愤怒和惊奇;平均振幅变大但小于愤怒和惊奇;平均基频、动态范围和平均变化率最大。

② 愤怒:发音持续时间缩短但稍长于惊奇,速率变快且仅次于惊奇;平均振幅变大且仅次于惊奇;平均基频、动态范围、平均变化率变大但小于惊奇。

③ 惊奇:发音持续时间缩短最多,速率最快;平均振幅最大;平均基频、动态范围、平均变化率变大且仅次于欢快。基频轨迹曲线在句尾处有上翘特征。

④ 悲伤:发音持续时间延长,速率稍变慢;平均振幅变小;平均基频、动态范围、平均变化率变小。

2. 汉语韵律规则

汉语为声调语言,其韵律规则与英语等西方语言相比有很多不同之处。

(1) 字的声调规则

汉语的声调有区别意义的功能。声调模式不仅确定了一个词的发音,而且还是和其他词在意义上的区别。从语音学分析,一个音节声调的感受主要取决于其浊音段的基频及变化,声调的高低、升降或曲折变化源于浊音的基频变化,汉语音节的基本调型由四个基频变化曲线描述,分别是阴平(高平)、阳平(高升)、上声(低降升)和去声(高降),见图 12-11。此为还有轻声等。

单字的声调是语音流中一切声调变化的基础,单音节的韵律变化是汉语合成系统研究的基本课题。汉语字调有三个基本规律:

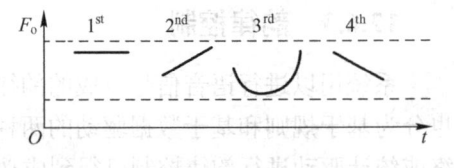

图 12-11 汉语四声的基频变化示意图

(1) 尽管性别年龄等使每个人的嗓音有高有低,但对一个特定人或一组人来说,有一个音高基准值,各种声调的音高在基准值上下变化。

(2) 对特定语境,各类声调的变化相对稳定,有一定的调域。说话慢时音高起伏变化大,反之则小。音节重读时调域大,反之小。

(3) 对某一调型的单音节,发音人或时长不同时基频的变化轨迹有差异,但变化趋势大体相同;即单音节的调型相同。

为便于实现,根据上述规律建立普通话的归一化字调模型。表示为

$$F_{oi}(\tau) = \lg^{-1}[F_c + F_d f_{oi}(\tau)] \tag{12-14}$$

其中,i 为调型码,且 $i=1,2,3,4$,分别对应于阴平、阳平、上声和去声;$F_{oi}(\tau)$ 为字调模型的输出,即某种声调的基频随时间 τ 变化的曲线,τ 为归一化时间;F_c 为音高基准值的对数;F_d 是调域的对数;$f_{oi}(\tau)$ 是调型函数。

归一化字调模型见图 12-12。其有 3 个输入参数:字调基准值 F_c、调域 F_d 和调型码 i;调型函数 $f_{oi}(\tau)$ 事

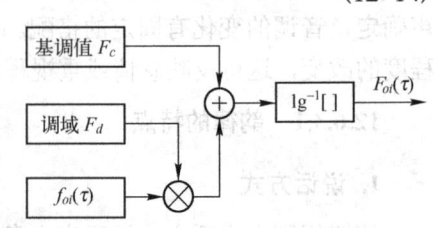

图 12-12 普通话的归一化字调模型

先设定。而

$$F_c = \sum_{i=1}^{5} P_i d_i \tag{12-15}$$

式中，P_i 为第 i 调类出现的概率；d_i 为平均调值：阴平 $d_1 = 5$，阳平 $d_2 = 4$，上声 $d_3 = 2$，去声 $d_4 = 3$，轻声音节 $d_5 = 2.25$。

F_d 与 $f_{oi}(\tau)$ 可根据实测数据得到：

$$\begin{cases} f_{oi}(\tau) = [F_{oi}(\tau) - F_c]/F_d, & i = 1 \sim 4, \quad \tau = 0, 0.1, \cdots, 1 \\ F_d = F_k - F_l \\ F_c = (F_l + F_h)/2 \end{cases} \tag{12-16}$$

式中，F_h、F_l、F_d、F_c 分别为取对数的基频上限、下限、调域和调中值。$f_{oi}(\tau)$ 的最大值为 0.5。

根据式(12-16)可产生合成语音的各种字调。一般男声取 $F_c = 2.1$，女声 $F_c = 2.4$，即女声的音高比男声高一倍；调域 $F_d = 0.3 = \lg 2$，即四种声调在一个倍频程内变化。

（2）词的声调规则

由字构成词时，不论词间还是词内都存在协同发音现象；这不仅影响语音声学参数，且会引起韵律特征的变化。在汉语字调研究的基础上，得到了一些词的韵律规则。

① 轻重音规则

韵律特征可从重音着手开始研究。语音流中各音节的轻重程度是控制韵律特征的主要参量之一。汉语语音的轻重可分为对比重音、正常重音和轻声。重音首先表现在音域和时长的扩大，其次才是语音强度的增加。

汉语中的基本单位是单音节和双音节词。三音节以上的词都可由它们构成。词的轻重格式是在长期使用中约定俗成的，可根据语音字典来标定。但即使固定的轻重格式，在语音流中也可能受位置和音节数的影响。在句子中，各音节的重度还受停顿、强调重音、感情重音等多方面的影响，可根据经验公式定量描述。

② 变调规则

汉语的语句中，每个音节都有各自的声调，但其和上下文语境也有协同发音现象。它们一起构成了连贯的语音发音。声调的协同发音对韵律的影响为：a.单向，其中顺向作用只影响其后接声调的起点，逆向作用只影响其前接声调的终点。b.只影响基频的大小，而不影响其变化方向。c.只发生在两个相邻的声调上。

双音节和三音节词也有一些变调规则，作用是使多音节词相连时基音轮廓线趋于平滑过渡。因为如果原来的单音节的调值不变则词听起来很不连贯。

12.6.3.2 韵律生成与处理

图 12-13 为韵律生成示意图；其说明了在 TTS 系统中，从文本信息到语音实现的变化中韵律的产生过程。

韵律模块的输入是经文本分析的文字。文本分析结果只告诉发什么音及以什么方式发音。但发音的声调是二声还是三声，是重读还是经读，到哪里停顿等韵律特征需由韵律生成模块完成。与文本分析类似，韵律生成也分为基于规则和数据驱动的两种。

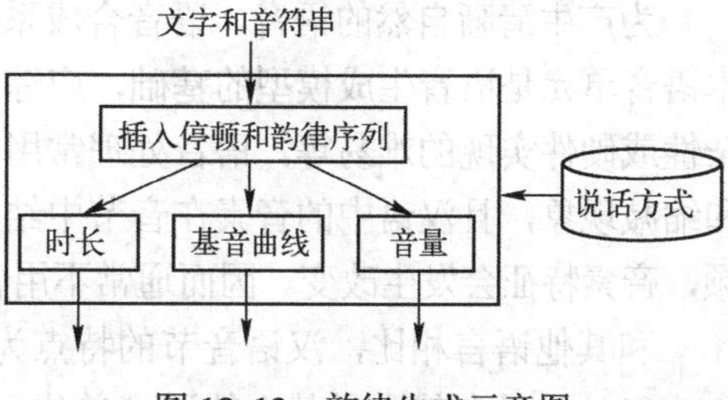

图 12-13 韵律生成示意图

早期的韵律生成采用基于规则的方法。要求有大量音韵学知识，可对基频、时长和音强等各声学参数在各种情况(如声音在句中的不同位置、不同声调及句子的不同语气甚至不同词性)的变化进行总结。目前基于规则的方法仍被认为是有效的方法，大部分汉语语音合成系统依然采用。这种方法虽能达到较好的韵律效果，但有很多局限。研究不同语种的韵律特征是非常耗时的工作；而且由于规则的复杂性，其生成语音的自然度受到较多的限制。另外这种方法只追求发音的自然而忽略了说话人的个性，如要模拟特定人的发音则效果很差。

目前，利用神经网络或统计模型的韵律生成的数据驱动方法已成功应用。其实现步骤是：首先设计或收集包含大量语音和文本信息的数据库，再建立一个训练模型，并用从数据库中提取出的韵律参数对模型训练，得到最终的韵律模型。这种模型可大大改善语音合成系统的灵活性，便于模拟特定人的韵律特征，且为在同一个合成系统中整合多种语言创造了条件。

韵律的抽象处理是使用各种标注符号对韵律进行标注，以便后续处理。如语句的停顿可直接用标点表示，而不同标点对应不同的声调和时长，这些均需在标注时进行说明。抽象处理后的韵律结构，可将一段语音的语义、语法特征的组合及与之对应的基音、音素持续时间、能量等特征联系起来。

12.6.4 语音合成

TTS 系统的合成语音模块一般采用波形拼接法，最有代表性的是 PSOLA。图 12-14 是利用 PSOLA 的 TTS 系统的方框图。其核心思想是对存储于语音库的语音用 PSOLA 进行拼接。但这种系统的问题是语音库往往非常庞大，占据较大的存储空间。另外拼接时相邻声音单元频谱的不连续也易造成合成音质的下降。

解决上述问题的途径是将基于规则的波形拼接法与参数合成法相结合。在此基础上形成一些新的模型，如基音同步的正弦模型等；目前这些工作还处于研究阶段。

图 12-14 利用 PSOLA 的 TTS 系统方框图

12.6.5 TTS 系统的一些问题

传统语言学研究主要采用归纳方法为语言现象总结规则。大多数 TTS 系统采用一个或多个字典和规则。规则是从大量自然语言中经分析后总结出的规律，通常只是一类语言的定性描述。已归纳出英语的多组理解规则，经常引用的包括 NRL(美国海军研究室)规则及 MITalk 系统的 TTS 规则。

汉语语言理解中，最有代表性的是 NHC(概念层次网络)理论。其关于自然语言理解的理论体系，是以语义表达为基础的可供实现的自然语言理解的理论框架。它是面向整个自然语言理解的完备的语义描述体系，包括语句处理、句群处理、篇章处理、短时记忆向长时记忆的扩展处理、文本自动学习处理等。

为产生清晰自然的语音，语音合成系统还要对语音产生机制进行详尽的分析。选取合适的基本语音单元是语音生成模型的基础，应综合考虑合成音质的优劣、数据库的大小、合成程序的复杂性或硬件实现的难易等。语音处理常用的基本单元都可在合成中使用。音素存在大量协同发音和缩减现象，且汉语中的音素在音节中结合十分紧密；另一方面，汉语中声调对整个音节进行调频，音素特征会发生改变。因而通常不用音素作为基本的语音单元。

和其他语言相比，汉语音节的特点为：

(1) 是最自然和最基本的语音单位。基本上一个音节对应一个汉字，且有一定的意义。

(2) 在音节相连的语流中，虽然音节间也存在协同发音现象，但作用范围较小，音节的声学表现相对稳定。

(3) 音节数较少。无调音节只有 412 个，考虑音调也只有 1282 个，还有一二百个儿化音节，总共不超过 1500 个。

因而以音节为基本单元所需的存储量并不大，且合成的词汇量不受限制。因此多数汉语语音合成系统以音节为合成单元。为使合成的词语有连贯性，也可用单词为合成单元。

有时为减小数据库的容量，可使用比音节小的单元为合成单元，但须对各语音层次上的协同发音规律做出相应的调整。声韵结构就是一种可选方案。图 12-15 为一种音节-声母/韵母-音段模型。它将汉语的一个音节分为七种特征音段，按时间顺序依次表示为：无声段、声母辅音段、送气段、前过渡段、元音段、后过渡段、鼻尾段。有的音节可能不包括所有的七段，七个特征音段中的后六个在时间上可能交叠，但不影响合成。

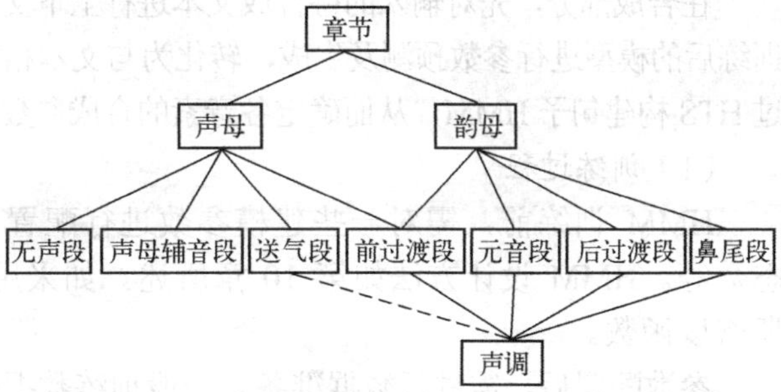

图 12-15 普通话音节的音节-声母/韵母-音段模型

选定合成基本单元后，需对大量语音材料进行预处理，从中提取出基本单元的语音参数，构成合成语音参数库。

12.7 基于 HMM 的参数化语音合成

基于大语料库的拼接合成是近年语音合成的主流方法。其对输入文本进行分析，从预先录制和标注的语音库中挑选合适的单元，再拼接得到合成语音。由于合成语音的单元直接从音库中复制，这种方法保持了发音人的音质。但它也存在不少缺陷，如合成语音的效果不稳定，过度依赖于语料库的建立；语音库的构建周期很长；合成系统的可扩展性较差等。目前对语音合成系统提出了更高的要求，即多样化的语音合成，包括多个发音人、多种发音风格、多种情感表达等。尽管基于大语料库的拼接合成法的音质与自然度较好，但其上述缺点限制了在多样化语音合成中的应用。

为此提出了基于统计声学建模的语音合成法；其可实现合成系统的自动训练与构建，又称为可训练的语音合成。该方法的基本思想是对输入语音进行声学参数建模，并以训练得到的统计模型为基础构建相应的合成系统。在各种基于统计声学建模的语音合成法中，基于 HMM 的方法得到最充分的发展，并显示了良好的合成效果。它基于 HMM 对语音参数建模，再利用音库数据进行训练，在合成过程中用训练好的 HMM 进行语音参数的生成，并通过合成器得到合成语音。

由于基于 HMM 的可训练合成方法的发展，语音合成中的参数合成法再度兴起，也为语音合成的发展指出了方向。与大语料库的拼接合成法相比，其短时间内在无需人工干预的情况下，可自动构建一个新系统；且训练过程基本不依赖于发音人、发音风格及情感等因素。基于 HMM 的可训练语音合成在语音数据有限的情况下，仍能合成高质量的语音；且可通过调整合成参数改变声音特征，系统灵活性很高，有较大优势。

IBM、微软、NIT 等进行了基于 HMM 的语音合成方法与技术的研究，多是针对于英语及日语等。我国针对汉语合成，也开展了这一研究。

1. 基于 HMM 的可训练语音合成的原理与系统

图 12-16 是基于 HMM 的语音合成系统(HTS，HMM-based Speech Synthesis System)的方

框图。其分为训练和合成两个阶段。由图可见,训练过程中,语音经历了从原始波形到声学参数序列,再到统计模型集合的变化过程;相应地,合成过程中,又经历了从统计模型集合到声学参数序列,再到语音波形的逆过程。

在训练部分,先从语料库中提取谱参数和基频参数;即对用于训练的语料进行参数提取,包括反映声道特性的频谱参数及反映激励特性的基频参数等。再利用上下文相关因素,对声道谱、基频和时长进行 HMM 建模;其中谱参数采用 CHMM 建模,基频采用多空间概率分布(MSD,Multi-Space Probability Distribution)HMM 建模。

在合成部分,先对输入的待合成文本进行上下文分析,并将文本转换成模型的单元序列;利用训练后的模型进行参数预测及生成,转化为与文本相关的标注序列;利用上下文相关的 HMM,通过 HTS 构建句子 HMM,从而确定各音素的合成参数,最后通过参数合成器合成出语音。

(1)训练过程

HMM 训练前,需对一些建模参数进行配置,包括建模单元尺度、模型拓扑结构、状态数等。HMM 设计方法如第 10 章所述。如采用 CHMM 建模,观察序列的概率可使用高斯密度函数。

参数配置后,需进行数据准备。一般训练数据包含两部分:声学数据及标注数据。其中声学数据包括谱和基频,可从语音波形中分析得到。标注数据主要包括音段切分和韵律标注,其中切分信息不很重要,自动切分基本可满足要求;而韵律标注通过自动或人工方法进行。此外还要对上下文属性集和用于决策树聚类的问题集进行设计,即根据先验知识选择一些对声学参数(声道谱、基频和时长)有一定影响的上下文属性,并设计相应的问题集,如前后调、前后声韵母等;而这部分工作与语种或发音风格有关。这里,上下文属性集及属性问题集用于模型聚类,以提高建模和训练效果。

训练流程图见图 12-17。通过训练分别产生基频、声道谱及时长的 HMM,为合成做准备。训练时先从语料库录音数据中提取声道谱及基频等声学参数,再根据 ML 准则,用 EM 算法训练声学参数向量序列的 HMM。这与语音识别中模型的训练过程(见第 13 章)类似,而二者主要区别在于语音识别中一般只对谱参数进行建模;而 HMM 合成系统中,使用一种多流的 HMM 为谱参数及基频建立统一的语境相关模型。另一个不同是除语音学特征外,HMM 合成系统还使用语言学和韵律学的特征描述语境。建模过程中,由于基频参数曲线的特殊性,无法用离散或连续分布描述,因而用 MSD 作为 HMM 的状态输出概率分布。同时,用高斯或 Gamma 分布建立状态时长模型来描述语音的时间结构。

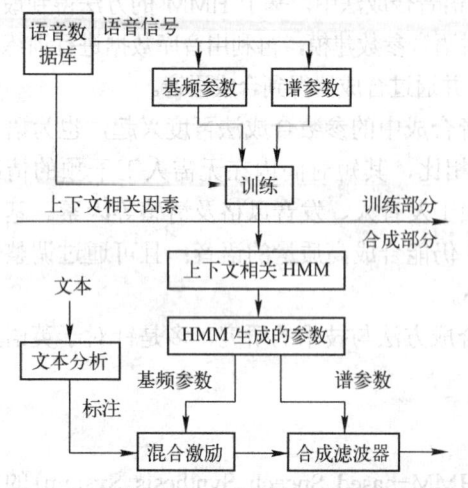

图 12-16 基于 HMM 的语音合成系统方框图

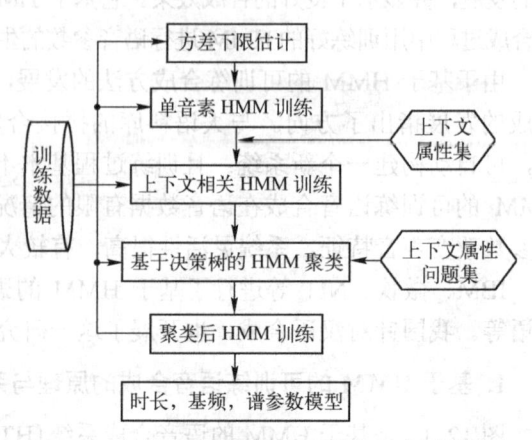

图 12-17 基于 HMM 的参数语音合成训练流程

最后，使用语境决策树分别对声道谱、基频及时长模型进行聚类，以得到合成用的预测模型。

（2）合成过程

合成过程为：用文本分析模块对输入文本进行分析，得到所需要的上下文属性，转换为有环境信息的上下文相关基元序列，根据其中每个基元搜索并得到相应的状态时长、基频和频谱的 HMM。即利用前面得到的决策树预测每个发音的语境相关 HMM，并连接成一个语句的 HMM。根据状态时长、基音周期 HMM 和声道谱参数 HMM 进行参数合成；即输入到参数合成器中，从而将声学参数合成为语音信号。上述过程中，使用参数生成算法从语句 HMM 中生成频谱和基频参数序列；其可看作语音识别的逆过程，即求给定 HMM 下的最大概率输出序列。

由上述分析可见，合成阶段同样可分为两个模块，即参数生成及参数合成。

在参数合成阶段，可采用 STRAIGHT（利用加权谱自适应插值的语音变换和表示，Speech Transformation And Representation Using Adaptive Interpolation of Weighted Spectrum）方法。其为一种分析-合成算法，利用提取的语音参数恢复出高质量语音，并可对时长、基频及谱参数进行灵活调整。其思想仍是源-滤波器，但以往基于这种思想的一些算法合成语音质量不理想，且调整能力不强。STRAIGHT 对其进行了改进，一方面在语音合成端利用听觉感知方法来提高合成的音质；另一方面消除谱参数中的周期性以提高谱估计的准确性，由此实现了源与滤波器的完全分离，从而提高了参数调整的灵活性。

2. 参数合成的方案

下面对 HMM 可训练语音合成中的合成阶段进行具体说明。其中声道谱参数采用 MFCC。如上所述，合成阶段可分为参数生成及语音合成两个过程。

（1）参数生成

参数生成指根据经文本分析处理的输入文本的状态序列及已训练好的 HMM，计算得到需生成语音的 MFCC 和 $\lg F_0$，其中 F_0 为基频。其为训练部分的逆过程。

该过程就是 HMM 的问题：给定模型，确定一组观察序列，使概率最大。

（2）语音合成

对 MFCC，可用 Mel 对数谱逼近（MLSA，Mel Log Spectrum Approximation）滤波器作为参数合成器。MLSA 滤波器是利用输入语音信号的 MFCC 构造的一组级联指数形式滤波器，即

$$H(z) = \exp\left(\sum_{m=0}^{M} c_m \tilde{z}^{-m}\right) \quad (12\text{-}17)$$

其中

$$\tilde{z}^{-1} = \frac{z^{-1} - a}{1 - az^{-1}} \quad (12\text{-}18)$$

这里 $|a|<1$，与语音信号采样率有关。

可利用 MLSA 合成器得到语音，如图 12-18 所示。基于 MLSA 滤波器的语音合成器也是一种声源-滤波器结构。滤波器用于模拟声道。输

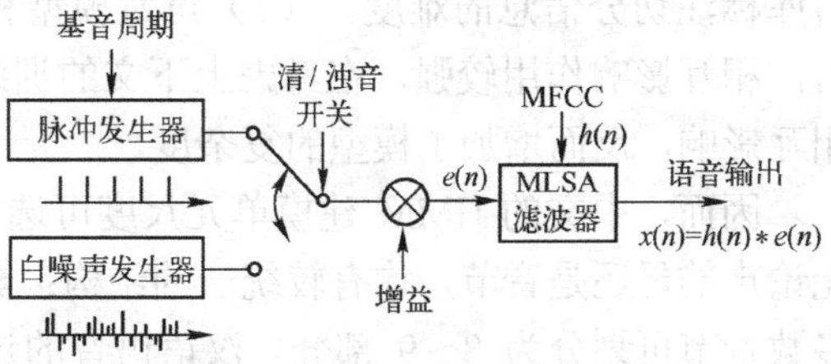

图 12-18 MLSA 滤波器合成示意图

入文本经分析，由参数生成模块得到相应的 F_0；根据基元的上下文相关信息等，经 HMM 的参数生成，得到增益 G 和声道参数（MFCC）。最后用声门信号激励滤波器，输出符合一定韵律特性的语音波。

3. 中文 HMM 语音合成系统的构建

下面介绍一种中文 HMM 语音合成系统的设计。

（1）数据准备

训练样本集是整个语音合成中参数训练系统的基础，其质量好坏对语音合成效果有决定性影响。首先从原始数据库中对语音样本进行筛选，选择发音清晰、韵律平衡的样本作为语料库的原始数据，然后从中提取对应样本的标注信息，生成适合于 HMM 参数训练的文本标注信息，并建立适合于中文 HMM 参数化语音合成的语料库。

① 语音样本的筛选

原始数据库中包含若干男女声语音样本。每个语音样本中包含语音波形数据，基于音节的切分时长信息，音节的有调拼音及韵律词和韵律短语的切分信息。

经逐条筛选，剔除录音不清晰、切分信息丢失和拼音标注不正确的样本，最终选择其中的一些完整有效的样本建立语料库。

② 语境标注信息提取

语境标注信息主要包含当前音节的发音信息，如拼音、声调、声母和韵母；语境发音信息，如前后音节的拼音；时长信息，如当前音节在语音波形数据中的起止时间；韵律切分信息，如韵律词和韵律短语的划分。

（2）声学参数提取

与波形拼接法不同，可训练的参数化语音合成系统不直接用原始波形数据建立发音单元模型，而使用相应的声学参数建模。如使用 24 阶 MFCC 及 F_0 作为原始语音的声学参数，来建立和训练 HMM。

相对其他声学参数，如 LSP、STRAIGHT 等，MFCC 的优点为其提取算法成熟，合成音质较高，计算复杂度低，可实时合成等。

（3）建模单元选择

HMM 参数化语音合成中，首先应确定发音单元的尺度。发音单元作为 HMM 训练的基本单位，其合适的尺度可保证良好的训练效果及较短的训练时间。

对英语及其他一些语言，常使用音素作为基本发音单元；这与语种相适应。因为对英语这类基于单词的语种，不同单词的发音结构与程度变化很大，建立统一的发音单元模型很困难，须使用较小的发音单元建模；而音素作为发音的最小单位，其发音结构简单，总数较少，较适合于建立发音单元模型。

但对中文参数化语音合成，使用音素建模有以下不足：（1）尺度较小，增加了对原始语料库标注切分信息的难度。（2）虽然模型种数较少，但在音素级别上发音单元间的连接更紧密，相互影响作用较强，在考虑上下文的训练系统中，需花费大量时间考虑音素的相连关系及相互影响，反而增加了模型的复杂度。

因而，中文的 HMM 建模单元尺度可选得大些，如声韵母单元或音节单元。对汉语语音，无论声韵母还是音节，均有较统一的结构：典型的声母包括 3 部分，韵母包括 5 部分，而绝大多数音节可划分为 8～9 部分。汉语语音的这种结构相对固定的特点，决定了设计其 HMM 单元时可使用声韵母或音节作为基本发音单元。使用音节作为 HMM 基本单元时，在训练时只需考虑音节间的相互影响；而汉语普通话中音节间的相互影响较小。因而这样的设计有助于获得较好的训练结果，并最终得到高质量的合成语音。

（4）HMM 拓扑结构的选择

HMM 的基本原理第 10 章已介绍过。图 12-19 为典型的 HMM 示意图。其中图（a）为一个 3 状态互连的 HMM，该模型中任一状态均可在一定转移概率下到达任一其他状态。图（b）是一个 3 状态由左到右型 HMM，该模型中一个状态随时间的增加，在转移概率的作用下，有可能保持状态不变或到达下一个状态。可见，由左到右型 HMM 很适合于为随概率变化的信号进行建模，这种特性可很好地用于语音识别及语音合成。

(a) 3状态互连HMM　　　(b) 3状态由左到右型HMM

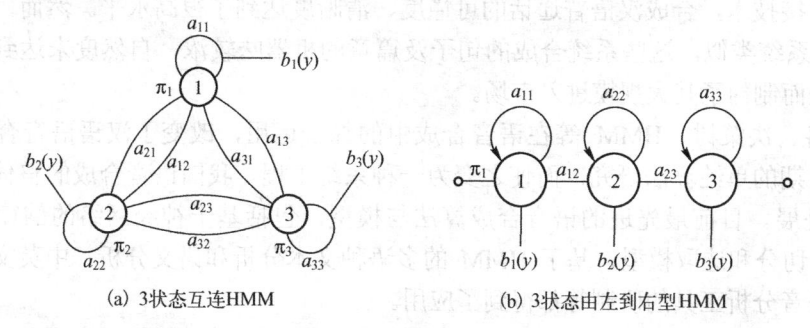

图 12-19　HMM 示意图

观察序列 y 可能是离散或连续的，因而对其描述可用离散的也可用连续的概率密度。通常，语音合成中使用一个或多个高斯混合密度，即

$$b_i(y) = \sum_{m=1}^{M} w_{im} N(y; \mu_{im}, \Sigma_{im}) \tag{12-19}$$

式中，M 为高斯核的个数，w_{im} 是高斯核的权重，μ_{im} 为高斯核的均值，Σ_{im} 为其方差。上式即为 10.5.2 节中的 GMM。

HMM 的拓扑结构主要指其隐藏状态数及状态间的跳转关系。在以音节为单位的 HMM 建模中，音节内一般不存在发音相同但间隔排列的音素；用 HMM 的状态转移描述时，就不应转移至曾经历过的状态。因而，HMM 对语音建模一般来用从左至右的各态经历结构（见 10.2、10.5.1 及 10.7.1 节）。

模型的状态数应根据发音单元的尺寸来选择。状态数太少则不足以描述相对变化较复杂的发音单元；太多则增加训练时间。在以音素为 HMM 单元建模的语音合成系统中，由于音素的时域结构相对简单，状态数可取 3~5。发音单元尺度增加时，状态数应适当增加，以便描述更为复杂的大尺度发音单元。考虑到音节内部的划分情况，如可使用 10 状态 HMM 对音节建模。

基于 HMM 的参数语音合成由于采用模型生成目标参数，且基于参数合成器来合成语音，因而合成语音的音质与原始语音相比还有较大差距。其比大语料库拼接的语音合成法的音质要差，因为后者拼接单元基本采用原始语音。但 HMM 合成的优势是合成语音更为流畅和平滑，且对不同句子的合成效果更稳定；且可训练性、易扩展性、灵活性等都使其在多样化语音合成中具有竞争力。从应用角度看，大语料库拼接合成系统需存储大量的语音库资源，且需大量运算进行单元搜索；而 HMM 合成系统只需在训练阶段访问音库数据进行模型训练，合成阶段只需访问训练好的模型数据，因而存储量非常小，适合嵌入式应用。但该方法在韵律和时长模型等方面需进一步研究。

12.8　语音合成的研究现状和发展趋势

1. 研究现状

20 世纪 90 年代以来，随着 PSOLA 的应用，越来越多的研究机构投入到语音合成技术的研发上来。最有代表性的 TTS 系统为美国 DEC 公司的 DECtalk(1987)等。在国内，汉语语音合成的研究开展得较晚；但从 80 年代初开始基本与国际上同步发展。目前公认的两种有较强韵律调整能力的合成方法均可用于汉语规则合成；从测试结果看，PSOLA 的合成音质优于共振峰法。但汉语韵律调整中，基频与共振峰轨迹均需进行较大幅度的修改；为更好地解决韵律调整问题，共振峰合成法的潜力更大。因而综合应用两种合成方法的系统越来越多。

汉语 TTS 系统的研究近年来取得重要进展，有很多成功的例子。它们基本上采用 PSOLA 的时域波形拼接技术，合成汉语普通话的可懂度、清晰度达到了很高水平。然而，同国外其他语种的 TTS 系统类似，这些系统合成的句子及篇章的机器味较浓，自然度未达到用户广泛接受的程度，从而制约了其大规模进入市场。

神经网络、决策树、HMM 等在语音合成中的综合运用，改变了汉语语音合成的研究重点，突破了早期的单纯算法研究，而使之变为一种系统工程。我国语音合成的整体研究和开发也取得重大进展。目前最先进的语音合成算法与模型，包括基于神经网络的韵律模型、基于 HMM 的语音切分和选取模型、基于 HMM 的多语种文本分析和语义分析、中英文语料库的设计和标注、语音分析工具的研制等都得到了应用。

基于 HMM 的参数语音合成分为训练与合成两个阶段。在训练阶段，主要从训练语音数据中提取基频及多维频谱参数，然后训练一组上下文相关音素对应的 HMM，并使相对该模型的训练数据的似然函数最大。一般用多空间概率分布进行基频建模，通过训练决策树进行上下文扩展模型的聚类，以提高数据稀疏情况下模型参数的鲁棒性，并防止过训练。再使用训练得到的上下文相关的 HMM 进行状态切分，且训练状态的时长概率模型用于合成时的时长预测。在合成阶段，先依据文本分析结果和聚类决策树找出待合成语句对应的 HMM，然后基于 ML 准则且使用动态参数约束来生成每帧对应的最优语音特征向量。最后利用生成的声学参数来合成语音。

2. 发展趋势

语音合成技术经多年发展，已从传统的规则合成发展到目前的基于大语料和数据驱动的技术，系统也从单一语种发展到多个语种，且越来越灵活。语音合成系统正朝多语种、网络化和分布式运算的方向发展，其关键技术所涉及的领域也越来越多。其他领域如数据挖掘、自然语言理解、信号处理等的成果，正不断向语音合成领域渗透，并大大推动了语音合成系统象与人一样能够自然流畅说话、学习及自动模拟的方向发展。

现有的语音合成系统早已产品化，音质与发音效果也被接受。但人的发音各有特色，发音习惯各不相同。像人一样体现出说话语气、概念，体现不同情感，并模拟不同人发音特色的语音合成系统的出现，还要进行深入研究。下一代语音合成系统不再是文本到语音的转换，而是概念到语音的转换。

当前语音合成研究的发展方向包括：

（1）特定应用场合的语音合成。由于语音合成的复杂性，用于普通场合的语音输出系统的质量还不能达到用户满意的程度；但对特定的应用可达到实用水平。如仪器设备中的语音提示；语音合成、数据库与电话系统的结合，实现有声信息服务等。

（2）韵律特征的获取与修改。人说话时含有丰富的韵律特征，对表达语义和感情非常重要。但大部分书面语不能携带丰富的韵律信息。如忽视自然语言的韵律特征和个人特色，则合成的语音只能是单调枯燥的。如何增加韵律信息是语音合成研究的热点问题。如采用神经网络训练、抽取韵律描述规则、设计韵律置标语言等。这些研究成果将改善语音的自然度、提高其表现力。另一方面，也将模拟出有特定音色的声音。

（3）语言理解与语音合成的结合。为产生高质量的合成语音，须对输出语音有一定的理解，然后在其中更好地表达语义，从而提高其可理解度。自然语言理解与语音合成的结合为实现这一目标提供了途径。

（4）语音合成与语音识别的结合。语音合成与语音识别是互补的两个领域，有许多类似之处，某些方面可相互借鉴。

（5）语音合成与图像处理的结合。语音合成与图像处理相结合，可帮助听者对语音进行理解。语音输出伴以说话者的表情，可更好地表达感情和语气。与图像信息的结合为提高语音输出质量提供了有效途径。

13.11 节介绍了一种基于类似思想的语音识别技术，即可视语音识别；其将图像信息引入到语音识别中，以提高识别性能。

12.9 语音合成硬件简介

下面对语音合成硬件进行简要介绍。无论基于单词、音节还是音素来合成语音，须事先存储这些语音单元。除单词发音外，其余语音单元从实际语音中提取是困难的，常由语音合成器硬件来合成。目前已研制和生产了一些语音合成系统及语音合成芯片，表12-2列出其中的一些。

目前市场上有大量的语音合成芯片，可在不同程度满足合成语音的质量要求。下面以TMS5220为例介绍。

TMS5220（后来的型号为TSP5220）是美国TI公司20世纪80年代推出的单片数字语音合成处理器（简称VSP），可直接与8bit或16bit微处理器系统连接，以极低的数据速率合成高质量的语音。TMS5220是采用LPC的语音合成器，有一定的典型性，代表LPC语音合成器的典型结构。TMS5220通过外接CPU或某些专用语音合成存储器，再配置由扬声器、放大器组成的音频电路，就可组成语音系统。其特点是结构紧凑，要求的存储容量小，语音质量较高。

TMS5220通过CPU或从专门数据存储器（简称VSM）读入经LPC分析的参数数据，再由VSP解码送给模拟声道的时变数字滤波器，经周期冲激序列或随机噪声序列激励后，产生所需要的合成语音。其采用LPC方式，因而数据存储量不大；但LPC法不直接记录与传送语音信号，而是存储一些预测系数及计算得到的残差信号，因而TMS5200对CPU有很大的依赖性。

表12-2 语音合成系统和芯片

公司名称	型号	合成技术	词汇量	特点
Covox公司	Voice Master	波形处理和编码	64个数目字或短语或其他音	
数字设备公司	DEC talk	声道数字模型	无限	可产生老年男性、女性、儿童的声音
通用仪器公司	VSM 2032	线性预测		
Hewlett Packard公司	82967A	线性预测	1500个单词	
瑞典Infovox公司	SA101	共振峰合成	无限	英、法、西班牙、意、德、瑞典等语言
国家半导体公司	Digitalker Microtalker	波形处理和合成 波形连接和处理	256个单词或词组 256个单词	
NEC美国分公司	AR-10	ADPCM编码		
Oki半导体公司	MSM6202 MSM6212	ADPCM	能选择储存在ROM芯片上的125个词组	能储存12~40s长的语音
Silicon系统公司	SSI 263	共振峰合成	无限	64个音素，每个可有4个不同持续时间
Speech Plus公司	Prose 2000 Prose 2020 Text 5000		无限 无限	与IBM PC兼容，具有电话音质
Street Electronics公司	ECHO GP		无限	具有自己的微机，可独立使用
Texas仪器公司	TMS 5200	线性预测	无限	
Vynet公司			由程序或数据库中预先规定的声音信息来控制计算机说话	作为IBM PC的声音应答设备
Votrax分公司（联邦Screw Works公司）	SC-01A VS-B	共振峰合成 共振峰合成	无限 无限	64个音素加3个无声音； 64个音素加3个无声音，法语和德语

TMS5220 有两种用法：一是由 CPU 将存储在 EPROM 或 ROM 等存储器中的语音数据送入其中，另一种是直接使用专用存储器中的语音数据。显然前者要灵活得多。CPU 可在两种方式下与 TMS5220 协同工作：一种是监控器件状态的投票方式，另一种是由 TMS5220 产生的中断服务请求的响应方式。

TMS5220 关键部分是模拟人的发音声道的 10 阶格型 LPC 数字滤波器。该滤波器有一个阵列乘法器，协助进行这一工作。滤波器参数及激励信号按帧刷新。其设计为每秒 40 帧，每帧 50bit，每帧包括 13 个参数数据，分配如下：能量 4bit；重复帧标识参数 1bit；10 个 k_i 系数，其中 k_1、k_2 各 5bit，$k_3 \sim k_7$ 各 4bit，$k_8 \sim k_{10}$ 各 3bit。

思考与复习题

12-1　用波形或参数进行语音合成，与语音通信接收端的语音解码过程是否完全相同？

12-2　语音合成主要分为几类？什么是波形合成法、参数合成法和规则合成法？它们之间有何区别？其各有何优势？

12-3　试说明选择合成语音库的依据。对西方语言和汉语，应分别选择何种合成基元？与西方语言相比，汉语语音合成有哪些优势？试说明原因。

12-4　试述共振峰合成法与 LPC 合成法的原理。二者合成语音的质量有何不同？

12-5　PSOLA 合成有哪些实现方式？时域 PSOLA 的实现过程是什么？LPC-PSOLA 有何种优势？

12-6　TTS 系统可应用于哪些领域？其由哪些部分组成？在 TTS 中，应如何进行语音合成中的韵律控制？

12-7　试述语音合成的研究现状。

12-8　当前语音合成存在的难点是什么？目前重点研究的关键技术有哪些？其发展方向包括哪些方面？

第 13 章 语音识别

13.1 概 述

　　语音识别是语音链的一环，其最终目的是使计算机听懂任何人、任何内容的讲话。语音识别属多维模式识别及智能计算机接口的范畴，是集声学、语音学、计算机、信息处理、人工智能等领域的综合技术，在工业、军事、交通、民用等各领域得到非常广泛的应用。它是近二三十年研究的热点。国内外投入大量人力物力研究语音识别是信息产业迅速发展的迫切要求。

　　语音识别是人机通信的自然媒介，与语音合成结合可构成人-机通信系统。随着语音识别技术的成熟，出现了各类语音产品。语音识别产品在人机交互应用中已占越来越大的比例。与语音合成比较，语音识别在技术上要复杂得多，但应用更为广泛。

　　语音识别是模式识别的一种，其中模式有非常广泛的含义，是认知事物的概括，包括语音、文字、图像等。模式识别用计算机来模拟人的各种识别能力，目前主要是对视觉与听觉能力的模拟。模拟人的视觉能力就是图像识别与理解，而模拟听觉能力就是语音识别。模式识别已在很多领域得到重要应用，如文字识别、语音识别与理解、人脸识别、指纹鉴别、生物医学图像分析、遥感影像分析等。

　　传统的计算机与人交互是通过键盘和显示器，即通过键盘或鼠标输入、通过视觉来接收信息。但听觉也是一个重要的信息通道。人们期望以最自然的方式与计算机进行交互；这要求计算机不仅能处理文字和数字，还能处理声音和图像。另一方面，信息处理中，音频和视频同时存在，没有声音的视频是不可接受的。可视电话、电视会议中的声音是优先级最高的信道。身份识别系统中，声纹验证是重要的监测方式。为使未来的计算机能够看、听、学，能用自然语言与人类交流，语音和音乐都是不可缺少的。

　　如能用语音识别取代键盘和鼠标，成为计算机的主要输入手段，即将人发出的语音转换为文字和符号，或给出响应，如执行控制、做出回答等，则用户界面将产生一次飞跃。因而语音识别的商业前景是不可估量的。用语音替代键盘输入汉字是计算机用户的愿望，而其技术基础是语音识别与语音理解。

　　语音识别的优点如下：

　　(1) 语音是最自然最方便的交互工具，无须专门训练。

　　(2) 用语音输入与用打字机和按钮等比较，操作简单且使用方便。语音输入系统用口述代替键盘操作，向计算机输入文字，这对办公室自动化将带来巨大的变革。汉字输入的特殊性使汉语语音输入系统的重要性尤为突出。

　　(3) 语音的反应速度特别快，可达 ms 量级。语音信息输入速度比打字机快 3~4 倍，比抄写文字快约 8~10 倍。

　　(4) 可同时使用手、眼、耳等，可在进行其他工作的同时来输入信息。

　　(5) 输入终端可使用麦克风、电话等，很经济；还可直接利用现有的电话网，并遥控输入信息。

　　语音识别有下面几种分类方法：

　　(1) 从识别单位分，分为以下几类（其难度依次增加）：

① 孤立词语音识别。识别的单词间有停顿。
② 连接词语音识别。在连续语音中识别出其包含的某个或某几个词。
③ 连续语音识别。识别的单词之间没有停顿。
④ 语音理解。在语音识别的基础上，用语言学知识推断出语音的含义。

（2）从识别的词汇量分

每个语音识别系统有一个词汇表，系统只能识别词表中包含的词条。从识别的词汇量分，有小词汇($10\sim50$ 个)、中词汇($50\sim200$ 个)、大词汇(200 个以上)等。所有情况下，识别率随单词量的增加而下降。大词汇量连续语音识别是语音识别中最困难的课题，也是目前国内外语音识别研究中投入最多的项目。

（3）按讲话人范围分

有单个特定讲话人、多讲话人和与讲话人无关(即无限说话人)三种。其中第一种为特定人语音识别，后两种为非特定人语音识别。对特定人语音识别，使用前须由用户输入大量发音数据，对其进行训练。非特定人语音识别中，用户无须事先输入大量的训练数据即可使用，语音信号可变性很大，因而非特定人语音识别系统要能从大量不同人的发音样本中学习到非特定人的发音速度、语音强度、发音方式等基本特征，并寻找归纳其相似性作为识别标准。这一学习与训练过程相当复杂，所用语音样本要预先采集，并在系统生成前完成。

特定讲话人语音识别较简单，可得到较高的识别率，目前产品多属此类。后两种非特定人识别的通用性好、应用面广，但难度较大，不易得到高识别率。与讲话者无关的识别系统实用化将有很大的经济价值及深远的社会意义。

语音识别中最简单的是特定人孤立词有限词汇语音识别，最复杂、最难解决的为非特定人连续无限词汇语音识别。

（4）按识别方法分

有模式匹配、随机模型及概率语法分析法等，均属于统计模式识别方法。其过程如下：先判定语音特征作为识别参数的模板，再用一种可衡量未知模式与参考模式(即模板)的似然度测度函数，最后选用一种最佳准则及专家知识作为识别决策，对识别候选者进行判决，将最好的识别结果作为输出。

上述三种方法均建立在 ML 决策 Bayes 判决基础上，但具体做法不同，简述如下：

① 模式匹配法。将测试语音与模式参数一一比较与匹配，判决依据为最小失真测度准则。除参数分析的精度之外，选择何种失真测度至关重要。通常要求其对语音信息各种变化有鲁棒性；且可使用局部加权技术，以使测度更接近于最佳。

② 随机模型法。使用 HMM 概率参数对似然函数进行估计与判决，从而得到识别结果。HMM 有状态函数，因而可利用语音频谱的内在变化(如讲话速度、不同讲话者特性等)及相关性(记忆性)。这表明，该方法可较好地将语言结构的动态特性用于识别中。

HMM 法与模式匹配法完全不同。前者参考样本由事先存储的模式充当。而 HMM 将参考样本用数学模型来表示，再将待识的语音与其比较。

第 10 章对 HMM 进行了介绍。HMM 进行语音识别是一种概率运算。Markov 过程各状态间的转移概率及各状态下的输出都是随机的，更适应于语音发音的各种微妙变化，比模式匹配法要灵活得多。除训练时运算量大之外，识别时其运算量仅为模式匹配法的几分之一。

③ 概率语法分析法。适用于大长度范围的连续语音识别，即可利用连续语言中的形式语法约束知识对似然函数进行估计和判决。这里，形式语法可用参数形式也可用概率估计的非参数形式来表示，甚至可用二者的结合形式。因此，该方法可将方法①和②结合起来。

语音识别的主流方法有基于参数模型的 HMM 法及基于非参数模型的 VQ，其中 HMM 主要用于大词汇量语音识别。除上述方法外,还包括基于神经网络的语音识别、应用模糊数学的语音识别及句法语音识别等。语音识别中,如何借鉴与利用人在语音识别和理解过程中所用的方法及原理是一大课题,因而将神经网络引入语音识别引起了很大兴趣。

（5）从识别环境分

有隔音室、计算机房或公共场所。通常实验室环境下性能良好的识别系统,在噪声环境下的性能明显下降,因而须明确系统应用场合。噪声环境下,须采用特定方法使识别系统适应这种情况；如进行语音增强、选取对噪声不敏感的特征参数、模式在匹配阶段进行自适应等。

（6）按传输系统分

有高质量话筒、电话及近讲话筒等。

（7）从说话人类型分

有男声、女声、儿童声等。

语音识别研究发展迅速。经多年研究,对识别所需的特征提取算法及概率模型等已有多项重要突破。20世纪90年代后,研究重点已转到大词汇量非特定人连续语音上,且已取得一些突破。典型做法是：以HMM为统一框架构造识别系统模型。各基本识别单位至少建立一套HMM结构与参数。大词汇量非特定人连续语音识别可用于人机对话、语音打字机及不同语言间的直接通信等场合。

但语音识别的研究还存在很多困难。其依赖于众多学科的研究成果；语音信号为瞬时性信号及时变非平稳随机过程,信号中存在多种可变因素；从而使语音识别成为多维模式识别中一个很难的课题。只有人才能很好地识别语音,人对语音有广泛的知识,对要说的话有预见性及感知分析能力。目前世界上最先进的语音识别系统与人相比,性能仍然相差很远。

实用语音识别研究存在的主要问题为：

（1）语音识别的一种重要应用是自然语言理解。其首先要将连续语音分为单词、音节或音素,还要建立理解语义的规则或专家系统。

（2）语音信息的变化很大。语音模式对不同讲话者不同,即找不到两个说话者发音完全相同。对同一讲话者也不同,同一说话者随意和认真说话时,语音信息不同；即使相同方式(随意或认真)说话时,也受时间变化的影响,即不同时间的同一说话者说相同的语词时,语音信息也不同。这还没有考虑发声系统的改变(如病变等)。

（3）语音的模糊性。讲话时不同语音听起来可能很相似,这在汉语和英语中均是常见的现象。

（4）单个字母及词语发音时,语音特性受上下文环境的影响,使相同字母有不同的语音特性。单词或其一部分在发音过程中,音量、音调、重音及发音速度可能不同。

（5）噪声和干扰对语音识别有严重影响。

人可在SNR很低甚至干扰环境下识别语音。这主要依靠双耳的输入作用,但其机理目前还未完全清楚。语音库中,语音模板基本是在无噪声及无混响环境中采集、转换而成的。大多数语音识别系统均针对这种纯净的语音模板而设计。因而环境中的干扰和噪声使语音识别性能下降。如噪声可使单词端点检测困难,从而降低识别率。因而,对语音识别系统的一个要求是鲁棒性,即不受环境、使用者等的变化而影响,以保持较高的识别率。语音识别系统产品化的困难主要是鲁棒性,这由说话人、应用环境等许多不确定因素的影响而造成。

语音识别与语言学和人工智能有密切联系。语音识别的重大进展可能并不来自信号分析、自适应模式匹配及计算机运算等方面的进一步研究,而是来自语言感知、语言产生、语音学、语言学及心理学的研究。

汉语语音识别本质上与其他语言没有区别,但也有其特点。主要是其适于用音节作为基本研究对象，从而使特征提取、字节分割、动态时间匹配等也具有特点。但汉语同音字多，又有声调不明、界限不清、新词不断出现等特点，其语音识别比其他语言更为困难。

汉字是世界上唯一的会意文字，汉语语音是科学系统，其言简易赅，利于存储与处理。汉语词汇是在单音节词基础上层层合成而构造的，构词能力极强。词在组合搭配中既表现出自己的意义，也限定了相关词的意义，利于计算机识别与理解。

下面简单介绍语音理解。语音识别是模仿或代替人耳的听觉功能；而语音理解则模仿人脑的思维功能，是语音处理的高级阶段。语音理解以语音识别为基础，但与语音识别又有所不同。语音识别在于听清语音学级的内容，而语音理解在于明白语言学级的含义。语音理解是在识别语音底层的基础上，利用语言学、词法学、句法学、语义学、语用学、对话模型等知识，来确定语音信号的自然语音级在一定语言环境下的意图信息。

13.2 语音识别原理

模式识别的基本原理是将输入模式与系统中的多个标准模式相比较，并找出最近似的标准模式，将其所代表的类名作为输入模式的类名输出。根据比较输入与标准模式方法的不同，模式识别分为模式匹配法、统计模式识别及句法模式识别等几种。其中，模式匹配法将两个模式直接比较，是最基本、最原理性的模式识别，也是应用最广泛的方法。

目前大多数语音识别采用模式匹配原理，即未知语音的模式与已知语音的参考模式逐一比较，最佳匹配的参考模式作为识别结果。

语音识别分为两步。第一步根据识别系统的类型，选择可满足要求的识别方法，并分析其所要求的语音特征参数，作为标准模式存储起来，形成标准模式库。这个语音参数库称为模式或样本，上述这一过程称为学习或训练。第二步就是识别。

由模式匹配原理构成的语音识别系统原理框图见图 13-1。其采用的是模式匹配法。语音识别系统基本结构与常规的模式识别系统相同，包括特征提取、模式匹配、参考模式库三个基本单元。图中，测度估计、判决及专家知识库三部分的主要功能是完成模式匹配。但语音识别系统处理的是结构复杂、内容丰富的人类语言信息，因而其结构比通常的模式识别系统要复杂得多。

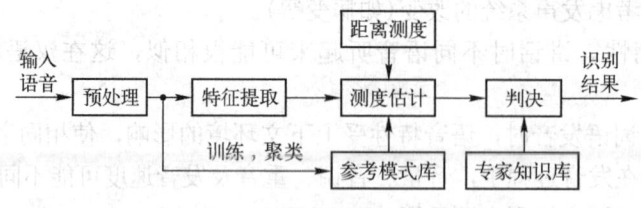

图 13-1 语音识别系统原理框图

1. 预处理

包括反混叠滤波、A/D 变换、自动增益控制、去除声门激励及口唇辐射的影响，以及去除个体发音差异及设备、环境引起的噪声影响等，并涉及语音识别基元的选取及端点检测。

语音处理中的预处理方法在 3.2 节中介绍过，下面针对语音识别中的预处理问题进行讨论。

（1）话筒自适应及输入电平的设定

输入语音信号的品质对语音识别性能影响很大，因而对话筒的抗噪声性能要求很高。选择好的话筒不仅可提高输入语音的质量，且可提高整个系统的鲁棒性。同时，不同种类的话筒及前端设备的声学特性不同，这会使输入语音产生变化。须具备对话筒及前端设备性能的测定及根据测试结果对输入语音的变形进行校正的功能。

为保证高精度的语音分析，ADC 的电平须正确设定。同时要通过 AGC 自动调整输入电平放大倍数，或通过对输入数据进行规整来控制语音幅度的变化。

（2）抗噪声

对话筒与嘴有一定距离、汽车里或户外等环境噪声大的情况，须对输入信号进行降噪处理。这种噪声可能是平稳或非平稳的，可能是来自环境等的加性噪声也可能是由输入和传输电路系统引起的乘性噪声。对平稳噪声，传统的谱相减等降噪声技术是有效的；对非平稳噪声，一种方法是通过两个话筒分别输入语音和噪声以相互抵消，从而进行消除。有关语音去噪的问题在将第 16 章介绍。

（3）语音端点检测

端点检测方法在 3.6、3.7 和 7.4.5 节中介绍过。有效的端点检测不仅使处理时间最小，且能排除无声段的噪声干扰，使识别系统具有良好的性能。

多话话人的识别系统的实验表明，端点检测准确时识别率为 93%；端点检测误差在 ±60ms（4 帧）时识别率降低 3%；在 ±90ms（6 帧）时降低 10%；误差进一步加大时识别率急剧下降。这表明端点检测在很大程度上影响了语音识别系统的性能。

设计端点检测模块的困难包括：

（1）信号取样时，由于电平变化难以设置各次试验均适用的阈值。

（2）人发出的某些杂音可使语音波形产生很小的尖峰，并可能超过门限。此外，人呼吸时的气流也会产生电平较高的噪声。

（3）取样数据中有时存在突发性干扰，使短时参数变得很大，持续很短时间后又恢复为寂静特性。应将其计入寂静段中。

（4）弱摩擦音或终点处为鼻音时，语音特性与噪声非常接近；其中鼻韵往往还拖得很长。

（5）若输入信号中有 50Hz 的工频干扰，或 A/D 变换的工作点漂移时，用短时过零率区分无声和清音就不可靠。

一种解决方法是计算每帧的直流分量并进行消除，但这增加了运算量，不利于实时实现。另一种方法是采用修正的短时参数，即一帧语音波形穿过某个非零电平的次数；可恰当地设置参数为一个接近于零的值，使过零率对清音仍有很高的值，而对无声段却很低。但无声段及各种清音的电平分布变化很大，某些情况下二者的幅度甚至可以比拟，这对该参数的选取带来了很大困难。

由上可见，好的端点检测方法应具有以下性能：

（1）门限对背景噪声的变化有适应性。

（2）将很短的冲激噪声及人发出的杂音等瞬间超过门限的信号归为无声段，而不是有声段。

（3）对爆破音的寂静段归为语音而不是无声段。

（4）避免丢失鼻韵及弱摩擦音等与噪声类似、短时参数较少的语音。

（5）避免过零率作为判决标准所带来的不利影响。

传统的端点检测将短时能量与过零率结合进行判断(如 3.6 节所述)，但可能产生漏检或虚检。语音激活期的开始通常是电平较低的清音；背景噪声较大时清音电平与噪声很接近，从而易造成语音激活的漏检。而清音段对语音质量起着非常重要的作用。另一方面，较大的干扰信号又有可能被当作语音信号，造成语音激活的虚检。如可能出现弱摩擦音和鼻韵被切除，误将爆破音的寂静段或字与字的间隔认为是语音的结束，误将冲激噪声判决为语音等情况。

为此可采用一些改进的端点检测方法。如基于相关性的方法的依据是语音信号有相关性，而背景噪声无相关性。利用相关性的不同可检测语音，尤其是将清音从噪声中检测出来。为此可定义一种有效的相关函数，并通过实验找到判别门限的设定及防止漏检和虚检的方法。

261

2. 特征提取

特征提取即特征参数分析，以获得一组可描述语音信号特征的参数。基本思想是将信号通过变换去掉冗余部分，将代表语音本质的特征参数抽取出来。与特征提取相关的为特征间的距离测度。特征提取是模式识别的关键问题；语音识别中，它是识别系统中的重要一环。特征参数的好坏对语音识别精度有很大影响，特征参数应尽可能多地反映用于识别的信息，因为此后所有处理均建立在特征参数上。特征选择对识别效果至关重要，选择标准应为对异音字特征间的距离可能大而同音字间的距离尽可能小。同时应考虑计算量，应在保持高识别率的情况下尽量减少特征维数，以减少存储量并利于实时实现。

语音特征分析有多方面内容，本书第 3 至第 10 章进行了详细介绍。特征参数应选用那些较好地表征语音特征、携带语音信息多、较稳定的参数，且最好几种参数并用。某些参数提取较复杂，要折中考虑选用哪些参数并确定采用哪种识别方法。

特征参数可选择下面的一种或几种：平均能量、过零数或平均过零数、频谱(包括 10～30 通道的滤波器组的平均谱、DFT 线谱、模仿人耳听觉特性的 MEL 谱等)、共振峰(包括频率、带宽、幅度)、倒谱、LPC 系数、PARCOR 系数、声道形状的尺寸函数(用于求取讲话者的个性特征)、随机模型(即 HMM)的概率函数、VQ 的矢量、神经网络模型所有节点上的各连接线的权、模糊逻辑的隶属函数及权系数，以及音长、音调、声调等超音段信息。

语音识别中，常用的特征参数有 LPCC 系数、MFCC(如 5.7 节所述)等；构成语音的特征矢量时，往往还加上帧能量信息，并对其取一阶及二阶差分。声调是汉语发音中较稳定的信息，应加以利用以减少同音字数量。因而汉语特征提取还应包括声调。

3. 距离测度

语音识别的距离测度有多种，如欧氏距离及其变形、似然比测度、加权了超音段信息的识别测度等，这些内容已在 9.3 节介绍过。此外，HMM 距离测度(10.8 节)、主观感知距离测度(11.7 节，用于 MPLPC 等混合编码方法中)等也是感兴趣的测度。

1975 年提出了 Itakura-Saito 似然比测度(9.3.2 节)，后又出现了适于辅音的倒谱距离 CEP(Cepstrum Distance)及元音的加权似然距离 WLR(Weighted Likelihood Distance)线性组合得到的 αCEP+$(1-\alpha)$WLR 距离。为提高噪声环境下语音识别的鲁棒性，又提出加权 WCEP(Weighted CEP)、RPS 距离(Root Power Sum Distance)、SGDS 距离(Smoothed Group Delay Distance)、WGD 距离(Weighed Group Distance)等。

4. 参考模式库

它是用训练的方法，对由说话人多次重复的语音参数，从原始语音样本中去除冗余信息，保留关键数据，经长时间训练，再按一定规则对数据进行聚类而得到的。

5. 训练与识别方法

语音训练与识别方法有很多，如 DTW、VQ、FSVQ、LVQ2、HMM、TDNN(时延神经网络，Time Delay Neural Network)、模糊逻辑算法等，也可混合使用。

测度估计是语音识别的核心。已有多种求测试语音参数及模板间的测度的方法。经典方法包括：

（1）DTW 法。用输入语音模式与预存的参考模式进行模式匹配；

（2）HMM 法：以统计方法进行识别；

（3）VQ 方法：基于信息论中信源编码技术的识别。

此外还有一些混合或派生方法，如 VQ/DTW、VQ/HMM 等。

语音训练与识别方法中，DTW 适于特定人的基元较小的场合，多用于孤立词识别。其匹配过程较细致，计算量大。缺点是过分依赖于人的发音，如身体不好或发音时情绪紧张都会影响识别率。该方法不能对样本进行动态训练，不适用于非特定人语音识别。

而 HMM 法既解决了用短时模型描述平稳段信号的问题，又解决了各短时平稳段如何转变到下一短时平稳段的问题。其用 Markov 链模拟信号统计特性的变化。HMM 以大量训练为基础，通过测算待识别语音的概率来识别语音。其适合于语音本身易变的特点，既适用于非特定人，也适用于特定人语音识别。

HMM 的基本原理第 10 章已介绍过。HMM 的语音模型 $\lambda = f(A, B, \pi)$ 的三个参数中，π 揭示了 HMM 的拓扑结构，A 描述了语音信号随时间的变化情况，B 给出了观测序列的统计特性。

HMM 语音识别的一般过程为：用前向-后向算法递推计算已知模型的输出 Y 及模型产生 Y 的概率，再利用 Baum-Welch 算法基于 ML 准则对模型参数进行修正，最优参数为 $\lambda^* = \arg\max_{\lambda} P(Y|\lambda)$。最后用 Viterbi 算法求出产生输出序列的最佳状态转移序列 X。这里，所谓最佳是以 X 的最大条件后验概率为准则的，即 $X^* = \arg\max_{X} P(X|\lambda, Y)$。

HMM 原理复杂，训练计算量较大，但识别计算量远小于 DTW，而识别率与 DTW 相当。与模式匹配法相比，HMM 是完全不同的概念。模式匹配法中，参考样本由事先存储起来的模式充任，而 HMM 将参考样本用数学模型来表示，这就从概念上深化了一步。用 HMM 进行语音识别，是一种概率运算。HMM 中各状态间的转移概率和每个状态下的输出都是随机的，因而这种模型可适应语音发音的各种微妙变化，使用时比模式匹配法灵活得多。除训练时运算量较大外，其识别的运算量只有模式匹配法的几分之一。

与 HMM 相比，VQ 主要适用于小词汇量孤立词语音识别。其过程是：对欲处理的大量语音 K 维帧矢量通过实验进行统计划分，将 K 维无限空间聚类划分为 M 个区域边界，各区域边界对应一个码字；所有 M 个码字构成码本。识别时，将输入语音的 K 维帧矢量与已有码本中 M 个区域边界进行比较，按失真测度最小准则找到与该输入矢量距离最小的码字的标号来代替此输入的 K 维矢量，对应码字即为识别结果。再对它进行 K 维重建得到被识别的信号。

基于 VQ 的语音识别是 20 世纪 80 年代发展起来的，可代替 DTW 完成动态匹配，而存储量及计算量均较小。FSVQ 为记忆多码本 VQ，不仅计算量小，且适用于与上下文有关的语音识别。其适合于特定人或非特定人、孤立词或连续语音识别。FSVQ 将在 13.4 节中介绍。

LVQ(Learning VQ)即学习矢量量化，其由 ANN 并行分布来实现常规 VQ 的串行搜索，运行速度远高于 VQ。其通过有监督学习改进网络对输入矢量分类的正确率。LVQ 在某些情况下对模式识别的分类效果不稳定。LVQ2 是 LVQ 的改进，是有学习功能的 VQ，训练时采用适应性法；满足一定条件时将错误的参考矢量移至离输入矢量更远些，而将正确的参考矢量移至离输入矢量更近些，以提高识别率。

语音识别研究中，始终对时域处理给予足够的重视。上述较成功的几项技术均可处理好语音非线性时域变化这一问题。

6. 专家知识库

用于存储各种语言学知识。知识库中要有词汇、语法、句法、语义和常用词语搭配等知识，如汉语声调变调、音长分布、同音字判别、构词、语法及语义等规则。知识库中的知识要便于修改扩充。不同语言有不同的语言学专家知识库，汉语也有特有的专家知识库。

7. 判决

对输入信号计算得到的测度，根据若干准则及专家知识，判决选出可能的结果中最好的那个，由识别系统输出，这一过程就是判决。语音识别中，一般采用 K 邻近(KNN)准则进行决策。因此，选择各种距离测度的适当的门限成为主要问题。这些门限与语种有密切关系。判决结果即识别率是检验门限选择正确与否的唯一标准；通常需调整这些门限才能得到满意的结果。

13.3 动态时间规整

模式匹配是多维模式识别中最常用的相似度计算即测度估计方法。训练中经特征提取及维数压缩，采用聚类等方法，对一个或几个模式，识别阶段将待识别模式的特征向量与各模板进行相似度计算，然后判别其属于哪一类。

语音识别虽可用模式匹配法进行相似度计算，但在特征维数方面存在时间对准问题，以及通常模式识别匹配计算时不具备的一些特殊情况。以孤立词识别为例，每类是一个词，每个词由一个或多个音素或类音素构成；训练或识别过程中，每次说同一个词时，不仅持续时间长度随机改变，且各词的各音素或各类音素的相对时长也随机变化。

端点检测也带来类似的问题。端点检测是语音识别的一个基础步骤，是特征训练及识别的基础。它找出语音信号中各种段落(如音素、音节、词素、词等)的起点与终点位置，排除无声段。汉语中主要是找出两个字的端点。为提高识别率，应先将端点检测出来。端点检测的精度高，对提高识别率有重要影响。正确的端点检测不仅可提高语音识别的识别率，也是语音自适应增强算法及语音编码系统的重要组成部分。

端点检测常采用时域方法，检测的主要依据为能量、振幅和过零率。但某些单词端点检测却存在问题。如单词最后带上一些拖音或一点呼吸音时，易将拖音或呼吸音误认为一个音位而造成错误。又如，若单词最后的音为清音爆破音时，由于爆破音除阻时间延迟较长，易将除阻的发音漏掉而造成端点检测错误。实际上，检测声音始端及终端的辅音及低电平元音非常困难。另外，噪声环境下，准确检测声音区间很困难。

语音识别中，不能简单地将输入参数及相应的参考模板直接比较，因为语音信号有相当大的随机性；即使同个一人不同时刻说的同一句话、发的同一个音，也不可能有完全相同的时间长度。模板匹配时，这些变化会影响到测度估计，使识别率降低。

为此，一种简单方法是对未知语音信号进行均匀伸长或缩短，直至与参考模板的长度相一致；即匹配时对特征向量序列进行线性时间规整。该方法的精度取决于端点检测精度(如前所述，端点检测存在一些困难)。该方法的另一个问题是音素或类音素可能对不准。因而这种仅压扩时间轴的方法无法实现精确的对正；其在大部分识别系统中不能有效提高识别率。因而需采用非线性时间对准算法。

早期的语音识别系统按模式匹配原理工作。训练阶段，将词汇表中的每个词的特征向量提取出来，作为标准模式存入模式库中。识别阶段，将输入语音的特征向量依次与模式库中各标准模式相比较，计算距离测度，并将距离最小的标准模式对应的词汇输出。显然，如只将输入特征向量与标准特征向量元素一一对比，则说话人的语速不一致问题会对正确识别带来困难。

语音识别的研究从 20 世纪 50 年代开始，到 60 年代中期取得实质性进展。重要标志就是 Itakura 将动态规划(DP, Dynamic Programming)算法用于解决语音识别中语速多变的难题，提出了著名的动态时间规整(DTW, Dynamic Time Warping)算法，为解决这一问题提供了一种有效途径。DTW 实现时间规整非常有效，词汇表(所设计的识别词汇)较小，各词条不易混淆时，其取得很大的成功。它是效果最好的非线性时间规整模式匹配算法，对提高系统识别精度十分有效。其对语音识别产生很大影响，是不可缺少的技术之一。

DTW 中，未知单词时间轴不均匀地扭曲或弯折，以使其特征与模板特征对正。规整过程中，输入的是两个时间函数，典型的有幅度、共振峰或 LPC 系数。如图 13-2 所示，设 A、B 为要进行匹配的时间函数，B 为模板，A 为被测试语音；将它们表示在两个坐标轴上，弯曲的对角线表示二者间的映射关系。

DTW 是时间规整及距离测度结合的非线性规整技术。如设测试语音参数有 N 帧矢量，参考模板有 M 帧矢量，且 $N \neq M$，则 DTW 就是寻找一个时间规整函数 $j=w(i)$，将测试矢量的时间轴 i 非线性地映射到模板时间轴 j 上，并使 $w(i)$ 满足

$$D = \min_{w(i)} \left\{ \sum_{i=1}^{M} d[T(i), R(w(i))] \right\} \tag{13-1}$$

图 13-2 动态时间规整

式中，$d[T(i), R(w(i))]$ 为第 i 帧测试矢量 $T(i)$ 与第 j 帧模板矢量 $R(j)$ 间的距离测度，D 则是最优时间规整情况下的两矢量间的匹配路径。

DTW 不断地计算两矢量间的距离以寻找最优匹配路径，得到的是两矢量匹配时累积距离最小的规整函数，从而保证了二者之间有最大的声学相似特性。DTW 中，端点限制条件放松，不像线性时间归一化那样受端点检测的影响。因而，语音分段要更简单，精确决定单词起始和终点位置的工作将由 DTW 完成。

实际中，DTW 是用 DP 实现的。DP 是模式识别中解决被比较的两个大小不同模式的成功算法。其 70 年代末用于语音识别，在解决语音时域非线性匹配问题上同样十分成功。其为一种最优化算法，见图 13-3。

通常，规整函数 $w(i)$ 被限制在一个平行四边形内，其一条边的斜率为 2，另一条边的斜率为 1/2。起始点为 (1,1)，终止点为 (N,M)。当前面的点 $(i,w(i))$ 上的 $w(i)$ 值已改变时，$w(i)$ 的斜率为 0、1 或 2；否则为 1 或 2。这是一种简单的路径限制。该方法的目的是寻找一个规整函数，在平行四边形内由点 (1,1) 到 (N,M) 有最小的代价函数。由于对路径进行了限制，计算量可相应减少。

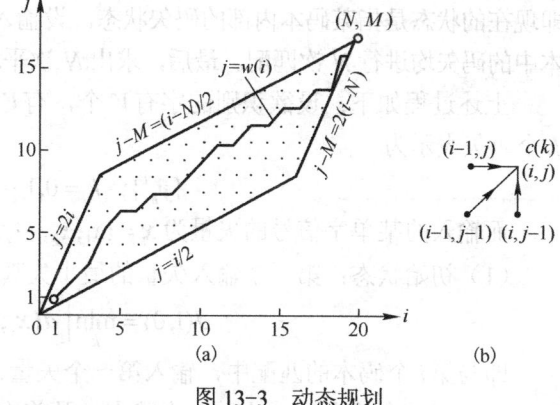

图 13-3 动态规划

总代价函数为

$$D[c(k)] = d[c(k)] + \min D[c(k-1)] \tag{13-2}$$

式中，$d[c(k)]$ 为匹配点 $c(k)$ 本身的代价，$\min D[c(k-1)]$ 为 $c(k)$ 以前所有允许值（由限制而定）中最小的一个。因而，总代价函数为该点本身的代价与到达该点的最佳路径的代价之和。

DTW 的处理最终取决于合适的距离测度。有各种不同的距离测度。比如对于滤波器组分析，各帧采用最小平方欧氏距离测度；LPC 分析中，常采用对数似然比距离测度（见 9.3 节）。

通常 DP 算法从过程的最后阶段开始，即最优的决策是逆序决策过程。时间规整时，对每个 i 值都要考虑沿纵轴方向可达到 i 的当前值的所有可能点（即在允许区域内的所有点），由路径限制可减少这些可能的点，而得到几种可能的先前点，对每个新的可能点按式 (13-2) 找出最佳先前点，得到此点的代价。随着该过程的进行，路径要分叉，且分叉的可能性不断增大。不断重复，得到从 (N,M) 到 (1,1) 点的最佳路径。

由上述过程可见，动态规划存在以下问题：

（1）运算量大。由于要找出最佳的匹配点，因而要考虑多种可能的情况。虽然路径限制减少了运算量，但运算量仍然很大，因而识别速度下降。这在大词汇量的识别中是一个严重缺点。

（2）识别性能过分依赖于端点检测。端点检测的精度随不同音素有所不同，有些音素端点检测精度较低，从而影响识别率。

（3）未充分利用语音信号时序动态信息。现已提出多种方法克服这一缺点。

尽管如此，DP 仍为一种有效的时间规整及语音测度计算方法，在孤立字识别中有广泛应用。一个典型的例子是：10 个数目字，识别精度可望大于 99%。另一种识别器的性能是：（1）16 通道滤波器组，带宽为 150Hz～4kHz，每 0.5s 语音 1000bit；（2）单词间停顿 500ms；（3）模拟存储 500s，最大词汇量为 256 字；（4）采用 DTW 技术，可第二次选择。

13.4　基于有限状态矢量量化的语音识别

FSVQ 是一种有记忆的 VQ，其原理如 9.5.2 节所述。该技术既可用于数据压缩（用于语音信号就是 FSVQ 声码器，见 9.5.2 节）；也可用于语音识别。

下面讨论基于 FSVQ 的语音识别的情况。此时，需将 FSVQ 声码器系统进行一些改进。FSVQ 声码器中，状态转移函数决定下一个输入信号矢量应与系统中哪个码本的所有码矢进行匹配。设欲识别的字有 V 个，对每个字都建立一个码本，则应有 V 个状态转移函数，即每个字的码本内均有一个状态转移函数；其分别决定了输入信号矢量应与各 V 个码本中的哪个码矢匹配。即现在的状态是指某码本内部的码矢状态。设输入的某个单字有 N 个（帧）矢量，则其与各 V 个码本中的码矢均进行 N 次匹配。最后，求出 N 次平均失真最小的那个码本，即为被识别的字。

上述过程如下：设欲识别的字有 V 个，有 V 个码本，各码本有 K 个码矢，则第 i 个字的第 k 个码矢表示为

$$\{y_k^i\};\quad k=0,1,\cdots,K-1,\ i=1,2,\cdots V$$

而输入的某单字信号的矢量为 $\boldsymbol{x}=(x_1,x_2,\cdots,x_N)$，则对第 i 个码本，有：

（1）初始状态：第一个输入矢量的最小失真为

$$d(1,0)=\min_k\left[d(\boldsymbol{x}_1,\boldsymbol{y}_{k_0}^i)\right]=d(\boldsymbol{x}_1,\boldsymbol{y}_{k_0}^i)$$

即与第 i 个码本的匹配中，输入第一个矢量 $\boldsymbol{x}_1$ 与该码本中的第 k_0 个码矢的失真最小。

（2）下一个状态 s_2：由前一个状态 s_1 及前次识别的结果 k_0 决定

$$s_2=f(k_0,s_1)$$

该状态时，第二输入矢量的失真

$$d(2,1)=d(\boldsymbol{x}_2,\boldsymbol{y}_{k_1}^i) \tag{13-3}$$

即与第 i 个码本的匹配中，输入的第二个矢量 $\boldsymbol{x}_2$ 与该码本的第 k_1 个码矢的失真最小。

（3）依次决定以后各状态：

$$\begin{cases} s_3=f(k_1,s_2) \\ \vdots \\ s_N=f(k_{N-2},s_{N-1}) \\ d(N,N-1)=d(\boldsymbol{x}_N,\boldsymbol{y}_{k_{N-1}}^i) \end{cases} \tag{13-4}$$

式中，下标 $k_0,k_1,\cdots,k_{N-1}$ 为输入矢量经匹配后输出的码矢角标。

上述过程一直进行到输入的所有 N 个矢量匹配完为止。显然，得出的不同码矢的角标数至多有 K 个。因此，该字的（第 i 个）码本对输入字的平均失真为

$$D_i=\frac{1}{N}\sum_{n=1}^{N}d(\boldsymbol{x}_n,\boldsymbol{y}_{k_{n-1}}^i) \tag{13-5}$$

同时，该输入的单字矢量 $x_n(n=1,2,\cdots,N)$ 也对其他各 V 个码本进行上述运算，则系统的识别输出字为

$$i^* = \arg\min_{1\leqslant i\leqslant V} D_i \tag{13-6}$$

由式(13-4)的第一式知，下一个状态只选择了一个，即 k_0 角标的下一个状态角标为 k_1。而训练码本和求状态转移函数 $f(*,*)$ 时，存在多种可能。角标 k_1 的状态只是 s_2 的一种可能，即只是一个概率最大的状态。

13.5 孤立词识别系统

基于前面介绍的语音识别技术设计了各种语音识别系统，其中孤立词识别的研究最早也最为成熟。对孤立词识别，无论小词汇量还是大词汇量，无论与讲话者有关还是无关，实验室中的正识率均已达 95%以上。

这种系统存在的问题最少，因为说话者在各单词间人为地停顿，即每个单词与其前后的单词孤立开，这可使识别过程大为简化；且单词间端点检测较容易；单词间协同发音的影响也可减至最低；对孤立单词的发音较认真。孤立词识别系统的用途很广，且其许多技术对其他类型的系统有通用性并易于推广：补充一些知识可用于其他类型的系统(如在识别部分加适当语义信息等，可用于连续语音识别)。

孤立词语音识别的方法大致分为以下几种。

（1）动态规划

孤立词识别可采用模式匹配原理，用 DTW 算法构成。这种方法运算量较大，但技术上较简单，识别正确率也较高。其中失真测度可用欧氏距离(适用于短时谱或倒谱参数)或对数似然比距离(适用于 LPC 参数，如 9.3.2 节所述)。决策方法可用最近邻准则。

标准模板库中存放各词的特征向量，特征可以是共振峰频率，也可以是 LPC 系数。标准模板要在识别前通过训练建立。特定人情况下，一个词只需用户说一遍；但多说几遍可使一个词有多个标准模板，可更好地适应语音的变化以提高识别率。非特定人场合下，主要依靠多模板的作用：每个词用多个用户的语音进行训练，各用户的语音构成一个模板。但模板太多会造成存储与搜索的困难，为此可采用聚类方法：将若干相似的模板合并，并用一个模板代替。

如 13.3 节所述，该方法利用最小距离准则逐站进行最优 DP，即将待识别音与模板间的差别视为对该模板的最优路径选择。字音的起点相应于路径的起始点，按最优路径起点至终点的距离即为待识音与模板音的距离，如其最小即可判为该模板相应的字音。

（2）矢量量化

VQ 最初用于语音通信或参数压缩(见 9.5.2 节和 9.6 节)，用于语音识别是后来被重视的一个方面。尤其是孤立词识别中，VQ 得到很好的应用。特别是 FSVQ 对语音识别更为有效(见 13.4 节)。决策方法一般采用最小平均失真准则。

VQ 应用于特征处理可减小特征类型，从而减小计算量；也可推广到模板的归并压缩。语音特征参数分帧提取，每帧参数一般构成一个矢量序列。其数据量可能太大，不便于处理。因而可用 VQ 对其进行压缩。VQ 后，语音信号可用一个码字序列来表示。VQ 的主要工作是聚类，即在特征空间中合理地拟定一组点(即一组聚类的中心或码本)，每个中心为码字。于是特征空间中的任一点，均可按最小距离准则用码本之一来表示。

（3）HMM

孤立词识别系统可由 HMM 构成。该模型参数既可用离散的概率分布函数，也可以后来提出的连续概率密度函数（如高斯密度、高斯自回归密度，如 10.7.2 节所述）来表示。决策方法用最大后验概率(MAP)准则。

HMM 进行孤立词语音识别时，需要很多人进行训练，每个人将词汇表中的每个词读一遍，获得训练数据，并用其为每个词条建立一套 HMM 参数 λ_v，$v=1\sim V$，V 为词汇表中的词条数。识别时，每输入一个待识别的语音，就可得到一个 N 维的向量 Y，其中 N 为语音中的帧数。计算每个 λ_v 产生 Y 的概率，可确定输入语音最可能是哪个词。

该方法中，每个字的模板不直接以特征向量时间序列而是以状态图的形式进行存储。其用附有概率（或计分）来表示语音模型，特点是将字音特征的时间信息表示为一种路径模型，图中各支路或节点附有相应的转移概率（或计分）等，其由一组训练用的字音计算得到（即由学习得到）。而识别时，使待识别的字音以最优的方式由始点进行到终点相应的似然概率（或计分）。比较各字音相应的似然概率，以判断该待识别字属于那个字音。

HMM 与 DTW 有许多相似之处，都是逐级进行的，且基于 Viterbi 算法的 HMM 识别器所用的算法实质上与 DTW 相同。但 HMM 采用的状态少，而 DTW 用的状态多。DTW 中，一个状态对应一帧语音；而 HMM 的状态与语音间没有时间的等效，HMM 在一个状态中需停留多长时间就停留多长时间，通常多于一帧。对任意给定的单词，DTW 对每个状态只有一个输出，而 HMM 的一个状态与各种可能的输出有关。尽管如此，DTW 仍可视为 HMM 的一种特例。实验表明，在与讲话者无关的孤立词语音识别中，CHMM 的正识率达到 DTW 的水平，而存储量及计算时间却小一个数量级。

DTW 为基础的识别方法的训练过程简单（仅是聚类过程）而识别过程复杂；HMM 正相反。可以认为 HMM 是设计任何实际识别系统的一种有效方法。

（4）混合技术

如用 VQ 作为第一级的识别（预处理，以得到若干候选的识别结果），再用 DTW 或 HMM 进行最后的识别；即包括 VQ/DTW 及 VQ/HMM 等。

孤立词识别系统较为简单，其一般组成见图 13-4。输入孤立的单词信号，参考模式是各单词的模式，即表中每个词对应一个参考模式。它由这个词重复发音多遍，再经特征提取及训练算法得到。孤立词发音时，词与词间要有足够间隙，以便检测首末点。图中语声学分析部分主要是抽取语音特征信息。预处理后进行特征提取。特征提取解决两个问题：从语音信号中提取（或测量）有代表性的合适的特征参数；及进行数据压缩。13.2 节中曾列举一些常用特征参数，尤以短时谱、倒谱及 LPC 系数用得最多。

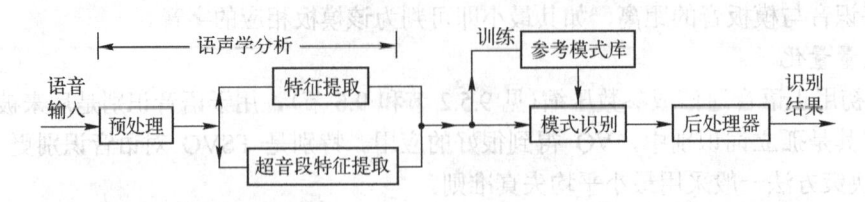

图 13-4 孤立词语音识别系统组成

第 4 章介绍了 STFT 的原理及方法，实现它的最简单方法之一是采用带通滤波器组，这也是通道声码器的基础（见 11.4.3 节）。在多种语音识别器中均采用带通滤波器组提取语音信号的特征（短时谱）。带通滤波器组易用模拟电路实现，频带分布易根据人耳临界频率来设置。但通道数量不是很大时估计谱峰附近频谱形状是困难的。

语音识别最有用的频谱表示是同态处理。从计算量看，LPC 最有吸引力。LPC 分析的全极点性质可精确估计语音谱峰；但只对全极点模型语音而言。对鼻音和一些辅音，其对谱峰带宽的估计一般都大。

图 13-4 中，参考模式库中存储训练得到的压缩过的语音特征参数，参考模式是否有代表性是语音识别成功与否的关键之一。这些信息均已压缩，即压缩平稳语音段信息而保留非平稳语音段信息，主要采用 VQ。模式识别部分将压缩后的语音信息与参考模式相比较，根据后者为模板还是随机模型而采用两种不同的时间规整方法：DP 或 HMM。为提高系统对语音及环境变化的顽健性，应增加训练长度以进行重复训练，并采用平均或聚类的方法以消除发音者的个人特征。后处理器主要是用语言学知识对识别出的候选字或词进行最后的判决（如汉语声调知识的运用等）。

语音识别中，孤立词识别是基础。词汇量的扩大、识别精度的提高与计算复杂度的降低是孤立单词识别的三个主要目标。为实现这些目标，关键问题是特征选择和提取、失真测度的选择及匹配算法的有效性。如上所述，目前特征提取主要是 LPC 和滤波器组法；匹配算法主要包括 DTW 和 HMM；VQ 则为特征提取及匹配算法提供了很好的降低运算复杂度的方法。

孤立词识别系统除匹配算法可采用 DTW 或 HMM 外，结构上与统计模式识别系统没有本质区别。其将词表中每个词独立地发音并作为一个整体来形成模式。这种系统的结构简单，语音端点检测非常重要。

孤立词识别中，应用 HMM 包含两大步骤：训练与识别。训练时，用观察序列训练得到参考模式集，每个模型对应于模板中的一个单词。识别时，为每个参考模型计算产生测试观察的概率，且测试信号（即输入信号）按最大概率被识别为某个单词。为实现上述的 HMM，模型输入信号须取自有限字母集中的离散序列，即须将连续语音信号变为有限的离散序列。若模型输入信号为 LPC 参数这样的矢量信号，则用 VQ 完成上述识别非常合适。

用 HMM 进行孤立词语音识别已进行了很多研究。图 13-5 为一个实验的 VQ/HMM 识别系统的方框图。其中，VQ 为整个识别系统的预处理器。先从 LPC 训练矢量集中，用 K-均值聚类算法（10.5.4 节）得到 LPC 矢量码书及单词的 HMM；测试过程中，由 VQ 将输入的测试语音信号量化为有限字母集中的离散序列，作为识别器（Viterbi 计数及判别）的输入。识别时，不进行 DTW 匹配计算，而是用各单词的 HMM 计算 Viterbi 得分。这里，HMM 为 5 状态的从左至右模型，具有有限的、规则的状态转移，见图 13-6。实验用数据库有两个（训练数据库和试验数据库），各包含 1000 个口语单词，由 50 名男性及 50 名女性各读 10 个数字一遍得到。训练数据库用于估计 VQ 及 HMM 参数，再用试验数据库进行识别。

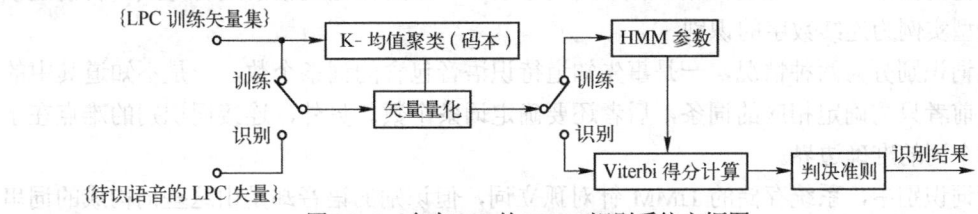

图 13-5 含有 VQ 的 HMM 识别系统方框图

由于计算 Viterbi 得分之前用 VQ 进行了预处理，将概率密度函数变为概率矩阵，使计算量大为减少。语音数据量很大，且为离散采样，因此采用 VQ。因而在单词识别时，使用的是下标而不是其本身。但 VQ 有量化误差，使识别精度有所下降。

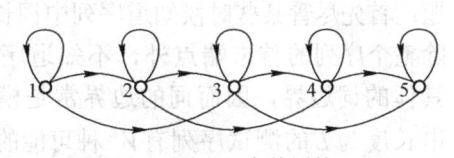

图 13-6 图 13-5 中使用的 HMM

与上述方法不同，进行了另一个实验。其使用同样的 VQ 数据，但基于 DTW 进行模式识别。实验表明，两个系统的识别精度几乎相同，均达到 96%。但 HMM 要求的存储与计算量均小了一个数量级。

以下是一个基于 HMM 的识别系统的参数及性能：（1）8bit A/D，提取时域特征；（2）16 或 32 个单词的词汇表（也可扩展为 96 个字），各单词可重复任意次（典型情况为 4 次）；（3）孤立词识别，单词说完即输出结果；（4）误识率为 0.7%。

13.6 连接词识别

13.6.1 基本原理

上节研究的孤立词识别是语音识别中最基本的问题。其要求将词表中的每个词或短语单独发音，再将该发音作为一个整体用识别算法判断结果。建模与识别过程中，词表中的每个词都作为一个整体来处理。这种系统结构简单，主要用于命令和控制系统。但对词表较大又希望能灵活组成各种各样的短语和句子的场合，孤立词识别就不适用。一方面其不便于结合句法规则提高识别率；另一方面，对数字序列或词序列，孤立词发音不自然且不流利，表达效率低。

孤立词识别对输入语音的要求严格，应用范围很有限。很多情况下，发音的连续性使语音开始与结束的端点检测不准确；协同发音特性也使很多语音无法直接区分。因而更多的时候须考虑连续语音识别。

连续语音识别根据复杂度可分为两类。一类为中小词汇表的语音识别，词与词间的关系简单，语法固定；与孤立词系统一样，可使用以词或短语作为基本单位进行识别，称为连接词识别。包括数字串、拼写的字母串、电话语音拨号、信用卡码验证中的数字串识别、字母序列识别、计算机操作命令及工业控制中的简单命令识别等。

另一类为中到大词汇表的语音识别。词汇的增多及复杂性的限制使系统无法以词为单元进行识别，只能采用更小的语音单元（如子词）作为基本单元，称为连续语音识别。本节讨论连接词识别，下节将讨论连续语音识别。

连接词识别比孤立词识别有更强的应用和推广能力，可识别若干连续发音的词条，且允许待识别语句包含的词条数及句子内容随机改变。但与孤立词识别类似，连接词识别对发音方式也有较严格的要求。为尽量避免相邻音节间的影响，一般用慢速连读的发音方式。目前连接词识别的典型实例为连续数字的识别。

连接词识别分为两种情况，一是事先知道待识语音包含的词条个数，一是不知道其中的词条数目。前者只需确定相应的词条，后者还要确定词条个数。另外，连接词识别的难点在于不知道其每个词的准确边界。

连接词识别中，系统存储的 HMM 针对孤立词，但识别的语音却是由这些词构成的词串。它根据给定的发音序列，找到与其最优匹配的参考模板词的一个连接序列。为此须解决如下问题：首先尽管某些时候知道序列中词长度的大致范围，但序列中词的具体数量 L 未知；其次，除整个序列的首末端点外，不知道序列中每个词的边界位置。由于连音的影响，很难指定具体的词边界，因而词的边界常是模糊或不唯一的。若待识别的词汇表的大小为 V，则词串长度为 L 的测试序列有 V^L 种可能的匹配串组合；除非 V 和 L 很小，否则难以用穷举法寻找最佳路径。

13.6.2 基于 DTW 的连接词识别

1. 基本原理

连接词识别可用词作为基本单位，采用 DTW 进行识别。由于端点检测后待识别的连接词语音的字单元个数 L 不确定，词的边界也较难确定，因而实现上比孤立词困难。

设测试语音的矢量序列 $\boldsymbol{T} = \{t(1), t(2), \cdots, t(M)\}$，其中 $t(m)(1 \leqslant m \leqslant M)$ 为谱矢量。词表的 V 个词中，每个孤立词的模板分别为 $\boldsymbol{R}_1, \boldsymbol{R}_2, \cdots, \boldsymbol{R}_V$。其中参考模板 $\boldsymbol{R}_i$ 为

$$\boldsymbol{R}_i = \{r_i(1), r_i(2), \cdots, r_i(N_i)\}, \quad 1 \leqslant i \leqslant V \tag{13-7}$$

其中，N_i 是第 i 个词的参考模板的帧数。

连接词识别的问题为，寻找一组与 T 序列最佳匹配的词参考模板序列 $\boldsymbol{R}^*$。设 $\boldsymbol{R}^*$ 内有 L 个词，则最佳参考模板序列就是这 L 个参考模板的连接：

$$\boldsymbol{R}^* = \left\{ R_{q^*(1)} \oplus R_{q^*(2)} \oplus \cdots \oplus R_{q^*(L)} \right\} \tag{13-8}$$

其中，每个 $q^*(l)$ ($1 \leqslant l \leqslant L$) 可能是 $[1, V]$ 中的任意一个模板。

确定 $\boldsymbol{R}^*$ 就是要确定 $q^*(L)$ ($1 \leqslant l \leqslant L$) 序列。设参考模板序列

$$\boldsymbol{R}^s = R_{q(1)} \oplus R_{q(2)} \oplus \cdots \oplus R_{q(L)} = \left\{ r^s(n) \right\}_{n=1}^{N^s} \tag{13-9}$$

其中，N^s 是串联参考模板序列 $\boldsymbol{R}^s$ 的帧长，使用 DTW 对 $\boldsymbol{R}^s$ 与观察序列 $\boldsymbol{T}$ 进行时间规整，见图 13-7。

上述距离为

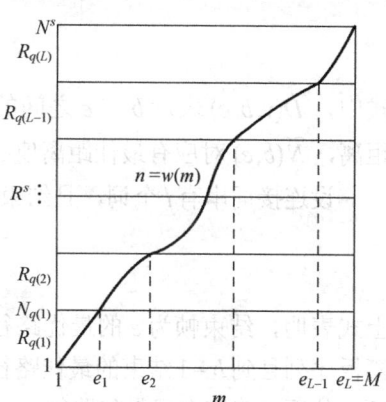

$$D(R^s, T) = \min_{w(\cdot)} \left\{ \sum_{m=1}^{M} d\left[t(m), r^s(w(m)) \right] \right\} \tag{13-10}$$

图 13-7 R^s 和观察序列 T 的最佳路径

其中 $d(\ )$ 为局部谱距离，$w(\ )$ 为时间弯折函数。通过图 13-7 中合适的路径回溯，可决定输入字串与对应的各个词边界帧的位置。词的边界帧可根据参考模板的边界帧确定，如第一个参考词模板的最后一帧 $r_{q(1)}(N_{q(1)})$ 对应于测试序列的 e_1 帧，第二个参考词的最后一帧 $r_{q(2)}(N_{q(2)})$ 对应测试序列的 e_2 帧，依此类推。

为确定全局最优匹配 $\boldsymbol{R}^*$，按式 (13-9) 对所有可能的局部参考模板 $q(1), q(2), \cdots, q(L)$ 及所有可能的长度 L ($L_{\min} \leqslant L \leqslant L_{\max}$) 进行优化，有

$$D^* = \min_{R^s} D(\boldsymbol{R}^s, \boldsymbol{T}) \tag{13-11}$$

$$\boldsymbol{R}^* = \arg\min_{R^s} D(\boldsymbol{R}^s, \boldsymbol{T}) \tag{13-12}$$

上式计算量约 $\frac{MLN}{3} V^L$ (N 为测试序列的平均帧长)。显然 L 增大时，计算量迅速增加。

式 (13-11) 计算很复杂，为此提出很多解决方法。下面讨论二阶动态规划及分层构筑方法。

2. 两级 DP

两级 DP 方法将式 (13-11) 的计算分为两个阶段(也称两层)。其中第一层为词内匹配，即利用 DTW 找出测试发音中可能构成词的一段，并与词表中的所有词具有最佳匹配的一个发音，将其距离值作为最好的打分，并记住对应的词标号。第二层用 DP 进行词间的匹配，找出前一个词结束点时的总体累计距离与从这一结束点开始到下个词的结束位置的累计距离之和，

求出累计距离最小的一个作为新的结束点的累计距离，逐层计算，最后从测试发音的结束位置进行回溯。

对第一层，对每个词的参考模板 R_v 与测试序列匹配，对测试序列的开始帧 $b(1 \leqslant b \leqslant M)$、结束帧 $e(1 \leqslant e \leqslant M, e > b)$ 及词参考模板 R_v，计算

$$\hat{D}(b,e) = \min_{w(m)} \left\{ \sum_{m=b}^{e} d\left[t(m), r_v(w(m)) \right] \right\} \tag{13-13}$$

用 DTW 对每个开始点 b 的时间规整时，有不同的距离 $\hat{D}$ 与之对应。上式是每个区间 (b,e) 内测试序列与每个词汇模板 R_v 之间的最小距离。求得 b、e 间测试序列与模板的最佳匹配（测试发音中 b 到 e 与所有词表中的词匹配时距离最小）为

$$\begin{cases} \tilde{D}(b,e) = \min_{1 \leqslant v \leqslant V} \hat{D}(v,b,e) \\ \tilde{N}(b,e) = \arg \min_{1 \leqslant v \leqslant V} \hat{D}(v,b,e) \end{cases} \tag{13-14}$$

式中，$\hat{D}(v,b,e)$ 表示 b、e 之间的语音段与模板 R_v 间的距离，$\tilde{D}(b,e)$ 对应模板匹配时的最佳距离，$\tilde{N}(b,e)$ 对应有最佳距离值的模板标号。

设连接词串有 l 个词，且结束帧为 e 的所有参考模板与测试序列的最短距离为

$$\overline{D}_l(e) = \min_{1 \leqslant b \leqslant e} \left[\tilde{D}(b,e) + \overline{D}_{l-1}(b-1) \right] \tag{13-15}$$

上式表明，结束帧为 e 的最优路径是所有从 b 开始，到 e 结束的最佳路径，与 $l-1$ 个串接的词模板序列且到 $b-1$ 结束的最佳路径的连接。它是一个 DP 递推算法，对各帧保留的参数进行循环，从而可确定全局最佳路径。

具体步骤如下：

（1）初始化：$\overline{D}_0(0) = 0$，$\overline{D}_L(0) = \infty$，$1 \leqslant l \leqslant L_{\max}$。

（2）$l = 1$ 时：$\overline{D}_1(e) = \tilde{D}(1,e)$，$2 \leqslant e \leqslant M$。

（3）$l = 2, 3, \cdots, L_{\max}$ 时

$$\begin{cases} \overline{D}_2(e) = \min_{1 \leqslant b \leqslant e} \left[\tilde{D}(b,e) + \overline{D}_1(b-1) \right], & 3 \leqslant e \leqslant l \\ \overline{D}_l(e) = \min_{1 \leqslant b \leqslant e} \left[\tilde{D}(b,e) + \overline{D}_{l-1}(b-1) \right], & l+1 \leqslant e \leqslant M \end{cases} \tag{13-16}$$

（4）最后结果：$D^* = \min_{1 \leqslant l \leqslant L_{\max}} \left[\overline{D}_l(M) \right]$。

3. 分层构筑技术

两级 DP 采用时间同步方式，对每帧 m 都进行优化。测试序列通常较长，$m \gg L$，若改用层同步方式即以词为基准进行 DP，则计算量会进一步减小。这就是分层构筑思想。

分层构筑最早用于解码，后分别与 DTW 及 HMM 结合用于连接词识别，得到了很好的结果。这种方法识别数字串可大幅减小可能的路径数。分层构筑是 Viterbi 算法的二次递归应用，将待识的语音序列按模板可能的时长范围分为若干段，其中每段称为一层可能对应一个词。算法首先在各层内用待识语音的片断与各模板逐点匹配，力求在当前层找到最佳的匹配路径；然后逐层匹配求出整个过程的最优路径。匹配时无须对每个模板考察以确定其是否是新模板的开始，仅需考察各层边界附近的点。

分层构筑过程见图 13-8。图中，横轴与纵轴分别表示测试模板与参考模板的帧序号。

设 $\overline{D}_l^v(m)$ 为第 l 层中搜索终点为 m 时，对于参考模板 R_v 的最小累加距离 $(1 \leqslant l \leqslant L_{\max}, 1 \leqslant v \leqslant V, 1 \leqslant m \leqslant M)$。第 l 层搜索时，对每个参考模板使用 DTW 都可得到 $\overline{D}_l^v(m)$。对每个结束点 m，保留以下结果：

$$\begin{cases} \overline{D}_l^B(m) = \min_{1 \leqslant v \leqslant V}\left[\overline{D}_l^v(m)\right] \\ \overline{N}_l^B(m) = \arg\min_{1 \leqslant v \leqslant V}\left[\overline{N}_l^v(m)\right] \\ \overline{F}_l^B(m) = \overline{F}_l^{\overline{N}_l^B(m)}(m) \end{cases} \quad (13\text{-}17)$$

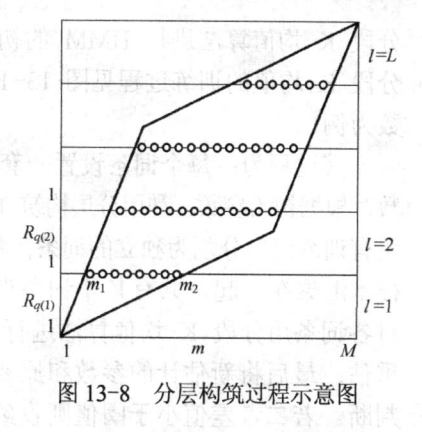

图 13-8 分层构筑过程示意图

其分别对应第 l 层终点为 m 的最小距离、与最小距离对应的最佳参考模板标号及当前层的开始点。每层结束点只需保存这三个值，从而使存储量大大降低。

从第一层开始依次递推，一直进行到最后一层 $L_{\max}$，得到最小距离 $D^* = \min\limits_{1 \leqslant l \leqslant L_{\max}}\left[\overline{D}_l^B(m)\right]$。以此为基础进行回溯，可得到最佳识别词串和每个词的长度。如不知道词串的长度，而只能确定词串的长度不大于 L，则可对测试序列分别在 L、$L-1$、$L-2$，…层中利用分层构筑技术进行搜索，并在对应所有终点的路径中确定一条最佳路径，即为识别的词串。

分层构筑采用层同步方式，每层都进行最小化，因此减少了大量计算。设待识别词串有 L 个词，则需进行 L 层搜索，每层进行 V 次时间规整，则总计算量为 VL 级，比两级 DP 算法小得多。但它不是时间同步，在很多层上进行匹配计算时可能要回到前面处理过的测试帧，难以实时实现。

13.6.3 基于 HMM 的连接词识别

利用 HMM 进行连接词识别的基本结构与 DTW 类似。系统常采用从左至右无跳转型 HMM，识别英文数字时的状态数 N 可在 5～10 之间选择。若采用连续的输出概率函数，则高斯分布个数 M 可在 3（说话人训练模型）～64（非特定人说话模型）间进行选择。

为降低计算量，同样可使用分层构筑技术。其与 HMM 结合的方法与同 DTW 结合的区别在于，每层的匹配方法不同。

设每个孤立词采用 N 状态从左至右无跳转型的 HMM，且模型参数已通过训练得到。分层构筑的 HMM 原理示意图见图 13-9。其实现步骤与 DTW 的分层构筑类似。图中横轴为观察矢量的帧标号，最后一帧为第 L 帧，纵轴为 L 层，每层与一个词的 HMM 相对应，且按纵向划分为 N 个状态。

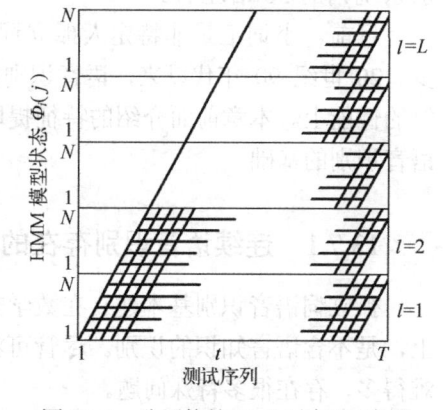

图 13-9 分层构筑 HMM 原理示意图

13.6.4 基于分段 K-均值的最佳词串分割及模型训练

连接词识别中，为得到每个词的训练模板，需将待训练的词串分割以得到孤立词，训练出其对应的词模板参数或 HMM 参数。由于语音间的相互影响，词与词的边界难以确定，采用人工分割方法既不经济也不可靠，最有效的方法是用分段 K-均值训练算法（10.5.4 节曾介绍了用分段 K-均值算法进行 HMM 的初始参数选取)。

分段 K-均值的训练过程见图 13-10(以 HMM 参数为例)。

其过程为：每个词条设置一套 HMM 初始参数，根据初始参数，利用分层构筑 HMM 算法，将所有训练词串分割为独立的词条；将各词条的训练样本汇聚在一起，共有 V 个词条训练样本集合；对各词条用分段 K-均值算法进行 HMM 参数的重估；最后将新估计的参数和原参数进行收敛性判断。若二者差值小于阈值则收敛，结束分割；否则用所估计的参数作为新的参数再次重复上述过程，直至收敛。

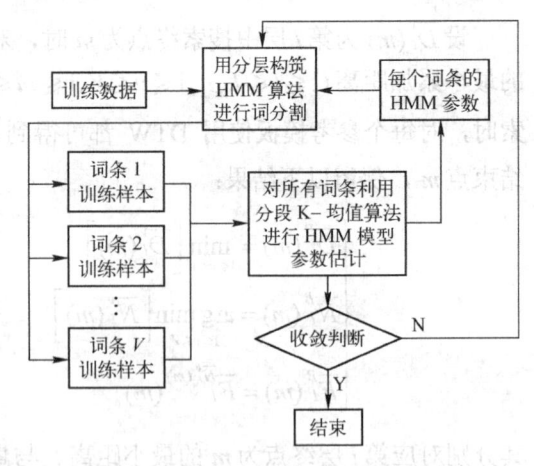

图 13-10 分段 K-均值训练算法示意图

按电话传输条件录制语音，为每个英语数字建立一套 HMM 参数，利用 HMM 算法对连接数字进行识别。特定人识别中，使用训练集测试时，在未知与已知数字串长度下，误识率分别为 0.4%与 0.16%。采用不同的测试集时，误识率分别为 0.8%及 0.35%。非特定人识别中，测试集与训练集相同时，两种情况下的误识率分别为 0.3%及 0.05%；测试集与训练集不同时，分别为 1.4%和 0.8%。上述结果表明，分层构筑 HMM 的连接词识别效果较好。

13.7 连续语音识别

语音识别中意义最大、应用成果最丰富、最有挑战性的课题是大词汇量非特定人连续语音识别。连续语音识别处理的是自然朗读的语音，其实现更为困难。一般，连续语音识别系统的词误识率是孤立词识别系统的 3～5 倍，而非特定人识别系统的词误识率大致是特定人识别系统的 3～5 倍。此外，词汇量大于 1000 时，易混淆的相似词数量大大增加。从而，大词汇量非特定人的连续语音识别系统的词误识率大体为小词汇量特定人孤立词识别系统词的 50 倍左右。

目前，小词汇量非特定人孤立词识别已实用化，但较好的实用连续语音识别系统依然很少。20 世纪 90 年代以来，语音识别的研究主要集中在提高非特定人大词汇量连续语音识别系统的性能上。本章前面介绍的特征提取、HMM 算法及孤立词、连接词搜索算法等是研究连续语音识别的基础。

13.7.1 连续语音识别存在的困难

孤立词语音识别基本建立在数学方法(包括统计分析、信息论、信号处理和模式分类)基础上，是不含语言知识的识别。尽管可将其在很大程度上可推广到连续语音识别，但后者比它困难得多，存在很多特殊问题。

(1) 切分。对整个短语进行识别是不可能的，因为短语数量太大。须将输入语流切分为更小的组成部分，人类感知语音时也是这样做的。连续语音中没有间隙，识别前须将各字分开，因而要求系统可识别词的边界。但这非常困难，因为确定单词边界还没有很好的方法。尽管有时可用能量最低点为边界，但通常需根据发音信息进行验证。

(2) 发音变化。连续语音的发音比孤立词发音更随便，受协同发音的影响也更为严重。DTW 对小词汇量孤立词语音识别是有效的，但对大词汇量非特定人连续语音识别则很困难。连续语音识别中,协同发音即同一音素的发音随上下文不同而变化是一个最大问题。小词汇量孤立词识别可选择词、词组、短语甚至句子为识别单位,模式库中为每个词条建立一个模式,以此回避协同发音问题。但随着系统中用词量的提高,以词或词以上的单元作为识别单位不可能,因为模板数目很大甚至是天文数字。因而,大词汇量连续语音识别通常以音节甚至音素作为识别单位,此时协同发音问题无法避免。

非特定人语音识别还存在语音多变性问题。即不同人对相同的音素、音节、词或句子的发音有很大差异,同一人在不同时间、不同生理心理状态下,对相同的话语内容有不同的发音。语音多变性是非常复杂的问题。

连续语音识别的很多问题与语言学知识有关,特别是大词汇量识别更多地强调语言学知识的运用。

13.7.2 连续语音识别的训练及识别方法

训练的主要问题是减少训练时间或用户配合程度。对多讲话者或讲话者不确定的情况,要有大量不同年龄、性别、籍贯的人的语音资料,进行聚类得到参数。考虑到语言的时变性,模板或语音库参数几个月后就要更新。目前这方面的研究集中于自适应或自学习上;即模板或语音库参数与当前语音存在差异时,可自动修改参数以适应当前的识别要求。

连续语音识别除 DTW、VQ、HMM 之外,还包括神经网络及模糊识别等方法。

1. HMM 法

13.5 节介绍了 HMM 在孤立词识别中的应用。HMM 是语音识别的主流方法,大多数连续语音识别系统均基于 HMM 来实现。

其语音识别的一般过程为:先用 Baum-Welch 算法,通过迭代使观测序列与模型符合的概率 $P(Y|\lambda)$(Y 为当前样本的观测序列)达到某极限,训练出信号的最佳模型参数 $\lambda=(\pi,A,B)$;识别过程中,用基于整体约束最优准则的 Veterbi 算法,计算当前语音序列与模型的似然概率 $P(Y|\lambda)$,选择出最佳状态序列,确定输出结果。

2. 神经网络法

人识别语音的速度及判别能力等均远远超过计算机,因而研究了与神经网络有关的识别机理;其目的是从听觉神经模型得到启发,构成有类似能力的人工系统。与传统的语音识别相比,人工神经网络为语音识别开拓了新思路。这种系统可以训练,并随经验的积累而改善自身性能,可解决用数学模型或规则描述难以处理的问题。

20 世纪 80 年代末,神经网络的研究兴起。它有较强自组织能力及区分模式边界的能力,特别适合于语音识别分类问题。模式匹配法、VQ 等用逻辑推理及数学运算对语音规整、分类和识别,但人的听觉建立在感觉细胞相互作用的基础上;只有根据人的生理特征模仿神经细胞的功能,才能克服传统方法的不足,于是出现了神经网络方法。特别是,神经网络与其他一些识别方法结合而构成的混合神经网络语音识别系统有广阔的应用前景。

神经网络本质是一种更接近于人的认识过程的计算模型,是自适应非线性动力学系统,模拟了人类神经元活动的原理,具有自适应、并行、鲁棒、容错及学习性。通常其针对静态模式而设计。语音信号为时变信号,将神经网络用于语音识别需对其进行一些修正,以使其有反映输入语音信号时变特性的能力。

神经网络进行语音识别时,在网络训练速度、收敛性及识别系统的可扩充性等方面还存在许多问题。其训练非常耗时,目前都在设法加快训练速度;改变网结构,将大网络分割为若干子网络，每个子网用于处理某特定范围的识别对象，可望加速训练，同时又可得到较高的识别率。用于语音识别的神经网络须有其自身的特点。可将语音经预处理或前置识别后，再送入某些类别的网络进一步处理。这样，多种方法相结合可望得到较好的效果。

神经网络训练建模的计算量很大，目前只在实验室使用或在识别过程中局部采用。神经网络语音识别还处于研究和实验阶段，对大规模应用方法的研究刚刚起步，尤其对实际语音识别系统应如何构成还在探索之中。

15.4 节将详细介绍神经网络在语音识别中的应用。

3. 模糊逻辑法

9.7 节曾介绍了模糊集与模糊逻辑，及将模糊聚类应用于 VQ 的方法。

模糊逻辑算法模拟人脑对模糊事物进行判断的能力，因而也可用于语音识别。如对韵母共振峰轨迹的一些模糊概念：快速上升、快速下降、上升、下降、缓慢上升、缓慢下降、稳定、在开始部分、在末尾部分、在中间部分、强、中、弱等。目前可局部应用这种算法。

13.7.3 连续语音识别的整体模型

输入语音信号经过特征提取后，得到观察矢量序列 Y。设可能对应的词条序列为 $W = w_1 w_2 \cdots w_N$，则语音识别的任务是：找到对应于 Y 的最可能的词条序列 $\hat{W}$。利用统计模型解决大词汇量连续语音识别的基本思路，是构造简单的语音产生的概率模型，从特定的词序列 W 中，按概率 $P(Y|W)$ 来产生 Y。识别目标是，基于 Y 按照合适的准则对词序列进行解码。

MAP 准则下，解码后的 $\hat{W}$ 应满足

$$P(\hat{W}|Y) = \max_W P(W|Y) \tag{13-18}$$

根据 Bayesian 准则
$$P(\hat{W}|Y) = \max_W \frac{P(Y|W)P(W)}{P(Y)}$$

由 $P(W)$、$P(Y)$ 的独立性假设，且搜索过程中 $P(Y)$ 不变，可略去；则由上式得

$$\hat{W} = \arg\max_W \left[P(Y|W) P(W) \right] \tag{13-19}$$

式中，$P(Y|W)$ 是特征矢量序列 Y 在给定词条 W 下的条件概率，其由声学模型决定，反映词序列为 W 时的声学观察序列概率。连续语音识别中，使用词作为基本识别单元的效果不好，因此对 $P(Y|W)$ 的计算多基于子词单元的语音统计模型。$P(W)$ 为 W 的独立于语音特征矢量的先验概率，考察了词汇序列在相应的语言库中出现的概率，由语言模型决定。

图 13-11 给出大词汇量连续语音识别的基本原理方框图。其主要由 3 个层次构成，即声学语音层、词法层和句法层。声学模型及语言模型在其中的位置及作用如图中所示。

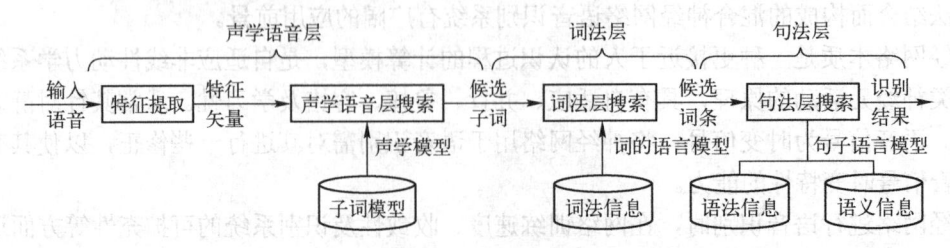

图 13-11 大词汇量连续语音识别的基本原理方框图

在声学语音层,每个子词由一个 HMM 及相应的参数来表示。输入语音经特征提取后得到特征矢量序列;在声学语音层,利用声学模型对所有子词模型进行搜索,得到候选子词序列;然后,在词法层根据词法构词信息及语言模型进行词条搜索,得到候选词条序列;最后根据语法、语义信息等句子的语言模型进行句法层的搜索,得到识别结果。这样,由最初的声学特征矢量出发,逐层搜索,依次扩大至子词、词条,直到最后的语句。

孤立词识别中,词汇相对孤立且数量少,可利用穷尽法得到最优的词汇匹配。连续语音识别中穷尽方法的计算量非常大,词汇概率的计算需在语言模型下进行。常用的语言模型有语法分析、N 元词模型或词对语法等。语言模型可用有限状态网络计算,这样可与声学模型综合到基于 HMM 的概率模型中;识别可在统一的概率模型上进行。

13.7.4 基于 HMM 统一框架的大词汇非特定人连续语音识别

协同发音与语音多变性使大词汇量非特定人的连续语音识别成为非常有挑战性的课题。多年来进行了大量研究,但一直没有取得明显进展。直到在语音识别系统中全盘采用 HMM 的统一框架,终于使问题有了突破。

20 世纪 90 年代以后,连续语音识别的研究取得重要进展。典型做法是:以 HMM 为统一框架,构筑声学语音层、词法层和句法层 3 层识别系统模型。声学语音学为系统的底层,接收语音输入,以子词为单位作为输出;输出音节、半音节、音素、音子等。其中音子指音素的发音;因同一音素在不同的相邻音素场合下可有不同的发音,因而音子是比音素更小的语音单位,可作为语音识别的基本单位。每个基本识别单位至少建立一套 HMM 的结构和参数。每个 HMM 中最基本的构成单位是状态及状态间的转移弧。词法层规定词汇表中每个词由哪些音素/音子串接而成,句法层规定词按何种规则构成句子,这些规则称为句法。在 HMM 的统一框架下,句法描述不按规则或转移网络形式,而是采用概率式结构。图 13-12 给出显示上述识别系统的模型。

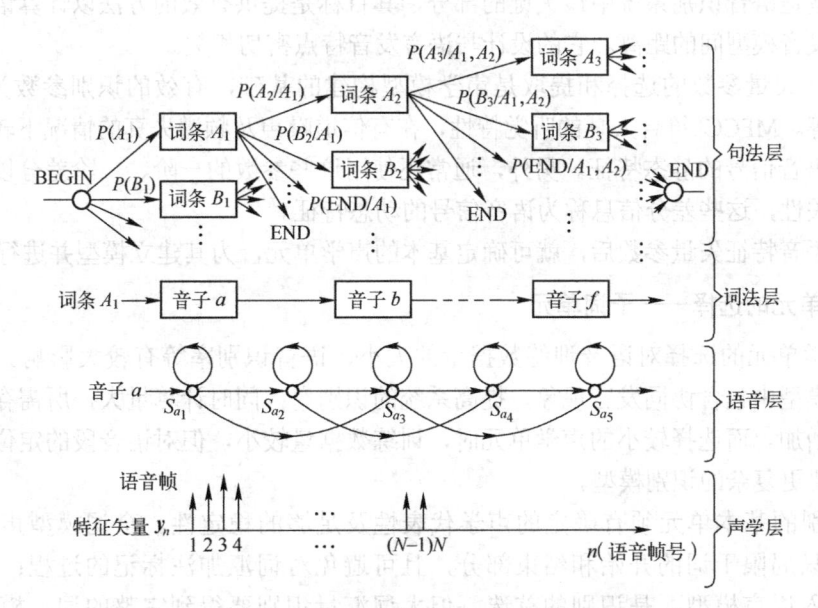

图 13-12 采用 HMM 统一框架的语音识别模型

图中,每个句子由若干词条构成。句子中第 1 个可选词用词 $A_1, B_1, \cdots$ 表示,选择概率为 $P(A_1), P(B_1), \cdots$;句中第 2 个可选词用 $A_2, B_2, \cdots$ 表示,其选择概率与前一词条有关,表示为

$P(A_2|A_1)$，$P(B_2|A_1)$，…；句中第 3 个可选词用 A_3, B_3，… 表示，选择概率与前两个词条有关，表示为 $P(A_3|A_1,A_2)$，$P(B_3|A_1,A_2)$，… 如限定句中最多包含 L 个词，则第 L 个可选词用 A_L, B_L，… 表示，选择概率与前 $L-1$ 个词条有关，表示为 $P(A_L|A_1,A_2,\cdots,A_{L-1})$，$P(B_L|A_1,A_2,\cdots,A_{L-1})$，… 最简单的方法是设第 l 个词条的选择仅取决于第 $l-1$ 个词条，这时上述概率退化为 $P(A_l|A_{l-1})$，$P(B_l|A_{l-1})$，… 这相当于一阶 Markov 模型。相应于多阶 Markov 模型的句法更符合语言规律，也可降低句法分支度。但随着阶数的上升，算法复杂性将迅速增加。

句子由词条构成，词条由音子构成，音子 HMM 的构成单位是状态及转移弧；因此句子最终描述为包含众多状态的状态图。所有可能的句子构成一个大系统的大状态图。识别时，要在此大状态图中搜索一条路径，其对应的状态图产生输入特征向量序列的概率为最大；该状态图所对应的句子就是识别结果。

采用 HMM 统一框架的语音识别系统要解决的主要问题是：（1）在状态图中搜索最佳路径；（2）为每一个音子建立 HMM；（3）建立既符合应用要求，又有高效算法的统计语言模型。

由图 13-12 可见，状态图中搜索最佳路径是运算量巨大的工作。设词汇表容量为 V，句子最大长度为 R，则系统大状态图的分支数为 V^R 数量级。一般情况下，$V>1000$，$R>10$。即要计算 1000^{10} 个含有 $10S$（S 为音子 HMM 的平均状态数）HMM 产生整个输入特征向量序列的概率。这是难以完成的，而 Viterbi 等快速算法给出了解决这一难题的途径。

建立音子 HMM 是一项细致的工作。选择音子、而不用词或音素为基本识别单位的主要原因：词的数量太多，存储空间太大；而音素在不同上下文有不同的发音（协同发音）。

对大词汇量连续语音识别，最终目的是从各种可能的子词序列形成的一个网络中，找出一个或多个最优的词序列。这本质上属于搜索或解码范畴。

13.7.5 声学模型

声学模型是语音识别系统中最关键的部分，其目标是提供有效的方法以计算语音特征矢量序列与每个发音模型间的距离。它的设计与语言发音特点密切相关。

语音特征矢量参数的选择和提取是声学模型构建的基础，有效的识别参数为 MFCC 及 LPCC 系数等。MFCC 符合人耳的听觉特性，在有信道噪声及频谱失真的情况下较为稳定。上述参数称为语音信号的静态特征。另外，通常还使用这些参数的一阶、二阶差分以近似描述语音帧间的相关性，这些差分信息称为语音信号的动态特征。

确定了语音特征矢量参数后，就可确定基本的声学单元，为其建立模型并进行训练。

1. 声学单元的选择——子词单元

基本声学单元的选择对语音训练数据量的大小、语音识别率等有较大影响。其选择得越大，越易在模型中包含协同发音现象，提高系统的识别率；同时计算量大，所需存储量大，且训练数据量增加。而选择较小的声学单元时，训练数据量较小，但对语音段的定位与分割更为困难，且需要更复杂的识别模型。

语音识别的基本单元须有确定的声学代表性及足够的稳定性。全词模型声学表示较为固定，变化只局限于词的开始和结束部分，且可避免对词汇加注标记的过程；在此基础上也可直接融入语言模型，是识别的首选。但大词汇量识别要得到完整的词汇模型，须对所有的词汇进行训练，这是不现实的。尤其对于汉语，很多词的声学内容相同，全词模型的存储与比较存在大量的冗余信息。因而不宜采用全词模型，而应在子词声学单元中寻找更为有效的语音表示方式。

大词汇量连续语音识别中，一般采用比词小的子词单元。常用的子词单元包括：

（1）音素：是词的基本拼音单元。英语中典型的音素有 50 个，汉语中有 48 个。音素的个数很少，存储耗费较小。

（2）音节：是语流中最小的完整发音单元，也是听觉上能自然辨别出来的最小语音单元。英语大约有 10000 个音节。汉语是单音节语言，一个音节就是一个字，不考虑音调时汉语只有 412 个音节。因而对汉语以音节为基本识别单元是可行的。

（3）半音节单元：根据语音的发音特点，将一个音节分为多个部分，构成半音节单元。英语大约有 2000 多个半音节单元。

汉语连续语音识别中，一般用半音节单元作为基本声学单元，通常以声母、韵母为基础，并考虑不同的音联关系产生的变异进行设计。汉语中声母约 100 个，不含声调信息的韵母约 40 个，而有声调信息(考虑阴、阳、上、去四声)的韵母约 160 个。半音节单元(声母、韵母)间的组合很少，因而以此实现语音识别对系统的要求不高。

（4）类声学单元：在连续、无标记的语音中，使用某种似然度准则(如 ML)对语音加以聚类，进行分段，将聚类结果作为声学单元使用。但这种类声学单元无法用经典语言学中的单元进行解释。研究表明，数量约 256～512 的声学单元组可对大词汇量的词汇表建模。

以上四种表示方法均可很好地表示词汇，具体选择哪种子词单元要从上下文对其的影响及训练复杂度来考虑。音素受上下文的影响非常大，类型设计与训练样本采集较为困难；但其个数少，训练简单，除汉语外大多数语种的语音识别均采用这种单元。而汉语语音识别主要采用音节和半音节单元。

2. 基于子词单元的 HMM 训练

子词单元的 HMM 一般采用从左到右型结构，状态数为 2～4。基于子词单元的 HMM 的训练的难点在于如何获得恰当划分的子词单元。子词单元的训练似乎很困难，因为没有简单的方法可产生这样短、而又不是精确定义的语音段。但实际并非如此。一个足够大的训练集内，每个子词单元可出现很多次，而每个连续语音段中包含很多子词单元。因而可用粗糙的方法进行初始分段，如等长分段形成初始模型，再采用前向-后向算法或分段 K-均值算法进行迭代，从而收敛于一个最优的模型估值，并可同时进行子词单元的划分。

下面说明分段 K-均值算法(用其进行 HMM 的初始参数选取如 10.5.4 节所述，而用于连接词识别中的最佳词串分割如 13.6.3 节所述)。设每个训练语句经特征提取，且每个句子对应的词已知，根据字典或其他工具可知每个句子对应的子词单元序列。分段 K-均值算法可描述如下：

（1）初始化：将每个训练语句线性分割为子词单元，每个子词单元线性分割为状态，即假定子词单元及内部状态驻留时间是均匀的。

（2）聚类：对每个子词单元的每个状态，搜集其所有训练语句中的特征矢量，并用 K-均值算法进行聚类。

（3）参数重估：根据聚类结果计算每类的均值、各维方差及混合权值系数。

（4）分段：利用上一步得到的新的子词模型，通过 Viterbi 算法对所有训练语句再分为子词单元和状态；

（5）迭代：重复（2）～（4）步，直至收敛。

3. 上下文相关子词模型

前面讨论的子词单元假设上下文无关；其训练方便，易于利用连续语句的语音进行训练，而不必人为切分得到；且训练得到的单元可直接用于新语境中，而对上下文细节不敏感。但发音中存在协同发音现象,每个子词单元都受协同发音即左右相邻单元的强烈影响;因而使用上下文无关的子词模型使系统误识率较高。

为此可采用上下文相关子词单元。即对上下文无关的子词模型进行修正,使其即保持子词特点,又可描述上下文的影响。上下文相关单元包括:左侧上文相关单元(即当前单元与左侧的上下文信息相关);右侧下文相关单元;左右上下文均相关单元。

上下文相关子词单元为每个词中的子词设立模型,不同词中的相同子词有不同的模型。子词模型对小概率的词和新词往往无法充分训练,而上下文相关子词模型用上下文无关模型对小概率的词和新出现的词进行内插,得到其训练参数。上下文相关子词模型的缺点是词汇表大时,其模型数太多,难以实现。

左右上下文均相关模型是性能较好的子词模型。其联合考虑了子词本身与前后子词的协同发音。但可能的子词组合太多,模型数量太大,存储与计算存在较大难度。且模型中不同子词模型的出现概率有很大不同;出现次数少的子词模型通常无法得到充分训练,从而使系统识别率降低。

训练时,仍可采用上述训练算法;只是聚类时,有不同上下文特征的子词单元分别进行模型重估。采用上下文相关单元时模型数增加较多,使有些上下文单元在训练数据中出现太少而得到的参数不太可靠。此时需进行相似单元的合并或参数平滑。

(1) 相似子词单元的合并

上下文相关子词模型的庞大数量影响了其适应性。为此可对相近的子词进行合并,合并后的模型称为广义的上下文相关子词模型。如"ba"和"pa"两个模型中的"a"几乎没有区别,可进行合并。10.8 节介绍了两个 HMM 相似度的比较,可根据 HMM 参数间的距离对模型进行合并。考虑 HMM 参数 λ_1 和 λ_2 的相似性;若二者距离 $d_s(\lambda_1, \lambda_2)$ 小于阈值,表明这两个单元相似性较大,可合并为一个子词单元。

(2) 参数平滑

与左右上下文均相关的模型相比,上下文无关、左侧上文相关和右侧下文相关模型的通用性更强,在训练数据中出现的概率更高,因而可得到很好的训练。为改善性能,可综合利用几种模型得到混合模型。这既可减小协同发音的影响,又可保证所有模型参数得到充分训练;称之为变权内插或平滑子词模型。

将上述四种模型加权求和可得到混合模型。若某模型出现的频率较高且训练较充分,则权重应取得较大;反之权重应取得小一些。设上述 4 种模型分别为 λ_{CI}、λ_{LCD}、λ_{RCD}、λ_{WD},则参数平滑后的模型为

$$\hat{\lambda} = \eta_{CI} \cdot \lambda_{CI} + \eta_{LCD} \cdot \lambda_{LCD} + \eta_{RCD} \cdot \lambda_{RCD} + \eta_{WD} \cdot \lambda_{WD} \tag{13-20}$$

其中,η_{CI}、η_{LCD}、η_{RCD} 及 η_{WD} 为权重,且 $\eta_{CI} + \eta_{LCD} + \eta_{RCD} + \eta_{WD} = 1$。

13.7.6 语言学模型

大词汇量语音识别系统要识别的是完整的语言,单纯从词汇表中任意选择若干词汇的组合,即语音识别前端处理后得到的候选的词条(子词)序列(即从词表中任意选择若干词构成的序列)不一定能构成自然语言中的句子;只有符合句法的那些才是。同时语义规则也有特定的约束来确定词与词的搭配(人在识别和理解语句时充分利用了这些约束)。为此,要实现高质量的语音识别,应依靠语言中的这些特有的约束。

在语音识别系统中,可用语言模型来实现语法、语义方面的约束。语言模型分为基于规则和基于统计的两种。基于规则的语言模型通过专家知识总结出语法、语义规则,以去除声学语

音层的搜索识别结果中不符合规则的结果。其在特定任务系统中得到很好的应用，可大幅地提高识别率。但它不能涵盖所有语言现象，处理真实文本时存在一定局限。同时，对文法规则的讨论牵涉很多语言学知识，这不是我们应研究的主要问题。

基于统计的语言模型通过对大量文本信息的统计，提取各词条(子词)的出现概率及相互关联的条件概率，并与声学模型匹配结合进行判决，以减小由声学模型不合理产生的误识。大词汇量语音识别中，统计语言模型可克服文法规则的局限。它是基于文本的统计，有机器学习的优点，得到了越来越广泛的应用。下面主要介绍统计语言模型。

统计语言模型的目标是用统计方法给出一个特定的词条序列 $W = w_1, w_2, \cdots, w_L$ 出现的概率估计 $P(W)$ (即式(13-19)右侧中的第二项)。若词汇表 V 的容量为 L，则

$$P(W) = P(w_1 w_2 \cdots w_L) = P(w_1) P(w_2 | w_1) P(w_3 | w_1 w_2) \cdots P(w_L | w_1 w_2 \cdots w_{L-1})$$
$$= \prod_{i=1}^{L} P(w_i | w_1 w_2 \cdots w_{i-1}) \tag{13-21}$$

式中，等式右侧第一项为 $P(w_1 | w_1 w_0) = P(w_1)$。

但估计某种语言的所有词条在所有序列长度下的条件概率是不可能的，因而上述先验概率的计算一般采用简化模型。包括以下三种。

1. N 元文法模型

对式(13-21)中的条件概率，假定只与前 $N-1$ 个词相关，此时概率模型即为 N 元文法模型，即

$$P_N(W) = \prod_{i=1}^{L} P(w_i | w_{i-1} w_{i-2} \cdots w_{i-N+1}) \tag{13-22}$$

其意义为根据前 $N-1$ 个词条预测第 N 个词条出现的概率。

实际上 N 元文法难以估计，应用中常采用 $N=2$ 或 $N=3$，即二元和三元文法模型。

N 元文法统计语言模型可通过对训练语料进行统计、用频率计数来估计，即

$$P(w_i | w_{i-1} w_{i-2} \cdots w_{i-N+1}) = \frac{F(w_i w_{i-1} w_{i-2} \cdots w_{i-N+1})}{F(w_{i-1} w_{i-2} \cdots w_{i-N+1})} \tag{13-23}$$

式中，$F(w_{i-1} w_{i-2} \cdots w_{i-N+1})$ 表示词串 $(w_{i-1} w_{i-2} \cdots w_{i-N+1})$ 在训练数据中出现的次数。

但即使 N 较小时，需统计的条件概率也十分庞大，因而常出现很多词对 $F(w_{i-1} w_{i-2} \cdots w_{i-N+1}) = 0$ 或接近于 0 的情况，而这样的词对在应用中又可能遇到，即所谓 0 概率问题。解决这种训练数据稀疏的方法是用三元、二元和一元相对频率进行插值，以进行近似估计：

$$P(w_3 | w_1 w_2) = g_1 \cdot \frac{F(w_1 w_2 w_3)}{F(w_1 w_2)} + g_2 \cdot \frac{F(w_2 w_3)}{F(w_2)} + g_3 \cdot \frac{F(w_3)}{\sum_i F(w_i)} \tag{13-24}$$

式中，权重 $g_i \geq 0$ 且 $\sum_{i=1}^{3} g_i = 1$，$\sum_i F(w_i)$ 为训练语料的总次数即整个库的大小。

2. 词对模型

词对模型是二元文法模型的简化形式，即用一个二值函数代替概率值(以确定语言中的哪些词对可用)。即

$$P(w_j | w_k) = \begin{cases} 1, & w_k, w_j \text{连在一起} \\ 0, & \text{其他} \end{cases} \tag{13-25}$$

3. N元词类文法模型

对 N 元文法模型，词串长度增加时，条件概率的存储量急剧增大，且数目庞大的条件概率的估值也不准确，因而可利用等效分类的语言模型进行简化。为提高语言模型的精度及稳健性，常在其中加入词性和语义方面的统计信息。词类划分有各种方法，如语法意义和语义意义上的。目前较成熟的为词性语言模型。词性作为一种特殊词类，该模型即为 N 元词类文法模型。一般词性分类包括细化的动词、名词、形容词和副词等，分类数一般为几十或几百个左右。词类数远小于词的数目，统计结果可靠得多，从而 N 元词类文法模型较 N 元文法模型更为可靠。

如对三元情况，基本思想是利用 w_{i-2} 与 w_{i-1} 的词类来划分 w_i 前词序列的类别。词类个数较少，三元文法中 w_i 前的词序列类别数也不多，利用这个类别来代替具体的词可节约存储空间，且提高条件概率统计的可靠性。

对词条序列 W，每个词 w_i 的出现只与其所在的词类 c_i 有关，而与前一时间的词所在类 c_{i-1} 中的成员无关，则

$$P(W) = \sum_{C \in C^m} \left[\prod_{i=1}^{L} P(c_i|c_1 c_2 \cdots c_{i-1}) P(w_i|c_i) \right] \tag{13-26}$$

式中，$C = c_1, c_2, \cdots, c_L$ 为对应词条 W 的词类序列，m 为词类总数，C^m 为所有词类张成的空间，$\sum_{C \in C^m}$ 表明每个词可有不同的词类，即对每个词的所有可能词类求和。假定 c_i 只与前 $N-1$ 个词类有关，则

$$P(W) = \sum_{C \in C^m} \left[\prod_{i=1}^{L} P(c_i|c_{i-1} c_{i-2} \cdots c_{i-N+1}) P(w_i|c_i) \right] \tag{13-27}$$

对语言学模型，除上面介绍的几种外，还包括无文法、正字文法(如上下文无关和上下文有关文法)、长距离文法、N-gram 词类文法等。除无文法模型外，它们对自然语言规律的描述比 N 元文法模型更为精确，但较难集成到 HMM 框架中，因而应用较少。

13.7.7 最优路径搜索

大词汇量连续语音识别的最终目的，是由各种可能的子词序列形成的网络中找出一个或多个最优的子词序列。这本质上属于搜索或解码范畴。

声学模型和语言模型的融合构成了连续语音识别的基本模型。图 13-13 为一个完整的连续语音识别系统的方框图。该模型中识别效果主要由搜索算法决定。由于均采用为从左至右型模型，搜索算法的起点固定，从符合文法的句中第一个词第一个音素的第一个状态开始。连续语音识别中词的端点不可能确定，因而搜索只能从音素模型开始。

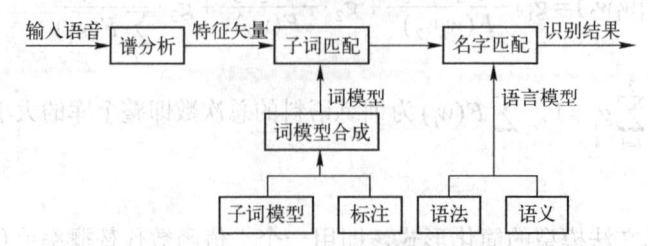

图 13-13 连续语音识别系统方框图

搜索起点为，V 个词条中可作为句子第一个词的各词条的第一个状态。设输入语音共 T 帧，在每个时刻对各词条的各状态进行匹配。在一个词内搜索时，搜索路径的序号须达到整个

词的结束状态，且要满足词条内各状态的时间连接关系。搜索跨越词条时，可选择任何符合文法的词作为下一个词进行搜索；此时每个词条都从第一个状态开始。

显然，对大词汇量连续语音识别来说全搜索无法实现。因此多采用简化方案，主要有 Viterbi、Viterbi-Baum、Viterbi 分层构筑、前向-分层构筑等算法，及借鉴 A^* 搜索算法思想的 N-best 算法等。下面分别介绍。

1. Viterbi 算法

前面讨论的 Viterbi 算法是基于词的。这里将每个词的 HMM 连接起来，形成一个句子的有限状态网络，见图 13-14。模型采用双词文法，只有两个相邻词的转移概率不为零时，两个词间的转移弧才是零转移弧，它不产生输出也不占用时间。图中，各词均采用从左至右结构的基于转移的 HMM，实线两端分别为两个词 w_i 和 w_j，虚线分割的是音素的 HMM。搜索过程与基本的 Viterbi 算法相同，只是计算路径的似然概率时需增加词的转移概率 $P(w_i|w_j)$。

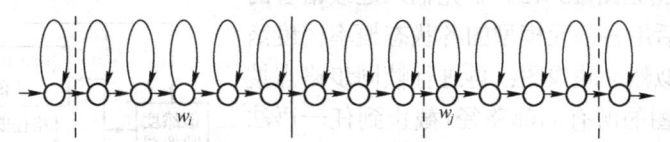

图 13-14 句子的有限状态网络

Viterbi 算法为帧同步算法，按时间递增搜索路径，求出的是最佳的状态序列而不是最佳的词序列；得到最佳序列后还要由其推导出识别的词的序列。因而 Viterbi 算法不是最优算法，但性能与最优算法接近且计算量小得多。

2. Viterbi-Beam 算法

Viterbi 算法中，各时刻计算的路径似然概率的结果需保存，迭代计算量很大。为此可对路径进行裁减，即放弃不可能或得分低的路径。其方法为：设当前最优路径的概率为 $P_M(n)$，阈值为 T_P，则

$$\begin{cases} \text{若 } P(n) \geqslant P_M(n) - T_P, \text{该路径保留} \\ \text{若 } P(n) < P_M(n) - T_P, \text{该路径裁减} \end{cases} \tag{13-28}$$

各时刻 n 的阈值 T_P 不同，因为 Viterbi 匹配过程中路径似然值随时间的增加而减小。

Viterbi-Beam 搜索为宽度优先帧同步算法。其核心为一个嵌套循环，观察特征矢量，每往后推移一帧时，都对语言的各层次的各节点进行 Viterbi 算法。这里，可将声学和语言学模型相结合。对新的一帧数据，语言模型和字典（关于子词的结合规律）层控制子词间的扩展和转移，而同一个 HMM 内部的状态与孤立词的 Viterbi 算法相同。

Viterbi-Beam 算法是 Viterbi 算法基础上的次优算法，其最优路径可能在开始时因得分过低而被裁剪掉。但如门限选得合适，可大大降低运算量而性能下降不大。

3. Viterbi 分层构筑算法

分层构筑思想与 Viterbi 算法相结合可用于连续语音搜索。第一层中，使用 Viterbi 或 Viterbi-Beam 算法对所有的词进行搜索，搜索可在词的中间结束。第一层搜索结束时，每个终点上可找到一个对应的最大值及与之对应的词条编号。利用这些点为起点，构筑第二层。如限定句子的最大词数为 K，则需构筑 K 层。各层之间要乘以词间的转移概率。该算法的运算量大于 Viterbi 算法，但性能较好。

4. 前向-分层构筑算法

该算法仍按照分层构筑方式搜索，但计算概率时，根据属于不同词条的参数来计算。因而

其结果更接近于最佳的词序列。由于计算量及复杂度的增加,其实时实现很困难。

5. 基于前向搜索后向回溯的 N-best 算法

Viterbi-Beam 算法减少了计算量,但只是次优算法,且只能得到一条最优路径。N-best 算法为两步搜索算法,可保证全局最优,且可依次得到全局得分最高的 N 条候选路径。其借鉴了通信中的序列解码和人工智能的 A^* 算法思想。

该算法的一部分是从初始帧到末帧的帧同步前向格点搜索,另一部分是从末帧到初始帧的帧异步后向搜索。从初始帧开始,用 Viterbi 算法记录所有局部路径的得分。接着用改进的 A^* 算法进行帧异步后向搜索以扩展局部路径,所有扩展路径均依据堆栈中的全局路径得分值进行排序。分值由两部分构成:一是回溯到目前节点为止的局部路径分值,二是进行相应前向搜索到达目前节点的路径中得到的最高得分。这些得分存放于栈顶,搜索从当前节点向最高得分路径对应的节点扩展。

N-Best 算法框图见图 13-15。首先输入连续语音的特征矢量序列,然后用各基元模型的各状态概率密度函数计算输出概率即似然度映像图;再进行帧同步格点搜索,产生路径映像图的所有局部路径(截止到任一语法节点),在节点内用 Viterbi 算法计算。后一部分用 A^* 算法进行帧异步树搜索。用这种匹配方法每次只能得到一条当前的最优路径,最优 N 个候选路径假设顺次输入到高层处理模块,最后整个系统的识别结果是 N 个候选路径假设。

搜索时,定义启发式规则 h 下的估计得分

$$f_h(t) = a_h(t) + b_h^*(t) \tag{13-29}$$

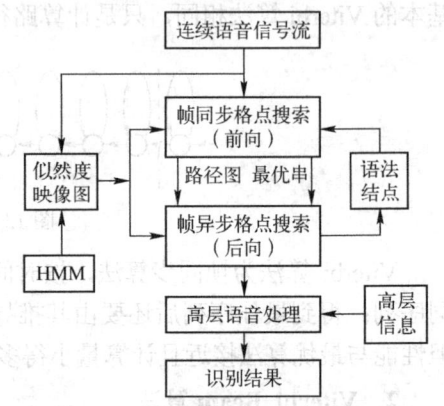

图 13-15 N-Best 搜索算法框图

式中,$a_h(t)$ 为当前的路径得分,$b_h^*(t)$ 为当前路径基础上扩展到完全路径时可能的最佳得分。利用对数 ML 作为得分 $b_h^*(t)$,即 ML 估计。可以证明,$b_h^*(t)$ 为真实对数 ML 的上界时,搜索算法可得到最佳结果。

识别时,先将堆栈中的最佳启发结果弹出,扩展一个词后,再将扩展的启发结果压入堆栈;这样,最终得到的词条序列对应于可能性最大的声学模型。

13.8 说话人自适应

连续语音识别的各种技术可在特定人和非特定人系统中通用。非特定人系统需针对多个说话人进行训练,模型中的各参数与特定人系统相比要分散一些,对模型的描述没有特定人系统精确,误识率相对较高。语音识别的研究表明,相同条件下,非特定人系统的误识率是特定人系统的 3 倍多。实际中不可能对每个人都训练一套特定人系统。为此可使用说话人自适应技术,其在已有模型参数基础上,根据少量新的训练语音进行自适应调整,得到与用新数据充分训练性能相差不多的模型,是一种折中的优化方案。

说话人自适应按原理分为两大类:

(1)基于 MAP 的算法。利用 Bayesian 学习理论,将后验概率最大化;将原有非特定人模型的先验信息与被适应人的信息相结合,以实现自适应。

(2)基于变换的算法。设非特定人系统的模型与待适应人存在一定的变换关系;利用非特定人模型或对输入特征进行变换,以减少非特定人系统与待适应人的差异。

13.8.1 MAP 算法

MAP 准则为
$$\hat{\lambda}_i = \arg\max_{\lambda_i} P(\lambda_i | Y) \tag{13-30}$$

其中，Y 为训练数据，λ_i 为第 i 个模型的参数，$\hat{\lambda}_i$ 为对模型参数的 MAP 估计。

由上式可得状态自适应后的均值向量估值

$$\hat{\boldsymbol{\mu}} = \frac{\sum_{n=1}^{N} \gamma(n)x + \tau\boldsymbol{\mu}}{\sum_{n=1}^{N} \gamma(n) + \tau} \tag{13-31}$$

式中，$\boldsymbol{\mu}$ 为自适应前的均值向量；$\gamma(n)$ 为第 n 时刻语音属于该状态的概率；τ 为固定的先验常数。

上式也可写为特定人参数 $\hat{\boldsymbol{\mu}}_{SD}$ 与非特定人参数 $\boldsymbol{\mu}$ 的线性组合

$$\hat{\boldsymbol{\mu}} = \beta\hat{\boldsymbol{\mu}}_{SD} + (1-\beta)\boldsymbol{\mu} \tag{13-32}$$

其中，特定人的训练结果为

$$\hat{\boldsymbol{\mu}}_{SD} = \frac{\sum_{n=1}^{N} \gamma(n)x_n}{\sum_{n=1}^{N} \gamma(n)}, \quad \beta = \frac{\sum_{n=1}^{N} \gamma(n)}{\sum_{n=1}^{N} \gamma(n) + \tau} \tag{13-33}$$

这表明，MAP 算法的估计结果是，其加权系数随训练语音的变化而变化。没有训练语音时，估计结果即为非特定人参数；训练语音逐渐增多时，估计结果接近于特定人的参数，系统性能逐步提高。

MAP 算法采用最大后验概率准测，有理论上的最优性，在小词汇量识别中有很好的性能。但仅对自适应训练语音中出现的语音模型进行更新，而未出现的模型则不进行自适应。因而，虽然训练数据足够大时性能收敛于特定人系统，有良好的一致收敛性，但自适应速度很慢。这种缺陷是由于模型未考虑不同语音模型间的空间相关性。因而，基于不同假设，可从不同角度利用语音间的相关性，以提高自适应速度。实用性能较好的有基于 LPC 的 MAP，矢量场平滑及 Markov 随机场方法等。

13.8.2 基于变换的自适应方法

设目标说话人与参考说话人的语音空间存在某种映射关系，则可利用统计来的映射关系，将目标说话人的语音信号或模型转化到参考说话人的信号或模型空间中，并利用原有的 HMM 参数对新的说话人语音进行识别，从而完成自适应。

基于变换的自适应方法中，先将语音空间分为 R 类，设每类变换为 $T_r()$，相应的训练语音集合为 X_r，参数为 $\lambda_r (r=1,2,\cdots,R)$，则自适应变换满足

$$T_r = \arg\max_N P(X_r | T_r) \tag{13-34}$$

自适应后的参数为
$$\hat{\lambda}_r = T_r(\lambda_r) \tag{13-35}$$

基于变换的自适应主要有 ML 线性回归，随机匹配法等。它们充分利用语音模型的相互关系，有较快的自适应速度，已较好地应用于大词汇量语音识别。但对模型的关系采用了较简单的线性变换、仿射变换等，无法准确描述模型间的关系；训练语音增多后，变换关系的统计准确性下降。为改善性能，可采用模型间的非线性变换；主要有分段线性变换、

神经网络等。

下面讨论应用最多的 ML 线性回归方法。其采用如下形式来描述模型间的变换关系：

$$y = Ax + b \tag{13-36}$$

其中，x 和 y 分别为自适应前后的参数向量，A 和 b 分别为估计得到的变换参数。

为充分利用模型间的关系，可先根据不同模型的高斯分布均值对语音特征空间进行划分；划分准则是相近语音划为一类。可根据语音模型的相似性将邻近语音模型归为一类。为计算方便起见，通常采用二叉树形式进行语音空间的划分。所有语音均归为一类时称为全局变换。每个语音模型都划分为一类时，ML 线性回归退化为 MAP 方法。

考虑模型的参数重估，重写变换式(13-36)为

$$\hat{\mu} = A\mu + b = W\xi \tag{13-37}$$

式中 $\hat{\mu}$ 是扩展的均值向量 $(1, \mu^T)^T$，W 是扩展的变换矩阵 $(b^T, A^T)^T$。估计的参数为 W。设第 m 个模型聚类中有 R 个状态，利用 ML 准则可证明均值矢量变换矩阵 W_m 满足

$$\sum_{n=1}^{N}\sum_{r=1}^{R} L_{m_r}(n)(\Sigma_{m_r})^{-1} y(n)(\xi_{m_r})^N = \sum_{n=1}^{N}\sum_{r=1}^{R} L_{m_r}(n)(\Sigma_{m_r})^{-1} W_m \xi_{m_r}(\xi_{m_r})^N \tag{13-38}$$

其中，$L_{m_r}(n) = P(\tilde{N}_{m_r}(n) | \lambda, y_N)$ 为模型 λ 和观察序列 y_N 下 $\tilde{N}_{m_r}(n)$ 的概率；而 $\tilde{N}_{m_r}(n)$ 为 n 时刻的高斯混合分量，Σ_{m_r} 为协方差矩阵。通常，为计算方便起见，Σ_{m_r} 设为对角阵；可采用高斯消元法等矩阵算法求出。

利用估计得到的最优线性变换矩阵 W，可根据变换公式对该类中每个模型的均值向量进行线性变换，使模型适应输入说话人的语音。

13.8.3 基于说话人分类的自适应方法

也可利用说话人的预分类实现说话人自适应。即将说话人分为若干类，每类说话人的语音特性较接近，这样可为每类建立一套识别参数。基于说话人分类的语音识别自适应方框图见图 13-16。其中说话人类别判断单元先根据目标说话人的语音来判断其类别，再调用该类别的 HMM 参数供识别单元使用。应用该方法需对说话人进行正确的聚类，即如何对原模型中不同说话人(参考说话人)进行分类。通常类别数为 2~10。

1. 有监督的说话人分类

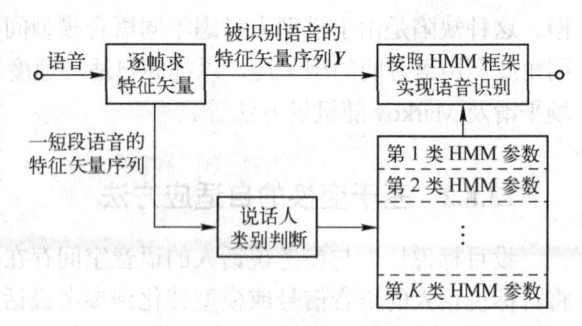

图 13-16 基于说话人分类的语音识别自适应方框图

对各参考说话人进行训练，采用相同的训练语句。然后用 IIMM 的相似度对所有参考说话人进行聚类，聚类后将每类训练数据合并，并重新训练以得到该类别的通用码本和 HMM 参数。

识别时，先对目标说话人进行类别判断。由其说一些预先规定的句子，并计算每个类别产生这些语句的概率，根据最大概率判定其所属类别。

2. 无监督的说话人分类

不同说话人的差异主要体现在其语音短时谱，后者可用相应的概率密度函数来度量。高斯分布函数可对任意形状的概率密度函数进行近似，且容易处理，因而可采 GMM(见 10.5 节)表示该概率密度函数。

设说话人的编号为l，其特征矢量Y用HMM的概率密度表示为

$$P(Y|\lambda^l) = \sum_{i=1}^{M} w_i P(Y|\lambda_i^l) \qquad (13-39)$$

即总概率由M个高斯分布函数线性相加得到。其中每个高斯分布函数为λ_i^l，均值向量和协方差矩阵分别为$\boldsymbol{\mu}_i^l$和$\boldsymbol{\Sigma}_i^l$；权系数为w_i，且$\sum_{i=1}^{M} w_i = 1$，是每个λ_i^l出现的概率。计算前需先确定M值；设各分布函数的$\boldsymbol{\Sigma}_i^l$为对角阵时，计算更为简单。

参考说话人的特征矢量$Y_n(n=1,2,\cdots,N)$，采用对数ML准则，对GMM的参数λ^l进行训练，$L = \arg\max_N \left[\sum_{n=1}^{N} \lg P(Y_n|\lambda^l)\right]$。可采用基于EM(见10.4.4节)的迭代算法实现。

当有K个训练人且恰好分为K类时，每个训练人为一类。可为每类训练一套HMM和GMM参数。有新说话人的语音时，利用已建立的GMM参数λ^l $(l=1,2,\cdots,K)$计算每套参数产生该语音序列的似然值，并将新说话人划分为似然值最大的那类中。再用该类别的HMM参数对目标说话人进行识别。如参考说话人数大于类别数，则需要对其聚类。若某训练人的GMM参数产生某个说话人的训练语音的似然值超出产生其他说话人语音的似然值，则这两人可合并为一类。这种方法可将训练人逐步合并。

基于说话人分类的自适应方法需另外存储K套GMM参数，从而使词汇表及存储量很大；因而多用于中小词汇量语音识别中。在第14章说话人识别中将会看到，这里的基于说话人分类的自适应与说话人识别有密切联系，很多方法也是类似的。

13.9 鲁棒的语音识别

1. 概述

20世纪80年代以来，基于HMM的统计模式匹配和动态搜索方法的应用使语音识别系统的性能大为提高；但大多数系统只适用于安静环境下识别纯净的语音，应用于噪声环境时性能将大大下降。研究表明，传统语音识别系统用于纯净语音的训练可达到100%的识别率；但用时速90km/s的汽车中的语音信号训练后，只能达到70%的识别率。对大多数现有的非特定人语音识别系统，如使用不同于训练时的麦克风，或在不同于训练时所处的环境下，即使在安静的办公室里测试，性能也将严重下降。而对电话信号，坦克、舰船内或室外环境中的语音信号，现有识别系统的鲁棒性更差。

产生上述问题的主要原因在于语音信号受实际环境影响后表现出的多变性，包括：

（1）音素可变性：最小语音单位即音素的确定严重依赖于上下文。

（2）声学可变性：环境、声音传感器(麦克风或电话)的位置及传输特性的变化导致语音的变化。

（3）说话人本身的可变性：情绪、身体状况、语速、音质的变化导致语音的变化。

（4）不同说话人的可变性：不同的社会背景、方言、声道形状和长短也影响识别结果。

语音识别的鲁棒性是指，语音质量退化或语音的音素、分割或声学特性在训练和测试环境中不同时，识别系统仍保持较高的识别率。其中声学特性(如声道、麦克风、电话特性)的差别及环境差别是研究重点。在基于统计声学模型的语音模型中，训练数据须有充分的代表性。但当训练环境与测试环境失配时，由训练数据得到的模板的代表性将降低，因而识别性能大幅下降。虽然增大训练数据量可减少失配情况，但不是最终解决方案。因此，鲁棒的语音识别系统的另一个重

要目标是降低对大量训练语音数据的依赖性,更有效地利用有限数据,提取准确的统计模型以适应声学环境的变化。

加性噪声和未知的线性滤波效应引起的训练与测试环境失配对识别系统的影响,可从信号空间、特征空间和模型空间三个层次来分析,见图 13-17。其中 S 是原始的训练语音,X 是从训练数据提取的语音特征,A_X 是根据训练数据得到的统计分布参数。类似地,T、Y、A_Y 分别是测试语音、测试语音特征和测试语音模型。训练环境与测试环境失配时,干扰使 T、Y、A_Y 产生畸变,其影响分别用 S、X、A_X 到 T、Y、A_Y 的畸变函数 $D_1()$、$D_2()$ 和 $D_3()$ 表示。

各种鲁棒技术均从信号空间、特征空间及模型空间这三个层次消除训练和测试环境不同所带来的畸变影响。

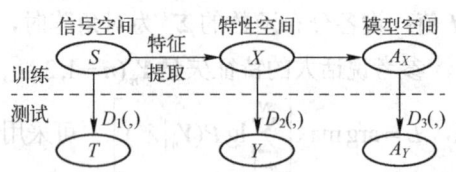

图 13-17 训练环境与测试环境失配时的影响

2. 鲁棒的语音特征

鲁棒的语音识别的研究早期受到语音增强技术的影响。语音增强虽可提高 SNR,但不一定能提高语音的识别率。提取鲁棒的语音特征并将其用于识别是提高识别系统鲁棒性的更为合理的方法。鲁棒语音特征的研究随着语音识别的发展一直在开展。提取它有两个方向:一是从人耳的听觉能力出发,二是从信号处理角度出发。但目前还没有哪一种鲁棒特征可消除所有的噪声干扰。

基于人耳听觉的处理方法是获得符合人耳听觉特性的语音特征表示。有很多基于人耳听觉的鲁棒语音特征,如 MFCC、感知 LPC 等有很好的抗噪性。采用多分辨率分析(如小波包)提取语音信号的多带特征可模拟人耳听觉特性(见 7.4.4 节),也取得了较好的效果。

从信号处理角度出发也可改善语音特征的抗噪性能。如修正的短时相关参数利用语音信号相邻段间的相关性来改善 SNR。可以证明,对全极点系统的单位函数响应进行不加窗的自相关运算并不改变其极点结构;因此信号被噪声干扰后,由相关函数得到的系统参数估计值更为准确。采用基于 Mellin 变换的鲁棒特征,也可有效改进噪声环境下的识别效果。研究表明,使用对数谱的修正 Mellin 变换参数的的识别效果明显优于 LPC 系数及 MFCC。

3. 特征补偿

很多情况下,语音增强和鲁棒的语音特征不能完全消除训练和测试环境失配的影响,为此可对训练和测试环境的差异进行补偿。已提出多种特征及模型补偿技术。在特征空间中修改测试语音的特征 Y,使测试语音的模型更接近训练模型 A_X;反之,动态修改训练模型的参数与结构,使补偿后训练模型更接近测试语音,见图 13-18。

常用的特征补偿技术中,基于码本的倒谱归一化及 ML 线性回归方法用一组可用的训练/自适应语音将带噪语音归一化为纯净话音。SNR 较低时,训练和自适应数据间的失配很大,EM 算法易得到错误的收敛值,难以从带噪话音中估计出纯净语音。而随机匹配法用测试语音和给定的模型将 SNR 作为模型参数,不在识别前对不匹配的情况进行估计训练,优于直接使用 EM 方法;其可通过迭代 EM 算法来提高失配参数估计的似然值,在似然值最大时得到最优估值。

4. 模型匹配

模型匹配技术通过调整语音模型的参数来匹配测试环境,主要包括特征匹配、基于预测的模型补偿、自适应模型补偿和统计匹配等方法。并行模型联合、随机匹配技术及矢量 Taylor 级数均为基于预测的模型补偿方法,其中噪声也被建模,并在识别过程中直接应用。

并行模型联合法中,模型参数变换到线性频谱域并在噪声补偿后逆变换到倒谱域。矢量 Taylor 级数法将线性滤波和加性噪声近似用 Taylor 级数描述,再进行消除。噪声和信道联合估计法对被加性和卷积性噪声干扰的测试信号进行 ML 估计,以补偿语音模型。

5. 基于人耳听觉的信号处理

随听觉心理学和生理学的发展,基于人耳听觉的语音识别近年成为研究热点。对人耳听觉特性进行了深入研究并应用于语音处理,尤其是提取符合人耳听觉特性的语音特征及利用听觉特性的鲁棒前端处理。同时,基于人耳听觉的语音识别也成为一个相对独立的研究领域。其模仿人类听觉生理和心理机制建立听觉模型,对语音进行预处理,作为语音识别的前端处理模块。表 13-2 列出近年几种影响较大的听觉神经模型;它们均以带通滤波器输出信号具有的周期性或同步性为前提,包括一组模仿人耳耳蜗的临界频率带通滤波器及紧接其后的模仿内耳毛传导、侧抑制等作用的通道/相邻通道的非线性处理器。

表 13-2 主要的人耳听觉模型

特 征	实 验
模仿中耳、基底膜运动、内耳毛细胞突触特性的模型,依照神经网络通道间的相互关系表现类似频谱 (频宽:0~800Hz,通道数:1400)	在 CV 音节上神经脉冲的时间模式的分布与其生理数据一致
用带通滤波器输出和设定阈值的交错作用模拟神经放电,求交错时间间隔的直方图 (频宽:200~3200Hz,通道数:85)	识别英语 39 个单词,作为系统前端处理模块。语音 SNR 较低时,识别效果较好
听觉神经的同期性和平均放电频率相结合的模型,由同步检测器和振幅包络检测器构成 (频宽:140~6400Hz,通道数:40)	各种生理数据一致,在频谱图所表示的音素频率分解度高
依 HPF 及 Sigmond 实现其饱和性,向各通道进行 2 种侧抑制,以侧抑制网络而进行特征频率锐化 (128 通道的基底膜模型)	母音及爆破音的识别特征的表现

13.10 关键词确认

前面介绍的语音识别方法中,说话人只讲词表内的词,即其所说的词系统是已知的。但很多情况下语音中还包括其他词,及非语音的咳嗽声、呼吸声、关门声、音乐声、多人共同说话声等。此时为提高识别准确性,需采用特定的识别技术在连续语音中提取和确定特定的词,称为关键词确认或关键词检出。这种语音处理系统允许用户采用自然的方式说话,而不拘泥于严格的语法规定。

关键词确认近年受到广泛重视,其应用包括:

(1)电话接听:信用卡认证、接线员转接等只根据少量关键词来判断要执行的任务。

(2)监听:从两个人或多个人的谈话中检出关键词。这些词一般在谈话中多次出现,军事上这类录音资料往往很多。

(3)口语识别:一般语音录入系统要求说话人以朗读方式发音。如果采用较自然的方式发音,则可能会夹杂一些词表中未包含的词或说的含混不清的词,不可避免地会出现一些停顿、吱唔、思考语、省略等口语现象。这时可将词表中的词作为关键词,而将额外的词作为多余的语音拒识。传统的语音识别处理口语语音有很多难点,首先要有非常庞大的词表,其次语言模型不能有太多约束,从而可以处理自然口语中不合语法的现象。关键词检出不要求给出所有词的精确识别结果,只识别出与语义解释关系最密切的那些单词。句中与语义关系最密切的所有单词集合可预先定义,构成关键词识别系统的词表。在关键词检出系统的框架下,语音识别器只抽取有语义意义的信息段而忽略其他不重要的语音段,可不输入语句的详细细节。

(4)信息查询:信息查询系统的性能由两个因素决定:一是会话策略;二是语音识别性能。但这两个因素是矛盾的:灵活的会话策略可接受用户的自然口语语音、允许很大的词表、允许复杂的语法结构等,但语音识别的搜索空间大、识别时间长、识别精度也将下降,识别难度也增加。另一方面,规范的会话策略可保证良好的语音识别性能,但人机通信的自然度将下降。因而在复杂的信息查询情况下,不宜采用规范的会话策略。

关键词确认系统的指标包括检出率和虚报率(FAR)。检出率又称为优度指数,是正确确认的关键词数占测试语音中总关键词数的百分比。虚报率一般用平均每个关键词在一小时内被虚报的次数来衡量。这两个指标是矛盾的。大部分系统的 FAR 为 0~10(每小时平均每个关键词的虚报次数)。

早期的关键词确认采用 DTW。现多采用 HMM 框架和神经网络。下面介绍基于 HMM 的关键词确认。这种系统与语音识别系统除模型不同外,没有本质区别。一般的语音识别系统只对词汇表中的词建立相应的模型,最多加上静音模型;而关键词确认系统除关键词外,还有很多额外的输入;如非关键词、背景噪声等。可将关键词外的额外输入建立若干套 HMM 参数,称为垃圾模型。

设关键词确认系统有 V 个关键词模型 $KW_1 \sim KW_V$ 和 L 个垃圾模型 $GB_1 \sim GB_L$,见图 13-18。这就形成了 $V+L$ 个词汇的语音识别系统,因而识别过程类似;可用 Viterbi 或其他算法求出最可能的状态序列。

关键词确认系统中的模型训练与一般的识别系统相比,区别如下:

(1)如词汇库中已标注关键词和非关键词,则可直接对每个关键词和非关键词生成相应的 HMM,这与传统的语音识别相同;

(2)如训练时只标注关键词和非关键词,而不知道具体的非关键词内容,则可将非关键词聚类,生成多个垃圾模型;

(3)如对未标注过的数据库只知道每个语句中的关键词内容,需采用全自动方法训练。先由孤立词发音产生关键词的 HMM,而垃圾模型由随机语音产生;再用分段 K-均值算法对包含关键词和非关键语音的数据进行迭代训练,直至收敛。

流程图如图 13-19。

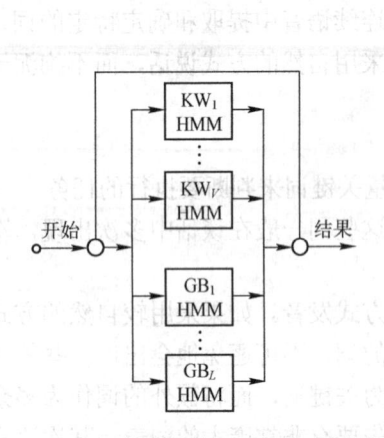

图 13-18 关键词确认系统组成框图

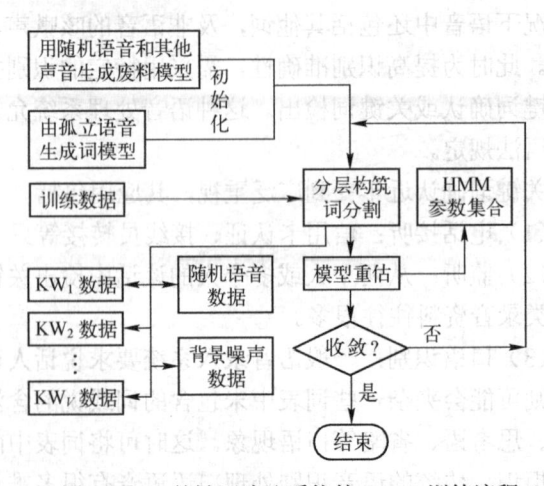

图 13-19 关键词确认系统的 HMM 训练流程

上述方法适合于小词汇量系统。对大词汇量关键词确认系统,需对 HMM 框架仔细设计。

垃圾模型的数量及结构是关键词确认系统的关键。

13.11 可视语音识别

13.11.1 概述

语音不仅可以听见还可以看见。语言本身的双模态使多媒体信息交互的研究越来越受重视。可视语音识别是根据视觉特征(主要是嘴唇部位的特征)来识别说话的内容,包括机器自动唇读及视觉辅助的双模态语音识别等。

语音依靠声波传递信息。但人对外界的感知过程中,获取信息最多的是视觉,其次才是听觉;且视觉和听觉的结合比任何单一的感官感知的信息都要多。另外,图表是表达思想、理解事物最方便、最直观的方法,所以人们试图从视觉上感知语音,或利用视觉与听觉的结合传递更多的信息。

通常语音与图像的研究独立地进行。但人们注意到各种媒体间的关联性,并研究其交互作用。发音机理表明,语音与发音器官的形状和运动有本质的联系。语音感知研究中,已注意到人对语音的理解是多模态的。许多场合下,人不只用耳朵听声音,而且用眼睛观察说话人的面部表情。人说话时复杂多变的面部表情不仅可传达丰富的感情,且可增强对语言的理解。

视位指人发某一音位时发音器官所处的状态。视位对人理解语音有很大影响,与语音吻合的视觉信息可增强对语音的理解;与语音冲突的视觉信息则会干扰对语音的理解。面对互相冲突的音频和视频刺激时,人所理解的信息既不符合音频也不符合视频。视位多指静态视位,而人发音时的发音器官处于连续变化中,为此对这一变化过程需建立动态的视位模型。

通过视位研究可进行机器自动唇读,从而进行语音识别;但存在视位到音位的多对一的关系,使自动唇读识别率受到很大限制。

另一方面,可利用视觉信息建立双模态语音识别系统,以提高识别率,尤其是对噪声环境。视频及音频信息的融合可采用前期的参数级融合或后期的结果级融合。如何将视频和音频信息有效地结合还有待于进一步研究。

13.11.2 机器自动唇读

机器自动唇读在无法获得语音信号或语音信号严重受损时有重要应用。

1. 视觉特征

进行计算机自动唇读需选择适当的特征。常用的视觉特征包括:

(1) 形状特征。

主要是内外唇轮廓线和下腭的位置,这是唇读中最重要的信息。在唇动跟踪中要去除头部运动,因为其与语音内容无关。还要对原始数据进行处理,如对不同人的数据进行归一化,对数据进行主成分分析(PCA, Principal Component Analysis)以去除各数据间的相关性,减小特征维数。

(2) 纹理特征

嘴部的不同器官(如皮肤、嘴唇、牙齿和舌头)有不同的颜色和亮度特征,这对识别发音也有很大帮助。亮度特征还在一定程度上反应了嘴唇的突出度,在由于条件限制无法得到三维数据时，对唇读更为重要。同样，要对不同人的数据进行归一化，去除各数据间的相关性，减小特征维数。

（3）动态特征

上述的形状特征和纹理特征均随时间变化，语音的许多信息也正是包含在这些特征的动态变化过程中。另外，采用动态数据比静态值更为鲁棒，如皮肤的纹理在说话过程中基本保持不变，但嘴部的纹理却随嘴唇的张开大小等有较大变化；不同人的皮肤和嘴唇纹理有一定差别，但发音过程中的状态变化则相似。

虽然连续数据流隐含地包括了动态信息，但计算出动态特征并作为训练数据的一部分往往更为有效。动态特征可利用前后两帧或多帧图像的形状和纹理特征计算差值得到。

2. 实现方法

包括以下几种：

（1）静态图像模式匹配

由待识别的静态图像中提取视位参数，与预先训练、存储的视位参数模板相比较，确定视位类别。这是最简单的唇读方式，只适用于孤立词识别。它忽略了语音视觉特征随时间的变化。在连续语流中，即使可从视频流中选择出典型的视位图像，由协同发音的影响导致音位在连续语流中的发音口形与单独发音时也有很大差别；因而这种方法的识别率会很差，它对语音识别没有太大的帮助。

（2）图像序列模式匹配

计算待识别的图像序列的视位参数，与预先训练、存储的视位参数序列模板进行比较，确定其视位类别。早期的方法中，未考虑语速的不同，不进行时间上的匹配；不同长度的参数序列比较时，只是简单地将较短序列的最后一组参数复制。后加入了 VQ 和 DTW。首先根据口腔区的面积用 VQ 产生一个嘴部码本；在测试序列中，对图像序列进行 VQ 后，用 DTW 在码本中找到一个最优匹配。

曾进行过如下的研究：采用线性时间弯折的方法将观察特征矢量与存储的训练模板进行匹配，原始特征矢量为 8 维，包括置于嘴部周围的 4 个窗口的水平和垂直速度分量。进行 PCA 后减为 2 维，包含原始信息的 75%；再对这两个分量根据其方差进行归一化。

（3）DHMM

已研究了基于 DHMM 的连续语音唇读。根据 13 个口腔特征参数，用聚类方法产生一个有 64 种口形的码本。根据 HMM 的相似度，用聚类方法确定视位类，类似于语音的子词模型；基于这些视位训练与上下文相关的视觉子词模型。此外，也采用了有 17 个视频参数的 DHMM，这些视频参数由灰度图像手动测量得到。

（4）CHMM

可采用 CHMM 在一个数据库上训练一个音视频三音素模型，所用特征由音频滤波器的输出与视频 PCA 参数拼接形成。识别方法类似于语音的子词模型技术，其区别只是增加了视频特征。

基于 HMM 的机器自动唇读系统（包括 CHMM 及 DHMM）方框图见图 13-20。

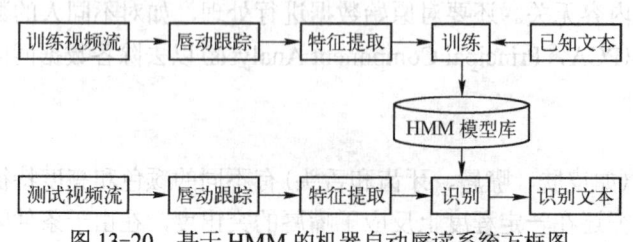

图 13-20 基于 HMM 的机器自动唇读系统方框图

用 CHMM 对 4 个英文数字"1、2、3、4"的机器自动唇读的实验结果见表 13-3；其中模型 SC 为形状特征，只采用外唇轮廓；模型 DC 为形状特征，采用外唇和内唇轮廓。

表 13-3 不同参数对唇读识别率的影响

模型\参数	形状特征+动态特征	纹理特征+动态特征	形状特征+纹理特征+动态特征
模型 SC	81.3%	78.1%	82.3%
模型 DC	77.1%	83.3%	88.5%

（5）神经网络

如采用 TDNN（其原理与结构将在 15.2.4 节中介绍）实现唇读，网络包括一个输入层、一个隐层和一个音素状态层，用 BP 算法训练。音素层用 DTW 找到最优音素匹配。还研究了将声学和视觉信息结合，并应用于混合的多层感知器/HMM 语音识别系统。将声学和视觉特征向量拼接形成一个混合向量。

需要指出，大词汇库下，唇读识别率将大幅下降。如在包括 78 个英文单词的语料库上进行的实验，单纯依靠视觉信息的识别率约为 30%~40%，这主要是由音位与视位的多对一映射关系决定的。为获得较高的识别率，需结合语音和视觉信息组成双模语音识别系统。

13.11.3 双模态语音识别

1. 概述

语音识别在相对安静的环境下（如实验室中）已得到了较高的识别率，某些特定领域已达到了实用化程度。但实际应用中仍存在很多问题，最主要的是环境噪声使识别率大大下降。许多实际应用场合常存在不同程度的干扰噪声，其来源不一、形式各样。目前主要的语音识别系统采用统计方法，其模型在训练过程中难以考虑所有的干扰情况与类型，在识别这些被噪声污染的语音信号时性能将急剧下降。为此须提高其对环境噪声的鲁棒性。目前已对如何消除噪声影响进行了大量研究。但单纯从语音角度处理，许多噪声与语音有相同的特性，很难去除；如回声、多人谈话的交叉干扰等。

常规的语音识别系统仅利用语音的听觉特性，没有考虑到语音感知的视觉特性，在噪声或多说话人环境下识别率大大下降。而视频可在一定程度上识别发音，且不受噪声的影响。因而将音频与视频相结合进行语音识别可提高其鲁棒性。在噪声环境下，视觉信息的补偿对语音感知性能有较大的改善。

为此，1984 年 Petajan 将视觉信息引入语音识别中。引入说话者脸部视觉信息作为语音声学信息的补偿，即听觉视觉双模态语音识别（AVSR，Audiovisual Bimodal Speech Recognition）是最有希望的方案之一。研究表明，受高斯白噪声污染的孤立元音识别中，AVSR 抗噪性能比常规的语音识别系统提高了 6~12dB。汉语元音音素的口型识别率可达 80%。

AVSR 是语音识别的热点之一，已进行了多年研究。但其涉及图像处理和理解技术及听觉与视觉的信息融合，目前研究还处于初级阶段。

人对言语理解的能力远高于计算机。研究及模仿人的言语感知行为有助于语音识别。人类语言的认知过程是多通道的感知过程。人在理解他人讲话的内容时，不仅通过声音感受信息，且用眼睛观察对方的口型、表情等变化，以更准确地理解对方所讲的内容。视觉信息的作用分为三类：引起注意、冗余和补充；即使在良好的环境下，视觉信息也有助与言语识别。

当人的语音听觉感知存在障碍,如听觉受损、环境噪声太大时,常将视觉感知(如说话者唇形)作为补充,此时对语音的感知将被加强。对视觉信息在言语感知中作用的研究表明,听力有障碍者将其作为主要的感知信息源,少数人利用唇读实现很精确的语音理解。听力健全的人在声学环境恶劣情况下(包括环境噪声、交谈方式、音乐、回声等)将视觉信息作为声学信息的补充,有效提高了识别率。一些音素在语音上难于区别而在视觉上却易分辨;反之亦然。因而,视觉信号常可对噪声敏感的音素提供更多的可区分音素。

AVSR 是在单模态语音识别系统的基础上,加入视觉子系统,摄取说话者的面部图像,从脸部主要特征中提取与发音有关的视觉特征,与声学特征一起作为识别器的输入。这种系统一般包括视觉子系统及听觉子系统两部分。视觉子系统进行图像处理以得到语音识别用的特征,听觉子系统与一般的语音识别系统类似。系统综合视觉和听觉两个子系统的数据进行分类识别。双模态识别系统与传统的听觉单模态系统有相似之处,但研究重点为视觉特征的提取、融合策略及识别算法。

模式识别的研究表明,处理复杂的高维模式识别问题的唯一方法是结合学习技术。用于学习的数据越多,训练得到的模型就越精确,识别率就越高。因而语音识别中的语音数据库的建立非常重要。同样,听觉视觉双模态数据库是双模态语音识别的基础。

视觉特征的提取是双模态语音识别的关键技术,且又有很大的难度。它分为以下两种方法。

(1)基于像素的方法。将原始图像或变换域大图像作为语音的视觉特征。其优点是所有数据均起作用,有较高的识别率及较好的稳健性;缺点是图像的数据量太大,所以多用降维方法,但特征向量的维数仍然很高。另外,这种方法对光照变化的稳健性差。

(2)基于模型的方法。用少量参数表示提取的主要发音器官如唇、下颌的轮廓,作为特征向量送入识别器。其优点是特征向量的维数低,且对平移、旋转、光照等变化有移不变性,因而识别速度快、鲁棒性好。但哪些参数与语音的区别密切相关,目前还不是特别清楚,现有系统采用的参数也不完全相同。且轮廓的提取与跟踪算法较复杂,稳定性也易受图像质量影响;一旦轮廓定位跟踪产生错误,识别将产生不可恢复的错误。

判决融合策略是近年 AVSR 研究的另一热点。其将来自声学及视觉两个通道的信息结合起来,对音子进行分类判决。两种信息来自不同的通道,时间上可能不完全同步,所受到的噪声干扰也不相同;因而需一个判决融合系统来进行分类。其结构分为数据到数据、判决到判决的、数据到判决等三种。

2. 基本原理

尽管目前对人如何将视觉与听觉信息进行融合的机理还不清楚,但人们一直致力于建立可描述视觉和听觉信息融合的模型。从识别的角度看,根据 Bayesian 决策理论,应选择有最大后验概率的词作为识别结果,即

$$\lambda^* = \arg\max_{\lambda} P(\lambda_i | Y^A, Y^V) \tag{13-40}$$

其中,λ^* 表示后验概率最大的词,λ_i 表示第 i 个词,Y^A 表示声学特征向量序列,Y^V 表示视觉特征向量序列。根据 Bayesian 公式,后验概率为

$$P(\lambda_i | Y^A, Y^V) = P(Y^A, Y^V | \lambda_i) P(\lambda_i) / P(Y^A, Y^V) \tag{13-41}$$

若认为听觉和视觉相互独立,则

$$P(Y^A, Y^V | \lambda_i) = P(Y^A | \lambda_i) P(Y^V | \lambda_i) \tag{13-42}$$

目前双模态语音识别大多基于该假设来训练系统,在匹配过程中使声学参数与视觉参数的后验概率为最大。

在声学与视觉参数的融合中需考虑以下 3 个问题：（1）识别过程的哪个阶段进行声学与视觉参数的融合；（2）声学与视觉参数融合时的同步问题；（3）选取声学与视觉参数在识别过程不同情况下的融合权重。下面分别讨论。

（1）双模态信息融合的时间

从视觉与声学参数的融合时间上，分为以下两种方法：

① 参数级融合

这是早期融合方法，即将视觉与声学的参数向量直接结合，以构成新的参数向量。识别方法仍采用语音识别中典型的 CHMM 结构，见图 13-21。

两种参数结合的过程中，需采用适当的插值方法来提高视觉参数的采样率，因为语音采样率一般高于图像采样率。而两种参数融合权重的设定是一个关键，应根据噪声大小动态调整视觉参数的融合权重。

② 结果级融合

这是晚期的融合方法，对两种参数建立识别子系统进行识别，再采用适当的决策方法将二者在一定时间间隔的约束下相结合，选择最佳的识别结果；见图 13-22。该方法中，决策系统是关键，它往往决定了系统性能。

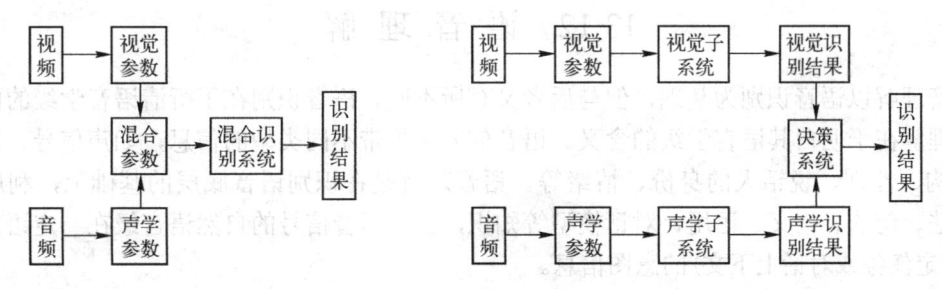

图 13-21 参数级融合的双模态语音识别系统　　图 13-22 结果级融合的双模态语音识别系统

（2）双模态信息的同步

研究表明，语音和视觉并不完全同步，发音器官的动作有时会超前或滞后于语音。该问题的解决方法是采用允许声学和视觉参数异步的融合方法。如采用交叉乘积型 HMM，声学状态从左到右转移，而视觉状态从上到下转移，允许两种参数异步融合。或者采用多数据流的 HMM；模型中存在一些关键点，强制各数据流在这些点保持同步。

（3）融合权重

显然，语音和视觉的融合比任何单一媒体提供的信息都要多，但确定两种参数的融合权重却较为困难。不同媒体的重要性与不同的语音数据质量、不同发音内容及不同发音人均有关。

一种方法是在训练 HMM 的过程中训练双模态信息的融合权重；对不同识别单元有不同的融合权重，训练过程中使训练集总的识别误差最小。具体过程为：

① 对每个识别单元 s，计算其对每个模型 m 的声学参数与视觉参数的观测概率对数 $A_{s,m}$ 和 $V_{s,m}$，并按参数序列的长度进行归一化；

② 对每个模型，设置初始的声学参数权重 w_m，并计算其联合对数概率

$$T_{s,m} = w_m A_{s,m} + (1-w_m) V_{s,m} \tag{13-43}$$

③ 通过使误差 $E(w)$ 为最小，来得到最优权重。其中

$$E(w) = \sum_s e(s,w) \tag{13-44}$$

式中，w 为各模型的权构成的向量，$e(s,w)$ 在 $T_{s,m}$ 的最大值对应于模型 s 时（即识别正确）为

0，否则为1。

用TDNN进行双模态语音识别时，可采用下列方法确定融合权重：
① 由声学和视觉参数的信息熵确定；
② 由语音的SNR确定；
③ 在音位层利用神经网络从训练数据中通过学习得到。

对包括78个英文单词的语料库上进行了双模态语音识别实验。识别采用5状态的CHMM，语音参数为16阶LPC参数，视觉参数取唇宽、上唇张开度和下唇张开度3个。实验在不同噪声环境下进行，见图13-23。可见，单纯的视觉参数的识别率较低；但双模态语音识别的性能优于单纯声学参数的语音识别，在SNR较低时效果更为明显。

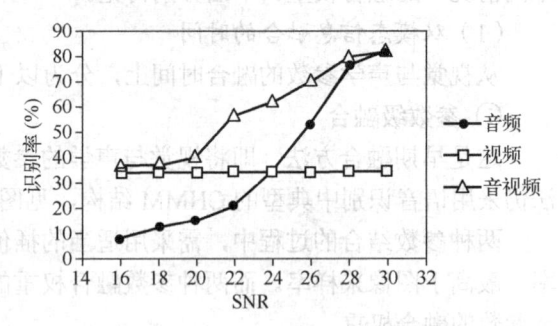

图13-23 不同噪声环境、不同参数下的识别率对比

13.12 语音理解

语音理解以语音识别为基础，但与后者又有所不同。语音识别在于听清语音学级的内容，而语音理解在于明白其语言学级的含义。语音信号中携带不同类型的信息，如声信号、语义、语法结构、性别、说话人的身份、情绪等。语音理解是在识别语音底层的基础上，利用语言学、词法、句法、语义、语用、对话模型等知识，确定语音信号的自然语言级在一定语言环境下（如特定任务或对话上下文）的意图信息。

语音理解可在更严格的语法、语义及对话约束条件下得到说话人意图，且理解正确率由其做出的反应确定，而不在于是否正确识别出每个词，因而可在语音识别性能不十分理想的情况下得到较好的应用。而且，对话系统中，对不能确定的词或句子可通过对话方式使讲话者换一种表达方式重说，使语音理解能够在很多场合下得到应用。

利用人对语音的理解能力，不仅可排除噪声的影响、理解上下文意思并纠正错误、澄清不确定的语义，且可处理不符合语法的或不完整的语句。语音理解系统除包括语音识别所要求的部分外，还须增加知识处理部分。知识处理包括知识的自动收集、知识库的形成、知识的推理与检验等。还希望自动地对知识进行修正。语音知识包括音位、音变、韵律、词法、句法、语义及语用等，它们涉及语言学、语法、自然语言理解及知识搜索等许多交叉学科。

实现完善的语音理解系统非常困难，但面向特定任务的语音理解系统可以实现。如飞机票预售系统、银行业务、旅馆业务的登记及询问系统等。

语音理解系统应包含三部分：（1）语音信号的前端处理（产生观测特征矢量序列Y）；（2）语义解码器（产生语义结构S）；（3）意图解码器（产生用户意图I）。图13-24为语音理解系统的组成方框图。

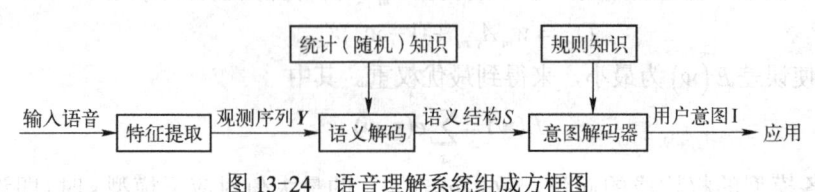

图13-24 语音理解系统组成方框图

图中，信号前端处理与语音识别类似，将语音信号转换为观测矢量序列，常用的特征参数有 LPC 系数、LPCC、MFCC 等。

语义解码有多种选择。设语音识别的声学模型采用 HMM，则基本方式有两种。一种是自下而上的方法，由 HMM 状态到基本单元、词法、句子，直到语用规则；另一种为自上而下的，由语言模型开始直到声学模型。语音理解本质上与语音识别一致，因而这里不对各种算法进行描述，只介绍一种单阶段解码方法。用于语义解码的知识通过自学习（训练）得到，因而该算法独立于具体的领域、应用及语言。

13.12.1 MAP 语义解码

随机模型法在语音识别中有广泛应用，自然可用于语音理解。随机模型法有两种基本原则：一是 ML，一是 MAP。在第 10 章中介绍了其中的 ML 方法：即给定一个观测序列 Y，最可能的句子序列为 $\hat{W} = \arg\max_{W} P(Y|W)$。下面介绍 MAP 语义解码的基本思想。

给定观测序列 Y，要求对应的语义结构 S，使 $P(S|Y)$ 的后验概率为最大，即

$$S_E = \arg\max_{S} P(S|Y) \tag{13-45}$$

应用 Bayesian 准则并将最可能的词序列 W 考虑在内，得到

$$S_E = \arg\max_{S}\left\{\max_{W}\left[P(Y|W)P(W|S)P(S)\right]\right\} \tag{13-46}$$

其中，$P(S)$ 与 $P(W|S)$ 由语法得到，即语义和句法模型。$P(Y|W)$ 由声学模型通过任一种基于 HMM 的连续语音识别方法来得到。得到式 (13-46) 的值时，可利用自下而上或自上而下的方法。下面介绍后者。

13.12.2 语义结构的表示

语义表示是语义解码的基础。大部分语义表示采用多层方法，以精细表示语言意义上的内容。这里介绍一种概念表示法，此时词链中每个词被赋以一定的概念。但语义结构不是概念的线性序列，而是类似于树一样的层次结构，以表达语句中复杂的嵌套语义依赖关系。

语义结构是有限 N 个概念组成的集合，其中每个概念 s_n ($1 \leqslant n \leqslant N$) 称为概念单元，即 $S = \{s_1, s_2, \cdots, s_N\}$。每个单元 s_n 有三个属性，$t[s_n]$ 为其类别，$v[s_n]$ 是它的值，及一组 x 个 ($x \geqslant 1$) s_n 的后继概念单元，即 $q_1[s_n], q_2[s_n], \cdots, q_x[s_n] \in \{s_1, s_2, \cdots, s_N, \text{blnk}\} - \{s_n\}$。blnk 表示树中的叶子结点 $t[\text{blnk}] = \text{blnk}$，没有值及后继结点。$x$ 由 s_n 的类别确定。S 的最长分枝（树枝）中非 blnk 单元的数目为嵌套深度，记为 D。如对控制命令（用于机器人控制）："请把一个方形工件移到左边 1 号位置上"，如图 13-25 所示；其中 $N = 6$，$D = 3$。

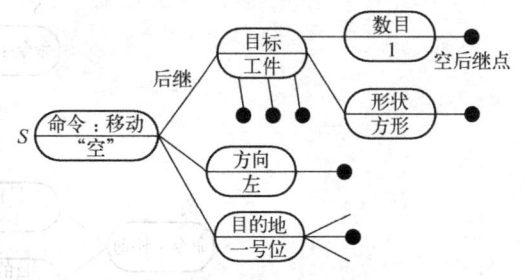

图 13-25 语义结构的图示

为计算概率 $P(S)$ 及条件概率 $P(S|W)$，需描述相应概念单元 s_n 相关的统计文法规则。因而语义模型的任务是确定类型、值及各概念单元的后继单元，文法模型用以确定为每个概念单元使用的词及在词链中的时序关系。语法可使用各种统计文法及上下文无关文法构成的转移网络。从而，以 13.7.7 节介绍的算法进行匹配解码时，只将语义解码作为其高层算法，即每次匹

配的下一个候选词由与 S 相关的语义规则产生。匹配算法结束时，可得到相应的最优得分的语义结构 S，如使用 N-Best(基于前后向搜索)算法(见 13.7.7 节)，则可得到 N 个最优的语义结构 S_i' ($i=1,2,\cdots,N$)。

13.12.3 意图解码器

通常，语义结构不能用于系统的输入，须转换为特定应用的代码，称为用户意图，用 I 表示。这本质上是一个编译过程。如果用户的命令及句式很有限，这是很直接的一一对应的翻译过程；如应用较为一般化，应采用分阶段处理，即由一个预处理器和一个编译器组成，见图 13-26。

语义结构 S → 预处理器 → 预处理过的语义结构 $S_1, S_2, \cdots$ → 编译器 → 用户意图 I

图 13-26 意图解码器框图

预处理器用于纠正语义结构中的不一致性，这主要是因为假定词链中每个词须赋以一个唯一的语义单元。该模块的作用：

(1) 插入必要或漏掉的信息(如刚刚修改的对象的语义单元)；
(2) 删除冗余信息(如一个无关的"垃圾语义单元"后的所有语义单元)；
(3) 分裂(如可能的话)：将一个语义结构 S 分为几个语义结构 $S_1, S_2, \cdots$；各语义结构描述一个独立且完整的命令。如"把一个方形工件和一个圆形工件移至 1 号位"，其语义结构 S 可分裂为 S_1 和 S_2，见图 13-27。

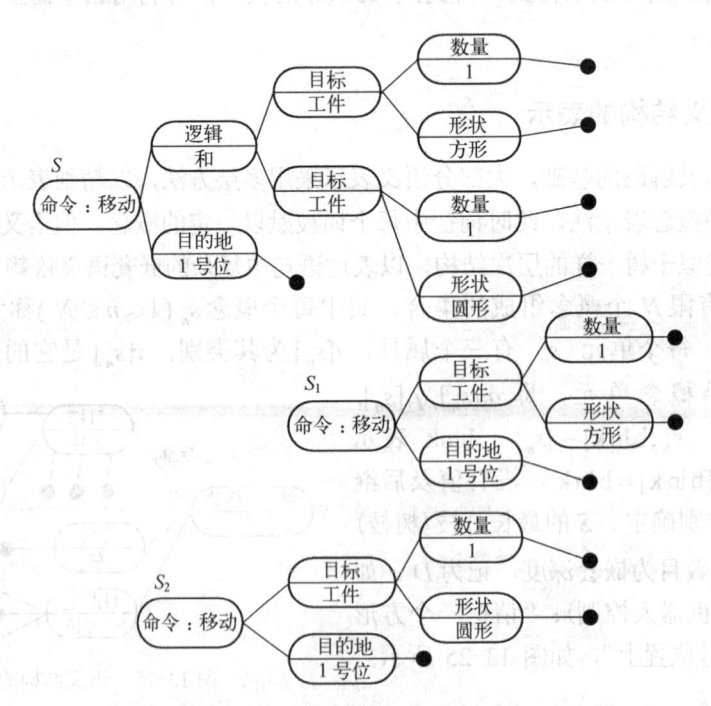

图 13-27 语义结构分裂示意图

预处理后的语义结构 S_1、S_2 可看作编译器的输入，输出则是特定应用的语言。称为用户意图是由于其不仅反映语义且受应用的当前状态影响。编译器的任务是将嵌套树状结构的语义形式转换为特定应用语言的线性代码。因为语义结构的主要信息存在于树的拓扑结构中，逐个翻译语义单元不可能得到完整的语义。须采用遍历算法，将语义上下文知识逐个从树根传播至叶子节点，再从相反方向收集生成意图所需要的信息。生成的意图信息随应用的不同而不同。

小　　结

本章介绍了语音识别。目前语音识别已逐渐实用化。一方面，对语音声学统计模型的研究逐渐深入，鲁棒的语音识别、基于语音段的建模及 HMM 与人工神经网络的结合成为研究热点。另一方面，基于语音识别的实用化的需要，说话人自适应、听觉模型、快速搜索识别算法及进一步的语言模型的研究受到重视。

思考与复习题

13-1　语音识别研究的内容是什么？当前语音识别的主流方法是什么？

13-2　为什么语音识别存在相当大的困难？实用语音识别研究中存在的主要问题有哪些？

13-3　汉语语音识别与其他语言的语音识别相比是否存在优势？试说明原因。

13-4　语音识别系统由哪几部分构成？常用的特征参数有哪些？

13-5　孤立词语音识别有哪些方法？试说明其工作原理。

13-6　语音识别中为什么要进行时间规整？请述动态规划的基本原理。

13-7　试说明 FSVQ 语音识别系统的工作原理。FSVQ 码本是否反映了语音信号的动态特性？FSVQ 系统中，应如何应用超音段信息？

13-8　连续语音识别与孤立词语音识别相比存在哪些困难？应如何解决？为什么连续语音识别中要利用语言文法信息？

13-9　非特定人大词汇量连续语音识别中应采用哪些技术？目前其存在的主要问题与困难是什么？今后进一步的研究方向是什么？

13-10　试述基于 HMM 的连续语音识别的基本原理。

13-11　说话人自适应在语音处理中有何应用？其包括哪些方法？试说明其工作原理。

13-12　鲁棒的语音识别方法对语音识别技术的发展有何意义？其包括哪些方法？试说明其工作原理。这项技术的发展趋势是什么？

13-13　关键词检出包括哪些方法？试说明其工作原理。

13-14　目前语音识别系统与人类识别语音的功能还有相当大的差距，其主要原因是什么？为实现使语音识别系统具有人脑那样的识别功能这一最终目标，需解决的关键问题有哪些？

13-15　如何将语音识别与语音合成相结合，以提高语音处理及人机智能接口的性能？

13-16　语音库的自适应与自学习有何区别？二者应如何实现？

13-17　语音识别应如何更好地与心理学与智能信息处理技术相结合，以提高识别性能？

13-18　利用人脸视觉信息进行语音识别的机理是什么？与常规语音识别技术相比，其识别性能可提升到何种程度？

13-19　试述机器自动唇读与双模态语音识别的原理。这些技术的发展目前存在哪些困难？

13-20　语音理解与语音识别有何不同？其需在语音识别的基础上解决哪些问题？语音理解包括哪些主要方法？

第 14 章　说话人识别

14.1　概　　述

说话人识别是从语音信号中提取说话人的信息，并对说话人进行识别。它是一类特殊的语音识别，其目的不是语音的内容，而是识别说话人。说话人识别与语音识别的区别在于，其不注意语音信号中的语义内容，而是从语音信号中提取说话人的个人特征即个性因素。

从信源的角度看，说话人的生理上的发音器官、说话时的心理与情感等，都会对说话时的语言及发音产生影响。

近年来该技术迅速发展，一些系统已得到实用，且领域不断扩大。与文本有关的说话人确认系统已经商品化，且在许多需进行身份核查的场合得到应用；但仍有许多问题需解决。其中最关键的问题是，用语音信号的哪些特征或特征变换来描述说话人是有效和可靠的，即寻找更有效的说话人特征提取及表示方法。这涉及对人是如何通过语音来识别说话人这一过程的理解。因而说话人识别的研究与其他有关领域，特别是认知科学的进展密切相关。

不同人的指纹不同；与之类似，每个人都有自己的发音器官特征及讲话时的语言习惯，这些均反映于语音信号中。说话人识别在司法、公安、通信、机要等领域有很大的应用价值；如应用于公安查对、银行信贷电话证实（存取检测）、专用或保密声控命令（军用或民用）及配合电话的自动记录装置来识别说话人等方面。所说的语音可以是一定范围内指定的短语、孤立音、句子等。

说话人识别包括两种：说话人确认和说话人辨认，见图 14-1。说话人确认与说话人辨认两者有相同之处，也有所区别。前者是判断说话人是否为指定的人，使用特定的模板与待识别的测试语音相匹配，只做出是或不是的二元判决。后者从已知的一些人中识别出其中的某人，需用 N 个模板，系统须辨认待识别语音是 N 个人中的哪一个；有时还要对这 N 个以外的测试语音进行判断。说话人辨认系统最重要的指标是识别率，即正确识别说话人是谁的比率；通常其随候选人范围的扩大而降低。

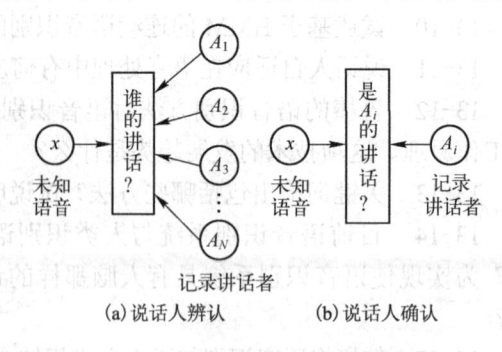

图 14-1　说话人辨认和说话人确认

不论是说话人辨认还是确认，均分为与文本有关的及与文本无关的两种。与文本有关是指说话人按照给定的文本或提示来发音；与文本无关指不论说话人说什么内容均可识别。与文本无关的识别方式难度很大，目前还难以达到实用。实用系统多为与文本有关的方式，如要求说话人说出常用的关键语句（如口令、姓名等）。

说话人识别的基本原理与方法与上一章介绍的语音识别类似，也是根据语音的不同特征通过判断逻辑（包括 DTW）来判定语音的类型，但其有以下特点：

（1）语音是按说话人划分的，因而特征空间的界限也应按说话人划分。

（2）应使用适宜区分不同说话人的特征。说话人由于性别、心理及习惯上的差异，对某些特征反映突出，而对某些则迟钝。因而应找出反映突出的特征及能突出差异的距离测度。

（3）说话人识别的目的是识别出说话人而不是语音的含义，因而采用的方法也有所不同；包括用以比较的帧及帧长、识别逻辑等。

说话人识别采用的技术与语音识别关系密切。语音识别中很多成功的技术，如 VQ、HMM 等均应用于说话人识别。而 GMM 是一个鲁棒的参数化模型。比较了基于 CHMM 的说话人识别方法，发现识别率是状态和混合数的函数，且与总混合数有很强的关联性，但与状态数无关。这表明状态间的转移信息对与文本无关的说话人系统没有作用。因而 GMM 得到了与多状态 HMM 几乎相同的识别性能。因而，GMM 的建模方法在说话人识别中得到很大重视。特别是，基于通用背景模型的 GMM 已成为与文本无关的说话人识别的主流技术，并使说话人识别技术的发展进入了一个新阶段。

20 世纪 90 年代另一项重要研究，是说话人确认中关于得分规整的算法；典型的是基于似然比及后验概率的技术。与此同时，说话人识别与其他语音研究方向的结合更为密切，如针对对话/会议中包含多人的说话人分割与聚类技术等。

21 世纪以来，出现了很多新的说话人识别方法，如 SVM 与 GMM 的结合，尤其是提出一些说话人得分规整的新方法。此外，针对信道失配问题，提出说话人模型的合成方法。近年来又提出 GMM/SVM 的 N-best 候选方法等，对信道失配问题有了较好的解决方案，使识别性能得到较大提高。

14.2 特征选取

从语音信号中提取出说话人的个性特征是说话人识别的关键。语音信号既包含所发语音的特征，也包含说话人的个性特征；是语音特征及说话人个性特征的混合。它们以非常复杂的形式交织在一起。说话人识别中，特征选取通常要舍去语义内容信息而保留个人的特征信息。语音中包含的个人特征信息有两种，一是由声道长度、声带等先天性发音器官的个人差别而产生的；另一种是方言、语调等后天讲话习惯所产生的。前者以共振峰频率及带宽、平均基频、谱基本形状的斜率等表现出来；后者以基频、共振峰频率的时间图案、单词时长等表现出来。将两种特征准确地分离并提取出来是困难的，多采用同时含有两种特征的参数。

说话人识别中，应注意较长时段（若干帧范围）内的过渡特征（如基音轮廓、倒谱过渡特征等）；它们可较好地表征说话人的发音习惯，从而区分说话人。

14.2.1 说话人识别所用的特征

说话人识别所用的特征包括：

（1）语音帧能量。

（2）基音周期。基音周期及派生参数携带较多的个人特征信息。尤其对汉语这种有调语言，一个字的基音周期变化即声调，是一种重要的且相当稳定的个人特征参数。

（3）帧短时谱或 BPFG（带通滤波器组）特征（包括 14~16 个 BPF）。许多情况下，采用滤波器组得到频谱信息。历史上，滤波器组曾是频谱信息的首要来源。

（4）LPC 系数。如 12 阶 LPC 系数导出的各种参数是识别特征的重要来源。

（5）共振峰频率及带宽。

（6）鼻音联合特征。对连续语音，发音时的声道形状等随时间的变动存在惯性，任一时刻声道的形状不仅与该时刻所发的音素有关，也与邻近时刻的音素有关。这称为发音的协同现象。试验表明，此联合性体现在帧特征上随说话人不同而差异很大，可用于区别说话人。尤其对鼻音此性质较为突出。

（7）谱相关特征。短时谱中，同频率谱线随时间的相关性特征随说话人的不同而区别较大。

（8）相对发音速率特征。对不同的说话人，发音过程中某些部分的相对发音速率相差很大。

（9）LPCC。如 6.6.2 节所述。比如对 12 阶 LPC 系数，用迭代法得到的 12 阶 LPCC。高阶的 LPCC 值的差别常比低阶的大，因而应进行适当的加权。

（10）基音轮廓特征。基音特征在说话人识别中有重要地位。不同说话人的平均基音特征往往差别不大，但基音轮廓，即约在一个句子的时段内音调随时间变化的曲线形状（基音-时间函数）的变化却非常明显。使用该特征的优点是其传输（如经电话线传）及记录过程中不产生失真。

（11）通常，说话人的区别体现在不同的特征类型及特征向量的某些元素，因而可用很长的复合特征向量（如 37 维），其包括各种有一定区别效应的特征（其多于说话人确认）。为压缩特征向量的维数，可对不同的说话人群对象进行试验。根据得到的效果决定用向量中的一部分元素组成的低维向量作为特征；即以原特征空间的一些子空间作为当前使用的特征空间。

（12）K-L 特征。求某个特征向量的协方差阵，再求其相似对角阵，以某对角元素（即各特征值）组成的向量为特征向量。可除去其中值较小的元素，以压缩向量维数。可见，K-L 特征为将其他特征处理后的二次特征。

14.2.2 特征类型的优选准则

说话人识别最根本的问题是从语音信号中提取说话人特征。与一般用于模式识别的特征类似，其应有区分性、稳定性及独立性。此外，还应不易模仿且容易测量等。特征参数的选择应较好地反映说话人的个人特征；即对同一个人，这些特征参数集中于特征空间的某一区域，或者说方差很小；而对不同人其方差很大。

特征类型的有效性可用 F 值来表征，其表示对某规定的语音，不同说话人的该语音特征的均值的方差与同一说话人各次语音该特征的方差的均值之比，即

$$F = \frac{\text{不同说话人特征各自的均值的方差}}{\text{同一说话人各次特征的方差的均值}} = \frac{\left\langle \left[\mu_i - \overline{\mu}\right]^2 \right\rangle_i}{\left\langle \left[x_\alpha^{(i)} - \mu_i\right]^2 \right\rangle_{\alpha,i}} \tag{14-1}$$

式中，$\langle \ \rangle_i$ 指对说话人取平均，$\langle \ \rangle_\alpha$ 指对某说话人各次的某语音特征进行平均，$x_\alpha^{(i)}$ 为第 i 个说话人的第 α 次语音特征。而

$$\mu_i = \left\langle x_\alpha^{(i)} \right\rangle_\alpha \tag{14-2}$$

为第 i 个说话人的各次特征的估计均值，而

$$\overline{\mu} = \langle \mu_i \rangle_i \tag{14-3}$$

是所有说话人 μ_i 的均值。

F 值的定义中，假设差别是高斯分布的，经证实这基本与事实相符。虽然 F 值不能直接得到误差概率，但显然其越大则误差概率越小；因而可用于表征特征矢量的优劣。

F 值常用于表征一维特征在说话人识别中的有效性。其越大则该特征分量越适合作为说话人的个性特征。但 F 值大不能保证这些分布互不重叠，它说明不同说话人的分散程度在平均意义上比每个说话人自身的分散程度大。另外，F 值对单一参数的评价并未考虑参数间的相关性，因而该参数构成的参数集未必可获得好的识别效果。

式（14-1）中，$x_\alpha^{(i)}$ 为某个特征值，相应的 F 值也只是表示该特征的有效性。但通常要同时

采用多种特征，即为一个向量，且其中各元素有较大的相关性。因而将按某特征得到的 F 值合并不合理。

对多维的特征矢量，常用可分比测度 D 来表征其有效性。为此，将 F 值推广到由多个特征参量构成的多维特征向量。定义两个协方差矩阵，即说话人内的特征向量协方差矩阵 W 和说话人间的特征向量协方差矩阵 B：

$$W = \left\langle \left(x_\alpha^{(i)} - \mu_i\right)^T \left(x_\alpha^{(i)} - \mu_i\right) \right\rangle_{\alpha,i} \tag{14-4}$$

$$B = \left\langle \left(\mu_i - \bar{\mu}\right)^T \left(\mu_i - \bar{\mu}\right) \right\rangle_i \tag{14-5}$$

其中，μ_i 和 $\bar{\mu}$ 的定义与前面类似，只是对于多维特征其为向量。从而得到可分测度为

$$D = \left\langle \left(\mu_i - \bar{\mu}\right)^T W^{-1} \left(\mu_i - \bar{\mu}\right) \right\rangle_i = T_\gamma W^{-1} \left\langle \left(\mu_i - \bar{\mu}\right)^T \left(\mu_i - \bar{\mu}\right) \right\rangle_i = T_\gamma W^{-1} B \tag{14-6}$$

其中，T_γ 为矩阵的迹。D 考虑了参数间的相关性，更适合于作为一组参数有效性的度量。

14.2.3 常用的特征参数

为得到合适的说话人识别特征参数，已进行了大量验证和研究，得到一些有意义的结果。几类常用的特征参数如下：

（1）LPC 系数及其派生参数。

（2）由语音谱导出的参数。语音短时谱中包含激励源和声道特性，可反映说话人生理上的区别。短时谱在时间上的变化反映了说话人的发音习惯，因而语音短时谱推导出的参数可用于说话人识别。基于频谱的参数有功率谱、共振峰及变化轨迹、基音轮廓、语音强度及变化轨迹等。基音虽有很高的 F 值，但易被模仿且不够稳定，一般不单独使用。

（3）混合参数

为提高识别率，且由于对各种参数表征说话人特征的特性掌握得不够充分，因而很多系统采用混合参数构成的特征矢量。如将动态参量（对数面积比，如 11.5.1 节所述；及基频随时间的变化）及统计参量（由长时平均谱导出）相结合，使误识率比单独使用一种参数时下降了一半。还可将对数面积比与频谱参数相结合、逆滤波器 $A(z)$ 谱与带通滤波的输出相结合等。如果各参数间的相关性不大，则混合参数的改善效果更好。

研究表明，作为说话人识别的特征参数中，倒谱最好，LPC 系数次之，声道面积比最差。而 LPC 系数中，阶数较高的几个参数相对于前面的参数更能反映说话人的个性特征。对 LSP 系数（见 6.7 节），其中间几个参数的 F 值比两端的小；而倒谱后面几个参数的 F 值要大得多。

14.3 说话人识别系统

14.3.1 说话人识别系统的结构

说话人识别的过程与语音识别类似，包括训练与识别两个阶段。训练阶段即每个使用者说出若干训练语句，系统据此建立每个使用者的模板或模型参数。识别阶段则由待识别人说的语音经特征提取后，与模板或模型参数进行比较。

图 14-2 为说话人识别系统的基本结构。从语音信号中提取特征后，计算与存储的各说话人的标准模式的距离（或相似度），由比较结果进行识别。说话人辨认就是判断由输入语音为最小距离的标准模式的说话人所确定的内容。像大多数语音识别器一样，说话人确认则是将输入

语音同模式库中已知说话人的标准模式的距离测度进行计算，将该距离与判决门限(阈值)进行比较，并给出判决结果。

说话人确认有四种可能的组合，表 14-1 表示了它们所发生概率的定义。未知语音为本人语音时，状态定义为 s；未知语音为非本人语音时，状态定义为 n。对上述两种状态接受时定义为 S，拒绝时定义为 N，则四种可能的组合分别为 $P(S|s)$、$P(N|s)$、$P(S|n)$、$P(N|n)$。其中，$P(S|s)$ 表示正确接受的概率。$P(S|n)$ 表示错误接受概率，即错误接受率，用 FA 表示(False Acceptance)；错误接受即将冒名顶替者误认为真正的说话人而接受。$P(N|s)$ 表示错误拒绝的概率，即错误拒绝率，用 FR 表示(False Rejection)，即将真正的说话人误认为冒名顶替者而拒绝。$P(N|n)$ 表示正确拒绝的概率。这些概率存在以下关系

$$P(S|s) + P(N|s) = 1 \quad (14-7)$$

$$P(S|n) + P(N|n) = 1 \quad (14-8)$$

表 14-1 说话人确认的四种可能状态

		状 态	
		s（本人）	n（他人）
判定	S（接受）	$P(S/s)$	$P(S/n)$
	N（拒绝）	$P(N/s)$	$P(N/n)$

而只用 $P(S|s)$ 和 $P(S|n)$ 就可评价识别系统；将它们分别作为横坐标与纵坐标，并改变阈值，则对识别系统可得到图 14-3 所示 ROC(接受者操作特性，Receiver Operating Characteristic)曲线。图中，方法 B 始终优于 A，而 D 相当于没有识别能力。

说话人确认系统最重要的两个性能指标是 FS 及 FR，判决门限与两种错误概率的关系曲线见图 14-4。图 14-3 与图 14-4 中，a 点对应判决门限较小的情况，b 点对应判决门限较大的情况。使用场合不同，这两类差错的影响也不同。如对非常机密的场所，应使 FA 尽可能低，以避免非法进入者造成严重的后果。一般 FA 要在 0.1%以下，这样 FR 会略有上升，但这可通过一些辅助手段弥补。对大量使用者利用电话访问公共数据库的情况，由于缺少对使用者环境的控制手段，FR 过高会使用户不满，但错误接受不致引起严重的后果。这时可将 FR 设定在 1%以下，相应地 FA 则略有上升。通常，判决门限设定于两种错误概率相等时对应的点(如图 14-4 中的 c 点)，其称为等差错率(EER，Equal Error Rate)阈值，用此时的错误率来进行评价。

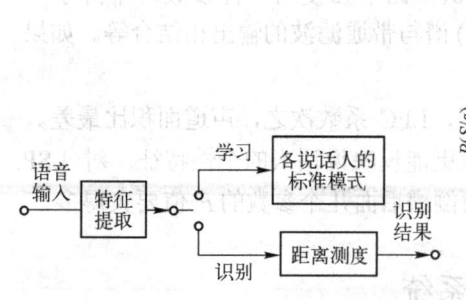

图 14-2 说话人识别系统的基本结构

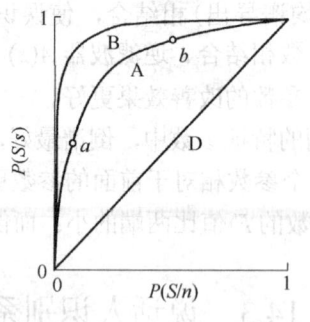

图 14-3 ROC 曲线

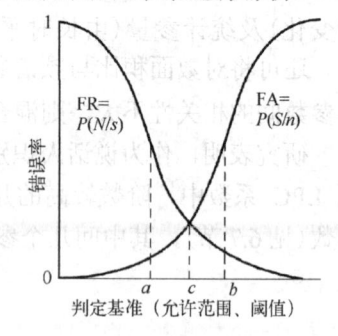

图 14-4 判决门限与错误概率的关系曲线

14.3.2 说话人识别的基本方法概述

说话人识别与语音识别的侧重点不同：前者是将语音信号中的语义信息进行平均，突出说话人的特征；后者是对不同说话人进行自适应，以突出信号的语义差别。但它们的本质相同，均可采用模式匹配、统计建模和 ANN 等方法。

说话人识别的模式匹配过程是将待识别的特征模板与训练时得到的模板库进行相似性匹配，得到特征模式间的相似性距离度量。该过程可通过模式匹配、HMM、ANN 及新发展起来

的一些模式匹配方法来实现。

说话人识别方法包括：

(1) 模式匹配与 DTW。从说话人语音中提取能够充分反映其特性的特征参数矢量作为说话人的模板。识别时，将待识别的模板与参考模块相比较。但由于说话人在语速、语调、重音等方面的变化，两种模板在时间上不可能完全一致，而 DTW（见 13.3 节）可将两者在时间等效点上进行比较。

(2) 矢量量化。VQ 最早是基于聚类分析的数据压缩编码技术。起初将其用于说话人识别时，是将每个人的特征参数编为码本，识别时将待识参数按此码本进行编码，以量化产生的失真度作为判决标准。后来将 VQ 用于孤立数字文本的说话人识别研究。这种方法识别精度较高，且识别速度快。

(3) HMM。HMM 是基于转移概率和传输概率的随机模型。使用 HMM 识别时，为每个说话人建立发声模型，通过训练得到状态转移概率矩阵 A 和输出概率矩阵 B。识别时计算未知语音在状态转移过程中的最大概率，根据最大概率对应的模型进行判决。HMM 无须时间规整，可节约判决时的计算和存储量，被广泛应用；但缺点是训练时的计算量较大。

(4) GMM。高斯混合模型本质上是多维概率密度函数，可看作混合高斯密度的 HMM；其用多个高斯分布的概率密度函数的组合描述特征矢量在概率空间的分布状况。用于说话人识别时，每个说话人对应一个 GMM。

(5) 其他方法。ANN 及 SVM 在说话人识别中也得到广泛应用。特别是 SVM 有较好的应用前景，其用最优分类器划分样本空间，使不同子类空间中的样本到分类器的距离达到最大；而对当前特征空间中的线性不可分的模式，使用核函数将样本映射到高维空间，使样本能够线性可分。

14.4 说话人识别系统实例

说话人识别系统可基于模式匹配、HMM 及 ANN 等实现。一些识别方法与语音识别类似，如用 DTW 或 VQ 处理动态时间匹配问题。但一方面由于说话人识别存在与文本有关、与文本无关等问题，另一方面其要识别出说话人，因而与语音识别也有所不同。概括地说，对与文本有关的识别主要采用 VQ，将输入特征序列逐个与 VQ 各码本中的码字进行比较，然后将距离累加作为识别的依据，而不考虑时序；从而与被识别的音的音素顺序无关。对后一个特点，则在输入序列中着重考虑不同说话人有较大差异的部分，甚至只考虑这些部分而忽略其他部分（因而也忽略了语音含义，但并不影响说话人识别）。

人的语音随着生理、心理及健康状况而变化，不同时间下的语音有所不同。如果说话人识别的训练时间与使用时间相差过长，则系统性能将明显下降。这是说话人识别与语音识别的一个不同之处。为此，一种方法是取不同时期的语音进行训练，另一种办法是在使用过程中不断更新参考模板。

下面结合实际系统，讨论说话人识别中的识别方法。

14.4.1 DTW 型说话人识别系统

该系统为说话人确认系统，与文本有关且要求说话人在规定的音节间略有停顿。此系统特征用 BPFG（附听觉特征处理），动态时间规整用 DTW。其特点为：(1) 结构上基本沿用语音识别系统；(2) 利用使用中的数据修正原模板，即某说话人被正确证实时，使用此时的输入特征对原模板加权修改（一般用1/10加权），从而使模板逐步完善。

系统方框图见图 14-5。采样时间间隔为 2.5ms，字音模板数为 15×16，即 15 个说话人各自的 16 个规定音。建立模板时，各说话人对各字音各发音 10 次，再经适当平均，得到上述各模板。

确认过程中，要求待确认者在其已知的 16 个字音中任选 2~4 个。先任选 2 字，将 2 字所得的计分（距离倒数）相加；若超过判决逻辑设定的阈值则接受。否则，令待确认者另选 16 字中的其他字音并将计分加权累计，直至共发 4 个字音；若仍未达到阈值则拒绝。

一个典型实验结果是，对 1732 个真的待确认者，此系统的错误拒绝率为 0.6%；对 630 个假的待证实者，其错误接受率为 0.3%。显然，适当调整阈值可改变这两种比率。

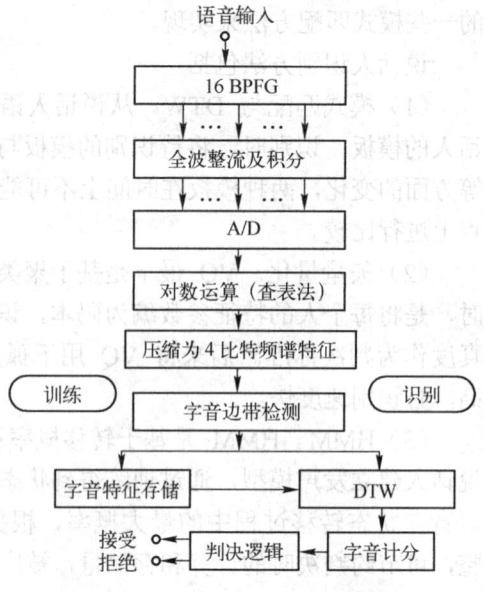

图 14-5 DTW 型说话人识别系统方框图

14.4.2 应用 VQ 的说话人识别系统

VQ 在说话人识别中也有重要应用，其无论在与文本无关还是有关的识别中，都是一种有力的工具。采用 VQ 可避免困难的语音分段及时间规整问题，作为一种数据压缩手段可大大减小系统所需的存储量。此外，VQ 的分类特性还作为辨识说话人的一种手段。可将每个待识说话人看作一个信源，用一个码本表征，码本由该说话人训练序列中提取的特征矢量聚类而成。只要训练序列足够长，可认为码本有效地包含了说话人的特征，而与讲话内容无关。对 N 个说话人的系统建立 N 个码本。识别时，先从待识别语音中分析出一组测试矢量 $x_1, x_2, \cdots, x_M$，用每个码本依次对其进行 VQ，计算各自的平均量化失真

$$D_i = \frac{1}{M} \sum_{n=1}^{M} \min_{1 \leq l \leq L} \left[d(x_n, y_l^i) \right] \tag{14-9}$$

式中，y_l^i 为第 $i(i=1,2,\cdots,N)$ 个码本中第 $l(l=1,2,\cdots,L)$ 个码矢量，$d(x_n, y_l^i)$ 为待测矢量 x_n 与码矢量 y_l^i 间的距离。

选择 D_i 最小的码本对应的 i 作为系统的辨认结果。特征矢量仍可用反映语音信号短时谱特性的 LPC 系数、倒谱参数等。

图 14-6 为应用 LPC 特征的 VQ 说话人辨认系统方框图。每个说话人建立一个 VQ 码书。应用此系统的说话人数为 N。训练时，根据每个说话人所发的语音计算各 LPC 特征向量，通过 VQ 聚类得到该说话人的码本，码字数为 M。聚类过程中，距离测度为 LPC 模型失真测度（见 9.3.2 节），即向量 a、b 间的距离为

$$d(a, b) = \frac{b^T R_a b}{a^T R_a a} - 1 \tag{14-10}$$

式中，R_a 为 a 的自相关矩阵。

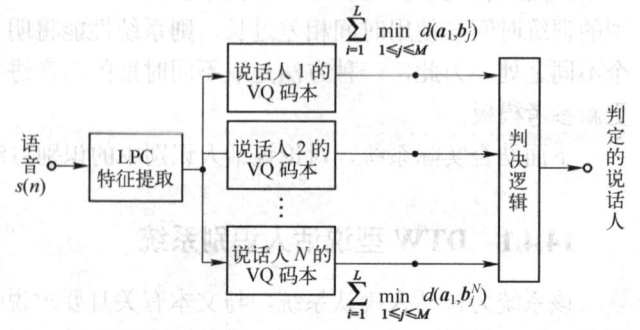

图 14-6 应用 VQ 的说话人辨认系统方框图

辨认过程中，将待识别语音的帧特征序列 $a_1, a_2, \cdots, a_L$ 对第 i 个说话人按式(14-9)求总距离，$D_i\ (i=1,2,\cdots,N)$ 最小者对应的说话人即为辨认结果。

系统发音内容：100 个说话人(50 男和 50 女)，在两个月内均匀分 4 次由电话线以随机组合数字串传送记录各 200 个孤立字音；即 10 个英语数目字(0~9)，每字 20 次。其中 100 个用于训练，另 100 个用于测试。测试语句可能是任意次序排列的数字串，因而该实验也部分反映了与文本无关的说话人辨认情况。

输入语音经(900~3200)Hz 带通滤波后，以 6.67kHz 取样，经传输函数 $H(z)=1-0.95z^{-1}$ 的一阶滤波器预加重。用 45ms 宽的 Hamming 窗，帧长 30ms(15ms 重叠)。每帧特征为 8 阶 LPC 系数，用自相关法(如 6.4.1 节所述)求出。

一个研究结果为：（1）不同码本中，码字数为 2^R（R 为码本率)时的误确认率($R=1,2,\cdots,6$)；（2）不同辨认用的发音内容对误辨认率的影响。发音内容分为：任选 10 个数目之一，任选 2 个不同数字，任选 4 个不同数字及用全部 10 个数目字等共四种情况。各种情况下的辨认结果见图 14-7。可见，随码书维数的增加及测试语音的变长，误识率迅速下降。全部 10 个数目字为发音内容而码书率为 6(即码书数为 64)时，误识率可小到 1.5%。

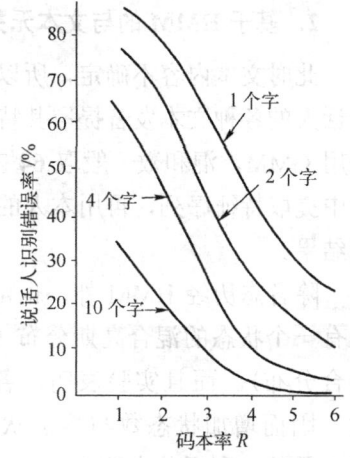

图 14-7 采用 VQ 的说话人识别错误率曲线

14.5 基于 HMM 的说话人识别

HMM 既可用短时模型——状态来解决声学特性相对稳定段的描述，又可用状态转移规律描述稳定段间的时变过程，因而能统计地吸收发音的声学特性及时间上的变化。目前 HMM 为最佳的说话人识别模型。与文本有关的说话人识别中，最好的结果是 CHMM 得到的。对与文本无关的情况，HMM 的瞬态结果不需要，因而各态历经 HMM 常被应用。GMM 也广泛用于说话人模型，且可得到比多状态 CHMM 更好的结果。说话人识别主要是识别说话人的特征，因而何种特征参数及 HMM 结构可最佳地表现说话人的信息是研究的重点。且说话人信息特征对时间变化的敏感性及模型训练数据不可能很多等特点，使说话人识别中的 HMM 的研究与语音识别有所不同。

1. 与文本有关的说话人识别

与文本有关的说话人识别系统方框图见图 14-8。建立和应用系统包括两个阶段，即训练和识别。在训练阶段，说话人对规定的语句或关键词的发音进行特征分析，提取说话人特征向量(如倒谱等)的时间序列。然后用从左到右型的 HMM 建立其声学模型。因为文本固定，所以特征矢量的时间构造确定，利用从左到右型 HMM 可较好地反应特征向量的时间构造特性。在识别阶段，先与训练阶段类似，从输入语音中提取特征向量的时间序列，再用 HMM 计算其生成概率，且根据某种相似性准则判定识别结果。对说话人辨认，概率最大的参考模型对应的使用者被认为是说话人。对说话人确认，将概率值与阈值比较，若大于(或等于)阈值则被当作本人语音而接受；反之被认为是他人的语音而拒绝。

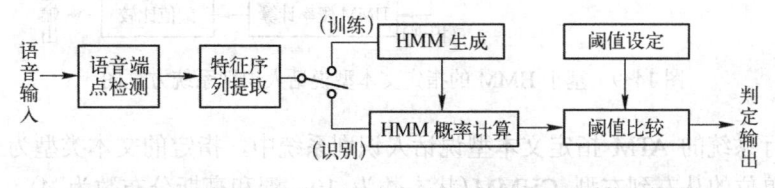

图 14-8 基于 HMM 的与文本有关的说话人识别系统方框图

由于文本内容已知，即使应用较短的语料，也可提取较稳定的说话人特征；且学习也不需要太多的数据。实际利用电话语音的说话人识别实验得到了较高的识别精度。对不同的说话人，变换文本内容并利用文本内容的差别，可进一步提高识别精度。

2. 基于 HMM 的与文本无关的说话人识别

此时文本内容不确定，所以需采用各态历经的 HMM 建立说话人模型。在学习阶段，对说话人的各种文本发音提取其特征序列来建立模型，HMM 的状态数一般取 5 左右。各状态采用 GMM，混和数一般取 64 左右。识别时和学习阶段相同。如对说话人确认，先从输入语音中提取特征序列，再用本人的 HMM 计算输入特征向量的概率，通过与阈值比较来判定识别结果。

除各态历经 HMM 外，也可考虑其他结构类型的 HMM。如作为两种 HMM 的折中，用只有一个状态的混合高斯分布 CHMM 进行识别，可得到 97.9%的说话人确认率(1 状态 64 混合分布)。而且实验表明，各态历经 CHMM 中，状态转移对说话人差别的表现作用不大。因而增加状态数与增加状态混合分布数有类似的效果，识别性能基本取决于二者之积。另外，利用从左到右型 HMM 建立各说话人的基元模型集(音素或音节等基元)，然后在识别搜索中，利用基元模型的自动连接进行识别也可得到较好的结果。如进行说话人确认时，得到了 97.1%的确认率；而同样条件下，利用 1 状态 32 混合分布的 HMM，仅得到 91.0%的确认率。

3. 基于 HMM 的指定文本型说话人识别

其系统方框图见图 14-9。系统不仅判别是否是本人发音，而且判定是否是指定的内容。为使系统随时更换指定的文本内容，一般以各说话人的基元模型为基本模型，再由基元模型的连接组成指定文本内容的模型。训练基元模型时，为使得用有限说话人的发音语料训练的模型能较好地保持说话人的特性，一般先用多数说话人的语料训练的非特定说话人基元模型作为初始模型，再由各说话人的训练语料对初始模型进行自适应训练，以得到各说话人的基元模型。由于说话人识别系统的自适应训练语料有限，一般仅对混和分布的权重系数及各高斯函数的均值向量进行重估，而协方差矩阵参数保持不变。在识别阶段，根据系统指定的文本内容，由本人基元模型的连接组成文本模型，再利用本人的指定文本模型和输入语音时间序列进行匹配，计算该模型生成的概率并与阈值比较，以进行说话人的确认判决。

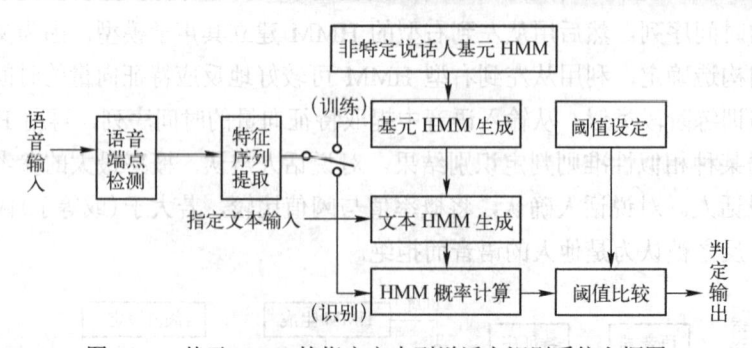

图 14-9 基于 HMM 的指定文本型说话人识别系统方框图

在用于银行系统的 ATM 指定文本型说话人识别系统中，指定的文本类型为 4 位数字，基元模型是数字单位的从左到右型 CHMM(状态数为 10，混和高斯分布数为 4)。识别时用户根据 ATM 装置随机指定的 4 位数字发音，识别装置先根据用户申告的话者名，由该说话人的基元模型连接组成文本模型，然后该 4 位数字模型和输入语音进行匹配计算输出概率，并通过阈值比较进行判决。登录话者 50 名、假冒者 195 名，利用有 6 个月时间差、带宽 0～4kHz 的语料，采用 12 阶 LPCC 和倒谱参数，对 36 类 4 位数字语音的说话人确认率为 98.5%。

4. HMM 的学习方法

说话人识别系统中，说话人发音数据较少，所以用于各说话人 HMM 训练的语料较少，对 HMM 的学习带来一定困难。为建立各说话人的高精度模型，已研究了一些说话人 HMM 学习方法。

下面介绍两种模型训练方法。一种是仅利用少量说话人学习数据的学习方法，另一种是用非特定人语音 HMM 和说话人学习数据的学习方法。在第一种方法中，先用说话人的所有发音数据建立一个与基元类别无关的说话人 HMM，再以此为初始模型，根据各说话人的训练语音文本内容，利用连接学习法，仅对各高斯分布的权值进行重估，而均值和方差不变。因为参与学习的数据少，所以基元模型不能分得太细。

第二种学习方法是非特定人基元 HMM 和各说话人 HMM 相组合的方法。如设非特定人基元 HMM 是 3 状态 4 混合高斯分布的 CHMM，说话人 HMM 是 1 状态 64 混合高斯分布的 CHMM。先利用非特定人 HMM 收集对应于每个状态的学习数据，利用这些数据对说话人 HMM 的各高斯分布权进行再确定，并将每个状态和相应的确定后的说话人 HMM 置换，得到各说话人基元 HMM（3 状态 64 混合高斯分布的 CHMM），转移概率不变。以此作为初始模型，根据各说话人的发音文本内容，利用连接学习法，对各话者基元 HMM 的各高斯分布的权进行再确定(仅对高斯分布的权进行再确定是为保持说话人的特性不变)。

5. 鲁棒的 HMM 说话人识别

鲁棒的说话人识别是重要研究课题，已有很多成果。如对由信道、滤波器等引起的识别率下降问题，通过对倒谱均值归一化可得到较大改善；由声道特征、发音方式的时间变动等引起的识别率下降，可通过对似然比(或概率)归一化进行改善。比较它们对 LPCC、MFCC、LPC-MFCC 等特征参数的改善程度，结果是对 MFCC 的改善最明显；如利用说话人部分空间映射方法进行语音中语义内容和说话人个性的分离，提取只含有说话人个人信息的特征进行说话人识别，则利用很少的数据就可得到较好的识别效果。将鲁棒的交叉距离测度用于说话人识别的 HMM，将 HMM 的各高斯分布的两端用一定值(如 3σ)进行平滑，可较好地吸收特征参数的变动。

HMM 对噪声的鲁棒性较低，因而在实验室中识别性能很好的系统在实际环境下性能显著下降。另外，对于电话语音，3kHz 带外的说话人信息丢失、电话在内的传输线路特性的变化、不同干线的话音质量间的差异及通话环境的噪音等，都严重影响说话人识别系统的性能。

语音识别中，利用 HMM 合成法，在特定的 SNR 下，用语音和噪声模型合成有良好抗噪性能的语音模型，取得了很好的效果。可将这一思想推广到说话人识别系统，用于与文本无关的情况。如在学习阶段利用无噪声环境下的说话人语音数据，建立 1 状态混合高斯分布语音的 HMM，同时利用实际环境下的噪声数据生成 1 状态混合高斯分布噪声的 HMM。在识别阶段，利用 HMM 合成法，根据输入信号的 SNR 将说话人语音模型和噪声模型的分布参数进行加权组合，建立带噪说话人模型，再进行说话人识别，同样得到了很好的识别效果。利用 HMM 合成法的实际环境的说话人识别中，须预先知道 SNR；但非平稳噪声情况下其难以测量。为此对识别方法进行改进，使用复数个 SNR 建立多个合成噪声说话人模型；在识别阶段，输入语音对复数个合成模型计算概率，取其最大者作为说话人模型的生成概率。

14.6 基于 GMM 的说话人识别

1. GMM

前面介绍了 GMM 的基本概念（见 10.5 节）及在语音识别的说话人自适应中的应用（见 13.8.3 节）。GMM 近年来广泛用于说话人识别系统。GMM 是利用多维概率密度函数对语音信号建模的方法。它是有混合高斯密度函数的 HMM，用多个高斯分布的概率密度函数的组合描述特征矢量在概率空间的分布。GMM 可看作状态数为 1 的 CHMM。用于说话人识别时，每个说话人对应一个 GMM。

GMM 用多个高斯分布的概率密度函数的加权和表示，概率密度函数的个数称为高斯模型的阶数。M 阶 GMM 的概率密度函数为

$$P(Y|\lambda) = \sum_{m=1}^{M} w_m P_m(Y; \mu_m, \Sigma_m) \tag{14-11}$$

式中，Y 为 D 维随机观察向量，w_m 为混合权重，且 $\sum_{m=1}^{M} w_m = 1$；$P_m(Y; \mu_m, \Sigma_m)$ 为 GMM 的第 m 个高斯分量，为 D 维联合高斯概率分布，且

$$P_m(Y; \mu_m, \Sigma_m) = \frac{1}{(2\pi)^{D/2} |\Sigma_m|^{1/2}} \exp\left\{ -\frac{1}{2} (Y - \mu_m)^T (\Sigma_m)^{-1} (Y - \mu_m) \right\} \tag{14-12}$$

式中，μ_m 为该高斯分量的均值向量，Σ_m 为协方差矩阵，$||$ 表示行列式运算。

整个 GMM 由各混合分量的均值向量、协方差矩阵及混合权重来描述，即

$$\lambda = \{w_m, \mu_m, \Sigma_m\}, \quad m = 1, 2, \cdots, M \tag{14-13}$$

对时间序列 $Y = \{y_n\}$（$n = 1, 2, \cdots, N$），用 GMM 求出的对数似然度为

$$L(Y|\lambda) = \frac{1}{N} \sum_{n=1}^{N} \lg P(y_n|\lambda) \tag{14-14}$$

2. GMM 模型的参数估计

GMM 的训练是给定一组训练数据，依据某种准则确定模型参数。最常用的参数估计方法是 MLE。设说话人训练的观察矢量序列 Y 中，各观察矢量 y_n（$n = 1, 2, \cdots, N$）不相关，则 GMM 模型 λ 的似然概率为

$$P(Y|\lambda) = \prod_{n=1}^{N} P(y_n|\lambda) \tag{14-15}$$

训练的目的是找到一组模型参数 $\hat{\lambda}$，使 $P(Y|\lambda)$ 最大，即

$$\hat{\lambda} = \arg\max_{\lambda} P(Y|\lambda) \tag{14-16}$$

MLE 为非线性优化问题，式(14-15)为参数 λ 的非线性函数，难以直接求出最大值。一般常用 EM 迭代算法（见 10.4.4 节）来估计 λ。其从 λ 的初值开始，采用 EM 算法估计一个新的参数，使新的模型参数下的似然度 $P(Y|\lambda') > P(Y|\lambda)$。新的模型参数再作为当前参数进行训练，迭代直到模型收敛。

每次迭代中，下面的重估公式可使模型的似然度单调递增：

$$\begin{cases} \text{权值重估:} & w_m = \frac{1}{N}\sum_{n=1}^{N} P(m|y_n, \lambda') \\ \text{均值重估:} & \mu_m = \frac{\sum_{n=1}^{N} P(m|y_n, \lambda') y_n}{\sum_{n=1}^{N} P(m|y_n, \lambda')} \\ \text{方差重估:} & \sigma_{mk}^2 = \frac{\sum_{n=1}^{N} P(m|y_n, \lambda')(y_{mk} - \mu_{mk})^2}{\sum_{n=1}^{N} P(m|y_n, \lambda')}, \quad 1 \leq k \leq M \end{cases} \quad (14\text{-}17)$$

式中，分量 m 的后验概率为

$$P(m|y_n, \lambda') = \frac{w_m P_m(y_n; \mu_m, \Sigma_m)}{\sum_{m=1}^{M} w_m P_m(y_n; \mu_m, \Sigma_m)} \quad (14\text{-}18)$$

GMM 训练时，EM 算法是关键。使用该算法时，须先确定 GMM 中高斯分量个数 M 及初始模型参数。M 的取值很重要：若太小则训练出的 GMM 不能有效反映说话人特征，使系统性能下降；若太大则模型参数太多，可能使算法无法收敛，且训练得到的模型参数误差很大，同时增大存储空间，且使训练与识别的运算量大大增加。M 可根据实验或训练数据长度来确定，如取 4、8、16、32 等。

模型参数初值选取有以下几种方法：

（1）用 HMM 对训练语料进行分段，分出不同的状态，得到各分量的初始均值和方差。

即使用与说话人无关的 HMM 对训练数据进行分段：训练数据语音帧根据特征分到 M 个不同类中，与初始的 M 个高斯分量对应。每个类的均值与方差为模型的初始化参数。

（2）从训练数据中任取多个矢量，求其平均值和方差，作为初始的均值和方差。即随机选取 M 个向量，对这 M 个特征矢量求均值和方差。

EM 算法对初始化参数不敏感，但显然方法（1）要优于方法（2）。也可先用聚类方法将特征向量划分到与阶数相同的各类中，再分别计算各类的方差和均值，作为初始的协方差矩阵和均值；而权值为各类包含的特征向量个数占总特征向量的百分比。模型中，协方差矩阵可以是全矩阵也可为对角阵。

对于说话人确认，说话人的输入语音特征通过相似性比较后，要与一个阈值进行比较；因而阈值选取也是一个重要问题。

3. 训练数据不充分的问题

很多情况下，无法得到充分的训练数据来对模型参数进行训练。此时，GMM 中的协方差矩阵的一些分量可能会很小；这对模型参数的似然函数影响很大，从而严重影响系统的性能。为避免上述情况，可在 EM 算法的迭代过程中对方差设置门限，令其不小于门限值；否则用门限来代替，其中门限可通过协方差矩阵来设定。

4. GMM 的识别

假设有 K 个说话人，对应的 GMM 模型分别为 $\lambda_1, \lambda_2, \cdots, \lambda_K$。对说话人辨认而言，要确定语音属于 K 个说话人中的哪一个，即属于语音库中的哪个说话人。这需要从已知的观察矢量序列 Y 中，由上述模型中找到有最大后验概率 $P(\lambda_k|Y)$ 的模型所对应的说话人 k^*。基于 GMM 的

说话人辨认系统方框图见图 14-10。

由贝叶斯理论，最大后验概率为

$$P(\lambda_k|Y) = P(Y|\lambda_k)P(\lambda_k)/P(Y) \quad (14-19)$$

其中
$$P(Y|\lambda) = \prod_{k=1}^{K} P(y_k|\lambda) \quad (14-20)$$

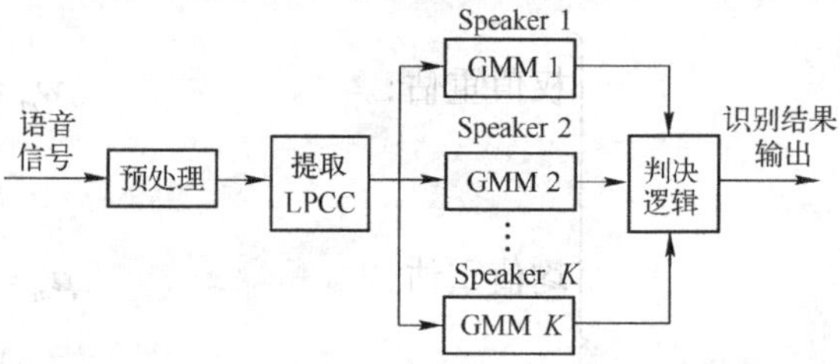

因而所属的说话人为

图 14-10 基于 GMM 的说话人辨认系统方框图

$$k^* = \arg\max_{1 \leqslant k \leqslant K}\left[P(\lambda_k|Y)\right] = \arg\max_{1 \leqslant k \leqslant K}\left[\frac{P(Y|\lambda_k)P(\lambda_k)}{P(Y)}\right] \quad (14-21)$$

$P(\lambda_k)$ 的先验概率未知，为此可假定该语音属于每个人的概率相同，即每个说话人出现的先验概率相同，即

$$P(\lambda_k) = 1/K, \quad k = 1, 2, \cdots, K \quad (14-22)$$

对观察矢量，$P(Y)$ 为确定的常数，对各个说话人都相同。因而后验概率的最大值可通过 $P(Y|\lambda_k)$ 得到，即式(14-21)简化为

$$k^* = \arg\max_{1 \leqslant k \leqslant K}[P(Y|\lambda_k)] \quad (14-23)$$

实际计算时，上式一般取对数。假设不同时刻的观察矢量 x_n 是独立提取的，根据 GMM 的定义，有

$$k^* = \arg\max_{1 \leqslant k \leqslant K}\left[\sum_{n=1}^{N} \lg P(y_n|\lambda_k)\right] = \arg\max_{1 \leqslant k \leqslant K}\left\{\sum_{n=1}^{N} \lg\left[\sum_{m=1}^{M} w_{mk} P_{mk}(y_n; \mu_{mk}, \Sigma_{mk})\right]\right\} \quad (14-24)$$

14.7 说话人识别中需进一步研究的问题

说话人识别的研究还有很多问题需要解决。目前，对于人如何通过语音来识别说话人的机理还没有基本的了解；不清楚何种语音特征(或其变换)可唯一携带说话人识别所需的特征。目前说话人识别采用的预处理与语音识别类似，需根据建立的模型提取相应的语音参数。而说话人识别的对象，即语音信号既包含了说话的内容信息，也包含了说话人的个性信息。目前没有很好的方法将二者进行分离。说话人发音的个性特征不是固定不变的，会随环境、情绪、健康和年龄等变化。目前对基于 HMM 的说话人识别系统，用高品质话筒，根据从安静环境下语音信号中提取的倒谱参数，利用事后设定的阈值(一般设为 FR 与 FA 相同)判定时，对几十名说话人的识别率可达 99%以上。但对实际网络(如市话网)传输的电话语音，在噪声环境下的性能还有待提高。对说话人确认系统，虽然理论上识别率与说话人数目无关，但对利用二值(本人或他人二阈值)判定的系统，仍需提高有很多说话人情况下的系统确认率。还有很多问题；如随时间的变化说话人的声音对模型要发生变化，所以应研究对不同说话人的标准模板或模型进行定期更新的方法；阈值设定方法；特别是噪声环境及电话语音的说话人识别技术还未进行充分研究。

说话人识别中需进一步研究的问题包括以下几方面：

1. 基础性问题

（1）语音中的语义内容与说话人个性的分离。目前语音内容与其声学特性的关系已较为明确，但说话人的个人特性与其语音声学特性的关系还未完全研究清楚。个人特性的研究不仅对说话人识别，而且对语音识别也非常重要。

(2) 何种特征参数对说话人识别最为有效？如何有效利用非声道特征？因为应用非声道特征时存在以下问题：提取困难；如何模型化这些动态特征；特征变化明显及特征容易模仿。

(3) 说话人特征的变化及样本选择。对由时间特别是病变引起的说话人特征变化的研究还比较少。如感冒引起鼻塞时，各种音尤其是鼻音的频率特性有很大变化；喉头有炎症时会发生基音周期的变化。样本选择的研究还很少；不同音素包含的个人信息不同，因而样本选择对识别率有很大影响。

2. 实用性问题

(1) 说话人识别系统设计的优化。

(2) 处理长时和短时说话人的语音波动。区别有意模仿的声音对司法应用尤为重要。还包括语音识别和说话人识别的结合，如指定文本的说话人识别就是一种尝试。

(3) 说话人识别系统的性能评价。需建立与试听人试验对比的方法和指标。目前对识别人的性能还没有统一的评价方法。

(4) 可靠性和经济性。与语音识别系统相比，说话人识别系统的使用者要多几个数量级，如拥有信用卡的人可能有几百万或上千万。识别系统应用前需进行万位以上的说话人的可靠性实验。类似地，在经济性方面，每个说话人的标准模型须使用尽可能少的信息；因而样本和特征量的精选问题也需要解决。

说话人识别技术已逐渐从实验室走向实际应用。目前的研究主要集中在：

(1) 语音特征参数的提取与混合。语音特征参数对识别系统的性能至关重要；虽然倒谱参数广泛应用，但寻找新的有效语音特征参数及其与已有特征参数的结合仍需进行深入研究。

(2) HMM 与其他模型结合以改善识别性能，如与 ANN 或 SVM 的结合。

说话人识别系统的研究和开发已取得较大的成就，在一些系统中也得到了很好的应用。但目前对识别机理的认识不充分，基于知识的识别方法还未出现。随着智能科学的发展，将底层信号分析与高层知识表示相结合的说话人识别将在不久的将来有望出现。

目前，说话人识别的研究重点转向对各种声学参数的线性或非线性处理以及新的模式匹配上，如 DTW、PCA、HMM 与其他模型相结合以改善说话人识别系统的性能等技术上。或者 HMM 与 ANN，HMM 与 SVM 的结合可有效改善系统性能。另一方面，随着 Internet 的发展，网络环境下的说话人识别技术日益得到重视，成为另一个研究热点。

本章介绍了说话人识别的系统与方法。第 15 章还将介绍基于 ANN 及 SVM 等智能信息处理技术的说话人识别方法(见 15.5 节与 15.10 节)。

14.8 语种辨识

语种辨识与语音识别和说话人识别不同，它是判别语音所属的语言种类；也属于语音识别的一个分支。

1. 基本原理

世界上的不同语言间有多种区别，如音素集合、音位序列、音节结构、韵律特征、词汇分类、语法以及语义网络等，因而在语种辨识中有多种可利用的特征。语种辨识系统的结构与语音识别和说话人识别有相似之处，见图 14-11。

语种辨识的研究包括以下方面：

(1) 用滤波器组提取特征矢量，结合人工扫描得到

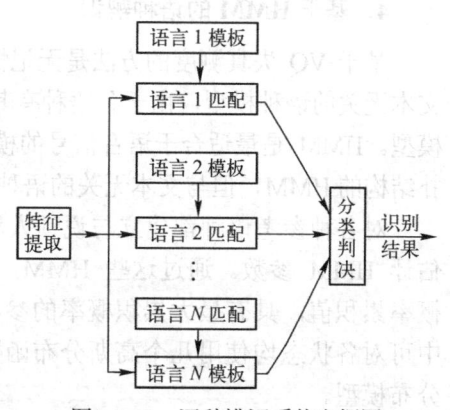

图 14-11 语种辨识系统方框图

稳定和速变的区域。不同语言在这些区域有不同的特征，以此得到训练信息。

（2）利用语音规则对三个语种（德、英和法）的单词进行研究，得到与 ANN 辨识基本相同的性能。

（3）采用从 26 个字母表简化成四类字母表的 8 个语音字符抽样进行研究，这些抽样利用了各种语种的状态统计模型。将手工标注的每种语言的 5 类语音信息（塞辅音、摩擦音、浊辅音、无音和哑音）作为输入。使用训练集区分 8 种语言时，用训练集内的数据进行测试，得到 100%的识别率，匹配算法采用各态历经 HMM 序列。

（4）由 LPC 导出 100 维特征矢量作为系统输入，用多项式分类器进行语种辨认。

（5）使用各语言的共振峰特征作为输入参数，训练用 K-均值算法，分类器使用 VQ 技术。

（6）基于规则的语种辨识。通过基音、共振峰频率变化及能量密度设定门限以区分语种。

（7）用 LPC 系数进行 VQ，探讨每种语言的码书与共有码书的差别，以其 VQ 直方图进行语种分类。

（8）采用 ANN 与 GMM 结合的方法进行语种分类。

2. 语音的信源模型

从信源建模来看，语音信号是典型的连续信源。所以可用以下几种模型来建模：（1）无记忆模型；（2）有记忆模型；（3）离散模型；（4）连续模型。这些模型可分为四类，如表 14-2 所示。可以推断各态经历 CHMM 是适合于与文本无关的连续语音信号的最佳模型。

表 14-2　语音信源模型

类　型	记忆性	模　型
离散	无记忆	VQ
	有记忆	DHMM
连续	无记忆	GMM
	有记忆	CHMM

但由这一分类，通过与文本无关的说话人识别实验，对这些模型比较得出的结论是：VQ 与各态经历 CHMM 的性能接近；模型概率分布总数相同的情况下，GMM（混合高斯模型）与各态经历 CHMM 的性能相近。

即使在文本无关的条件下，语种辨识和说话人识别也有很大不同。语种辨识要尽量消除说话人个体发音的差别。虽然音位结构是语种辨识的一个重要线索，但各种语种的音素持续时间相同，将其完全应用于基于语音特征的各态经历 HMM 中还很困难。

3. 基于失真的 VQ

基于 VQ 失真测度的语种辨识方法中，可采用 LBG 算法（见 9.4.2 节）设计每种语种的码本。语种辨识时，待辨识的语音通过这些参考码本被矢量量化，从而使 VQ 的失真值逐帧累积。对每种参考语种都计算其所有帧的 VQ 失真累积值（最终累积值要除以总帧数）。具有最小累积失真值的参考语种被判定为该语音的语言种类。如图 14-12 所示。

4. 基于 HMM 的语种辨识

基于 VQ 失真测度的方法是无记忆的语音源模型，即独立的时间序列源。但即使要建立与文本无关的语种模型，由于各语种有其自身的音位结构，因而与文本无关的模型应是有记忆的模型。HMM 是最适合于语音信号的模型之一，语音识别常采用从左至右型 HMM 或 Bakis 拓扑结构的 HMM，但与文本无关的语种辨识中须采用各态经历 HMM。

对各种参考语种都建立与说话人和文本无关的各态经历 HMM，并用 Baum-Welch 算法估计 HMM 参数。通过这些 HMM，待辨识语音的概率被逐帧累积。分别计算各参考语种的概率累积值，具有最大累积概率的参考语种判定为该语音的语言种类，见图 14-13。CHMM 中可对各状态均使用几个高斯分布函数；而 DHMM 则没有这种选择，因为其为无参数概率分布模型。

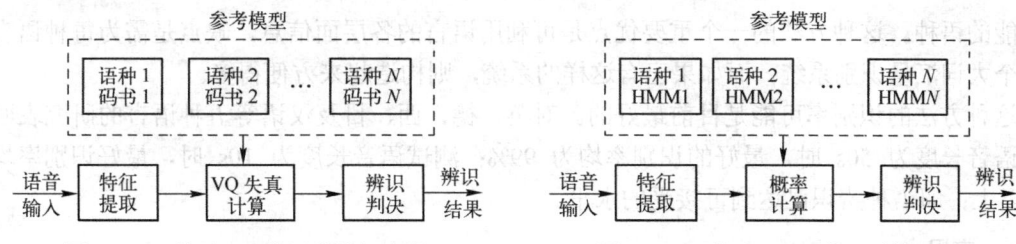

图 14-12　基于 VQ 的语种辨识流程

图 14-13　基于 HMM 的语种辨识流程

CHMM 一般采用捆绑式结构。DHMM 可采用非捆绑式、也可采用捆绑式结构，一般非捆绑式结构可得到更好的识别结果。

5．GMM

GMM 是混合 CHMM 的特例，即混合 CHMM 各状态的观察概率分布均满足高斯分布时，GMM 可看作单状态的混合 CHMM。图 14-14 是有 3 个混合数的混合高斯分布模型，及 3 状态的各态历经 CHMM 的例子。

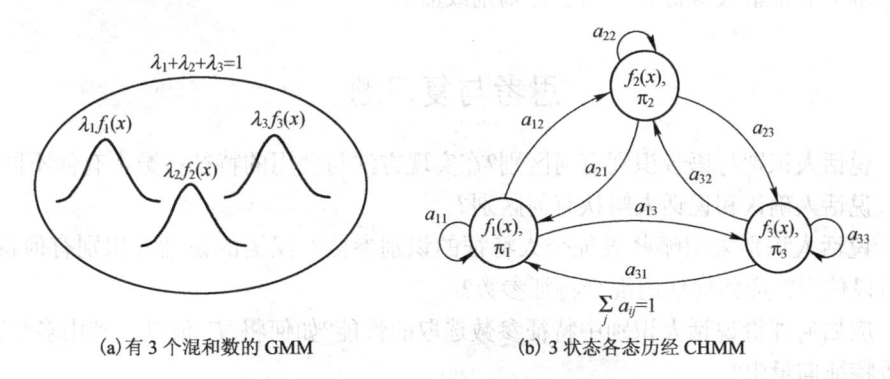

图 14-14　3 个混合数的 GMM 及 3 状态各态历经 CHMM

设输入的语音矢量时间序列为 $x_1 x_2 x_3$，则对这两种模型的累积概率分别由下式给出：

（a）有 3 个混和数的 GMM

$$P_a(x_1 x_2 x_3) = [\lambda_1 f_1(x_1) + \lambda_2 f_2(x_1) + \lambda_3 f_3(x_1)] \cdot [\lambda_1 f_1(x_2) + \lambda_2 f_2(x_2) + \lambda_3 f_3(x_2)] \cdot \\ [\lambda_1 f_1(x_3) + \lambda_2 f_2(x_3) + \lambda_3 f_3(x_3)] \tag{14-25}$$

（b）3 状态 3 个混和数的各态历经 CHMM：

$$P_b(x_1 x_2 x_3) = \pi_1 f_1(x_1) a_{11} f_1(x_2) a_{11} f_1(x_3) + \pi_1 f_1(x_1) a_{11} f_1(x_2) a_{12} f_2(x_3) + \\ \pi_1 f_1(x_1) a_{11} f_1(x_2) a_{13} f_3(x_3) + \pi_1 f_1(x_1) a_{12} f_2(x_2) a_{21} f_1(x_3) + \\ \cdots + \pi_3 f_3(x_1) a_{33} f_3(x_2) a_{33} f_3(x_3) \tag{14-26}$$

如果 $\pi_1 = a_{11} = a_{21} = a_{31} = \lambda_1$，$\pi_2 = a_{12} = a_{22} = a_{32} = \lambda_2$，$\pi_3 = a_{13} = a_{23} = a_{33} = \lambda_3$，则 $P_a(x_1 x_2 x_3) = P_b(x_1 x_2 x_3)$。

可见虽然 GMM 是无记忆性的，而在 CHMM 中转移概率的动态范围远小于输出概率的动态范围，因而转移概率不影响输出概率的累积。所以 CHMM 与 GMM 只有很小的差别；而 DHMM 转移概率与输出概率的动态范围几乎相同，因而多状态 DHMM 优于单状态 HMM。

基于 HMM 的语种辨识系统可分为两类，一种是为每种语言建立一个或多个各态历经的 HMM，对每种语言的较长文本进行训练。另一种则建立在非特定人大词汇量连续语音识别基础上，即为每种语言建立一个连续语音识别系统，包括声学模型、语言模型；其中语言模型对不同的语言有不同的构造思路。辨识就是进行大词汇量连续语音识别，然后按照判决规则给出

315

最可能的语种。这种方法的一个重要优点是可利用语言的各层面信息，缺点是需为每种语言建立一个大词汇量识别系统；而如果已有这样的系统，则构造起来方便得多。

这种方法的识别率可能是目前最好的。对英、德、西、日及汉语等五种语言的研究表明，测试语音长度为 50s 时，最好的识别率均为 99%；测试语音长度为 10s 时，最好识别率均为 95%以上；即语种辨识已达到可接受的水平。

6. 应用

语种辨识在信息检索及军事领域有重要应用，包括以下几方面。

（1）多语种信息服务。很多信息查询中可提供多语种服务，但开始时须用多种语言提示用户选择所需的语言。语种辨识系统可作为其前端处理，预先区分用户的语种，以提供不同语种的服务。如旅游信息、应急服务、电话信息、转接及购物、银行、股票交易等。

（2）机器自动翻译的前端处理。直接将一种语言转换为另一种语言的通信系统，须先确定使用者的语言；对大量录音资料进行翻译分配时，需预先判定待翻译的语种。

（3）军事上对说话人身份和国籍进行判别或监听。

思考与复习题

14-1 说话人识别与语音识别有何区别?在实现方法与使用的特征参数上有何不同?

14-2 说话人确认和说话人辨认有何区别?

14-3 说话人识别采用哪些表征个人特征的识别参数？汉语的说话人识别有何特点?应如何使用超音段信息? 应如何使用混合特征参数?

14-4 应如何评价说话人识别中特征参数选取的性能?如何将 F 值推广到由多个特征参数构成的多维特征向量中?

14-5 试说明说话人识别系统的一般结构。

14-6 试说明基于 DTW 及 VQ 的说话人识别的原理。

14-7 试说明基于 HMM 的说话人识别的原理。试分别从与文本有关、与文本无关、指定文本、模型训练及鲁棒的说话人识别等方面进行阐述。

14-8 试说明 GMM 的原理及其参数估计方法。

14-9 试说明基于 GMM 的说话人识别系统的工作原理。

14-10 说话人识别中目前存在哪些需进一步研究的课题?

14-11 试述语种辨识的原理与应用。

第15章 智能信息处理技术在语音信号处理中的应用

基于智能信息处理技术的语音信号处理方法已成为现代语音信号处理的一个重要分支，在语音信号处理的研究中具有越来越重要的作用。智能信息处理技术是语音信号处理发展的重要推动力量，已将语音信号处理的研究提高到一个崭新的水平，在语音信号处理的各领域已取得很多重要的突破，并不断改善语音处理系统的性能。

智能有三个层次。第一层为生物智能，由人脑的物理化学过程反映，是智能的物质基础。第二层是人工智能，是人造的，常用符号表示。第三层为计算智能，由数学方法及计算机实现；是神经网络、模糊逻辑系统、进化计算及信号与信息处理学科的综合集成。

智能信息处理的目标是使计算机在处理信息时有类似于人那样的智能。如使计算机能听懂语音、看懂文字和图像、与人说话，具有类似于人那样的综合、优化、联想、辨识、学习等能力。智能信息处理具有以下功能：（1）与人脑一样地记忆和处理信息；（2）巨大的计算能力；（3）广泛的适应性；（4）可利用学习结果（知识、经验等）进行信息处理。

智能信息处理技术是神经网络、模糊系统、进化计算、混沌、分形、人工生命等交叉学科的综合集成，以模拟人类形象思维、联想记忆等高级精神活动；其正向生物智能方向发展。

第 7 章介绍了一些智能信息处理技术在语音分析中的一些应用，包括清/浊音判断、端点检测、语音分割及听觉系统模拟等。本章介绍智能信息处理技术在语音信号处理及系统中的应用，包括语音识别、说话人识别、语音编码及语音合成等。

15.1 人工神经网络

15.1.1 概述

人工神经网络（ANN，Artificial Neural Networks）是模拟人脑结构及智能特点的研究领域，是模仿人脑认知功能、模拟人类形象思维及联想记忆的信息处理系统。大脑是人的智能、思维、意识等一切高级活动的物质基础，因而构造与人脑有类似功能的信息处理系统可解决传统方法不能解决或难以解决的问题。

ANN 仿照于人脑的生物神经网络而构成，简称神经网络。其结构与工作机理基本以人脑组织结构及活动规律为背景，有类似人脑功能的若干基本特征，如学习记忆、知识概括及输入信息特征提取等。但目前 ANN 还完全无法同人脑的神经系统相比，后者的结构、功能、行为规律至今仍不很清楚。人类对大脑的研究还有很长的路要走，ANN 并不是人脑的真实再现，而是经大大简化、易于工程实现、反映生物神经网络某些特征的数理表示，是某种抽象、简化或模仿。

ANN 由大量简单的处理单元并行连接构成，而处理单元及相互连接模式借鉴了人脑神经元的结构及连接机制。ANN 可用于解决一些复杂的模式识别问题，它们若用常规计算机的软件设计来解决则存在很多困难，如手写体文字识别、与说话人无关的连续语音识别及多目标识别等。尽管人们知道这些问题该怎样做，却很难总结出明确的规则或方法；其中有相当大的部分是基于长期学习及经验积累而形成的能力，且根据积累的知识能对处理的对象进行联想、类比、概括等处理。

ANN 有以下一些特征：

（1）有并行处理机制，从而有高速信息处理能力。

（2）信息分布存储在连接神经元的各权值上，且权值可改变，因而有很强的自适应性。这里自适应性指改变自身特性以适应环境变化的能力。

（3）可进行学习或训练。外界环境改变后，经过训练可自动调整结构参数，以得到所需要的性能。学习的目的是通过有限个训练样本归纳出隐含在其中的规律（如函数形式等）。通过学习解决问题是 ANN 的一个主要特点。

（4）输入-输出关系为非线性的，即有非线性信息处理能力。从原理上说，ANN 可逼近任意复杂的非线性函数。

（5）具有很强的容错性。ANN 有天然的冗余式结构——分布式存储，因而有很强的容错性。部分信息丢失或模糊的信息仍可得到完整的恢复，表现出明显的鲁棒性。

（6）并行分布结构使其易于硬件实现。

（7）可组成大规模的复杂系统，以进行复杂问题的求解。

如 7.1 节所述，现代信号处理的一个十分重要的问题是非线性、非平稳及非高斯信号的处理。但由于缺乏有效的数学工具，所以更多的是从实验数据中提取信息。ANN 的特点之一是便于向实例学习获取知识，且还具有非线性及并行处理的特点，因而是现代信号处理中一个很有前途的工具。

20 世纪 80 年代以来，ANN 以其非线性、自适应、鲁棒性及学习特性且易于硬件实现等而受到很大关注，目前，ANN 的研究已获得很多进展与成果。在网络模型、学习算法、系统理论及实现方法等基本问题上的重要突破带动了其在众多领域中的应用研究。利用 ANN 进行模式识别是最活跃的课题，ANN 在信息处理中最典型、最有希望的领域就是模式识别。基于 ANN 的模式识别与传统的统计模式识别相比有几个明显的优点：（1）可识别有噪声或变形的输入模式；（2）有很强的自适应学习能力，通过对样本学习掌握模式变换的内在规律；（3）可将识别处理与若干预处理融合在一起进行；（4）识别速度快。

ANN 的特点使其特别适用于语音信号处理。20 世纪 80 年代中后期以来，探讨 ANN 在语音信号处理中应用的研究十分活跃，其中以语音识别最令人瞩目。语音识别是 ANN 重要的且最适合的应用领域之一。研究 ANN 以探索人的听觉神经机理，改进现有识别系统的性能是语音识别研究的重要方向。人脑是自然界存在的非常有效的语音识别系统。ANN 保持生物神经网络的许多特性，利用它进行语音识别可在准确性方面取得进展。尽管统计模型方法在语音识别中占主导地位，但 ANN 的独特优点及其强的分类能力和输入-输出映射能力使其在语音识别中很有吸引力。

ANN 用于语音识别可分为两类，一是与 HMM、DP 相结合的混合网络，另一类是根据人耳听觉生理学、心理学研究成果建立的听觉 ANN。目前 ANN 在复杂性及规模上都远不能与人的听觉系统相比，因此，探讨其在语音信号处理中的应用主要是从听觉模型中得到启发，以构成具有类似能力的人工系统。大量研究表明：听觉模型应用于语音识别很有前途，听觉模型与 ANN 相结合用于语音识别，无论是识别率还是抗噪性能均优于传统方法。

利用 ANN 进行语音信号处理这一技术的发展与听觉模型的基础研究密切相关。听觉模型是以人类听觉系统生理学为基础的听觉信息处理模型，对它的研究试图解决以下问题：

（1）在语音分析中寻找更有效的语音参数，以提高语音编码效率；

（2）利用听觉模型提高语音识别的识别率与抗噪性能；

（3）探求说话人识别的新方法。

但需指出，ANN 用于语音识别的局限是：学习时间长，推广能力差；不具有普遍性，应用受限。

15.1.2 神经网络的基本概念

构成 ANN 的三要素是神经元、训练(学习)算法及网络连接方式。

1. 神经元

神经元又称节点，是 ANN 的基本处理单元。由神经元可构成各种不同拓扑结构的 ANN，后者由神经元及它们之间的连接权组成。神经元模型是生物神经元的抽象与模拟；这里抽象指从数学角度而言，而模拟指从神经元的结构和功能而言。

神经元是多输入-单输出的非线性阈值元件，即多输入单输出、有内部阈值且为非线性函数。其作用是将若干输入信号加权求和，再进行非线性处理并输出。

图 15-1 给出神经元的一种结构。其输入-输出关系为

$$X = \sum_{i=1}^{N} w_i x_i - \theta \tag{15-1}$$

$$y = f(X) \tag{15-2}$$

图 15-1 神经元模型的结构

式中，$x_i (i=1,2\cdots,N)$ 为网络的输入信号，w_i 为神经元的第 i 个输入与输出的连接权，θ 为神经元阈值，用以模拟生物神经元的阈值电位；$f()$ 为神经元的输入-输出函数，称为特征函数。

特征函数应具有非线性，以计算复杂的映射。最简单的特征函数为阶跃函数，即

$$f(X) = \begin{cases} 0, & X < 0 \\ 1, & X \geqslant 0 \end{cases} \tag{15-3}$$

此时神经元的输出有两个值：1 或 0。S 型(Sigmoid)函数是很常用的特征函数，即

$$f(X) = \frac{1}{1+e^{\beta X}} \tag{15-4}$$

显然其为非线性函数。其神经元输出可在某范围内连续取值。式中 β 为常数，用以控制曲线扭曲部分的斜率。

图 15-2 给出阶跃特型征函数及 S 型特征函数。可见，S 型函数输出曲线两端平坦，中间部分变化剧烈。X 很小时，$f(X)$ 接近于 0；X 很大时，$f(X)$ 接近于 1；X 在 0 附近时，$f(X)$ 才起转移作用。S 函数与阶跃函数相比有柔软性；从数学角度看其有可微性，且有较好的非线性映射能力。

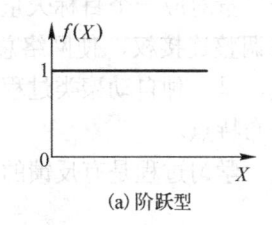

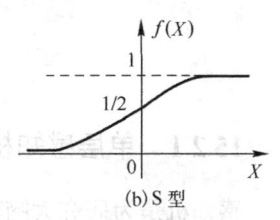

图 15-2 特征函数

图 15-1 所示的神经元模型虽然简单，但反映了生物神经元的主要特性，是其完整的数学描述。

2. 网络连接方式

根据人脑的活动机理，单个神经元不可能完成对输入信息的处理；只有大量神经元组成庞大的网络，通过网络中各神经元的相互作用，才能实现信息处理与存储。同样，只有神经元按一定的规则连接网络并使网络中各神经元按一定的规则变化，才能实现对输入模式的学习与识别。ANN 与生物神经网络的不同之处在于，后者是由上亿个以上的神经元连接而成的庞大网络；而前者限于物理上的困难及计算上的方便，是由数量远少于后者、而完全按一定规律构成的网络。

ANN 的连接方式是指各神经元连接的方式，又称为网络的拓扑结构，主要有三种：

（1）单层连接方式，即网络只包含输入和输出两层外。后面介绍的单层感知机(SLP，Single Layer Perceptron)即基于这样的连接而构成。

（2）多层连接方式，即网络中除输入和输出层外，还有若干中间层。多层感知机(MLP，Multi Layer Perceptron)即基于这种连接方式。

单层及多层连接方式构成的 ANN 均属前馈型网络，即神经元间不存在反馈回路，且每层神经元只与上一层神经元相连。

（3）循环连接方式。其包含反馈，即神经元间存在反馈回路。反馈输入可来自同一层另一个神经元的输出，也可来自下一层各神经元的输出。循环神经网络(RNN，Recurrent Neural Networks)就属于这种连接方式。

前馈网络的输出由当前输入、网络参数及结构所决定，而与网络过去的输出无关，没有记忆功能。而反馈网络的输出与网络过去的输出有关，有记忆功能。

3. 学习(训练)算法

学习算法是 ANN 研究的主要内容之一。学习也称训练，是 ANN 最重要的特征之一。ANN 可通过学习改善其内部表示，使网络达到所要求的性能。学习的实质是同一个训练集的样本模式反复作用于网络，后者按一定的学习规则(即学习算法)自动调节网络中神经元间的连接权或拓扑结构，当其输出满足期望的要求或趋于稳定时，学习结束。本书讨论的学习仅指调整连接权，以得到期望的输出。采用何种学习算法与 ANN 的结构有关，因而随着各种网络结构的提出，构造了很多算法。

学习分为有监督及无监督等两类。有监督学习需要训练样本，要求训练矢量集里每输入一个矢量对应一个目标矢量即希望的输出矢量，即根据监督指出希望输出与网络实际输出的误差来调整连接权，使网络总误差趋于极小。无监督学习不需要训练样本，无须事先设定输出矢量，是一种自动聚类过程；其通过训练矢量的加入不断调整权，以使输出矢量反映输入矢量的分布特点。

学习过程是有反馈的，即为一个动态过程，因而一些学习方法存在收敛性问题。

15.2 神经网络的模型结构

15.2.1 单层感知机

感知机是为研究大脑存储、学习及认识过程而提出的一类 ANN 模型。单层感知机结构见图 15-3，由一个输入层及一个输出层的神经元组成。层与层的神经元间的每个连接有一个用数值表示的权，模仿一个输入单元对输出单元的影响。正权表示增强，负权表示抑制。输入模式沿连接从输入层传向输出层时，网络通过逐个修改权(w_{ij})来进行信息处理。信号仅在单方向流动，即从输入到输出层。

每个神经元有多个用数值表示的状态，其由所有与之相连的神经元传递的信号决定。若神经元在输入层，其状态由它从外部接到的输入信号决定；对输出层神经元，其状态由与之相连的神经元及特征函数来计算。

M 个输入神经元、N 个输出神经元的 SLP 表示为

$$X_j = \sum_{i=1}^{M} w_{ij} x_i - \theta_j \qquad y_j = f(X_j) \qquad j = 1, 2, \cdots, N \qquad (15\text{-}5)$$

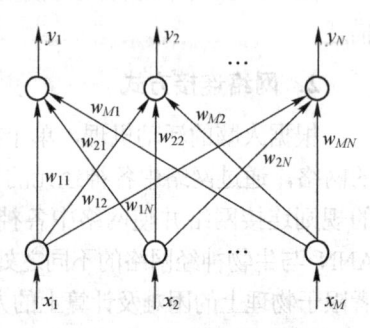

图 15-3 单层感知机的结构

式中，θ_j 为第 j 个输出神经元的阈值。

感知机的学习是典型的有监督学习，可通过训练来完成。训练要素有两个：训练集及训练算法。训练集是由若干输入-输出模式对构成的集合，其中输入-输出模式对指由输入模式及其期望输出组成的向量对。训练时，训练集中的每个模式对网络进行训练。给定某一训练模式时，感知机的输出神经元会产生一个实际的输出向量，用期望输出与实际输出之差来修正网络的权。

15.2.2 多层感知机

MLP 是一种多层的 ANN；与单层感知机不同，其有一个以上的隐层(也称中间层)。上下层间的神经元全连接，即下层的各单元与上层的各单元均连接，而同一层的神经元间无连接。MLP 只有信号前馈而没有反馈，属前馈 ANN。

MLP 中，信号沿连接从输入层经隐含层并传向输出层。对隐层神经元，其状态由与之相连的神经元与特征函数计算。隐层作为输入模式的内部表示，将输入模式所含的区别于其他类别输入模式的特征进行提取，并传给输出层。特征抽取就是输入与隐含层连接权进行自组织的过程。图 15-4 给出一种三层 MLP 的结构。

反向传播(BP，Back Propagation)是 20 世纪 80 年代初提出的训练 MLP 的有效算法，是迄今影响最大的一种网络学习算法，据统计近 90%的网络使用该算法。其为典型的有监督学习，是 LMS 的一种广义形式；用梯度搜索技术使期望输出与实际输出的均方误差为最小。

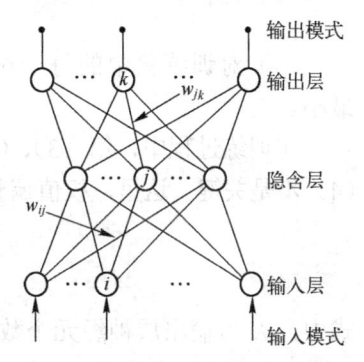

图 15-4 一种三层感知机的结构

BP 学习过程由正向及反向传播组成。正向传播中，输入信息从输入层经过隐层再传向输出层，每层神经元状态只影响下层神经元状态；如在输出层不能得到期望输出，则反向传播，将误差信号沿逆通路返回，修正各神经元权，使网络总误差收敛到最小。

BP 算法中，连接权在两步训练样本的过程中确定。首先，对每层神经元，计算作为输入矢量和与之相连权的函数的输出矢量的值。该网络输出层值与真实输出层相比，确定输出层神经元的误差。第二步，误差通过网络反向传播；调整各个权。如此循环，使 ANN 稳定(即权不再变化)或均方误差小于某阈值。其输出层计算的误差通过网络反向传播，被前面各层用于权的修正，所以称为反向传播。

BP 算法的具体训练步骤：

(1) 从训练矢量集中取出一列训练矢量，将其中的输入矢量用于网络输入，目标矢量用于网络的期望输出；

(2) 计算网络的输出矢量；

(3) 计算网络输出矢量与训练矢量对中目标矢量间的距离；

(4) 从输出层起，向后一层一层反向计算，直至第一隐层；直到整个训练集的误差最小。

在该步中，修正网络中的每个权，即

$$w_{ij}(n+1) = w_{ij}(n) + \eta \delta_j x_i + \alpha \left[w_{ij}(n) - w_{ij}(n-1) \right] \tag{15-6}$$

式中，$w_{ij}(n+1)$ 为 n 时刻从节点 i (输出节点或隐节点)到节点 j (隐节点或输入节点)的权。x_i 为第 i 个输入节点上的输入信号或第 i 个隐节点上的输出信号。η 为学习率或收敛因子，用于调整训练速率；通常 $\eta = 0.01 \sim 0.1$。η 的选取很重要，其取值大则收敛快，但过大可能引起不稳定(η 最大不能超过 $1/\lambda_{max}$，其中 λ_{max} 为输入向量 x 的自相关的最大特征值)；η 小可避免振荡，但收敛速度变慢。为解决这一矛盾，引入 $\alpha[w_{ij}(n) - w_{ij}(n-1)]$ 即附加的冲量项，用于加快学习速度(这种学习算法也称为冲量法)。其中 α 称为惯性矩或冲量系数，$0 < \alpha < 1$，常取 0.9 左右。式中，δ_j 为节点 j 的权值校正因子，且

$$\delta_j = \begin{cases} y_j(1-y_j)(d_j - y_j), & \text{为输出节点时} \\ x_j(1-x_j)\sum_k \delta_k w_{jk}, & \text{为隐节点时} \end{cases} \quad (15\text{-}7)$$

式中，d_j 和 y_j 分别为第 j 个输出节点的期望输出与实际输出，而 k 是隐节点 j 上一层的全部节点的序号。

该步中，同时修正每个阈值，即

$$\theta_j(n+1) = \theta_j(n) + \eta\sigma_j \quad (15\text{-}8)$$

(5) 对训练集中的每一对训练矢量，重复第 (1) ~ (4) 步，直至整个训练集的误差最小。

在训练过程中，第 (3)、(4) 步从输出层开始，用迭代方法反向计算到第一隐层为止。第 (4) 步是关键。这里，权值调整是使整个训练集全网的均方误差 E 最小，而

$$E = \frac{\sum_P \sum_K (z'_k - z_k)^2}{2P} \quad (15\text{-}9)$$

式中，K 为输出层神经元个数，z'_k 和 z_k 分别为输出层第 k 个神经元的实际输出与期望输出，P 为训练矢量对的个数。

通常，BP 算法中训练样本要反复输入网络才能使网络收敛到稳定结构。近年对 BP 算法提出许多改进，以加快收敛速度或避免使其陷入局部极小值。应指出，BP 算法对 MLP 学习的过程中，从网络的学习角度看，网络状态前向更新及误差信号的后向传播中，信息传播是双向的；但这不意味网络中层与层之间的连接结构也是双向的；MLP 是一种前向网络。

用 BP 算法进行训练的前馈网络称为 BP 网络，是最常用的 ANN。对 BP 网络建模首先须确定网络结构。对每个 BP 网络，输入神经元对应已知的输入，输出神经元对应期望的输出，余下问题是确定隐层神经元个数。隐层神经元的数目与输入和输出神经元数及问题的复杂度等有关；可先凭经验确定其大致范围，再对不同的神经元数进行试验，以得到最佳结构。

ANN 应用中，很多是 BP 网络及其变形；其体现了 ANN 最精化的部分。BP 网络应用于：

(1) 函数逼近：用输入矢量及相应的输出矢量训练 1 个网络逼近 1 个函数；
(2) 模式识别：用 1 个特定的输出矢量与输入矢量联系起来；
(3) 分类：将输入矢量以所定义的合适方式进行分类；
(4) 数据压缩：减少输出矢量维数以便于传输或存储。

BP 网络的局限是：需大量学习时间；作为一种梯度算法，基于梯度下降的原理，因而易陷入局部极小、振荡而导致难以收敛；网络结构难以确定，存在隐含节点数选择的问题。BP 算法中，网络结构、参数设置如学习率等都不固定，也没有完备的理论，需多次实验与修改才能得到合适的参数及模型。

BP 网络用于语音识别的缺点是：只能进行小词汇量语音识别。其用于音素识别已取得成功，但若扩展到词汇层次将产生时间规整及端点检测问题；更为严重的是由于词汇量增加，网络结构迅速增大，训练时间太大；为此提出了许多快速算法，但仍难实现大词汇量连续语音识别。

MLP 与单层感知机在语音信号处理中，可用于 VQ、类音素分类、声调识别、清/浊音判

别、音素分割，还可与其他方法结合构成鲁棒的语音识别系统，也可用于说话人识别及语音编码等。

15.2.3 自组织映射神经网络

自组织是生物神经系统的一个基本现象，自组织网络比其他 ANN 更接近于生物神经系统模型。ANN 的一个重要特点是向环境学习，以改进其自身性能。自组织是非监督学习过程，目的是从一组数据中提取特征或内在的规律(如分布特征或按某种目的聚类)。其遵循的规则一般是局部性的，即权的改变只与邻近单元状态有关。局部作用可导致整体的某种有序。这种现象大量存在，如会场中很多人鼓掌，开始是杂乱的，但一定时间后会自动同步。类似地，ANN 中各单元的局部相互作用也会形成某种有序结构。

自组织系统有不同的结构，但不论哪种结构，其学习过程均是按预定规则及输入模式重复修正各权值，直至形成一种最终的结构状态。

自组织特征映射(SOFM，Self Organization Feature Mapping)网络是一种很重要的无监督学习的 ANN，主要用于模式识别、语音识别分类等。这种网络由 Kohonen 提出，因而也称 Kohonen 网络。SOFM 网络有非线性降维功能。

研究表明：大脑皮层为一种薄层结构，信息存储于其表面，声音对听觉器官的刺激沿神经通路向大脑皮层投射时，会保持一种结构特征，在大脑皮层形成各种特征区域。大脑皮层的不同区域对应于不同的感知内容，可在外部信息刺激下不断传感反射信号，自组织大脑皮层空间的功能；其聚类性、排列性类似于生物系统。

SOFM 网络即是模仿人脑上述功能的 ANN，其结构见图 15-5。它由输入层和输出层组成。输入层有 N 个神经元；输出层有 $m \times m = M$ 个神经元，且形成一个二维网络阵列；显示出具有地形结构顺序的逻辑图像，有语义映射的功能。输入层与输出层的各神经元间全连接，输出层各实行相邻神经元的连接。SOFM 网络结构与基本 ANN 的不同之处在于，其输出层为二维网络阵列。

图 15-5 二维 SOFM 网络结构

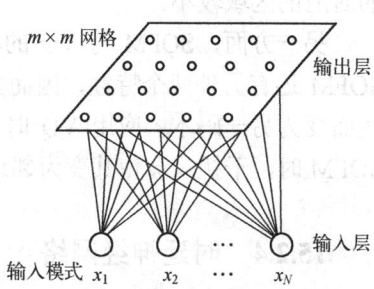

对 SOFM 网络训练无须规定所要求的输出，即为无监督学习(即自组织)网络。其对输入模式进行自动分类，即通过对输入模式的反复学习，抽取各输入模式所含的特征，并对其进行自组织，在输出层将分类结果表现出来。SOFM 网络将输入直接映射到输出层平面上的一个点；对相似的输入，网络输出神经元在输出平面上也相近。

SOFM 网络与其他 ANN 的区别是：不以一个神经元或一个神经元向量反映分类结果，而以若干神经元同时反映分类结果。一旦某神经元受到损害，如连接权溢出、计算误差超限、硬件故障等，余下的神经元仍可保证所对应的记忆信息不消失。

SOFM 网络的自组织能力表现在，各连接权反映了输入模式的统计特性。即通过网络学习，输出层各神经元连接权向量的空间分布可反映输入模式的空间概率分布。因而若预先知道输入模式的概率分布函数，则通过对输入模式的学习，网络输出层各神经元连接权向量的空间分布密度将与输入模式概率分布趋于一致。所以这些连接权向量可作为这类输入模式的最佳参考向量。相反，作为这一特性的逆运用，当不知道输入模式的概率分布情况时，可通过网络将这组输入模式进行学习，最后由网络连接权向量的空间分布将这组输入模式的概率分布表现出来。因而有时也称 SOFM 网络为学习矢量量化器。

SOFM 网络的训练算法可采用 VQ 中码书生成算法中的随机梯度法的变形。目前，又提出了多种改进的结构及算法，如 LVQ2(见 13.2 节)。SOFM 网络在对随机信号的分类与处理上有显著优势，得到广泛应用。但网络由高维映射到低维时会出现畸变，压缩比越大则畸变越严重。另外，其要求输出神经元数目很大，因而连接数很大，比其他 ANN 的规模大。

VQ 类似于逐次聚类，聚类中心是该类的代表，称为码本。SOFM 在某些情况下就是一种 VQ；其与 VQ 类似，都能用少量聚类中心表示原始数据，从而起到数据压缩的作用。不同之处在于 SOFM 的各中心(输出阵列中的神经元)的排列有结构性，即各相邻中心点对应的输入数据中某种特征相似，而 VQ 的中心没有这种相似性。

自组织映射可起到类似聚类的作用，但不能直接用于分类或识别。为用于识别可对其进行监督学习，如对聚类中心加以监督学习，就可将该中心代表的所有数据归入中心所属的类别。有时为提高识别率，可用训练样本再对权进行微调，为此提出了一种 LVQ 算法。

SOFM 如将 n 维空间映射到一维，是一条曲线；如映射到二维，则是一个曲面。SOFM 可看作 PCA 的推广；从这一角度看其有特征提取的作用。

综上，SOFM 的特点为：

(1) 对输入数据有聚类作用，用聚类中心(各输出节点的权向量)代表原输入，可起到数据压缩的作用；

(2) 保持拓扑有序性，输入中特征相似的点映射后在空间上相邻；

(3) 原数据中概率分布密度大的区域在映射图上对应较大的区域，提高了分辨率；分布小的对应的区域较小。

另一方面，SOFM 与 VQ 的相同之处是都可用少量聚类中心表示原始数据；但如上所述，SOFM 还有另外两个特性，因而其进行 VQ 可得到更好的性能。比如，码本在传输中受噪声干扰而变为另一码本；应用 VQ 时，邻近码本不具有更大的相似性，可能产生很大误差；而应用 SOFM 时，干扰只会使其变为邻近码本，从而误差较小。

15.2.4 时延神经网络

语音信号为时变信号，因而 ANN 应反映语音参数的时变性质。为使 ANN 可处理语音中的动态特征，需表达包含在语音中各声音事件的时间关系，及抽取时间变化过程中的不变特性。利用 ANN 解决语音识别问题时，须使网络有很强的非线性判决能力，以处理语音模式在时间上的不精确性，如起止点或语音特征的时间位移等。用静态 ANN 进行语音识别时，语音信号时间信息难以处理。为解决这些问题，提出时延的 ANN。

TDNN 可用于可视语音识别，包括机器自动唇读及双模态语音识别(见 13.11 节)。TDNN 与 MLP(采用 BP 算法学习)不同。MLP 是一种静态 TDNN，没有时间规整能力，这对语音识别是一个很大缺陷；它只能用于处理与时间无关的对象，如文字识别等。而 TDNN 为动态结构的网络；其在神经元中引入延时，可包含参数在若干时延范围内的情况；每层用滑动窗处理后再连接到下一层。这种网络对语音模式在时间上的位移偏差有一定的承受能力。

TDNN 为多层网络，包括一个输入层、两个隐层及一个输出层。各层间有足够的连接权，使网络有学习复杂非线性判决的能力。而与训练数据相比，网络的权数应足够少，使网络能够更好地提取训练数据中的特征。

TDNN 针对音素发音长度及暂态位置的变化，利用时间延迟单元捕捉前一层的上下文变化；其中短时变化体现在接近输入层的单元中，长时变化体现在接近输出层的单元中。

TDNN 为动态系统，在网络中引入了记忆功能。其可采用两种方式：第一种较简单，即在通常的静态网络外部加入延时单元，也就是通过延时单元将以前的状态存在延时单元中；另一种是引入反馈。下面介绍前一种。

TDNN 神经元见图 15-6；可见其引入延时单元 $D_1 \sim D_N$。神经元的 J 个输入中，每个均要乘以 $N+1$ 个权；其中一个用于未延时的输入，其余 N 个用于 N 个延时单元的输入；即对每个输入要在 $N+1$ 个不同时刻进行度量。如对 $J=16$、$N=2$，需计算 16 个输入的加权和，需 48 个权。因而，TDNN 的神经元有将当前和以前的输入进行关联与比较的能力。图中，神经元的输出非线性函数仍为 S 函数。

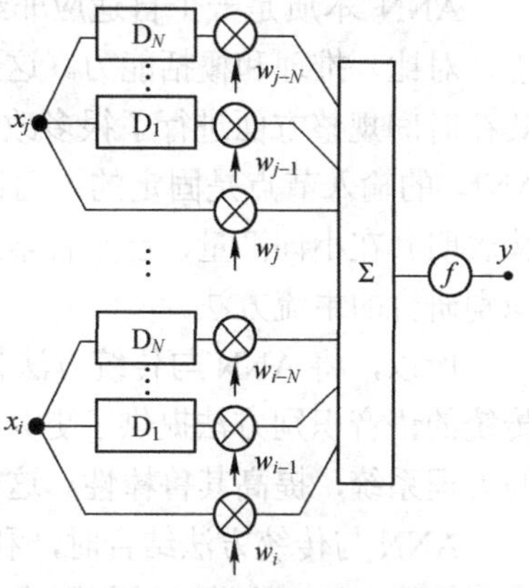

TDNN 训练仍采用 BP 算法，即它是以 BP 网络为基础的多层 ANN。TDNN 训练需很大计算量与迭代次数，这是它的一个局限。

TDNN 用于识别音素时，解决了时间对准问题，有较好的效果，识别率达到 98.5%；而同样实验条件下，HMM 的识别率为 93.7%。

图 15-6 TDNN 神经元

15.2.5 循环神经网络

语音信号为时域上的动态信号，其所包含的信息不仅表现在瞬态特性方面，更重要的是反映在相邻段语音信号的关联上。常规的 ANN 如 MLP 和 SOFM 网络等不能处理时间上的关联。为使网络更适合处理语音，须使其有动态性质；因而可引入反馈或循环连接。为此可采用 RNN。

RNN 既有前馈通路，又有反馈通路。反馈通路可将某层神经元的输出经一段时间延迟后送到同一层或较低层的神经元中。网络中加入反馈通路可处理与时间有关的状态序列，使网络可记忆从前输入所引起的特性，这对语音信号处理很有用。

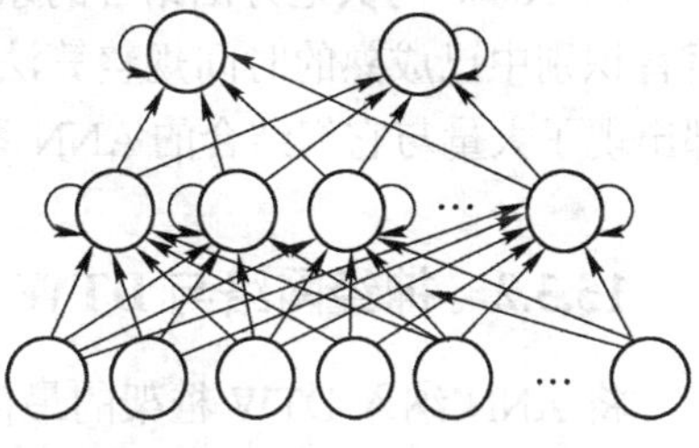

图 15-7 给出一种用于区别"no"和"go"的 RNN 结构，在输出层及隐层的每个神经元都有一个单位延时的自反馈通路。

图 15-7 一种循环网络结构

此外，语音识别中还应用预测神经网络(PNN)。其将 ANN 中的感知机作为预测器而不是模式分类器，它是 20 世纪 90 年代兴起的一种 ANN 语音识别方法，有很强的建模能力，可用于大词汇量非特定人连续语音识别研究。其特点为：充分利用语音模式中的时间相关性作为识别线索；用 DP 对语音信号进行时间规整；基于 DP 和 BP 能够找到一种优化算法；易增加新的词别类等。

15.3 神经网络与传统方法的结合

15.3.1 概述

语音识别中已形成了一些公认的有效的方法，如 HMM 等。HMM 在语音识别中应用较为成功的主要原因，是其较强的对时间序列结构的建模能力。但这些方法也存在一些缺陷，如 HMM 识别能力较弱；它不同于人脑的处理方式，自适应能力、鲁棒性都不理想，主要表现在对低层次声学音素的建模能力差，使声学相似的词易混淆；对高层次语音理解或语义上的建模能力差，仅能接受有限状态或概率文法等简单的应用场合。另外，一阶 HMM 假设输出相互独立，很难用模型描述协同发音；且 HMM 还需对状态分布进行先验假设。

ANN 本质是一个自适应非线性动力学系统，模拟了人类神经元活动的原理，有学习、联想、对比、推理和概括能力。这些是传统方法如 HMM 等不具备的。但 ANN 也有缺陷：尽管其在时间规整方面进行了很多改进，但仍不能很好地描述语音信号的时间动态特性。另外常规 ANN 的输入节点是固定的，而语音信号时长的变化很大，二者存在矛盾。因而，尽管很多实验表明其在小词汇量、已知音素边界的场合下识别性能往往高于 HMM 等，但仍未能成为语音识别研究的主流方法。

所以，将 ANN 与传统方法相结合，利用各自的优势，是一种较好的途径。ANN 的发展为传统的语音识别方法提供了更为广泛的选择余地，有可能将不同方法进行综合以构成性能更好的处理系统，提高其鲁棒性。这一直是近年来 ANN 语音信号处理研究的一个重要方向。

ANN 与传统方法结合时，利用了以下优势。

（1）ANN 的学习以判别式为基础，网络训练是为避免不正确的分类，同时对每个类别分别进行精确的建模。

（2）按照 LMS 准则训练的 ANN 用于解决分类问题时，网络输出可作为后验概率估值，因而不必对基本的概率密度函数进行很强的假定。

（3）ANN 在解决分类问题时可将多种约束结合起来，同时为这些约束找到最优组合，因而没有必要认为各种特征相互独立；即没有必要对输入特征的统计分布与统计独立性进行很强的假定。

（4）ANN 有高度并行的结构，特别符合高性能语音识别系统的要求，同时也适合于硬件实现。

在 ANN 与其他方法结合的系统中，其或作为前端进行预处理或作为后端进行后处理。对语音识别中已成熟的时间规整算法(如 DTW)、统计模型方法(如 HMM)及模式匹配方法等，都出现了大量与它们结合的 ANN 系统。

15.3.2 神经网络与 DTW

将 ANN 纳入 DTW 框架的最简单方法，是利用 MLP 计算 DTW 搜索中的局部路径得分，图 15-8 给出一个例子。MLP 计算的优点在于距离得分可包含对上下文的敏感性。如图中一个网络中，以当前特征矢量为中心的 15 帧矢量同时输入到 MLP 中。每帧特征矢量包括 60bit，用于指示码本中该帧的码字序号。距离得分也为二进制，或为 0 或为 1。该得分用于 DTW 算法中，作为局部距离匹配得分。

另外一种方法与上述方法类似，只是前面若干帧经时延后输入到网络中，有些类似于 TDNN。上述这些实验均表明比 DTW 算法的性能有所提高。

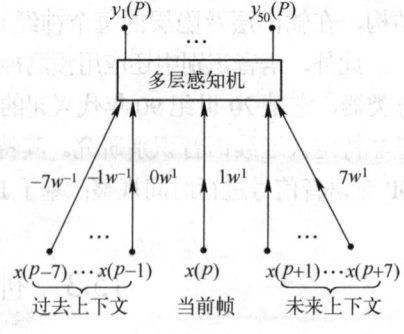

图 15-8 前馈神经网络

15.3.3 神经网络与 VQ

VQ 在语音信号处理中具有十分重要的地位，包括语音编码及语音识别在内的许多重要应用领域中它都起到关键作用。但 VQ 训练算法有一个重要缺点，即不能保证一定收敛；有时尽管收敛但速度很慢，这就限制了它的应用。目前，VQ 研究集中于有最小平均失真的码本形成及 VQ 编码时的快速搜索。

目前，一个重要研究途径是将 ANN 与 VQ 结合。ANN 的一项非常重要的功能是通过学习实现对输入矢量的分类；即每输入一个矢量，ANN 输出一个该矢量所属类别的标号。从这点看 ANN 与 VQ 功能十分相近，而其与 VQ 又有所不同；它的优势在于：

（1）通过有大量神经元的并行分布系统实现。与 VQ 的串行搜索相比，可用并行搜索方法由输入矢量求其输出标号。因而，运行速度比 VQ 高得多。

（2）依托并行分布处理机构，可建立高效的学习算法(与 VQ 码本建立的算法相对应，也可称为训练算法)。学习算法中，无监督学习又称自组织学习，无须依赖于事先已建立的对这些矢量类别的约定，这与 VQ 码本的建立过程十分相似。而有监督学习需事先建立训练矢量集中各矢量所属类别的约定，通过学习使 ANN 完成这种约定，且推广到所有未参加训练的输入矢量，因而可完成各种模式识别任务。

（3）VQ 中各输出标号不存在空间关系上的关联(拓扑)，而 SOFM 等 ANN 其各输出间存在空间拓扑关联；这对进一步利用这些输出很有价值。

可见，ANN 与 VQ 结合既有助于形成高质量的码本，又自然解决了快速搜索问题；此外还可引入许多新概念与新方法(如空间几何结构、有监督学习等)，从而更加拓宽了 VQ 的应用领域。

有三种 ANN 与 VQ 有密切的关系：(1) MLP(采用有监督学习算法)；(2) ART 网络(自适应谐振理论 ANN，采用自组织学习算法)；(3) SOFM 网络(自组织及有监督学习算法均 采用)。

目前研究集中于 Kohonen 的 SOFM 网络，由于独特的优势其在语音识别研究中得到高度重视，并取得很大成功。它的学习算法有两个阶段：自组织学习和有监督学习，后者也称为 LVQ；其改进形式称为 LVQ2(见 15.2.3 节)。

15.3.4 神经网络与 HMM

第 10 章及第 13 章分别介绍了 HMM 的基本原理及在语音识别中的应用。HMM 是语音识别的主流方法，但缺点是分辨能力较弱。而 ANN 有很强的自组织自学习能力，用于语音识别可得到很强的复杂边界分辨能力及对不完全信息的鲁棒性，且有 TDNN 及 SOFM 等有效方法。另外，ANN 有对输入信号进行非线性变换的能力，只要网络有足够规模，输出就可实时逼近任一种函数。因而，可用 ANN 计算 HMM 的模型参数；但如前所述，其存在语音识别样本与训练样本间的时间规整问题。

HMM 与 ANN 的结合，可充分利用 HMM 的时间规整能力强、而 ANN 分辨能力强的特点，得到较好的时间匹配与模式分类；因而是十分重要的研究方向。

ANN 与 HMM 的混合系统是极有前途的语音识别方法，其有以下优点：HMM 模型参数由 ANN 求得，不必像一般的 HMM 那样对信号做许多不切实际的假定。ANN 求出的模型参数与输入信号有关，包括了语音信号时变特征；用 ANN 计算语音模型参数，可选用合适的最佳准则，使求得的模型参数与本类语音建立最佳匹配关系，同时与非本类语音的距离最大；可进行自学习，用于非特定人的语音识别。

ANN 与 HMM 结合的混合语音识别的研究始于 20 世纪 90 年代初。下面列举一些研究成果：如用 MLP 估计 HMM 的状态概率输出，且该 ANN 的输出可作为模式分类的 MAP 估值；为增强 HMM 相对较弱的识别能力，对 HMM 算法进行改进，提出用于实现 HMM 的 RNN，HMM 参数就作为网络的连接权，因此模型参数估计可用 BP 算法实现，且证明了偏导数的 BP 与 HMM 参数的 MLE，即 Baum-Welch 算法的反向过程在形式上完全一样。将 SOFM 网络改进后用于 HMM 语音识别，并利用 SOFM 网络的可确定样本空间概率聚类中心的自组织能力进行语音识别。

下面介绍一种将 SOFM 网络学习算法与 HMM 结合而构成的一种用于音素识别的混合 LVQ-HMM 系统。通常 DHMM 中，码本是利用使失真最小的聚类算法(如传统的 K-均值算法，如第 10.5.4 节所述)而产生的；而这种系统中，对语音特征进行 VQ 的码本则利用 SOFM 网络的 LVQ 算法训练产生。初始码本形成是利用与音素有关的 K-均值聚类算法对训练样本中的所有特征矢量进行聚类，产生预先规定的参考矢量数，再将此初始码本用 LVQ2 算法进行训练，以产生分类能力高的码本。利用该码本对所有训练样本进行编码，并用以估计每个 HMM 参数。系统中，音素模型是 4 状态从左至右型 HMM。

该系统的音素实验表明，其识别率优于码本尺寸大 10 倍的利用 K-均值算法的 VQ-HMM 系统。这表明，该混合系统可大大减少计算时间及存储量的要求，使模型参数更易估计，从而导致识别性能的改善。这种混合系统也可用于单词、短语甚至连续语音识别。

ANN 语音识别已发展为一个重要的研究课题。从研究方向看，其与传统方法的结合、多种网络的结合是解决目前语音识别问题的有效途径。

另一方面，ANN 与其他智能信息处理技术的结合也成为一个重要发展方向，越来越得到重视。9.8.1 节介绍了 GA；ANN 已成为 GA 应用最活跃的领域。ANN 的应用面临两大问题：网络拓扑结构的优化及高效的学习算法。GA 已成为解决这两个问题的有力工具，即用于优化网络权重及学习规则。

15.4 神经网络语音识别

15.4.1 静态语音识别

ANN 用于语音识别时，首先针对的是经预分段的静态语音这类基本问题；主要是利用 BP 算法训练的 MLP 及用 LVQ 算法训练的 SOFM 网络。

研究表明：

（1）ANN 对语音的分类特性基本优于传统方法，但只是对时间规整要求较低的场合；对时间对准要求稍高的汉语音调识别，则进行了分段预处理。

（2）用 BP 算法训练 MLP 比传统方法训练时间明显增加，这也是 ANN 各种应用中普遍遇到的一个问题。

（3）用 SOFM 网络对静态语音分类的性能优于 MLP；因为 LVQ 专门为分类而设计，其计算的是距离测度。

下面介绍 ANN 用于静态语音识别的两个例子。

1. SOFM 网络声控打字机

SOFM 网络在语音识别中的应用始终是研究热点之一，其曾成功用于声控打字机这一实用系统而受到广泛关注。

该系统工作过程：将大量不同音素提供给有 SOFM 网络的语音识别系统，网络学习后，向系统输入发音时，系统会自动识别声音，将其转换为文字并通过打印机输出。系统识别率为 90%以上，可将正常速度发音的语音识别出来。SOFM 网络使语音识别的处理过程大为减化，比传统技术有明显的优越性。其在识别系统中承担音素分类任务，即将语音频谱进行 VQ。

语音信号通过截止频率为 5.3kHz 的滤波器，以 13.03kHz 取样，再用 A/D 转化为 12bit 数字信号。对信号进行 256 点 FFT，得到分辨率为 9.83ms 的信号频谱。对频谱平滑处理并取对数，在 200Hz～5kHz 内将其分为 15 个音素，由这 15 个音素组成的矢量代表了输入语音信号的模式。SOFM 网络将这些模式进行 VQ；由于其特征映射功能，可找到与输入模式最接近的分类结果(即最邻近分类)。

这里使用了有 15 个输入神经元、96 个输出神经元的双层网络。用 50 个实验语音(共含有 21 个不同音素)对网络进行训练。向系统输入一个单词的发音后，网络输出层可映射出该单词顺序对应的音素。所得识别结果须进行后处理，即将音素序列传入规则库进行语音规则分析，对识别结果进行确认与修正；规则库中存储 15000~20000 个规则。确认和修改后的结果输入文字处理机中，进行显示或打印。

2. 音节识别

下面介绍一种利用 MLP 进行音节识别的研究结果。

MLP 中输入层有 320 个神经元，隐层有 2~6 个神经元，依据实验的不同而定，输出层神经元数由需识别的音节种类而定。网络由 BP 算法学习。用于实验的语音数据，是一个男性对[ba]、[bi]、[bu]、[da]、[di]、[du]、[ga]、[gi]和[gu]等 9 种辅音-元音音节的发音，每个音节各发音 56 次，共 504 个语音信号。这些语音信号提供给网络前经如下的预处理：10kHz 取样前经 3.5kHz 低通滤波器，用 6.4ms 宽的 FFT 将其分为 20 帧，FFT 结果用 16 个频谱区间的幅度谱表示；再对数变换将幅度谱归一化为(0，1)范围内，由此得到的 320 个值作为网络输入模式。

图 15-9 给出[ba]、[bi]和[bu]三个音节对应的输入模式。在网络输出层，对应于输入音节的输出神经元的希望输出为 1，其余为 0。

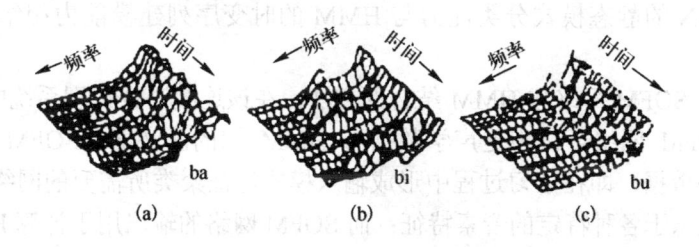

图 15-9 几个输入模式例子

用于实验的这些输入模式分为两部分：一半用于学习，另一半用于测试。实验分为三种情况：即 9 种音节的识别，3 种元音的识别，3 种辅音的识别。10 万次输入模式学习后，用于学习的模式其识别率达 100%，但此时希望输出 1 的神经元可能输出 0.5，其他神经元的输出小于 0.5。对未学习过的另一半模式，对 9 种音节的识别率约 86.4%(4 个隐神经元)，对 3 种元音的识别率约 98.5%(3 个隐经元)；而对 3 种辅音的识别率约 92.1%(3 个隐神经元)。对用于学习的模式按比例加上噪声，则对未学习过的另一半模式，识别率分别为 90%、99.7%和 95%。

MLP 被认为是信号处理中的有效方法，主要优点是有现成的训练算法；另一个重要特性是输入和输出矢量间可近似为非线性分类器。MLP 常被用于语音的模式分类，输出层代表被分类的各词。分类数小的情况下，MLP 比传统方法更为有效。如 BP 网络克服了 HMM 对声学上相似的词易混淆的不足，成功用于音素识别。研究表明，其对静态模式识别的任务十分有效，这使其成功用于有固定长度的语音输入模式识别的场合，如辅音识别、元音识别、音节识别及孤立字识别等。

但对于连续语音识别(输入模式长度可变)，MLP 并非有效；其应用于大汇量连续语音识别时存在一些困难。首先，对大数量的分类，网络要求大量的训练数据以便于学习。其次，如增加新的识别分类，系统要求将所有种类的训练数据重新训练。此外，要减少语音模式的识别也有困难。因而上述这些情况下,需采用更为有效的方法;如用 BP 网络完成静态模式匹配,再用 HMM 或 DP 进行时间对准。

15.4.2 连续语音识别

基于神经网络的连续语音识别比静态语音识别要困难得多。目前主要有 4 类方法:

(1) 使用有静态模式识别能力的 ANN,有效地分类连续语音中的音素或音节,以标号或分割该语音信号,为更高级的处理提供基础(如 15.4.1 节所述)。

(2) 使用有特殊结构的 ANN。语音作为特征参数的时间序列进行处理,因而 ANN 须能够处理时变的语音序列。如提出 TDNN 与 RNN 的目的就是为更好地处理语音的动态特性。其中,TDNN 是在 MLP 中建立时间延迟并结合网络上层的跨时帧信息,以得到时间规整特性的一个例子。

语音动态变化引起的主要问题是时间轴失真及频谱模型的变化。为更好地解决这一问题,提出了动态规划神经网络(DPNN)。MLP 用对输入的一组随时间变化的特征参数进行分类识别;若用 DP 进行时间规整,用 BP 算法分析频谱变化,就变成了 DPNN。这种网络模型曾成功地用于与说话人无关的孤立数字识别。

(3) 应用 SOFM 网络。如 15.4.1 节所述,这种网络曾成功地用于声控打字机。它最初用于静态模式分类;为包含信号随时间变化的因素对这种网络提出了几种修正形式。

(4) ANN 与 HMM 结合。基本思想是,由 ANN 输出神经元的激活值作用 HMM 的输出特征,以将 ANN 的静态模式分类能力与 HMM 的时变序列建模能力相结合(如 15.3.4 节所述)。

下面介绍一种 SOFM 网络与 HMM 结合的方法。在该连续语音识别系统中,HMM 作为主处理模块,而 SOFM 网络可认为是声学数据与 HMM 间的滤波器。SOFM 网络提供适合于 HMM 统计估值的数据,即在学习过程中形成输入模式特征聚类所需要的网络连接权,使网络的各输出神经元敏感于各种特定的音素特征;而 SOFM 网络的输出用于计算 HMM 的状态转移与各状态的输出概率。

用于实验的语音数据是对 130 个句子的连续发音记录,共有 5 个由同一说话人对这 130 个句子的连续发音记录,每个持续约 5 分钟。前 4 个记录用于学习,最后一个用于测试。该 HMM 用于表示语音的音素。SOFM 网络的输入模式由语音记录中每隔 10ms 经 LPC 分析得到的 12 个倒谱系数及 1 个归一化能量系数构成,即有 13 个分量。4 个发音记录经这种处理可得到约 40000 个学习矢量,足以使网络的学习收敛。为得到最佳映射参数,在 SOFM 网络取 10×10 到 20×20 之间不同的神经元数时,进行了系统对连续语音的音素识别实验。网络单元数在 10×10 到 17×17 之间时,识别性能随单元数的增加而提高;进一步增加单元数时,识别性能反而下降。这可能是由于 HMM 的参数太多,难以从这些学习数据中可靠地估值。

网络单元数为 17×17 时,音素识别率为 62%,比 VQ/HMM 系统高 2%。用于学习的数据也可直接用语音波形,但识别性能将下降。SOFM 网络与 HMM 结合实现了连续语音识别所需参数的自组织学习,避免了学习数据的人工分割,这在大词汇量连续语音识别中非常有用。

15.5 基于神经网络的说话人识别

说话人识别是复杂的模式识别问题,而模式识别的新方法——ANN 很适合于这类问题。20 世纪 80 年代以来,利用 ANN 进行说话人识别的研究逐渐开展。与语音识别不同,这里利用 ANN 是希望通过它的训练,更好提取语音样本包含的说话人特征;即强化说话人特征,而弱化发音的共性特征。目前难以对这些特征提取形成公认的准则,因而 ANN 在一定程度上显现出其优越性。

研究表明,MLP 与 SOFM 网络进行说话人识别时,在静态情况下可较好地实现说话人鉴别。SOFM 网络与 MLP 相比,有结构简单、学习时间短等优点。为更好地适应语音信号的动态特性,后来的研究多集中于 TDNN 及 RNN,或它们组成的混合系统;同时还探讨了模仿听觉通路的说话人识别系统。但总体上讲,基于 ANN 的说话人识别还处于研究和实验阶段,尤其对实际的说话人识别系统的构成还在摸索之中。

下面介绍两个研究结果。

1. 基于听觉通路模型的混合说话人识别系统

人的听觉通路由外围听觉系统、听觉通路及听觉中枢所组成。对外围听觉系统的研究相对深入,且已提出几种模型,其中有的已经在语音识别系统中作为预处理器。从听觉通路的神经生理结构而言,可用一个 MLP 描述。这种网络可对其输入形成某种内部表达,通过逐级抽象可对不同人进行聚类。

如以不同人的目标函数作为导师来训练网络,则其隐层输出可作为与说话人有关的特征模式加以利用。这种特征模式可继续向上传递,作为表示听觉皮层的多层 SOFM 网络输入进行进一步处理;也可直接对其判决。为检验听觉通路模型的特征提取能力,利用了一个 TDNN。网络训练时,附加一个输出层,其每个神经元对应一个说话人,利用 BP 算法进行训练。然后,去掉输出层,以隐层输出送到一个模式识别器中,通过 DTW 给出最后的判决。该混合系统的方框图见图 15-10。

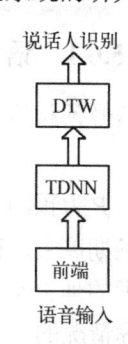

图 15-10 混合说话人识别系统

实验中,取 9 个男性说话人的 10 次发音,对 10 个孤立数字的非同期发音分别取为训练和测试集。语音信号经分帧处理,每 25.6ms 提取 16 个 LPC 系数,每个数字建立一个 TDNN,每个网络有 16 个输入神经元,16 个隐神经元,训练时的输出层有 9 个神经元。每个数字及每个说话人建立 5 个模板。训练时,用每个 TDNN 的隐层输出与模板进行匹配,其距离最小者为候选者。

分别考察了用 TDNN、MLP 及用 TDNN 但不用 DTW 等情况,平均识别率分别为 85.1%、69.8%及 75.5%。这表明,用 TDNN(或其他考虑时间关联性的网络)进行说话人特征提取是合适的;但为进一步改善性能,还应对它的输出进行后处理。

2. 模块化的说话人识别系统

图 15-11 给出一种模块化的说话人识别系统方框图。预处理后,语音先送入第一个子网 M_1 进行性别确认,再根据确认结果分别将样本送入识别男性的子网 M_2 或识别女性的子网 M_3。

语音数据经预处理后分为 25.6ms 的帧,每帧提取 16 个 LPC 系数。每句话分为若干相关联的时间窗口,每个窗口长 25 帧,并与后面的窗重叠 24 帧。这些窗数据分别加到 3 个子网上。训练时对每句话随机选取 20 个窗口数据;测试时将整个句子包含的窗逐个输入,每加入一个窗数据即求其输出矢量,再对输出矢量求和并进行判决。

M_1 为 TDNN,M_2 与 M_3 结构相同,均为三层网络,输入层有 16×25 个单元,对应于 25 帧输入。第一隐层有 12 个单元。每个单元与输入层的 5 帧相连,且依次向右滑动一帧,因而若隐单元 1 与第 1~5 帧相连,则隐单元 2 与第 2~6 帧相连。第 2 隐层有 10 个单元,各单元与第 1 隐层的 7 列相连,且彼此重叠 6 列,输出层全连到第 2 隐层。这

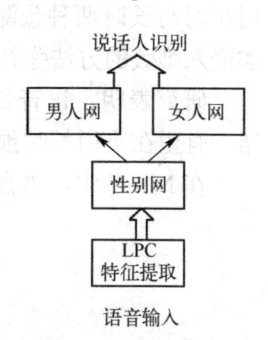

图 15-11 模块化的说话人识别系统

种连接方式可表示为(16.25, 12.21, 10.15, 10)(5.1, 7.1)，其中第一个括号内的数字表示多层网中每层的维数，第二个括号内的数字表示局部窗的尺度和滑移帧数。这里，取输入层的窗口长度大于音素识别时的长度，因为说话人识别更需要全局信息。

实验对 20 人进行，男女各一半，每个说话人用 5 句话训练，5 句话测试。对 M_1，识别率达 100%；对 M_2 和 M_3，平均识别率达 98%。

15.6 基于神经网络的语音信号非线性预测编码

前面介绍了 ANN 在语音识别及说话人识别中的应用，本节介绍其在语音编码中的应用。11.5 节介绍了语音信号的 LPC 编码，下面介绍语音信号的非线性预测编码(NLPC，Non-Linear Predictive Coding)。

15.6.1 语音信号的非线性预测

信号预测的一般公式表示为

$$\tilde{s}(n+P) = f(s(n+P-1), s(n+P-2), \cdots, s(n)) \tag{15-10}$$

式中，P 为预测阶数；$f(\ )$ 为线性函数时，其为线性预测；否则为非线性预测(NLP)。

长期以来，语音处理均使用 LPC 技术是因为其计算简单，易于实现。LPC 应用于语音信号处理的理论基础是语音的激励源-声道模型，其中声道由无损声管模型表示。无损声管模型是实际情况的一种近似，实际上声道不可能是无损的，摩擦音的激励源不在声管的输入端而在声管的内壁，鼻音的产生除声道外还有鼻腔的作用等。另一方面，语音信号本质上是非线性和非平稳的，线性加权的假设无法保证在任何情况下都具有良好的预测效果。所有这些均表明了 LPC 技术进行语音信号处理的不足。

为克服 LPC 的不足，产生了语音的 NLPC 技术，其将非线性时间序列模型应用于语音信号处理，期望能够更准确地表示语音信号的非线性特性。NLPC 技术在语音编码中有重要应用。

语音信号为感知信号，其在神经系统中传播有压缩和编码的过程；模拟人的神经系统构造的 ANN 由于其并行处理能力，在信号压缩编码方面也有良好的应用前景。现有的 ANN 很多用于语音分类；因为其有较强的非线性处理能力，也可用于时间序列的 NLPC 即非线性参数提取。语音信号是典型时间序列信号，因而可将 ANN 用于语音的 NLPC。ANN 是语音 NLPC 的有利工具。若神经网络输入层有 P 个神经元，输出层有 1 个神经元，则可训练为一个 P 阶非线性预测器。

语音信号存在两种相关性，一种是相邻样点间相关性，即短时相关性；另一种是周期样点间相关性，即长时相关性(如 11.3.2 节所述)。为去除这两种相关性，在 LPC 技术中，常使用短时与长时两种预测，这必然要应用复杂的基音检测技术；或者不用长时预测器，而用增加嵌入维数的方法弥补语音质量的下降。

研究表明，语音长时线性相关就是短时非线性相关。所以若对语音信号采用 ANN 预测器，有望在不用长时预测器且 P 不是很高的情况下，得到比 LPC 更好的编码性能。

在 NLPC 中，语音信号每个样值可用过去若干样值的非线性组合表示，为此定义系数矩阵

$$C = \begin{bmatrix} c_{11} & c_{12} & \cdots & c_{1P} \\ c_{21} & c_{22} & \cdots & c_{2P} \\ \vdots & \vdots & \ddots & \vdots \\ c_{P1} & c_{P2} & \cdots & c_{PP} \end{bmatrix} \tag{15-11}$$

其中，$c_{ij}(1 \leqslant i \leqslant P, 1 \leqslant j \leqslant P)$ 为信号的非线性特征参数，且

$$\tilde{s}(n) = \sum_{j=1}^{P}\sum_{i=1}^{P} c_{ij} s_j(n-i) \tag{15-12}$$

对语音信号，基于 ANN 的 NLPC 即通过用语音序列对神经网络进行训练，得到式(15-10)中精确的 f，或确定式(15-11)中的 C。

ANN 处理为非线性系统提供了良好方法，但用于语音信号处理时如何选取最佳网络，目前只能通过实验来确定。

15.6.2 基于 MLP 的非线性预测编码

给定 P 个语音样本 $\boldsymbol{x}^k = (x_1^k, x_2^k, \cdots, x_P^k)^T = [x(k-1), x(k-2), \cdots, x(k-P)]^T$，则语音的 NLPC 就是寻找非线性变换 $h(\boldsymbol{\Phi}, \boldsymbol{x}^k)$，使其与 $\boldsymbol{x}^k$ 的误差函数

$$D = E\left\{[\boldsymbol{x}^k - h(\boldsymbol{\Phi}, \boldsymbol{x}^k)]^2\right\} \tag{15-13}$$

为最小。ANN 是一种通用的逼近非线性函数的工具，可用于实现 $h(\boldsymbol{\Phi}, \boldsymbol{x}^k)$。此时，$\boldsymbol{\Phi}$ 为 ANN 各参数的集合，包括神经元的类型、网络结构、连接权等。ANN 实现 NLPC 的实质是通过训练得到 ANN 的参数集

$$\boldsymbol{\Phi} = \arg\min_{\boldsymbol{\Phi}} \left\{ E[\boldsymbol{x}^k - h(\boldsymbol{\Phi}, \boldsymbol{x}^k)]^2 \right\} \tag{15-14}$$

$\boldsymbol{\Phi}$ 定义的 ANN 即为所要寻找的最佳非线性预测器。由于语音的短时平稳性，线性预测器也需时变，即对每个语音帧分别训练相应的 ANN。

MLP-NLPC 的网络拓扑结构见图 15-12。其输入层有 P 个神经元，输入矢量中，设 $x_0^k = 1$。隐含层由 Q 个神经元组成，各神经元的激活函数为 $f(\ )$，隐层输出矢量

$$\boldsymbol{h}^k = [h_0^k, h_1^k, \cdots, h_P^k]^T, \quad h_0^k = 1 \tag{15-15}$$

上面用到的 x_0^k、h_0^k 并非实际的输入信号及隐层的输出信号，仅是为便于表示神经元的阈值而定义的。输出层只有 1 个神经元，其输出信号为 y^k。为使网络输出信号的幅度与实际的语音信号相同，输出层神经元激活函数采用线性函数。输入层与隐层神经元间的连接权为 $\boldsymbol{W} = (\boldsymbol{w}_1, \cdots, \boldsymbol{w}_j, \cdots, \boldsymbol{w}_Q)^T$，其中 $\boldsymbol{w}_j = (w_{0j}, w_{1j}, \ldots, w_{Pj})^T$。隐层与输出层神经元间的连接权值为 $\boldsymbol{v} = (v_1, v_2, \cdots, v_Q)^T$。隐层神经元与输出层神经元的输出分别为

$$h_j^k = f(\boldsymbol{w}_j \boldsymbol{x}^k) = f\left(\sum_{i=0}^{P} w_{ij} x_i^k\right) = f\left(w_{0j} + \sum_{i=1}^{P} w_{ij} x_i^k\right), \quad j = 1, 2, \cdots, P \tag{15-16}$$

$$y^k = \boldsymbol{v}\boldsymbol{h}^k = \sum_{l=0}^{Q} v_l h_l^k = v_0 + \sum_{l=1}^{Q} v_l h_l^k \tag{15-17}$$

语音信号具有线性相关性。而噪声不同，其相邻样值线性独立，无法用 LPC 进行预测。ANN 是一种通用的非线性预测器，既适用于语音信号的 NLPC，也适用于噪声的预测。因而，用其实现语音信号的 NLPC 时会引入 LPC 中不存在的问题。如输入到预测器中的信号是被噪声干扰的信号，预测器同时对语信音号与噪声进行预测，因而得到的预测参数不是对语音信号为最佳的，而是对带噪语音信号为最佳的；从而产生过匹配问题。因而需对 ANN 的误差信号进行修正，以减少过匹配。

图 15-13 中，从上至下的三个信号分别为原始语音信号、10 阶 LPC 残差信号与 10 阶 NLPC 残差信号。可见，LPC 残差信号有较明显的基音周期信息，表现为基音周期起始处预测

误差较大,有明显的脉冲。另一方面,原始语音的前半部分包含的频率成分较单一,非线性特性不十分明显,因而 LPC 精度较高,残差信号较小。信号后半部分的高频成份较丰富,非线性特征较明显,因而预测误差明显增加。而 NLPC 残差信号的波形变化趋势与 LPC 基本一致,但幅度明显减小,且残差信号中不再有明显的基音周期信息,即基音周期的起始处不再有很大的残差脉冲。因而基于 MLP 的 NLPC 的预测性能优于 LPC,且可起到长时预测作用。

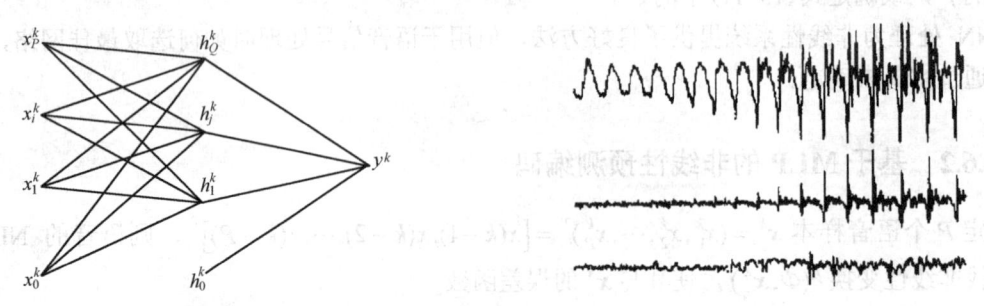

图 15-12　MLP 非线性预测器网络拓扑结构　　图 15-13　语音信号、LPC 残差信号、NLPC 残差信号的波形

NLPC 各层所含神经元的数目对其性能有较大影响,但并非隐层神经元数目越多则预测 SNR 越高。总体上讲,NLPC 的预测 SNR 约比 LPC 高 2dB。

NLPC 的运算量与 LPC 相比增加很多,无法实时实现。为此可引入 VQ,即预先训练出一定数量的 NLPC。预测时用输入语音信号逐个测试非线性预测器,选出一个最佳的预测器,从而避免 ANN 的训练过程。但这种方法的鲁棒性有待验证。

15.6.3　基于 RNN 的非线性预测编码

也可将 RNN 用于语音的 NLPC,以改善系统性能。利用内部记忆功能,RNN 较 BP 网络有更好的对长时相关性的预测能力,及更好的对嵌入维数(预测阶数)的鲁棒性。这种方法可消除语音信号的长时和短时两种相关性,且与 BP 网络相比,输入维数及隐节点数均有所减少。其恢复语音的质量优于 G.721 的 ADPCM。

RNN 中的反馈环节见图 15-14。由图可得

$$c_i(t+1) = \alpha c_i(t) + x_i(t) \quad (15\text{-}18)$$

其中,α 为自反馈系数,且 $0 \leq \alpha \leq 1$。对式(15-18)迭代可得

$$c_i(t+1) = x_i(t) + \alpha x_i(t-1) + \alpha^2 x_i(t-2) + \cdots \quad (15\text{-}19)$$

图 15-14　反馈的作用

可见,联系单元的输出是 $x_i(t)$ 过去值的滑动平均和,且 α 越接近于 1,则记忆向过去延伸的越长。

将这一反馈环节引入 ANN,可得到 RNN,见图 15-15。网络输入为 $u(k-1)$,输出为 $y(k)$,隐单元输出为 $x(k)$。用 $x^c(k)$ 表示联系单元在 k 时刻的输出。

反馈提供了对输入信号的无限记忆功能,这正是 RNN 与 TDNN 的最大区别。RNN 的记忆能力对长时相关预测能力有一定的改善;且联系单元的反馈系数越接近 1,则预测值向过去延伸得就越长。这一点同具有长时相关性的时间序列的特性有一定相似之处。如对语音信号,在基音周期外,随着样点间距离的增加,它们间的互相影响越来越小。且权系数使过去值对现在值的影响随着其距离而递

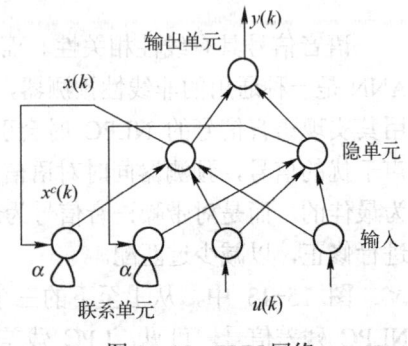

图 15-15　RNN 网络

减，这也符合时间序列信号的变化特点。

15.7 基于神经网络的语音合成

NET talk 系统将 ANN 成功用于语音合成。其为一个 ANN 模拟程序，用于完成英文课文到发音记号(音素和音调等信息)的模式变换。将这些发音记号序列(网络输出)送到语音合成器，便可实现对输入课文的发音。

NET talk 系统是一个 MLP，用 BP 算法进行学习。输入层有 7 个神经元，提示出课文相邻的 7 个字符序列；每个神经元有 29 个单元，前 26 个对应于 26 个英文字母，作为接收字符输入，后 3 个对应于空格和标点符号。输出层由 26 个单元组成，其中 21 个分别对应于输入中间字符发音的舌的位置、音素的类型、无声与有声等音素特征，余下的 5 个表示音调等信息。隐层神经元数限制在 120 以内，根据实际情况而变。网络结构见图 15-16。

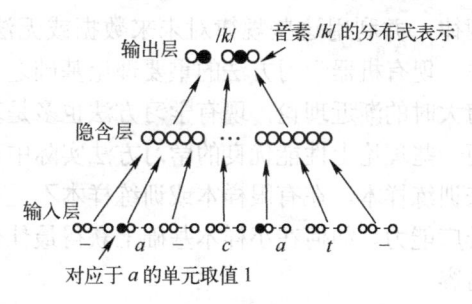

图 15-16 NET talk 结构

用于网络学习的数据取自一名儿童对 1000 个单词课文的发音。所有音素都可由 2 个发音特征(记号)组合表示。网络(含 80 个隐神经元)经过约 10 次往返全文学习后，对学习课文中字符的正确回想率在 90%以上，有关音调正确回想率上升到 94%左右。学习过程中，若将网络输出送到语音合成器，则来回学习十次全文就可大致听懂和理解发音。

网络学习数据取自某袖珍词典中使用频率高的 1000 个单词，它们被随机挑选给网络学习；网络无隐神经元时，30 次循环学习后网络正确回想率约 80%；隐神经元数为 120 时，同样的学习可得到约 98%的回想率。正确回想率随隐神经元数的增加而指数上升；但隐神经元数超过 60 后，则其上升得非常缓慢。

对增加隐层数进行了实验，使用有 80 个神经元的两个隐层比使用有相同神经元的一个隐层有更高的正确回想率。实验还表明，网络通过学习，掌握了字符与发音变换的内在规律。在网络容错性方面，连接权在(-0.5, 0.5)内均匀分布抖动时对正确识别率几乎没有影响；且随着这种连接权损坏的增加，网络性能的下降较为缓慢。且这种连接权随机抖动损坏网络的再学习，比有同样识别率但连接权没有随机损坏网络的学习速度要快得多。可见这种网络有较好的容错性及连接权随机损坏的快速恢复能力。

ANN 已用于语音合成的多种环节，如产生音素参数，产生确定浊音的声道参数，用其将音素转换为语音参数等。比如在 NET talk 神经网络提出后，研究了用两个并行的 ANN，分别根据单词串及 NET talk 系统产生的音素参数产生基音及其变化值，并将这种信息送到语音合成器中；还研究了用 ANN 确定浊音的声道参数，以构成语音产生模型。

本章前面各节介绍了 ANN 在语音处理中的应用。目前，由 ANN 构成的语音处理系统需解决以下问题：

(1) 寻求各种合理的网络结构以具有听觉系统的功能特征。其中多网络组合是重要的发展方向，这主要是受听觉系统的启发。听觉系统是分层次的，每个层次上有若干不同类型的神经元组合，以完成特定的听觉处理功能。因而任何单一的 ANN 都难以实现这种复杂的功能。

(2) 有实时处理能力。

(3) 对外界条件变化的良好自我修正能力。

（4）与常规的语音处理系统相结合，以构成性能更好的混合系统。
（5）对带噪语音及时延反馈输入能够很好地处理。

15.8 支持向量机

15.8.1 概述

基于数据的机器学习是现代智能技术中的重要方面，其研究从观测数据（样本）出发来寻找规律，并利用这些规律对未来数据或无法观测的数据进行预测。包括模式识别、ANN 等在内，现有机器学习方法的重要理论基础之一是统计学。传统统计学研究的是在样本数目趋于无穷大时的渐近理论，现有学习方法也多是基于这一假设。但实际上，样本数往往是有限的；因而一些理论上性能优良的学习方法实际中可能难以达到很好的性能。如采用经验风险最小准则来训练样本，在有限样本或训练样本不足的情况下，往往易产生过学习等不良情况，从而丧失推广能力。如何在小样本基础上获得最佳分类器的设计效果，一直是模式识别研究的一个重要内容。

与传统的统计学相比，统计学习理论(SLT，Statistical Learning Theory)是研究有限样本情况下机器学习规律的理论，解决了由满足经验风险最小原则就能收敛到理论风险最小的问题，为解决有限样本学习问题提供了统一的框架。SLT 对有限样本下模式识别中的一些根本性问题进行了系统研究，有较坚实的理论基础和严格的分析结果，有望解决如 ANN 结构选择、局部极小值及过学习等很多难题。

SLT 应用于工程实际还有很多问题需要人为决定，一般认为通过利用先验知识这是可行的。支持向量机(SVM，Support Vector Machine)作为统计学习理论的一个较好的实现，应用得最多。它是在 SLT 基础上发展起来的通用学习方法，是 SLT 中最新、最实用的内容，是解决模式识别问题的有力工具。

苏联学者 Vapnik 等自 20 世纪六七十年代开始致力于 SLT 的研究，于 1979 年提出了 SVM。90 年代后，SLT 用于分析 ANN。90 年代中期，随着 SLT 的发展与成熟，也由于 ANN 等学习方法在理论上缺乏实质性进展，SVM 受到越来越广泛的重视。它在解决一系列实际问题中获得了成功，表现出优良的学习尤其是泛化能力，成为机器学习中研究的热点，以及继 ANN 后的研究热点，有力地推动了机器学习理论和技术的发展。

SLT 与传统方法不同，不像后者那样先将原输入空间降维（特征选择与变换），而是将输入空间升维，以使问题在高维空间中变得线性可分（或接近线性可分）。升维只改变了内积运算，未使算法复杂性随维数的增加而增加，且在高维空间中推广能力不受维数影响。

SVM 用于分类时可看作感知机的推广。其分类函数在形式上类似于 ANN（如图 15-18 所示），因此也被称为支持向量网络，其计算可以分布并行实现。因而当支持向量个数较多时，采用分布并行计算结构后就能大幅降低计算时间。所以，用 SVM 不仅能得到最佳分类效果，且可满足分类的快速性要求。

SVM 的核心思想是将样本通过非线性映射投影到高维特征空间，在其中构造 VC(Vapnik-Chervonenkis)维，以尽可能低的最优分类超平面作为分类面，从而使分类风险上界为最小，使分类器具有最优推广能力（即对未知样本的平均分类精度）。当用训练好的 SVM 进行分类识别时，其判别函数中只包含与支持向量的内积与求和，因此识别时的计算复杂度取决于支持向量的个数。SVM 用结构风险准则来训练样本，可防止出现过学习，还具有较强的推广能力。

SVM 的特点是不受数据维数和有限样本的限制。与 ANN 相比,其优点为:易于训练,训练速度较快,特征矢量维数对训练的影响不大,无维数灾难问题;无局部最小问题,模型参数易选取。其缺点是模板需要较大的存储空间。

统计学习理论有完备的理论体系,SVM 有强大的推广力。SVM 在解决有限样本、非线性及高维模式识别问题中表现出许多特有的性能。如在手写体识别、人脸识别、说话人识别及音素的分类等应用中有较好的性能;在其他领域的应用还包括文本自动分类、三维物体识别、遥感影像分析等。

需要指出,对 SVM 研究的时间还不长,还有很多问题未充分解决。另一方面,尽管其在理论上有突出的优势,但应用研究相对滞后。

语音识别是模式识别的一个分支,目前主流方法是 HMM。但其以传统的统计模式识别为基础,只有样本趋于无穷时性能才有理论上的保证。因而 SVM 用于语音识别可改善性能。

本章后面 15.9 及 15.10 节将介绍 SVM 在语音分类识别及说话人识别(包括说话人辨认和说话人确认)等方面的应用。

15.8.2 支持向量机的基本原理

如果仅从分类的角度来说,支持向量机是一种广义的线性分类器。线性分类器是函数估计分类方法中最简单的一种,其用分类超平面将不同类型的样本分开。它将数据映射到一个更高维的空间中,并在其中建立一个线性分离的超平面作为决策边界。

1. 最优分类超平面

SVM 是由线性可分情况下的最优分类超平面引伸得到的。这里考虑一个最基本的两类分类问题。线性可分最优分类超平面的基本思想可用图 15-17 来说明。图中,实心点和空心点代表两类样本,分类间隔定义为两类距离超平面最近的点到超平面距离之和。所谓最优分类面就是分类面不但能将两类正确地分开(训练错误率为 0),且可使分类的间隔最大。

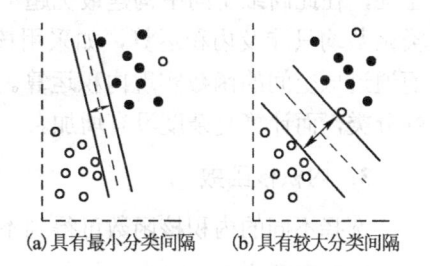

(a) 具有最小分类间隔　　(b) 具有较大分类间隔

图 15-17　最优分类超平面示意图

使分类间隔最大可看作对推广能力的控制:分类间隔越大,推广能力就可能越好;这是 SVM 的核心思想之一。统计学习理论指出,使分类间隔最大就是使 VC 维的上界最小,从而实现结构风险最小化准则中对函数复杂性的选择。

2. 支持向量机的定义

实际中,大多数分类问题不可能由线性分类器来解决。对于非线性问题,通常可通过非线性变换将原始集合映射到高维特征空间,转化为某个高维空间中的线性问题,再在变换空间求最优分类面。SVM 即是基于上述思想实现的。其中距离超平面最近的异类向量被称为支持向量(Support Vector,即 SV);一组支持向量可以唯一确定一个超平面。

这里,非线性变换通过适当的内积函数实现。SVM 中,设输入向量为 x,选择适当的内积核函数 $K(x_i, x)$ 可实现某一非线性变换后的线性分类。该方法使原来的线性特征提取与分类得到了非线性扩展。尽管将 SVM 视为在高维空间中的线性算法,但不涉及在高维空间中的任何计算。通过利用核函数,所有计算均是在输入空间直接进行的。

SVM 中,是将目标函数

$$Q(\alpha) = \sum_{i=1}^{N} \alpha_i - \frac{1}{2} \sum_{i,j=1}^{N} \alpha_i \alpha_j y_i y_j K(x_i, x) \tag{15-20}$$

最小化。其条件为

$$\sum_{i=1}^{n}\alpha_i y_i = 0 \qquad 0 \leqslant \alpha_i \leqslant C, \qquad i=1,2,\cdots n \tag{15-21}$$

式中，α_i 为与每个样本对应的 Lagrange 乘子。这是一个不等式约束下的二次规划(QP)问题，存在唯一的解。解中只有一部分 α_i 不为零，对应的样本就是支持向量。式(15-22)中，C 为错误惩罚系数，用于控制错误分类样本的惩罚程度，实现错误分类样本的比例与算法复杂度间的折中。C 为大于 0 的常数，需预先确定。

SVM 中，分类函数为

$$f(x) = \mathrm{sgn}\left(\sum_{i=1}^{N}\alpha_i y_i K(\pmb{x}_i, \pmb{x}) + b\right) \tag{15-22}$$

式中，b 为分类阈值，可用任一支持向量求得。非支持向量对应的 α_i 均为 0，因而求和只对支持向量来进行。

概括地说，SVM 就是首先通过用内积函数定义的非线性变换将输入空间变换到一个高维空间，在这个空间中求广义最优分类面。SVM 用少数支持向量来代表整个样本集。其分类函数在形式上类似于 ANN，输出是中间节点的线性组合，每个中间节点对应一个支持向量，见图 15-18。

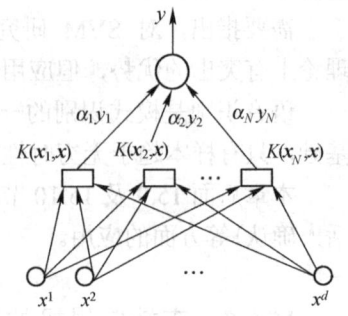

图 15-18 支持向量机示意图

非线性 SVM 的基本思想是通过事先确定的非线性映射将输入向量 x 映射到一个高维特征空间，在此高维空间中构建最优超平面。由于在上面的二次 DP 问题中，无论目标函数还是分类函数均只涉及内积运算，如采用核函数(Kernel Function)可避免在高维空间进行复杂运算，而通过原空间的函数实现内积运算。因而，选择适当的内积函数可实现某一非线性变换后的线性分类，而计算复杂度没有增加。

3．内积核函数

选择不同的内积核函数可得到不同的 SVM。常用的有以下几种：

(1) 多项式：
$$K(\pmb{x}, \pmb{x}_i) = [(\pmb{x} \cdot \pmb{x}_i) + 1]^q \tag{15-23}$$

其得到 q 阶多项式分类器。

(2) 径向基函数：
$$K(\pmb{x}, \pmb{x}_i) = \exp(-|\pmb{x} - \pmb{x}_i|^2 / \sigma^2) \tag{15-24}$$

所得到的分类器与传统的 RBF(径向基函数，Radial Basic Function)的区别是，每个基函数中心对应一个支持向量，它们及输出权均自动确定。式中，σ 用于控制核函数形状。

下面将 RBF 网络与 MLP 进行比较。RBF 网络为多层前馈网络，网络学习可用聚类(或其他类似方法)确定函数中心。隐单元到输出的权可直接计算，避免了学习中的反复迭代过程，所以学习速度较快；但通常所需训练样本较多。而一般 MLP 的学习(BP 算法)基于随机逼近原理，收敛速度慢，但所需样本可能较少。

(3) 二层 ANN：
$$K(\pmb{x}, \pmb{x}_i) = \tanh(v(\pmb{x} \cdot \pmb{x}_i) + c) \tag{15-25}$$

式中，tanh( ) 为双曲正切函数。这种方法中，用 Sigmoid 函数作为内积。此时 SVM 实现一个隐层的 MLP；隐层节点数由算法自动确定，且不存在 ANN 中难以解决的局部极小值问题。

4．SVM 研究中的一些问题

SVM 得到的是全局最优解，具有其他统计学习方法无法相比的优越性。但作为尚未成熟的技术，其目前其还存在很多局限。

(1) 如何提高 SVM 的训练性能。SVM 的训练方法本质上是一个 QP 问题，若训练集规模很大，则训练性能将大大降低。为此可从两个方面考虑。一是从训练算法入手，如利用 SMO（序列最小优化，Sequential minimal optimization）算法；二是减小训练集。支持向量仅是类与类边缘的一小部分样本，距支持向量较远的样本对选择支持向量的影响较小，因而可用其他方法（如聚类、去噪等）减小训练样本，以提高 SVM 的训练性能。

（2）核函数与其参数的选取。核函数确定后，只能对参数 C 进行调整，因此核函数的选择对 SVM 的性能至关重要。可基于先验知识对核进行限制及选择，但如何针对具体问题选择最佳的核函数仍是难以解决的问题。

（3）SVM 主要用于解决两分类问题，其用于多分类及回归问题的性能有待进一步研究。

15.9 基于支持向量机的语音分类识别

将 SVM 用于语音识别需解决两个问题：

一是 SVM 计算得到的是一种距离得分，而应用 HMM 需要的是后验概率。SVM 作为两分类器，对各样本计算得到的是相对分类面的距离。为此研究了一些新的核函数，如 Fisher 核函数的计算得分可作为后验概率使用。为此，可将 SVM 与 HMM 结合以构成混合分类系统，用 SVM 计算特征矢量序列中各特征矢量的后验概率，用 HMM 实现特征矢量序列的动态归整。

二是语音是变长时域信号，发音持续时间是随机的。其同类发音的各次发音长度不同，因而提取的特征序列的长度也是变化的。而 SVM 的核函数处理的是等长度向量，因而不能直接对语音信号的特征序列进行内积处理。为此需研究新的内积核函数形式，以处理语音信号的时变特性。

这里将 SVM 的结构框架进行扩展，将 SVM 与 DTW 相结合，得到 RBF/DTW 混合结构内积核函数；使 SVM 可对变长度的语音信号直接进行分类识别。

传统语音识别中，DTW 可有效地处理语音的时变性；其为将全局最优化转化为许多局部最优的一步一步决策。设参考模板特征矢量序列为 $A=(a_1,a_2,\cdots,a_I)$；输入特征矢量序列为 $B=(b_1,b_2,\cdots,b_J)$；归整函数为 $C=(c(1),c(2),\cdots,c(n))$，其中 n 为归整路径长度，第 n 个匹配点对由 A 的第 $i(n)$ 个特征矢量与被测模板 B 的第 $j(n)$ 个特征矢量构成。两者之间的距离 $d(a_{i(n)},b_{j(n)})$ 称为局部匹配距离。DTW 通过局部优化的方法实现加权距离总和最小，即求

$$D = \min_{c}\left\{\sum_{n=1}^{N}\left[d(a_{i(n)},b_{j(n)})w(n)\right] \bigg/ \sum_{n=1}^{N}w(n)\right\} \tag{15-26}$$

采用不同的核函数时，SVM 的分类效果接近。这里采用 RBF 核函数，因为其 $|x-x_i|$ 表示的向量差的形式与 DTW 的归整代价的概念更为一致。下面对 RBF 进行修正，将 DTW 嵌入到该核函数的计算中，可得到 RBF/DTW 混合结构的核函数：

$$K(x,x_i) = \exp(-D^2/\sigma^2) \tag{15-27}$$

上式将 RBF 中的 $|x-x_i|$ 用 DTW 算法求得的代价函数 D 来代替，以实现两个不等长的语音特征矢量序列的直接内积，而对于 SVM 算法的构造形式及训练方法没有影响，其已有的各种训练方法可直接应用。

需要考虑的另一个问题是，SVM 作为二分类器不能直接区分多个类别。若将该方法扩展到 N 个类别发音的分类时，可采用下面两种方法来构造分类器。

一种是建立 N 个 SVM，每个 SVM 将某一类与剩余 $N-1$ 类的所有样本分开。这种方法的单个 SVM 的训练规模较大，且训练数据不均衡，即如果各类样本的数据数量相同，则比例仅占 $1/N$。另一种方法是在两两类别之间建立一个 SVM，则共有 $N(N-1)/2$ 个 SVM。但其缺点是 SVM 的数量较多，对测试数据分类时运算量较大，并结合判决策略才能得到最后的结果；

而最简单的判决策略是取最大值所属的类别。

对 0、1 两个发音进行了分类。语音特征采用 12 阶 MFCC。C 变化对支持向量数量影响不大，可取 $C=100$。σ 对支持向量数量的影响很大；其减小到一定程度后，支持向量数量急剧增加。

如前所述，用训练好的 SVM 进行分类识别时，识别的计算复杂度仅取决于支持向量的个数。本节介绍的方法中，获得的支持向量个数较少，分类判别时计算较快。SVM 的分类函数在形式上类似于 ANN，计算可分布并行实现。支持向量个数较多时，采用分布并行的计算结构可大幅降低运算时间。

15.10 基于支持向量机的说话人识别

目前在说话人识别中，说话人辨认和说话人确认多采用基于贝叶斯判决的统计模型分类器（如 GMM）或 ANN 分类器（如 RBF）等，其缺点是需交叉验证所估计参数的数目，以防止有限样本的过学习。

为此，可将 SVM 应用于说话人识别，包括说话人辨认和说话人确认。

15.10.1 基于支持向量机的说话人辨认

这里讨论与本文无关的说话人辨认，即训练和测试语音的内容不确定或未知。说话人辨认是在 N 个说话人的集合中，找出测试语音中的那个说话人。

但 SVM 只能辨别两类数据。为此在说话人辨认中，首先进行分类处理。即将一个较大的分类问题划分为一些较小的子分类问题，每个子分类器只区分两个说话人。因而对 N 个类别，共有 $C_N^2 = N(N-1)/2$ 对类别，需要 $N(N-1)/2$ 个子分类器。每个子分类器用对应的两个说话人的训练语音进行训练。

每个子分类器由 SVM 实现。将两个说话人的每个训练语音特征向量分别标记为 "+1" 和 "-1" 两类，然后用 SVM 训练算法对由这些特征向量所构成的目标函数即式(15-23)进行求解，最后所求得的解中不为 0 的 a_i^* 所对应的 x_i 即为支持向量。这些支持向量构成了一个能够区分两个说话人的 SVM 说话人模型。所有 $N(N-1)$ 个模型训练完成后，就构成了说话人辨认模型。

识别时，将每一帧测试语音的特征向量输入到一个 SVM 中去，对每一帧向量用式(15-23)进行判别，输出结果为 1 或-1，表示该向量属于两个说话人之一。所有的测试语音特征向量判别完毕后，将输出 1 和-1 的次数分别求和，所得结果即为该 SVM 分类器的输出。该过程可看作一个投票过程。如 $N=2$，在一个 SVM 分类器的两个输出中，得票最多的对应的说话人即为判别结果。$N>2$ 时，可按一定规则结合所有的 SVM 分类器，完成对测试语音的识别。

由于支持向量占所有向量的比例是 SVM 错误分类率的上限，所以合理选择 C 对系统性能有重要影响。若 C 较大，则分类面较复杂，但平均支持向量所占的比例较小，分类错误的样本将会减少；若 C 较小，则分类面比较平滑、简单，但分类错误的样本将增加。但 C 过大将导致训练时间增加，且支持向量所占比例没有明显的减小。实际中可选 $C=1000$。

与神经网络相比，SVM 的优点为易于训练，速度较快；特征矢量维数对训练影响不大，无维数灾难问题；无局部最小问题，模型参数易选取。缺点是模板需要较大存储空间。

15.10.2 基于支持向量机的说话人确认

说话人确认曾在第 14 章中介绍过。其利用语音信号中的说话人个体信息，证实某说话人是否是其自称的身份，系统需给出接受或拒绝等两种选择。传统的说话人确认需建立说话人的背景模型，用于与登记的说话人进行训练，并在识别时给出合适的输出供判断。背景模型中说话人的选取有两种方法，一种是随机选取，另一种是选取与目标说话人接近的人。前一种方法针对性不强，不利于提高性能，而后一种方法实现较困难。

这里采用说话人聚类的方法建立背景模型，将语音类似的说话人聚集为同一类，对这些类分别建立背景模型，提高了说话人确认系统性能。该方法同样可用于与说话人无关的语音识别系统。

许多模型可用于说话人确认，其分为两类：统计模型(如 HMM 和 GMM 等)和辨别模型(如 ANN 等)。SVM 为辨别模型，一般只能辨别两类数据，因而需正反两类数据进行训练。

可将 SVM 用于说话人确认，训练目标说话人和背景说话人的语音数据，并建立说话人确认系统。目标说话人和背景说话人的语音样本分别作为两类样本，用 SVM 进行训练。

为此，可用说话人聚类的方法建立背景模型，即将声音类似的说话人聚集为同一类，对这些类分别建立背景模型，从而提高说话人确认系统的性能。也就是将背景说话人聚为 M 类，用 SVM 对目标说话人数据和这 M 类数据分别训练，得到 M 个 SVM，组成该目标说话人的说话人确认模型。这样处理不仅使各分类器的训练量减少，而且综合所有分类器后性能也将提高。

说话人聚类的自然方法，是将说话人分为男性和女性，或更细致地可分为老年男性、青年男性、老年女性、青年女性、儿童等。但有时单纯根据语音较难确定其类别，或嗓音与实际所属类别相差较大。因而实际中这种划分难以实现。如将嗓音相似者自动分为一类，则对语音识别或说话人识别都有重要意义。无监督聚类算法可将每个说话人的语音按一定规则聚集。这些语音既可采用自上向下(如 K-均值算法)，也可采用自下向上的方法(如聚集法)。对大量说话人数据来说，前一种方法的运算量巨大。

可用分级聚类方法，它是聚类分析的一种。聚类分析是将 N 个没有类别标志的样本分为若干类。因此可将问题看作把 N 个样本划分为 M 类的划分序列。第一级划分将样本集分为 N 类，每个样本为一类；第二级划分将样本集分为 $N-1$ 类等，直到第 N 级划分时，将样本仅分为一类。分级聚类中，某级划分中归入同一类的样本在后面划分时总属于同一类。生物分类就是分级聚类的例子：先将很多个体集合为种，然后种集合为类，类集合为族等。

目标说话人训练语音样本与背景说话人语音样本作为两类样本，并分别记为"+1"和"-1"用 SVM 进行训练。在线性不可分情况下，SVM 可将数据非线性映射到更高维的向量空间使其线性可分。处理不可分即说话人确认的情况时，需折中考虑最小样本错误分类数及最大分类间隔，引出广义最优分类面。

在说话人确认的测试阶段，对给定的输入测试语音特征矢量，每个 SVM 分类器的预测输出函数见式(15-22)。

通过比较测试矢量和最优分类超平面的距离并利用 Sigmoid 函数，得 SVM 的后验概率

$$P(C_+|\boldsymbol{x}) = \frac{1}{1+\exp(-f(\boldsymbol{x}))} \tag{15-28}$$

长度为 L 的矢量的测试语音 $\boldsymbol{X}$ 的对数得分

$$P(C_+|\boldsymbol{X}) = \frac{1}{L}\sum_{j=1}^{L}\lg[P(C_+|\boldsymbol{x}_j)] \tag{15-29}$$

将 $P(C_+|\boldsymbol{X})$ 与阈值 T 进行比较，如大于 T 则接受该说话人，否则拒绝。其中阈值一般选取等差错率阈值。综合所有 M 个 SVM 结果，得到最终的确认结果。

这里，语音特征参数可采用 12 阶 MFCC 及其一阶差分 MFCC 共 24 维矢量。SVM 中，可取 C=1000。

15.11 基于混沌神经网络的语音识别

7.6 节曾介绍了混沌在语音信号分析中的应用。本节介绍混沌在语音识别中的应用。混沌可用于模式识别。由混沌动力学系统构成的模式识别系统，可利用混沌轨迹对初始条件的敏感性来识别只有微小区别的不同模式。

实现智能信息处理系统是非常困难的。但利用混沌动力学中的"简单规则可产生复杂的动力学"这一重要特征，在由一些简单器件构成的系统中用包含着比较简单的混沌吸引子来表现人的知识和经验，并以此处理一些复杂的动力学问题，从而实现具有适应性的信息处理功能是完全可能的。

下面介绍基于混沌神经网络(CNN，Chaotic Neural Network)的语音识别。

15.11.1 混沌神经网络

ANN 在语音识别中有重要应用，主要是因为其具有较强的分类、聚类及非线性变换能力，这正是传统语音识别方法的不足。应用于语音识别的 ANN 结构有多种，典型的有 MLP、SOFM、RBF 等。但这些 ANN 的一个很大缺陷是只能实现静态的输入-输出模式对的联想，是静态模式分类器。而语音序列是短时平稳的时变动态序列，为此提出一些动态神经网络，如 TDNN 和 RNN 等。

另一方面，目前对生物神经系统只了解非常有限的一部分，对脑结构及机理的认识还十分肤浅；因而 ANN 的模型非常简化与粗糙，且有一定的先验色彩。如 Boltzmann 机引入随机扰动来避免局部最小，这尽管有效但缺乏脑生理学基础。脑中存在着混沌现象，混沌理论可用于理解脑中某些不规则的活动。从而混沌动力学为研究 ANN 及利用 ANN 进行信息处理提供了新的契机。混沌耗散动力学可用于对外部世界建模，以描述人脑的信息处理过程。混沌与智能相关，ANN 中引入混沌有助于揭示人的形象思维的奥秘。

ANN 和混沌相互融合的研究从 20 世纪 90 年代开始，目的是弄清大脑的混沌现象，建立包含混沌动力学的 ANN 模型，以提高信息处理的效率和柔性。

将混沌引入语音信号处理，一个方向是采用 CNN。生物脑细胞的研究表明，某些生物脑细胞工作于混沌状态。20 世纪 80 年代，发现人脑中存在混沌现象。如脑电图中存在混沌，这证明混沌是神经系统的正常特征。尤其在单独的神经元中，可通过实验观察到混沌状态。因而混沌动力学为深入研究 ANN 提供了新的机遇，用 ANN 研究或产生混沌及构造 CNN 成为极为关注的新课题。

CNN 是有复杂动力学行为的动态 ANN，由混沌神经元以一定的拓扑结构相互连接而成。CNN 的出现不是偶然的。从神经生理学的观点看，实际的神经元具有人工神经元所缺少的混沌特性。因而可将混沌特性引入神经元，构造混沌神经元并引入到 ANN 中，构成 CNN。其利用混沌在生物信息处理中的功能和优势，以更好地模仿人的特性。

15.11.2 基于混沌神经网络的语音识别

下面将 CNN 用于语音识别。

采用的神经元模型为扩展的 Nagumo-Sato 混沌神经元模型，其方程如下：

$$x(t+1) = f\big(y(t+1)\big) \tag{15-30}$$

式中

$$y(t+1) = A(t) - \alpha \sum_{d=0}^{t} k^d g(x(t-d)) - \theta \tag{15-31}$$

这里，$x(t)$ 为离散时刻神经元的输出，取值为 $0\sim1$，$A(t)$ 为 t 时刻的外部激励，g 为不应性函数，α 为不应性的度量参数，k 为不应性的衰减参数，θ 为阈值。

该混沌神经元模型可简化为

$$y(t+1) = ky(t) - \alpha f(y(t)) + a \tag{15-32}$$
$$x(t+1) = f(y(t+1)) \tag{15-33}$$

式中，f 为 Sigmoid 型函数，a 为常数。

式(15-33)中，y 随参数 a 变化的分岔图表明，这一神经元模型包含丰富的动力学行为，不仅有固定点、极限环等稳态行为，还存在着混沌。

考虑外部输入和内部神经元的反馈输入，可利用上述混沌神经元构成 CNN，其中第 i 个神经元的动力学方程为

$$x_i(t+1) = f(y_i(t+1)) \tag{15-34}$$

$$y_i(t+1) = ky_i(t) + \sum_{j=1}^{M} w_{ij} f(y_j(t)) + \sum_{j=1}^{N} v_{ij} I_j(t) - \alpha f(y_i(t)) + a_i \tag{15-35}$$

式中，$x_i(t+1)$ 为 $t+1$ 时刻第 i 个混沌神经元的输出，$y_i(t+1)$ 为神经元的内部状态，M 为混沌神经元的个数，w_{ij} 为第 j 个混沌神经元到第 i 个神经元的连接权，N 为混沌神经元外部输入的个数，v_{ij} 为第 j 个外部输入到第 i 个神经元的连接权，I_j 为第 j 个外部输入，$a_i = -\theta_i(1-k)$。

式(15-35)及式(15-36)描述了网络中一个混沌神经元的动力学行为，网络中第 i 个混沌神经元见图 15-19。

利用上述混沌神经元模型，并考虑到语音信号的时变特性，可构成能适应短时语音信号的多层 CNN，见图 15-20。网络在隐层和输出层含有混沌神经元，即每层的神经元内部存在相互反馈输入，而整个网络通过每层之间单向的连接权构成一个多层前馈网络。

在语音识别中，CNN 的作用是当输入一个随时间变化的语音序列模式时，得到其类别的平稳输出。由静态神经元组成的 MLP 的 BP 算法已非常成熟，但不能直接用于 CNN 的权值学习；因为混沌神经元含有自反馈输入，无法直接计算其梯度。为此可用变分法，将 BP 算法推广到 CNN 的学习中。

CNN 语音识别方框图见图 15-21。可采用三层 CNN，包括一个输入层、一个隐层及一个输出层，隐层和输出层由混沌神经元构成。为更好地反映语音的时变特性，可将连续多帧语音的特征矢量同时输入到 CNN 中。输出层神经元的数目与要识别的语音类别相同。CNN 的参数 k 和 α 由实验确定，以使网络具有最好的学习和时间规整性能。

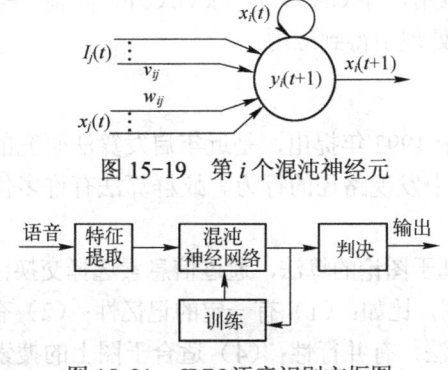

图 15-19　第 i 个混沌神经元

图 15-21　CNN 语音识别方框图 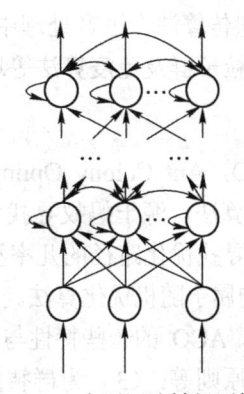　　图 15-20　多层混沌神经网络结构

将这种 CNN 用于汉语孤立数字音的识别，平均识别率高于 RNN 和 TDNN。这说明 CNN 中丰富的动力学行为可改善网络的学习性能，使网络收敛到一个更低的极值。

15.12 分形在语音识别中的应用

7.7 节介绍了基于分形的语音信号分析，11.7.6 节介绍了基于分形码本的语音 CELP 编码。下面介绍分形在语音识别中的应用。

目前将分形理论用于改善语音识别的研究越来越受重视，分形维数可作为重要的语音识别特征参数。

聚类分析是语音识别的常用方法。通过建立各种语音模型来获得用于聚类分析的参数。这些参数包括 LPC 系数、倒谱系数、共振峰值等，均为被广泛使用的参数。为改进现有的语音模型，人们基于分形建模并用于语音识别。

不同发音人的语音波形分形维数不同，女性分形维数大于男性。不同音节的语音波形分形维数有不同范围，大致按下列顺序递减：擦音、塞擦音、塞音、元音、浊辅音。所以分形维数可作为语音识别及说话人识别的重要辅助特征。

除分形维数外，分形理论还可提供另外一些参数用于语音识别，即迭代函数系统(IFS，Iterated Function System)。它是目前最成功的用解析方法构造的有自记忆（比例相似性）的分形，既包含了确定性过程也包含了随机过程。分形由 IFS 生成，而 IFS 由许多函数 $H_1(A_n)\cdots H_n(A_n)$ 合并得到；这里合并指将子集拼贴起来。

设短时语音为 $f\begin{pmatrix}x\\y\end{pmatrix}$，则存在实数 $a_i, b_i, c_i, d_i, e_i, f_i$，使得

$$f\begin{pmatrix}x\\y\end{pmatrix}=\begin{bmatrix}a_i & b_i\\c_i & d_i\end{bmatrix}\begin{bmatrix}x\\y\end{bmatrix}+\begin{bmatrix}e_i\\f_i\end{bmatrix} \tag{15-36}$$

这是一个最广泛的线性变换。式中，由 $a_i, b_i, c_i, d_i, e_i, f_i$ 确定的函数即为迭代函数，这一函数的吸引子即为短时语音；即迭代函数的各参数不断调整使 $f\begin{pmatrix}x\\y\end{pmatrix}$ 逼近语音。上述这些参数可作为聚类分析参数；为提高聚类分析有效性，还可用最能反映 IFS 中各参数特征的协方差矩阵的特征值作为聚类参数。

也可将分形维数与 IFS 结合进行语音识别。

15.13 智能优化算法在语音信号处理中的应用

9.8 节介绍了遗传算法在语音处理中的一种应用，即 GA-VQ。除 GA 外，其他一些智能优化算法，如蚁群、粒子群及免疫算法等均在语音处理中得到应用。

1. 蚁群算法

蚁群算法(ACO，Ant Colony Optimization)于 1992 年提出，是近年启发算法研究的热点。它是一种模拟进化算法，源于蚂蚁寻找食物过程中发现路径的行为。蚁群算法有许多优良的特性，是用于在图中寻找优化路径的几率型算法。

ACO 与 GA 均属于随机优化算法。ACO 是基于图论的算法，通过信息素选择交换信息，多用于寻找最短路径。ACO 的一些特性与 GA 不同，比如：（1）有一定的记忆性；（2）有几种原则，如觅食、避障原则等；（3）为群智能优化算法，有并行性；（4）适合于图上的搜索路径，

计算量大。

ACO 在求解复杂的组合优化问题上有很大优势。作为一种全局搜索方法，其有并行、分布、自组织等特点。但也存在一些不足，如搜索时间长，易出现早熟及停滞现象等。

ACO 可用于语音识别、DP、HMM 参数估计及语音特征选择等。

2．粒子群算法

粒子群(PSO，Particle Swarm Optimization)算法是近年发展的新的进化算法。适合求解实数问题，算法简单，计算方便，求解速度快，但存在陷入局部最优等局限。而一些全局优化算法，如 GA，模拟退火(Simulated annealing)算法等，受限于其机理及单一结构，对高维复杂函数难以实现高效优化。PSO 通过改进或结合其他算法，对高维复杂函数可实现高效优化。

PSO 与 GA 均力图在自然特性的基础上模拟个体种群的适应性，均采用一定变换规则通过搜索空间进行求解。与 GA 类似，PSO 也从随机解出发，通过迭代寻找最优解，也通过适应度评价解的品质，但比 GA 规则更简单。其没有 GA 的交叉及变异操作，通过追随当前搜索到的最优值来寻找全局最优。其有实现容易、精度高、收敛快等优点，在解决实际问题中显示了优越性。

● PSO 与 GA 的相同点：

（1）均为仿生算法。PSO 主要模拟鸟类觅食、人类认知等行为。

（2）均属全局优化方法。两种方法均在解空间随机产生初始种群，因而在全局解空间进行搜索，且将搜索重点集中在高性能部分。

（3）均为随机搜索。均通过随机优化方法更新种群并搜索最优点。PSO 中认知项与社会项前均加有随机数；而 GA 的遗传操作均属随机操作。

（4）均隐含并行性。搜索过程从问题解的一个集合开始，而不是从单个个体开始，具有隐含并行搜索特性，从而减小了陷入局部极小的可能。它易在并行计算机上实现，以提高算法性能与效率。

（5）根据个体的适配信息进行搜索，不受函数约束条件限制，如连续性、可导性等。

（6）对高维复杂问题，往往有早熟及收敛性差的缺点，无法保证收敛到最优解。

● PSO 与 GA 的区别：

（1）PSO 有记忆，好的解的知识所有粒子都保存；而 GA 没有记忆，以前的知识随种群改变被破坏。

（2）GA 中，染色体间共享信息，因而整个种群较均匀地向最优区域移动。PSO 中粒子仅通过当前搜索到最优点进行信息共享，很大程度上是单项信息共享机制，整个搜索更新过程跟随当前最优解的过程。多数情况下，所有粒子比 GA 中的进化个体以更快速度收敛于最优解。

（3）GA 的编码与遗传操作较简单；而 PSO 无须编码，粒子只通过内部速度进行更新，原理更简单、参数更少、更易实现。

（4）收敛性方面，GA 已有较成熟的收敛性分析方法，且可对收敛速度进行估计；而 PSO 的研究较薄弱，其将确定性向随机性的转化需进一步研究。

（5）应用方面，PSO 主要应用于连续问题，包括 ANN 训练和函数优化等；而 GA 除连续问题外，还可用于离散问题。

粒子群算法的应用包括语音 VQ 的码书设计、语音盲源分离(BSS)等。

3．免疫算法

免疫算法(IA，Immune Algorithm)与 GA 均属于进化算法。

免疫是生物体的一种生理反应，免疫系统是其抵抗细菌、病毒等入侵的基本防御系统；其通过一套复杂的机制重组基因，产生抗体以对付入侵的抗原，达到消灭抗原的目的。生物系统受外界病毒侵害时，便激活自身的免疫系统，以尽可能保证整个系统的正常运转。为有效地提供防御功能，免疫系统须进行模式识别，将自身的分子和细胞与抗原分开。除识别能力外，免疫系统与其他低级生物防御系统的区别在于其能够学习，且有记忆能力。因为上述的特点，免疫系统对同一抗原的防御反应，第二次比第一次更快且更强烈。

免疫算法是模拟免疫系统对病菌的多样性识别能力(即免疫系统几乎可识别无穷多种类的病菌)的多峰值搜索算法。其模仿人体免疫系统，实现类似免疫系统的自我调节与生成不同抗体的功能。人工免疫系统受外界攻击时，内在免疫机制被激活，以保证整个智能信息系统的基本信息处理功能的正常运作。

● IA 与 GA 相比，有以下特点：
（1）在记忆单元的基础上运行，确保了快速收敛于全局最优解；
（2）有计算亲和性的机制，反映了真实免疫系统的多样性；
（3）通过促进或抑制抗体的产生，体现了免疫反应的自我调节功能。

上述特点使 IA 有不同于其他算法的附加优化步骤：(1) 计算亲和性；(2) 计算期望值；(3) 构造记忆单元。

抗原与抗体分别对应于优化问题的目标函数及可能解。亲和性有两种形式：一种是说明抗体和抗原间的关系，即解与目标的匹配程度；另一种则解释了抗体间的关系，这种独有的特性保证了 IA 有多样性。

计算期望值的作用是控制适用于抗原(目标)的相同抗体过多产生。用一组记忆单元保存用于防御抗原的一组抗体(优化问题的候选解)。

IA 有良好的系统应答性和自主性，对干扰有较强维持系统自平衡的能力，自我/非自我抗原识别机制使其有较强的模式分类能力。此外，IA 还模拟了免疫系统的学习-记忆-遗忘的知识处理机制，使其对分布式复杂问题的分解、处理与求解表现出较高的智能性和鲁棒性。

● IA 与 GA 的区别为：
（1）搜索目的：GA 搜索全局的最优解，而 IA 搜索多峰值函数的多极值。
（2）评价标准：基于上述搜索目的，GA 以解(个体)对函数的适应值作为唯一的评价标准；而 IA 以解(个体)对函数的适应值及解(个体)本身的浓度的综合(为保持群体多样性，只有那些适应值高且浓度较低的个体才是最好的)作为评价标准。
（3）交叉与变异操作的应用：GA 中，交叉是为保留好的基因同时又给群体带来变化，是主要操作；而变异由于变化较为激烈，只能作为辅助操作，从而保证算法的平稳全局收敛。IA 中，为维持群体的多样性以实现多峰值收敛，操作以变异为主，交叉为辅。
（4）记忆库：GA 没有记忆库。记忆库是受免疫系统有免疫记忆的特性的启示，在 IA 结束时，将问题的最后解及特征参数存入到记忆库中，以便以后遇到同类问题时可以借用；从而加快问题解的速度，提高效率。

免疫算法可用于语音 VQ 的码书设计，语音识别及说话人识别中 ANN 及 SVM 的模型参数优化等。

15.14 各种智能信息处理技术的融合与集成

目前，智能信息处理技术迅速发展，但其理论还不是很成熟。为实现真正的智能信息处理及智能模拟，单一的方法无法实现；需要多种方法综合集成。将多种智能信息处理技术相互融合，发挥其各自的长处，是当前智能信息处理研究的重要方向及核心问题；这可使智能信息处理系统的功能更为强大，且可解决更复杂的智能形为；从而进一步推动语音信号处理理论与算法的发展，改善并提高语音处理系统的性能。

下面简要介绍一些智能信息处理技术的融合与集成方法，及在语音处理中的应用。

15.14.1 模糊系统与神经网络的融合

9.7.2 节曾介绍了模糊集理论及模糊逻辑的相关内容。模糊系统与 ANN 有一种天然的联系。将模糊系统与 ANN 结合，可构造出处理模糊信息的模糊 ANN，或称自适应和自学习模糊系统。模糊 ANN 就是将 ANN 赋予模糊输入信号和模糊权值。

模糊系统与 ANN 均属于数值化及非数学模型的函数估计器与动力学系统，均可以不精确的方式处理不精确的信息；不同于传统的统计学方法，无须给出表征输入-输出关系的数学模型；由样本数据，即过去的经验估计输入-输出关系；可容易地用 VLSI 实现。

ANN 不能直接处理结构化知识；需要大量训练数据，通过自学习并借助其并行分布结构估计输入-输出的映射关系。其将输入-输出样本对放于黑箱式网络上，因而很难了解黑箱的内部状态。但模糊系统可直接处理结构化的知识，即使用规则。原因在于其引入了隶属度，使规则数值化。这一特点使设计模糊系统要简单得多。模糊系统中存储一些模糊规则；系统有输入时，其并行地用每个规则进行度量，以得到不同程度满足这些规则的响应，并由此得到输出，这种输入-输出关系为模糊集合间的映射关系。因而其内部过程一目了然。

模糊系统与 ANN 均有很强的容错性。模糊系统是模仿人的逻辑思维方式设计的，允许数值的不精确性。而 ANN 的容错性来源于网络自身的结构特点。人脑思维的容错能力正来源于二者的结合：思维方法上的模糊性及大脑本身的结构特点。模糊 ANN 集模糊逻辑推理的强大结构性知识表达能力与 ANN 的强大自学习功能于一体。通常，其利用 ANN 结构实现模糊逻辑推理；从而使常规 ANN 中没有明确物理含义的权值被赋予模糊逻辑中推理参数的物理含义。

模糊信息处理的研究中，模糊规则的提取及隶属函数的生成是制约该技术进一步推广的两大问题。另一方面，以非线性大规模并行处理为主要特征的 ANN，目前其模型所反映的只是非线性处理系统的一些简单特征，用其模拟人脑线性处理的机制也须进行某种特殊处理。

模糊技术与 ANN 各有其优势。前者以模糊逻辑为基础，反映了人类思维中的模糊特点，模仿人的模糊综合判断推理来处理常规方法难以解决的模糊信息处理难题。后者以生物神经网络为基础，试图模拟推理及自动学习，以接近人脑的自组织及并行处理功能；从而可用于模式识别、聚类分析及专家系统等方面。如将二者结合，即将符号逻辑推理与连接机制方法有机地结合，可发挥其各自的长处并弥补不足。模糊技术的长处为逻辑推理，容易进行高层次信息处理，将其引入 ANN 可拓展后者处理信息的范围和能力；使其不仅能处理精确信息，可也处理模糊及不精确的信息，还可实现不精确性的联想映射，特别是模糊联想及映射。而 ANN 在学习及模式识别方面有很大优势，用其进行模糊信息处理可使模糊规则的提取及模糊隶属函数的生成容易实现，使模糊系统具有自适应、自学习及自组织功能。

模糊 ANN 的学习通常是 ANN 学习算法或其推广，如 BP 算法，反向 BP 算法，随机搜索算法，GA（即模糊 ANN 与 GA 的结合，将在 15.14.3 节介绍）等。

模糊 ANN 已得到广泛应用，如模糊模式识别等。模糊 ANN 可用于语音端点检测、声/韵母切分、清/浊音判别、语音识别、说话人辨认、语音盲分离等。

15.14.2 神经网络与遗传算法的融合

ANN 与 GA 均为基于生物学原理的仿生学，均受到自然界信息处理方法的启发；但来源不同。GA 从自然界生物进化机制得到启示，而 ANN 是人脑若干基本特性的抽象与模拟。二者在信息处理时间上存在较大差异：神经系统的变化只需极短时间，而生物进化需以世代的尺度来度量。

ANN 与 GA 的结合，可充分利用二者的长处，同时可更好地反映学习与进化的相互作用关系。这样，训练后的网络有较强的非线性映射能力，且可得到全局最优解。

ANN 与 GA 的结合包括两方面。

（1）辅助式结合，典型的是用 GA 进行预处理，再用 ANN 求解问题；如模式识别中先用 GA 进行特征提取，再用 ANN 进行分类。

（2）二者共同求解问题。如在 ANN 的网络拓扑结构固定的情况下，用 GA 优化网络的权重；或用 GA 优化网络结构，再用 BP 算法对网络进行训练。其原因为：GA 有全局寻优、不易陷入局部极小的优点，但局部寻优能力差。而 ANN（如 BP 学习算法）有局部寻优的优势，但初始权及阈值设置很重要，选取不当会使网络陷于局部极小、不易收敛。因而可将 GA 与 ANN 相结合：网络训练前，用 GA 的全局寻优能力确定网络的初始权及阈值，使它们为全局近似最优解；再用（如 BP）学习算法的局部寻优能力对网络进行精细调整。

在 GA 与 ANN 的结合中，为设计出性能优良、适合具体问题需要的 ANN，应研究以下问题：

（1）发展新的编码方法，使其不仅可编码网络结构，且可编码学习规则。这涉及网络结构的动态调整及权重训练动态性间的协调，从而发展新的学习算法及网络结构。

（2）提高 GA 对构造新型网络的适用性，即遗传算子及参数（如交叉及变异概率等）有较好的适应能力。

（3）改进适应度函数。常规的适应度值无法提高网络整体性能，应从学习速度、精度、泛化能力及网络规模和复杂性等方面进行综合考虑。

遗传神经网络可用于语音识别、说话人识别、语音盲分离等。

15.14.3 模糊逻辑、神经网络及遗传算法的融合

ANN、模糊集理论及以 GA 为代表的进化算法均是仿效生物处理模式的理论。ANN、模糊集理论及进化算法（Evolutionary algorithm）三者目标相近而方法各异，形成计算智能（Computational intelligence）的研究领域。其中，ANN 模拟智能产生与作用赖以存在的结构，模糊逻辑模拟智能的表现行为，GA 模拟生命生成及智能进化过程的演化。

ANN 着眼于脑的微观结构，通过大量神经元的复杂连接，采用自下而上的方法，通过自学习、自组织化而得到。其非线性动力学所形成的并行分布方式可处理难以语言化的模式信息。而模糊逻辑着眼于可用语言和概念为代表的脑的宏观功能，采取自上而下的方法，按照人为引入的隶属度函数，从逻辑上处理有模糊性的符号信息。GA 是模拟生物的进化现象（自然淘汰、交叉、变异等），并用自然进化机制来表现复杂现象的一种概率搜索方法。将三种方法的上述这些不同特性相结合，可实现更完善的智能信息处理功能。

模糊逻辑中，可用模糊规则将专家知识表达出来，通过模糊推理决策对问题进行解答。但专家知识的总结及模糊规则的确定很困难且费时。模糊推理规则的优化，以前主要用 ANN，其学习及自组织特性，是建立模糊推理 ANN 及提取模糊规则的良好方法；但存在网络规模及结构较复杂及学习的收敛性问题。如训练模糊推理 ANN 时采用考虑局部区域的梯度学习（BP）算法时，缺乏全局性，可能仅能得到局部最优解。另外，模糊 ANN 的结构与大小预先设定，未考虑网络结构的优化。

而 GA 是基于生物进化过程的随机搜索的全局优化方法，通过交叉及变异大大减小了系统

初始状态的影响,可得到全局最优而不是停留在局部最优处。GA 不仅可优化模糊 ANN 的参数,且可优化其结构;即去除冗余的隶属函数,以产生简化的模糊 ANN 结构(规则、参数、数值及隶属函数等)。

因而将 ANN、GA 及模糊逻辑进行融合,更能发挥优势。如用 GA 优化全局性的网络参数及结构,用 ANN 学习方法调节和优化局部性的参数;这样,GA 作为粗优化或离线学习过程,ANN 学习作为细优化或在线学习过程;从而较大提高模糊 ANN 的性能。另一方面,在模糊系统中,对模糊推理规则的优化,过去主要采用 ANN,但存在网络规模和结构较复杂及学习收敛性问题。因而可采用 GA 进行模糊规则的优化及隶属度函数的调整,进行数据模糊聚类等。

基于 GA 的隶属函数优化包括:初始群体个体的随机产生,交叉、变异等遗传操作的实现,"If-Than" 规则的自动调整,各个体的评价、淘汰和选择及适应度函数的确定等。具体方法是:先由 GA 产生大致的模糊模型,再进行调整得到优化的模糊模型,而优化解指实际输出与导师信号的输出误差在目标值内收敛的个体;或是经一定的遗传代数后,输出误差最小的个体。

15.14.4 神经网络、模糊逻辑及混沌的融合

脑中存在着混沌现象。混沌是在人的脑电图中发现的,这证明了混沌是神经系统的特征。尤其在生物神经元中可观察到混沌状态。混沌理论可用于理解脑中某些不规则的活动,因而混沌动力学为利用 ANN 进行信息处理提供了新途径。用混沌动力学启发 ANN 或用 ANN 产生混沌已成为一个新课题。混沌与智力相关,用 ANN 理论研究混沌有利于揭示人类形象思维的本质。

而在模糊理论方面,也在研究模糊集合空间涉及的混沌现象。而 ANN 与模糊逻辑存在更多的联系之处。

ANN、模糊逻辑及混沌三者的共同点是系统的非线性及状态的模糊性。可将三者进行结合。其中 ANN 是利用大规模并行计算及自适应学习的能力,模糊逻辑是利用其模糊性及自由性,混沌是利用其非周期背后的有序性及对初始条件的敏感性。三者结合可构成糊 ANN 及 CNN,实现更加柔性的智能信息处理。

其中,ANN 与模糊逻辑融合的研究较多,也相对成熟。二者均仿效生物信息处理系统的柔性信息处理功能,但有很大的区别。ANN 与混沌相互融合的研究从 20 世纪 90 年代开始。目的是弄清大脑的混沌现象,建立含有混沌动力学的 ANN。如 15.11 节介绍的混沌神经网络。

此外,也开展了对 ANN 的分形构造的模型及利用递归网络的混沌动力学的学习功能的研究,从而形成分形 ANN 等。

15.14.5 混沌与遗传算法的融合

混沌是由确定性方程得到的有随机性的运动状态,混沌变量为有混沌状态的变量。混沌 GA 将混沌动态搜索过程与 GA 结合,利用混沌系统对初始条件和系统参数的敏感性及混沌的遍历性,来增强搜索效率,改善解的最优性。

将混沌与 GA 结合,可在 GA 中引入混沌优化算子。包含两方面操作:

(1) 用混沌优化方法优化 GA 的初始种群。即利用混沌变量的遍历性,引入混沌算子进行粗搜索。由 Logistic 映射得到混沌序列,将混沌变量从混沌空间映射到原问题的解空间;利用混沌变量特性进行全局搜索,使初始种群得到优化。从而提高初始种群中的个体质量及计算效率,以提高收敛速度。

（2）在每代的 GA 优化过程中，对遗传操作后种群中适应度值较高的部分个体即由选择、交叉及变异得到的优秀个体，进行微小的混沌扰动(即混沌控制)，并随搜索过程自适应地调整扰动幅度；以避免个体陷入局部最优，并提高种群的进化速度。

混沌 GA 与常规 GA 相比，局部搜索能力与精度均优于后者；且收敛到全局最优的次数明显增多，进化代数明显减小。

除上面介绍的各种融合方法外，还可将 ANN 与小波相结合，构成小波神经网络。比如，若对含有丰富信息及带噪的多传感器信号直接应用 ANN，不仅网络结构复杂、计算量大，且效果也不理想。小波有时频局部化特性，ANN 有非线性映射特性；为此可将小波与 ANN 进行结合，用加权来实现信息的初级融合，用小波变换进行特征提取，再用 ANN 进行二级分类。

小波 ANN 可用于端点检测、语音的 NLPC 编码、抗噪语音识别、说话人识别等。

思考与复习题

15-1 神经网络的主要特点是什么？其构成基本要素是什么？为什么利用 ANN 可得到比传统的语音处理方法更好的效果？

15-2 神经网络包括哪些结构与形式？试述不同结构形式的 ANN 间的联系。

15-3 什么是 MLP？如何利用 BP 算法对 MLP 的权值进行训练？BP 算法有何局限？

15-4 MLP 是一种静态神经网络，这影响了对语音信号动态特性的描述。如何弥补这一缺陷？

15-5 TDNN 为什么能够处理语音信号的动态特性？这种网络又有什么不足？

15-6 RNN 的结构有何特点？与 MLP 相比，其对语音处理的性能有哪些改进？

15-7 为提高语音识别的性能，神经网络需在哪些方面进行改进？本章中介绍的几种 ANN 各进行了何种改进？

15-8 利用 ANN 对孤立词进行识别有几种结构？如何解决输入参数的时间规整问题？

15-9 在语音识别中，如何将神经网络与传统识别方法相结合，如构造 ANN/DTW、ANN/VQ 及 ANN/HMM 等混合系统，以提高识别系统的性能？

15-10 什是语音的非线性预测？其与语音的 LPC 相比有何特点与优势？

15-11 试述基于 ANN 的语音非线性预测的原理。

15-12 试说明基于 ANN 的说话人识别的原理。

15-13 试述支持向量机的工作原理。统计学习理论与传统的统计方法相比有何先进性与优势？

15-14 试述 SVM 与 ANN 在结构与功能上的联系。作为分类器，SVM 与 ANN 相比有何优势？

15-15 试述基于支持向量机的语音识别及说话人识别的原理与方法。

15-16 混沌与分形用于语音识别的依据是什么？试述基于混沌与分形的语音识别方法。

15-17 对语音识别和说话人识别而言，本章介绍的智能信息处理技术与第 15 和第 16 章介绍的传统识别方法相比有哪些特点？如何将智能信息处理与传统的识别方法相结合，以进一步提高系统性能？

15-18 试述各种智能优化算法即遗传算法、蚁群算法、粒子群算法、免疫算法之间有何区别？它们在语音信号处理中有何种应用？

15-19 如何将 ANN、模糊集、GA、混沌与分形等多种智能信息处理技术相互融合与综合集成，以提高语音处理的性能？

第16章 语音增强

16.1 概 述

前面各章讨论的语音信号处理的理论与应用中,语音信号多是在近似理想的条件下采集的。如对大多数语音识别和语音编码的研究时,都在高保真设备上录制语音,尤其要在无噪声环境下。

但实际应用中,语音不可避免地会受到环境噪声的影响。语音处理系统常应用于不同环境,如汽车中的 SNR 只有几 dB。此外信号在传输过程中,传输系统本身也会产生各种噪声;因而接收端接收的信号为带噪语音信号。噪声的存在使语音质量下降的现象非常普遍,很强的背景噪声如机械噪声、其他说话者的话音等都会严重影响语音信号的质量。可导致语音处理系统的性能急剧恶化。如实用的语音识别系统在噪声环境特别是强噪声环境下,识别率将受到严重影响。

在低速率编码特别是参数编码(如声码器)中,会遇到类似问题。语音产生模型是低数码率参数编码的基础,但语音通信中不可避免地会受到周围环境及传输媒介引入的噪声、通信设备内部的电噪声及其他说话人的干扰;从而接收端接收到的参数已不是原始语音参数。噪声干扰严重时,重建语音的质量急剧恶化,甚至变得完全不可懂。特别是,LPC 作为语音处理最有效的手段,恰恰最易受到噪声影响。如果将 LPC 看作频谱匹配过程,大量噪声使频谱畸变,预测器设法与畸变谱匹配而不是与原始语音匹配;若声码器接收端使用与发送端相同的预测器时,则合成语音的可懂度大大降低。

混叠在语音信号中的噪声可分为环境噪声等加性噪声,及混响和电气线路干扰等乘性噪声;也可分为平稳和非平稳噪声。噪声环境下,说话人的发音变化也是语音信号处理研究的重要课题;因为噪声环境下说话人的情绪会发生变化,从而引起声带的变化。

语音抗噪声技术及实际环境下语音信号处理系统的研发,是语音信号处理中非常重要的课题,目前已取得了丰富成果。其大体可分为三类方法:

(1)语音增强。本章将进行介绍。

(2)采用抗噪声的语音特征参数。如修正的短时相关系数为基于自相关函数的 LPC 技术,对宽带语音有较好的抗噪性能;倒谱系数零均值算法在消除麦克风及信道失真方面有较好的效果;基于子空间投影的特征参数;基于频率规整的单边自相关 LPCC 在不增加运算量的情况下,既可模仿人耳听觉特性以提高识别性能,又有较强的抗噪性能。

(3)基于模型参数适应化的噪声补偿算法。如用于加性噪声的 HMM 合成、并行模型合并,用于乘性噪声的随机匹配法,以及二者的结合等。这类方法可引入语音和噪声的统计知识,有一定的环境稳健性,且在应用中基本与语音的短时平稳假设相一致,因而为研究热点。但目前的补偿算法只考虑噪声是平稳的,在低 SNR 语音及非平稳噪声环境中效果不理想。

解决噪声问题的根本方法是实现噪声与语音的自动分离,但其技术难度很大。近年来随着声场景分析及盲分离技术的发展,进行语音与噪声分离的研究取得一些进展。第 17 章将介绍基于麦克风阵列的语音增强及盲分离等内容。

语音增强是去噪的有效方法,其一个主要目标是从带噪语音信号中提取尽可能纯净的原始语音信号。语音增强有重要的实际意义，是迫切需要解决的问题，也是语音信号处理系统的重要组成部分。

语音增强有广泛应用，如作为语音编码(LPC 编码)和语音识别的预处理，消除语音混响以从录音中恢复出高质量语音等。其用于数字频谱编码传输系统接收端，可有效提高接收信号的 SNR，降低误码率。语音增强对语音识别与说话人识别也十分重要，可使识别系统在通常的噪声环境中工作，它是语音识别乃至人机语音通信技术走向实用化的前提。

20 世纪 60 年代，语音增强课题就引起了注意，随着数字信号处理理论的成熟，70 年代形成一个研究高潮，取得一些基础性成果，并使语音增强成为语音信号处理的一个重要分支。80 年代后，VLSI 技术的发展为语音增强的实时实现提供了可能。在实际需求的推动下，近 30 年来对该领域进行了大量研究。

噪声来源众多，随着应用场合的不同，其特性也各不相同，难以找到通用的语音增强算法以适应各种噪声环境。需要针对不同的噪声，采用不同的语音增强方法。近 40 年来，对加性噪声研究了各种语音增强算法。尽管目前语音增强在理论上还不十分完善，但某些方法已被证明是有效果的；各种增强方法适用于不同的应用场合。

实际中，背景噪声环境十分复杂。比如有相对固定的环境噪声，如机械传动声等，这类噪声为窄带噪声；有宽带白噪声，其频谱很宽，但与语音的相关性很小；有非平稳随机噪声，其特点是复杂多变。噪声通常是随机的，因而从带噪语音中提取完全纯净的语音几乎不可能。因而，语音增强的目的主要有两个：

(1) 改进语音质量，消除背景噪声，使听者乐于接受，不感觉疲劳，这是一种主观度量；
(2) 提高语音可懂度，这是一种客观度量。

但这两个目的往往不能兼得。

应当指出，目前对噪声中的语音信号处理的研究还很不充分，对背景噪声的有效处理方法还较少。如果能够在复杂噪声环境下进行语音处理，将使语音信号处理的应用领域得到很大的拓展。

16.2 语音、人耳感知及噪声的特性

语音增强不仅与信号检测、波形估计等信号处理技术有关，而且与语音、人耳感知及噪声的特性密切相关。语音增强的基础是对语音和噪声特性的了解与分析。

1. 语音特性

语音特性在 2.2 节及 2.3 节中已介绍过，下面进行简要的概括。

语音是时变和非平稳的，但在一段时间内(10~30ms)人的声带及声道形状相对稳定，因而语音的某些特征及短时谱相对稳定。可利用平稳随机过程的分析方法来处理语音信号，并可在语音增强中利用短时谱的平稳性。

任何语言的语音中都有元音和辅音这两种音素。根据发声机理不同；辅音又分为清辅音和浊辅音。浊音(包括元音)的幅度大，时域上呈现明显的周期性；频域上有共振峰结构，且能量大部分集中于较低的频段。清辅音的幅度小，没有明显时域和频域特征，类似于白噪声。语音增强中可利用浊音的周期性特征，用梳状滤波器提取语音信号分量或抑制非语音信号，而清辅音则难与宽带噪声相区分。

语音为非平稳非遍历的随机过程，长时时域统计特性在语音增强中意义不大，而短时谱的统计特性有重要作用。语音短时幅度谱的统计特性是时变的，只有分析帧长趋于无穷大时，才近似认为有高斯分布。高斯模型根据中心极限定理得到，应用于有限帧长只是一种近似描述。

宽带噪声污染的语音增强中，可将这种假设作为分析的前提。

2. 人耳感知特性

语音增强的效果最终取决于人的主观感受，所以语音感知对语音增强的研究有重要作用。人耳对背景噪声有很大抑制作用，了解其机理有助于语音增强技术的发展。

语音感知涉及生理学、心理学、声学和语音学等很多领域，其中很多问题有待于进一步研究。目前已有的一些结论可用于语音增强：

（1）人耳对语音的感知主要通过其幅度谱得到，而对相位谱不敏感。

（2）人耳对频率高低的感受近似与频率的对数成正比。

（3）人耳有掩蔽效应。

另外，一个声音突然停止时，人耳约在 150ms 内对其他弱音听不清楚甚至听不见。因而利用人耳的生理特点提高语音信号的 SNR，使语音信号大于噪声一定的级别，使得语音与噪声都存在的情况下感觉不到噪声的存在。

（4）共振峰对语音感知十分重要，特别是第二共振峰比第一共振峰更重要，因而对语音信号进行一定程度的高通滤波不会对可懂度产生影响。

（5）在两个人以上的说话环境中，人耳可分辨出其所需要的声音。

3. 噪声特性

这里考虑的噪声是声音的一种，具有声波的一切特性。尽管噪声时域波是杂乱无规则的，但不论哪一种噪声都不是完全无规则的，而具有统计特性。噪声统计特性可用其概率分布、均值和方差等表示。

噪声来源于实际应用环境，特性变化很大。其可以是加性也可以是非加性的。非加性噪声有些可通过某种变换转变为加性噪声，如乘积或卷积性噪声通过同态变换（如第 5 章所述）成为加性噪声。加性噪声又可分为周期性噪声、冲激噪声、宽带噪声和语音干扰等。非加性噪声主要是混响及传送网络的电路噪声等。其中混响指声源停止发声后，由于惯性和反射等原因，声音没有立即停止而呈缓慢衰减的现象。第 17 章将对去混响的方法进行详细介绍。

下面对各种噪声进行说明。

（1）周期性噪声。周期性噪声的特点是有许多离散的窄谱峰，其往往来源于发动机等周期性运转的机械。电气干扰，特别是 50 或 60Hz 交流声也会引起周期性噪声。周期性噪声引起的问题可能最少，因为可容易地通过检测功率谱发现并用滤波或变换技术将其去掉。但滤除噪声的同时不应损害有用信号。另一方面，交流噪声的抑制很困难，因为其频率成分不是基频（其在语音信号的有效频率以下）而是谐波成分（可能以脉冲形式覆盖整个音频频谱）。

（2）冲激噪声。冲激噪声表现为时域波形中突然出现的窄脉冲，通常是放电的结果。可在时域消除这种噪声，即根据带噪语音信号幅度均值来确定阈值。信号幅度超出该阈值时判别为冲激噪声，再对其衰减甚至完全消除。如果干扰脉冲间不是太靠近，还可根据信号的相邻样本值简单地通过内插将其去除。或用非线性滤波器滤除。

（3）宽带噪声。宽带噪声通常假定为高斯噪声和白噪声。其来源很多，包括风、呼吸和一般的随机噪声源。量化噪声通常作为白噪声处理，也可视为宽带噪声。宽带噪声与语音信号在时域和频域是完全重叠的，无法用滤波方法去除。即宽带噪声难以滤除，因为其与语音信号有相同的频带，消除噪声的同时不可避免地影响到语音的质量。目前最成功的方法是采用某些非线性处理。而一些方法虽然降低了背景噪声，提高了 SNR，但并没有提高语音的可懂度。因而，对受宽带噪声干扰的语音进行增强时（特别是对低 SNR 情况），提高语音的可懂度有重要意义。

（4）语音干扰。语音干扰是与有用的语音信号混叠在一起的其他语音信号；可能是话筒拾取的其他语音，或在通信中由串话而引起。语音干扰也较难消除。一般可采用自适应技术跟踪某个说话人的特征的方法来进行消除。区别有用语音与干扰语音的基本方法是利用其基音差别：通常，两种语音的基音不同，也不成整数倍；可用梳状滤波器提取基音与各次谐波，再恢复有用的语音信号。

（5）传输噪声。即传输系统的电路噪声。与背景噪声不同，其在时域上为语音与噪声的卷积。对这种噪声可采用同态滤波来去除。

16.3 滤波器法

如前所述，周期性噪声可用滤波方法滤除。有三种常用的滤波器：固定滤波器、自适应滤波器及傅里叶变换滤波器。

16.3.1 固定滤波器

这种滤波器仅在干扰平稳的时候才适用。最常见的是 50 或 60Hz 交流声。滤除 60Hz 成分很少采用高通滤波器，因为干扰由 60Hz 的奇次谐波引起，特别是 3～7 次谐波（60Hz 交流声有丰富的谐波，一般由话筒输入插孔没有接地而造成）。用固定滤波器可消除这些成分。

数字滤波器中，适当地选择延迟线的长度可产生一个梳状滤波器，而凹口位置取决于交流声的所有谐波。这样的一个系统示于图 16-1(a)，其由一个延时器及加法器构成。延迟时间为 T，为滤波器凹口间隔 f_0 的倒数。系统函数为

$$H(z) = 1 - z^{-T} \tag{16-1}$$

适当选择 T 及采样率，可使零点与交流声谐波相重合。

可增加反馈回路，见图 16-1(b)。此时系统函数变为

$$H(z) = \frac{1 - z^{-T}}{1 - bz^{-T}} \tag{16-2}$$

反馈使极点离开原点并接近零点。极点靠近零点时，除各零点附近单位圆各处都会引起部分对消。因此梳齿可变得很窄，而梳齿间的响应又是平坦的。

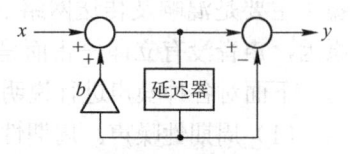

(a) 由一个延迟器及加法器构成

(b) 由反馈得到的窄凹口构成

图 16-1 陷波滤波器

16.3.2 变换技术

通过变换频谱可消除噪声周期性成分。变换滤波器见图 16-2(a)。信号由 DFT 变换到频域，在频域进行处理，然后用 IDFT 重建语音信号。图 16-2(b)为频谱整形器，可以是简单的一系列选通门。它可将噪声成分变换到零值，则反变换后的信号周期性干扰将被滤除。

16.3.3 自适应噪声对消

自适应滤波可自动辨认应滤除的成分。由线

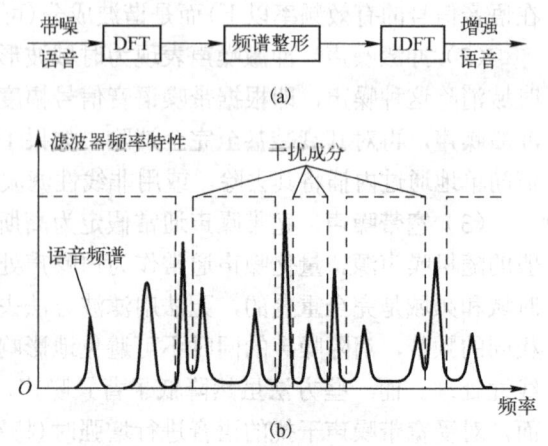

图 16-2 通过频谱整形消除周期性噪声

性预测器构成的滤波器,其频率特性近似为输入信号的逆功率谱,就可实现自适应。如将预测算法用于有强周期分量的噪声,就可得到对周期分量的响应最小的滤波器;此时滤波器用于与噪声匹配。如果带噪语音通过这个预测器,则滤波器使噪声分量衰减。如果噪声是平稳或缓变的,则在无语音期间可对噪声进行估计,并由估计结果来调整波滤器。

这种方法的主要问题是,滤波器一般不是谱平坦的,其使恢复的语音着色,并可能干扰 LPC 声码器的工作。若通过上述的部分使极零对消而使凹口变窄,则不会明显改善系统的性能。一些实验表明,如使 LPC 的预测器阶数比通常的阶数高得多,则可去除干扰,改善语音。

与后面要介绍的非线性处理、减谱法及基于相关特性的方法相比,应用自适应滤波器的自适应噪声对消(ANC, Adaptive Noise Cancellation)的语音增强效果最好。与其他方法不同的是,其用参考噪声作为辅助输入,从而得到了较全面的噪声信息。特别是若辅助的输入噪声与语音中的噪声完全相关,则 ANC 可全部对消掉语音中的噪声成分,因此在 SNR 及语音可懂度方面都获得较大提高。但该方法的局限是辅助输入在某些情况下难以获得,从而限制了其应用范围。

20 世纪 40 年代,Wiener 奠定了最优滤波器研究的基础。最优滤波器是可根据某最优准则进行滤波的滤波器。设线性滤波器的输入为信号与噪声之和,两者均为广义平稳过程且已知它们的二阶统计特性,则根据 LMS 准则可求出最优滤波器参数。LMS 是应用最广泛的一种最优准则,而上述这种滤波器也称为 Weiner 滤波器。

Weiner 滤波要求:(1)输入过程是广义平稳的;(2)输入过程的统计特性已知。对其他最优准则的滤波也有同样的要求。但输入过程取决于信号与干扰环境,其统计特性常常是未知和变化的。语音增强就属于这种情况;语音信号与噪声都具有随机和非平稳的性质,其统计特性不是先验的,且是变化的,因而不能使用固定参数的 Weiner 最优滤波器。

20 世纪 60 年代提出的 Kalman 滤波器也是一种最优滤波器,可使加性噪声污染的信号与噪声在 LMS 意义下最优地分离。Kalman 滤波为递归算法,其参数时变,适用于非平稳随机信号,但也要求信号与噪声的统计特性已知。

语音增强中可采用自适应滤波器。其在输入过程的统计特性未知或变化时,自动调整滤波器的参数以满足某种最佳准则的要求。它根据前一时刻已得到的滤波器参数等调节当前时刻的滤波器参数,以适应信号或噪声未知的或随时间变化的统计特性,实现最优滤波。

自适应滤波器常采用 FIR 滤波器。其关键是如何得到噪声的最优估值,目的是使估计的噪声与实际噪声最接近,因而根据 LMS 准则调整滤波器系数。自适应滤波器的算法有多种,如基于 LMS 准则的算法及其改进算法,基于最小二乘(LS, Least Square)准则的 RLS(递归最小二乘)算法等。LMS 算法与 RLS 算法相比收敛速度慢,但算法简单,计算量小得多(LMS 的计算量 $\propto N$,RLS 的计算量 $\propto N^2$,其中 N 为滤波器中加权系数的个数),易于实现,被广泛应用;自适应滤波器最基本的算法就是 1965 年 Widrow 提出的横向结构 LMS。

1. 有参考信号

ANC 进行语音增强的出发点是从带噪语音中减去噪声,但首先要得到噪声的估计。大多数语音增强问题中只有一个输入信号。如用两个(或多个)话筒,一个用于采集带噪语音,另一个(或多个)用于采集噪声,则该问题较易解决。图 16-3 为一种双话筒采集系统的噪声对消原理方框图。图中,带噪语音和噪声经傅里叶变换分别得到信号及噪声谱,其中噪声幅度谱经数字滤波与带噪语音相减,然后加上带噪语音谱的相位,再经傅里叶反变换恢复为时域信号。强噪声背景时,这种方法可得到很好的去噪效果。如采集到的噪声足够逼真,甚至可在时域上直接与带噪语音相减。

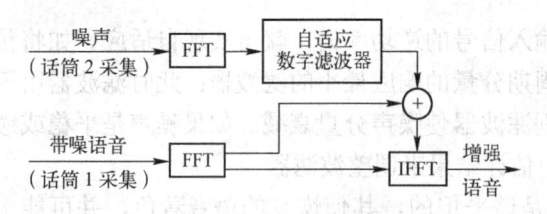

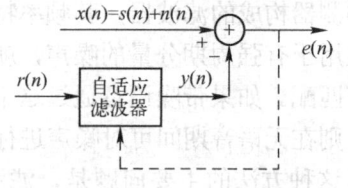

图 16-3　一种双话筒采集的自适应噪声对消原理方框图　　图 16-4　自适应噪声对消原理方框图

ANC 不涉及噪声本身的性质，既可用于平稳噪声也可用于准平稳噪声。两话筒须有相当的隔离，以防止它们都采集到带噪语音。因而两路信号有延迟，包含的噪声不同。因而需对噪声通道的输入进行滤波，以得到对带噪语音中噪声的一个最优估计。这通常用自适应滤波器来实现。

这里可采用 Widrow 方法，见图 16-4。图中，$x(n)$ 为带噪语音信号(其中 $s(n)$ 为语音信号，$n(n)$ 为未知的噪声信号)，$r(n)$ 为参考信号。设 $r(n)$ 与 $s(n)$ 不相关但与 $n(n)$ 相关。$y(n)$ 为对 $r(n)$ 自适应滤波后的输出。滤波器系数用 LMS 准则估计，即使下列误差信号的能量为最小：

$$e(n) = x(n) - y(n) = x(n) - \sum_{k=1}^{N} w_k r(n) \tag{16-3}$$

式中，N 为 FIR 滤波器的抽头数即阶数，$w_k(1 \leqslant k \leqslant N)$ 为滤波器的权系数。若噪声与语音相互独立，则使 $e(n)$ 均方值最小就可得到带噪语音中噪声的最佳估计。但若噪声与语音相关，则滤波器系数只能在语音间歇期(无话音期间)进行更新。N 的取值与话筒间距有关；其相隔数米时，可取 $N > 1000$。

将式(16-3)表示为向量形式。设参考信号向量为 $\boldsymbol{r}(n) = [r_1(n), r_2(n) \cdots, r_N(n)]^T$，自适应权向量为 $\boldsymbol{w} = [w_1, w_2, \cdots, w_N]^T$，则

$$e(n) = x(n) - \boldsymbol{w}^T \boldsymbol{r}(n) \tag{16-4}$$

系统输出的均方误差为 $\mathrm{E}[e^2(n)] = \mathrm{E}\left\{[x(n) - \boldsymbol{w}^T \boldsymbol{r}(n)]^2\right\} \tag{16-5}$

即

$$\mathrm{E}[e^2(n)] = \mathrm{E}[x^2(n)] - 2\boldsymbol{R}_{rx}^T \boldsymbol{w} + \boldsymbol{w}^T \boldsymbol{R}_{rr} \boldsymbol{w} \tag{16-6}$$

其中 $\boldsymbol{R}_{rr}$ 为参考信号的自相关矩阵，且

$$\boldsymbol{R}_{rr} = \mathrm{E}[\boldsymbol{r}(n)\boldsymbol{r}^T(n)]$$

$\boldsymbol{r}_{rx}$ 为带噪信号与参考信号的互相关向量

$$\boldsymbol{r}_{rx} = \mathrm{E}[\boldsymbol{r}(n)x(n)]$$

式(16-6)表明，均方误差为权向量的二次函数，为一个上凹的抛物面，具有唯一的极小值。调节权向量可使均方误差为最小，即相当于沿抛物面下降寻找最小值。可用梯度法求该最小值。

式(16-6)中，令 $\partial\{\mathrm{E}[e^2(n)]\}/\partial\boldsymbol{w} = 0$，并利用 Lagrangian 算子，可得到 LMS 意义下的最优滤波器权

$$\boldsymbol{w}_{\mathrm{opt}} = \boldsymbol{R}_{rr}^{-1} \boldsymbol{r}_{rx} \tag{16-7}$$

如直接求解上式，需知道 $\boldsymbol{R}_{rr}$ 及 $\boldsymbol{r}_{rx}$，且要对矩阵求逆。为此可采用其他一些方法。常用的

为 LMS 梯度递推算法即最陡下降法。其通过测定各滤波器加权的误差导数，对滤波器参数进行自适应调整，并使当前误差小于以前的误差。滤波器参数收敛为最佳值时，对消后的剩余噪声最小，此时停止调整。

最陡下降法中，滤波器权的调整公式为

$$w(n) = w(n-1) + \mu e(n) r(n) \tag{16-8}$$

其证明过程从略。式中，μ 为收敛因子，用于控制算法收敛速度及稳定性。其取值为 $0 < \mu < 1/\lambda_{\max}$，而 $\lambda_{\max}$ 为 $\boldsymbol{R}_{rr}$ 中的最大特征值。

式(16-8)表明，LMS 算法的梯度校准值是随机的，因而权向量以随机方式变化。因此 LMS 算法也称为随机梯度下降法。

2. 用延迟建立参考信号

上述 ANC 方法需要参考噪声信号，但这在大多实际应用中难以实现(很多场合下只有一个话筒)。此时，同语音与噪声相关时类似，须在语音间歇期用采集的噪声进行估值。但这种方法须保证噪声平稳，否则将严重影响语音增强效果。

为此可将带噪语音信号延迟一个基音周期作为参考信号，即 $r(n) = s(n-N_p) + n(n-N_p)$。$s(n)$ 的相关性较强，所以 $s(n)$ 与 $s(n-N_p)$ 的相关性大，即浊音的相邻基音周期的信号高度相关；而相应的噪声不相关，即 $n(n)$ 与 $n(n-N_p)$ 的相关性小。因而，该方法只适用于类似于白噪声的情况(相关性及周期性较弱)，以增强周期性或相关性较强的语音信号(如浊音)。其原理方框图见图 16-5。

LMS 算法有自适应能力，与普通的平滑滤波相比，区分噪声的能力更强(若只用低通滤波器去噪，不可避免地会损失信号的高频成分)。

16.6 节将要介绍的减谱法的原理是，根据噪声与信号的功率谱的不同，在频域上将噪声与信号分离。但频域分析需进行 FFT，计算量很大，难以实时处理。LMS 自适应滤波与减谱法相比，运算量小，可实时处理。但与减谱法类似，其增强后的语音含有明显的音乐噪声；这种噪声是频谱相减的产物，有一定的节奏起伏，听上去类似于音乐声。

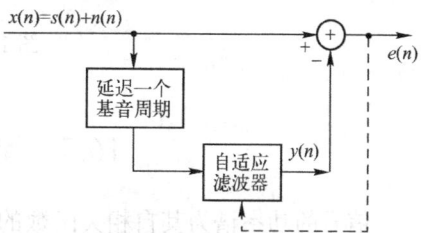

图 16-5 利用延迟来建立参考信号的自适应滤波器原理方框图

16.4 非线性处理

噪声为宽带噪声时，在整个频谱范围均有噪声成分，即噪声谱遍布于语音信号频谱中；因而前面介绍的滤波及频谱选通方法不适用。各类宽带噪声的污染较其他噪声更为普遍，处理也更为困难；因为其与语音信号在时域与频域完全重叠。

去除宽带噪声的方法主要有 3 类：非线性处理、减谱法与自适应对消。下面讨论非线性处理方法。

1. 中心削波

削波可实现非线性处理。即若噪声的幅度比语音低，则消去整个低幅度成分就会消去噪声。但时域波形经中心削波对语音的可懂度有损害，因为低幅度的语音被同时消去，使语音质量变坏；所以中心削波须在频域内进行。该方法可用于降低语音中的混响。其使用一个滤波器组，并对各滤波器输出进行中心削波，在组合前使输出再通过一个相同的滤波器组，滤除由削波产生的畸变成分。

中心削波也应用于傅里叶变换。其本质与图 16-2(a) 的系统相同(将其频谱整形器由中心削波器代替)。时间信号由削波信号的反变换得到。

2. 同态滤波

同态滤波的关键部分有非线性处理的性质。对加性噪声，语音增强可用线性滤波方法；对乘性或卷积性噪声，可用同态滤波。同态滤波的基本原理在第 5 章已详细论述，其在语音处理中的应用包括基音检测(如 8.1.3 节所述)、共振峰估计(见 8.2.3 节)及同态声码器(见 11.4.4 节)等。

同态滤波可用于语音识别系统的预处理，以去除语音中的乘性噪声。即同态处理后，卷积性语音信号变为相应的复倒谱的求和，从而分离出乘性噪声。再在复倒谱域提取基音参数，并将其经适当复倒谱窗进行平滑、滤波及傅里叶变换，得到降噪后的共振峰等。它们可作为识别特征(倒谱本身就是语音识别系统等常使用的参数)。也可与得到的音调信号进行合成，还原为降噪后的语音信号，再进入识别系统进行其他的特征提取与识别。其实现方框图见图 16-6。

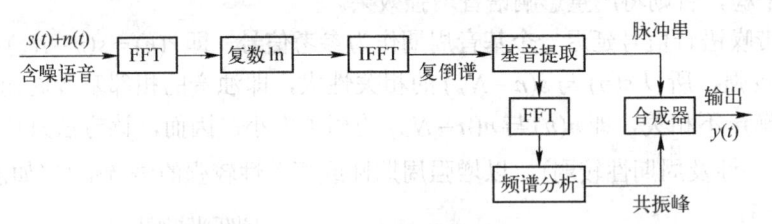

图 16-6　同态滤波法实现方框图

16.5　基于相关特性的语音增强

信号的功率谱为其自相关函数的傅里叶变换，因而有关功率谱的方法均可应用于自相关。这是利用自相关相减进行语音增强的基础。该方法也称为相关抵消。其出发点是：从带噪语音中减去宽带噪声的最佳估计。利用信号本身相关，而信号与噪声、噪声与噪声间可看作不相关的特性，将带噪信号进行自相关处理，得到与纯净信号相同的自相关系数帧序列。

自相关相减法的推导过程与减谱法(见 16.6 节)相仿。设带噪语音信号为 $y(t) = s(t) + n(t)$，则其自相关函数

$$R_{yy}(\tau) = \frac{1}{T}\int_{-\infty}^{t}\left[y(t)y(t-\tau)\right]w(t)\mathrm{d}t$$

$$= \frac{1}{T}\int_{-\infty}^{t}\left[s(t)+n(t)\right]\left[s(t-\tau)+n(t-\tau)\right]w(t)\mathrm{d}t \tag{16-9}$$

$$= \frac{1}{T}\int_{-\infty}^{t}\left[s(t)s(t-\tau)+s(t)n(t-\tau)+n(t)s(t-\tau)+n(t)n(t-\tau)\right]w(t)\mathrm{d}t$$

式中，$w(t)$ 为窗函数，由于 $s(t)$ 与 $n(t)$ 不相关，上式右侧第 2、3 项的交叉乘积项积分为 0；因而

$$R_{yy}(\tau) = R_{ss}(\tau) + R_{nn}(\tau) \tag{16-10}$$

式中，$R_{ss}(\tau)$ 为信号的自相关函数。假设噪声为白噪声，则其自相关函数 $R_{nn}(\tau)$ 为冲激函数，因而

$$R_{yy}(\tau) = R_{ss}(\tau) + \sigma_n^2 \delta(\tau) \tag{16-11}$$

由上述的推导过程可知，语音的自相关函数可由 $R_{yy}(\tau)$ 减去噪声功率的估值来估计。该方

法的优点是无须进行傅里叶变换。且如果采用 LPC 编码，则需要计算自相关函数（见 6.4.1 节），因而这种方法的附加运算量可忽略。z

自相关相减法的主要问题是 σ_n^2 的估计是不定的；且如果减法计算有错误，则得到的结果不再是自相关函数。

16.6 减 谱 法

16.6.1 减谱法的基本原理

处理宽带噪声的最通用技术是减谱法，它是最早发展起来的语音增强方法之一；特别地，对无参考信号源的单话筒录音系统是有效的方法。语音在 10～30ms 帧内是近似平稳的，如从带噪语音短时谱中减去噪声谱的估值，则可得到纯净语音的频谱，达到语音增强的目的。噪声也为随机过程，因而这种估计只能建立在统计模型基础上。人耳对语音相位谱不敏感，因而该方法主要针对的是短时幅度谱。

设带噪语音信号为 $y(t)=s(t)+n(t)$，且 $y(t)$、$s(t)$ 及 $n(t)$ 的频谱分别为 $Y(\omega)$、$S(\omega)$ 及 $N(\omega)$，则

$$Y(\omega) = S(\omega) + N(\omega) \tag{16-12}$$

对功率谱，有

$$|Y(\omega)|^2 = |S(\omega)|^2 + |N(\omega)|^2 \tag{16-13}$$

设噪声与语音信号不相关，因而上式中没有信号与噪声的乘积项；即 $|Y(\omega)|^2$ 减去 $|N(\omega)|^2$ 可恢复 $|S(\omega)|^2$。采用幅度谱是因为对语音可懂度与质量起重要作用的只是其幅度谱。噪声是局部平稳的，可认为发语音前与发语音期间的噪声功率谱相同，即可用发语音前（或后）的寂静帧估计噪声。

但语音不平稳，只能用一段加窗信号，因而将式(16-13)写为

$$|Y_w(\omega)|^2 = |S_w(\omega)|^2 + |N_w(\omega)|^2 + S_w(\omega)N_w^*(\omega) + S_w^*(\omega)N_w(\omega) \tag{16-14}$$

式中，下标 w 表示加窗。可根据观测数据估计 $|Y_w(\omega)|^2$，其余各项须近似为统计均值。由于设 $n(t)$ 与 $s(t)$ 独立，则互谱统计均值为 0，因而原始语音的估值为

$$|\hat{S}_w(\omega)|^2 = |Y_w(\omega)|^2 - E\left[|N_w(\omega)|^2\right] \tag{16-15}$$

式中，$E\left[|N_w(\omega)|^2\right]$ 为无语音时 $|N_w(\omega)|^2$ 的统计均值。实际中上式表示的差值可能为负；而功率谱不能为负，因而可令负值为 0 或改变符号。

为用傅里叶逆变换恢复语音，还需要 $S_w(\omega)$ 的相位即 $\arg[S_w(\omega)]$。人耳对语音相位不敏感，因而可用带噪语音的相位即 $\arg[Y_w(\omega)]$ 来近似。即

$$S_w(\omega) = |S_w(\omega)| e^{j\arg[Y_w(\omega)]} \tag{16-16}$$

其傅里叶逆变换即为恢复语音的估值。

减谱法原理方框图见图 16-7。图中，$\sqrt{\ }$ 用于将功率转换为幅度。若噪声为白噪声，则被减去的估计谱近似为常数。此时，减谱法的功能与中心削波法相同。

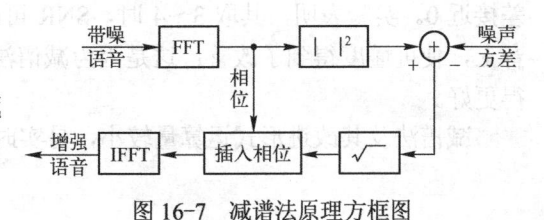

图 16-7 减谱法原理方框图

16.6.2 减谱法的改进形式

式(16-15)中，$|N_w(\omega)|^2$以无声期间的统计平均的噪声方差来代替当前分析帧的噪声频谱，而实际上噪声频谱服从高斯分布

$$P(x) = \frac{1}{\sqrt{2\pi}\sigma} e^{-(x-m)^2/2\sigma^2} \tag{16-17}$$

噪声的帧功率谱随机变化范围很大，频域中最大、最小值之比往往达几个数量级，最大值与均值之比也达 6～8 倍。因而，带噪信号减去噪声谱后，噪声分量很大的那些频率上会有较大剩余，在频谱上呈现随机出现的尖峰，使去噪语音在听觉上形成残留噪声。这种噪声有一定节奏起伏感，称为音乐噪声；其会影响语音的自然度甚至可懂度。

另一方面，语音增强过程中，提高 SNR 与提高可懂度是一对矛盾；滤除噪声的同时或多或少会损害语音信号。通常，噪声滤除得越多，语音可懂度损害就越多。特别在低 SNR 下这一矛盾更为突出。减谱法的改进形式可较好地消除音乐噪声，优化处理语音质量与可懂度这对矛盾。噪声能量往往分布于整个频率范围内，而语音能量则较集中于某些频率或频段，尤其在元音的共振峰处。因而在元音段等幅度较高的短时帧去除噪声时，减去 $\beta \cdot E\left[|N_w(\omega)|^\alpha\right]$（$\beta > 1$），即对被减项进行加权处理，可更好地突出语音功率谱。

同时，将图 16-7 的功率谱计算$|\ |^2$及$|\ |^{1/2}$修正为$|\ |^\alpha$及$|\ |^{1/\alpha}$，可增加灵活性。分析与实验表明，$\alpha > 2$时，其与被减项加权处理有类似果。

综合上面两种处理，减谱法的改进形式见图 16-8。此时式(16-15)修正为

$$\left|\hat{S}_w(\omega)\right|^\alpha = |Y_w(\omega)|^\alpha - \beta \cdot E\left[|N_w(\omega)|^\alpha\right] \tag{16-18}$$

引入 α 及 β 参数为算法提供了很大灵活性；$\alpha = 2$、$\beta = 1$ 时为基本的减谱法。针对语音信号的强弱及噪声特点，选择适当参数可更好地消除音乐噪声。实际中，更多地是使用减谱法的改进形式。

减谱法还有一种变形，见图 16-9，称为倒谱相减法。其增加了 IFFT，将 $|N_w(\omega)|^\alpha$ 变换到伪倒谱域(不是真正的倒谱，因而称为伪倒谱)。伪倒谱域中，语音和噪声可更好地分离。

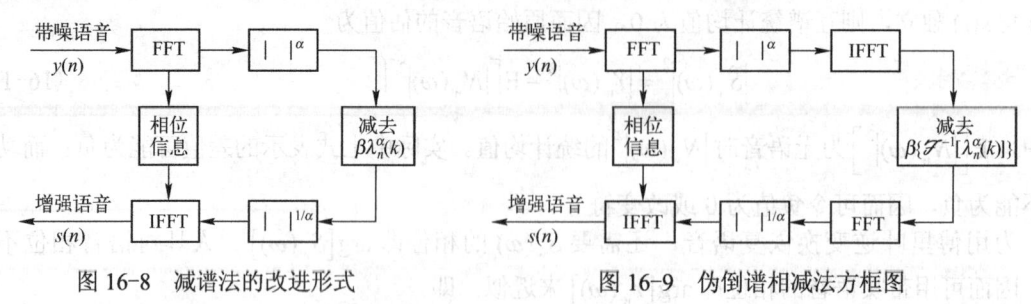

图 16-8 减谱法的改进形式　　　　图 16-9 伪倒谱相减法方框图

α 值根据经验选取。可以证明，大 α 的情况下，一次频谱中的噪声样本均值接近 1，而方差接近 0。实验表明，其取 3～4 时，SNR 可改善 6dB 左右。该方法用于 LPC 编码前的带噪语音上，使可懂度得到了改善；这是因为减谱法改善了频谱畸变，使预测器与要求的语音谱匹配得更好。

减谱法及其改进形式运算量较小，易实时实现，是最常用的语音增强方法。

16.7 基于 Wiener 滤波的语音增强

根据随机信号理论，若语音为平稳过程，则 Wiener 滤波对应于时域的 LMS 估计。基于 Wiener 滤波器，对带噪信号 $y(t)=s(t)+n(t)$，确定滤波器的单位冲激响应 $h(t)$，使带噪信号通过该滤波器的输出 $s'(t)$ 满足 $\mathrm{E}\left[\left|s'(t)-s(t)\right|^2\right]$ 为最小（$s'(t)$ 为滤波器的输出）。

1. 基本原理

设 $s(t)$ 和 $n(t)$ 均是短时平稳的，则由 Wiener-Hopf 积分方程得

$$R_{sy}(\tau)=\int_{-\infty}^{\infty}h(\alpha)R_{yy}(\tau-\alpha)\mathrm{d}\alpha \tag{16-19}$$

进行傅里叶变换得

$$P_{sy}(\omega)=H(\omega)P_{yy}(\omega) \tag{16-20}$$

从而

$$H(\omega)=P_{sy}(\omega)/P_{yy}(\omega) \tag{16-21}$$

由于

$$P_{sy}(\omega)=P_s(\omega) \tag{16-22}$$

考虑到 $s(t)$ 与 $n(t)$ 相互独立，则带噪信号谱是信号谱与噪声谱之和：

$$P_{yy}(\omega)=P_s(\omega)+P_n(\omega) \tag{16-23}$$

将式(16-22)与式(16-23)代入式(16-21)，则

$$H(\omega)=\frac{P_s(\omega)}{P_s(\omega)+P_n(\omega)} \tag{16-24}$$

上面的推导是在短时平稳假设下进行的，因而语音信号须是加窗的短时帧信号。噪声谱 $P_n(\omega)$ 可由类似谱减法的方法得到；信号谱 $P_s(\omega)$（即 $\mathrm{E}\left[|S(\omega)|^2\right]$）可用带噪语音的功率谱减去噪声功率谱得到，如先对数帧带噪语音进行平均再减去噪声功率谱，或用数帧平滑的 $|Y(\omega)|^2$ 来估计 $\mathrm{E}\left[|Y(\omega)|^2\right]$，再减去噪声功率谱得到。显然每帧语音信号的功率谱为

$$S_o(\omega)=H(\omega)Y(\omega) \tag{16-25}$$

$S_o(\omega)$ 的相位谱用带噪信号 $Y(\omega)$ 的相位谱近似代替，再由傅里叶反变换得到去噪后的时域信号。

2. Weiner 滤波的改进形式

类似于谱减法的改进形式，也可对 Wiener 滤波器进行改进，即

$$H(\omega)=\left[\frac{P_s(\omega)}{P_s(\omega)+\alpha P_n(\omega)}\right]^\beta=\left[\frac{\mathrm{E}\left[|S_w(\omega)|^2\right]}{\mathrm{E}\left[|S_w(\omega)|^2\right]+\alpha\cdot\mathrm{E}\left[|N_w(\omega)|^2\right]}\right]^\beta \tag{16-26}$$

改变 α 和 β，则 $H(\omega)$ 有不同的特性。式(16-26)只是 $\alpha=\beta=1$ 的特例。$\alpha=1$，$\beta=1/2$ 时，上式相当于功率谱滤波，即使去噪后的信号功率谱与纯净信号接近。

还有其他一些形式的 Wiener 滤波器，如有理分式结构 Wiener 滤波器、隐含 Wiener 滤波器等。

3. Wiener 滤波的特点

Wiener 滤波的优点是增强后的残留噪声类似于白噪声，而不是有节奏起伏的音乐噪声。这

已被研究证实。

Wiener 滤波法与谱减法相比，形式差别不大，可认为是统一的。谱减法是一种 ML 估计，无须对语音频谱分布进行假设；而 Wiener 滤波为平稳条件下时域信号的 LMS 估计。语音幅度谱对人的听觉最重要，因而这两种方法均有局限。

16.8 基于语音产生模型的语音增强

基于语音生成模型的语音增强的基础是语音产生的线性模型。如果知道激励及声道滤波器参数，则可利用语音生成模型合成纯净的语音。该方法的关键在于从带噪语音中准确估计语音模型(激励及声道)参数；因而这种方法又称分析-合成法。另一种处理是由于激励参数难以准确估计，只利用声道参数构造滤波器以进行滤波。

1. 基于 LPC 模型的语音增强

语音产生的全极模型第 6 章中已详细介绍。即

$$H(z) = \frac{G}{1 - \sum_{k=1}^{P} a_k z^{-k}} \quad (16\text{-}27)$$

设激励为 $u(n)$，则 LPC 模型产生的语音为

$$s(n) = \sum_{k=1}^{P} a_k s(n-k) + Gu(n) \quad (16\text{-}28)$$

纯净语音信号可根据上式进行 LPC 分析。存在噪声时，对带噪语音信号由自相关或协方差法求出的是有误差的 LPC 系数。基于 LPC 模型，可利用 MAP 估计和 Kalman 滤波等估计信号。

2. 最大后验概率估计法

设带噪语音为 $y(n) = s(n) + n(n)$，其中 $n(n)$ 为独立的(即与语音信号不相关)加性高斯白噪声，设其方差为 σ_n^2。根据式(16-28)，设 LPC 参数 $\boldsymbol{a} = (a_1, a_2, \cdots, a_P)^T$ 满足高斯联合分布，此时可用最大后验概率 $P(\boldsymbol{a}|y)$ 作为估计准则。对(16-28)求导得到非线性方程组，其求解很困难。为此分两步实现优化过程：

(1) 在纯净语音 s 已知的条件下，由 MAP 准则估计 LPC 参数 $\boldsymbol{a}$。这是常规的 LPC 分析。

(2) 由 LPC 参数 $\boldsymbol{a}$ 和带噪信号 y，根据 MAP 准则估计纯净语音信号 s。

上述迭代过程可逐渐增大后验概率 $P(\boldsymbol{a}, s|y)$，直到收敛于一个局部极大值。在后验概率联合高斯分布的假设条件下，第二步的 MAP 估计等效于 LMS 估计。帧长趋于无穷大时，LMS 趋于非因果的 Wiener 滤波，其频率特性为(见 16.7.1 节)：

$$H(\omega) = \frac{P_s(\omega)}{P_s(\omega) + \delta_n^2} \quad (16\text{-}29)$$

式中，$P_s(\omega)$ 为信号功率谱，且

$$P_s(\omega) = G^2 \Big/ \Big|1 - \sum_{k=1}^{P} a_k e^{-jk\omega}\Big|^2 \quad (16\text{-}30)$$

MAP 估计的步骤如下。

第一步：初始化。计算初始的 LPC 参数 $\hat{\boldsymbol{a}}^{(0)}$。可采用上帧 $P_s(\omega)$ 参数，也可从其他语音增强方法处理过的语音中提取。设置迭代序号 $i=0$ 及阈值 ε。

第二步：迭代。（1）由当前的 LPC 系数 $\hat{\boldsymbol{a}}^{(i)}$ 计算信号功率谱 $P_s(\omega)$；G 由 Parseval 定理得到。（2）构造 Wiener 滤波器的 $H(\omega)$，对 y 滤波，得到增强后的语音 $s^{(i+1)}$。

第三步：条件判断。比较 $s^{(i+1)}$ 与 $s^{(i)}$ 的距离，若小于阈值 ε，则结束迭代。否则用 $s^{(i+1)}$ 求出 $\hat{\boldsymbol{a}}^{(i+1)}$，$i=i+1$，返回第二步的步骤（1），进行下一次迭代。

上述过程见图 16-10，估计结果包含了 LPC 系数及增强后的语音。

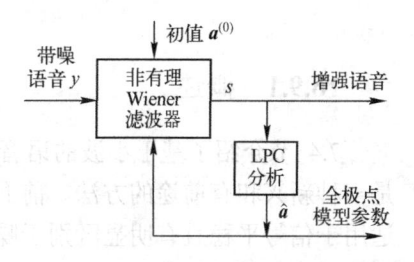

图 16-10 MAP 估计法原理框图

3. Kalman 滤波法

Wiener 滤波（见 16.7 节）只是平稳条件时 LMS 意义下的最优估计，且未完全利用语音的产生模型。Kalman 滤波可弥补这些缺陷；其通过引入 Kalman 信息，将滤波与预测的混合问题转化为两个独立问题，是非平稳条件的 LMS 意义下的最优估计。

对带噪信号 $y(n)=s(n)+n(n)$，式(16-28)的 LPC 产生模型写为向量形式为

$$s(n)=\boldsymbol{F}s(n-1)+\boldsymbol{M}\cdot G u(n) \tag{16-31}$$

$$y(n)=\boldsymbol{H}s(n)+n(n) \tag{16-32}$$

式中，$\boldsymbol{s}(n)=[s(n+P-1),s(n+P-2),\cdots s(n)]^{\mathrm{T}}$，$\boldsymbol{F}=\begin{bmatrix} 0 & 1 & \cdots & 0 \\ 0 & 0 & \cdots & 0 \\ \vdots & \vdots & \ddots & \vdots \\ a_P & a_{P-1} & \cdots & a_1 \end{bmatrix}$ 为 $P\times P$ 维状态转移矩阵，$\boldsymbol{M}=[0\ 0\ \cdots\ 1]^{\mathrm{T}}$ 为 $P\times 1$ 维输入矩阵，$\boldsymbol{H}=[0\ 0\ \cdots\ 1]$ 为 $1\times P$ 维观测矩阵。

Kalman 滤波器的阶数取为 LPC 的阶数，即 $N=P$。对清音段，LPC 模型的激励为白噪声，即 $\mathrm{E}[n(n)]=0$，$\mathrm{E}[n(n)n(m)]=\delta_{nm}$。

对白噪声 $n(n)$，设信号与噪声不相关，即

$$\mathrm{E}[n(n)]=0,\quad \mathrm{E}[n(n)n(m)]=\sigma_n^2\delta_{nm},\quad \mathrm{E}[u(n)n(n)]=0 \tag{16-33}$$

此时 Kalman 滤波公式为

$$\begin{cases} \hat{s}(n)=\boldsymbol{F}\hat{s}(n-1)+\boldsymbol{K}(n)\left[y(n)-\boldsymbol{H}\boldsymbol{F}\hat{s}(n-1)\right] \\ \boldsymbol{K}(n)=\boldsymbol{P}(n|n-1)\boldsymbol{H}^{\mathrm{T}}\left[\sigma_n^2+\boldsymbol{H}\boldsymbol{P}(n|n-1)\boldsymbol{H}^{\mathrm{T}}\right]^{-1} \\ \boldsymbol{P}(n|n-1)=\boldsymbol{F}\boldsymbol{P}(n-1)\boldsymbol{F}^{\mathrm{T}}+G^2\boldsymbol{M}\boldsymbol{M}^{\mathrm{T}} \\ \boldsymbol{P}(n)=[\boldsymbol{I}-\boldsymbol{K}(n)\boldsymbol{H}]\boldsymbol{P}(n|n-1) \end{cases} \tag{16-34}$$

式中，$\boldsymbol{K}(n)$、$\boldsymbol{P}(n)$ 与 $\boldsymbol{P}(n|n-1)$ 分别为 n 时刻的最优增益矩阵、估计误差协方差矩阵及预测误差协方差矩阵。

递推时，初始条件一般取 $\hat{s}(0)=0$，$\boldsymbol{P}(0)=[0]_{P\times P}$，则 n 时刻的纯净语音估值为

$$\tilde{s}(n)=\boldsymbol{H}\hat{s}(n) \tag{16-35}$$

由式(16-34)及式(16-35)可知,如已知 LPC 参数及噪声方差,可逐点估计出纯净语音。非白噪声情况下,也可利用 Kalman 滤波对纯净语音进行估计。

16.9 基于小波的语音增强

16.9.1 概述

7.4 节介绍了基于小波的语音分析方法。小波分析也用于语音增强。基于小波的语音增强是一种新兴和有前途的方法。前面介绍了语音增强方法中,频谱分析(如减谱法)是传统方法,适用于信号平稳且有明显区别于噪声谱特性的场合,而对非平稳信号其存在无法克服的弱点。而自适应滤波(如 Weiner 滤波,Kalman 滤波)需知道噪声的一些特征或统计性质;而且,传统去噪方法有时会使信号产生较大的畸变。

小波语音增强的优点是:(1)去噪效果明显,SNR 得到显著提高;(2)去噪后的语音信号损伤少,即对突变信息有良好的分辨率;(3)在低 SNR 下仍可有效去除噪声;(4)对信号的先验知识依赖少。

小波语音增强的出发点是:小波变换将信号在多尺度上进行分解,且各尺度上的小波系数表示信号在不同分辨率上的信息;利用信号与随机噪声在不同尺度上分解所具有的不同的传递特性与特征,如模极大值与尺度大小的特征关系等,将信号与噪声进行分离。

对带噪语音信号进行小波变换后,噪声影响表现在各尺度上,而信号的主要特征分布于较大尺度的有限个系数中。因而,由大尺度上的有限数目的小波系数可较好地重构原始信号。从而,对小的小波系数置 0 并对相对大的系数进行阈值处理,可近似地去除噪声。这里,对清音应采用不同的阈值处理方法。浊音大部分分布于低频部分,而清音类似于噪声主要分布于高频段。阈值处理不应破坏清音段,否则将严重影响重构语音的质量。为此可对清音段进行识别并分割,再对清音与浊音段采用不同的阈值。

Witkin 首先提出利用小波不同尺度信号的空间相关性进行去噪的思想;Mallat 提出通过寻找小波变换系数中的局部极大值点并以此重构信号;Donoho 提出基于阈值决策的小波域去噪技术,可得到较好的去噪效果。

16.9.2 基于小波的语音增强

1. 实现过程

基于小波的语音增强的实现过程:

(1)对带噪语音帧进行 DWT,得到各尺度的小波系数;

(2)对噪声方差进行估计。小波去噪克服了传统去噪方法对信号先验知识要求较多的不足,仅需确定很少的参数如噪声方差。

(3)小波域门限的确定。门限选取是关键一步,直接影响到去噪效果与重构信号的失真程度。阈值选取的一种方法是固定门限,即

$$y = \begin{cases} x, & |x| > T \\ 0, & |x| \leq T \end{cases} \tag{16-36}$$

见图 16-11。式中 y 表示阈值处理后的小波系数,T 表示阈值。即若小波分解系数绝对值小于

阈值则置为0；否则保持原值。这里

$$T = \sigma\sqrt{2\lg N} \tag{16-37}$$

式中，σ 为噪声方差，N 为语音信号的点数。

固定门限也称为硬门限。这种处理使得到的小波系数有不连续点，可引起重构信号的振荡。

为此可采用软门限，即

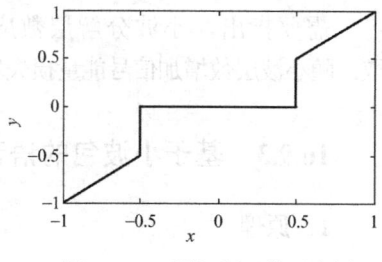

图 16-11 硬门限函数示意图

$$y = \begin{cases} \text{sgn}(x)(|x|-T), & |x| > T \\ 0, & |x| \leqslant T \end{cases} \tag{16-38}$$

即将小波系数绝对值与阈值比较，若小于等于阈值则置为零；否则减去阈值且符号保持不变。这种门限处理后没有不连续点，小波系数连续性好，易于处理。

（4）由处理后的小波系数估值重构语音信号。

这里，（1）、（4）步可用 Mallat 算法，以便于软硬件实现。

Donoho 的研究表明，利用式(16-37)的阈值并用软门限处理后，重建信号满足 LMS 准则，且可以很高的概率达到平滑效果。

2. 自适应阈值

上述方法采用固定阈值。但随机噪声在小波变换中能量主要存在于小尺度上，且随尺度增加而迅速减小。信号则相反，小尺度上其被淹没于噪声中，随尺度增加其值迅速增大。因而采用固定阈值时，大尺度上的信号有一部分被滤除掉，从而引起较大的失真。

为此可采用自适应阈值，使其随尺度的增大而减小；即

$$T(j) = \sigma\sqrt{2\lg N} \big/ \lg(j+C) \tag{16-39}$$

式中，j 为当前的分解层数即尺度。上式为试验得到的经验公式，调节常数 C 用以得到最佳的输出 SNR。

这种自适应于不同尺度的非线性阈值比固定阈值有更好的去噪效果及较小的语音失真，且更顽健。

3. 对清音的处理

如前所述，小波域的阈值处理不应破坏清音语音(清音段有很多类似于噪声的高频成分)。清音段和浊音段应采用不同的处理方法。

对语音段进行小波分解，提取各尺度系数。如果满足：

（1）最小尺度上的能量最高(表明最高频率成分的尺度能量最强)；

（2）最大尺度与最小尺度的能量之比小于 0.9。

则判断为清音段；此时只对最小尺度上的小波系数进行阈值处理。否则，对浊音段，对所有尺度上的系数均进行阈值处理。

4. 实例

设噪声为高斯白噪声，SNR 为 0dB，采样率为 8kHz。使用 db1 小波对，对信号进行 3 层分解，处理结果见图 16-12。将带噪语音与增强后的语音相比较；可见小波方法可有效去噪并提高 SNR，且较好地恢复了原始信号。

需要指出，小波分解层数应合理地选取：随小波层数增加信号能量损失增大。

16.9.3 基于小波包的语音增强

1. 原理

第 7 章曾介绍了基于小波包的听觉系统模拟（见 7.4.4 节）及语音端点检测（见 7.4.5 节）。小波包也可用于语音去噪。小波包去噪与小波去噪基本类似，不同之处是小波包分析更为复杂也更灵活：其对上层低频和高频部分同时细分，有更精确的局部分析能力。

对信号的小波包分解有多种小波包基，根据所分析的信号选择其中最好的一种即最佳基；而选择标准为熵。

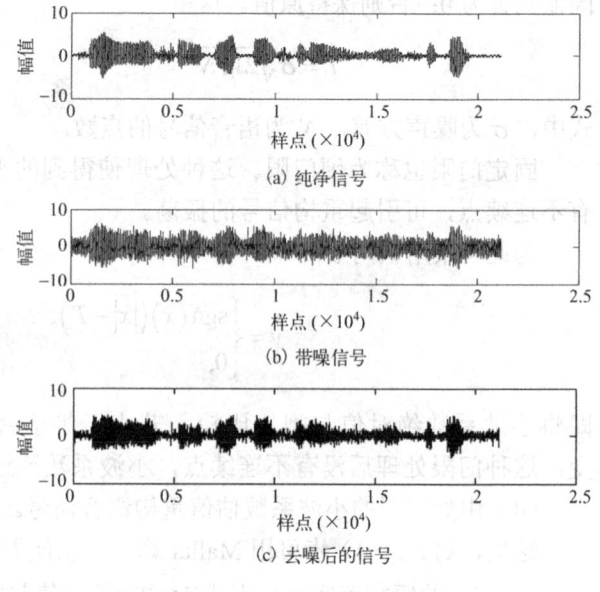

图 16-12 小波变换去噪结果

信号去噪是小波包分析的基本应用，步骤如下：

（1）信号的小波包分解。选择小波并确定小波分解层次 N。然后对信号 s 进行 N 层小波包分解。

（2）计算最佳树（即确定最佳小波包基）。对给定的熵标准，计算最佳树。这一步是可选的。

（3）小波包分解系数的阈值量化。对每个小波包分解系数（特别是低频系数）选择适当的阈值并对系数进行量化。

（4）小波包重构。根据第 N 层小波包分解系数及量化系数进行重构。

2. Bark 尺度小波包变换

语音增强的效果最终取决于人的主观感受，因而语音感知对语音增强有重要作用。人耳对声音的接收与频率分解主要在内耳耳蜗的基底膜上进行（见 2.6.1 节）。基底膜上的振动以行波方式传递，频率不同则行波传播距离也不相同，从而不同频率上的波极大值出现于基底膜的不同位置；频率高的在基底膜前端，频率低的在其末端，从而使基底膜具有频率分解能力。此外，对相同的频差，振动频率低时的极大值相距较远，反之较近；因而基底膜对低频的分辨率高于高频。

11.11.2 节介绍了语音的 Bark 谱，即 Bark 域的频率描述。根据人耳听觉掩蔽效应的实验，采用频率群，将基底膜分解为许多小段，每个小段为一个频率群。在 20~16000Hz 范围内有 24 个频率群。同一频率群的声音在大脑中是叠加在一起进行评价的，有一致的心理声学特征。按频率由低到高对频率群进行编号，将编号定义为新的频率单位即 Bark。Bark 域频率反映了人耳听觉特性，在语音处理中大量应用。

在小波包中任选正交基对信号进行分解，可根据信号特征自适应地选择频带，使频率分解更为灵活。小波包的这一特点使其可模拟人耳 Bark 域的频率描述，并构造与后者类似的小波包分解结构；称为 Bark 尺度的小波包分解。

为模拟人耳的 24 个频率群，用 8kHz 采样语音信号，选取 1~17 个频率群，每个子带的中心频率差 1Bark。如对 Bark 域进一步分解，使每个子带的中心频率差 1/4 Bark，对语音描述会更细致，也不会导致较大的计算量。小波包分解树结构见图 16-13，共有 68 个子频带。研究

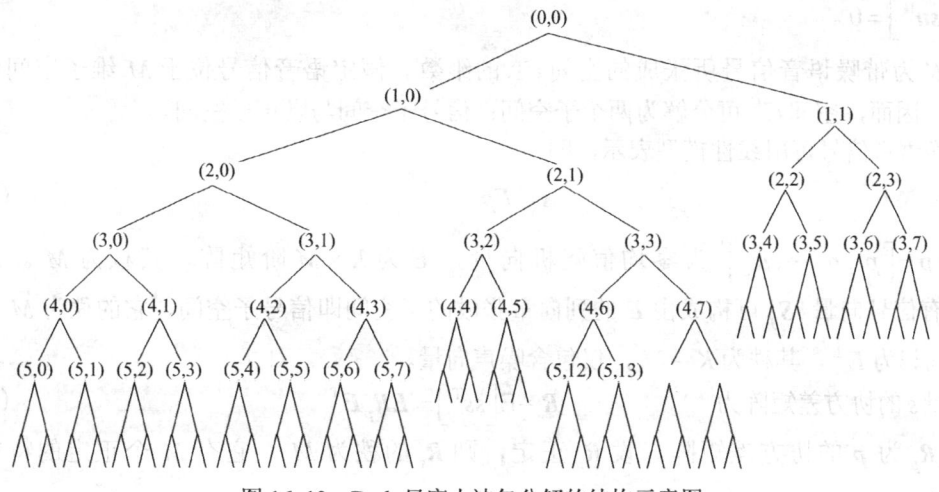

结果表明，小波包可很好地模拟人耳的听觉特性。

图 16-13　Bark 尺度小波包分解的结构示意图

16.10　基于信号子空间分解的语音增强

近二三十年来，特征子空间分解方法广泛应用于超分辨空间谱估计、谐波恢复、阵列信号处理、系统辨识及信号增强等领域。解决这些问题时，需要从一个大的空间中抽取出低维子空间；这称为子空间分解。

子空间分解也可用于语音增强。Ephraim 及 Van Trees 最早提出基于子空间分解的语音增强方法，以后出现的方法均以其为基础。

语音信号处理的大量实验表明，语音协方差矩阵有很多零特征值，这说明纯净语音信号的能量只分布于其所在空间的某个子集中，而噪声存在于整个带噪信号张成的空间中。基于子空间分解的语音增强方法的基本思想是将带噪语音信号映射（投影）到两个正交的子空间中，一个是信号加噪声子空间，或称信号子空间，其主要部分是语音信号；另一个是噪声子空间，只包含噪声。因而去除噪声子空间中的成分后，仅由信号子空间中的语音信号分量就可估计(重构)原始语音信号。将特征空间分解为上述两个子空间的方法包括两种，即奇异值分解及特征值分解。

子空间分解是语音增强中较新的方法，其优点是去噪效果好，语音失真小，音乐噪声较小。而一些常规的语音增强方法，如 Wiener 滤波及谱减法等存在有剩余噪声所导致的音乐噪声问题。语音增强方法可分为两大类，一类是时域法，如子空间方法；另一类是频域法，如减谱法、短时谱幅度的 LMS 估计及 Wiener 滤波等。其中，子空间方法可在语音信号失真与残留噪声间进行控制。而频域法计算量较小，但无法对信号失真与残留噪声进行控制。减谱法计算量小，且可简单地控制语音信号失真与残留噪声，但去噪后存在音乐噪声。LMS 估计和 Wiener 滤波的计算量适中，但无法在语音信号失真与残留噪声之间进行折中。

1. 信号与噪声的线性模型与子空间描述

设观测的带噪信号向量为
$$x = s + n \tag{16-40}$$
式中，$x = [x_1, x_2, \cdots, x_K]^T$，$s = [s_1, s_2, \cdots, s_K]^T$ 为信号向量，$n = [n_1, n_2, \cdots, n_K]^T$ 为加性噪声；设噪声与语音信号相互独立，且均值为 0。

带噪语音信号的协方差矩阵为
$$R_x = E[xx^H] = R_s + R_n \tag{16-41}$$

式中，R_s 为原始信号的协方差矩阵，R_n 为噪声协方差矩阵。由于信号与噪声不相关，式中应用了 $\mathrm{E}[sn^H]=0$。

设 K 为带噪语音信号所张成的空间 C^K 的维数。假定语音信号位于 M 维子空间中，且 $M<K$；因而，空间 C^K 可分解为两个子空间：信号子空间与噪声子空间。

纯净语音信号可用线性模型表示，即

$$s = Ep \tag{16-42}$$

式中，$p=[p_1,p_2,\cdots,p_K]^T$ 为零均值随机向量，E 为 $K\times M$ 阶矩阵，其秩为 M。$M<K$ 时，所有信号向量 $\{S\}$ 可构成由 E 的列向量张成的子空间即信号子空间，它的秩为 M。而噪声子空间记为 $E^\perp$，其秩为 $K-M$，仅包含噪声向量。

向量 s 的协方差矩阵为

$$R_s = \mathrm{E}[ss^T] = ER_p E^T \tag{16-43}$$

式中，R_p 为 p 的协方差矩阵。设 R_p 正定，则 R_s 的秩为 M，它有 M 个正定的特征值及 $K-M$ 个零特征值。

下面考虑噪声。若为白噪声，有

$$R_n = \mathrm{E}[nn^H] = \sigma_n^2 I \tag{16-44}$$

式中，σ_n^2 为噪声方差。上式表明 R_n 的秩为向量空间维数 K，且特征值均为 σ_n^2。即噪声过程满秩，其张成的空间为 C^K。因而噪声不仅存在于信号子空间的补空间（噪声子空间）中，也存在于信号子空间中。

带噪语音信号表示为

$$x = Ep + n \tag{16-45}$$

则

$$R_x = ER_p E^T + R_n \tag{16-46}$$

对 R_x 特征分解，有

$$R_x = Q\Lambda_x Q^T \tag{16-47}$$

式中，Q 为由 R_x 的各特征向量构成的正交矩阵，Λ_x 为 R_x 的 K 个特征值构成的 K 维对角阵。Λ_x 的特征值中有 M 个较大的特征值；而其余 $K-M$ 个特征值很小，均为 σ_n^2。这 M 个较大的特征值称为主特征值，相应的 M 个特征向量称为主特征向量。

由上述分析可将纯净语音信号的协方差计算出来。R_x 与 σ_n^2 可根据由带噪信号估计出来，其精度直接影响所得到的特征值和特征向量的精度。

根据线性模型对纯净语音信号进行估计，即

$$\hat{s} = Hx \tag{16-48}$$

为对 s 的一个估计（线性预测），其中 H 为 $K\times K$ 维估计矩阵（线性预测器）。

对原始语音信号的估计分为时域约束及频域约束两种；其目的是保持残差信号的能量（或频谱）的同时，使估计信号的失真为最小。其中，时域约束估计是使每帧残余噪声能量低于某阈值，而频域约束估计是进行残差噪声的频谱约束即保证每个频谱分量的残余噪声低于给定的阈值。下面考虑时域约束方法。

2. 时域约束估计

原始语音信号的估计误差为

$$\varepsilon = \hat{s} - s = (H-I)s + Hn = \varepsilon_s + \varepsilon_n \tag{16-49}$$

其中，ε_s 表示信号失真，ε_n 表示剩余噪声。相应的能量分别为

$$\bar{\varepsilon}_s^2 = \mathrm{E}[\varepsilon_s^T \varepsilon_s] = \mathrm{tr}(\mathrm{E}[\varepsilon_s \varepsilon_s^T]) = \mathrm{tr}(\mathrm{E}[HR_s H^T - HR_s - RH^T + R_s]) \tag{16-50}$$

$$\bar{\varepsilon}_n^2 = \mathrm{E}\left[\varepsilon_n^{\mathrm{T}}\varepsilon_n\right] = \mathrm{tr}\left(\mathrm{E}\left[\varepsilon_n\varepsilon_n^{\mathrm{T}}\right]\right) = \mathrm{tr}\left(HR_nH^{\mathrm{T}}\right) \tag{16-51}$$

估计的目标是使信号失真能量最小，因而最优估计矩阵应为

$$H_{\mathrm{opt}} = \min\left[\bar{\varepsilon}_s^2\right] \tag{16-52}$$

同时满足时域约束条件
$$\frac{1}{K}\bar{\varepsilon}_n^2 \leqslant \sigma^2 \tag{16-53}$$

其中，σ^2 为正常数。上述条件极值问题可用 Lagrange 乘数法来求其最优解，即

$$H_{\mathrm{opt}} = R_s\left[R_s + \mu R_n\right]^{-1} \tag{16-54}$$

式中，μ 为 Lagrange 算子。

噪声为白噪声时，可利用特征分解

$$R_s = U\varLambda_s U^{\mathrm{T}} \tag{16-55}$$

其中，$\varLambda_s$ 为 R_s 的各特征值构成的对角阵，U 为归一化的 R_s 的特征向量矩阵。此时，式(16-54)写为

$$H_{\mathrm{opt}} = U\varLambda_s\left(\varLambda_s + \mu U^{\mathrm{T}}R_n U\right)^{-1}U^{\mathrm{T}} \tag{16-56}$$

由于 $R_n = \sigma_n^2 I$，上式简化为

$$H_{\mathrm{opt}} = U\varLambda_s\left(\varLambda_s + \mu\sigma_n^2 I\right)^{-1}$$

下面考虑参数 μ。它的取值影响语音信号质量，可用于在残留噪声和语音信号失真间进行折中。μ 较大时可去除更多的噪声，但会引入较大的信号失真。相反可减小信号失真但会导致较多的残留噪声。因而 μ 应合理选取。

3．对色噪声的处理方法

上述结论在白噪声假设下得到。色噪声时不再满足 $R_n = \sigma_n^2 I$，上述结果无法直接应用。

为此，一种考虑是先对信号进行预白化。即对带噪信号乘以 $(R_n)^{-1/2}$ 以去除信号间的相关性。此时

$$\tilde{x} = (R_n)^{-1/2}x = (R_n)^{-1/2}s + (R_n)^{-1/2}n = \tilde{s} + \tilde{n} \tag{16-57}$$

然后由前面白噪声下的估计结果 H_{opt} 得到色噪声下的估计结果 $\tilde{H}$：

$$\tilde{H} = (R_n)^{1/2}H_{\mathrm{opt}}(R_n)^{-1/2} \tag{16-58}$$

式中，$(R_n)^{1/2}$ 为色噪声协方差矩阵的平方根。

但是，基于预白化的方法不是最优方法；其无法保证信号失真最小，也无法保证残余噪声能量在空间上的分布与纯净语音信号相似。

为此可采用如下方法。引入酉矩阵 V 对 R_s 和 R_n 对角化，即

$$V^{\mathrm{T}}R_sV = \varLambda_s \tag{16-59}$$

$$V^{\mathrm{T}}R_nV = I \tag{16-60}$$

式中，$\varLambda_s$ 与 V 分别为 $(R_n)^{-1}R_s$ 的特征根组成的对角阵及相应的特征矩阵。即有

$$(R_n)^{-1}R_sV = V\varLambda_s \tag{16-61}$$

设 R_s 正定，则 $\varLambda_s$ 为实矩阵，且 V 不是正交的。因为 R_s 的秩为 M，因而 $(R_n)^{-1}R_s$ 的秩也为

M。利用 $(\boldsymbol{R}_n)^{-1}\boldsymbol{R}_s$ 的特征分解代替 $\boldsymbol{R}_s$ 的特征分解，得到子空间滤波器的广义形式

$$\tilde{\boldsymbol{H}}_{opt} = \boldsymbol{V}^{-T}\boldsymbol{\Lambda}_s(\boldsymbol{\Lambda}_s + \mu\boldsymbol{I})^{-1}\boldsymbol{V}^{T} \tag{16-62}$$

可直接用于色噪声。

适用于色噪声的方法使基于信号子空间分解的语音增强得到更广泛的应用。

4. 算法改进与发展

基于子空间分解的语音增强方法的局限是运算量较大，需对 $K \times K$ 维协方差矩阵进行特征分解，其运算复杂度为 $O(K^3)$。因而需研究其快速实现方法。

另一方面，可对这类方法进行改进与完善，以提高语音增强效果。如对增强后的语音信号，利用基于听觉掩蔽模型的感知滤波器进行后置滤波，以进行频谱平滑。对增强后的语音的客观测试表明，与信号子空间方法相比，这种结合了后处理的方法可有效抑制音乐噪声，减小语音信号失真。

或者，利用有/无声检测来提高对噪声估计的准确度。即将带噪语音信号划分为语音帧和噪声帧，对所有噪声帧进行统计以估算噪声的统计特性，从而对噪声方差的估计更为准确。其结果是进一步抑制了音乐噪声，并使语音质量与可懂度得到提高。

对于 Lagrange 算子 μ 的选取问题，如上所述，其可用于在残留噪声和语音信号的失真间进行折中。通常，希望在语音占主导地位的帧中使语音失真为最小，因为语音信号对噪声有掩蔽效应。相反，在噪声占主导地位的帧中，希望减少残留的噪声成分。因而，可将 μ 的取值与帧的短时 SNR 相联系，并用试验方法加以确定；从而可得到比固定的 μ 更好的效果。

16.11 语音增强的一些新发展

1. 基于神经网络的语音增强

语音增强在一定意义上也可认为是一种说话人区分问题，只是所区分的是背景噪声。因而可利用 ANN 等实现语音增强。经多年发展已研究了一些用于语音增强的 ANN 方法。如 20 世纪 80 年代中期，利用四层全连接 BP 网络从各种平稳与非平稳噪声中提取信号。

ANN 在语音增强中的应用主要有以下两方面。

（1）时域滤波。时域滤波方法基于测试的语音和噪声环境分布与训练时相同，且分布保持不变的假设；需对带噪语音和纯净的目标语音分别训练，得到合适的预测神经元模型。为得到语音的 ML 估计，在扩展的 Kalman 滤波过程中，使用训练得到的预测神经元模型，将噪声抑制掉。

（2）变换域分类。用带噪语音和目标语音在变换域中对 ANN 进行训练。变换域可为频域、倒谱域、Mel 倒谱域等。SNR 或其他测度也可作为网络输入。这种方法的前提是 SNR 的估计正确，且语音与噪声的统计分布是特定的。利用训练得到的神经元，构造语音和噪声的分类器，以实现语音增强。

语音增强的目的是改善语音质量特别是提高可懂度。尽管已有一些有效的方法，但它们在增强语音的同时，往往会引起自然度的恶化。

下面给出一个基于 ANN 的实验结果。用 BP 网络从平稳与非平稳噪声中提取语音信号，其取自几个广播员在安静环境下发出的 5000 个单词音，由某中 216 次发音形成一个音素平衡的数据库。噪声由计算机房录音得到。噪声与语音均以 12kHz 取样，量化为 16bit，再将噪声加到语音上，SNR 为-20dB。网络输入由 60 个时间样值的窗口组成，每次向前滑动一个样

值，每个分析窗位置的网络输出都与相应的无噪声污染的语音窗口时间样值进行比较并计算其误差，再用 BP 算法调整网络的权。

为判断训练的有效性，对重构语音质量进行了检验。一种方法是观察语谱图的变化，另一种是可懂度测试。从语谱图可见，网络输出的语谱图与纯净语音相比高频共振峰结构有所恶化；但语音可懂，基音结构也得以维持。同时，也将 ANN 输出与谱减法进行了比较；试听结果，对前者满意的比率大于后者(56.6%比 43.4%)。

2. 基于 HMM 的语音增强

为更好地描述信号的非平稳性，可采用基于状态空间的变换方法，对不同类别的语音和噪声信号建立不同的模型。目前主要有两种转换方法，一是构造分类器，并对信号进行最优匹配；另一种是利用 HMM。

HMM 方法中，HMM 的各状态可对语音、噪声的所有不同区域进行建模。为准确估计噪声须保证只有带噪信号情况下 HMM 也可正确地分类。此时用 HMM 对状态转移概率建模，将可能为噪声的信号部分滤除以实现语音增强。

基于 HMM 的方法可与扩展的 Kalman 滤波器结合使用。

3. 基于听觉感知的语音增强

研究表明，无论在多恶劣的环境下，人耳总能在极大程度上对语音信号中的噪声进行抑制，提取到感兴趣的信息。而语音增强的效果最终也是通过人的主观感受体现的，因而随着对听觉系统生理机理的研究深入，基于听觉感知的语音增强得到了较大发展。这种方法是在语音增强中，结合人耳的主观感知特性来模仿人的听觉特性；使对听觉影响最严重的频段的噪声被有效地滤除，使主观听觉质量得到提高。

人耳听觉的主要特性为：

（1）对语音的感知通过信号的幅度谱得到，而对相位谱不敏感。

（2）对频谱分量强度的感受是频率和能谱的二元函数，响度与对数幅度谱成正比。

（3）对频率高低的感受与频率的对数近似成正比。

（4）有掩蔽效应，即强信号对弱信号有掩盖的抑制作用。掩蔽程度满足声强与频率的二元函数关系，对频率临近分量的掩蔽比频差大的分量有效得多。

（5）共振峰对语音感知十分重要，且第二共振峰比第一共振峰更为重要。因而对语音信号进行一定程度的高通滤波不会对可懂度产生影响。

（6）多人同时说话时可分辨所要聆听的声音。

近年来许多语音增强方法利用了听觉特性。如模仿噪声掩蔽效应，当信号能量低于噪声能量时，令所有滤波器的输出等于噪声电平。或将语音频谱划分为一些符合人耳听觉特性的子带（即 Bark 小波变换等，见 16.9.3 节所述），在各子带中分别估计噪声特性并进行滤波，以实现语音增强。

小　　结

本章介绍了语音增强。语音去噪及实际环境下的语音信号处理主要有三种方法，即语音增强、利用稳健的语音特征及基于模型参数自适应的噪声补偿。但解决噪声问题的根本途径是噪声与语音的自动分离。随着盲分离技术的发展，语音与噪声分离的研究取得了一些进展。第 17 章将介绍基于麦克风阵列的语音盲分离技术。

思考与复习题

16-1　语音去噪方法分为哪几大类？不同类的方法分别基于何种原理？

16-2　语音信号中的噪声分为哪几类？对加性、乘性噪声，平稳及非平稳噪声，应采用何种不同的语音增强策略？如何将非加性噪声变换为加性噪声进行处理？

16-3　如何利用人耳感知特性提高对语音信号的去噪性能？听觉掩蔽效应在语音增强中有哪些应用？

16-4　试述语音自适应噪声对消的原理。

16-5　对谱减法，利用 IFFT 恢复时域信号时，对相位信息应如何处理？非平稳噪声情况下，应如何更新噪声功率？噪声去除过大或过小将产生何种后果？应如何选取参数 α 和 β？

16-6　试述基于 Weiner 滤波的语音增强原理。

16-7　试述基于语音产生模型的语音增强原理，包括基于 LPC 模型、最大后验概率估计及 Kalman 滤波的方法。

16-8　基于小波的语音增强原理是什么？小波域的阈值如何选取？什么是硬门限及软门限？小波语音增强与常规语音增强相比有何优势？试述基于 Bark 尺度小波包的语音增强原理；其改善语音去噪效果的出发点是什么？

16-9　试述基于神经网络的语音增强原理。

16-10　试述基于 HMM 的语音增强方法的出发点。HMM 可分别用于语音识别、说话人识别、语音合成及语音增强。试分析在上述四种不同的应用领域中，HMM 技术起到的作用有何不同？

16-11　本章介绍了多种去除语音加性噪声的方法，包括陷波滤波器、频谱整形法、自适应噪声对消、非线性处理、自相关相减、减谱法、Wiener 滤波、Kalman 滤波、小波和小波包去噪、神经网络去噪等。试述不同去噪方法间的联系，及各种方法的适用范围和局限性。

第17章 基于麦克风阵列的语音信号处理

17.1 概 述

阵列是由多个按一定规则排列的传感器单元构成。用阵列作为信息处理系统的接收端，与采用单个传感器相比，具有一系列重要的优势。采用阵列处理技术长期以来一直是引人注目的解决信号检测及参数估计难题的有效方法。20世纪80年代以来，阵列信号处理技术得到了迅速发展，在雷达、通信、声呐、地震勘探和医学成像等很多领域得到了十分广泛的应用，后又用于语音信号处理。

阵列信号处理中，接收系统有多个通道，因而属于多通道处理技术；其处理的对象为多个传感器单元的输出信号，因而又属于多维信号处理。

语音信号处理中，由单个麦克风构成的系统在无噪声、无混响、距离声源很近的情况下，可得到高质量的语音信号。但其拾音范围有限；若声源在麦克风的选择方向之外，会引入大量噪声。另一方面，单麦克风接收的信号是多个声源信号和环境噪声的叠加，无法实现声源分离。而且，实际应用中声源可能在小范围内运动，而室内其他声音的多径反射和混响的影响也导致其接收信号的 SNR 降低。

与单麦克风相比，麦克风阵列有更多优势。其可以电扫描方式从所需要的声源方向提供高质量语音信号，同时抑制其他人的语音及环境噪声；它具有很强的空间选择性，无须移动麦克风就可对声源进行定位和跟踪。

麦克风阵列处理是语音信号处理中的一项新技术。20 世纪七八十年代，开始将麦克风阵列应用于语音信号处理。1985 年，Flanagan 将麦克风阵列引入大型会议场所的语音增强中。后来麦克风阵列又被引入语音识别系统、移动环境的语音获取、说话人识别及混响环境下的语音捕获。90 年代后，这一技术成为研究热点。1996 年被用于声源定位，以确定和实时跟踪说话人的位置。在国外，IBM、Bell 实验室等致力于麦克风阵列的研究，已有初期产品进入市场。

阵列信号处理起源于 20 世纪 40 年代的自适应天线技术。1967 年 Widrow 提出的 LMS 自适应算法(见 16.3.3 节)是阵列信号处理的显著进展。1969 年 Capon 提出恒定增益指向的最小方差波束形成器，通过增加已知信息的利用程度提高了目标分辨能力。1979 年 Schmidt 提出了多重信号分类(MUSIC)的 DOA(波达方向，Direction of Arrival)估计方法，开创了子空间类阵列处理方法的研究，对阵列信号处理的发展起到重大推动作用。1986 年提出了基于旋转不变技术的信号参数估计(ESPRIT)方法，与 MUSIC 算法相比大大降低了运算量及硬件要求，成为阵列信号处理中的经典方法。

麦克风阵列信号处理技术是阵列信号处理研究领域的新的分支，其继承和发展了阵列信号处理的理论与算法。阵列信号处理理论的发展促进了麦克风阵列信号处理的发展，很多用于阵列信号处理的方法、技术与体系可用于麦克风阵列。

麦克风阵列较单麦克风系统有很多优点，包括：

(1) 有空间选择特性，可用电扫描方式从所需的声源位置提供高品质的语音信号；

(2) 高方向性的单麦克风系统通常只能拾取一路信号且其指向性一般不随声源改变。而麦克风阵列系统可自动探测定位，追踪说话人，利于获取多声源或移动声源。因而麦克风阵列正成为越来越流行的高质量的语音拾取工具。

与单一麦克风相比，麦克风阵列在时域和频域的基础上增加了空域，可对来自空间不同方向的信号进行空时频联合处理，以弥补单个麦克风在噪声处理、声源定位跟踪、语音分离等方面的不足，可广泛用于有嘈杂背景的语音通信环境(如会场、多媒体教室、助听器，车载免提电话、战场等)。

麦克风阵列信号处理可自动调节阵列的波束方向图，自适应地在干扰和噪声源方向形成波束零点，使干扰和噪声被大大地抑制，从而使输出信干噪比(SINR, Signal to Interference plus Noise Ratio)即语音功率与干扰加噪声功率之比大大提高，从而提高语音的质量。

麦克风阵列处理的研究主要包括声源定位、语音增强、声源盲分离、去混响及鸡尾酒会效应等。

麦克风阵列处理在国防领域也有重要的应用，如战场侦察系统，被动声探测、声呐系统对水下潜艇的跟踪，无源定位直升机和其他发声设备等。麦克风阵列的声源定位技术可用于飞机探测、直升机报警、炮位侦察、单兵声测系统等。麦克风阵列处理还应用于智能化领域，如对脚步等声源进行轨迹跟踪，以实现对一些重要场所的人流进行记录，或监测人们在某处停留时间的长短；及避障机器人，即使得机器人有鲁棒的定位性能并可同时跟踪几个声源。

17.2 麦克风阵列语音处理技术的难点

很长一段时间以来，麦克风阵列处理中的很多算法只是对已有阵列信号处理方法的直接引用或简单修改；这在麦克风阵列处理研究的初期大大地推动了其发展。但深入的研究表明，这些算法的性能往往不理想或无法用于实际系统；主要原因是麦克风阵列处理有不同于传统阵列处理的特点。其难点包括以下几方面。

(1) 阵列模型的建立

麦克风主要用于处理语音信号，其拾音范围有限，声源多位于近场。这使得常规阵列处理方法，如雷达、声呐等应用的平面波前远场模型不再适用；因而需使用更精确的球面波前模型。球面波前模型须考虑传播路径不同引起的幅度衰减的不同；即除信号 DOA 外还应考虑声源与阵列的距离。因而麦克风阵列处理须建立近场模型。

(2) 宽带信号处理

常规阵列处理技术，信号一般是窄带的，即不同阵元的接收信号的时延与相位差主要由载波决定。而麦克风阵列接收的信号未经调制也没有载波。语音信号的最高与最低频率之比很大，导致对相同的时间延迟有不同的相位差。麦克风阵列接收的语音信号频率一般在 300～3000Hz 之间，不同阵元接收信号的时延与相位差由声源特性决定，与声源频率密切相关。麦克风阵列处理的是宽带信号，且不同类型的语音信号间频谱差异很大，使得传统的窄带信号处理方法不再适用。

(3) 非平稳信号处理

通常在常规的阵列信号处理中，接收信号一般为平稳信号；而麦克风阵列中的接收信号是非平稳的，只具有短时平稳性，因而其分析与处理须建立在短时基础上。结合上述的宽带情况，麦克风阵列处理一般先对接收信号求出短时谱，再在频域进行处理。每个频率对应于一个相位差，将宽带信号在频域上分为多个子带，对每个子带应用传统的窄带处理方法，从而得到接收信号的空间谱。另一方面，声源移动时，分析处理难度增大。

(4) 混响的影响

语音信号传播过程中，由于反射、衍射等原因，到达麦克风阵列的除直达信号外，还有多条其他路径来的信号,使接收信号幅度衰减、音质变差。这种现象称为混响。混响也可解释为室内声源停止发声后,由于房间边界面或其中障碍物使声波多次反射或散射而产生的声音延续现象,是对语音质量影响最大的因素之一,可严重降低语音的可懂度。

常规的阵列信号处理中,通常假设噪声与信号不相干。而在麦克风阵列的一些应用中,麦克风与说话人的距离较远。特别是麦克风阵列多位于室内封闭环境中,除环境噪声与其他声源的影响外,声源本身在室内的混响也对处理结果产生影响。这使得麦克风接收的信号除直达的语音外,还包括大量经多次反射形成的反射波,从而造成高混响,这大大降低了语音质量。产生混响的原因很多,混响模型复杂,去混响的难度较大。比如用反卷积去混响的方法存在一定局限,因为信号的先验知识不知道且语音信号非平稳。

去混响是语音通信研究的一个重要问题。

(5) 环境噪声复杂

麦克风阵列的应用中,背景噪声复杂且不同应用环境下噪声源不同,如室内外的噪声源差异很大。因而提高 SNR 难度较大。

本章将介绍语音麦克风阵列信号处理的理论与方法;需要指出,其涉及一些声学技术的内容。

17.3 声源定位

声源定位利用空间分布的多路麦克风拾取声音信号,通过对麦克风阵列的各路输出信号来估计声源的空间位置,如 DOA、二维平面坐标或三维空间坐标等。声源定位的应用包括视频会议中检测说话人的位置,并自动聚焦摄像头;在助听器中用于语音增强的预处理;智能机器人中用于说话人跟踪等。

麦克风阵列声源定位与常规阵列信号处理中的目标定位有以下区别:

(1) 常规阵列信号处理中,信号一般是有调制载波的窄带信号,如通信和雷达信号等;而语音信号没有载波,是多频宽带信号。

(2) 常规阵列信号处理中,信号一般为平稳或准平稳的信号;而麦克风阵列处理中的信号为非平稳的语音信号。

(3) 常规阵列信号处理一般采用远场模型,而麦克风阵列处理需根据不同情况,应用远场或近场模型。实际中声源大多位于麦克风阵列的近场内,因而阵列信号处理中已有的远场定位算法和模型须改进后才能应用。

(4) 常规阵列信号处理中,噪声一般为高斯噪声(包括白噪声和色噪声),与信源无关。而麦克风阵列处理中既有高斯噪声,也有非高斯噪声(如空调风机的噪声,打字机的干扰噪声,碎纸机的声音,突然出现的电话铃声等);它们可能与信源无关,也可能相关;这给麦克风阵列信号处理带来了很大困难。

麦克风阵列声源定位的研究内容包括以下方面。

17.3.1 去混响

混响会影响定位精度。混响效应的复杂程度取决于环境声学特性;可用单位冲激响应描述:

$$x(t) = s(t) * h_D(t) + s(t) * h_R(t) + n(t) \tag{17-1}$$

式中,$x(t)$ 为接收信号,$s(t)$ 为声源,$h_D(t)$ 为直达路径传播引入的单位冲激响应,$h_R(t)$ 为混响部分对应的单位冲激响应，$n(t)$为加性高斯白噪声。

可用无线通信中的 Ricean 模型描述房间声学混响效应，但由于语音的宽带特性，应将其划分为子带并对每个子带应用该模型。

理论上可用反卷积或逆滤波消除混响，但要求已知$h_R(t)$；而$h_R(t)$与环境有关，且通常是时变的，因而这种方法难以实现。

去混响包括三类方法：信源声学模型法，同形转化分离法，信道反转均衡法。其中信道反转均衡法又分为直接反转、LMS 法及多信道反转等。

目前去混响的方法包括倒谱预滤波及选取多峰值进行线性交叉。但这两种方法采用理想的房间模型，时延估计抗混响性能较差。而自适应特征分解算法从房间的混响模型出发，自适应逼近房间的单位冲激响应，进而估计时延；其在混响较强时仍有良好的估计性能，但需进行矩阵运算，计算量大，在实际中难以应用。

17.3.2 近场模型

声源定位与雷达、声呐及移动通信中的信号源定位在方法上有很多类似之处，但又有很大区别。麦克风阵列用于会议室扩声时，讲话者与麦克风的典型距离为 1～3m，阵列处于近场内，因而麦克风接收的是球面波而不是平面波。因而声源定位与雷达、声呐或移动通信等不同，后者信号源通常为远场窄带的，阵列入射波可看作平面波。

声源位于近场时，须采用更加精确也更为复杂的球面波前模型。声波在传播中幅度会发生衰减，而衰减因子与传播距离成正比。声源距阵列中各阵元的距离不同，因而声波波前到达各阵元时的幅度也不同。近场模型和远场模型的主要区别在于是否考虑各阵元接收信号的幅度衰减不同。远场模型中，声源与各阵元的距离差与传播距离相比很小，可以忽略；而近场模型中，声源与各阵元的距离差与传播距离相比较大，须考虑各阵元接收信号的幅度差别。

通常，声源与阵列间的距离$r \leqslant 2L^2/\lambda$时为近场，其中L为阵列孔径，λ为声波波长。此时不同阵元的接收信号不仅有相位差，幅度也不同。为简化模型，设各阵元通道内噪声均为零均值的加性高斯白噪声，不同阵元的噪声相互独立且与信号不相关，噪声带宽与信号带宽相同。

考虑均匀线阵，即各麦克风排列在一条直线上且相邻阵元间距相同。则单个声源到达阵列的模型见图 17-1。

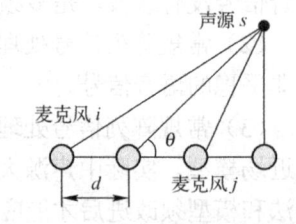

图 17-1 麦克风线阵的传播模型

第i个阵元的接收信号为 $x_i(t) = \alpha_i s(t - \tau_i) + n_i(t)$ （17-2）

式中，α_i为衰减因子，即第i个麦克风接收信号的幅度相对于声源信号的衰减系数（近场模型中各α_i不同，而远场模型中α_i均相同且可归一化为1）；τ_i为第i个麦克风的接收信号相对于声源信号的延迟时间；$n_i(t)$为第i个麦克风中的加性噪声。

根据声源与麦克风的距离，语音信号的传播模型分为远场模型和近场模型（见图 17-2）。

远场情况见图 17-2(a)。以第 1 个麦克风（参考阵元）的接收信号为基准，则

$$\tau_i = (i-1)\frac{d\sin\theta}{c} \tag{17-3}$$

式中，d为阵元间距，c为声音传播速度。

而近场情况见图 17-2(b)，阵列处的信号波前为球面波。第 1 个麦克风与声源的距离为

$$r_1 = \sqrt{x^2 + y^2} \tag{17-4}$$

第 m 个麦克风与声源的距离为

$$r_m = \sqrt{[x-(m-1)d]^2 + y^2} = \sqrt{r_1^2 - 2(m-1)dr_1\sin\theta + (m-1)^2 d^2} \tag{17-5}$$

第 m 个麦克风相对于参考麦克风的接收信号延时为

$$\Delta\tau_m = \frac{r_1 - \sqrt{r_1^2 - 2(m-1)dr_1\sin\theta + (m-1)^2 d^2}}{c} \tag{17-6}$$

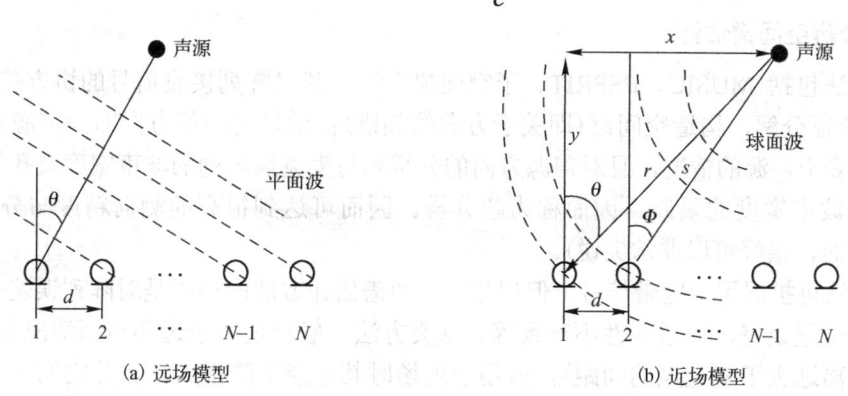

图 17-2 语音信号的阵列传播模型

17.3.3 声源定位

声源定位方法包括波束形成、超分辨谱估计及 TDOA 法。这三种方法分别将声源与阵列结构的关系转变为空间波束、空间谱或到达时间差等信息，并通过估计这些信息进行声源定位。

1. 波束形成方法

这是较早的声源定位方法，可分为常规的波束形成(CBF，Conventional Beam Forming)及自适应波束形成器(ABF，Adaptive Beamforming)两种。CBF 是最简单的(非自适应)波束形成方法；其对各麦克风的输出信号进行加权求和，以得到波束，并引导波束搜索声源可能的位置。它也称为延时求和波束形成器。其中对应于各阵元通道的权值取决于其接收信号的相位延迟，而后者与声源的 DOA 有关。CBF 中，系统输出信号功率最大时所对应的波束方向被认为是声源的 DOA，从而可进行声源定位。

CBF 中，各通道的权值是固定的，其作用是抑制阵列方向图的旁瓣电平，以滤除旁瓣区域的干扰源和噪声。因为通过波束在空域搜索确定声源，即假定位于阵列方向图主瓣内的信号源是声源；而主瓣外即旁瓣区域的为不需要的信号源，即干扰和噪声。

ABF 是在 CBF 基础上，对干扰和噪声进行空域自适应滤波。ABF 中，采用不同的滤波器又可得到不同的算法。ABF 中，各通道的幅度加权值根据接收信号并基于某种最优准则而进行自适应的调整。常用的准则有 LMS、LS、最大 SNR，以及 LCMV(线性约束最小方差，Linearly Constrained Minimum Variance)等。采用 LCMV 准则即得到常用的 MVDR(最小方差无畸变响应，Minimum Variance Distortionless Response)波束形成器。

LCMV 准则是，在方向图主瓣增益保持不变的条件下，使阵列的输出功率为最小。因为是用主瓣检测目标，因而主瓣增益不变就意味着接收的声源功率保持不变；此时阵列输出功率最小表明阵列输出的干扰加噪声的功率最小。因而 LCMV 准则就是 SINR 最大准则，从而能够最大可能地接收信号并抑制干扰和噪声。这种 ABF 中，计算自适应权需使用麦克风阵列的输出协方差矩阵，并要求这段数据时间内声源信号和接收系统的噪声是平稳的。

不是所有的 ABF 都可用于声源定位，如基于 LMS 准则的 ABF（其无须 DOA 信息）。

波束形成方法只适用于单个声源。若有多个声源同时位于阵列方向图的主波束内，则对各声源的方向无法区分；即这种方法的定位(测向)精度取决于阵列的波束宽度。另一方面，根据天线阵列的基本原理，阵列方向图的波束宽度与阵列孔径成反比；因此波束形成方法的定位(测向)精度与麦克风阵列的孔径成反比。所以，为达到较高的定位精度与分辨率，需增大麦克风阵的孔径，但在很多应用场合下这又难以实现。

2. 超分辨空间谱估计

这类方法包括 MUSIC、ESPRIT、子空间拟合等。其对阵列接收信号的协方差矩阵(相关矩阵)进行特征分解，构造空间谱(即关于方向的频谱)；谱峰对应的方向即为声源方向。这类方法适用于多个声源的情况，且对声源方向的分辨率与麦克风阵列的波束宽度及孔径无关，即突破了阵列波束宽度的限制，因而称为超分辨。因而可达到很高的测向精度与分辨率(输入 SNR 足够高时，谱峰可以非常尖锐)。

这类方法可扩展用于宽带信号。但超分辨空间谱估计方法的局限是对阵列误差非常敏感，包括麦克风位置误差、通道特性不一致等。这类方法一般只适用于远场声源情况(即麦克风阵与声源的距离远大于麦克风的间距)，应用于近场时其性能下降很大。另外它们常要进行谱峰搜索，运算量较大。

3. TDOA 定位

TDOA（到达时差，Time Difference of Arrival）方法先估计声源到达不同麦克风的时间差，再利用时差计算声源到达各麦克风的距离差；再利用距离差和麦克风的阵列空间位置用几何方法确定声源位置。

TDOA 是麦克风阵声源定位中应用最广泛的方法。TDOA 方法在电子侦察及无源定位中也有非常重要的应用，但其处理的为窄带信号且 SNR 高。而将其用于宽带高混响的麦克风阵列时，需增加一些特殊的滤波器并进行预处理。

该方法包括 2 个步骤：

（1）TDOA 估计

TDOA 定位的第一步是估计时差。其有很多方法，常用的有广义互相关法（GCC，Generalized Cross Correlation）及 LMS 自适应滤波。

① 广义互相关法

GCC 是最早出现的方法，其利用同一声源信号有相关性，通过麦克风阵列的接收信号的互相关函数来估计时延(TDOA)。

该方法可在时域或频域上计算时差。如可用传统的时域相关法。设

$$x_i(t) = \alpha_i s(t - \tau_i) + n_i(t) \tag{17-7}$$

则第 i 和第 j 个麦克风接收信号的互相关函数为

$$r_{ij}(\tau) = \int_{-\infty}^{\infty} x_i(t+\tau) x_j(t) \mathrm{d}t \tag{17-8}$$

其最大值对应的 τ 即为两个麦克风接收信号的时差。

为减少计算量可对信号进行 FFT，并在频域进行相关运算，再搜索峰值：

$$R_{ij}(\tau) = \int_{-\infty}^{\infty} X_i(f) X_j^*(f) \mathrm{e}^{\mathrm{j}2\pi f \tau} \mathrm{d}f \tag{17-9}$$

式中，$R_{ij}(\tau)$ 为两个接收信号的频域相关函数，$X_i(f) X_j^*(f)$ 为 $x_i(t)$ 和 $x_j(t)$ 的互功率谱。

为提高抗噪、抗混响性能及时延估计精度，可通过加权改进 GCC；包括相位变换法、平

滑变换法等。即

$$R_{ij}(\tau) = \int_{-\infty}^{\infty} W(f) X_i(f) X_j^*(f) e^{j2\pi f \tau} df \tag{17-10}$$

式中，$W(f)$ 为频域加权函数，$W(f)X_i(f)X_j^*(f)$ 为广义相关谱（其傅里叶反变换为信号的广义互相关函数）。加权函数不同时，对噪声、混响、反射等的抑制性能不同。权函数的选取应根据实际声学环境选择不同的准则，以使 $R_{ij}(\tau)$ 有尖锐的峰值，从而得到最好的估计效果。

其中，相位变换法（PHAT，Phase Transform）利用加权函数来去除互谱中的幅度信息。理想环境下，经 IFFT 得到的广义互相关函数是一个冲激，具有较好的时延性能。此时

$$W(f) = 1 / |X_i(f) X_j^*(f)| \tag{17-11}$$

该方法对信号的功率谱进行归一化，只保留信号的相位特性。相对于其他的 GCC 方法，其抑制混响的性能最优。

时延估计结果为

$$\hat{\tau}_{ij} = \arg\max\left(\hat{R}_{ij}(\tau)\right) \tag{17-12}$$

基于 TDOA 的声源定位方法中，主要用 GCC 进行时延估计。GCC 法计算简单、时延小、跟踪能力强，适合于实时应用；在中等强度噪声及低混响环境下性能较好。但在嘈杂环境下，定位精度将下降严重。

② LMS 自适应滤波

1982 年提出的自适应 TDOA 估计方法利用 LMS 准则，在收敛情况下给出 TDOA 的估值，无须信号与噪声的先验知识；但对噪声和混响较为敏感。该方法将两个麦克风接收的信号分别作为目标信号与输入信号，用输入信号逼近目标信号，通过调整自适应滤波器的系数得到 TDOA。

基于 Widrow 的 LMS 滤波器的 TDOA 估计的原理方框图见图 17-3。其将 $x_1(n)$ 与 $x_2(n)$ 分别作为目标信号和输入信号，用 $x_2(n)$ 逼近 $x_1(n)$。z^{-P} 是为保证因果性而加入的 P 个采样周期的延迟，以使该结构适用于正负两种延迟的情况。其 TDOA 估计方法为

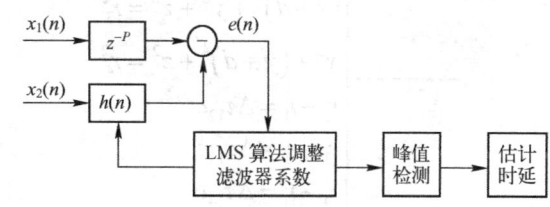

图 17-3 自适应 TDOA 估计的原理方框图

$$e(n) = x_1(n-P) - \sum_{m=-P}^{P} h(m) x_2(n-m) \tag{17-13}$$

$$h_m(n+1) = h_m(n) + \mu e(n) x_2(n-m) \tag{17-14}$$

由 LMS 准则，可知滤波器系数为

$$h(n) = R_{x_1 x_2}(n) / R_{x_2 x_2}(n) \tag{17-15}$$

时，两个信号间的均方误差 $\mathrm{E}\{e^2(n)\}$ 为最小。此时 $h(n)$ 收敛；其最大值对应的 n 减去 P（检测滤波器系数的峰值）即为两信号的 TDOA，即 $\Delta\tau_{12}$。

另外，基于自适应特征值分解的 TDOA 估计方法在声源定位中也有应用，但其性能依赖于初值且计算量较大，无法实时处理。

基于 TDOA 的定位方法的关键是 TDOA 估计，后者的精度决定了定位系统的精度和性能，是声源定位的关键因素。

（2）利用 TDOA 进行定位

基于 TDOA 的声源定位方法的第二步，是根据 TDOA 的估值确定声源位置。理论上，三个麦克风组成的阵列就可确定声源位置，而增加麦克风数（即 TDOA 数据）可提高定位精度。通过语音信号到达不同阵元的 TDOA，可建立三维定位方程组并进行求解。

定位方法包括 MLE 法，最小方差(MV，Minimum Variance)法，球形插值法及线性相交法等。其中，MLE 法假设误差服从高斯分布，以寻找误差最小点；最小方差法寻找使期望和实测的 TDOA 方差之和最小的位置。

麦克风阵按其几何结构，分为线阵、平面阵和立体阵等。线阵结构简单，算法复杂度低，但只能对特定的空间区域进行定位；三维阵的空间定位性能好，但结构复杂，算法研究还不充分，实现成本高；平面阵在平面内的定位性能优越，在空间内的定位性能也较好，算法很多，适合绝大多数定位系统。从定位精度、成本与复杂度等方面综合考虑，可采用平面阵。

为确定三维空间目标的距离、方位角及俯仰角，需要 3 个独立的 TDOA，因而至少需要 4 个麦克风。图 17-4 给出一个正方形的四阵元平面阵的几何模型，其中各阵元坐标分别为 $(d,0,0)$，$(0,d,0)$，$(-d,0,0)$ 和 $(0,-d,0)$。

设各麦克风到原点的距离均为 d；声源位置为 (x,y,z)，其到第 i ($1 \leq i \leq 4$) 个麦克风的距离为 r_i，到第 i 和第 j 个麦克风的时差为 $\Delta\tau_{ij}$，到坐标原点的距离为 R；俯仰角用 $\theta(0° \leq \theta \leq 90°)$ 表示，方位角为 $\varphi(0° \leq \varphi \leq 360°)$。

直角坐标系中，利用两点间的距离和速度公式，得到如下的联立方程组：

$$\begin{cases} x^2 + y^2 + z^2 = R^2 \\ (x-d)^2 + y^2 + z^2 = r_1^2 \\ x^2 + (y-d)^2 + z^2 = r_2^2 \\ (x+d)^2 + y^2 + z^2 = r_3^2 \\ x^2 + (y+d)^2 + z^2 = r_4^2 \\ r_2 - r_1 = \Delta\tau_{12} c \\ r_3 - r_1 = \Delta\tau_{13} c \\ r_4 - r_1 = \Delta\tau_{14} c \end{cases} \quad (17-16)$$

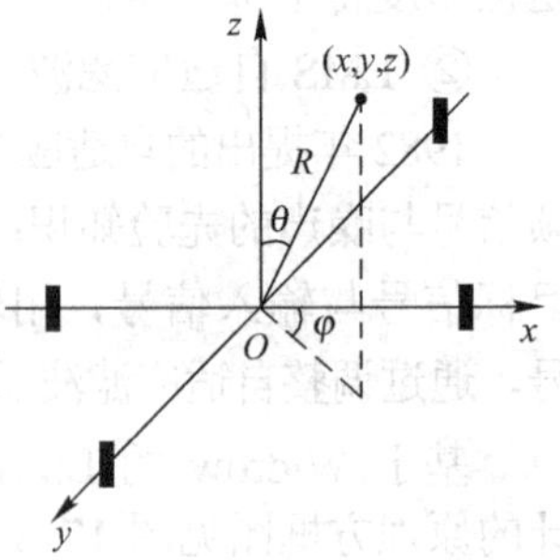

图 17-4 四阵元平面阵的模型

解方程组得

$$\begin{cases} R \approx \dfrac{(\Delta\tau_{12})^2 + (\Delta\tau_{14})^2 - (\Delta\tau_{13})^2}{2(\Delta\tau_{13} - \Delta\tau_{12} - \Delta\tau_{14})} c \\ \varphi = \arctan \dfrac{\Delta\tau_{14} - \Delta\tau_{12}}{\tau_{13}} \\ \theta = \arcsin \dfrac{\sqrt{(\Delta\tau_{13})^2 + (\Delta\tau_{14} - \Delta\tau_{12})^2}}{2d} c \end{cases} \quad (17-17)$$

需要说明，在上述方法中，从麦克风接收数据估计 TDOA 这一中间信息之后，第二步中只利用了 TDOA 而丢弃了信号的其他信息。更合理的处理方法是将信号的其他信息也用于定位，以提高声源定位性能。

4. 几类声源定位方法的比较

基于最大输出功率的波束形成法是出现较早且用于实际的定位方法，多用于雷达、声呐及移动通信中。但该类方法往往需要声源及环境噪声的先验知识，而实际中这种先验知识通常难以得到。同时，基于 ABF 的定位是非线性优化问题，目标函数往往有多个极点，对初始值的选取很敏感。传统的梯度下降法易陷于局部极小值，不能得到全局最优解。而用其他搜索方法来寻找全局最优解将增加计算的复杂度，难以实时处理。

与波束形成技术相比，超分辨空间谱估计技术的测向性能(精度与分辨率)得到很大提高；

其通过时间平均阵列接收信号的协方差矩阵进行 DOA 估计。但超分辨空间谱估计方法有很多假设条件，实际系统和声学环境难以满足，从而使定位性能下降。如假定理想的信号源且各麦克风有相同的特性；要求阵列处于远场且主要针对的是窄带信号，而语音信号是宽带信号；且要求空间中的声源或噪声为平稳时不变的(即估计的参数是固定的)，但语音信号是短时平稳的。而且，该类方法的运算量较大(需大量矩阵运算如协方差矩阵求逆，及空间范围内的谱峰搜索等)，且混响也影响定位效果。因而其在现代声源定位系统中应用的不多。

3 种定位方法中，基于 TDOA 的方法应用较广，是目前常用的方法。其定位精度较高，且计算量远小于前面两类方法，可用于声源定位与目标跟踪。这类方法实时性好，硬件成本较低；但分为 TDOA 估计和定位两个过程，定位时使用的参数是过去时间的，因而估计结果只能是次最优的。另外，这类方法较适合于单声源，对于多声源其定位效果不理想；且房间的混响也会影响定位精度。

除上述声源定位方法外，近年还提出了匹配域处理、空域时频分析及 ANN 等方法。需要说明的是，对基于麦克风阵列的声源定位方法，除利用已有的阵列信号处理的研究成果外，需充分结合语音源的特点及声学环境特性。

17.4 语音增强

17.4.1 概述

语音通信中，环境噪声是一个严峻挑战。语音信号不可避免地会受到来自周围环境和传输媒介的外部噪声、通信设备的内部噪声及其他讲话者的干扰；且这些干扰共同作用。如视频会议、车载免提电话中，说话者到麦克风有一的定距离，麦克风接收的语音信号受环境噪声和干扰影响很大，严重影响了通话质量。因而迫切需要性能优良的语音增强方法。第 16 章中介绍的语音增强方法均只基于一个麦克风，但实际环境噪声的复杂性使其无法得到满意效果；如它们在去噪同时也削弱了语音信号，从而使语音可懂度下降。

基于麦克风阵列的语音增强的研究已有 30 年历史。应用了阵列信号处理技术的麦克风阵可充分利用语音信号、噪声和干扰的空间信息，提供更好的语音增强效果。其具有灵活的波束控制、较高的空间分辨率、高信号增益与较强的抗干扰等特点，性能明显优于单麦克风系统，已成为语音信号处理的一个重要分支及强噪声环境中语音增强的研究热点，是去噪及去混响中很有前途的技术之一。

目前很多国家开展了麦克风阵列语音增强的研究，并应用于一些实际的麦克风阵列系统中，包括视频会议、语音识别、车载声控系统、大型场所的记录会议和助听装置等。

阵列信号处理可采用广义旁瓣对消技术，用电子扫描方式从声源位置获取较高品质的语音信号，同时抑制其他说话人的声音及环境噪声具有很好的空间选择性。

麦克风阵列语音增强包括自适应噪声对消及基于空间信息的抑制噪声两类方法，而后者又分为波束形成及盲信号分离两种。波束形成又分为 CBF 及 ABF 两种；其利用阵列方向图的空间滤波特性，使目标声源信号被系统接收，而其他方向的噪声干扰被抑制。而 ANC 是实时在信号静默期得到噪声的参考信号，从而抑制噪声。

- 麦克风阵列语音增强的原理及优点

麦克风阵列通过对接收的多路信号进行处理，使阵列波束方向图的主瓣对准目标语音，而零点指向干扰源，用于抑制干扰。其中，波束方向及主瓣宽度与麦克风间距、数目和几何位置，及声源入射角和采样率有关。ABF 可使语音的输出 SNR 大大提高。

实际的室内环境中，麦克风阵列接收的信号不仅有直接到达的目标语音，还有其经墙面反射、衍射等其他路径到达的部分即混响，对噪声源也是如此。室内干扰和混响的示意图见图 17-5，利用麦克风阵列获取目标语音信号的示意图见图 17-6。

图 17-5 室内干扰和混响示意

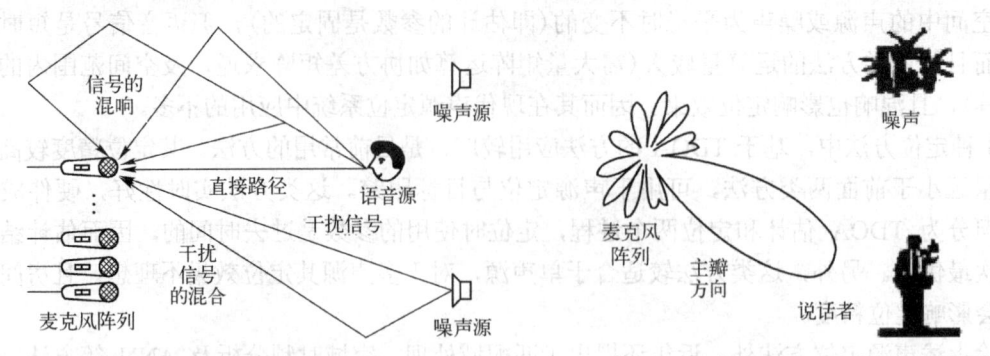

图 17-6 麦克风阵列波束指向示意图

17.4.2 方法与技术

基于麦克风阵列的语音增强包括以下方法。

1. 常规波束形成

17.3.3 节已介绍过，CBF 是最简单最成熟的波束形成技术。1985 年美国 Flanagan 将这种延时求和的波束形成方法用于语音增强；其空域滤波思想源于相控阵雷达。它对各麦克风的接收信号进行延时，以补偿声源到每个麦克风的时间差，从而使各路输出信号在某一方向同相，因而该方向的入射信号得到最大增益，从而使阵列的主波束指向有最大输出功率的方向。这样就对准了相应空间位置的声源信号，同时削弱了噪声和混响。麦克风阵列系统相当于空域滤波器，它使阵列有方向选择性；即接收所需方向的入射信号而抑制其他方向的信号。这由阵列方向图实现。

CBF 包括延迟补偿与求和两个部分，见图 17-7。设阵列由 M 个麦克风构成，对各路信号延时的作用是使阵列在 θ_0 方向的增益为最大。权系数 w_m，$0 \leqslant m \leqslant M-1$ 为固定值，用于抑制方向图的旁瓣电平，从而抑制旁瓣区域的噪声源；其可采用 Hamming 加权等。

设麦克风的输出信号为 $x_m(n)$，$0 \leqslant m \leqslant M-1$。时延为

$$\tau_m = (m-1)\frac{d\sin\theta_0}{c}f_s \tag{17-18}$$

式中，f_s 为采样率。

系统输出信号为

$$y(n) = \sum_{m=0}^{M-1} x_m(n - \tau_m(\theta_0)) \tag{17-19}$$

设麦克风阵列中各通道接收信号和噪声分别有相同的统计特性，且信号与噪声不相关，则 CBF 的（输出端与输入端相比的）SNR 增益为

$$\mathrm{NR}_{\mathrm{CBF}}(\omega) = \frac{1}{\frac{1}{M} + \left(1 - \frac{1}{M}\right)\overline{\Gamma}(\omega)} \tag{17-20}$$

其中，$\overline{\Gamma}(\omega)$ 为噪声复相关函数的均值，且

$$\overline{\Gamma}(\omega) = \frac{2}{M^2 - M} \sum_{i=0}^{M-2} \sum_{j=i+1}^{M-1} \mathrm{Re}[\Gamma_{ij}(\omega)] \tag{17-21}$$

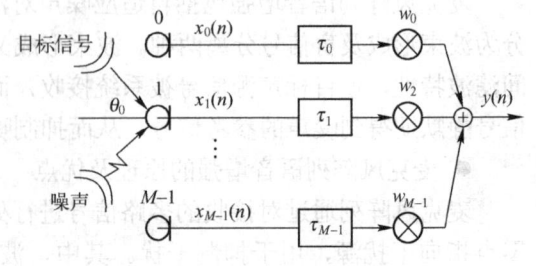

图 17-7 常规（延迟求和）波束形成系统框图

式中，$\varGamma_{ij}(\omega)$ 为第 i 与第 j 个麦克风信号的噪声互相关函数。噪声相关性很弱时，$\varGamma_{ij}(\omega) \approx 0$，此时 $\mathrm{NR}_{\mathrm{CBF}}(\omega) \approx M$。而对强相关的噪声源，$\varGamma_{ij}(\omega) \approx 1$；此时 $\mathrm{NR}_{\mathrm{CBF}}(\omega) \approx 1$，即基本没有去噪能力。因而，CBF 对非相关噪声的抑制能力有限，而对相干噪声基本没有抑制能力。

CBF 容易实现，计算复杂度小。但其缺点为：

（1）对相干噪声没有抑制能力。

（2）由上述分析可知，对非相干噪声，SNR 增益(dB)为 $10\lg M$。因而，为得到良好的去噪性能，需要较多的麦克风。

（3）对目标的 DOA 估计误差（或各通道的时延误差）敏感。

（4）对环境的适应性差，应用中效果不理想；因为说话人和噪声源的位置可能是变化的。

因而，这种方法很少单独使用。

2. CBF 与后自适应滤波的结合

CBF 在某些复杂的实际噪声环境下，采用 4 个麦克风时，SNR 的改善只有 0.5~1dB 左右，因而需采用其他更有效的方法。20 世纪 80 年代后期提出在 CBF 后增加 Weiner 滤波，以改善语音增强效果，滤除非相关噪声。系统方框图见图 17-8。

这种方法中，进行 CBF 后，带噪语音经 Weiner 滤波得到基于 LMS 准则的纯净语音的估计。而 Weiner 滤波器系数自适应地变化，其由各通道接收信号的自相关及互相关函数来求得。该方法在非相关噪声环境下，利用较少的麦克风可得到较好的去噪性能。在复杂的实际环境下，与 CBF 相比，去噪性能也得到显著改善。

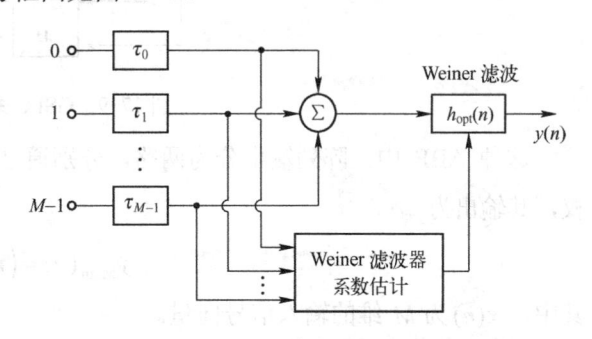

这种方法假设各麦克风接收的目标信号与噪声分别有相同的统计特性，各通道接收的信号与噪声不相关（噪声与信号为独立同分布）。根据噪声特性，依据某种最优准则实时更新滤波器系数，以对接收信号进行滤波，从而进行语音增强。

图 17-8 CBF 结合 Weiner 后滤波的语音增强系统方框图

后置 Weiner 滤波方法的噪声抑制性能为

$$\mathrm{NR}_{\mathrm{Post\text{-}Fil}}(\omega) = \left[\frac{1+\xi(\omega)}{\xi(\omega)+\overline{\varGamma}(\omega)}\right]^2 \tag{17-22}$$

其中，$\xi(\omega)$ 为 Weiner 滤波器输入的先验 SNR。由上式知，噪声相关性越强则该方法的去噪性能越差。

CBF 与后自适应滤波的结合方法可很好地消除非相关噪声，且可在一定程度上消除混响；后置滤波器系数实时更新，对时变声学环境有一定的适应性；但后滤波使语音有一定的失真。该方法的不足是：性能受通道延时误差的影响，使增强后的语音信号有一定的失真；对方向性强干扰抑制效果不佳。该方法多与其他方法联合使用。

3. 自适应波束形成

ABF 是广泛使用的语音增强方法。其各通道的权值根据输入信号进行自适应的调整，以得到对噪声的最优抑制（基于某种准则）。最早的 ABF 是 1972 年由 Frost 提出的基于 LCMV 准则的 ABF。1982 年又提出广义旁瓣对消器（GSLC, Generalized Sidelobe Canceller），成为了许多 ABF 方法的基本框架。麦克风阵列语音增强有多种 ABF 形式，其中 GSLC 及类似形式结构简单、易于实现，是其中应用最广泛的技术。

（1）GSLC 原理与结构

GSLC 是一种 ANC（自适应噪声对消）方法，即将噪声进行抑制以提高输出 SINR。其系统方框图见图 17-9。其中，带噪信号同时通过主通道与辅助通道，辅助通道的阻塞矩阵将语音信号滤除后，得到仅包含多个通道噪声的参考信号。自适应滤波器再由该参考信号得到噪声的一个最优估计，并由其抵消非自适应通道中的噪声分量，以得到对纯净语音信号的估计。

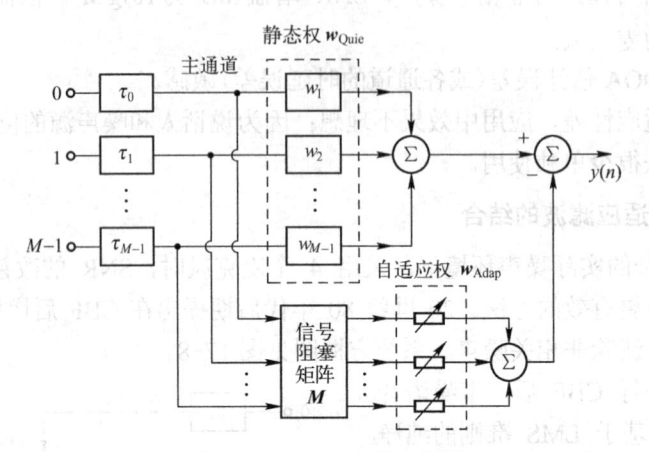

图 17-9 GSLC 系统方框图

这种 ABF 中，阵列输出分为两路，分别通过主通道及辅助通道。主通道中，w_{Quie} 为静态权，其输出为

$$y_{\text{Main}}(n) = \left(w_{\text{Quie}}\right)^H x(n) \tag{17-23}$$

其中，$x(n)$ 为 M 维的输入信号向量。

辅助通道中，阵列接收信号经阻塞矩阵 M 的作用，再进行自适应加权 w_{Adap}，得到对主通道中噪声的估计 $y_{\text{Auxi}}(n)$。阻塞矩阵的作用为：

（A）滤除辅助通道中的信号分量，以避免抑制干扰的同时将信号对消掉。其相当于一个空域滤波器，将波束指向方向的信号进行抑制（假设波束已指向语音源）；从而阻塞语音信号，而通过其他方向入射的噪声及干扰等。

（B）降低自适应通道维数，以减小运算量。

而 w_{Adap} 根据某种最优准则（如 LCMV）进行调整，以使输出 SINR 为最大。

辅助通道输出对噪声的一个最优估计，作为参考信号：

$$y_{\text{Auxi}}(n) = \left(w_{\text{Adap}}\right)^H M^H x(n) \tag{17-24}$$

系统输出为两个通道输出之差，即延迟加权后的带噪信号减去辅助通道中的噪声估值：

$$y(n) = y_{\text{Main}}(n) - y_{\text{Auxi}}(n) \tag{17-25}$$

（2）阻塞矩阵的选取

GSLC 中，M 的最简单形式由相邻两个通道的输出之差得到，即

$$M = \begin{bmatrix} 1 & -1 & & & 0 \\ & 1 & -1 & & \\ & & \ddots & \ddots & \\ 0 & & & 1 & -1 \end{bmatrix}_{M \times (M-1)} \tag{17-26}$$

即相邻两个接收通道的语音信号由于相关而相互抵消。但其只是将相邻两个通道的输出进行差分运算，信号阻塞效果不理想，使残留的信号成分被对消，从而降低了输出 SINR。

为此应对阻塞矩阵进行改进，以更好地在辅助通道中的阻塞信号。为此可引入 Householder 变换。令

$$e = \begin{bmatrix} 1 & 0 & \cdots & 0 \end{bmatrix}^T_{M \times 1} \tag{17-27}$$

$$Q = \frac{a(\theta_0) - \|a(\theta_0)\|_2 e}{\|a(\theta_0) - \|a(\theta_0)\|_2 e\|_2} \tag{17-28}$$

其中，$a(\theta_0) = \left[1, e^{-j\frac{2\pi}{\lambda}d\sin\theta_0}, \cdots, e^{-j\frac{2\pi}{\lambda}d(M-1)\sin\theta_0}\right]^T$ 为在波束指向 θ_0 处的阵列导向向量。则 Householder 变换矩阵为

$$H = I_M - 2QQ^T \tag{17-29}$$

式中，H 中第一列的列向量为 $a(\theta_0)$，余下 $M-1$ 维列向量均与 $a(\theta_0)$ 正交。因而

$$M = H \cdot \begin{bmatrix} 0 & \cdots & 0 & 0 \\ 1 & \cdots & 0 & 0 \\ \vdots & \ddots & \vdots & \vdots \\ 0 & \cdots & 1 & 0 \\ 0 & \cdots & 0 & 1 \end{bmatrix}_{M \times (M-1)} \tag{17-30}$$

开放环境下，如噪声源数小于麦克风数，该方法有良好的去噪性能。但随着干扰数的增加与混响的增强，其去噪性能逐渐下降。如在封闭环境下，反射和混响产生多噪声源；这种散射噪声条件下，该方法的去噪性能有限。

GSLC 的噪声抑制性能为

$$\mathrm{NR}_{\mathrm{GSLC}}(\omega) = \frac{1}{1 - \frac{1}{M-1}\sum_{i=0}^{M-2}\frac{\left|\sum_{j=0}^{i-1}\Gamma_{ij}^*(\omega) + \sum_{j=i+1}^{M-1}\Gamma_{ij}(\omega) - \sum_{j=0}^{i}\Gamma_{j(i+1)}^*(\omega) - \sum_{j=i+2}^{M-1}\Gamma_{(i+1)j}(\omega)\right|^2}{2M^2\left\{1 - \mathrm{Re}\left[\Gamma_{i(j+1)}(\omega)\right]\right\}\left[\frac{1}{M} + \left(1 - \frac{1}{M}\right)\overline{\Gamma}(\omega)\right]}} \tag{17-31}$$

对相干噪声，设阵列远场仅有一个噪声源，则其空间相干函数为

$$\Gamma_{ij}(\omega) = \exp(-j\cos\theta \cdot d_{ij}/c) \tag{17-32}$$

式中，d_{ij} 为第 i 个与第 j 个麦克风的距离，θ 为噪声源方向。将式(17-32)代入式(17-31)，理论上噪声全部被抑制。对非相干噪声，$\Gamma_{ij}(\omega) = 0$，则 $\mathrm{NR}_{\mathrm{GSLC}}(\omega) \approx 1$，噪声基本未被抑制。因而，GSLC 的去噪性能取决于噪声的相关性：相关性越强则去噪性能越好。

除 GSLC 外，还有其他一些用于语音增强的 ABF 形式。当输入信号及干扰噪声的统计特性发生变化时，ABF 可自适应调整阵列的波束方向特性，自动地调节波束形成器参数，使其重新达到基于某种最优干扰抑制准则的状态，以便在最大程度地接收有用信号的同时抑制干扰及噪声，提高输出 SINR。如利用上一时刻波束形成器的参数自动调整当前时刻的参数，进行最优空域滤波。实际应用中，应根据具体声学环境特性、麦克风阵列结构等，选择合适的 ABF 算法及具体的实现形式。

由前面的分析可知，在几种去噪方法中，CBF 及与后置滤波器的结合方法适用于非相干

及弱相干噪声；而 ABF 适用于相干噪声，其对非相干或散射噪声的效果较差。但实际应用中，噪声既不是完全散射也不是仅有直接路径到达麦克风的；因而需研究同时消除这两种噪声的方法。

4．麦克风阵列语音增强的新方法

（1）鲁棒的波束形成

实际应用中，各通道目标信号相对时延的估计误差、各麦克风阵元增益的不一致、通道不一致性、应用环境的混响等，均会影响 GSLC 的语音增强性能。近年提出大量的稳健波束形成方法，多基于 GSLC 结构。

（2）近场波束形成

声源位于麦克风阵列的近场情况下，声波波前弯曲率不能忽略，如仍将入射声波作为平面波考虑，并用常规的只适用于远场的波束形成方法来拾取语音信号，则处理效果很不理想。解决该问题的最直接方法是根据声源位置与近场声学特性，对入射声波进行近场补偿；但这需已知声源位置，实际应用中该条件难以满足。由于近场声学特性的复杂性，目前基于近场波束形成麦克风阵列语音增强方法的研究较少。

（3）子空间分解方法

子空间分解方法可用于麦克风阵列的声源定位，17.3.3 节介绍的超分辨空间谱估计即是一种子空间分解方法。子空间分解方法也可用于麦克风阵列的语音增强。

子空间分解方法的基本思想是，计算阵列接收信号向量的协方差矩阵，对其进行特征（奇异值）分解，并将带噪语音信号划分为信号子空间与噪声子空间两个分量；利用信号子空间对信号进行重构，得到增强后的语音信号。基于相干子空间的麦克风阵列语音增强是典型的子空间方法；其将语音信号划分为不同频带，在各频带利用空间信息进行子空间处理。子空间分解法的去噪性能受噪声相关性影响较小，对相干及非相干噪声源均有一定的去噪效果；但计算量大，实时处理有一定困难。

16.10 节介绍了基于信号子空间分解的语音增强方法，但属于单通道方法；该方法可有效去除噪声，但增强后的语音中不同程度地含有令人反感的音乐噪声。为此，可采用多通道的子空间分解语音增强方法，其去噪效果明显好于单通道方法。

基于麦克风阵列的子空间分解语音增强方法可由其单通道方法推广得到，并应结合波束形成方法。如前所述，麦克风阵列语音增强系统需对时间延迟进行估计和补偿，以使各通道的信号达到同步，语音信号得到最大的增益；为此可使用 LMS 自适应滤波法等。

（4）盲源分离

很多实际应用中，信号源的情况与信道的传输参数难以获取，此时可采用盲源分离（BSS，Blind Source Separation）技术。它根据源信号与干扰的统计特性，从传感器阵列接收的混合信号中提取出各独立的分量。比如在未知信号源与信道先验信息的情况下，利用 ANN 分离有用信号，开创了盲源分离的研究。目前已有很多将 BSS 应用于麦克风阵列语音增强的研究。

经过 20 多年的研究，BSS 技术已取得很大进展；但其仍属于新兴的研究方向，理论还不成熟，且一般运算量大，全局收敛性和稳定性有待提高，还未达到实用的水平。

语音盲分离方法将在 17.5 节介绍。

17.4.3 应用

麦克风阵列有良好的语音拾取能力及对噪声的鲁棒性。

（1）去鸡尾酒会效应

麦克风阵列处理的研究内容除前面介绍的外，还包括去混响及鸡尾酒会效应(Cocktail Party Effect)等。

即使在嘈杂的背景环境下，人也能集中精力去听其中的某种声音，这种声学现象称为鸡尾酒效应。研究表明，人的这种能力来源于有两只耳朵。大脑根据两耳听到的声音强度跟踪声源，这在麦克风阵列的应用上有很大的指导意义；从而对鸡尾酒会效应的研究引起了人们很大兴趣。

（2）车载系统

汽车行驶过程中，驾驶员使用移动电话的安全问题引起了广泛关注；而麦克风阵列与语音识别的结合可较好地解决该问题。汽车噪音包括引擎、轮胎经过道路及车内音响空调的声音等，大致形成了不相干的噪声源。可采用基于后置自适应滤波的波束形成方法来提高语音辨识效果。

（3）机器人语音识别

在办公室工作的机器人与工厂机器人的不同之处在于人机交互。办公室是动态的工作环境，机器人要有灵活性与适应性，要能识别指令。当环境噪声复杂时，单麦克风的效果很差。为此，可在机器人上放置多个麦克风，以实现语音的定位。麦克风阵列语音增强与语音识别相结合，可更精确地理解指令。

（4）视频会议及大型会场

视频会议中，要发言的人较多时，如只使用一个麦克风，则使用起来很麻烦；如果为每个人配备一个麦克风，则造价高。而使用麦克风阵列可自适应地调整波束指向并对准发言者。目前已研究出将麦克风阵列应用于室内演讲；其由两组且每组四个直角分布位于观众席的麦克风阵列组成，具有定位能力，以集中采集当前演讲者的语音。

17.4.4 本节小结

麦克风阵列相对于单麦克风系统有很多优点，已成为语音增强的有力工具及语音信号处理研究的重要分支。语音为宽带非平稳信号，采用阵列系统时需满足较宽的声域范围，同时应降低系统成本及运算时间，以提高其实用性。

语音增强与声源定位已成为语音处理中两种不可缺少的技术。在视频会议、智能机器人、助听器、人机接口、通信和语音识别等领域，都需要利用麦克风阵列来进行声源定位，然后再进行语音增强。

第 16 章介绍了多种语音增强方法。针对加性宽带噪声的各种语音增强方法分别适用于不同的情况。参数方法对语音模型的参数依赖性强，而在低 SNR 下不易得到正确的模型参数；非参数方法由于频谱相减产生有一定节奏的残余噪声；统计方法需大量数据进行训练以得到统计信息；小波变换的阈值获取困难，运算量大。实际应用中，应根据具体的环境噪声和语音特性将不同方法进行结合。

20 世纪 90 年代以来，各种信号处理算法与麦克风阵列技术相结合，提出了许多语音增强算法，它们从不同的角度对语音增强的性能进行了不同程度的改善。但是另一方面，这类方法的计算量较大，不适合于时变性较强的声学环境，实时处理时对硬件的要求也大为提高。

17.5 语音盲分离

盲源分离技术于 20 世纪 80 年代初产生，目前已取得很大的进展；主要用于数据通信、阵列声呐信号处理、雷达信号处理、图像恢复、医学信号处理及地震信号分析等。它是近年来受到广泛关注和深入研究的信号处理领域，在不知道系统或传输通道参数的条件下，其根据多个通道的输出来恢复源信号的各个分量。由于没有先验知识，这种技术称为"盲"。

很多应用中，需要在没有先验混合参数知识的情况下，从混合信号中提取所需要的分量。BSS 的具体任务与应用领域有关：对多径信道是信道识别与估计，去除串扰；对公用信道数字通信系统，是使用天线阵列估计感兴趣的信号；在阵列信号处理中，通过天线输出的回波信号估计未知的信号源波形；在无线通信中，利用一个信道实现多用户通信服务等。

语音信号处理中，一个说话人在说话时，如果受到其他说话人的干扰，就构成了重叠语音；此时 BSS 就是要从重叠语音中提取所需要的原始语音信号。麦克风阵列的语音 BSS 是 BSS 的一个重要应用领域；即根据麦克风阵列采集的相互干扰的混叠语音信号，将各语音信号分离并选取感兴趣的信号。需要指出，语音增强技术难以实现语音的 BSS，因为重叠语音中各信号分量的特性类似。

如 17.4.3 节所述，人类感知系统有盲分离的功能。如聚会时很多人在交谈，环境可能很嘈杂。但作为交谈对象的双方，可在混乱的众多声音中很清晰地听到对方的谈话；或者，如将精神集中于现场的音乐时，也可听清楚音乐的旋律。这种由很多声音所构成的混合声音中选取出自己所需要的声音、而忽视其他声音的现象就是鸡尾酒会效应。

BSS 中的盲包括两方面含义：源信号的形式未知及混合方式未知。源信号的混合方式可分为线性瞬时混合、线性卷积混合及非线性混合三类。从而，BSS 方法也可分为实时混合信号的盲分离及动态或卷积后的混合信号的盲分离等。混合后得到的观察信号可视为传感器的输出；可是一路的也可是多路的，分别称为单通道及多通道信号的盲分离。

实际环境录制的语音信号可表示为不同的卷积结果之和，BSS 的任务是对多个信号的参数进行估计，并根据这些参数提取不同支路的语音信号。

BSS 属于无监督学习，基本思想是提取出统计独立的特征来表示输入。即很多情况下，将独立分量分析(ICA, Independent Component Analysis)等同于盲分离。但二者是有区别的。独立分量分析，顾名思义是从输出信号中提取其独立的分量；其需确定一个线性变换矩阵，以使变换后的输出分量尽可能统计独立。ICA 与主成分分析(PCA, Principal Component Analysis)及奇异值分解(SVD, Singular Value Decomposition)的区别在于：后两者是基于信号二阶统计特性的方法，用于去除信号各分量间的相关性；而 ICA 是基于信号高阶统计特性的方法。ICA 的主要任务是寻求分离矩阵，使其分离后的信号分量相互独立。而 BSS 中，各输出信号的分量有明确的物理意义；且其感兴趣的是分离后的信号在多大程度上恢复了原始信号，而不是分离矩阵。因而，ICA 可看作解决 BSS 的一种方法。

语音信号盲分离是盲分离研究的初衷，也是信号处理领域的一个难题。其目标是对经典的鸡尾酒会问题提供解决方法。盲技术已在语音识别中得到应用。语音 BSS 的研究受到较大的重视，已取得很大进展。但重叠语音分离是很复杂的问题，目前的方法均存在局限。

语音混合模型有多种形式，相应地应采用不同的盲分离方法。下面分别介绍。

17.5.1 瞬时线性混合模型

1. 模型

瞬时线性混合是较简单的混合模型，即源信号是线性混合的。为便于理解，以鸡尾酒会效应为例来说明。设大厅里很多人在说话，他们的语音分别用 $s_1(n), s_2(n) \cdots, s_N(n)$ 表示。设有 M 个话筒，其接收的混合信号分别为 $x_1(n)$，$x_2(n) \cdots, x_M(n)$。语音盲分离的原理方框图见图 17-10。语音源信号矢量 $s(n) = [s_1(n), s_2(n), \cdots, s_N(n)]^T$ 经线性混合矩阵 A，得到麦克风输出信号

向量 $x(n)=[x_1(n),x_2(n),\cdots,x_M(n)]^T$，设各 $x_m(n)$ ($1\leqslant m\leqslant M$) 有相同的观测样本长度。W 为分离矩阵，$x(n)$ 经 W 后得到 $y(n)=[y_1(n),y_2(n),\cdots,y_N(n)]^T$，即盲分离的结果。该模型中只有 $x(n)$ 已知，$s(n)$ 和 A 均未知。

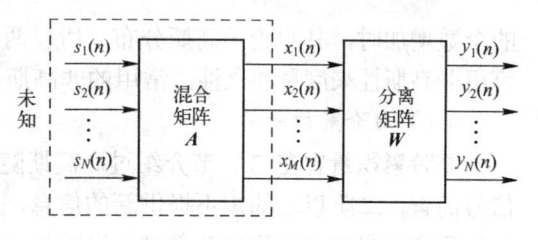

图 17-10 盲分离原理方框图

设各语音的源信号相互独立，则

$$\begin{cases} x_1(n)=a_{11}s_1(n)+a_{12}s_2(n)+\cdots+a_{1N}s_N(n) \\ \vdots \\ x_M(n)=a_{M1}s_1(n)+a_{M2}s_2(n)+\cdots+a_{MN}s_N(n) \end{cases} \quad (17\text{-}33)$$

即麦克风输出信号是语音源信号的线性组合。写为矩阵形式即

$$x(n)=As(n) \quad (17\text{-}34)$$

式中，A 为 $M\times N$ 维矩阵，即 $A=\{a_{ij}\}_{i=1,\cdots,M;j=1,\cdots,N}$，而 a_{ij} 为各混合通道的参数。

系统输出即源信号的估计向量为

$$y(n)=Wx(n)=W\cdot As(n)\to PDs(n) \quad (17\text{-}35)$$

式中，P 为 $N\times N$ 维置换矩阵，D 为 $N\times N$ 维对角阵。

盲分离的目的是依据某种准则求出 W，使得到的 $y(n)$ 为源信号的尽可能准确的估计。求出 W 后，余下的就是简单的线性方程组的求解问题。

上面考虑的是无噪声的情况。存在噪声时

$$x(n)=As(n)+n(n) \quad (17\text{-}36)$$

式中，$n(n)$ 为 M 维加性噪声。此时可先对 $s(n)+n(n)$ 进行估计再进行去噪，以得到 $s(n)$ 的估值。当声源数与噪声源数之和不大于麦克风数时，通过 BSS 可将语音信号与噪声分离。

语音 BSS 的大部分方法用于解决线性瞬时混合问题。这类模型的研究发展迅速，较为成熟；其相应的解混方法代表了 BSS 问题的本质和核心，其他复杂模型的 BSS 算法大多从其引申得到。

对于图 17-10 的盲分离问题，如对分离过程与输出结果没有限定，则是没有明确意义的解。20 世纪 90 年代发展起来的 ICA 技术为 BSS 提供了一种有效方法。其出发点为：设阵列的输出信号与源信号相互独立，则寻找 W，使分离结果中的各分量相互独立；此时分离后的各分量即为各源信号的分量。

用 ICA 进行 BSS 时，需要一个测度即目标函数，用于度量分离后各分量信号的独立性；再对其进行优化。因而 ICA 可看作一个优化问题，包括目标函数的构造及优化方法两部分。ICA 算法的一致性、鲁棒性等依赖于目标函数的选取，而收敛性、数值稳定性则依赖于优化算法。因而，ICA 实现分为两步：

（1）建立关于 W 的目标函数 $L(W)$。

（2）用一种有效的算法求出 W，即使 $L(W)$ 为极大（或极小）的 $\hat{W}$ 为所求。

由 $L(W)$ 的定义及求 W 方法的不同，可得到不同的 ICA 算法。

2. 盲分离的目标函数

下面考察 BSS 中独立性度量的目标函数或准则。中心极限定理表明，通常独立随机变量的个数增加时，其和趋于高斯分布。所以两个变量之和比其中任一变量更趋于高斯分布。因而可用非高斯性来度量独立性。常用的非高斯性度量有四阶累积量和负熵等。

（1）四阶累积量

高阶累积量曾在 3.7 节介绍过。高斯随机变量的二阶以上的累积量为零，这是因为对高斯信号而言，二阶以上的矩不提供新的信息，同时也说明累积量可度量任意随机变量偏离高斯分布的程度。累积量的物理意义是：当随机变量的均值为零时，一阶累积量是随机变量的数学期望，大致描述了其概率分布中心；二阶累积量是方差，反映了概率分布的离散程度；三阶累积量描述概率分布的非对称性；四阶累积量描述概率函数同高斯分布的偏离程度，又称为峰度或峭度。

对零均值实信号 $x(t)$，其四阶累积量为

$$C_{4,x}[x(t)] = E[x^4(t)] - 3\{E[x^2(t)]\}^2 \tag{17-37}$$

随机变量为高斯分布时其四阶累积量为 0。超高斯分布随机变量的概率密度函数有一个尖锐的峰和长的拖尾，其四阶累积量为正。亚高斯分布随机变量的概率密度函数较平坦，其四阶累积量为负。且非高斯性越强则四阶累积量的绝对值越大。因而四阶累积量可作为非高斯分布函数的判定准则。另一方面，超高斯信号（四阶累积量大于 0）和亚高斯信号（四阶累积量小于 0）普遍存在，如生物医学信号中既有超高斯也有亚高斯分布，语音信号一般为超高斯分布，自然景物图像和通信信号一般为亚高斯信号，而真正的高斯信号（四阶累积量为 0）很少。

四阶累积量作为统计独立性的度量广泛应用于 ICA。另外，其有对白噪声不敏感的优点（而二阶累积量对白噪声很敏感），因而只要噪声为高斯分布，则无须对噪声建模。但该方法的计算量很大，且对野值敏感，即不是稳健的方法。

（2）负熵最大化

负熵是非高斯度量的一个重要方法。非高斯性是衡量独立性的一个重要手段。因为由中心极限定理，如果随机变量 X 由许多相互独立的随机量 $s_1(t), s_2(t) \cdots, s_N(t)$ 之和组成，只要各独立的随机量有有限的期望和方差，且不论其为何种分布，则 x 相对于每个分量 $s_i(t)$，$1 \le i \le N$，必定更接近于高斯分布，也就是说 $s_i(t)$ 比 x 的非高斯性更强。因而在分离过程中，可通过 x 的非高斯性来评估分离结果；即若非高斯性度量最大，则表明已完成对独立分量的分离。

负熵由信息论中熵的概念引申得到。熵是信息论中的常用术语；为与统计物理学中的热熵相区别，又称为信息熵。信息熵表示每个消息提供的平均信息量，是信源的平均的不确定性描述。对连续信源，其熵为

$$H(x) = -E[\lg P_x(x)] = -\int_{-\infty}^{\infty} P_x(x) \lg P_x(x) dx \tag{17-38}$$

其中，$P_x(x)$ 为随机变量 x 的概率密度函数。

平均功率受限时高斯分布的信号的熵最大，因而为描述与高斯信号有相同功率的非高斯信号的熵，定义负熵，即

$$J(x) = H_G(x) - H(x) \tag{17-39}$$

式中，$H_G(x)$ 为高斯分布随机变量的信息熵。负熵表示 $P(x)$ 与高斯分布的相似程度。在方差恒定的情况下，高斯分布随机变量的熵最大，因而负熵是非负的。只有 x 为高斯分布时其值才为 0；且随机变量的非高斯性越强则其负熵越大。因而负熵最大化可分离源信号。

由式(17-38)，可将式(17-39)写为

$$J(x) = \int_x P(x) \log\left[\frac{P(x)}{P_G(x)}\right] dx \tag{17-40}$$

式中，$P_G(x)$ 为与 $P(x)$ 有相同均值及方差的高斯分布的概率函数。

负熵是度量非高斯性最好的标准，但需计算概率密度，较为复杂。另一方面，熵是随机变量不确定性的度量，信息最大化就是熵最大化。x 各分量的统计独立性越强，则熵越大；因而可用熵作为分量间独立性的度量。负熵最大化与最大熵均是从信息论出发来得到统计独立的输出，一定条件下二者等价。

（3）互信息

由信息论，假设一个随机系统输入为 X，输出为 Y；X 与 Y 为离散随机变量时，其互信息为

$$I(X,Y) = H(X) - H(X|Y) \tag{17-41}$$

式中，$H(X|Y)$ 为给定 Y 后 X 的条件熵：

$$H(X|Y) = H(X,Y) - H(Y) \tag{17-42}$$

其中，$H(X,Y)$ 为联合熵，$H(X|Y)$ 为接收到输出 Y 后关于输入 X 的平均不确定性；由于熵 $H(X)$ 表示系统输出 Y 以前的平均不确定性，因而互信息表示接收到 Y 后平均每个符号获得的关于 X 的信息量。

熵为互信息的特例，因为 $H(X) = I(X,X)$。两个随机变量独立时，互信息最小，而熵最大。图 17-11 表示互信息与熵的关系。

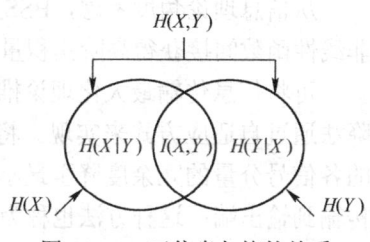

图 17-11 互信息与熵的关系

3. 盲分离的优化方法

前面介绍了用于估计独立性的目标函数。目标函数确定后，需对其进行优化以满足独立性要求。瞬时线性混合模型的优化算法大致分为批处理及自适应处理两类。

（1）批处理

批处理指每次对一批数据进行处理，而不是随输入增加而进行递归式的输出。

① 特征矩阵联合近似对角化法（JADE）

引入多变量数据的四维累积量矩阵，通过其特征分解及联合对角化，得到分离矩阵与源信号的估计。这是一种典型的离线算法，对各种盲信号均有一定的分离作用；但所需存储量较大，适用于低维情况，且随信号相关性增加其分离效果下降。

② 四阶盲辨识（FOBI）

该方法利用四阶累积量分解独立声源并辨识混合矩阵，是 JADE 的前身。其基本思想是对白化后的混合信号求二阶加权协方差矩阵并进行特征分解，得到分离矩阵及包含源信号四阶矩的对角阵。但当源信号四阶矩相同或混合信号有噪声时，该算法失效。该方法原理简单且计算量不大，有一定的应用。

求解非线性函数的定点算法及 Newton 迭代法也是 ICA 中常用的数值方法。这类方法收敛速度快且无须选择学习步长，但只能以批处理方式进行。

（2）自适应处理——独立分量提取的优化

ICA 是对目标函数的优化过程，典型的是梯度算法。计算中，梯度算法可分为批处理及随机梯度法两种。前者基于一批数据样本，后者根据单次观测样本进行梯度调整。ICA 中需对随机变量统计特征进行估计，因此对参与运算的数据长度有一定要求，否则难以保证估计精度。

某些场合下，需对独立分量进行在线（Online）提取，此时只能采用单次观测样本的随机梯

度算法。某种程度上，随机梯度法可解决 ICA 混合模型的时变性及独立分量提取的实时性，其研究内容涉及在线算法的收敛性、稳定性及收敛精度等。梯度算法的缺点是收敛速度慢且需选择学习步长。步长选取与收敛性能密切相关，适当的学习步长利于算法的快速收敛，反之收敛困难甚至不收敛。

自适应处理可随输入观测信号的增加依次处理观测信号，使所得结果逐渐向期望输出逼近，是在线处理方法。自适应处理一般与 ANN 相结合。

① 神经网络法

基于 ANN 的盲分离方法如图 17-12 所示。

该方法的实现分为以下三步：

（1）设计合适的 ANN 模型；

（2）构造一个以网络权值为变量的函数作为目标函数，其全局最优值可达到正确的分离。

（3）选择优化方法（自适应学习算法）。

② 最大熵(最大信息化)法

从信息理论角度考虑，BSS 就是以分离系统最大熵为准则，利用 ANN 或自适应算法通过非线性函数间接获得高阶累积量的过程。

可将信息传输最大化理论推广到非线性单元来处理任意分布的输入信号，这可使用梯度下降法通过自适应方式来实现。将该理论推广到 BSS 问题，则系统传递的信息量最大时，输出的各信号分量的冗余度降至最小。由最大熵原理可知，输出熵最大时，有最多的信息从输入端传输到输出端；这种方法也称为最大信息化。

因而，最大熵法的问题就是使 ANN 的输出中包含的关于输入的互信息最大。图 17-13 为其方框图。

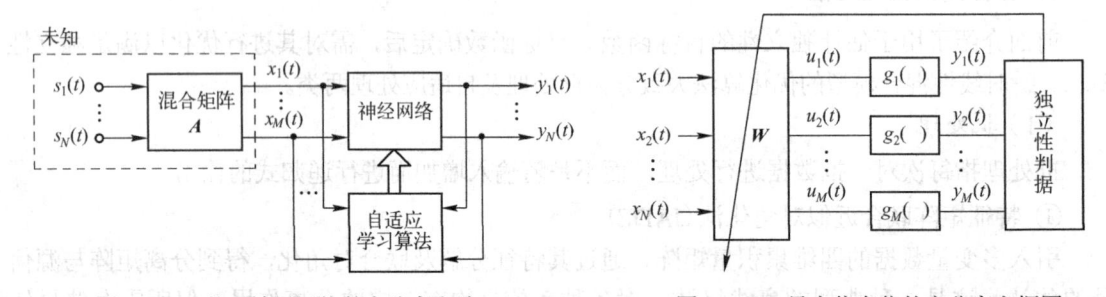

图 17-12 基于神经网络的盲分离方法   图 17-13 最大信息化的盲分离方框图

该方法的基本思想是利用非线性函数 $g(\ )$ 对每个分离后的输出进行处理，利用独立性判据，采用随机梯度法自适应地调节 W，使 y 的熵为最大。W 的调节公式为

$$\Delta W = W^{-T} - \Psi(y) x^T \tag{17-43}$$

上式只能分离超高斯信号，对其扩展可同时分离超高斯及亚高斯信号，称为扩展的最大信息化。其调节公式为

$$\Delta W = \left\{ I - \mathrm{diag}\left(\mathrm{sgn}\left[C_{4,y}(y_i)\right]\right)_{i=1,\cdots,N} \tanh(y) y^T - yy^T \right\} W \tag{17-44}$$

③ 互信息最小(MMI)法

信息论指出，两信号独立时其互信息为零。计算熵和互信息时均要用到概率密度，但事先不知道源信号及观察信号的概率密度；因而可用累积量近似表示，因为累积量可相对容易地从观察数据中得到。概率密度函数用 Gram-Charier 展开来近似表示。

MMI 法利用 Gram-Charier 展开式的边缘来逼近以获得随机梯度，通过随机梯度法不断调

节 ANN 的权值矩阵 W，以使 y 各分量间的互信息为最小，从而分离源信号。其调节公式为

$$\Delta W = \left[I - \zeta(y) y^{\mathrm{T}} \right] W \tag{17-45}$$

④ 定点算法(快速 ICA)

这种方法每次只从混合信号中分离出一路源信号，而不是一次将所有的源信号分离。先分离一个源信号可使算法的复杂度降低，其也称为紧缩算法。

这类方法是寻找 W 以使投影 $W^{\mathrm{T}} x$ 有最大的非高斯性，而非高斯性由负熵来度量。20 世纪 90 年代后，提出用四阶累积量近似表示负熵，后经改进提出基于负熵的定点算法，其采用定点迭代优化，收敛速度比批处理甚至基于随机梯度下降的自适应算法都快，且无需选择步长。定点算法容易实现，也称为快速 ICA。

定点算法使用任意的非线性函数 $g(\ )$，就可直接得到任何非高斯的独立信号。其对各类数据均适用，也可用于高维数据分析。基于负熵最大化的快速 ICA 是应用最广泛的 BSS 算法。

17.5.2 卷积混合模型

1. 信号模型

前面考虑的是瞬时线性混合模型。更一般的情况考虑源信号的延迟和滤波，此时混合信号为源信号不同时延的线性组合即卷积混合。用麦克风阵列拾取信号时，同一说话人的语音到达各麦克风有时延，且墙壁和物体也对声音产生反射，因而麦克风阵列采集到的语音信号是一定时延的语音的混和。此时，麦克风的输出信号为语音源信号与接收通道特性的卷积。

而且，在其他领域如数字通信、无线通信、地震勘探等，信号传播的路径不同，使得某一时刻的观测信号为不同时刻的数据的叠加，因而卷积模型更为常用。

考虑混响环境。在没有噪声的情况下，

$$\begin{bmatrix} x_1(n) \\ \vdots \\ x_M(n) \end{bmatrix} = \begin{bmatrix} h_{11}(n) & h_{21}(n) & \cdots & h_{N1}(n) \\ \vdots & \vdots & \ddots & \vdots \\ h_{1M}(n) & h_{2M}(n) & \cdots & h_{NM}(n) \end{bmatrix} * \begin{bmatrix} s_1(n) \\ \vdots \\ s_N(n) \end{bmatrix} \tag{17-46}$$

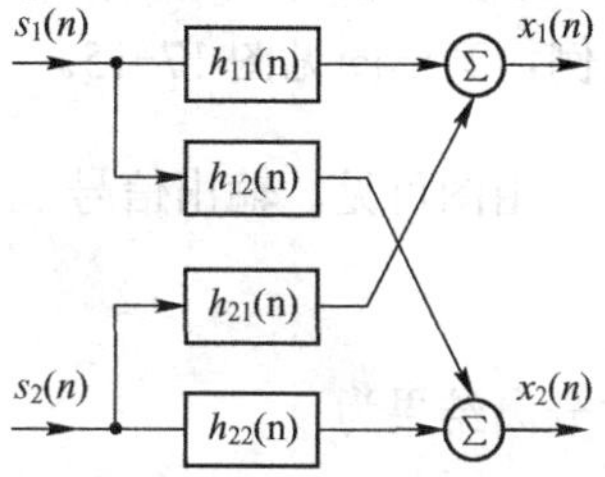

图 17-14 卷积混合模型的示意图

式中，$h_{ij}(n)$ ($1 \leqslant i \leqslant N, 1 \leqslant j \leqslant M$) 表示声音传输通道对语音源信号的混合作用。以二输入-二输出系统为例，混合模型见图 17-14。

多通道卷积混合系统为线性系统，其求逆过程也称为多通道盲反卷积。可将屋内回响和物体与房屋对声音的吸收等作用作为通道的单位冲激响应来建模。回响为有限长，可用 FIR 滤波器来描述。$h_{ij}(n)$ 表示第 i 个声源位置和第 j 个麦克风位置间通道滤波器的单位冲激响应，其为混合矩阵的元素，即 $A(n) = \{h_{ij}(n)\}$；因而 $A(n)$ 也称为混合滤波器的单位冲激响应矩阵。

从而，式(17-46)改写为

$$x(n) = A(n) * s(n) = \sum_{k=-\infty}^{\infty} A(k) s(n-k) \tag{17-47}$$

即 $x(n)$ 为 $s(n)$ 与 $A(n)$ 的卷积。线性混合模型中，混合矩阵中各元素为常数；而卷积混合模型中，混合矩阵中的各元素为系统单位冲激响应的分量，均为时间的函数。

式(17-47)可写为

$$x_j(n) = \sum_{i=1}^{N} \sum_{k=0}^{P-1} h_{ij}(k) s_i(n-k), \qquad 1 \leqslant j \leqslant M \tag{17-48}$$

式中，各滤波器 $h_{ij}(n)$ 的阶数为 P。

卷积混合信号的盲分离即盲反卷积（Blind Deconvolution），也称为盲均衡（Blind Equalization）。其要得到一个 $N \times M$ 维的分离滤波器矩阵 $W(n)$，使得

$$y(n) = x(n) * W(n) = \sum_{k=-\infty}^{\infty} W(k) x(n-k) \tag{17-49}$$

为 $s(n)$ 的一个估计。设 $W(n)$ 中各滤波器的阶数为 Q，则

$$y_i(n) = \sum_{j=1}^{M} \sum_{k=0}^{Q-1} w_{ij}(k) x_j(n-k), \quad 1 \leqslant i \leqslant N \tag{17-50}$$

将式(17-47)与(17-49)变换到频域，有

$$X(k) = A(k) S(k) \tag{17-51}$$

$$Y(k) = W(k) X(k) \tag{17-52}$$

其中，$A(k) = \mathrm{DFT}[A(n)]$，$S(k) = \mathrm{DFT}[s(n)]$，$Y(k) = \mathrm{DFT}[y(n)]$，$W(k) = \mathrm{DFT}[W(n)]$。式(17-51)和式(17-52)表明，卷积混合的 BSS 在频域中表现为瞬时混合的 BSS。

2. 盲分离方法

卷积混合模型更确切地描述了真实环境的信号传输情况。由于传输延迟及接收系统频率特性的差异，瞬时混合系统的 BSS 一般不能处理卷积性混合问题。卷积混合模型的 BSS 分为两种，一是时域直接解卷，另一种是变换到频域进行分离。其中，频域 BSS 是有前途的方法，可提高收敛与学习速度，且时域卷积可变换为频域的乘法问题。

（1）时域方法

① 结合前馈/反馈网络的解卷方法

该方法在时域最大信息化法基础上结合了 ANN。以双输入-双输出的 RNN（见 15.2.5 节）为例，其框图见图 17-15。

由图可见，输出信号

$$\begin{cases} u_1(n) = w_1 x_1(n) + w_{12} u_2(n - D_{12}) \\ u_2(n) = w_2 x_2(n) + w_{21} u_1(n - D_{21}) \end{cases} \tag{17-53}$$

源分离结果为

$$\begin{cases} y_1(n) = g(u_1(n)) \\ y_2(n) = g(u_2(n)) \end{cases} \tag{17-54}$$

根据最大信息化原理，修正权 w_1、w_2、w_{12}、w_{12} 及延迟 D_{12} 和 D_{21}，可使输出 $u_1(n)$ 和 $u_2(n)$ 逐渐逼近源信号。这是一种在线自适应 BSS。

② 高阶累积量方法

基于高阶统计量的 BSS 根据优化中是否含有高阶累积量，分为显累积量和隐累积量两类。显累积量方法直接利用高阶累积量作为对比函数，使用随机梯度法得到分离矩阵。隐累积量法利用 RNN，利用非线性函数近似反映高阶累积量，以逐步更新分离矩阵权值，从而分离混合信号。

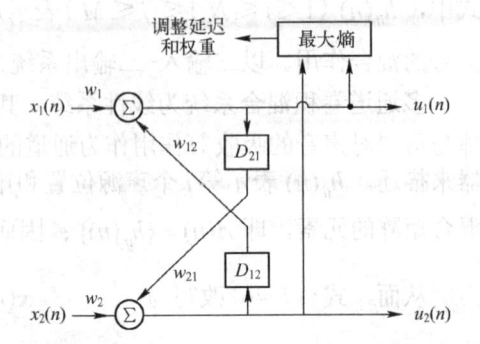

图 17-15 基于输出最大信息化的解卷积方框图

（2）频域方法

① 利用 STFT 解混

该方法的基本思想是在频域中利用瞬时混合模型中较成熟的方法进行求解。其基本过程

为：对混合信号进行 STFT，各频率信号均为线性瞬时混合，因而分别解混，再将所有数据进行拼接，变换到时域后得到分离的源信号。

但这种方法存在模糊性，即各频率分离的信号在幅度、顺序上存在不确定性，可能使信号无法正确拼接。为解决模糊性问题已进行了一些研究。总体上看，与时域算法相比，频域算法可大大降低计算量，在实际应用中有较大优势。

② 单频率盲分离

为克服上述频域方法中各频率的分离顺序及比例不确定的影响，通过合理选取 STFT 的参数（如帧长，帧移，频点数），仅由一个频率完成解混。这种方法更好地建立了卷积混合 BSS 与已有的瞬时混合 BSS 的联系，计算量小且易于实现，但分离频率的选取方法需进一步研究。

(3) 时域和频域的结合方法

卷积混合 BSS 中，对时域算法，当混合滤波器长度稍大时计算量很大且分离效果不好。而频域方法与时域方法相比有较大的优势，其受混合滤波器阶数的影响小，计算量小。但如上所述其存在模糊性，包括：

(1) BSS 中幅值的不确定性，使各频段的分离信号在频域上幅值有偏差，导致信号频谱变形。

(2) BSS 中次序的不确定性，使各频段分离的信号不能正确连接在一起，导致分离失效。

为此，可采用时域和频域的结合算法；其在频域实现分离和权值更新，而分离准则与线性函数仍在时域进行。

17.5.3 非线性混合模型

已有 BSS 多基于线性混合模型，更准确的模型应为非线性或弱非线性的。众所周知线性假设只是非线性的一种近似。一些情况下线性假设可导致不正确解。非线性 BSS 在阵列信号处理、卫星通信信号处理、微波通信及生物系统中有良好的应用前景。

1. 信号模型

非线性模型是线性模型的自然拓展，即麦克风阵列输出信号与语音源信号为非线性关系，表示为

$$x(n) = f(s(n)) + n(n) \tag{17-55}$$

其中，$f(\ )$：$R^N \to R^M$ 为未知的可逆非线性混合函数，噪声 $n(n)$ 与信号统计独立。

非线性 BSS 就是找到一组映射 $g(\ )$：$R^M \to R^N$，由其尽可能准确地恢复 $s(n)$，即

$$y(n) = g(x(n)) \tag{17-56}$$

2. 盲分离方法

非线性混合 BSS 相对于线性混合情况更为复杂，此时已有的线性方法不再适用。目前非线性 BSS 没有普遍适用的方法，对不同的非线性模型需采用不同方法。有以下几种：

(1) 后非线性的混合信号分离方法。这是研究最多的非线性混合模型。设其混合模型为

$$x(n) = f(As(n)) \tag{17-57}$$

即将源信号线性混合后得到观察信号。其求解过程分为两步：

第一步：寻找非线性函数 $g(\ )$，使 $g(\ ) = f^{-1}(\ )$，即进行非线性校正；

第二步：与线性瞬时混合 BSS 类似，寻找一个分离矩阵，并得到源信号的一个估计。

（2）Bayesian 集合学习算法。利用一个适合估计后验分布参数的极限分布来实现 BSS；通常该极限分布为 Bayesian 分布，因为其形式简单且计算方便。

（3）SOFM 网络。

15.2.3 节介绍了 SOFM 网络的原理与结构，15.4 节与 15.5 节分别介绍了其在语音识别及说话人识别中的应用。SOFM 也可用于从混合数据中提取非线性特征以分离源信号。该方法灵活性高，但网络结构复杂度是指数增加的。其可用于乘性噪声污染的信号。

（4）GA。其优点是易得到全局最优解。

本节前面已介绍了一些语音 BSS 方法，BSS 还包括小波变换及时频分析等方法。

17.5.4 需进一步研究的问题

在语音BSS的研究中，还需解决以下问题。

（1）带噪语音的盲分离。目前大部分 BSS 或盲反卷积的方法均假设无噪声，或将噪声看作独立源。高斯噪声假设下，噪声的高阶累积量为零，因而可采用高阶统计方法。将 BSS 应用于一般的噪声混叠模型，是有待解决的问题。将已有的 BSS 技术与微弱信号检测理论相结合，以解决强噪声背景下的盲分离是一个重要发展方向。

（2）欠定问题。现有方法多假设麦克风数不少于语音源数；对语音源数多于麦克风数的情况需进一步研究。

（3）未知源个数情况下的盲分离算法。包括不受源个数影响的 BSS 技术，以及声源数的动态识别。

（4）目前对非线性盲分离的研究还很少，且只适用于一些特殊情况。对一般的非线性混叠信号的可分离性及分离条件需进一步研究。目前要求对混合模型有一定的先验知识，否则分离源信号较为困难。对非线性混合模型还没有快速有效的 BSS 方法。

（5）语音盲分离算法中，结合语音的时频特性等可能会改进分离效果。录音设备的非线性特性也是实用系统中应考虑的问题。

（6）基于视觉听觉联合模型的语音盲分离。13.11 节介绍了利用视觉信息的语音识别方法。视觉信息可也用于语音 BSS。麦克风阵列提供的空间信息可改善语音分离的性能，但其在超过一定角度时将产生模糊性。视觉信息可提供较准确的位置信息，其将使 BSS 及目标跟踪性能得到改善；因而视觉-听觉联合模型的研究也是发展方向之一。

思考与复习题

17-1 麦克风阵列语音信号处理与常规的(单通道)语音信号处理相比有哪些优势？

17-2 应用于麦克风阵列的阵列信号处理技术与应用于雷达、移动通信、声呐中的阵列信号处理技术相比，有何不同？应用于麦克风阵的阵列处理技术与常规的阵列处理技术相比，存在哪些方面的困难？

17-3 试分别说明利用波束形成、超分辨率空间谱估计及 TDOA 方法进行声源定位的原理。这三种方法各有何种适用范围？其定位性能有何差异？

17-4 近场源和远场源有何区别？二者的阵列模型有何区别？

17-5 声源定位与电子侦察中辐射源无源定位有何区别？

17-6 麦克风阵列语音增强与第 16 章介绍的各种单通道语音增强相比，在方法上有何区别？麦克风阵列的语音增强有哪些方法？

17-7　试分别说明下列两种方法进行语音增强的原理：（1）CBF 与 Weiner 后滤波的结合；（2）基于 GSLC 结构的 ABF。两种方法各有何适用性？

17-8　什么是混响？目前有哪些消除混响的方法？

17-9　试结合麦克风阵列语音处理的研究，说明声信号处理及声学技术在语音信号处理中的应用。

17-10　语音盲源分离的出发点与依据是什么？其在语音信号处理中有哪些应用？

17-11　试分别说明基于瞬时线性混合模型、卷积混合模型及非线性混合模型的语音盲分离的原理与方法。

17-12　试述神经网络、ICA 与高阶累积量在语音盲分离中的应用。

17-13　在麦克风阵列语音处理的三个领域即声源定位、语音增强及盲源分离中，所采用的技术有何关联？

17-14　语音麦克风阵列处理是将阵列信号处理技术引入到语音信号处理中，以提高后者的性能。试考虑，还可将哪些先进的信号处理与声学技术引入到语音信号处理中，以进一步提高其性能？

汉英名词术语对照

B

巴克谱失真　Bark spectrum distortion
白化　Whitening
白噪声　White noise
板仓-斋藤距离测度　Itakura-Saito distance measure
半连续隐马尔可夫模型　SCHMM (Semi-CHMM)
半音节　Semisyllables
半元音　Semivowel
胞腔　Voronoi cell
爆破音　Plosive sounds
贝叶斯定理　Bayes' theorem
贝叶斯分类器　Bayesian classifiers
贝叶斯识别　Bayesian recognition
鼻化元音　Nasalized vowels
鼻音　Nasals
比特率　Bit rate
边信息　Side information
编码器　Encoder
编码语音　Encoding speech
变换编码　Transform coding
变换技术　Transform techniques
变换矩阵　Transformation matrix
变异　Mutation
变速率编码　Variable rate encoding
标准化欧氏距离　Normalized Euclidean distance
并联模型　Parallel model
并行处理　Parallel processing
并行处理法　PPROC (Parallel PROCessing)
波达方向　DOA (Direction Of Arrival)
波形编码　Waveform encoding

C

擦音　Spirants
参考模式　Reference pattern
参数激励　Parametric excitation
残差　Residual
残差激励　Residual excitation
残差激励声码器　Residual-excited vocoder
差分　Differencing
差分量化　Differential quantization
差分脉冲编码调制　DPCM (Differential PCM)
常规波束形成　CBF (Conventional Beam Forming)
长时平均自相关估计　Long-term averaged auto-correlation estimates
乘积码　Product codes
乘积码量化器　Product-code quantizers
冲激响应　Impulse response
冲激噪声　Impulsive noise
抽取与插值　Decimation and interpolation
初始条件　Initial condition
传递函数　Transfer function
传输控制协议　TCP (Transmission Control Protocol)
窗口宽度　Window width
窗口形状　Window shape
纯净语音　Clean speech
词素　Morph
词素词典　Morph dictionary
错误接受　FA (False Acceptances)
错误拒绝　FR (False Rejections)
清音　Unvoiced sounds

D

代　Generation
代价函数　Cost function
代数码本激励线性预测　ACELP (Algebraic Code Excited LP)
带通滤波器组　BPFG (Band-Pass Filter Group)
单层感知机　SLP (Single Layer Perceptron)
单词匹配器　Word matcher
单词识别　Word recognition
单词挑选　Word spotting
单位冲激函数　Unit impulse function
单位取样响应　Unit sample response
单位取样(冲激)序列　Unit sample (impulse) sequence

到达时差　TDOA (Time Difference Of Arrival)
倒滤波　Liftering
倒频　Quefrency
倒谱　Cepstrum
倒谱窗　Cepstrum window
倒谱系数　Cepstrum coefficient
德克萨斯州仪器仪表公司　TI (Texas Instruments)
等差错率　EER (Equal Error Rate)
对角化　Diagonalization
对数量化　Lgarithmic quantization
对数功率谱　Lgged power spectrum
对数面积比　lg area ratios
低通滤波　LPF (Low-Pass Filtering)
低延时码本激励线性预测　LD-CELP(Low Delay-CELP)
递归关系　Recurrence relations
递归最小二乘　RLS (Recursive Least Squares)
递推公式　Recursion formula
电话带宽　Telephone bandwidth
电话留言系统　Telephone interception system
电气和电子工程师学会　IEEE (Institute of Electrical and Electronics Engineers)
迭代函数系统　IFS (Iterated Function System)
迭代自组织数据　ISODATA (Iterative Self-Organizing Data)
叠接段　Overlapping segments
叠接相加法　Overlap-add technique
动态规划　DP (Dynamic Programming)
动态规划神经网络　DPNN (Dynamic Program-ming Neural Network)
动态时间规整　DTW (Dynamic Time Warping)
杜宾法　Durbin's method
独立成分分析　ICA (Independent Component Analysis)
独立随机变量　Independent random variables
端点检测　Endpoint detection
短语结构　Phrase structure
短时自相关函数　Short-time autocorrelation function
短时平均幅度　Short-time average magnitude
短时平均幅差函数　Short-time average magni tude difference function
短时平均过零率　Short-time average zero-crossing rate
短时傅里叶变换　STFT (Short-Time Fourier Transform)

短时能量　Short-time energy
多层感知机　MLP (Multi Layer Perceptron)
多重分形　Multifractal
多重信号分类算法　MUSIC (MUltiple SIgnal Classification)
多分辨率分析　Multi-Resolution Analysis
多带激励　MBE (Multi-Band Excited)
多级编码器　Multiple-stage encoder
多空间概率分布　MSD (Multi-Space Probability Distribution)
多脉冲码激励线性预测编码　MPLPC (Multi-Pulse LPC)
多媒体　Media
多速率编码器　Multiple-rate encoders

E

二次型　Quadratic form
二次规划　QP (Quadratic Programming)

F

法庭应用　Forensic applications
发音　Articulation
发音器官　Vocal organs，Organs of speech
发音语音学　Articulatory phonetics
反馈　Feedback
反混叠滤波　Anti-aliasing filtering
反射系数　Reflection coefficients
反向传播　BP (Back Propagation)
反向传递函数　Reverse transfer function
反向预测器　Reverse predictor
反向预测误差　Reverse prediction error
方　Phon
非递归　Non recursive
非均匀量化器　Non-uniform quantizers
非时变系统　Time-invariant system
非特定说话人识别器　Talker-independent recognizer
非线性处理　Nonlinear processing
非线性预测编码　NLPC (Non-Linear Predictive Coding)
分布参数系统　Distributed-parameter system
分段圆管模型　Distribute-cylindrical model
分类　Classification
分析带宽　Analysis bandwidth

分析帧　Analysis frame
分析-综合系统　Analysis-synthesis system
分形　Fractal
峰差基音提取器　Peak-difference pitch extractors
峰值削波　Peak clipping
辐射　Radiation
辐射阻抗　Radiation impedance
辅音　Consonants
辅音/非辅音性区别特征　Consonantal/non-consonantal distinctive feature
傅里叶变换　Fourier transform
复倒谱　Complex cepstrum

G

概率密度　Probability densities
伽玛概率密度　Gamma probability density
干扰　Interference
干扰语音　Interfering speech
感知机　Perceptron
感知加权滤波　Perceptual weighting filter
高阶累积量　HOC (High Order Cumulant)
高频预加重　High-frequency preemphasis
高斯混合模型　GMM (Gaussian Mixed Model)
高斯密度函数　Gaussian density function
高通滤波　High-pass filtering
格型法　Lattice solution
格型结构　Lattice structure
格型滤波器　Lattice filter
个体　Individual
跟踪　Tracking
功率谱　Power spectrum
功率谱密度　Power spectral density
共轭结构代数码激励线性预测编码　CS-ACELP (Conjugate Structure Algebraic Code Excited LP)
共振峰　Formants
共振峰带宽　Formant bandwidths
共振峰估值　Formant estimations
共振峰频率　Formant frequencies
共振峰声码器　Formant vocoders
共振峰提取器　Formant extractors
孤立词识别　Isolated-word recognition
广义旁瓣对消器　GSLC (Generalized Side lobe Canceller)

规则合成　Synthesis by rule
规则脉冲激励线性预测编码　RPELPC (Regular Pulse Excitation LPC)
规整函数　Warping function
规整路径　Warping path
国际标准化组织　ISO (International Standards Organization)
国际电报电话咨询委员　CCITT (Consultative Committee for International Telephony and Telegraphy)
国际电信联盟电信标准化部门　ITU-T (International Telecommunication Union Telecommunication Standardization Sector)
国际音标　IPA (International Phonetic Alphabet)
过采样　Over-sampling
过零数　Zero-crossings counts
过零测量　Zero-crossing measurements

H

海军研究实验室　NRL (Naval Research Laboratory)
海明窗　Hamming window
海明加权　Hamming weighting
带噪语音　Noisy speech
合成(综合)-分析　ABS (Analysis By Synthesis)
合成-分析线性预测编码器　ABS-LPC
合成语音　Synthesized speech
核函数　Kernel function
呼吸噪声　Breath noise
互联网协议　IP (Internet Protocol)
互相关　Cross-correlation
滑动平均模型　MA (Moving-Average) model
混叠　Aliasing
混沌　Chaos
混沌神经网络　CNN (Chaotic Neural Network)
混响　Reverberation
后向预测误差　Backward prediction error
后验概率　A posteriori probability

J

激励　Excitation
畸变(失真)　Distortion
激励模型　Excitation model
鸡尾酒会效应　Cocktail party effect
基带信号　Baseband signal

基因　Gene
基音(音调)　Pitch
基音范围　Range of pitch
基音估值器　Pitch estimator
基音频率　Fundamental frequency，Pitch frequency
基音同步叠加法　PSOLA (Pitch Synchronous Over Lap and Add)
基音同步合成　Pitch asynchronous synthesis
基音周期　Pitch period
基音检测　Pitch detection
基于 HMM 的语音合成系统　HTS (HMM-based Speech Synthesis System)
旋转不变技术的信号参数估计方法　ESPRIT (Estimating Signal Parameters via Rotational Invariance Techniques)
极大似然估计　MLE (Maximum Likelihood Estimation)
级联模型　Cascade models
计算机语声应答　Computer voice response
计算智能　Computational intelligence
加权欧氏距离　Weighted Euclidean distance
加窗　Windowing
监督学习　Supervised learning
简化逆滤波跟踪算法　SIFT (Simple inverse Filtering Tracking) algorithm
交叉　Crossover
交流哼声　Walergate buzz
接受者操作特性曲线　ROC (Receiver Operating Characteristic)
解卷　Deconvolution
解码　Decoding
进化计算　Evolutionary computation
进化算法　Evolutionary algorithm
径向基函数　RBF (Radial Basic Function)
矩形加权　Rectangular weighing
局部最大值　Local maxima
距离　Distance
距离测度　Distance measures
聚类　Clustering
句法范畴　Syntactic categories
句法规则　Syntactic rules
决策函数　Decision function
卷积　Convolution

决策树　Decision tree
均匀量化　Uniform quantization
均匀概率密度　Uniform probability density
均方误差　Mean-squared error
均匀无损声管　Uniform lossless tube
均值　Mean

K

卡亨南-洛维变换　KLT (Karhunen-Loeve Transform)
柯蒂氏器官　Organ of Corti
颗粒噪声　Granular noise
可懂度　Intelligibility
可接受程度测试　DAM (Diagnostic Acceptability Measure)
口腔　Oral cavity
宽带语谱图　Wideband spectrogram
宽带噪声　Wideband noise
快速傅里叶变换　FFT (Fast Fourier Transform)
扩张器　Expander

L

拉普拉斯概率密度　Laplacian probability density
拉格朗日算子　Lagrangian operator
类元音　Vocoids
离散傅里叶变换　DFT (Discrete Fourier Transform)
离散小波变换　DWT (Discrete Wavelet Transform)
离散隐马尔可夫模型　DHMM (Discrete HMM)
离散余弦变换　DCT (Discrete Cosine Transform)
粒子群优化　PSO (Particle Swarm Optimization)
利用加权谱自适应插值的语音变换和表示　STRAIGHT (Speech Transformation and Representation Using Adaptive Interpolation of Weighted Spectrum)
联合概率密度　Joint probability density
连接词识别　Connected-word recognition
连接权值　Connection weight
连续可变斜率增量调制　CVSD (Continuously Variable Slop Delta) modulation
连续小波变换　CWT (Continuous Wavelet Transform)
连续隐马尔可夫模型　CHMM (Continuous HMM)
连续语音识别　Continuous speech recognition
量化　Quantization
量化误差　Quantization errors

量化噪声　Quantization noise
零极点混合模型　Mixed pole-zero model
滤波　Filtering
滤波器　Filter
滤波器组　Filter-bank
滤波器组求和法　Filter bank summation method

M

马尔可夫链　Markov chain
码分多址　CDMA (Code Division Multiple Access)
码激励线性预测编码　CELP (Code Excited LPC)
码矢量　Code vector
码书　Codebook
码书搜索时间　Codebook search time
码书形成　Codebook formation
脉冲编码调制　PCM (Pulse Coding Modulation)
脉冲整形　Pulse dispersion
盲反卷积　Blind deconvolution
盲均衡　Blind equalization
盲源分离　BSS (Blind Source Separation)
冒名顶替者　Impostors
免疫算法　IA (Immune Algorithm)
美尔　Mel
美尔对数谱逼近　MLSA (Mel Lg Spectrum Approximation)
美尔频率倒谱系数　MFCC (Mel Frequency Cepstrum Coefficient)
美国电子工业协会/电信工业协会　EIA/TIA (Electronic Industry Agency/ Telecommunication Industry Agency)
模板　Templates
模糊　Fuzzy
模糊集　Fuzzy set
模拟退火　Simulated annealing
模式　Patterns
模式分类　Pattern classification
模式库　Pattern library
模式识别　Pattern recognition
模数变换　A/D (Analg-to-Digital) conversion
面积函数　Area function

N

奈奎斯特速率　Nyquist rate

内插　Interpolation
内积公式　Inner product formulation
能量分离算法　ESA (Energy Separation Algorithm)
逆滤波器　Inverse filter

O

欧几里德距离　Euclidian distance
欧洲电信标准协会　ETSI (European Telecommunications Standards Institute)

P

判据　Discriminant
判决　Decision
判决门限　Decision thresholds
判决准则　Decision rule
批处理算法　Batch algorithm
偏(部分)相关系数　PARCOR (PARtial-CORrelation) coefficients
偏微分方程　Partial differential equation
频带分析　Frequency-band analysis
频率直方图　Frequency histogram
频率响应　Frequency response
(频)谱包络　Spectrum envelope
频谱分析　Spectrum analysis
频谱平坦化　Spectrum flatting
频谱相减(减谱法)　Spectrum subtraction
频谱整形器　Spectrum shaper
频域分析　Frequency-domain analysis
平滑　Smoothing
平均幅度差函数　AMDF (Average Magnitude-Difference Function)
平均评价分　MOS (Mean Opinion Score)
平稳白噪声　Stationary white noise
平稳性　Stationary
谱匹配　Spectral matches

Q

奇异值分解　SVD (Singular Value Decomposition)
期望最大化算法　EM (Exception Maximum) algorithm
前馈网络　Feedforward network
欠采样　Undersampling
乔里斯基分解　Cholesky decomposition
清晰度　Articulation

清晰度指数　Articulation index
清音　Unvoiced
清/浊音开关　Voiced/unvoiced switch
求根法　Root-finding method
取样　Sampling
取样定理　Sampling theorem
取样频率　Sampling frequency
区别特征　Distinctive features
全球定位系统　GPS (Global Position System)
全球移动通信系统　GSM (Global System for Mobile communication)

R

染色体　Chromosome
人工神经网络　ANN (Artificial Neural Network)
人工智能　Artificial intelligence
人脑　Brain
认知科学　Cognitive science
冗余度　Redundancy

S

塞擦音　Affricate
塞音　Stops
三电平中心削波　Three-level center clipping waveform
熵　Entropy
熵编码　Entropy coding
上下文(语境)　Context
上下文独立语法　Context-free grammars
神经元　Neuron
声带　Vocal cords
声道　Vocal tract
声道长度　Vocal tract length
声道传递函数　Vocal tract transfer function
声道滤波器　Vocal tract filter
声道模型　Vocal tract model
声道频率响应　Frequency response of vocal tract
声码器　Vocoder
声门　Glottis
声门波　Glottal waveform
声门激励函数　Glottal excitation function
声门脉冲序列　Glottal pulse-train
声纹　Voice print
声学分析　Acoustical analysis

声学理论　Acoustical theory
声学特性　Acoustic characteristics
声学语音学　Acoustic phonetics
声阻抗　Acoustic impedance
生成模型　Generative model
失真测度　Distortion measurement
识别　Recognition
识别器　Recognizer
时分多址　TDMA (Time Division Multiple Access)
时间对准　Time registration
时间校正　Time normalization
时间规整　Time warping
时延神经网络　TDNN (Time Delay Neural Network)
时域分析　Time-domain analysis
时域基音估值　Time-domain pitch estimation
时域掩蔽效应　Temporal masking effect
矢量和激励 LPC 编码　VSELP (Vector Sum Excited LPC)
矢量量化　VQ (Vector Quantization)
适应度　Fitness
舒适噪声生成器　CNG (Comfort Noise Generator)
数据减少法　DARD
数据挖掘　Data mining
数模变换　D/A (Digital-to-Analg) conversion
数字蜂窝　Digital cellular
数字化　Digitization
数字话音插空　Digital Speech Interpolation
数字滤波器　Digital filter
数字信号处理　Digital Signal Processing
数字信号处理器　DSP (Digital Signal Processor)
双谱　Bispectrum
双音素　Diphones
双元音　Diphthongs
说话人　Speaker, Talker
说话人辨认　Speaker identification
说话人个人特征　Speaker characteristics
说话人鉴别(证实)　Speaker authentication
说话人确认　Speaker verification
说话人识别　Speaker recognition
说话人无关的识别器　Talker-independent recognizer
说话人有关的识别器　Talker-dependent recognizer
咝音　Sibilants

似然比　Likelihood rations
似然比测度　Likelihood rations measure
宋　Sone
送气音　Aspirated
随机松弛　Stochastic relaxation
随机梯度下降　Stochastic gradient descent
随机噪声序列　Random noise sequence

T

特定说话人识别器　Talker-dependent recognizer
特征空间　Feature space
特征矢量　Feature vector，Characteristic vectors
特征选取　Feature selection
调幅　AM
调频　FM
调频-调幅模型　FM-AM model
调制　Modulation
条件概率　Conditional probabilities
听话人　Listener
听觉器官　Hearing
听觉视觉双模态语音识别　AVSR (Audio visual Bimodal Speech Recognition)
听觉系统　Auditory system
听觉掩蔽效应　Auditory masking effect
通道声码器　Channel vocoder
统计模式识别　Statistical pattern recognition
统计学习理论　SLT (Statistical Learning Theory)
托普利兹矩阵　Toeplitz matrix
同态平滑谱　Homomorphically smoothed spectrum
同态声码器　Homomorphic vocoder
同态系统的特征系统　Characteristic system for homomorphic deconvolution

W

网络电话　VoIP (Voice over Internet Protocol)
伪(虚假)共振峰　Pseudo formants
伪随机噪声　Pseudorandom noise
文(本)-语(音)转换　TTS (Text-To-Speech) conversion
稳定性　Stability
稳定系统　Stable system
稳健性(顽健性，鲁棒性)　Robustness
沃尔什-哈达马变换　WHT (Walsh-Hadamard Transform)
无限冲激响应滤波器　IIR filter

无监督学习　Unsupervised learning
无噪语音　Noiseless speech
无损声管模型　Lossless tube models
误差函数　Errors function
误差准则　Error criterion

X

系统函数　System function
系统模型　System model
小波　Wavelet
小波变换　WT (Wavelet Transform)
线性插值　Linear interpolation
线性系统　Linear system
线性预测　Linear prediction
线性预测倒谱系数　LPCC (Linear Predictive Cepstral Coefficient)
线性预测器　Linear predictor
线性预测分析　Linear predictive analysis
线性预测残差　LPC residual
线性预测编码　LPC (Linear Predictive Coding)
线性预测编码器　Linear prediction encoder
线性预测方程　Linear prediction equations
线性预测距离测度　LPC-based distance measures
线性预测声码器　LPC vocoder
线性预测系数　LPC coefficient
线性约束最小方差　LCMV (Linearly Constrained Minimum Variance)
线谱对　LSP (Linear Spectrum Pair)
向量和激励线性预测　VCELP (Vector Sum Excited LPC)
相关(性)　Correlation
相关函数　Correlation function
相关矩阵　Correlation matrix
相关系数　Correlated coefficient
相位声码器　Phase vocoder
谐波峰(值)　Harmonic peaks
协方差法　Covariance method
协方差方程　Covariance equations
协方差矩阵　Covariance matrix
协同发音　Coarticulation
斜率过载噪声　Slope overload noise
信干噪比　SINR (Signal to Interference plus Noise

Ratio)
信息率　Information rate
信噪比　SNR (Signal-to-Noise Ratio)
形心　Centroids
修正的自相关　Modified autocorrelation
序列最小优化　SMO (Sequential Minimal Optimization)
削波　Clipping
选峰法　Peak-picking method
选择　Selection
学习阶段　Learning phase
学习矢量量化　LVQ (Learning VQ)
循环神经网络　RNN (Recurrent Neural Networks)
训练阶段　Training phase

Y

压扩器　Compander
咽　Pharynx
掩蔽　Masking
遗传算法　GA (Genetic Algorithm)
蚁群算法　ACO (Ant Colony Optimization)
译码器　Decoder
音标　Phonetic transcription
音节　Syllables
音色　Timbre
音素　Phones
音位　Phonemes
音位学　Phonemics
音质　Tone quality
隐马尔可夫模型　HMM (Hidden Markov Model)
有限冲激响应滤波器　FIR (Finite-duration Impulse-Response) filters
有限状态模型　Finite-state models
有限状态矢量量化　FSVQ (Finite State VQ)
语调　Intonation
语法　Grammar
语谱图　Spectrogram
语谱仪　Spectrograph
语言　Language
语言学　Linguistic
语义知识　Semantic knowledge
语音　Speech sound，Speech，Voice
语音的全极点模型　All-pole model for speech

语音编码　Speech encoding
语音分析　Speech analysis
语音感知　Speech perception
语音合成　Speech synthesis
语音合成器　Speech-synthesizer
语音激活检测　VAD (Voice Activity Detection)
语音加密　Voice eacryption
语音理解　Speech understanding
语音生成　Speech generation
语音识别　Speech recognition
语音识别器　Speech recognizers
语音信号　Speech signals
语音学　Phonetics
语音压缩　Voice compression
语音应答系统　Voice response systems
语音预处理　Pre-processing of speech
语音增强　Speech enhancement
预测　Prediction
预测残差　Prediction residual
预测器　Predictor
预测器阶数　Order of predictor
预测器系数　Predictor coefficients
预测神经网络　PNN (Predictive Neural network)
预测矢量量化　PVQ (Predictive VQ)
预测误差　Prediction error
预测误差功率　Prediction-error power
预测误差滤波器　Prediction-error filter
预处理　Pre-processing
预加重　Preemphasis
元音　Vowels
韵律　Prosodics
韵律特征　Prosodic feature

Z

在线算法　On-line algorithm
噪声　Noise
噪声整形　Noise shaping
增量调制　DM (Delta Modulation)
增益参数　Gain parameter
最大后验概率　MAP (Maximum A Posteriori probability)
最大互信息准则　MMI (Maximum Mutual Information)
最大相位信号　Maximum phase signals

最大熵法　EM (Maximum Entropy) methods
最大似然法　ML (Maximum Likelihood) method
最大似然测度　Maximum-likelihood measure
最陡下降法　Method of steepest descent
最佳规整路径　Optimum warping path
最近邻准则　NNR (Nearest-Neighbor Rule)
最小方差无畸变响应　MVDR (Minimum Variance Distortionless Response)
最小二乘　LS (Least Square)
最小二乘拟合　Least square fitting
最小预测残差　Minimum prediction residual
最小预测误差　Minimum prediction error
最小相位信号　Minimum phase signals
最小均方误差准则　LMS (Least Mean Square) rule
最优分类超平面　OSH (Optimal Separating Hyperplane)
窄带语谱图　Narrow-band spectrogram
诊断押韵试验　DRT (Diagnostic Rhyme Test)
正定对称矩阵　Positive definite symmetric matrix
正定二次型　Positive-definite quadratic form
正交化　Orthogonalization
正交镜像滤波器　QMF (Quadrature Mirror Filter)
正交原理　Orthogonality principle
正弦变换编码　STC (Sinusoidal Transform Coding)
正向预测器　Forward predictor
正向预测误差　Forward prediction error
支持向量　SV (Support Vector)
支持向量机　SVM (Support Vector Machine)
直方图　Histogram
智能　Intelligence
终端模拟合成器　Terminal-analg synthesizer
中心矢量　Centre vector
中心削波　Center clipping
中值平滑　Median smoothing
种群　Population

重音　Stress
周期性噪声　Periodic noise
主成分分析　PCA (Principal Component Analysis)
主观失真测度　Perceptual distortion measures
主周期　Principal cycles
浊音　Voiced
浊音/清音区别特征　Voiced/voiceless distinctive feature
子带编码　SBC (Sub-Band Coding)
子带声码器　Sub-band vocoder
自动机　Automata
自回归模型　AR (Auto-Regressive) model
自回归-滑动平均模型　ARMA (Auto-Regressive Moving-Average) model
自然度　Naturalness
自适应变换编码　ATC (Adaptive Transform coding)
自适应波束形成　ABF (Adaptive Beam Forming)
自适应量化　Adaptive quantization
自适应滤波　Adaptive filtering
自适应矢量量化　AVQ (Adaptive VQ)
自适应预测　Adaptive prediction
自适应噪声对消　ANC (Adaptive Noise Cancellation)
自适应增量调制　Adaptive delta modulation
自相关法　Autocorrelation method
自相关方程　Autocorrelation equations
自相关函数　Autocorrelation function
自相关矩阵　Autocorrelation matrix
自相关声码器　Autocorrelation vocoder
自组织特征映射　SOFM (Self Organization Feature Mapping)
综合分析　ABS (Analysis By Synthesis)
综合数字服务网　ISDN (Integrated Services Digital Network)

参考文献

[1] L.R.Rabiner，R.W.Schafer. 朱雪龙等译. 语音信号处理[M]. 北京：科学出版社，1983

[2] T.W.Parsons. 文成义，常国岑，王化周等译. 语音处理. 北京：国防工业出版社，1990

[3] 胡航. 语音信号处理[M]. 哈尔滨：哈尔滨工业大学出版社，2005

[4] 陈永彬，王仁华. 语言信号处理[M]. 合肥：中国科技大学出版社，1990

[5] 杨行峻，迟惠生等. 语音信号数字处理[M]. 北京：电子工业出版社，1995

[6] 易克初，田斌，付强. 语音信号处理[M]. 北京：国防工业出版社，2000

[7] 姚天任. 数字语音处理[M]. 武汉：华中理工大学出版社，1992

[8] 古井贞熙著. 朱家新，张国海，易武秀译. 数字声音处理[M]. 北京：人民邮电出版社，1993

[9] 陈尚勤，罗承烈，杨雪. 近代语音识别[M]. 成都：电子科技大学出版社，1991

[10] L.R.Rabiner, R.W.Schafer. Theory and applications of digital speech processing[M]. Englewood Cliffs (New Jersey)： Prentice-Hall Inc.，2010

[11] L.R.Rabiner, B-H.Juang. Fundamentals of speech recognition[M]. Englewood Cliffs (New Jersey): Prentice-Hall Inc.，1993

[12] T.F.Quatieri. Discrete-time speech signal processing： principle and practice[M]. Englewood Cliffs (New Jersey)： Prentice-Hall Inc.，2002

[13] J.L.Flanagan. Speech analysis, synthesis and perception (2nd Ed.) [M]. New York：Springer-Verlag，1972

[14] S.Furui. Digital speech processing, synthesis and recognition[M]. New York：Marcel Dekker Inc.，1989

[15] 赵力. 语音信号处理[M]. 北京：机械工业出版社[M]，2003

[16] 韩纪庆，张磊，郑铁然. 语音信号处理(第 2 版)[M]. 北京：清华大学出版社，2013

[17] 张雄伟，陈亮，杨吉斌. 现代语音处理技术及应用[M]. 北京：机械工业出版社，2003

[18] 蔡莲红，黄德智，蔡锐. 现代语音技术基础与应用[M]. 北京：清华大学出版社，2003

[19] P.Maragos，J.F.Kaiser，T.F.Quatieri. Energy separation in signal modulation with application to speech analysis[J]. IEEE Trans. on SP, 1993, 41(10)：3024-3051

[20] A.Potamianos，P.Maragos. Speech analysis and synthesis using an AM-FM modulation model [J]. Speech Communlcation, 1999, 28(3)：195-209

[21] J.F.Kaiser. Some useful properties of teager energy operators[C]. Proc. of IEEE ICASSP, Minnesota, USA, 1993, vol.3：149-152

[22] J.Markel. Linear prediction: a tutorial review[J]. Proc. of IEEE, 1975, 63(4)：561-581

[23] H.Abut，R.M.Gray，G.Rebolleso. Vector quantization of speech and speech-like waveforms[J]. IEEE Trans. on ASSP, 1982, 30(3)：423-435

[24] B-H.Juang, D.Y.Wong, A.H.Gray Jr. Distortion performance of vector quantization for LPC voice coding[J]. IEEE Trans. on ASSP, 1982, 30(2)：294-304

[25] 王耀南. 智能信息处理技术[M]. 北京：高等教育出版社，2003

[26] 胡征，杨有为. 矢量量化原理及应用[M]. 西安：西安电子科技大学出版社，1998

[27] A.Gersho，V.Cuperman. Vector quantization：a pattern-matching technique for speech coding[J]. IEEE Communication Magazine, 1983, 21(9)：15-21

[28] R.M.Gray. Vector quantization[J]. IEEE ASSP Magazine, 1984, 1(25)：4-29

[29] B-H.Juang, A.H.Gray Jr. Multiple stage vector quantization speech coding[C]. Proc. of IEEE ICASSP, 1982: 597-600

[30] Y.Linde, A.Buzo, R.M.Gray. An algorithm for vector quantizer design[J]. IEEE Trans. on Communications, 1980, 28(1): 84-95

[31] M.J.Sabin, R.M.Gray. Product code vector quantizers for waveform and voice coding[J]. IEEE Trans. on ASSP, 1984, 32(3): 474-488

[32] V.Cuperman, A.Gersho. Vector predictive coding of speech at 16kbps[J]. IEEE Trans. on Communications, 1985, 33(7): 685-696

[33] D.Y.Wong, B-H.Juang. Voice coding at 800 bps and lower data rates with LPC vector quantazation[C]. Proc. of IEEE ICASSP, 1982: 606-609

[34] L.R.Liporace. Maximum likelihood estimation for multivariate observations of Markov sources[J]. IEEE Trans. on Information Theory, 1982, 28(5): 729-734

[35] L.R.Rabiner, B-H.Juang. An introduction to hidden Markov models[J]. IEEE ASSP Magazine, 1986, 3(1): 4-16

[36] A.Alkulaibi, J.J.Soraghan, T.S.Durrani. Fast 3-level binary higher order statistics for simultaneous voiced/unvoiced and pitch detection of a speech signal. Signal Processing, 1997, 63(2): 133-140

[37] J.Navarro-Mesa, A.Moreno-Bilbao, E.Lleida-Solano. An improved speech endpoint detecti on system in noisy environments by means of third-order spectra. IEEE Signal Processing Letters, 1999, 6(9): 224-226

[38] 高隽. 智能信息处理方法导论[M]. 北京: 机械工业出版社, 2004

[39] 鲍长春. 低比特率数字语音编码基础[M]. 北京: 北京工业大学出版社, 2001

[40] 郭军. 智能信息技术[M]. 北京: 北京邮电大学出版社, 1999

[41] 毕厚杰. 多媒体信息的传输与处理[M]. 北京: 人民邮电出版社, 1999

[42] B.S.Atal, M.R.Schroder. Adaptive predictive coding of speech signals[J]. Bell System Technical Journal, 1990, 49(8): 1973-1986

[43] B.S.Atal. Predictive coding of speech at low bit rates[J]. IEEE Trans. on Communications, 1982, 30(4): 600-614

[44] T.E.Tremain. The government standard linear predictive coding algorithm: LPC-10[J]. Speech technolgy, 1982, 1(2): 40-49

[45] J.L.Flanagan, M.R.Schroder, B.S.Atal, et al. Speech coding[J]. IEEE Trans. on Communications, 1979, 27(4): 710-737

[46] T.Araseki, K.Ozwa, K.Ochial. Multi-pulse exited speech coder based on maximum crosscorrelation search algorithm[C]. Proc. IEEE GLOBECOM, 1983, vol.2: 794-798

[47] B.S.Atal, M.R.Schroeder. Stochastic coding of speech signal at very low bit rates[C]. Proc. of International Conference on Communications, 1984, part 2: 1610-1613

[48] M.R.Schroeder, B.S.Atal. Code-excited linear prediction (CELP) high quality at very low bit rates[C]. Proc. of IEEE ICASSP, 1985: 937-940

[49] B.S.Atal, A.Remde. A new model of LPC excitation for producing natural-sounding speech at low bit rates[C]. Proc. of IEEE ICASSP, 1982: 614-617

[50] R.J.McAulay, T.F.Quatieri. Speech analysis-synthesis based on a sinusoidal representation[J]. IEEE Trans. on ASSP, 1986, 34(4): 744-754

[51] D.W.Griffin, J.S.Lim. Multi-band excitation vocoder[J]. IEEE Trans.on ASSP, 1988, 36(8): 1223-1235

[52] F.J.Charpenter, M.G.Stella. Diphone synthesis using an overlap-add technique for speech waveform concatenation[C]. Proc. of IEEE ICASSP, Atlanta, USA, 1996, vol.3: 2015-2018

[53] W.A.Lea, Ed. Trends in speech recognition[M]. Englewood Cliffs: Prentice-Hall Inc., 1980

[54] S.Haltsonen. Improved dynamic time warping methods for discrete utterance recognition[J]. IEEE Trans. on ASSP, 1985, 33(2): 449-450

[55] L.R.Rabiner, S.E.Levinson. A speaker-independent, syntax-directed, connected word recognition system based on hidden Markov models and level building[J]. IEEE Trans. on ASSP, 1985, 33(3): 561-573

[56] A.B.Porrtz, A.G.Richter. On hidden Markov models in isolated word recognition[C]. Proc. of IEEE ICASSP, 1986: 705-709

[57] D.K.Burton, J.E.Shore. Isolated word recognition using multisection vector quantization codebooks [J]. IEEE Trans. on ASSP, 1985, 33(4): 837-849

[58] 徐彦君, 杜利民, 李国强等. 汉语听觉视觉双模态数据库 CAVSR1.0[J]. 声学学报, 2000, 25(1): 42-49

[59] 姚鸿勋, 高文, 王瑞等. 视觉语言－唇读综述[J]. 电子学报, 2001, 29(2): 239-246

[60] H.McGurk, J.MacDonald. Hearing lips and seeing voices[J]. Nature, 1976, 264: 746-748

[61] G.I.Chiou, J.N.Hwang. Lipreading from color video[J]. IEEE Trans. on Image Processing, 1997, 6(8): 1192-1195

[62] P.L.Silsbee, A.C.Bovik. Computer lipreading for improved accuracy in automatic speech recognition[J]. IEEE Trans. on Speech and Audio Processing, 1996, 4(5): 337-351

[63] 江铭虎, 袁保宗, 林碧琴. 神经网络语音识别的研究及进展[J]. 电信科学, 1997, 13(7): 1-5

[64] 李晓霞, 王东木, 李雪耀. 语音识别技术评述[J]. 计算机应用研究, 1999, 10: 1-3

[65] 倪维桢. 语音编码综述[J]. 江苏通信技术, 2000, 16(2): 1-4

[66] 王少勇, 王秉钧. 语音编码技术的现状与发展[J]. 天津通信技术, 2000, 2: 1-4

[67] 杜广超, 杨凯, 王胜涛. 语音编码和图像编码比较研究[J]. 自动测量与控制, 2008, 27(7): 72-74

[68] O.M.Mitchell, D.A.Berkiey. Reduction of long-time reverberation by a center-clipping process [Jl. Journal of the Acoustical Society of America, 1970, 47(1): 84

[69] M.R.Weiss, et al. Processing speech signals to attenuate interference[C]. Proc. IEEE Symposium on Speech Recognition, 1974: 292-293

[70] S.F.Boll. Suppression of acoustic noise in speech using spectral subtraction[J]. IEEE Trans. on ASSP, 1979, 27(2): 113-120

[71] M.Berouti, R.Schwartz, J.Makhoul. Enhancement of speech corrupted by acoustic noise[C]. Proc. of IEEE ICASSP, 1979: 208-211

[72] J.S.Lim, A.V.Oppeheim. Enhancement and bandwidth compression of noisy speech[J]. Proc. of IEEE, 1979, 67(12): 1586-1604

[73] S.Mallat. A theory for multiresolution signal decomposition: the wavelet representation[J]. IEEE Trans. on Pattern Analysis and Machine Intelligence, 1989, 11(7): 674-691

[74] S.Mallat, W.L.Hwang. Singularity detection and processing with wavelet[J]. IEEE Trans. on Information Theory, 1992, 38(2): 617-643

[75] O.Rioul, M.Veterli. Wavelets and signal processing[J]. IEEE Signal Processing Magazine, 1991, 8(4): 14-38

[76] D.L.Donoho. De-noising by soft-thresholding[J]. IEEE Trans. on Information Theory, 1995,

41(3)：613-627

[77] 杨行峻，郑君里．人工神经网络与盲信号处理[M]．北京：清华大学出版社，2002

[78] 靳蕃，范俊波，谭永东．神经网络与神经计算机[M]．成都：西南交通大学出版社，1991

[79] 王伟．人工神经网络原理[M]．北京：北京航空航天大学出版社，1995

[80] D.P.Morgan，C.L.Scofield．Neural networks and speech processing[M]．Amsterdam：Kluwer Academic Publishers，1991

[81] R.P.Lippman．An introduction to computing with nets[J]．IEEE ASSP Magazine，1987，4(2)：4-22

[82] A.Waibel，T.Hanazawa，G.Hinton，et al．Phoneme recognition using time-delay neural networks[J]．IEEE Trans．on ASSP，1989，37(12)：1888-1898

[83] T.Weijters，J.Thole．Speech synthesis with artificial neural networks[C]．Proc．International Conference on Neural Networks，San Francisco，1993：1764-1769

[84] Y.Bennani，P.Gallinari．On the use of TDNN extracted features information in talker identification[C]．Proc．of IEEE ICASSP，Toronto，Canada，1991：385-388

[85] A.Rizvi，N.M.Nasrabadi．Residual vector quantization using a multiplayer competitive neural network[J]．IEEE Journal on Selected Areas in Communications，1994，12(9)：1452-1459

[86] X.M.Gao，S.J.Ovaska，M.Lehtokangas，et al．Modeling of speech signals using an optimal neural network structure based on PMDL principle[J]．IEEE Trans．on Speech and Audio Processing，1998，6(2)：177-180

[87] J.Thyssen，H.Nielsen，S.D.Hansen．Nonlinear short-term prediction in speech coding[C]．Proc．of IEEE ICASSP，1994，vol.1：185-188

[88] A.K.Krishnamurthy，S.C.Ahalt，D.E.Melton，et al．Neural networks for vector quantization of speech and images[J]．IEEE Journal on Selected Areas in Communications，1990，8(8)：1449-1457

[89] S.Haykin，L.Li．Nonlinear adaptive prediction of non-stationary signals[J]．IEEE Trans．on SP，1995，43(2)：526-535

[90] L.Wu，M.Niranjan．On the design of nonlinear speech predictors with recurrent nets[C]．Proc of IEEE ICASSP，1994，vol.1：529-532

[91] F.Diaz-de-Maria，A.R.Figueiras-Vidal．Nonlinear prediction for speech coding using radial basis functions[C]．Proc of IEEE ICASSP，1995：788-791

[92] F.Diaz-de-Maria，et al．Improving CELP coders by backward adaptive non-linear prediction[J]．International Journal of Adaptive Control and Signal Processing，1997，11(7)：585-601

[93] S.Chen，C.F.N.Cowan，P.M.Grant．Orthogonal least squares learning algorithm for radial basis function networks[J]．IEEE Trans．on Neural Networks，1991，2(2)：302-309

[94] 周志杰．MLP语音信号非线性预测器[J]．解放军理工大学学报(自然科学版)，2001，2(5)：1-4

[95] 张雪英，王安红．基于RNN的非线性预测语音编码[J]．太原理工大学学报，2003，34(3)：270-272

[96] T.Lin，B.G.Horne，P.Tino，et al．Learning long-term dependencies in NARX recurrent neural networks[J]．IEEE Trans．on Neural Network，1996，7(6)：1329-1338

[97] 张学工．关于统计学习理论与支持向量机[J]．自动化学报，2000，26(1)：32-42

[98] J.C.Platt．Using sparseness and analysis QP to speed training of support vector machine．In：M.S．Kearns，et al．eds，Advance in Neural Information Processing Systems (Volume 11)，Cambridge，MA：MIT Press，1999

[99] 刘江华，程君实，陈佳品．支持向量机训练算法综述[J]．信息与控制，2002，31(1)：45-49

[100] E.Osuna，R.Freund，F.Girosi．Training support vector machines：An application to face

detection[C]. Proc. of CVPR'97, Puerto Rico, 1997

[101] 侯风雷,王炳锡. 基于说话人聚类和支持向量机的说话人确认研究[J]. 计算机应用,2002, 22(10): 33-35

[102] 侯风雷,王炳锡. 基于支持向量机的说话人辨认研究[J]. 通信学报,2002, 23(6): 61-67

[103] 何建新,刘真祥. SVM 与 DTW 结合实现语音分类识别[J]. 贵州大学学报(自然科学版),2002, 19(4): 320-324

[104] M.Banbrook, S.McLaughlin, I.Mann. Speech characterization and synthesis by nonlinear methods [J]. IEEE Trans. on Speech and Audio Processing, 1999, 7(1): 1-17

[105] P.Maragos, A.G.Dimakis, I.Kokkinos. Some advances in nonlinear speech modeling using modulations, fractals, and chaos. Proc. of 14th International Conference on Digital Signal Processing, 2002, vol.1: 325-332

[106] 黄润生. 混沌及其应用[M]. 武汉:武汉大学出版社,2000

[107] 韦岗,陆以勤,欧阳景正. 混沌、分形理论与语音信号处理[J]. 电子学报,1996, 24(1): 34-38

[108] 董远,胡光锐. 语音识别的非线性方法[J]. 电路与系统学报,1998, 3(1): 52-58

[109] 王跃科,林嘉宇,黄芝平. 混沌信号处理[J]. 国防科技大学学报,2000, 22(5): 73-77

[110] A.Wolf, J.Swift, H.Swinney, et al. Determining Lyapunov exponents from time series[J]. Physica D, 1985, 16(3): 285-317

[111] S.Heidari, G.A.Tsihrintzis, C.L.Nikias, et al. Self-similar set identification in the time-scale domain[J]. IEEE Trans. on SP, 1996, 44(6): 1568-1573

[112] C.Thompson, A.Mulpur, V.Mehta. Transition to chaos in acoustically driven flow[J]. Journal of the Acoustical Society of America, 1991, 90(4): 2097-2103

[113] S.Haykin, X.B.Li. Detection of signal in chaos[J]. Proc. of IEEE, 1995, 83(1): 95-122

[114] A.M.Fraser. Information and entropy in strange attractors[J]. IEEE Trans. on Information Theory, 1989, 35 (2): 245-262

[115] 陈亮,张雄伟. 语音信号非线性特征的研究[J]. 解放军理工大学学报,2000, 2(1): 11-17

[116] 周志杰. 语音信号非线性特征的数值表示[J]. 解放军理工大学学报,2002, 3(1): 27-30

[117] N.Morgan, H.A.Bourland. Neural networks for statistical recognition of continuous speech[J]. Proc. of IEEE, 1995, 83(5): 742-770

[118] K.Aihara, T.Takabe, M.Toyoda. Chaotic neural networks[J]. Physical Letters A, 1990, 144(6): 333-340

[119] 任晓林,胡光锐,徐雄. 基于混沌神经网络的语音识别方法[J]. 上海交通大学学报,1999, 33(12): 1517-1520

[120] 林嘉宇,王跃科,黄芝平等. 一种新的基于混沌的语音、噪声判别方法[J]. 通信学报,2001, 22(2): 123-128

[121] C.Pickouer, A.Khorasani. Fractal characterization of speech waveform graphs[J]. Computer & Graphics, 1986, 10(1): 55-61

[122] J.Thyssen, H.Nielsen, S.D.Hansi. Nonlinear short-term prediction in speech coding[C]. Proc. of IEEE ICASSP, 1994: 185-188

[123] B.Townshend. Nonlinear prediction of speech[C]. Proc of IEEE ICASSP, Toronto, Canada, 1991: 425-428

[124] P.Magagos. Fractal aspects of speech signal: dimension and interpolation[C]. Proc. of IEEE ICASSP, 1991: 417-420

[125] T.R.Senevirathne, E.L.J.Bohez, J.A.V.Winden. Amplitude scale method: new and efficient approach to measure fractal dimension of speech waveform[J]. Electronics Letters, 1992, 28(4): 420-422

[126] 陈国, 胡修林, 曹鹏等. 基于网格维数的汉语语音分形特征研究[J]. 声学学报, 2001, 16(1): 59-66

[127] 董远, 胡光锐, 孙放. 一种基于分形理论的语音分割新方法[J]. 上海交通大学学报, 1998, 32(4): 97-99

[128] 董远, 胡光锐. 多重分形维数在语音分割和语音识别中的应用[J]. 上海交通大学学报, 1999, 33(11): 1406-1408

[129] R.E.Donovan, E.M.Eide. The IBM trainable speech synthesis system[C]. Proc. of ICSLP, Sydney, Australia, 1998, vol.5: 1703-1706

[130] X.Huang, A.Acero, H.Hon, et al. Recent improvements on Microsoft's trainable text-to-speech system-Whistler[C]. Proc. of IEEE ICASSP. Munich, Germany, 1997: 959-962

[131] T.Masuko, K.Tokuda, T.Kobayashi, et al. Speech synthesis from HMMs using dynamic features[C]. Proc. of IEEE ICASSP, Atlanta, USA, 1996: 389-392

[132] 吴义坚, 王仁华. 基于HMM的可训练中文语音合成[J]. 中文信息学报, 2006, 20(4): 75-81

[133] 徐思昊. 基于HMM的中文语音合成研究[D]. 北京邮电大学学报, 2007

[134] 胡克, 康世胤, 郝军. 中文HMM参数化语音合成系统构建[J]. 通信技术, 2012, 45(8): 101-103

[135] Y. Ephraim, H.L. Van Trees. A signal subspace approach for speech enhancement[J]. IEEE Trans. on Speech and Audio Processing, 1995, 3(4): 251-266

[136] Y.Ephraim, D.Malah. Speech enhancement using a minimum mean-square error short-time spectral amplitude estimator[J]. IEEE Trans. on ASSP, 1984, 32(4): 1109-1121

[137] Y.Hu, P.Loizou. A subspace approach for enhancing speech corrupted by colored noise[J]. IEEE Signal Processing Letters, 2002, 9(7): 204-206

[138] 骆怀恩, 容太平. 子空间分解方法在语音增强系统中的应用[J]. 电声技术, 2003, 27(1): 10-14

[139] 吴周桥, 谈新权. 基于子空间方法的语音增强算法研究[J]. 声学与电子工程, 2005, 20(3): 20-23

[140] 徐望, 丁琦, 王炳锡. 一种基于信号子空间和听觉掩蔽效应的语音增强方法[J]. 电声技术, 2003, 27(12): 41-44

[141] J.Dibiase, H.Silverman, M.Brandstein. Robust localization in reverberant rooms. In: Microphone arrays: signal processing techniques and applications[M]. M.brandstein, D.Ward (eds.), Berlin, Springer, 2001

[142] Y.T.Huang, J.Benesty, G.W.Elko. An efficient linear-correction least-squares approach to source localization[C]. Proc. 2001 IEEE Workshop on the Applications of Signal Processing to Audio and Acoustics, NY, USA, 2001: 67-70

[143] Y.T.Huang, J.Benesty, G.W.Elko. Adaptive eigenvalue decomposition algorithm for real time acoustic source localization system[C]. Proc. of IEEE ICASSP, Phoenix, USA, 1999, vol.2: 937-940

[144] Y.J.Benest. Adaptive eigenvalue decomposition algorithm for passive acoustic source localization [J]. Journal of Acoustic Society of America, 2000, 107(1): 384-391

[145] M.S.Brandestein, H.F.Silverman. A robust method for speech signal time-delay estimation in reverberant rooms[C]. Proc. of IEEE ICASSP, Munich, Germany, 1997: 375-378

[146] M.Omolgo, P.Svaizer. Acoustic event localization using a crosspower-spectrum phase based technique[C]. Proc. of IEEE ICASSP, Adelaide, Australia, 1994, vol.2: 273-276

[147] J.P.Ianniello. Time delay estimation via cross correlation in the presence of large estimation errors[J]. IEEE Trans. on ASSP, 2003, 30(6): 998-1003

[148] B.Champagne, S.Bedard, A.Stephenne. Performance of time delay estimation in the presence of room reverberation[J]. IEEE Trans. on Speech and Audio Processing, 1996, 4(2): 148-152

[149] L.J.Griffths, C.W.Jim. An alternative approach to linearly constrained adaptive beamforming[J]. IEEE Trans. on Antennas and Propagation, 1982, 30(1): 27-34

[150] J.C.Chen, R.E.Hudson, K.Yao. Maximum-likelihood source localization and unknown sensor location estimation for wideband signals in the near-field[J]. IEEE Trans. on SP, 2002, 50(8): 1843-1854

[151] J.C.Chen, K.Yao, R.E.Hudson. Source localization and beamforming[J]. IEEE Signal Processing Magazine, 2002, 19(2): 30-39

[152] G.Arslan, F.A.Sakarya. A unified neural-network-based speaker localization technique[J]. IEEE Trans. on Neural Networks, 2000, 11(4): 293-296

[153] B.Champagne, S.B.Edard, A.Stephenne. Performance of time delay estimation in presence of room reverberation[J]. IEEE Trans. on Speech and Audio Processing, 1996, 4(2): 148-152

[154] 罗金玉, 刘建平, 张一闻. 麦克风阵列信号处理的研究现状与应用[J]. 现代电子技术, 2010, 23: 80-84

[155] 朱广信, 陈彪, 金蓉. 基于传声器阵列的声源定位[J]. 电声技术, 2003, 1: 34-37

[156] 严素清, 黄冰. 传声器阵列的声源定位研究[J]. 电声技术, 2004, 12: 27-30

[157] 陆灏铭, 陈玮, 刘寿宝. 基于麦克风阵列的声源定位系统设计[J]. 传感器与微系统, 2012, 31(4): 79-82

[158] 陶巍, 刘建平, 张一闻. 基于麦克风阵列的声源定位系统[J]. 计算机应用, 2012, 32(5): 1457-1459

[159] 胡航, 景秀伟. 一种子阵级平面相控阵相干源超分辨新方法[J]. 电子学报, 2008, 36(6): 1052-1057

[160] 胡航, 景秀伟. 二维子阵级相控阵空间谱估计方法[J]. 电子学报, 2007, 35(3): 415-419

[161] H.Hu, E.X.Liu. ADBF at subarray level using a generalized sidelobe canceller[C]. Proc. of IEEE MAPE2009, Beijing, 2009, pp.717-720

[162] J.Flanagan, J.Johnston, R.Zahn, et al. Computer steered microphone arrays for sound transduction in large rooms[J]. Journal of the Acoustical Society of America, 2008, 78(5): 1508-1518

[163] B.Yegnanarayana, S.Prasanna, K.Sreenivasa Rao. Speech enhancement using excitation source information[C]. Proc. of IEEE ICASSP, Orlando, Florida, 2002: 541-544

[164] J.D.Chen, J.Benesty, Y.T.Huang, et al. New insights into the noise reduction Wiener filter[J]. IEEE Trans. on Audio, Speech and Language Processing, 2006, 14(4): 1218-1234

[165] Y.Grenier. A microphone array for car environment[C]. Proc. of IEEE ICASSP, 1992, San Francisco, USA, vol.1: 305-308

[166] Y.Huang, J.Benesty, G.W.Elko, et al. Real-time passive source localization: A practical linear-correction least-squares approach[J]. IEEE Trans. on Speech and Audio Processing, 2001, 9(8): 943-956

[167] J.P.Ianniello. Time delay estimation via cross correlation in the presence of large estimation errors[J]. IEEE Trans. on SP, 2003, 30(6): 998-1003

[168] D.H.Youn, N.Ahmed, G.C.Carter. On using the LMS algorithm for time delay estimation[J]. IEEE Trans. on ASSP, 1982, 30(5): 798-801

[169] N.Roman, D.L.Wang, G.L.Brown. Speech segregation based on sound localization[J]. Journal of Acoustic Society of America, 2003, 114(4): 2236-2252

[170] I.Cohen, B.Berdugo. Noise estimation by minima controlled recursive averaging for robust speech enhancement[J]. IEEE Signal Processing Letters, 2002, 9(1): 12-15

[171] O.L.Frost. An algorithm for linearly-constrained adaptive array processing[J]. Proc. of IEEE, 1972, 60(8): 926-935

[172] B.Widrow, J.R.Glover, Jr, J.M.McCool, et al. Adaptive noise canceling: principles and applications [J]. Proc. of IEEE, 1975, 63(12): 1692-1716

[173] 何成林, 杜利民, 马昕. 麦克风阵列语音增强的研究[J]. 计算机工程与应用, 2005, 24: 1-5

[174] 杜军, 桑胜举. 基于麦克风阵列的语音增强技术及应用[J]. 计算机应用与软件, 2009, 26(10): 75-77

[175] J.L.Flanagan, A.Surendran, E.Jan. Spatially selective sound capture for speech and audio processing [J]. Speech Communication, 1993, 13(1/2): 207-222

[176] Y.Nakagawa, H.G.Okuno, H.Kitano. Using vision to improve sound source separation [C]. Proc. of 16th National Conference on Artificial Intelligence, 1999: 768-775

[177] H.G.Okuno, K.Nakadai, T.Lourens, et al. Separating three simultaneous speech with two microphones by integrating auditory and visual processing[C]. Proc. 7th European Conference on Speech Communication and Technolgy, Aalborg, Denmark, 2001: 2643-2646

[178] P.Comon. Independent component analysis, A new concept?[J]. Signal Processing, 1994, 36(3): 287-314

[179] S.Amari, A.Cichocki. Adaptive blind signal processing-neural network approaches[J]. Proc. of IEEE, 1998, 86(10): 186-187

[180] A.J.Bell, T.J.Sejnowski. An information maximization approach to blind separation and blind deconvolution[J]. Neural Computation, 1995, 7(6): 1129-1159

[181] J.Cardoso. Informax and maximum likelihood for blind source separation [J]. IEEE Signal Processing Letters, 1997, 4(4): 112-114

[182] A.Cichocki, R.Unbehauen, L.Moszczynski, et al. A new on-line adaptive learning algorithm for blind separation of source signal[C]. Proc. of ISANN, 1994: 406-411

[183] J.Karhunen, J.Joutsensalo. Representation and separation of signals using nonlinear PCA type learning [J]. Neural Networks, 1994, 7(1): 113-127

[184] N.Delfosse, P.Loubaton. Adaptive blind separation of independent source: A deflation approach[J]. Signal Processing, 1995, 45(1): 59-83

[185] A.J.W van der Kouwe, D.L.WANG, G.J.Brown. A Comparison of auditory and blind separation technique for speech segregation[J]. IEEE Trans. on Speech and Audio Processing, 2001, 9(3): 189-195

[186] S.Ikeda, N.Murata. A method of ICA in time-frequency domain[C]. Proc. of International Conference on Independent Component Analysis and Signal Separation, 1999: 365-371

[187] 胡婧, 张更新, 熊纲要. 盲信号分离技术综述[J]. 数字通信世界, 2010, 4: 64-68

[188] 石庆研, 黄建宇, 吴仁彪. 盲源分离及盲信号提取的研究进展[J]. 中国民航大学学报, 2007, 25(3): 1-7